Generali Deutschland AG

Hrsg.

Generali Altersstudie 2017

Wie ältere Menschen in Deutschland denken und leben

Repräsentative Studie des Instituts für Demoskopie Allensbach mit Kommentaren des wissenschaftlichen Beirats der Generali Altersstudie 2017

Springer

Herausgeber
Generali Deutschland AG
Köln
Deutschland

Die Mitglieder des wissenschaftlichen Beirats
der Generali Altersstudie 2017
Prof. Dr. Rolf G. Heinze, Ruhr-Universität Bochum
Prof. Dr. Thomas Klein, Universität Heidelberg
Prof. Dr. Dr. h. c. Andreas Kruse, Universität Heidelberg
Prof. Dr. Gerhard Naegele, Technische Universität Dortmund
Prof. Dr. Elisabeth Pott, Medizinische Hochschule Hannover

Als Autoren der General Altersstudie 2017:
Prof. Dr. Renate Köcher, Institut für Demoskopie Allensbach
Dr. Michael Sommer, Institut für Demoskopie Allensbach

ISBN 978-3-662-50394-2 ISBN 978-3-662-50395-9 (eBook)
DOI 10.1007/978-3-662-50395-9

Die Deutsche Nationalbibliothek verzeichnet diese Publikation in der Deutschen Nationalbibliografie; detaillierte bibliografische Daten sind im Internet über http://dnb.d-nb.de abrufbar.

Planung: Marion Krämer
Einbandabbildung: © Fotolia/Syda Productions

Gedruckt auf säurefreiem und chlorfrei gebleichtem Papier

Springer ist Teil von Springer Nature
Die eingetragene Gesellschaft ist Springer-Verlag GmbH Germany
Die Anschrift der Gesellschaft ist: Heidelberger Platz 3, 14197 Berlin, Germany

Generali Altersstudie 2017

Geleitwort der Generali Deutschland AG zur Generali Altersstudie 2017

Liebe Leserinnen und Leser,

vor fast genau vier Jahren hat die Generali Gruppe erstmals die bis dahin umfassendste empirische Untersuchung zur Lebenssituation der älteren Generation in Deutschland präsentiert. Heute liegt mit der Generali Altersstudie 2017 die zweite Ausgabe vor Ihnen.

Als eines der weltweit führenden Versicherungsunternehmen verstehen wir uns heute nicht mehr als reiner Kostenerstatter und Absicherer von Risiken. Wir sehen uns als Lebensbegleiter. Wir möchten einen aktiven Beitrag dazu leisten, das Leben der Menschen zu verbessern. Diese Verantwortung beschränkt sich nicht auf unser Kerngeschäft. Als guter „Unternehmensbürger" wollen wir spürbare Beiträge zu einem gesellschaftlichen Wandel leisten, der eine gerechte Zukunft für Generationen ermöglicht.

Die Generali Altersstudie ist ein solcher Beitrag. Bei ihrem ersten Erscheinen 2013 zeichnete die repräsentative Befragung von mehr als 4000 Menschen zwischen 65 und 85 Jahren ein neues, differenziertes und zukunftsweisendes Bild des Alters jenseits von Begriffen wie Pflegebedürftigkeit, Demenz, Einsamkeit und drohender Altersarmut. Sie vermaß eine Altersgeneration, die so motiviert, selbstbestimmt und an Teilhabe orientiert war wie keine vor ihr. Wir freuen uns sehr, dass diese Untersuchung aufgrund der großen Resonanz in Medien, Politik und Verbänden dazu beigetragen hat, dass die Gesellschaft bereits heute anders über das Alter denkt und spricht.

Voller Spannung und Freude sehen wir den Debatten entgegen, die nun mit der Veröffentlichung der Generali Altersstudie 2017 vor uns liegen. Denn eines ist klar: Nur wenn wir in strukturell alternden Gesellschaften – übrigens keineswegs nur in Deutschland – die Potenziale der Älteren erkennen und erschließen, lässt sich der demografische Wandel als Chance nutzen. Dazu möchte die Generali Altersstudie 2017 beitragen.

Sie werden in dieser repräsentativen Studie wieder auf überraschende Befunde und gesellschaftliche Herausforderungen stoßen, zum Beispiel auf die Sorge der Älteren vor einer zunehmenden digitalen Spaltung der Gesellschaft oder die Frage, wie eine umfassende Prävention im Alter auch für sozial benachteiligte Menschen zugänglich bleibt. Diesen und anderen Themen müssen sich Wirtschaft, Politik und Zivilgesellschaft gemeinsam stellen und mutig handeln.

Im Namen der Mitarbeiterinnen und Mitarbeiter der Generali Gruppe in Deutschland danke ich dem Institut für Demoskopie Allensbach mit seiner Direktorin Prof. Dr. Renate Köcher und dem Leiter der Studie, Michael Sommer. Ein besonderer Dank gilt dem wissenschaftlichen Beirat der Studie mit den Prof. Dr. Dr. h.c. Andreas Kruse,

Prof. Dr. Gerhard Naegele, Prof. Dr. Rolf Heinze, Prof. Dr. Thomas Klein und Prof. Dr. Elisabeth Pott. Ihre Kommentare und Einordnungen in den Kontext der aktuellen Alternsforschung macht die Generali Altersstudie besonders wertvoll. Ein herzliches Danke auch dem Verlag Springer Spektrum für die vertrauensvolle Zusammenarbeit.

Ihnen, liebe Leserinnen und Leser, wünsche ich eine anregende Lektüre. Vielleicht möchten Sie die Generali Altersstudie 2017 nicht nur lesen, sondern zum Anlass für Diskussionen und eigene Initiativen nutzen. Lassen Sie uns davon wissen. Nur im Dialog kommen wir gemeinsam weiter.

Herzlich,
Ihr Giovanni Liverani
Vorsitzender des Vorstands der
Generali Deutschland AG

Inhaltsverzeichnis

Vorbemerkungen

Das Alter ist mit Klischees behaftet. Noch immer scheint der Blick auf vermeintliche Defizite, Verluste und Verletzlichkeiten die öffentliche Wahrnehmung des Alters als eine vollwertige, bedeutsame Lebensphase voller Gestaltungsmöglichkeiten und Potenziale zu verstellen. Das beste Rezept gegen Klischees und Stereotypen sind Fakten. Nur sie ermöglichen eine differenzierte Beschreibung des Alters und eröffnen Chancen für eine sachliche Debatte.

Die Generali Altersstudie 2017 liefert einen umfassenden und tiefgehenden Einblick in die Lebenswelt der älteren Generation in Deutschland. Diese zweite Generali Altersstudie setzt die Idee der ersten Studie aus dem Jahr 2013 fort, die Lebenswirklichkeiten, Einstellungen und Bedürfnislagen der älteren Bevölkerung ins öffentliche Bewusstsein zu rücken. Wie bereits vor vier Jahren wurde dazu ein repräsentativer Querschnitt der Bevölkerung von 65 bis 85 Jahren befragt. Da einige Fragen und Themenkomplexe identisch mit der ersten Studie sind, können erste Zeitvergleiche gezogen werden. Gleichzeitig widmet sich die aktuelle Studie neuen Themen und Fragestellungen, die die Ergebnisse aus dem Jahr 2013 erweitern und vertiefen.

Die Ergebnisse der aktuellen Generali Altersstudie stützen sich auf eine Befragung von 4133 Personen im Alter von 65 bis 85 Jahren, die das Institut für Demoskopie Allensbach im Auftrag des Generali Zukunftsfonds durchgeführt hat. Die Interviews im Umfang von rund einer Stunde wurden mündlich-persönlich mithilfe eines strukturierten Fragebogens durchgeführt. Die Ergebnisse sind repräsentativ für 15,18 Millionen deutschsprachige 65- bis 85-Jährige in der Bundesrepublik Deutschland.

Trendanalysen, die sich auf die letzten vier Jahre beziehen, sind durch den Vergleich mit den Ergebnissen der Generali Altersstudie 2013 möglich. Für die Analyse von langfristigen Entwicklungen wurde wie bereits in der Studie von 2013 auf Daten des Allensbacher Archivs zurückgegriffen, in dem Befragungsergebnisse seit der Institutsgründung 1947 zur Verfügung stehen. Zudem wurden Daten aus der Allensbacher Markt- und Werbeträgeranalyse (AWA) genutzt, die seit Mitte der 1950er-Jahre jährlich durchgeführt wird und sich derzeit auf rund 25.000 Interviews stützt.

Einen besonders tiefen Einblick in die Lebenswelten und Erfahrungen älterer Menschen erlauben die 30 Tiefeninterviews, welche die 4133 Interviews des quantitativen Untersuchungsteils ergänzen. Diese ausführlichen Einzelgespräche machen durch ihre offene Gesprächsführung komplexe Zusammenhänge auf persönlicher Ebene anschaulich. Die Vielfalt der unterschiedlichen Lebensentwürfe und Lebensläufe von 65- bis 85-jährigen Menschen in Deutschland, die in den Tiefeninterviews sichtbar werden, zeigt das ▶ Kap. 10 anhand von 20 Porträts. Zudem finden sich Originalzitate aus den Tiefeninterviews in den thematisch gegliederten ▶ Kap. 2 bis 9, die sich den Ergebnissen der quantitativen Studie widmen.

Eine weitere Besonderheit der Generali Altersstudie sind die namentlich gekennzeichneten Beiträge renommierter Wissenschaftler, in denen die Befunde kommentiert, eingeordnet und vertieft werden. Zudem werden im Anschluss an zwei der Kommentare auch zwei andere Studien kurz vorgestellt, die wichtige ergänzende Daten zur vorliegenden Generali Altersstudie liefern.

Wie schon vor vier Jahren richtet sich die Studie bewusst an die breite Öffentlichkeit und soll weit über den Kreis der Fachleute hinaus rezipiert werden. Die Veröffentlichung der ersten Generali Altersstudie führte nicht nur zu einer umfassenden Berichterstattung in nahezu allen Leitmedien des Landes, sondern vor allem zu einer Vielzahl von Diskussionen in unterschiedlichsten Formaten. Darum geht es. Die Generali Altersstudie soll nicht nur einen Debattenbeitrag, sondern das empirische Fundament für vielfältige Dialoge und Meinungsbildungsprozesse liefern – und zwar gleichermaßen in Politik, Wirtschaft und Zivilgesellschaft. Ziel der Studie ist es, ein wirklichkeitsgetreues Bild von den Lebensverhältnissen der älteren Generation aufzuzeigen. Denn so unterschiedlich die Positionen zur Rolle alter Menschen in der Gesellschaft auch sein mögen, scheint doch eines unbestritten: Die Herausforderungen des demografischen Wandels und eine generationengerechte Zukunft sind nur zu gestalten, wenn wir die Lebenswelten der Generationen realistisch einschätzen und verstehen.

Generali Zukunftsfonds
Institut für Demoskopie Allensbach

Einleitung: Das Alter im Schnittpunkt von Chancen, Einschnitten und Aufgaben: Selbst- und mitverantwortliches Leben älterer Menschen

Andreas Kruse

Generali Deutschland AG (Hrsg.), *Generali Altersstudie 2017*,
DOI 10.1007/978-3-662-50395-9_1

Die Generali Studie 2017 dokumentiert eindrucksvoll die Vielfalt der Lebensthemen, mit denen sich ältere Menschen beschäftigen. Diese Themen umfassen erlebte Chancen ebenso wie erfahrene oder befürchtete Einschnitte. Wenn man die Nutzung der Chancen sowie die Bewältigung und Verarbeitung von Lebenseinschnitten zusammennimmt, dann erscheint das Alter als eine *Aufgabe*: als Aufgabe nämlich, die sich bietenden Entwicklungsperspektiven zu verwirklichen, mögliche Einschnitte gedanklich vorwegzunehmen und im Falle eingetretener Einschnitte zu einer Neuorientierung zu finden.

Betrachten wir das Alter aus einer *Verantwortungsperspektive*, und hier der Selbstverantwortung wie der Mitverantwortung, so können wir die Generali Altersstudie 2017 auch in dieser Hinsicht als einen wichtigen empirischen Beitrag zum Verständnis der Lebenssituation älterer Menschen begreifen. Die vorliegenden Befunde weisen zum einen auf das Motiv der Selbstverantwortung, zum anderen auf das Motiv der Mitverantwortung hin; zudem finden sich in den berichteten Befunden auch Hinweise auf die Nachhaltigkeitsverantwortung.

Zunächst seien die hier genannten Motive kurz definiert.

Unter *Selbstverantwortung* verstehe ich die Fähigkeit und Bereitschaft des Individuums, sich in der Lebens- und Alltagsgestaltung möglichst weit an den eigenen Kriterien eines „guten Lebens" zu orientieren und diese Kriterien auch gegenüber anderen Menschen zu vertreten. Unter *Mitverantwortung* verstehe ich die Fähigkeit und Bereitschaft des Individuums, sich in die Lebenssituation anderer Menschen hineinzuversetzen, sich anderen Menschen gegenüber unterstützend und fördernd zu verhalten, sich mit deren Lebenssituation zu identifizieren. *Nachhaltigkeitsverantwortung* schließlich beschreibt die Fähigkeit und Bereitschaft des Individuums, sich bei den eigenen Entscheidungen und im eigenen Handeln auch an den Rechten nachfolgender Generationen – der bereits lebenden wie auch der noch nicht lebenden – zu orientieren. Hier geht es vor allem darum, durch das eigene Handeln Grundlagen dafür zu schaffen, dass die nachfolgenden Generationen in gleicher Weise die Möglichkeit haben, ihre Kriterien eines guten Lebens umzusetzen wie die eigene Generation.

Fragen wir also zunächst: In welchen Befunden zeigen sich diese drei Verantwortungsmotive? Und welche differenzierenden Aussagen im Hinblick auf deren Ausprägung sind zu treffen?

1.1 Selbstverantwortung

Um mit dem Selbstverantwortungsmotiv zu beginnen: Dieses zeigt sich vor allem in der eigenen Zukunftsplanung, in der Bewältigung von Lebenseinschnitten, schließlich in dem Vorsorgeverhalten mit Blick auf Krankheit, Hilfebedürftigkeit oder Pflegebedürftigkeit. In der gedanklichen Vorwegnahme („Antizipation") der persönlichen Zukunft zeigt sich, wie die Generali Altersstudie 2017 deutlich macht, bei vielen älteren Menschen nicht nur eine *Vielfalt*, sondern auch eine *hohe Prägnanz an Plänen und Vorhaben*. Dies bedeutet, dass klare Vorstellungen bezüglich der Lebens- und Alltagsgestaltung gegeben sind und zudem die Erwartung besteht, diese Vorstellungen verwirklichen zu können.

Hier werden allerdings auch Differenzierungen sichtbar: Mit zunehmendem Alter geht die Tendenz, für die Zukunft zu planen, zurück; vor allem jenseits des 80. Lebensjahres ist ein derartiger Rückgang erkennbar. Weiterhin ist im Falle gesundheitlicher Einschränkungen eine geringer ausgeprägte Planungstendenz zu beobachten. Die Zukunftsperspektive ist also eng an die subjektiv wahrgenommenen Ressourcen und Einschränkungen geknüpft. In diesem Kontext kommt auch der Frage, inwieweit das eigene Alter im eigenen Erleben mit „neuen Chancen" oder aber mit „Beschwerden und Mühen" assoziiert ist, große Bedeutung zu. Wie die Befunde zeigen, wird das Alter in gleichem Maße mit „neuen Chancen" wie mit „Beschwerden und Mühen" verbunden. Auch hier erweist sich die subjektiv erlebte Gesundheit als zentrale Einflussgröße: Bei sehr guter oder guter Gesundheit wird von 60 Prozent der Teilnehmer Alter mit „neuen Chancen" assoziiert und nur von 11 Prozent mit „Beschwerden und Mühen". Von jenen Personen, die von einer (eher) schlechten Gesundheit berichten, nehmen nur 9 Prozent das Alter als eine Lebensphase mit „neuen Chancen", aber 76 Prozent als eine Lebensphase mit „Beschwerden und Mühen" wahr. Neben der Gesundheit erweist sich die Einkommenslage als eine besonders wichtige Einflussgröße.

Dieser Befund zeigt, dass die Bewertung der gegebenen Lebenssituation sowie die Entwicklung von Zukunftsplänen im Kontext bestehender Handlungsoptionen erfolgen. Wenn die objektiv gegebene und die subjektiv erlebte Lebenssituation die individuellen Handlungsoptionen erkennbar einschränken, dann wird das Leben im Alter immer weniger im Sinne einer späten Freiheit gedeutet; vielmehr treten die mit dem Älterwerden verbundenen Anforderungen und darüber hinaus die eigenen Handlungsgrenzen mehr und mehr in den Vordergrund. Schon hier zeigt sich, wie wichtig *Elemente der Daseinsvorsorge* für die Bewältigung der Lebensbedingungen und damit für das Lebensgefühl im Alter sind: Eine auf die individuellen Bedürfnisse zugeschnittene medizinisch-rehabilitative und pflegerische Versorgung, die Sicherung eines Einkommens, das ein Leben in Autonomie und Teilhabe ermöglicht, die Schaffung von Wohnraum, der den spezifischen Bedürfnissen – hier auch der erhöhten Verletzlichkeit – älterer Menschen angepasst ist, und schließlich eine teilhabeförderliche Infrastruktur sind bedeutende Elemente dieser Daseinsvorsorge.

Betrachten wir die Befunde zur Gesundheit – und hier vor allem zum Gesundheitsverhalten wie auch zu den gesundheitsbezogenen Einstellungen –, so tritt ein weiterer Aspekt der Selbstverantwortung hervor: Der Großteil der älteren Menschen vertritt die Überzeugung, *durch eigenes Gesundheitsverhalten einen signifikanten Beitrag zur Förderung und Erhaltung von Gesundheit leisten zu können*. Zudem ist beim Großteil der Teilnehmer ein Gesundheitsverhalten erkennbar, das auf die Stärkung von Ressourcen und die Verminderung von Risiken ausgerichtet ist. Allerdings ist hier auch auf die sozialen Schichtunterschiede hinzuweisen, die mit Blick auf Gesundheitsverhalten und gesundheitsbezogene Einstellungen bestehen. Damit ist die Notwendigkeit angesprochen, die Angebote zur Gesundheitsförderung und Prävention auch deutlich stärker auf die Lebenswelt jener Menschen zuzuschneiden, die eher den unteren sozialen Schichten zuzurechnen sind.

In den Befunden zur Pflegebedürftigkeit wird die *Antizipation möglicher künftiger Anforderungen* als Merkmal des selbstverantwortlichen Lebens sehr gut sichtbar. Denn gerade mit Blick auf die antizipierte Hilfe- oder Pflegebedürftigkeit des Partners oder der eigenen Person haben die meisten älteren Menschen eine klare Vorstellung davon, an wen sie sich zu wenden haben, wenn sie auf instrumentelle oder finanzielle Hilfe angewiesen sind. Und auch im Falle bestehender Pflegebedürftigkeit in der Familie werden gezielt Informationen eingeholt und Angebote geprüft. Ein Großteil der Pflegeleistungen wird vom Partner erbracht, jedoch wird gleichzeitig auf die Hilfe anderer Familienmitglieder wie auch des außerfamiliären Netzwerkes zurückgegriffen. Insgesamt lässt sich konstatieren, dass eine vergleichsweise intensive Auseinandersetzung mit dem Thema Hilfe oder Pflege (des Partners wie auch der eigenen Person) stattfindet, die eine Grundlage für den kompetenten Umgang mit dieser Situation darstellt, wenn sie einmal eintritt. Auch dies ist ein wichtiger Aspekt der selbstverantwortlichen Lebensgestaltung im Alter.

1.2 Einschnitte im Leben und deren Verarbeitung

Bleiben wir noch bei dem Selbstverantwortungsmotiv und beziehen wir dieses auf den Umgang mit Einschnitten im Leben. Die Fähigkeit und Bereitschaft des Individuums zu einer selbstverantwortlichen Lebens- und Alltagsgestaltung ist vor allem dann gefordert, wenn sich aufgrund von Einschnitten tiefgreifende Veränderungen in den „äußeren" Lebensbedingungen wie auch in der „inneren" Verfassung (Emotionen, Motivlage, Kognitionen) ergeben. Zum einen müssen die Veränderungen in den äußeren Lebensbedingungen bewältigt werden, was vielfach auch eine Neugestaltung des Alltags bedeutet; zum anderen muss das Individuum zu einer Neuorientierung gelangen, womit emotionale, motivationale und kognitive Verarbeitungsprozesse angesprochen sind.

In der Generali Studie 2017 wurde ausdrücklich nach den erlebten Einschnitten gefragt und zudem thematisiert, wie sich ältere Menschen mit einem Einschnitt, nämlich dem Tod des Partners, auseinandergesetzt haben.

Wie in dem späteren Kurzkommentar („Einschnitte") noch hervorgehoben werden wird, deuten die Ergebnisse der Generali Altersstudie 2017 darauf hin, dass ein großer Teil der Menschen im höheren Alter von Einschnitten betroffen ist. Dabei nimmt der Anteil der Personen, die von derartigen Lebenseinschnitten berichten, mit steigendem Alter erkennbar zu. Die Analyse der Bewältigung und Verarbeitung – die mit Blick auf den Verlust des Partners vorgenommen wurde – macht deutlich, *wie lange* zum Teil dieser Bewältigungs- und Verarbeitungsprozess andauert, *welche Verwundbarkeit* (Vulnerabilität), aber auch welche *seelischen Kräfte* in diesem Prozess hervortreten können.

1.3 Mitverantwortung

Im Hinblick auf die Mitverantwortung, das heißt, die Fähigkeit und das Motiv, sich in andere Menschen hineinzuversetzen, diese zu unterstützen, sich überhaupt für andere Menschen zu engagieren, vermittelt die Generali Altersstudie 2017 ein klares Bild: Das mitverantwortliche Denken, Fühlen und Handeln ist bei vielen alten Menschen eindeutig erkennbar. Dabei bezieht sich dieses nicht allein auf die Familie, sondern schließt auch außerfamiliäre Beziehungen und Bereiche mit ein.

Dies wird zum einen deutlich, wenn die Frage nach dem *Engagement für andere Menschen* gestellt wird, das nicht nur das Engagement innerhalb von Vereinen und für Vereine umfasst, sondern auch das „stille" Engagement, das in der eigenen Nachbarschaft, im Wohnort oder Stadtteil geleistet wird. Dies wird zum anderen deutlich, wenn die Frage nach dem Gefühl des Gebrauchtwerdens gestellt wird: Der deutlich größere Teil der älteren Menschen fühlt sich von anderen Menschen gebraucht.

Das Gefühl, von anderen Menschen gebraucht zu werden, ist zwar nicht allein auf die Familie begrenzt, gewinnt aber dann, wenn ein Familienmitglied schwer erkrankt, hilfe- oder sogar pflegebedürftig ist, noch einmal an Gewicht. Die persönlichen Bewertungen, die jene Frauen und Männer in der Generali Altersstudie 2017 abgeben, die bereits Erfahrungen bei der Unterstützung von chronisch kranken, hilfe- oder pflegebedürftigen Menschen gewonnen haben, helfen, das Verständnis der Lebenssituation helfender oder pflegender Angehöriger zu vertiefen. Im Vordergrund der abgegebenen subjektiven Bewertung stehen nämlich weniger die – aus objektiver Perspektive zweifelsohne gegebenen – Belastungen, die mit Hilfe- oder Pflegeleistungen auch gegeben sind, sondern sehr vielmehr die positiv konnotierte Sorge *um* und *für* einen anderen Menschen. Die Tatsache, dass die geleistete Hilfe oder Pflege von vielen älteren Menschen auch im Sinne eines Gewinns oder einer emotionalen Bereicherung empfunden wird, hat sicherlich viel mit der Erfahrung zu tun, sich *sorgend* – und dies heißt: dessen psychische, soziale, existenzielle Situation fördernd – dem Partner oder einem anderen Familienangehörigen *zuwenden* zu können. Dieses Sorgemotiv, das wir in der Generali Hochaltrigenstudie 2014 als eines der zentralen Lebens- oder Daseinsthemen in der Gruppe der 85- bis 100-Jährigen identifiziert haben, ist auch in der auf die 65- bis 85-Jährigen ausgerichteten Generali Altersstudie 2017 deutlich erkennbar.

Kommen wir noch einmal auf die ehrenamtliche Tätigkeit zurück. Dies geschieht, weil sie nicht nur wichtige Hinweise auf die Teilhabe im Alter gibt, sondern auch das Sorgemotiv älterer Menschen zu veranschaulichen vermag. Die Tatsache, dass mehr als 40 Prozent der 65- bis 85-Jährigen einer ehrenamtlichen Tätigkeit nachgehen, macht deutlich, dass ältere Menschen als ein *aktiver, mitverantwortlich handelnder Teil unserer Gesellschaft* anzusehen sind und auch als solcher verstanden werden möchten. Die Belastungsdiskurse, die in unserer Gesellschaft mit Blick auf die steigende Anzahl hilfe- oder pflegebedürftiger Menschen immer wieder vorgetragen werden, *klammern das Humanvermögen aus*, das ältere Menschen unserer Gesellschaft zur Verfügung stellen. Dieses Humanvermögen spiegelt sich im ehrenamtlichen Engagement eindrucksvoll wider.

Ein weiterer Aspekt der Mitverantwortung sei mit Blick auf die berichteten Ergebnisse akzentuiert, da er die *Nachhaltigkeitsverantwortung* berührt. Auf die Zukunftspläne hin befragt, äußerten immerhin 50 Prozent, dass sie ihre „Enkelkinder aufwachsen sehen" wollen. 33 Prozent berichteten, dass sie „ihre Erfahrungen, ihr Wissen an Jüngere weitergeben" wollen. In der Sorge um und der Sorge für Enkelkinder drückt sich, genauso wie in dem Bedürfnis nach Weitergabe von reflektierten Erfahrungen und Wissen, ein *Generativitätsmotiv* aus, das heißt das Bedürfnis, die Entwicklung nachfolgender Generationen durch eigenes Handeln zu fördern und zu unterstützen. Zudem ist mit dem Generativitätsmotiv das Verlangen angesprochen, in den nachfolgenden Generationen *symbolisch fortzuleben*.

1.4 Vulnerabilität

Wenn hier von Vulnerabilität (oder Verletzlichkeit, Verwundbarkeit) gesprochen wird, so sind damit die höhere Anfälligkeit des älteren Individuums für Krankheiten und Funktionseinbußen sowie die verringerte Kompensations- und Restitutionskapazität gemeint: Krankheiten können nicht mehr so gut überwunden, funktionelle Einbußen nicht mehr so gut rückgängig gemacht oder kompensiert werden. Mit Blick auf das hohe Alter spreche ich von einem *Gestaltwandel*, weil nun in zahlreichen physiologischen und psychologischen Parametern – und nicht nur vereinzelt – Verluste erkennbar sind: Dies spricht für Wandlungen (oder strukturelle Veränderungen) des gesamten Organismus. Zu bedenken ist allerdings: Diese Veränderungen treten in der Regel graduell ein, es handelt sich mithin um *kontinuierliche Veränderungen* und nicht abrupt auftretende Veränderungen. Zudem treten diese Veränderungen zu unterschiedlichen Zeitpunkten ein: Der Beginn des hohen Alters ist also von Individuum zu Individuum verschieden; der in der Literatur vielfach genannte Zeitpunkt „um das 85. Lebensjahr" ist mithin nur als eine Näherung zu begreifen. Dabei spielt auch die soziale Schichtzugehörigkeit – also die Ausstattung des Individuums mit materiellen und immateriellen Gütern – eine wichtige Rolle. Denn diese bestimmt mit, wann der Gestaltwandel beginnt und mit welcher Geschwindigkeit dieser verläuft. Zudem sind die emotionale Befindlichkeit des Individuums, dessen soziale Integration und Teilhabe, dessen Überzeugung, das eigene Leben gestalten zu können und von anderen Menschen gebraucht zu werden, bedeutsam für den Grad an Verletzlichkeit. Im Falle negativer emotionaler Befindlichkeit, im Falle geringer Teilhabe, im Falle der Überzeugung, von anderen Menschen nicht mehr gebraucht zu werden, nimmt die Verletzlichkeit erkennbar zu. Und schließlich ist zu berücksichtigen, dass die Ausstattung der räumlichen, der sozialen und der institutionellen Umwelt Einfluss darauf ausübt, inwieweit gesundheitliche und funktionelle Einbußen vermieden, gelindert, überwunden oder kompensiert werden können.

Mit anderen Worten: Verletzlichkeit ist nicht nur in ihren körperlichen, funktionellen Aspekten zu betrachten, sondern auch in ihren psychologischen und sozialen. Darauf deuten die Befunde der Generali Altersstudie 2017 hin. Dies sei anhand eines Befundes – der *pars pro toto* für einen Großteil der Befunde steht – veranschaulicht: Der Grad der Lebenszufriedenheit weist sehr enge Zusammenhänge mit dem Gesundheitszustand wie auch mit der wirtschaftlichen Lage auf. Jene Personen, die ihre Gesundheit als „gut“ oder „sehr gut“ einstufen, geben ihrer Lebenszufriedenheit (auf einer Skala mit 11 Punkten) einen (durchschnittlichen) Wert von 8,2; im Falle einer als „schlecht“ eingeordneten Gesundheit wird hingegen nur ein (durchschnittlicher) Wert von 5,6 gegeben. Jene Personen, die nur ein geringes Haushaltseinkommen aufweisen, wählen einen durchschnittlichen Skalenwert von 6,9, jene, die ein hohes Haushaltseinkommen haben, hingegen einen Skalenwert von 7,7.

In zahlreichen Analysebereichen der Generali Altersstudie 2017 lassen sich deutlich schlechtere Werte für Frauen und Männer mit einem vergleichsweise schlechten Gesundheitszustand, einem vergleichsweise geringen Einkommen und einem niedrigen Bildungsstand nachweisen. Zudem bestehen enge Zusammenhänge zwischen der sozialen Schichtzugehörigkeit einerseits und der Gesundheit andererseits: Die Schichtzugehörigkeit bildet eine bedeutende Determinante des Gesundheitszustands. Dies zeigt zum einen, dass die Verletzlichkeit in hohem Maße von „äußeren Lebensbedingungen“ mitbestimmt ist. Und zeigt zum anderen, wie wichtig eine *in allen Phasen der Biografie gegebene* Chancengleichheit in Bezug auf Bildung und Prävention für die Entwicklung und Erhaltung von körperlicher und psychischer Gesundheit ist.

Ein bedeutsames Merkmal von Verletzlichkeit bildet die *Einsamkeit im Alter*, die vielfach mit depressiven Störungen und Angststörungen wie auch mit einer erhöhten Suizidgefährdung verbunden ist. Die Daten der Generali Altersstudie 2017 machen deutlich, dass in der Gruppe der 65- bis 85-Jährigen das Gefühl der Vereinsamung nur selten anzutreffen ist. Folgt man den Ergebnissen der Studie, so haben 4 Prozent der Altersgruppe häufiger das Gefühl, einsam zu sein; bei 19 Prozent tritt dieses Gefühl manchmal auf. Differenziert man nun zwischen den einzelnen Altersgruppen, so fällt auf: In der Gruppe der 80- bis 85-Jährigen fühlen sich immerhin 36 Prozent manchmal einsam. Bei Frauen und Männern ohne Partner oder mit einem schlechten Gesundheitszustand sind die Zahlen sogar noch höher. Was folgt aus diesem Befund?

Es folgt aus diesem *nicht*, dass im Alter generell das Isolations- und Vereinsamungsrisiko zunehmen würde. Eine derartige Deutung wäre nicht nur falsch, sondern würde auch an einer *gezielten* Interventionsstrategie vorbeigehen. Die gezielte Interventionsstrategie ist nämlich dort nötig, wo spezifische Risikokonstellationen vorliegen, also bei Menschen ohne Partner, mit schlechter Gesundheit, mit geringen materiellen Ressourcen, mit einem sehr kleinen Bekanntenkreis, mit deutlich eingeschränkter Selbstständigkeit im Alltag. Die gezielte Intervention ist deswegen notwendig, weil gerade unter Einsamkeitsgefühlen Wohlbefinden und Lebensqualität zurückgehen und das Selbst- und Weltgestaltungsmotiv – verbunden mit dem Gefühl, gebraucht zu werden – deutlich schwächer wird.

1.5 Alter als individueller und gesellschaftlicher Gestaltungsauftrag

Betrachtet man die Befunde der Generali Altersstudie 2017 in ihrer Gesamtheit, dann lässt sich zunächst folgern: Die hier befragten Generationen älterer Menschen geben Einblick in die *Gestaltungsmöglichkeiten*, die das Alter bietet, wie auch in die *Gestaltungsgrenzen*, die mit zunehmendem Alter ebenfalls mehr und mehr in den Vordergrund treten. Sie zeigen, dass das Alter mit Entwicklungsperspektiven verbunden ist, wie es auch Anforderungen an die Bewältigungs- und Verarbeitungskapazität des Individuums stellt. Das Alter lässt sich individuell gestalten, und dies auch in Phasen deutlich erhöhter Verletzlichkeit. Dabei bezieht sich die Gestaltung eben nicht nur auf die eigene Person, sondern – und dies zeigen die Befunde sehr deutlich – auch auf das familiäre und außerfamiliäre Netzwerk sowie auf den öffentlichen Raum. Aus diesem Grunde lassen sich viele der gewonnenen Untersuchungsbefunde mit dem Begriffspaar *„Selbstgestaltung – Weltgestaltung"* umschreiben.

Wenn hier nun von einem *„individuellen Gestaltungsauftrag"* gesprochen wird, so ist damit gemeint, dass uns das Leben nicht nur „gegeben", sondern auch und vor allem „aufgegeben" ist. Dies bedeutet mit Blick auf das Alter: Möglichkeiten und Anforderungen, die dieses stellt, zu antizipieren und sich auf diese neue Lebensphase vorzubereiten. Weiterhin im Alter offen zu sein für neue Anregungen. Darüber hinaus die Leistungsfähigkeit und Gesundheit durch körperliche und kognitive Aktivität wie auch durch Prävention lange zu erhalten. Schließlich durch soziale Aktivität Teilhabe zu fördern, sich immer wieder Ziele zu setzen und Aufgaben zu stellen, deren Verfolgung das Gefühl der Stimmigkeit, das Erfahren von Sinn herzustellen vermag. Und selbst in Grenzsituationen nach persönlich stimmigen Formen der Bewältigung und Verarbeitung zu suchen. Selbstverantwortung und Mitverantwortung sollten sich dabei (möglichst lange) verschränken: Die Verantwortung für sich selbst lässt sich – dies wurde an mehreren Beispielen aufgezeigt – durchaus erweitern zu einer Mitverantwortung für andere Menschen.

Die gelebte Mitverantwortung bildet dabei Grundlage für *Sorgestrukturen*, in denen ältere Menschen sowohl Gebende als auch Nehmende, sowohl Inspirierende als auch Inspirierte, sowohl Unterstützende als auch Unterstützte sind. In Zukunft – ungefähr ab dem Jahre 2030 – wird die Anzahl alter (im neunten und zehnten Lebensjahrzehnt stehender) Menschen erkennbar steigen; zugleich werden die familiären Ressourcen zur Unterstützung hilfe- oder pflegebedürftiger Menschen zurückgehen. Damit wird die Sicherung einer nicht nur fachlich, sondern auch ethisch und menschlich anspruchsvollen Pflege noch einmal an gesellschaftlicher Bedeutung gewinnen. Gerade vor diesem Hintergrund werden neue Sorgestrukturen, neue sorgende Gemeinschaften immer aktueller werden. Es wird darum gehen, sorgende Gemeinschaften zu gründen, die nicht allein, vielleicht sogar nicht einmal primär auf familiären Beziehungen aufbauen, sondern ausdrücklich *auch freundschaftliche und nachbarschaftliche Beziehungen einschließen*. Hier kommt den Kommunen, den Kirchen, den Verbänden und den Vereinen große Verantwortung zu, wenn es darum geht, den Impuls zur Gründung solcher Sorgestrukturen zu geben und deren Entwicklung beratend und unterstützend zu begleiten. Und hier werden Staat, Wirtschaft und Bürgergesellschaft zu innovativen Formen der Kooperation finden müssen.

Der individuelle Gestaltungsauftrag ist an *Voraussetzungen* gebunden. Genannt wurden bereits die über den gesamten Lebenslauf gegebenen Bildungschancen, ein über den gesamten Lebenslauf bestehendes Gesundheitsförderungs- und Präventionsangebot, eine fachlich wie ethisch anspruchsvolle und ansprechende Medizin und Pflege, die – frei von lebensaltersbezogenen Rationierungsmotiven – allen Menschen eine fundierte Diagnostik, Therapie, Rehabilitation und Pflege zu bieten vermag. Hinzu kommen materielle Ressourcen, die jedem Menschen die Sicherheit geben, bis ins hohe Alter einen finanziell eigenständigen Haushalt zu führen.

Zu den genannten Voraussetzungen gehört aber auch die in der Biografie vonstattengehende Ausbildung von Bewältigungs- und Verarbeitungstechniken, die das Individuum in die Lage versetzen, Belastungen und Konflikte, ja sogar Grenzsituationen auszuhalten und in diesen vielleicht sogar emotional, geistig, motivational und existenziell zu wachsen. Nicht nur die Techniken der Belastungsbewältigung und -verarbeitung sind wichtig, sondern auch Techniken der Kontakt- und Beziehungsgestaltung sowie die Fähigkeit und Bereitschaft, sich für andere Menschen zu engagieren. Damit wird eine Grundlage für die soziale Teilhabe im Alter geschaffen.

Und worin liegt der *„gesellschaftliche Gestaltungsauftrag“*? Zunächst sind Aussagen ernst zu nehmen und dem politischen Handeln zugrunde zu legen, die darauf deuten, dass die materielle Sicherung älterer Menschen in Zukunft ein geringeres Niveau aufweisen wird, als dies heute noch der Fall ist. Zudem muss von einer Zunahme sozialer Ungleichheit ausgegangen werden, wenn man bedenkt, dass die Anzahl jener Personen, die mit mehrfach unterbrochenen oder vorzeitig abgebrochenen Erwerbsbiografien in das Rentenalter eintreten, erkennbar zunehmen wird. Die Zunahme sozialer Ungleichheit ist aber auch dadurch bedingt, dass die Anzahl von Personen, die in ihrer Erwerbsbiografie nur geringe Löhne ausgezahlt bekamen, deutlich gewachsen ist – mit Folgen für die individuellen Rentenansprüche.

Damit ist die *soziale Gerechtigkeitsfrage* gestellt, deren Bedeutung für die Lebensführung und Lebensqualität des Einzelnen – auch vor dem Hintergrund der in der Generali Altersstudie 2017 gewonnenen Befunde – nicht hoch genug gewertet werden kann. Zu denken ist hier nicht nur an eine deutlich bessere Entlohnung unterer Einkommensgruppen. Zu denken ist hier auch an eine stärkere Fokussierung der Daseinsvorsorgeleistungen auf jene Menschen, die in besonderem Maße auf diese angewiesen sind, bei einer gleichzeitig steigenden Selbstbeteiligung für die Gruppe jener Personen, die über ein vergleichsweise hohes Einkommen verfügen. Schließlich ist ein öffentlich geführter Diskurs zur sozialen Gerechtigkeit als sittlich-moralischer Grundlage der Demokratie notwendig. Die Ergebnisse der Generali Altersstudie 2017 veranschaulichen, was es bedeutet, im Alter unter finanziell einschränkenden Bedingungen zu leben: Die Teilhabemöglichkeiten sind erkennbar geschmälert, die Möglichkeiten persönlich sinnerfüllten Engagements ebenso, schließlich auch der Zugang zu einem breiten Spektrum medizinischer und pflegerischer Leistungen. Dies alles sind Aspekte des gesellschaftlichen Gestaltungsauftrags.

Der gesellschaftliche Gestaltungsauftrag geht aber noch weiter. Er schließt auch Konzepte und Strategien ein, die darauf zielen, das *Humanvermögen älterer und alter Menschen vermehrt zu nutzen*. Gemeint ist hier, jenen Menschen, die länger arbeiten wollen und arbeiten können, vermehrt die Möglichkeit zu eröffnen, dies zu tun. Eine wachsende Anzahl älterer Menschen hat Interesse an einer Fortsetzung ihrer Arbeit – wenn auch unter dem *Vorzeichen deutlich erhöhter zeitlicher und inhaltlicher Souveränität*: Wie hoch das monatliche oder jährliche Arbeitsvolumen ausfällt, wie das Portfolio der auszuübenden Tätigkeiten definiert wird, sollte sich deutlich stärker an den Präferenzen des Mitarbeiters orientieren. Der gesellschaftliche Gestaltungsauftrag schließt weiterhin den Ausbau von Gelegenheitsstrukturen für ehrenamtliches Engagement ein. Wie die Ergebnisse der Generali Altersstudie 2017 zeigen, ist das Interesse an diesem Engagement stark ausgeprägt. Die Erörterung von Möglichkeiten, dieses Engagement auszubauen, erscheint vor dem Hintergrund des Weltgestaltungs-, Sorge- und Mitverantwortungsmotivs im Alter als sinnvoll. Finanzielle Anreize zu diesem Engagement kompromittieren dieses Motiv keineswegs. Über diese Gelegenheitsstrukturen hinaus darf aber nicht die Würdigung des „stillen“ Engagements vernachlässigt werden: handelt es sich bei diesem doch um eine bedeutende Komponente des ehrenamtlichen Engagements.

Das Lebensgefühl der älteren Generation

Generali Deutschland AG (Hrsg.), *Generali Altersstudie 2017*,
DOI 10.1007/978-3-662-50395-9_2

Die große Mehrheit der 65- bis 85-Jährigen blickt positiv auf ihren jetzigen Lebensabschnitt und zieht auch eine positive Bilanz ihres bisherigen Lebens. Dies hat ganz wesentlich auch damit zu tun, dass sich die Altersschwellen, ab denen die Vitalität nachlässt, in den letzten Jahrzehnten erheblich verschoben haben. So sind heutige über 65-Jährige im Vergleich zu den über 65-jährigen vor zwanzig, dreißig Jahren von ihrem Verhalten, ihrem Interessenspektrum und ihrer Mentalität her deutlich jünger.

2.1 Insgesamt hohe Lebenszufriedenheit – aber Unterschiede in den sozialen Schichten

Die Generation der heute 65- bis 85-Jährigen zeichnet ein positives Lebensgefühl und eine hohe Lebenszufriedenheit aus. Gebeten, ihre Zufriedenheit mit dem eigenen Leben anhand einer 11-stufigen Skala von 0 („überhaupt nicht zufrieden") bis 10 („völlig zufrieden") einzustufen, wählen die 65- bis 85-Jährigen im Durchschnitt die hohe Skalenstufe 7,2. 53 Prozent von ihnen sind besonders zufrieden mit ihrem derzeitigen Leben und stufen sich auf einem der oberen Skalenpunkte von 8 oder höher ein. Auf die unteren Skalenpunkte entfallen nahezu keine Nennungen (Abb. 2.1).

Der Grad der Lebenszufriedenheit ist eng verknüpft mit dem Gesundheitszustand und der eigenen wirtschaftlichen Lage. So sind 65- bis 85-Jährige mit niedrigem Haushaltseinkommen deutlich unzufriedener mit dem eigenen Leben als Personen mit hohem Haushaltseinkommen.

Frage: „Wenn Sie einmal alles in allem nehmen, wie zufrieden sind Sie insgesamt zurzeit mit Ihrem Leben? Sagen Sie es mir doch bitte nach dieser Skala hier. Null bedeutet ‚überhaupt nicht zufrieden', und zehn: ‚völlig zufrieden'." (Bildblattvorlage)

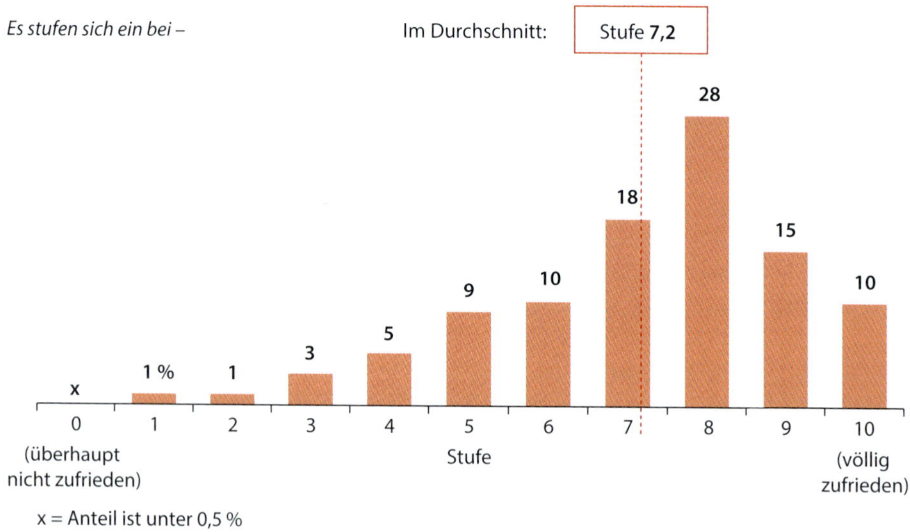

Abb. 2.1 Hohe Lebenszufriedenheit.
Basis: Bundesrepublik Deutschland, 65- bis 85-jährige Bevölkerung. Quelle: Generali Altersstudie 2017

Während Ältere mit niedrigem Haushaltseinkommen einen durchschnittlichen Skalenwert von 6,9 wählen, stufen 65- bis 85-Jährige mit hohem Haushaltseinkommen ihre Lebenszufriedenheit im Durchschnitt bei 7,7 ein. Noch deutlicher fallen die Unterschiede zwischen Älteren mit gutem und schlechtem Gesundheitszustand aus: So stufen diejenigen, die ihren Gesundheitszustand als gut oder sehr gut bezeichnen, ihre Lebenszufriedenheit durchschnittlich auf der Skalenstufe 8,2 ein; Personen mit schlechtem Gesundheitszustand wählen hingegen im Durchschnitt nur die Skalenstufe 5,6. Keine andere Personengruppe ist mit dem eigenen Leben so unzufrieden wie Ältere mit schlechtem Gesundheitszustand.

Überdurchschnittlich zufrieden mit dem eigenen Leben sind diejenigen, die noch beruflich aktiv sind oder sich ehrenamtlich engagieren: 65- bis 85-Jährige, die noch regelmäßig arbeiten, bewerten ihre Lebenszufriedenheit mit 7,6, diejenigen, die sich ehrenamtlich engagieren, mit 7,7.

Geschlecht und Alter haben im Vergleich dazu nur einen geringeren Einfluss auf die eigene Lebenszufriedenheit. So bewerten 80- bis 85-Jährige ihre Lebenszufriedenheit mit einem durchschnittlichen Skalenwert von 7,0 nur etwas schlechter als die 65- bis 69-Jährigen oder die 70- bis 74-Jährigen, die sich im Durchschnitt bei 7,3 bzw. 7,4 einstufen. Männer wiederum sind etwas zufriedener mit dem eigenen Leben als Frauen. Ähnlich geringen Einfluss auf die Lebenszufriedenheit haben Kinder oder Enkelkinder. 65- bis 85-Jährige, die Kinder bzw. Enkelkinder haben, bewerten ihre Lebenszufriedenheit jeweils mit 7,3, 65- bis 85-Jährige ohne Kinder oder Enkelkinder mit 7,1. Etwas größer sind die Unterschiede zwischen Älteren mit und ohne Partner. So stufen 65- 85-Jährige mit Partner ihre Lebenszufriedenheit im Durchschnitt bei 7,4 ein, 65- bis 85-Jährige ohne Partner bei 7,0 (Abb. 2.2).

Die hohe Lebenszufriedenheit der älteren Generation zeigt sich auch in den qualitativen Tiefeninterviews, die im Rahmen der Generali Altersstudie 2017 parallel zu den quantitativen standardisierten Interviews durchgeführt wurden.[1] In den Tiefeninterviews kommen die Lebensfreude und die große Zufriedenheit mit dem derzeitigen Lebensabschnitt vieler 65- bis 85-Jähriger deutlich zum Ausdruck:

» „Das ungezwungene Leben, das nicht an bestimmte Zeiten oder Vorgaben gebundenen ist, macht richtig Spaß." (Frau, 76 Jahre, mit Partner)

» „Ich und mein Mann, der ja auch Rentner ist, genießen jeden Tag unseres Lebens. In unserem Alter sollten das ja auch alle machen." (Frau, 73 Jahre, mit Partner)

» „Man weiß nie, was kommt. Aber jetzt genieße ich erst einmal die Zeit des Alters." (Frau, 68 Jahre, mit Partner)

» „Mein Leben ist sehr schön. Ich bin zufrieden. Einigermaßen gesund, zwar mit vielen kleinen Wehwehchen, aber mit denen komme ich zurecht." (Frau, 65 Jahre, alleinstehend)

» „Wenn es nicht schlechter wird, bin ich zufrieden, so wie es ist." (Frau, 84 Jahre, alleinstehend)

---

1 Insgesamt wurden 30 Tiefeninterviews geführt, aus denen 20 Interviews für ausführliche Porträts ausgewählt wurden (s. dazu ▶ Kap. 10). Die Zitate wurden teilweise sprachlich und grammatikalisch überarbeitet, um eine bessere Lesbarkeit zu erzielen. Daher können für gleiche Textpassagen mitunter leichte sprachliche Unterschiede zwischen den Zitaten im Haupttext und den Porträts auftreten.

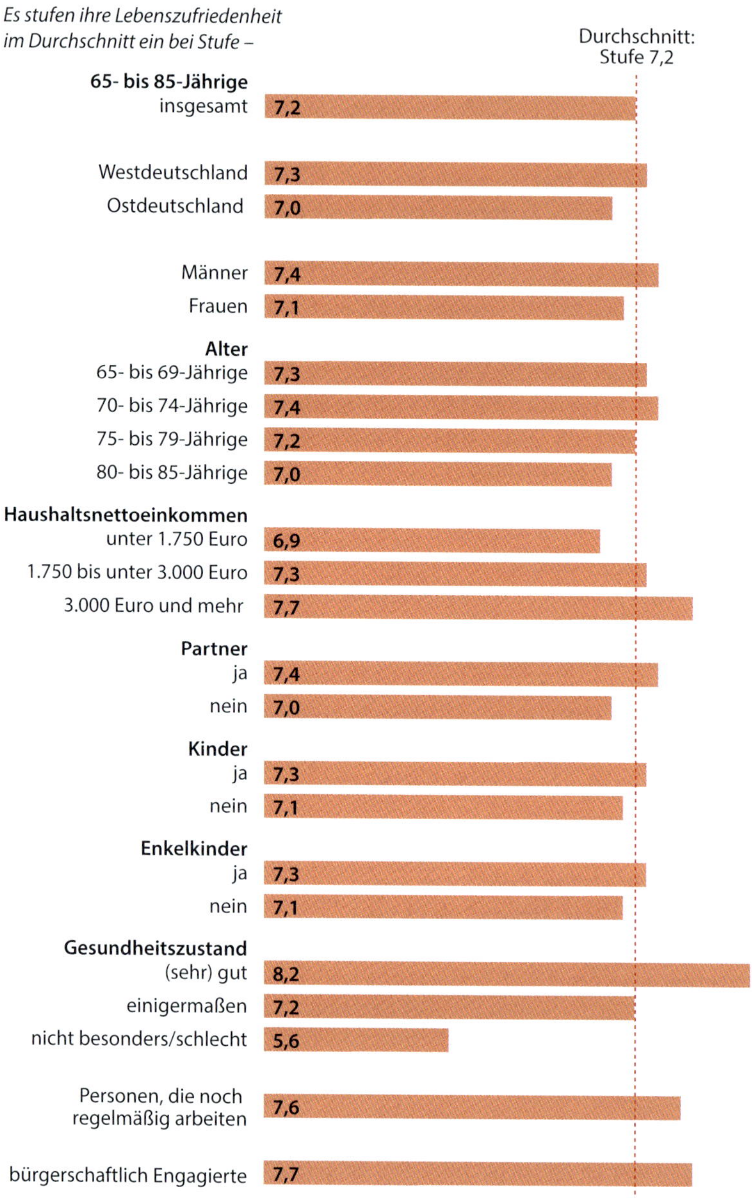

Abb. 2.2 Einflussfaktoren auf die Lebenszufriedenheit.
Basis: Bundesrepublik Deutschland, 65- bis 85-jährige Bevölkerung. Quelle: Generali Altersstudie 2017

Einige der Befragten machen zudem deutlich, was zu ihrer Lebenszufriedenheit alles beiträgt:

» „Mir geht's gesundheitlich und finanziell gut, ich habe viele Beschäftigungen und viele Hobbys, meine Reisen, meine Kinder und Enkel und immer was zu tun – mir geht's trotz meines Alters, da darf ich gar nicht daran denken, dass ich demnächst auch schon 78 Jahre alt werde, einfach gut. Ich bin sehr zufrieden." (Frau, 77 Jahre, alleinstehend)

» „Ich fühle mich körperlich und geistig fit. Das ist ein großes Geschenk. Ich habe eine tolle Familie, bin stolz auf meine Kinder und Enkelkinder und freue mich jeden Tag über meine Arbeit, obwohl ich Rentner bin." (Mann, 70 Jahre, mit Partnerin)

» „Ich bin finanziell abgesichert, kann also ganz gut leben, ohne Angst vor Altersarmut zu haben. Gesundheitlich geht es mir gut, außer dass die Beine nicht mehr ganz so mitmachen. Geistig denke ich, bin ich noch voll da, so sagen es zumindest meine Freunde und Bekannten. Und ich habe einen großen Freundes- und Bekanntenkreis." (Mann, 85 Jahre, alleinstehend)

Im Trendvergleich mit der Generali Altersstudie 2013 ist die durchschnittliche Zufriedenheit mit dem eigenen Leben in der Altersgruppe der 65- bis 85-Jährigen geringfügig um 0,2 Prozentpunkte zurückgegangen. Dies gilt jedoch nur für die generelle Lebenszufriedenheit, in allen anderen Lebensbereichen ist die Zufriedenheit im Vergleich zur letztmaligen Studie gleich geblieben oder sogar leicht angestiegen. Besonders zufrieden ist die ältere Generation mit ihrer persönlichen Wohnsituation und ihrem Wohnumfeld: Ihre eigene Wohnsituation bewerten die 65- bis 85-Jährigen aktuell mit der hohen Skalenstufe 8,4, ihr persönliches Wohnumfeld, also den Ort oder Stadtteil, in dem sie leben, mit der Skalenstufe 8,2. Auch die Zufriedenheit mit den sozialen Kontakten übersteigt die ohnehin hohe Lebenszufriedenheit der älteren Menschen noch einmal deutlich: Im Durchschnitt wählen die 65- bis 85-Jährigen für die Beziehungen und Kontakte, die sie zu anderen Menschen haben, den Skalenwert 8,0.

Im Vergleich zur allgemeinen Lebenszufriedenheit fällt die Zufriedenheit der 65- bis 85-Jährigen mit ihrer finanziellen Situation sowie ihrem Gesundheitszustand etwas zurückhaltender aus: Ihre finanzielle Situation bewerten ältere Menschen derzeit mit dem Durchschnittswert 7,1, ihren Gesundheitszustand mit der Skalenstufe 6,2. Allerdings fällt die aktuelle Bewertung der finanziellen Situation tendenziell etwas positiver aus als 2012[2] (Abb. 2.3).

Die geringfügig gesunkene allgemeine Lebenszufriedenheit mag auf den ersten Blick verwundern, da sich die ältere Generation in allen anderen Lebensbereichen mindestens so zufrieden äußert wie 2012. Eine mögliche Erklärung könnte sein, dass viele Ältere sich, wie gezeigt, sehr zufrieden mit ihrem derzeitigen persönlichen Leben und den dazugehörigen Lebensumständen zeigen, dass sie aber wegen der allgemeinen politischen Lage in Deutschland und der Welt zum Teil sehr besorgt sind. Dies zeigt sich besonders eindrucksvoll in den Tiefeninterviews:

» „Wenn es um meine Familie und den Freundeskreis geht, da mache ich mir zum gegenwärtigen Moment keine Sorgen. Es läuft alles eigentlich fast reibungslos. Was mich aber zurzeit sehr beschäftigt und teilweise beunruhigt, sind die politischen Dinge hier in Deutschland. Die Flüchtlingsproblematik in Deutschland, das spürbare Anwachsen von Rechtspopulismus in bestimmten Kreisen. Da wird mir ehrlich gesagt etwas mulmig." (Frau, 67 Jahre, alleinstehend)

» „Wir sind zufrieden mit unserem Leben, auch wenn die jetzigen politischen Realitäten eine große Unsicherheit erzeugen. Insofern ist das Dasein etwas getrübt, nicht wegen uns, sondern wir machen uns immer mehr Sorgen um unsere Kinder und Enkel." (Frau, 73 Jahre, mit Partner)

---

2 Die Jahresangaben im Titel der Generali Altersstudien 2013 und 2017 beziehen sich auf das Jahr der Veröffentlichung. Die Daten selbst wurden jeweils im Jahr vor der Veröffentlichung erhoben, also in den Jahren 2012 und 2016.

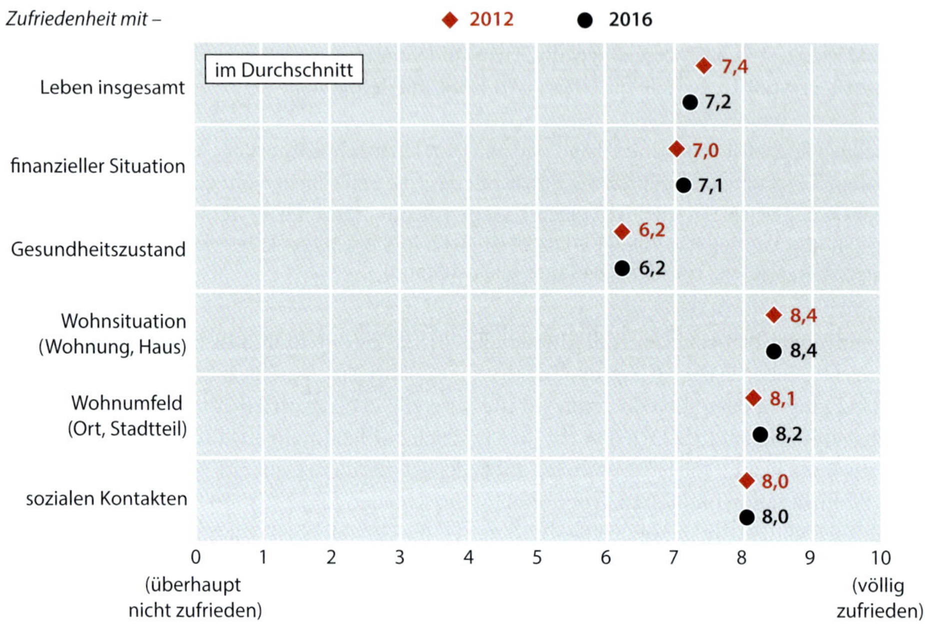

Abb. 2.3 Zufriedenheit mit verschiedenen Lebensbereichen.
Basis: Bundesrepublik Deutschland, 65- bis 85-jährige Bevölkerung. Quelle: Generali Altersstudien 2013 und 2017

» „Politische Auseinandersetzungen nehmen eher dramatisch zu, als dass sie abnehmen. Auch die Lösung all der Umweltprobleme läuft einfach zu langsam ab, die Probleme auf unserem Planeten scheinen eher stärker zu werden, und man fragt sich natürlich, wie unsere Enkelkinder und ihre Kinder in Zukunft auf dieser Erde leben werden. All das macht einen auch nachdenklich und man hat es hin und wieder schwer, sich einen gewissen Grundoptimismus zu erhalten." (Mann, 72 Jahre, mit Partnerin)

» „Wenn ich daran denke, was sich zurzeit in der Welt abspielt, kann einem angst und bange werden. Die Kriege überall, der ungebremste Zustrom der vielen Flüchtlinge, die vielen Milliarden Euro, die da rausgeschmissen werden – und irgendwann werden diese ja im Staatssäckel fehlen. All das macht mich ängstlich und unsicher, was noch auf uns zukommt und unsere Enkel ausbaden müssen." (Frau, 71 Jahre, mit Partner)

» „Die gesellschaftliche Entwicklung, das muss ich wirklich mal sagen, ist für mich beängstigend, sanft ausgedrückt. Die ganze politische Situation regt mich oftmals sehr auf." (Mann, 85 Jahre, alleinstehend)

Einige der älteren Menschen bringen in den Tiefeninterviews gleichzeitig zum Ausdruck, dass sich die Unsicherheit der politischen Situation auch auf sie persönlich und ihr Verhalten auswirkt:

» „Unsere politische Situation im Moment und diese ganzen Kriegsgeschehen in Nahost beschäftigen mich schon, auch diese Terrorgewalt, die man ja auch in Europa spürt. Also ich scheue mich da jetzt schon, auf Massenveranstaltungen zu gehen, weil ich einfach Angst habe, dass hier das Gleiche passieren könnte wie den Leuten in Paris, sage ich ganz ehrlich." (Frau, 66 Jahre, alleinstehend)

» „Und jetzt diese vielen Anschläge, die sie überall in der Welt machen. Diese terroristischen Anschläge, meine ich. Das ist ja auch furchtbar. Auch die Anschläge gegen die Flüchtlinge hier in Deutschland. Was nun werden soll, ich weiß es nicht. Ich sage immer, wir sind alt, wir erleben nicht mehr viel. Und darum sage ich mir immer, schalte ab. Und dann schalte ich im Kopf ab – abgeschaltet." (Frau, 84 Jahre, alleinstehend)

Es ist davon auszugehen, dass die hier geäußerten Sorgen bei dem einen oder anderen Einfluss auf die Bewertung der persönlichen Lebenszufriedenheit haben können. Dennoch ist die Grundstimmung in der älteren Generation sehr positiv – auch wenn sich nicht alle 65- bis 85-Jährigen gleichermaßen zufrieden mit ihrem derzeitigen Leben und den verschiedenen Lebensbereichen äußern. Besonders gravierend fallen die Unterschiede zwischen den verschiedenen sozialen Schichten aus. Die oberen sozialen Schichten sind signifikant zufriedener mit den verschiedenen Facetten des Lebens als ältere Menschen aus den unteren sozialen Schichten. So stufen 65- bis 85-Jährige aus den oberen sozialen Schichten ihre Lebenszufriedenheit im Durchschnitt bei 7,7 ein, Ältere aus den unteren sozialen Schichten hingegen nur bei 6,8. Da für die Einordnung in die sozialen Schichten neben Schulbildung und (ehemaliger) Berufsstellung vor allem das Einkommen der Befragten hinzugezogen wurde,[3] fällt in den sozialen Schichten erwartungsgemäß auch die Zufriedenheit mit der finanziellen Situation weit auseinander: Ältere Menschen aus der Oberschicht bewerten die Zufriedenheit mit ihrer finanziellen Situation mit dem Skalenwert 7,9, diejenigen aus den unteren Sozialschichten nur mit 6,4.

Neben der deutlich höheren Zufriedenheit mit der eigenen materiellen Lage sind ältere Menschen aus der Oberschicht auch signifikant zufriedener mit ihrem Gesundheitszustand, ihrer Wohnsituation sowie ihren sozialen Kontakten als solche aus den unteren Sozialschichten. Trotz dieser Unterschiede zieht nur eine Minderheit der Unterschicht eine eindeutig negative Bilanz. Im Gegenteil: 65- bis 85-Jährige aus den unteren sozialen Schichten zeigen sich durchaus zufrieden mit vielen Lebensbereichen. So fällt die Zufriedenheit mit der Wohnsituation und dem Wohnumfeld auch in den unteren sozialen Schichten mit jeweils 8,0 sehr positiv aus (◘ Tab. 2.1).

Die hohe Zufriedenheit mit dem derzeitigen Leben hängt auch damit zusammen, dass die große Mehrheit der älteren Generation eine positive Bilanz ihres bisherigen Lebens zieht: 85 Prozent der 65- bis 85-Jährigen sind (sehr) zufrieden damit, wie ihr bisheriges Leben verlaufen ist. Nur gut jeder Zehnte ist damit weniger oder gar nicht zufrieden. Vor allem eine gute materielle Situation sowie ein intaktes soziales Umfeld beeinflussen die Bilanz des bisherigen Lebens positiv. So sind 92 Prozent der Älteren mit einem hohen Haushaltseinkommen zufrieden, wie ihr bisheriges Leben verlaufen ist, von Personen mit niedrigem Einkommen sind es hingegen vergleichsweise geringe 78 Prozent. Auch 65- bis 85-Jährige, die in einer Partnerschaft leben, sind mit ihrem bisherigen Leben deutlich zufriedener als ältere Menschen ohne Partner. Von den 65- bis 85-Jährigen, die einen großen Freundes- und Bekanntenkreis haben, ziehen sogar 93 Prozent eine positive Bilanz ihres bisherigen Lebens (◘ Abb. 2.4).

---

3 Siehe zur Definition des sozioökonomischen Status die Erläuterungen im Glossar (► Abschn. A.2)

Tab. 2.1 Weniger Zufriedenheit in den unteren sozialen Schichten

	65- bis 85-Jährige insgesamt (%)	Sozioökonomischer Status		
		niedrig (%)	mittel (%)	hoch (%)
Lebenszufriedenheit insgesamt	7,2	6,8	7,2	7,7
Finanzielle Situation	7,1	6,4	7,1	7,9
Gesundheitszustand	6,2	5,7	6,3	6,7
Wohnsituation (Wohnung, Haus)	8,4	8,0	8,4	8,7
Wohnumfeld (Ort, Stadtteil)	8,2	8,0	8,2	8,3
Soziale Kontakte	8,0	7,6	8,0	8,3

Basis: Bundesrepublik Deutschland, 65- bis 85-jährige Bevölkerung
Quelle: Generali Altersstudie 2017

Frage: „Wie zufrieden sind Sie damit, wie Ihr Leben bisher verlaufen ist? Sind Sie damit sehr zufrieden, zufrieden, weniger zufrieden, oder kaum, gar nicht zufrieden?"

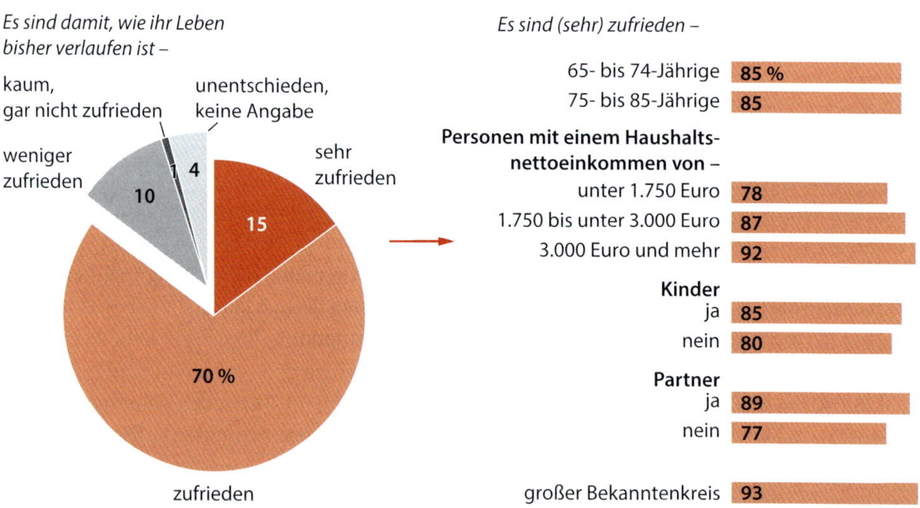

Abb. 2.4 Hohe Zufriedenheit mit dem bisherigen Leben.
Basis: Bundesrepublik Deutschland, 65- bis 85-jährige Bevölkerung. Quelle: Generali Altersstudie 2017

Die große Zufriedenheit mit dem Verlauf des bisherigen Lebens findet sich auch in vielen Tiefeninterviews wieder:

» „Ich bin zufrieden, sehr zufrieden. ‚No regrets' – ich bereue nichts. Auch nicht, dass ich nicht geheiratet und auch keine Familie gegründet habe. Ich habe mein Leben so gelebt, wie ich es leben konnte und wollte." (Mann, 71 Jahre, alleinstehend)

» „Mit meinem Leben bin ich sehr zufrieden. Ich müsste Prügel kriegen, wenn es nicht so wäre. In meinem Leben gab es keine Unglücksfälle." (Frau, 81 Jahre, mit Partner)

» „Ich bin mit meinem Leben sehr zufrieden. Wenn ich zurückblicke, habe ich mehr gute als schwierige Zeiten erlebt. Und dafür bin ich sehr dankbar." (Frau, 73 Jahre, mit Partner)

» „Ich bin glücklich, solch ein schönes Leben haben zu dürfen. Klar war nicht jeder Tag nur eitel Sonnenschein. Aber was habe ich doch insgesamt für ein Glück gehabt. Ich bin Gott dafür sehr, sehr dankbar." (Mann, 70 Jahre, mit Partnerin)

» „Ich bin sehr zufrieden. Mein Leben war bunt, und zwar richtig bunt." (Mann, 72 Jahre, alleinstehend)

» „So wie ich mein Leben gelebt habe, wie ich es gemacht habe, war das richtig und gut für mich. Und sehr befriedigend. Deshalb bin ich stolz darauf, wie ich mein Leben gelebt habe. Ich fühle mich frei und glücklich. Und ich kann mein Leben als ‚Alte' ungestört verbringen. Der Schlag kann kommen." (Frau, 85 Jahre, alleinstehend)

Selbst bei denen, die Einschränkungen machen, bleibt das Gesamtfazit positiv:

» „Meine Arbeit erfüllte mich voll und ganz. Von einigen Schicksalsereignissen abgesehen, habe ich auch im familiären und gesellschaftlichen Leben ein erfülltes Tagebuch. Also alles in allem, voll zufrieden." (Mann, 85 Jahre, alleinstehend)

» „Alles in allem sehr zufrieden, weil ein Leben nicht nur der Tanz auf dem Berg sein kann, sondern man muss den Berg auch wieder herunterkommen können. Man macht auch Fehler in so einem Leben, aber die konnte ich bisher immer bewältigen. Also meine berufliche Karriere, die ich hatte, und meine Familie bilden zusammen die Substanz eines Lebens, mit dem ich mehr als zufrieden bin." (Mann, 72 Jahre, mit Partnerin)

» „Ich bin mit meinem Leben alles in allem sehr zufrieden. Ich bedauere aber immer wieder sehr, dass mein Mann die letzten 30 Jahre nicht mit mir gemeinsam erleben durfte. Das ist wirklich schade!" (Frau, 84 Jahre, alleinstehend)

Mitunter sind die Einschränkungen, die geäußert werden, auch eher augenzwinkernd zu verstehen:

» „Ich bin sehr zufrieden mit meinem Leben. Das einzige, was ich vielleicht bemängele, dass ich noch nicht im Lotto gewonnen habe. Weil ich ja immer so viele Pläne habe." (Mann, 75 Jahre, mit Partnerin)

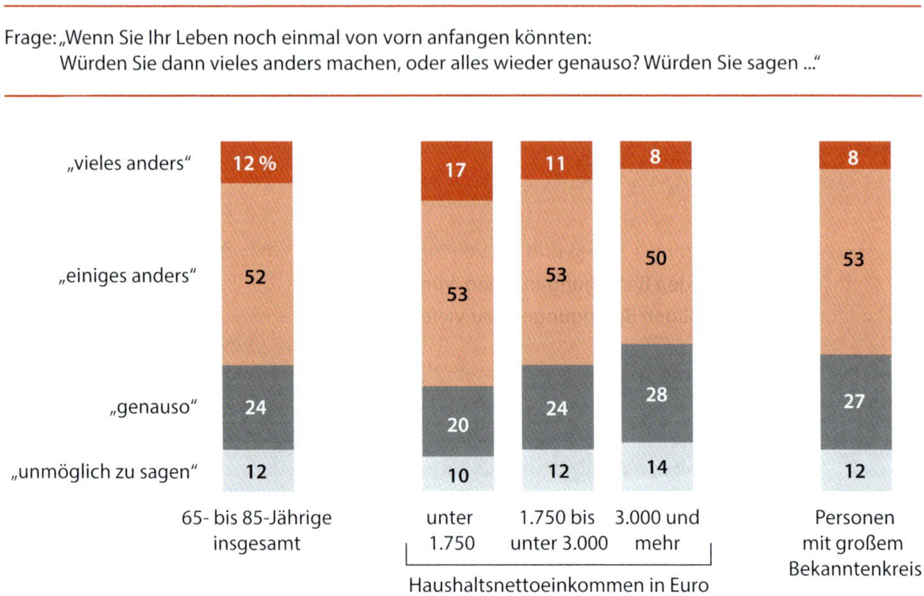

Abb. 2.5 Lebensbilanz.
Basis: Bundesrepublik Deutschland, 65- bis 85-jährige Bevölkerung. Quelle: Generali Altersstudie 2017

» „Ich hätte so gern diesen Lottogewinn mit den 36 Millionen. Das ist die einzige Unzufriedenheit, die mich umtreibt." (Mann, 71 Jahre, mit Partnerin)

Auch wenn die Bilanz der älteren Generation weit überwiegend positiv ausfällt, heißt dies umgekehrt nicht, dass die Mehrheit von ihnen alles im Leben wieder genauso machen würde. Immerhin 12 Prozent der 65- bis 85-Jährigen würden im Falle eines Neubeginns vieles in ihrem Leben anders machen, 52 Prozent zumindest einiges. Nur knapp jeder Vierte würde sein Leben wieder genauso führen, wie es tatsächlich verlaufen ist. Auch hier begünstigen gute materielle Verhältnisse und soziale Kontakte die Lebensbilanz: Ältere mit hohem Einkommen würden ebenso wie Ältere mit einem großen Bekanntenkreis ihr Leben bei einem Neubeginn weit weniger radikal ändern als solche mit niedrigem Einkommen und weniger sozialen Kontakten. Während 17 Prozent der 65- bis 85-Jährigen mit niedrigem Einkommen im Leben vieles anders machen würden, sind es bei Personen mit hohem Haushaltseinkommen nur 8 Prozent. Auch von den Älteren mit einem großen Freundes- und Bekanntenkreis würden lediglich 8 Prozent im Leben vieles anders machen, wenn sie noch einmal von vorn anfangen könnten. Materieller Wohlstand und ein gutes, intaktes soziales Umfeld steigern somit nicht nur die Lebenszufriedenheit, sondern auch die Bewertung des bisherigen Lebens (Abb. 2.5).

In den Tiefeninterviews wird deutlich, dass der Wunsch im Falle eines Neubeginns, im Leben einiges anders zu machen, keinen negativen Einfluss auf die Lebensbilanz haben muss:

» „Ich würde rückblickend bestimmt viele Dinge anders machen, aber die Zukunft lässt sich ja nicht voraussagen. Ich bin zumindest stolz darauf, dass ich versucht habe, das Beste aus meinen Situationen zu machen, auch wenn ich bestimmte Schritte viel früher hätte tun müssen." (Frau, 65 Jahre, alleinstehend)

» „Wenn ich mein Leben noch mal anfangen könnte, vielleicht hätte ich dann einiges anders gemacht. So manche Träume sind einfach auf dem Weg liegen geblieben, so wie zum Beispiel eine glückliche Partnerschaft oder als ich Erzieherin war, als es sich so herausgebildet hatte, dass ich Erzieherin werde, da hatte ich den Traum, dass ich mal auf einem Schiff als Erzieherin arbeiten wollte für die Passagiere und deren Kinder. Aber ich habe das dann nie gemacht." (Frau, 66 Jahre, alleinstehend)

» „Also mein Leben ist für die Zeiten und die Verhältnisse, die wir hatten, schon gut verlaufen. Wenn ich unter heutigen Bedingungen leben würde, würde ich vieles anders machen. Aber unter den damaligen Bedingungen war vieles anders nicht möglich." (Frau, 69 Jahre, alleinstehend)

2.2 Ein positiv skeptischer Blick in die Zukunft: Was 65- bis 85-Jährige vom Alter erwarten

Das Alter ist ein Lebensabschnitt, der von der älteren Generation ambivalent und keineswegs einseitig positiv gesehen wird. Vielmehr halten in etwa gleich viele der 65- bis 85-Jährigen das Alter für ein Stadium, das viele Chancen bereithält, aber auch Beschwerden und Mühen mit sich bringt. 36 Prozent sehen im Alter vor allem einen Lebensabschnitt, der mit neuen Chancen verbunden ist; für 37 Prozent überwiegen hingegen eher die Probleme und Leiden, die diese Phase des Lebens mit sich bringt (Abb. 2.6).

Die Ambivalenz in der Beurteilung der Chancen und Einschränkungen, die das Alter jenseits der 65 mit sich bringt, wird auch in den Tiefeninterviews sichtbar:

» „Ich denke, dass man sich noch in einer Phase befindet, wo man sich doch noch einigermaßen selber zurechtfindet. Man hat noch die Gedanken beisammen und

Frage: „Wie sehen Sie das: Ist das Alter ein Lebensabschnitt, der viele neue Chancen bietet, oder eher ein Lebensabschnitt, der vor allem mit Beschwerden und Mühen verbunden ist?"

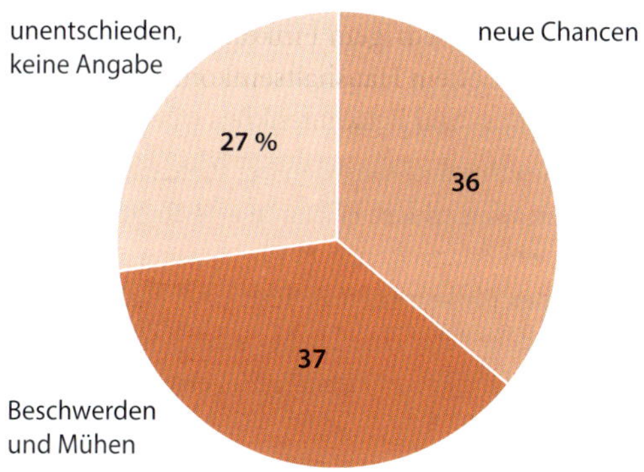

Abb. 2.6 Was bietet das Alter: neue Chancen oder vor allem Beschwerden? Basis: Bundesrepublik Deutschland, 65- bis 85-jährige Bevölkerung. Quelle: Generali Altersstudie 2017

einigermaßen Bewegungsfreiheit, kann also die schönen Dinge des Lebens noch genießen: Ich kann mir meine Zeit und mein Leben einteilen und an den Dingen des Lebens, die mir Freude machen, noch teilnehmen." (Frau, 81 Jahre, alleinstehend)

» „Und das ist das Schöne am Alter: Ich kann spontan sein. Ich kann mir nicht mehr vornehmen, in fünf Jahren eine große Reise zu machen, weil ich gar nicht weiß, ob ich da noch lebe. Aber wenn es mir plötzlich – jetzt! – in den Sinn kommt, dann könnte ich eine große Reise machen." (Frau, 76 Jahre, mit Partner)

» „Ich denke, insgesamt ist der Ruhestand für uns positiv, solange man noch gesund ist. Ab und zu hat man dann schon mal Beschwerden. Ich habe Arthrose in den Fingern bekommen. Da fällt mit dann schon auch manchmal etwas schwerer im Vergleich zu früher, als ich noch jünger war." (Frau, 68 Jahre, mit Partner)

» „Ich bin jetzt in dem Alter, in dem ich weiß, ich bin nicht mehr 18, sondern 80, und akzeptiere mein Alter; und ich weiß auch, dass ich nicht mehr so hüpfen kann, sondern langsamer laufen muss. Ich habe es mir so eingeteilt, dass ich bestimmte Dinge, die ich früher selbstverständlich aneinandergereiht habe, heute nicht mehr machen darf." (Frau, 80 Jahre, mit Partner)

» „Eigentlich ist dieser Lebensabschnitt, in dem ich mich jetzt befinde, mein letzter Lebensabschnitt, denke ich mir. Mit 84 Jahren kann man nicht mehr viel vom Leben erwarten, und noch dazu mit meinen zahlreichen Krankheiten, also ich erwarte nicht viel vom weiteren Leben." (Frau, 84 Jahre, alleinstehend)

Wie das Alter wahrgenommen und bewertet wird, hängt dabei von einer ganzen Reihe von Faktoren ab.[4] So beeinflussen die eigene finanzielle Lage, die sozialen Beziehungen, insbesondere aber der Gesundheitszustand die Einschätzung des aktuellen Lebensabschnitts: 60 Prozent der 65- bis 85-Jährigen, die ihren Gesundheitszustand als gut oder sehr gut bezeichnen, empfinden das Alter als einen Lebensabschnitt, der viele neue Chancen bietet. Von den Älteren, die ihren Gesundheitszustand als weniger gut einstufen, sind dies nur 9 Prozent. 76 Prozent der 65- bis 85-Jährigen mit schlechtem Gesundheitszustand assoziieren mit dem Alter vor allem Mühen und Beschwerden. Da mit zunehmendem Alter auch die körperlichen Beschwerden zunehmen, gibt es einen engen Zusammenhang zwischen dem eigenen Alter und der Bewertung des Lebensabschnitts: 65- bis 69-Jährige verknüpfen mit dem Alter daher erwartungsgemäß signifikant häufiger neue Chancen und Möglichkeiten als 80- bis 85-Jährige, die weit überdurchschnittlich auf die Mühen und Probleme des Alters verweisen.

Auch wenn der eigene Gesundheitszustand den bei Weitem größten Einfluss auf die Wahrnehmung vom Alter hat, spielen auch andere Faktoren eine Rolle. So ziehen erneut höhere Einkommensschichten eine positivere Bilanz als untere Einkommensschichten. Gut jeder zweite 65- bis 85-Jährige, der über ein hohes Einkommen verfügt, aber nur jeder vierte Ältere mit niedrigem Einkommen verbindet mit dem Alter einen Lebensabschnitt, der viele neue Chancen bietet. Älteren Menschen mit einer guten Einkommenssituation eröffnen sich ganz andere Spielräume,

---

4 Siehe dazu auch die Einleitung von Andreas Kruse: „Das Alter im Schnittpunkt von Chancen und Aufgaben. Selbst- und mitverantwortliches Leben älterer Menschen".

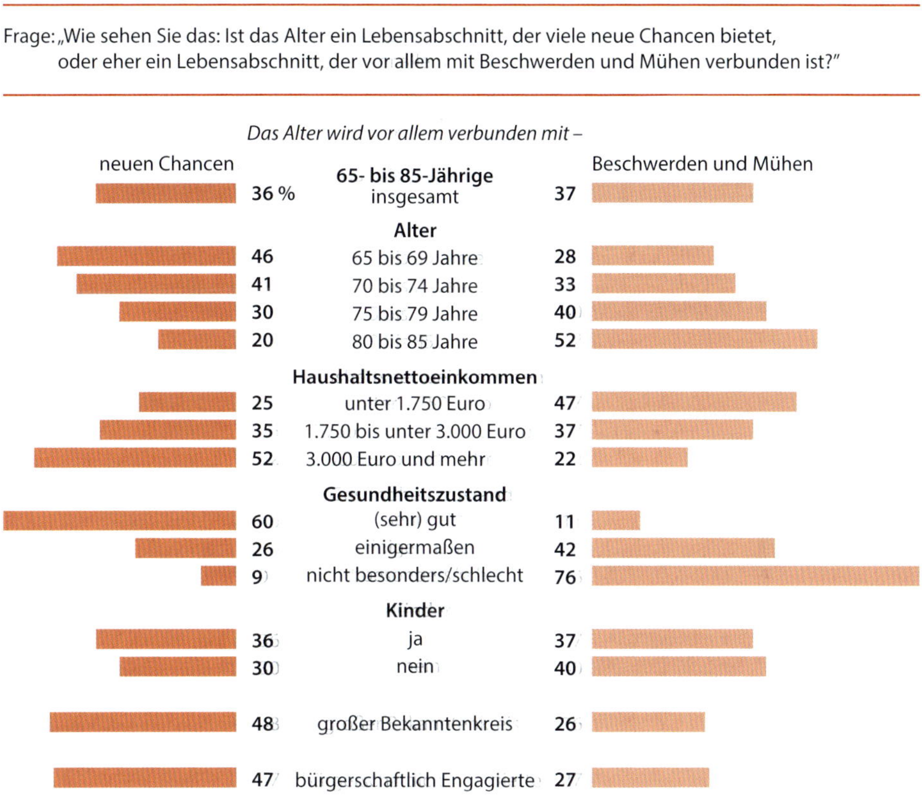

Abb. 2.7 Einflussfaktoren auf die Wahrnehmung vom Alter.
Basis: Bundesrepublik Deutschland, 65- bis 85-jährige Bevölkerung. Quelle: Generali Altersstudie 2017

ihren aktuellen Lebensabschnitt aktiv, abwechslungsreich und angenehm zu gestalten. Da die heutige Generation der Älteren mehr Wert auf eine umfassende und aktive Freizeitgestaltung legt als frühere Generationen, werden die finanziellen Ressourcen im Alter immer wichtiger, um sich diese Freiheiten auch leisten zu können.

Aber auch die sozialen Kontakte beeinflussen die Wahrnehmung des aktuellen Lebensabschnitts: Ältere Menschen, die Kinder haben, insbesondere aber solche, die einen großen Bekanntenkreis haben oder sich bürgerschaftlich engagieren, verbinden mit dem Alter weit überdurchschnittlich neue Chancen und Möglichkeiten (Abb. 2.7).

Diejenigen, die im Alter vor allem einen Lebensabschnitt sehen, der ihnen neue Chancen eröffnet, schmieden für die kommenden Jahre auch weit mehr Pläne als Ältere, für die die Mühen und Beschwerden im Vordergrund stehen. Ganz generell ist die Liste der Zukunftspläne der älteren Generation lang und abwechslungsreich. Im Vordergrund stehen eine aktive Freizeitgestaltung, die Pflege sozialer Kontakte sowie der Erhalt der geistigen und körperlichen Fitness. 65 Prozent der 65- bis 85-Jährigen möchten in den kommenden Jahren vor allem viel in der Natur unternehmen, 54 Prozent wünschen sich, ihr Leben unbeschwert genießen zu können. Rund jeder Zweite möchte in den kommenden Jahren viel Zeit mit der Familie verbringen oder auch die Enkelkinder aufwachsen sehen, 41 Prozent ist es wichtig, viel Zeit mit Freunden zu verbringen. Wie wichtig der älteren Generation die geistige und körperliche Fitness ist, zeigt sich daran,

Abb. 2.8 Zukunftspläne.
Basis: Bundesrepublik Deutschland, 65- bis 85-jährige Bevölkerung. Quelle: Generali Altersstudie 2017

dass sich 51 Prozent von ihnen vorgenommen haben, in den nächsten Jahren viel für ihre geistige Leistungsfähigkeit zu tun, und 40 Prozent, Sport zu treiben und körperlich fit zu bleiben.

Aber auch die Weitergabe von Wissen und eigenen Erfahrungen gehört für jeden Dritten aus der Generation der 65- bis 85-Jährigen zu den persönlichen Zukunftsplänen. 30 Prozent möchten zudem viel reisen, nahezu ebenso viele, sich viel Zeit für ihre Hobbys nehmen. Weit weniger im Fokus des Interesses stehen berufliche Pläne. So möchten sich nur 8 Prozent der 65- bis 85-Jährigen in den nächsten Jahren eine Nebenbeschäftigung suchen und nur 7 Prozent engen Kontakt zu ihrem beruflichen Umfeld halten (Abb. 2.8).

Betrachtet man die Zukunftspläne differenziert nach den verschiedenen Altersgruppen, wird sichtbar, dass Zahl und Umfang der Zukunftspläne erst jenseits des 80. Lebensjahres nennenswert zurückgehen. Insbesondere Pläne und Aktivitäten, die einen guten Gesundheitszustand voraussetzen, gehen verständlicherweise mit zunehmendem Alter sukzessive, jenseits des 80. Lebensjahres teilweise steil zurück. So möchten 41 Prozent der 65- bis 69-Jährigen in den nächsten Jahren viel reisen, von den 80- bis 85-Jährigen nur noch 13 Prozent; 32 Prozent der 65- bis 69-Jährigen möchten sich in Zukunft viel Zeit für ihre Hobbys nehmen, bei den 80- bis 85-Jährigen planen dies nur 19 Prozent. Ähnlich verhält es sich mit dem ehrenamtlichen Engagement oder mit dem Wunsch, Sport zu treiben. Aber auch ein unbeschwertes Leben zu führen, das Leben zu genießen, gehört für ältere Menschen jenseits des 80. Lebensjahres deutlich seltener zu den Zukunftsplänen als für die 65- bis 79-Jährigen.

Weit weniger unterscheiden sich die verschiedenen Altersgruppen in ihren Wünschen, viel Zeit mit der Familie zu verbringen, die eigenen Enkelkinder aufwachsen zu sehen oder auch in dem Ziel, viel für die geistige Leistungsfähigkeit zu tun (■ Tab. 2.2).

In den Tiefeninterviews wird die gesamte Bandbreite an Wünschen und Plänen der älteren Generation für die Zukunft sichtbar. Einer der zentralen Wünsche ist verständlicherweise der Erhalt von Gesundheit und Fitness:

» „Ich möchte so lange wie möglich gesund bleiben, eigenständig bleiben, in meiner Wohnung wohnen können und meinen Garten bewirtschaften. Und was ich mir vorstellen könnte für mein Alter, wenn es mir mal nicht mehr so gut geht, das wäre eine Senioren-WG." (Frau, 66 Jahre, alleinstehend)

» „Mein Wunsch ist es, einfach gesund zu bleiben und meine gute Laune zu erhalten und humorvolle Leute zu treffen und mit ihnen Freund zu sein. Das ist es, was das Leben ausmacht, was es schön macht." (Mann, 71 Jahre, alleinstehend)

» „Gesund bleiben und danach auch leben, sich gesund ernähren, viel Bewegung, geistig und körperlich fit bleiben." (Frau, 73 Jahre, mit Partner)

» „Einfach so weiter leben können. Gesundheit erhalten, das ist mein Ziel." (Mann, 70 Jahre, alleinstehend)

Daneben äußern einige der Befragten auch den Wunsch, beruflich noch einige Jahre aktiv sein zu können:

» „Ich möchte noch ungefähr zwei oder drei Jahre im Betrieb mitarbeiten." (Mann, 70 Jahre, mit Partnerin)

» „Mein Ziel ist es auf jeden Fall, noch ein paar Jahre beruflich aktiv zu sein, ein paar Jahre noch beweglich zu sein. Ein Ziel ist natürlich auch, möglichst halbwegs gesund zu bleiben und eben im gesamten Leben so lange wie möglich aktiv zu bleiben." (Mann, 72 Jahre, mit Partnerin)

Eine Reihe von Befragten hat sich auch zum Ziel gesetzt, in den nächsten Jahren zu reisen. Teilweise ist dieses Vorhaben bereits mit ganz konkreten Reisezielen hinterlegt, teilweise verbergen sich dahinter langgehegte Wünsche und Träume:

» „Ich möchte mit meinem Mann im nächsten Jahr nach Namibia reisen, ebenso nach Rom." (Frau, 73 Jahre, mit Partner)

Tab. 2.2 Zukunftspläne nach Altersgruppen

	65- bis 69-Jährige (%)	70- bis 74-Jährige (%)	75- bis 79-Jährige (%)	80- bis 85-Jährige (%)
Es haben sich für die kommenden Jahre vorgenommen –				
– Auswahl –				
Viel draußen, in der Natur sein	65	67	68	54
Unbeschwert bleiben, das Leben genießen	59	54	55	44
Viel Zeit mit meiner Familie verbringen	56	53	49	50
Viel für meine geistige Leistungsfähigkeit tun	49	54	54	48
Meine Enkelkinder aufwachsen sehen	53	51	44	50
Viel Zeit mit Freunden verbringen	45	43	41	30
Aktiv bleiben, Sport treiben	47	42	41	27
Meine Erfahrungen, mein Wissen an Jüngere weitergeben	33	35	33	33
Viel reisen	41	32	26	13
Mir viel Zeit für meine Hobbys nehmen	32	33	28	19
Etwas für die Gesellschaft tun, z. B. mich freiwillig oder ehrenamtlich engagieren	30	27	24	12
Noch mal etwas ganz Neues machen, z. B. ein neues Hobby ausprobieren	15	12	8	4
Mich weiterbilden, z. B. mit einem Kurs an der Volkshochschule	11	10	8	4

Basis: Bundesrepublik Deutschland, 65- bis 85-jährige Bevölkerung
Quelle: Generali Altersstudie 2017

» „Ich reise sehr gerne. Also, ich habe im Herbst vor, mit einer Freundin nach Helsinki zu fliegen, dann mit dem Schiff nach St. Petersburg, und das ist etwas, worauf ich mich sehr freue." (Frau, 78 Jahre, alleinstehend)

» „Urlaub. Urlaube, die ich mir leisten kann. Und ganz, ganz hinten im Traum, da ist ein Urlaub auf den Galapagos-Inseln." (Frau, 68 Jahre, mit Partner)

» „Was die nächsten Jahre anbetrifft, wäre die eine oder andere Reise noch schön. In diesem Jahr sind wir fünfzig Jahre verheiratet, und zu unserer Silberhochzeit waren wir in Neuseeland. Und dorthin möchte ich noch einmal." (Mann, 71 Jahre, mit Partnerin)

» „Ich möchte sicherlich noch ein paar Reisen machen, auch weitere. Das hängt sicher auch vom Gesundheitszustand ab, wenn er das erlaubt. Auf jeden Fall möchte ich mal gerne nach Lateinamerika. Das würde mich sehr reizen, so etwas mal zu machen." (Frau, 67 Jahre, mit Partner)

Dass mit zunehmendem Alter die Zukunftsplanungen begrenzter werden, zeigen auch die Äußerungen einiger Befragter:

» „Ich mache mir über die Zukunft keine großen Gedanken. Ich habe auch keine großen Ziele, sondern ich lasse die Dinge auf mich zukommen. Und wenn sie möglich sind, dann mache ich sie." (Frau, 80 Jahre, mit Partner)

» „Ich mache keine Zukunftspläne. Ich lebe in meinem Alter von Tag zu Tag und hoffe, dass alles noch länger so einigermaßen zur Zufriedenheit wie jetzt weitergeht. Was die Zukunft bringt, weiß keiner. Ich blicke in die Zukunft mit Gottvertrauen, das heißt, ich bete jeden Tag, und mein Glaube gibt mir Kraft für mein Leben, meinen Alltag." (Frau, 81 Jahre, alleinstehend)

» „Oh, ich mache schon seit Jahren keine Pläne mehr. Es geht einfach nicht mehr, mein einziges Ziel ist, in Würde zu sterben und meiner Familie keine Sorgen oder Probleme zu bereiten." (Frau, 84 Jahre, alleinstehend)

Die Ergebnisse der Generali Altersstudie belegen, dass soziale Beziehungen gerade für die Älteren immense Bedeutung haben. Denn mit zunehmendem Alter wächst auch der Eindruck, immer weniger am sozialen und gesellschaftlichen Leben teilzunehmen. So haben nur 8 Prozent der 65-bis 74-Jährigen öfter das Gefühl, nicht mehr gebraucht zu werden, von den 75- bis 79-jährigen sind es 14 Prozent, von den 80- bis 85-Jährigen bereits 19 Prozent. Weitere 31 Prozent der 80- bis 85-Jährigen haben selten dieses Empfinden. Allerdings kennt auch in dieser Altersgruppe eine relative Mehrheit von 43 Prozent dieses Gefühl überhaupt nicht. Von den 65- bis 69-Jährigen geben sogar 61 Prozent zu Protokoll, dass ihnen der Eindruck, nicht mehr gebraucht zu werden, völlig fremd ist.

65- bis 85-Jährige, die Kinder haben, beschleicht das Gefühl, nicht mehr gebraucht zu werden, seltener als Kinderlose. Die Unterschiede zwischen Älteren mit Enkelkindern und ohne Enkelkinder sind hingegen eher gering. Weit bedeutsamer sind die Unterschiede zwischen Älteren mit und ohne Partner: Nur 9 Prozent der 65- bis 85-Jährigen, die einen Partner haben, haben häufiger den Eindruck, nicht mehr gebraucht zu werden, bei älteren Menschen ohne Partner sind es immerhin 17 Prozent. Dieses Gefühl gar nicht zu kennen, meinen lediglich 43 Prozent der Älteren ohne Partner, aber 59 Prozent derjenigen mit Partner. Noch positiver wirken sich ein großer Bekanntenkreis oder berufliches wie ehrenamtliches Engagement aus. So sagen 65 Prozent der 65- bis 85-Jährigen mit einem großen Bekanntenkreis, dass ihnen das Gefühl, nicht mehr gebraucht zu werden, fremd ist; von den Älteren, die noch regelmäßig arbeiten, sind es 69 Prozent, von denen, die sich bürgerschaftlich engagieren, 62 Prozent (■ Abb. 2.9).

Auch die Mehrheit der 65- bis 85-Jährigen, die im Rahmen der Tiefeninterviews befragt wurden, hat nicht das Gefühl, dass sie nicht mehr gebraucht wird:

» „Das ist mir fremd. Vielleicht liegt es daran, dass ich noch sehr junge Enkelkinder habe oder dass ich gerade erst aus dem Beruf ausgestiegen bin oder vielleicht auch einfach an meiner persönlichen Einstellung." (Frau, 65 Jahre, alleinstehend)

Frage: „Von älteren Menschen hört man ja manchmal, dass sie das Gefühl haben, nicht mehr gebraucht zu werden. Haben Sie dieses Gefühl auch öfter, oder nur selten oder nie?"

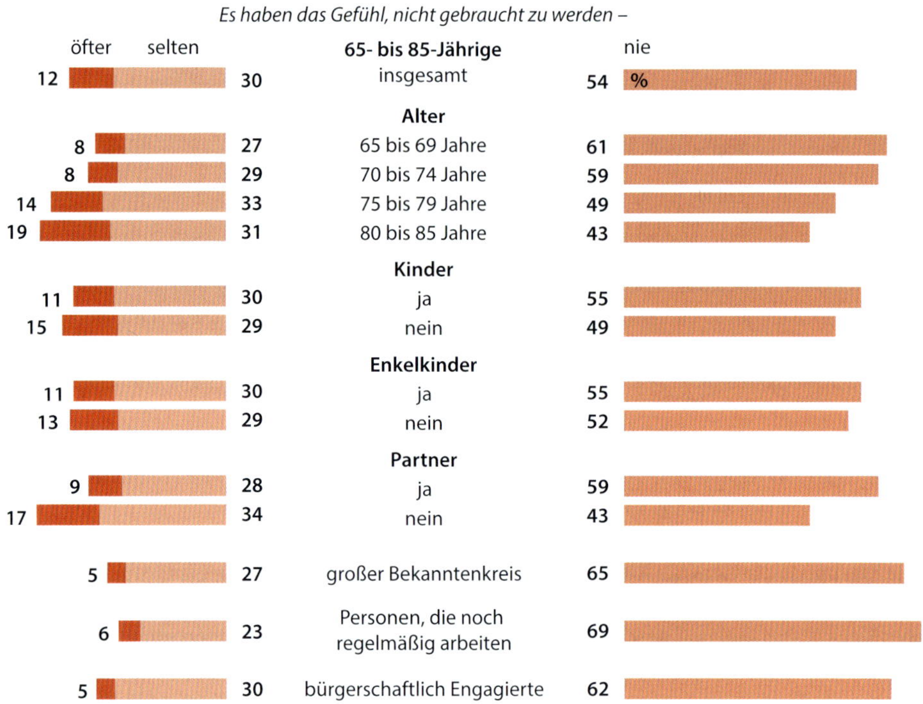

Abb. 2.9 Das Gefühl, gebraucht zu werden.
Basis: Bundesrepublik Deutschland, 65- bis 85-jährige Bevölkerung. Quelle: Generali Altersstudie 2017

» „Natürlich werde ich gebraucht. Ich werde gebraucht in unserer Kirche, ich werde gebraucht in meinen Hauskreisen, ich werde gebraucht, wo immer ich hinkomme." (Mann, 72 Jahre, alleinstehend)

» „Nein, dieses Empfinden habe ich nicht. Wir haben einen großen Freundeskreis und meine Mutter im Pflegeheim benötigt schon meine Hilfe." (Frau, 73 Jahre, mit Partner)

» „Geht an mir vorbei. Nein, umgekehrt ist es bei mir. Ich werde immer wieder angesprochen, was für andere zu erledigen, wo auch mein Standpunkt gefragt ist und ich um Rat gebeten werde. Egal, ob in der Familie oder im Freundeskreis." (Mann, 85 Jahre, alleinstehend)

» „Ich denke, wir werden noch voll gebraucht. Wir werden ja auch öfter gebeten, nach Berlin zu kommen, um die Enkel auch nur kurz mal zu betreuen. Und die freuen sich auch echt, wenn wir da sind. Wir haben auch mit unseren Freunden das Gefühl, das jeder jeden regelmäßig sieht und wir auch füreinander da sind. Also wir werden noch gebraucht, sowohl im Familien- als auch im Freundeskreis." (Frau, 73 Jahre, mit Partner)

Frage an 65- bis 85-Jährige, die selten oder nie das Gefühl haben, nicht mehr gebraucht zu werden: „Wer bzw. was gibt Ihnen vor allem das Gefühl, gebraucht zu werden: Ihr Partner/Ihre Partnerin, Ihre Kinder, Ihre Enkel, andere Familienangehörige, Freunde, Ihr Engagement in Vereinen, der Gemeinde oder Ähnlichem, oder wer bzw. was sonst?" (Listenvorlage)

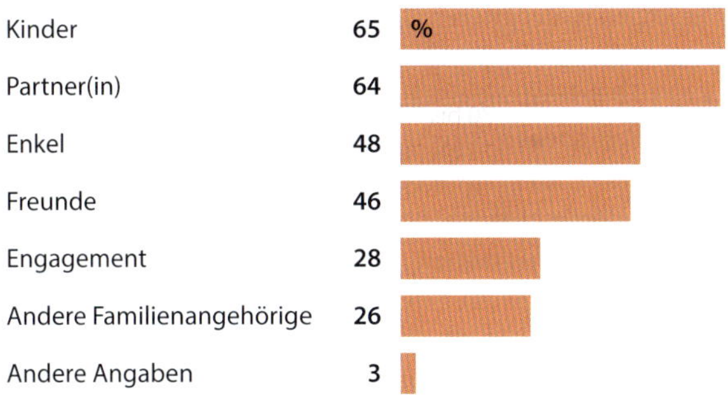

Abb. 2.10 Wer gibt einem das Gefühl, gebraucht zu werden?
Basis: Bundesrepublik Deutschland, 65- bis 85-Jährige, die selten oder nie das Gefühl haben, nicht mehr gebraucht zu werden. Quelle: Generali Altersstudie 2017

Das Gefühl gebraucht zu werden, gibt der großen Mehrheit der älteren Generation in erster Linie das engere familiäre Umfeld: die eigenen Kinder sowie der Partner. Knapp zwei Drittel der Älteren, die das Gefühl haben, gebraucht zu werden, sagen, dass ihnen ihre Kinder oder ihr Partner dieses Gefühl vermitteln. 48 Prozent attestieren dies auch ihren Enkelkindern, 46 Prozent dem Freundeskreis. Deutlich weniger vermitteln andere Familienangehörige oder das Engagement in Vereinen, der Gemeinde oder Ähnlichem das Gefühl, dass man noch gebraucht wird (Abb. 2.10).

Gleichzeitig berichten in den Tiefeninterviews einige wenige, dass sie weit weniger das Gefühl haben, noch gebraucht zu werden. An ihren Aussagen wird deutlich, dass Isolation und Einsamkeit für einige ältere Menschen ein zentrales und sehr bedrückendes Thema ist:

» „Ich fühle mich wirklich häufig so, als wenn ich nicht mehr gebraucht werde, also manchmal so unnütz. Ich kann meine Familie nicht mehr aktiv unterstützen, was noch vor zehn, zwanzig Jahren machbar war. Ich habe immer weniger Freunde, da sie nacheinander sterben, und ich kann auch für mich selbst immer weniger alleine sorgen. Diese Abhängigkeit von anderen Leuten macht mich noch mehr krank und schwach." (Frau, 84 Jahre, alleinstehend)

» „Das kann ich sehr gut nachvollziehen, und das ist mir auch überhaupt nicht fremd. Ich hatte das Glück, dass ich Hunde hatte, dadurch ist mein Ruhestand abgefedert worden, da wurde ich noch gebraucht, sechs Jahre lang. Aber als es die Hunde nicht mehr gab, war es relativ schnell vorbei. Ich hatte plötzlich nicht mehr das Gefühl, dass mich jemand wirklich braucht." (Mann, 69 Jahre, mit Partnerin)

2.3 Wahrnehmung des Alters

Die ältere Generation zeichnet sich durch eine hohe Lebenszufriedenheit und eine außerordentlich positive Lebenseinstellung aus. Zwei Drittel der 65- bis 85-Jährigen bezeichnen sich selbst als optimistischen Menschen. 62 Prozent sagen, dass sie das Leben genießen und 58 Prozent, dass sie sich selbst nicht als alten Menschen bezeichnen würden. Umgekehrt sind pessimistische oder negative Aussagen in der älteren Generation deutlich weniger verbreitet. So stimmen gerade einmal 17 Prozent der Aussage zu, dass sie sich häufig niedergeschlagen fühlen, immerhin 41 Prozent, dass sie sich ärgern, eingeschränkter zu sein als früher.

Ein Vergleich der verschiedenen Altersgruppen macht deutlich, dass der Optimismus mit dem Alter abnimmt, der Pessimismus hingegen zunimmt. So fühlen sich nur 14 Prozent der 65- bis 69-Jährigen häufig niedergeschlagen, aber 23 Prozent der 80- bis 85-Jährigen. Der Ärger, deutlich eingeschränkter zu sein als früher, nimmt in den gleichen Alterssegmenten sogar von 30 auf 57 Prozent zu. Umgekehrt stimmen mit zunehmendem Alter immer weniger der Aussage zu, dass sie das Leben genießen. Auch als „alten Menschen" bezeichnen sich vor allem Personen jenseits des 80. Lebensjahres: Von ihnen sagt nur rund jeder Dritte, dass er sich nicht als „alten Menschen" bezeichnen würde, bei den 70- bis 74-Jährigen sind dies zwei Drittel und bei den 65- bis 69-Jährigen sogar drei Viertel (◘ Abb. 2.11).

Dieser Befund hängt ganz wesentlich damit zusammen, dass sich die große Mehrheit der 65- bis 85-Jährigen jünger fühlt, als es ihrem tatsächlichen Alter entspricht. So liegt das gefühlte Alter im Durchschnitt sieben bis acht Jahre unterhalb des tatsächlichen Alters. 63 Prozent der 65- bis 69-Jährigen geben als gefühltes Alter weniger Jahre an, als sie Lebensjahre hinter sich haben. Auch von den 80- bis 85-Jährigen fühlt sich – allen Altersbeschwerden zum Trotz – rund

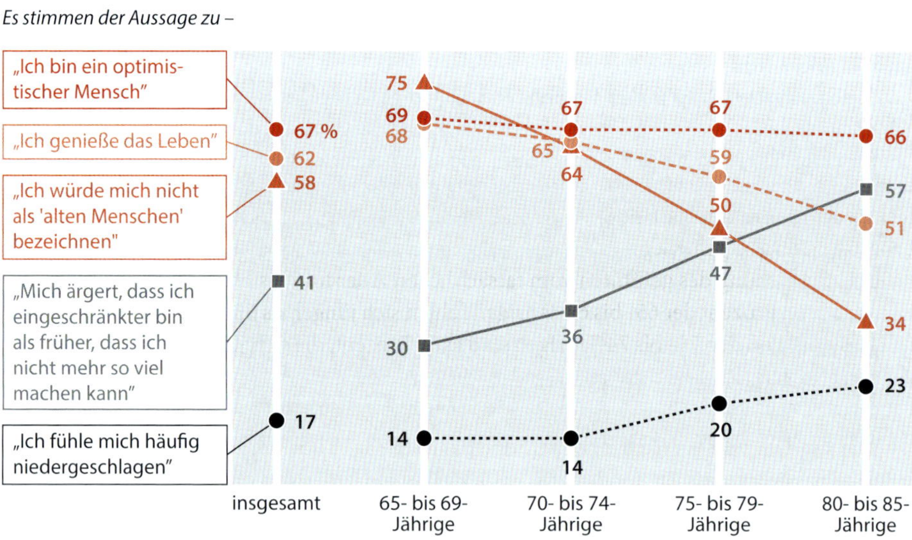

◘ **Abb. 2.11** Positive Lebenseinstellung überwiegt deutlich.
Basis: Bundesrepublik Deutschland, 65- bis 85-jährige Bevölkerung. Quelle: Generali Altersstudie 2017

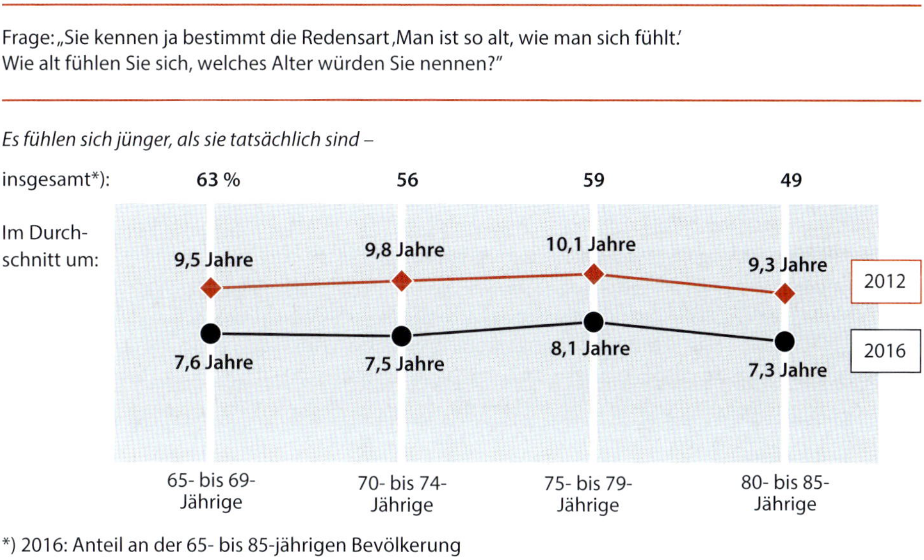

Abb. 2.12 Die Mehrheit fühlt sich jünger – Tendenz rückläufig.
Basis: Bundesrepublik Deutschland, 65- bis 85-jährige Bevölkerung. Quelle: Generali Altersstudien 2013 und 2017

die Hälfte jünger, als es ihrem biologischen Alter entspricht. Der Trendvergleich mit 2012 macht jedoch deutlich, dass vor vier Jahren der Unterschied zwischen dem gefühlten und dem tatsächlichen Alter um etwa zwei Jahre größer war als aktuell. Inwieweit die ältere Generation sich heute älter fühlt oder sie das eigene Alter eher akzeptiert als noch vor vier Jahren, lässt sich anhand der empirischen Daten nicht belegen (Abb. 2.12).[5]

Die erhebliche Abweichung des gefühlten vom tatsächlichen Alter resultiert aus der ausgesprochen hohen Lebenszufriedenheit und der positiven Bewertung des eigenen Lebensabschnitts der älteren Generation. Gerade im Vergleich zur eigenen Elterngeneration wird der großen Mehrheit der heute 65- bis 85-Jährigen bewusst, dass neben den äußeren Lebensumständen vor allem ihre Gesundheit und Vitalität die Voraussetzungen dafür bieten, das Leben aktiv zu gestalten und zu genießen.

Die Abweichung des gefühlten vom tatsächlichen Alter findet sich in allen Alterssegmenten wieder: 63 Prozent der 65- bis 69-Jährigen fühlen sich jünger als 65, rund jeder Dritte sogar jünger als 60. Von den 70- bis 74-Jährigen sind es 34 Prozent, die sich jünger als 65 Jahre fühlen und auch von den 75- bis 79-Jährigen sind es immerhin noch 17 Prozent, die ihr gefühltes Alter auf unter 65 Jahre einstufen – also auf mindestens zehn Jahre unterhalb ihres tatsächlichen Alters. Selbst bei den 80- bis 85-Jährigen sind es noch 7 Prozent, die ihr Alter auf unter 65 Jahre taxieren (Tab. 2.3).

5 Zum gefühlten Alter s. den sich hier anschließenden Kommentar von Thomas Klein und Ingmar Rapp: „Wie alt man sich fühlt – Veränderungen und soziale Unterschiede".

2

Tab. 2.3 Subjektives Altersgefühl nach Altersgruppen

	65- bis 69-Jährige (%)	70- bis 74-Jährige (%)	75- bis 79-Jährige (%)	80- bis 85-Jährige (%)
Es fühlen sich –				
jünger als 60 Jahre	32	10	5	1
60–64 Jahre	31	24	12	6
65–69 Jahre	18	22	16	5
70–74 Jahre	3	24	26	21
75–79 Jahre	2	3	18	16
80–85 Jahre	1	2	4	28
86 Jahre und älter	x	x	1	5
Im Durchschnitt (in Jahren)	59,4	64,5	68,9	75,2
Unmöglich zu sagen, keine Angabe	13	15	18	18
x = Anteil ist unter 0,5 Prozent				

Basis: Bundesrepublik Deutschland, 65- bis 85-jährige Bevölkerung
Quelle: Generali Altersstudie 2017

Wie alt man sich fühlt – Veränderungen und soziale Unterschiede

Thomas Klein und Ingmar Rapp

Wie alt man sich fühlt, ist Ausdruck der Lebensqualität und ggf. deren altersbedingter Beeinträchtigung. Schaubild I zeigt, wie gefühltes Alter und tatsächliches Alter zusammenhängen. Wenn sich jeder so alt fühlen würde, wie er ist, entspräche dies genau der 45-Grad-Linie in Schaubild I. Wie aber aus Schaubild I gleichzeitig hervorgeht, liegt das gefühlte Alter gut sieben Jahre unter dem tatsächlichen Alter – und zwar durchgehend über dem hier untersuchten Altersbereich von 65 bis 85 Jahren, der von der Generali Altersstudie abgedeckt ist. Das Ausmaß, um das man sich jünger fühlt, als man ist, ändert sich mit anderen Worten ab dem Alter von 65 Jahren kaum noch – jedenfalls nicht bis zum Alter von 85 Jahren. Zudem gibt es kaum einen systematischen Unterschied zwischen Männern und Frauen.

Wie alt man sich fühlt, ist aber nicht nur Ausdruck der Lebensqualität, sondern außerdem auch Ausdruck der Lebenserwartung, die man vor sich sieht. Dabei zeigen zahlreiche Studien, dass die subjektive Lebenserwartung mit der tatsächlichen Lebenserwartung zusammenhängt (Elder 2013; Hurd und McGarry 1995; Post und Hanewald 2013). Unter diesem Aspekt und wegen der längeren Lebenserwartung von Frauen ist interessant,

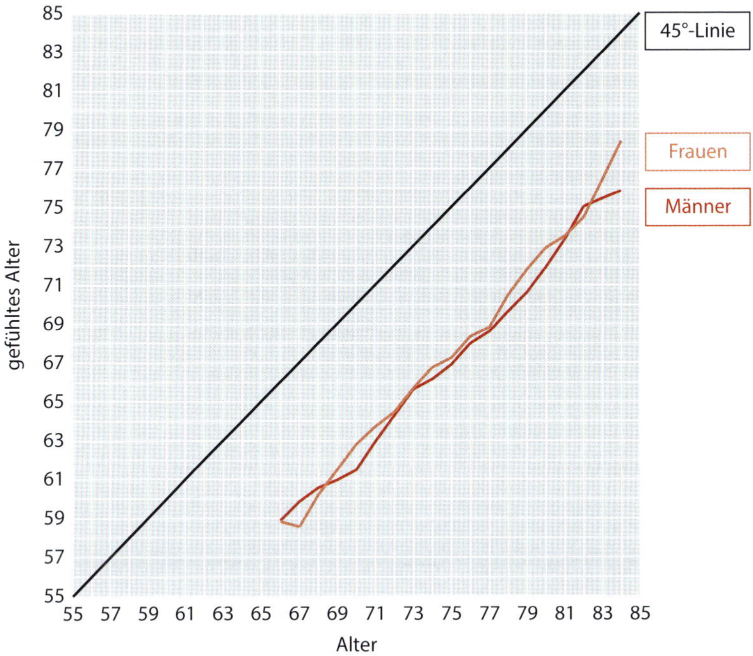

Schaubild I Gefühltes Alter nach Alter und Geschlecht (gleitende 3-Jahres-Durchschnitte). Quelle: Generali Altersstudie 2017, eigene Berechnung

dass das Ausmaß, um das sich Frauen jünger fühlen als sie sind, nicht größer ist als bei Männern.

Und nicht zuletzt ist das gefühlte Alter natürlich auch Spiegelbild der Gesundheit. Bekanntermaßen gibt es große soziale Unterschiede der Gesundheit und der Lebenserwartung – vor allem zwischen den Sozialschichten sowie zwischen Menschen mit und ohne Partner (zu den Ursachen vgl. auch Klein und Rapp 2013 in der ersten Generali Altersstudie). Aufgrund der unterschiedlichen Lebenserwartung je nach sozialer Stellung und je nach Partnerschaftsstatus stellt sich die Frage, ob und inwieweit sich auch das „gefühlte" Alter und die damit zum Ausdruck gebrachte Lebensqualität zwischen den Sozialschichten unterscheidet. Als Indikator für die Sozialschicht bezieht sich Schaubild II auf das Bildungsniveau. Schaubild II zeigt einen deutlichen sozialen Unterschied des gefühlten Alters je nach Bildungsniveau. Personen mit mindestens Fachhochschulreife fühlen sich systematisch in jedem Alter durchschnittlich um ein bis zwei Jahre jünger als Personen mit niedrigerer Schulbildung. Dabei bleibt der Unterschied des gefühlten Alters zwischen beiden Bildungsgruppen über den gesamten Altersbereich zwischen 65 und 85 Jahren weitgehend konstant. Es handelt sich somit um eine soziale Ungleichheit, die mit zunehmendem Alter nicht verschwindet, aber auch nicht größer wird.

Im Unterschied zu den Bildungsschichten schlägt sich der Unterschied der Gesundheit und der Lebenserwartung zwischen Menschen mit und ohne Partner nicht beim gefühlten

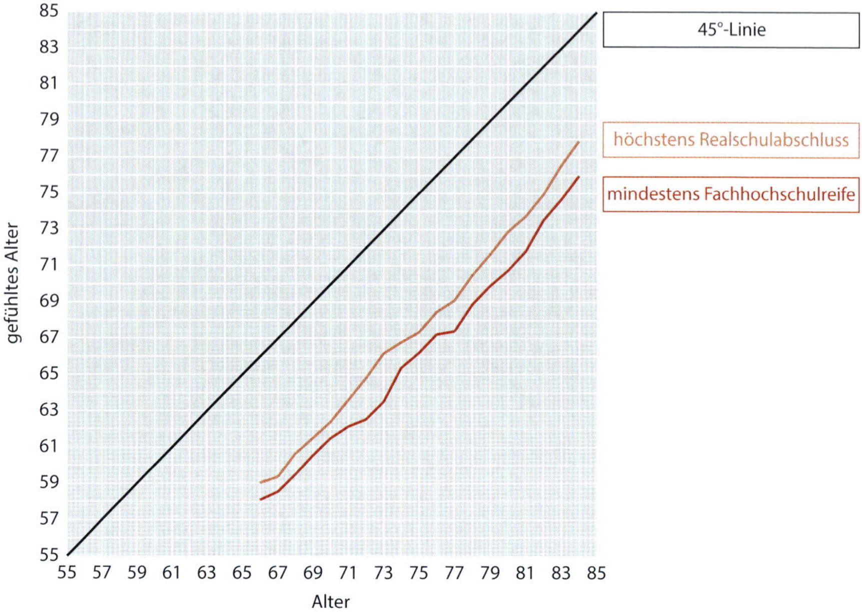

Schaubild II Gefühltes Alter nach Alter und Bildung (gleitende 3-Jahres-Durchschnitte). Quelle: Generali Altersstudie 2017, eigene Berechnung

Alter nieder (Schaubild III). Beide Gruppen fühlen sich im Durchschnitt gleich alt, und das gefühlte Alter variiert nur mit dem tatsächlichen Alter.

Zieht man ein Fazit, so lässt sich festhalten, dass sich Ältere im Durchschnitt sieben bis acht Jahre jünger fühlen, als sie sind, was zum einen eine überwiegend positive Bewertung der eigenen Situation bedeutet und zum anderen möglicherweise auch einen „Trend zur Verjüngung des Alters" anzeigt. Auffällig ist allerdings auch, dass sich die 65- bis 85-Jährigen in der Generali Altersstudie 2013 durchschnittlich noch etwa zwei Jahre jünger gefühlt haben (im Vergleich zu ihrem tatsächlichen Alter) als jetzt. Beim Versuch, dies inhaltlich zu erklären, lässt sich daran denken, dass sich das Altersbild soweit verbessert haben könnte, dass es nicht mehr so dringend ist, sich jünger zu fühlen. Es ist jedoch eher unwahrscheinlich, dass Veränderungen des Altersbilds innerhalb von nur vier Jahren derart drastisch ausfallen. Hinzu kommt, dass sich das Altersbild auf sehr komplexe Weise verändert und keineswegs klar ist, ob und wie sich dies auf das gefühlte Alter auswirkt. Naheliegender ist vielmehr, dass der unterschiedliche Fragekontext, in dem jeweils nach dem gefühlten Alter gefragt wurde, Einfluss auf die Beantwortung hatte, wie dies allgemein für „weiche" Fragen bekannt ist.

Ungeachtet des Niveaus, auf dem sich die Abweichung des gefühlten Alters vom tatsächlichen Alter im Durchschnitt bewegt (die vermutlich auch vom Fragekontext beeinflusst wird), ist gleichwohl davon auszugehen, dass soziale Unterschiede auf dem jeweiligen Durchschnittsniveau sinnvoll interpretierbar sind. Diese Annahme wird auch dadurch untermauert, dass z. B. die Unterschiede zwischen den Altersgruppen 2017 und 2013 fast identisch aussehen, wenn

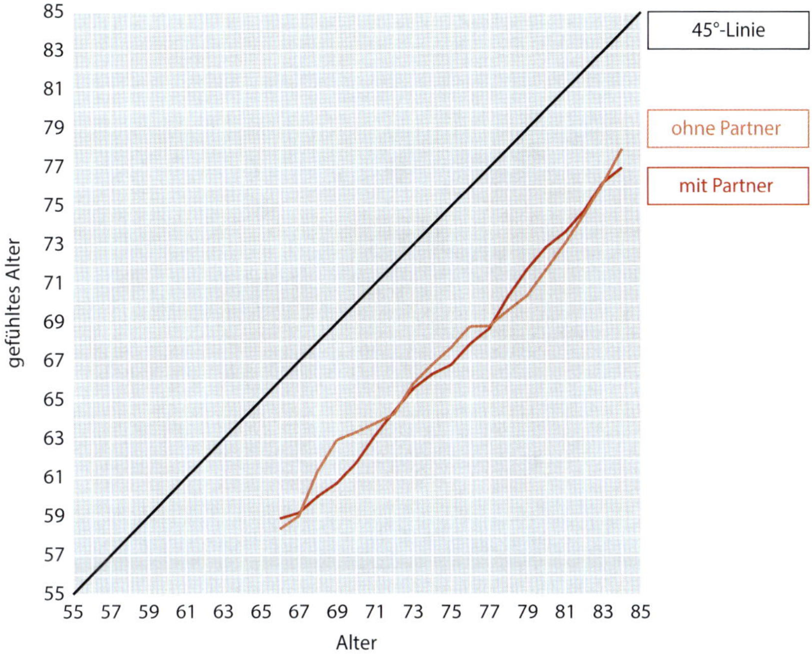

Schaubild III Gefühltes Alter nach Alter und Partnerschaftsstatus (gleitende 3-Jahres-Durchschnitte). Quelle: Generali Altersstudie 2017, eigene Berechnung

man von dem Niveauunterschied absieht (vgl. Abb. 2.12 mit der Generali Altersstudie 2013, dort Schaubild 2.1). Es stellt sich daher durchaus die Frage – und wäre zu prüfen –, inwieweit das gefühlte Alter darüber hinaus auch als Gesundheitsindikator geeignet ist.

Literatur

Elder, T. E. (2013). The predictive validity of subjective mortality expectations: evidence from the health and retirement study. *Demography, 50,* 569–589.

Hurd, M. D., & McGarry, K. (1995). Evaluation of the subjective probabilities of survival in the Health and Retirement Study. *Journal of Human Resources, 30,* 268–292.

Klein, T., & Rapp, I. (2012). Soziale Unterschiede der Gesundheit und des Gesundheitsverhaltens. In Generali Zukunftsfonds & Institut für Demoskopie Allensbach (Hrsg.), *Generali Altersstudie 2013. Wie ältere Menschen leben, denken und sich engagieren* (S. 282–293). Frankfurt am Main: Fischer.

Post T., & Hanewald, K. (2013). Longevity risk, subjective survival expectations, and individual saving behavior. *Journal of Economic Behavior & Organization, 86,* 200–220.

2.4 Innovationsfreude und Vitalität nehmen zu

Bereits in der Generali Altersstudie 2013 konnte gezeigt werden, dass sich das insgesamt überwiegend positive Lebensgefühl der älteren Generation auch darauf zurückführen lässt, dass sich die Altersschwellen, ab denen die Vitalität nachlässt und sich das Aktivitätsniveau verringert, in

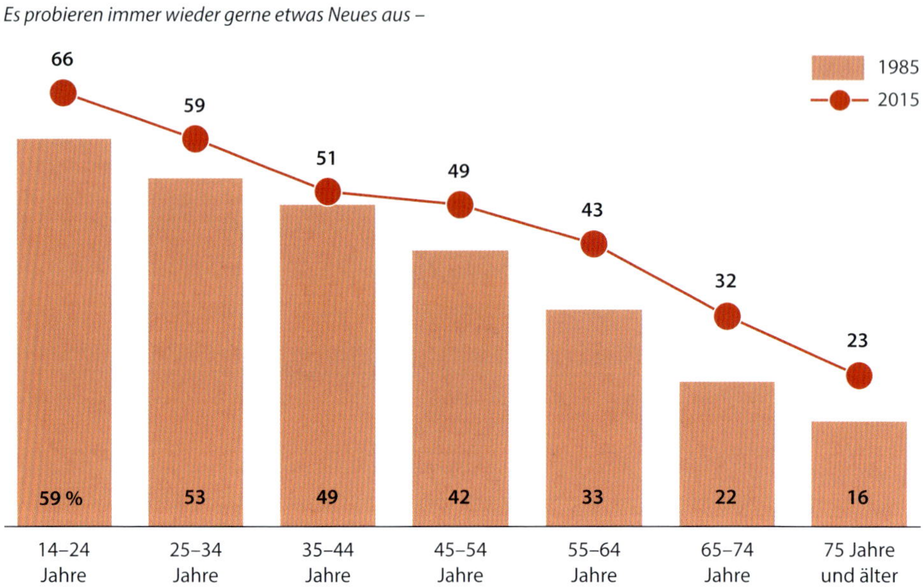

Abb. 2.13 Langfristiger Anstieg der Innovationsoffenheit in allen Generationen.
Basis: Bundesrepublik Deutschland, deutsche Bevölkerung ab 14 Jahre; 1985 Westdeutschland.
Quelle: Allensbacher Markt- und Werbeträgeranalysen, AWA 1985 und AWA 2015

den letzten zwei Jahrzehnten erheblich verschoben haben. So sind die heute über 65-Jährigen im Vergleich zu den über 65-jährigen vor zwanzig, dreißig Jahren von ihrem Verhalten, ihrem Interessenspektrum und ihrer Mentalität her deutlich jünger geworden.

Die mentale Verjüngung der über 65-Jährigen zeigt sich unter anderem daran, dass sich diese Generation deutlich offener gegenüber neuen Entwicklungen zeigt als Gleichaltrige vor zwanzig oder dreißig Jahren. 1985 gaben gerade einmal 16 Prozent der 75-Jährigen und Älteren und 22 Prozent der 65- bis 74-Jährigen an, dass sie immer wieder gerne etwas Neues ausprobieren; heute sind es 23 Prozent bei den über 75-Jährigen und 32 Prozent bei den 65- bis 74-Jährigen. Innerhalb der letzten dreißig Jahre hat sich somit die Innovationsoffenheit um ein Lebensjahrzehnt nach vorne verschoben: Die 75-Jährigen und Älteren sind heute so innovationsoffen wie die 65- bis 74-Jährigen vor dreißig Jahren; die 65- bis 74-Jährigen wiederum so offen wie zehn Jahre Jüngere vor dreißig Jahren (Abb. 2.13).

Gleichzeitig sind die heute über 65-Jährigen auch sportlich deutlich aktiver als ältere Generationen früher. 1968 waren gerade einmal 5 Prozent der 65-Jährigen und Älteren sportlich aktiv; die meisten von ihnen auch nur gelegentlich. Nur einer von Hundert gab an, regelmäßig Sport zu treiben. Noch 1986 waren es nur 16 Prozent der 65-Jährigen und Älteren, die zumindest gelegentlich Sport trieben. In den darauffolgenden zwanzig Jahren hat sich der Anteil fast verdoppelt. Aktuell treiben 44 Prozent der 65-Jährigen und Älteren Sport, 23 Prozent sogar regelmäßig (Abb. 2.14).

Die deutliche Zunahme der Vitalität wird auch an den Freizeitaktivitäten der älteren Generation deutlich. Sämtliche Aktivitäten, die körperliche Fitness und Vitalität voraussetzen, werden von den 65- bis 85-Jährigen heute häufiger ausgeübt als von der älteren Generation vor 25 Jahren. So ist der Anteil der Älteren, die in ihrer Freizeit regelmäßig oder ab und zu turnen oder

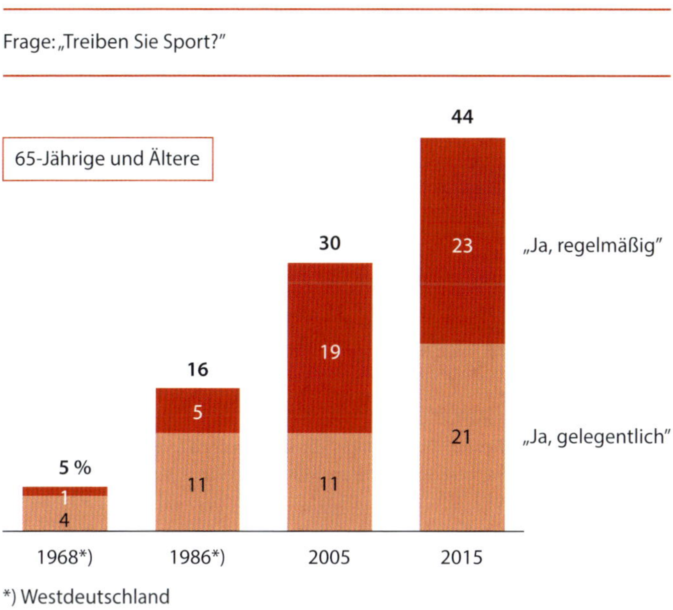

Abb. 2.14 Deutlich sportlicher als früher.
Basis: Bundesrepublik Deutschland, Bevölkerung ab 65 Jahre. Quelle: Allensbacher Archiv, IfD-Umfragen, zuletzt 11044

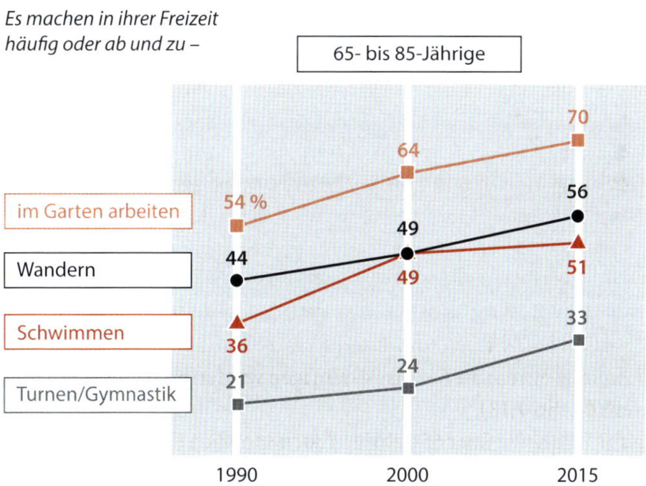

Abb. 2.15 Freizeitaktivitäten.
Basis: Bundesrepublik Deutschland, 65- bis 85-jährige Bevölkerung. Quelle: Allensbacher Markt- und Werbeträgeranalysen, AWA 1990, 2000 und 2015

Gymnastik machen, von 21 Prozent im Jahr 1990 auf aktuell 33 Prozent angestiegen, der Anteil derer, die zumindest gelegentlich schwimmen von 36 auf 51 Prozent. Deutlich mehr Ältere als früher gehen heute auch regelmäßig Wandern oder arbeiten in ihrem Garten. Heute zählen immerhin 70 Prozent der über 65-Jährigen die Gartenarbeit zu ihren Freizeitbeschäftigungen, 1990 waren es noch 54 Prozent (Abb. 2.15).

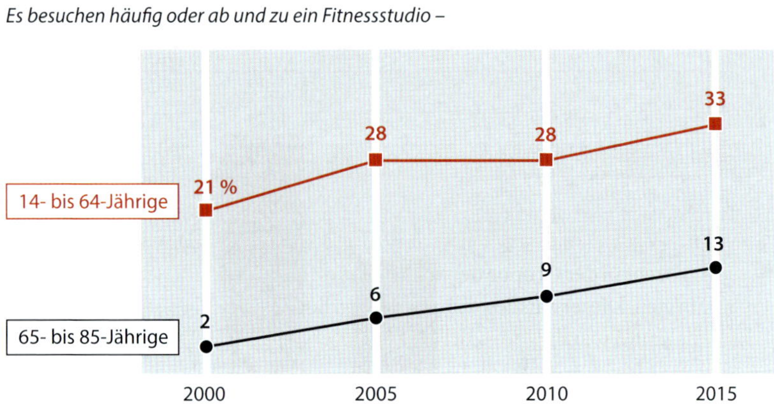

Abb. 2.16 Starke Zunahme der Fitnessorientierung – vor allem in der älteren Generation. Basis: Bundesrepublik Deutschland, 14- bis 85-jährige Bevölkerung. Quelle: Allensbacher Markt- und Werbeträgeranalysen, zuletzt AWA 2015

Sehr anschaulich zeigen sich die Verschiebung der Altersschwellen und die deutliche Zunahme an sportlicher Aktivität bei der Fitnessorientierung: Der Anteil der Personen, die regelmäßig ein Fitnessstudio besuchen, hat sich in den letzten 15 Jahren in allen Altersgruppen erhöht – besonders stark jedoch bei den 65- bis 85-Jährigen. Im Jahr 2000 besuchten gerade einmal 2 Prozent der 65-Jährigen und Älteren zumindest ab und zu ein Fitnessstudio, heute sind es 13 Prozent. Im gleichen Zeitraum erhöhte sich der Kreis der Besucher eines Fitnessstudios bei den 14- bis 64-Jährigen von 21 auf 33 Prozent (Abb. 2.16).

Subjektiv erlebte Möglichkeiten und Grenzen der Selbst- und Weltgestaltung

Andreas Kruse

Die weitgehend realistische Einschätzung des eigenen Alters kommt auch in den Daten zur Lebenseinstellung zum Ausdruck. Der Aussage: „Ich bin ein optimistischer Mensch" stimmen in allen differenzierten Altersgruppen zwischen 66 und 69 Prozent der älteren Menschen zu, worin auch Anzeichen für eine psychische Widerstandsfähigkeit zu erblicken sind – und dies vor allem in der Gruppe der 80- bis 85-Jährigen, bei denen die gesundheitlichen Belastungen ja erkennbar höher sind als in der Gruppe der 65- bis 79-Jährigen, die aber trotzdem fast genauso häufig wie die Jüngeren der Aussage zustimmen: „Ich bin ein optimistischer Mensch". Die Aussage: „Ich genieße das Leben" findet mit 62 Prozent aller Studienteilnehmer eine geringere Zustimmung als die Aussage: „Ich bin ein optimistischer Mensch" (67 Prozent), erreicht aber immer noch einen relativ hohen Zustimmungswert. Die Unterschiede zwischen den Altersgruppen im Anteil jener Personen, die dieser Aussage zustimmen, sind jedoch auffallend. Sind es in der Gruppe der 65- bis 69-Jährigen noch 68 Prozent und in der Gruppe der 70- bis 75-Jährigen noch 65 Prozent, die dieser Aussage zustimmen, so sind es in der Gruppe der 75- bis 79-Jährigen nur noch 59 Prozent, in der Gruppe der 80- bis 85-Jährigen nur noch 51 Prozent. Diese Unterschiede machen noch einmal deutlich, dass mit zunehmendem Alter die Bewältigung des Alltags sowie die Verarbeitung von Verlusten auch subjektiv mehr und mehr als psychologische Leistung empfunden werden, die ihrerseits Auswirkungen auf das Wohlbefinden (als einer Komponente von Lebensqualität) hat. Dies zeigt sich auch im Anstieg der Zustimmungsquote zur Aussage: „Mich ärgert, dass ich eingeschränkter bin als früher, dass ich nicht mehr so viel machen kann" von 30 Prozent in der Gruppe der 60- bis 65-Jährigen auf 57 Prozent in der Gruppe der 80- bis 85-Jährigen wie auch im Anstieg der Zustimmungsquote zur Aussage „Ich fühle mich häufig niedergeschlagen" von 14 Prozent in der Gruppe der 60- bis 65-Jährigen auf 23 Prozent in der Gruppe der 80- bis 85-Jährigen. Dieser Anstieg deutet auf die erhöhte körperliche, zum Teil auch kognitive, emotionale und soziale Verletzlichkeit oder Verwundbarkeit im neunten Lebensjahrzehnt hin, die auch vermehrte Anforderungen an die psychische Bewältigungs- und Verarbeitungskapazität des Individuums stellt. Das Gesamtbild, das die Zustimmungsquoten zu den vier genannten Aussagen ergeben, ist aber kein (einheitlich) negatives. Es zeigt vielmehr die Selbst- und Weltgestaltungsmöglichkeiten wie auch (subjektiv erlebte) Grenzen der Selbst- und Weltgestaltung auf. Selbstverantwortung lässt sich vor dem Hintergrund dieser Befunde als die Fähigkeit und Bereitschaft des Individuums deuten, die Möglichkeiten und Grenzen der Selbst- und Weltgestaltung realistisch und differenziert einzuschätzen und zugleich die Möglichkeiten des achtsamen Umgangs mit der eigenen Verletzlichkeit zu erkennen und zu nutzen. Dies scheint, betrachtet man das Gesamtbild psychologischer Merkmale, dem deutlich größeren Teil der Studienteilnehmer zu gelingen.

Ergänzende Studie zu diesem Thema: Sebastian Braun: Ehrenamtliches und freiwilliges Engagement von Älteren im Sport.[6]

Die Aktivitätsquote wächst ausgesprochen dynamisch – insbesondere bei den Frauen

Der Sportbereich war im Vergleich zu den 13 anderen Handlungsbereichen, die in den Freiwilligensurveys empirisch erfasst wurden, im Jahr 2009 das Feld mit der höchsten Aktivitätsquote von Älteren im Alter ab 65 Jahre. Die entsprechende Aktivitätsquote betrug 35,7 Prozent. Bemerkenswert ist in diesem Zusammenhang der ausgesprochen dynamische Anstieg der Aktivitätsquote von Älteren im Sportbereich, die im Zeitraum von nur zehn Jahren um rund 15 Prozentpunkte zunahm. Mit diesem Zuwachs hat sich der Sportbereich von allen anderen größeren Handlungsbereichen, in denen Ältere in der Zivilgesellschaft aktiv waren, so deutlich abgesetzt, dass er seit 2009 unangefochten die Spitzenposition auf der „Aktivitätsquoten-Liste" der Älteren einnimmt. So folgen erst mit deutlichem Abstand die Bereiche „Freizeit und Geselligkeit" (24,9 Prozent), „Kultur und Musik" (19,4 Prozent), „Soziales" (15,4 Prozent) sowie „Kirche und Religion" (13,9 Prozent).

Wie dynamisch die Aktivitätsquote bei den Älteren im Sportbereich zugenommen hat, lässt der Vergleich mit den anderen Altersgruppen erkennen, die 2009 im Sportbereich

6 Vgl. Sebastian Braun: Ehrenamtliches und freiwilliges Engagement von Älteren im Sport. Sportbezogene Sonderauswertung der Freiwilligensurveys von 1999, 2004 und 2009. Sportverlag Strauß. Köln 2016. Der vorliegende Text ist ein Auszug der Seiten 25–28.

Tab. I Aktivitätsquoten im Sportbereich im Jahr 1999, 2004 und 2009, differenziert nach Altersgruppen. Mehrfachnennungen. Prozentwerte

Jahr	14–29 Jahre	30–49 Jahre	50–64 Jahre	65–74 Jahre	≥75 Jahre
1999	48,6	39,0	33,6	23,3	15,0
2004	50,9	42,8	39,0	31,5	17,9
2009	49,9	44,4	37,3	39,5	27,9

Tab. II Aktivitätsquoten von Älteren ab 65 Jahre im Sportbereich im Jahr 1999, 2004 und 2009, differenziert nach Geschlecht. Mehrfachnennungen. Prozentwerte (Prozentwerte kursiv = prozentualer Anteil der im Sportbereich aktiven Männer und Frauen in der Bevölkerung ab 65 Jahre; Prozentwerte nicht kursiv = prozentualer Männer- und Frauenanteil an den im Sportbereich aktiven Personen ab 65 Jahre)

Jahr	Männer	Frauen	Gesamt
1999	*22,8*	*18,0*	*20,3*
	54,4	45,6	100,0
2004	*25,5*	*25,8*	*25,7*
	39,1	60,9	100,0
2009	*33,8*	*37,1*	*35,7*
	39,4	60,6	100,0

aktiv waren (Tab. I). Während die Jugendlichen und jungen Erwachsenen (14- bis 29-Jährige) Aktivitätsquoten auf konstant hohem Niveau rund um die 50-Prozentmarke aufweisen und bei den 30- bis 49-Jährigen sowie den 50- bis 64-Jährigen eher moderate Zuwächse zu erkennen sind, erhöhte sich die Aktivitätsquote bei den 65- bis 74-Jährigen um rund 16 Prozentpunkte auf 39,5 Prozent und bei den ab 75-Jährigen um etwa 13 Prozentpunkte auf 27,9 Prozent. Anders formuliert: Während die Aktivitätsquote im Sportbereich bei den 65–74-Jährigen im Jahr 1999 nicht einmal halb so hoch war wie bei den Jugendlichen und jungen Erwachsenen als traditioneller „Stammklientel" des (vereinsorganisierten) Sports, trennte letztere in dieser Hinsicht 2009 nur noch 10 Prozentpunkte von den 65- bis 74-Jährigen.

Besonders auffällig sind in diesem Zusammenhang die Zuwachsraten bei den Frauen im Alter ab 65 Jahre (Tab. II). Deren Aktivitätsquote nahm in dem Zehnjahreszeitraum so deutlich zu, dass sie 2009 sogar höher lag als bei den Männern in dieser Altersgruppe. Zwar sind bei den Männern ab 65 Jahre ebenfalls deutliche Zuwachsraten zu verzeichnen, aber nicht mit dieser außerordentlichen Dynamik wie bei den Frauen: Machten 1999 noch 18,0 Prozent der Frauen und 22,8 Prozent der Männer ab 65 Jahre im Sportbereich aktiv mit, lag der entsprechende Anteil 2009 bei den Frauen mit 37,1 Prozent mehr als doppelt so hoch wie 1999, während die Aktivitätsquote bei den Männern um geringere 11 Prozentpunkte auf rund ein Drittel der ab 65-Jährigen in der Bevölkerung stieg.

Damit hat sich auch die geschlechterspezifische Zusammensetzung der Älteren im Sportbereich verschoben: Während der Anteil der Frauen ab 65 Jahre im Jahr 1999 noch 45,6 Prozent betrug, lag er 2009 bei 60,6 Prozent (◘ Tab. II). Frauen in dieser Altersgruppe sind also mittlerweile umfangreicher in die zivilgesellschaftliche Infrastruktur des Sports eingebunden als die Männer im Alter ab 65 Jahre. So zeigen auch entsprechende Regressionsanalysen, dass die Chance, dass eine Frau 2009 im Sportbereich aktiv war, um das 1,25-fache so hoch war wie bei einem Mann. „Die Anpassung an ein sportlich aktives Altern scheint für die Frauen einfacher zu sein", konstatieren Hartmann-Tews, Tischer und Combrink (2012, S. 210) in ihrer Studie zum Sport von Älteren in Deutschland; denn „für sie bedeutet Sport zum einen, der altersinduzierten nachlassenden Attraktivität – die ihnen typisierender Weise stärker zugeschrieben wird als den Männern – aktiv entgegenzuwirken. Dieser identitätsstärkenden Komponente der Handlungssteuerung steht gleichzeitig eine zweckrationale Handlungssteuerung beiseite, in der die sportliche Aktivität als Medium des Leistungserhalts genutzt wird".

Neben den geschlechterspezifischen Disparitäten sind weitere sozialstrukturelle Differenzierungen, die anhand des Datenmaterials vorgenommen werden können, erwähnenswert. So zeigen die Regressionsanalysen, dass 2009 die Chance einer älteren Person in Westdeutschland um das 1,8fache so hoch war wie bei einer älteren Person in Ostdeutschland, im Sportbereich aktiv zu werden. Und bei einer älteren Person mit einem hohen Bildungsniveau lag die entsprechende Chance um etwa das 1,3fache so hoch war wie bei einer Person mit mittlerem oder geringem Bildungsniveau.[7] Diese Befunde korrespondieren mit Ergebnissen weiterer Studien in diesem Themenfeld. So zeigen beispielsweise Klein und Rapp (2013, S. 291) auf der Basis der Daten der „Generali Altersstudie 2013", „dass Unterschiede der sportlichen Aktivität mit individuell dauerhaften Sozialgruppenzugehörigkeiten – wie eben Bildungsgruppenzugehörigkeiten und Berufsstellungen – in Zusammenhang stehen".

7 Im vorliegenden Kontext wurde die dreistufige Variable „Bildungsniveau" in Orientierung an Gensicke und Geiss (2010) gebildet. Diejenigen Personen, die keinen Abschluss oder einen Hauptschulabschluss hatten, wurden der Kategorie „niedriges Bildungsniveau" zugeordnet. Ältere, die die mittlere Reife erlangt hatten, wurden in die Kategorie „mittleres Bildungsniveau" eingruppiert. In der Kategorie „hohes Bildungsniveau" wurden Befragte mit Fach- bzw. Hochschulreife oder einem abgeschlossenen Studium zusammengefasst.

Die materiellen Lebensverhältnisse der älteren Generation

Generali Deutschland AG (Hrsg.), *Generali Altersstudie 2017*,
DOI 10.1007/978-3-662-50395-9_3

3.1 Beurteilung der eigenen wirtschaftlichen Lage

Die Mehrheit der 65- bis 85-Jährigen lebt in stabilen wirtschaftlichen Verhältnissen und zieht auch für sich persönlich eine positive Bilanz der eigenen materiellen Situation. Im Vergleich zur Generali Altersstudie 2013 hat sich in der Beurteilung der eigenen finanziellen Lage nur wenig verändert: Das Urteil ist stabil positiv. Aktuell ziehen 62 Prozent der 65- bis 85-Jährigen eine positive Bilanz ihrer wirtschaftlichen Lage – 10 Prozent bezeichnen ihre finanzielle Situation als sehr gut, weitere 52 Prozent als gut. Vor vier Jahren waren es mit 63 Prozent nahezu gleich viele Ältere, die ihre eigene materielle Lage positiv beschrieben haben. Auch der Anteil derer, die ihre eigene wirtschaftliche Lage als mäßig oder schlecht bezeichnen, hat sich im Vergleich zu 2012 kaum verändert: Aktuell empfinden 31 Prozent der älteren Menschen in Deutschland ihre eigene wirtschaftliche Lage als durchschnittlich, 6 Prozent stufen sie als eher schlecht oder schlecht ein (◘ Abb. 3.1).

Die überwiegend positive Einschätzung der eigenen materiellen Situation kommt auch in vielen Tiefeninterviews deutlich zum Ausdruck:

» „Mit unserer wirtschaftlichen Situation bin ich sehr zufrieden. Da sowohl ich als auch meine Frau Beamte waren, konnten wir ja schon immer berechnen, wie es im Ruhestand aussehen würde, und wir wussten, dass wir auch dann unser Auskommen haben würden." (Mann, 71 Jahre, mit Partnerin)

» „Unsere wirtschaftliche Lage ist sehr gut. Mein Mann hat immer gut verdient und ich bis zu meinem Ruhestand ebenso. Wir haben zudem einiges an Vermögen, Aktien, Wertpapieren, Immobilien. Mein Mann hat von Zuhause auch einiges geerbt. Wir müssen uns keine Sorgen machen." (Frau, 73 Jahre, mit Partner)

» „Ich hatte das Glück, in eine wohlhabende, gute Familie hineingeboren zu werden. Ich kann auch heute noch gut von meinen Finanzen leben und mir manchen Luxus wie die Fernreisen in Form von Wanderstudienreisen und eine eigene Haushälterin leisten, ohne dass ich mir finanzielle Sorgen machen müsste. Das ist gerade in der heutigen Zeit schon ein gutes Gefühl – gerade auch als Frau. Das ist schon sehr beruhigend. Ich bin wirklich das, was man wirtschaftlich autark nennt." (Frau, 77 Jahre, alleinstehend)

In den Tiefeninterviews wird jedoch auch deutlich, dass es ältere Menschen gibt, deren finanzielle Situation zwar zufriedenstellend ist, die ihre Ausgaben aber sehr genau im Blick haben müssen. Insbesondere ältere, alleinstehende Frauen sind häufig davon betroffen. In ihren Aussagen spiegeln sich auch die für diese Generation typischen Erwerbsbiografien von Frauen wider:

» „Ich komme klar. Wie gesagt, ich muss mir genau überlegen, wofür ich mein Geld ausgebe. Bei meinem jetzigen Zustand als Rentnerin brauche ich eigentlich mein Geld für tägliche Einkäufe. Und das mit meiner Rente, bei der ja zehn Jahre Arbeit fehlen." (Frau, 78 Jahre, alleinstehend)

» „Also ich komme mit dem Geld aus, was ich zur Verfügung habe. Ich kann zwar keine großen Sprünge machen, sondern muss schon immer gucken, dass ich nicht zu viel ausgebe, aber es reicht." (Frau, 66 Jahre, alleinstehend)

Frage: „Wie beurteilen Sie Ihre eigene wirtschaftliche Lage?
Würden Sie sagen ..."

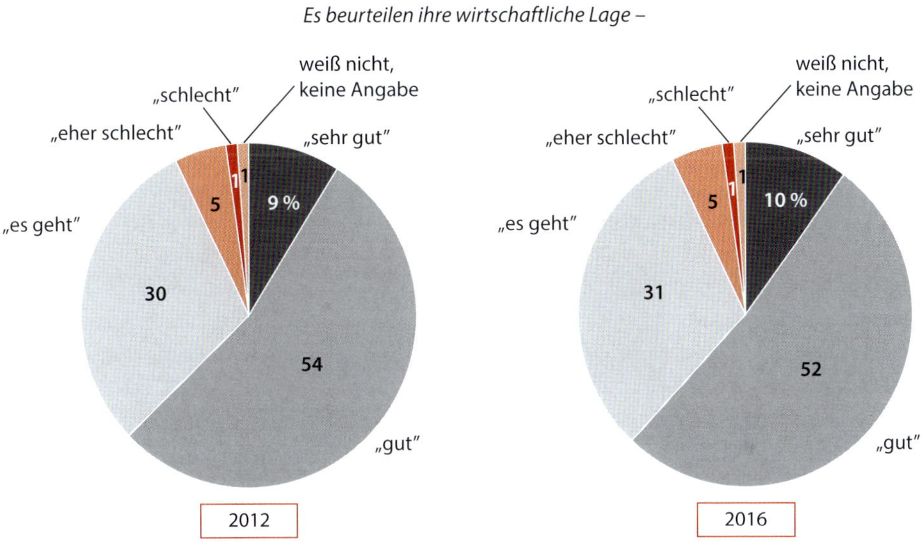

Abb. 3.1 Stabile Beurteilung der eigenen wirtschaftlichen Lage.
Basis: Bundesrepublik Deutschland, 65- bis 85-jährige Bevölkerung. Quelle: Generali Altersstudien 2013 und 2017

» „Na ja, ich bekomme eine nur kleine Rente und die Miete ist schon relativ hoch, sodass mir nur wenig übrigbleibt nach Abzug der Haushaltskosten. Ich muss sparsam leben, aber das bin ich ja gewohnt. Leider habe ich mir früher die Rentenansprüche ausbezahlen lassen. Und da mein erster Mann früh verstorben ist, bekomme ich Rente von meinem zweiten Mann. Damit sind keine großen Sprünge drin. Aber ich will mich nicht beklagen, anderen geht es hier im Haus viel schlechter als mir. Man muss eben zufrieden sein." (Frau, 81 Jahre, alleinstehend)

Auch in den Tiefeninterviews ziehen nur wenige ein überwiegend negatives Fazit ihrer eigenen wirtschaftlichen Lage:

» „Meine finanzielle Situation könnte besser sein. Ich habe nur eine kleine Rente. Da ich überwiegend freiberuflich gearbeitet habe, habe ich auch nicht so viel in die Rentenkasse eingezahlt. Man muss lernen, mit dem Rest, was dann noch übrig bleibt, hauszuhalten und so gut es geht, mit wenig zurechtzukommen." (Mann, 71 Jahre, alleinstehend)

» „Die wirtschaftliche und finanzielle Situation ist bei mir bescheiden. Aus dem Grund muss ich in meinem Alter eben noch arbeiten gehen, um mir die Grunddinge des Lebens auch noch leisten zu können." (Mann, 70 Jahre, alleinstehend)

Die überwiegend positive Einschätzung der eigenen wirtschaftlichen Situation ist ein Spiegelbild der guten konjunkturellen Entwicklung in Deutschland der letzten Jahre. Allerdings führt

Frage: „Wie schätzen Sie die wirtschaftliche Lage der meisten älteren Menschen in Deutschland ein? Geht es den meisten älteren Menschen Ihrer Einschätzung nach ..."

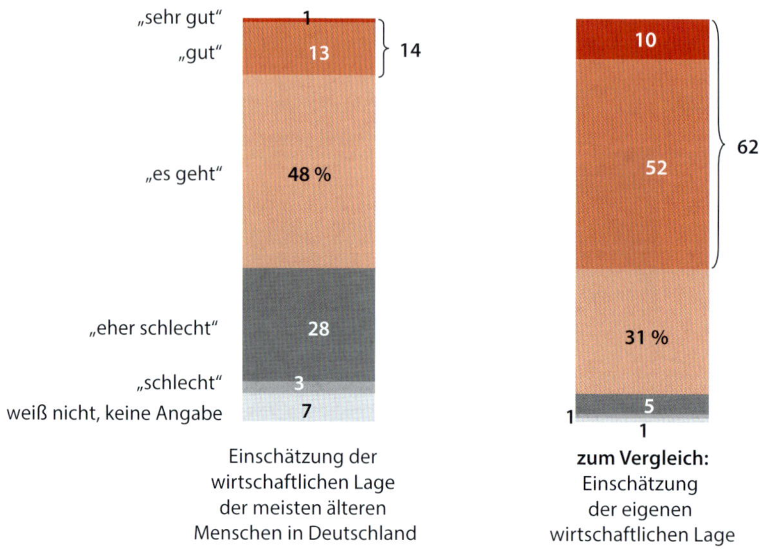

Abb. 3.2 Die wirtschaftliche Situation der älteren Menschen insgesamt wird deutlich zurückhaltender eingestuft als die eigene wirtschaftliche Lage.
Basis: Bundesrepublik Deutschland, 65- bis 85-jährige Bevölkerung. Quelle: Generali Altersstudie 2017

die positive Bilanz der eigenen Situation interessanterweise nicht dazu, dass man die finanzielle Lage der eigenen Altersgruppe insgesamt als besonders positiv einschätzt. Vielmehr wird die wirtschaftliche Lage der älteren Menschen in Deutschland insgesamt deutlich negativer eingestuft als die eigene Situation. Lediglich 14 Prozent der 65- bis 85-Jährigen vermuten, dass es den meisten Menschen aus ihrer Altersgruppe sehr gut oder gut geht – gegenüber 62 Prozent, die ihre eigene wirtschaftliche Lage als positiv bezeichnen. 48 Prozent der 65- bis 85-Jährigen gehen davon aus, dass die materielle Situation der meisten älteren Menschen in Deutschland mäßig ist, weitere 31 Prozent vermuten sogar, dass es den meisten ihrer Altersgenossen (eher) schlecht geht. Nur eine Minderheit von 6 Prozent zieht hingegen für sich persönlich eine negative Bilanz (Abb. 3.2).

Die Diskrepanz zwischen der positiven Einschätzung der eigenen wirtschaftlichen Lage und dem Bild, das man sich von der älteren Generation insgesamt macht, zeigt, wie sehr das Urteil über die eigene Generation von der wirtschaftlichen Situation der unteren sozialen Schichten beeinflusst wird. Die Entwicklung der finanziellen Spielräume der großen Mehrheit der älteren Generation weist hingegen in eine andere Richtung: So ist das persönliche frei verfügbare Einkommen der 65- bis 85-Jährigen in den vergangenen vier Jahren um 20 Prozent von monatlich 522 Euro auf 628 Euro angestiegen (Abb. 3.3).

Die detaillierte Analyse macht jedoch deutlich, dass die ältere Generation zwar insgesamt über eine solide materielle Basis verfügt, es aber zwischen den verschiedenen sozialen Schichten erhebliche Unterschiede gibt. So verfügen 65- bis 85-Jährige aus den unteren sozialen Schichten im Monat durchschnittlich über ein frei verfügbares Einkommen in Höhe von 351 Euro, 65- bis 85-Jährige aus der Mittelschicht über 592 Euro. Ältere Menschen aus den oberen Sozialschichten

Frage: „Wie viel Geld bleibt in Ihrem Haushalt durchschnittlich im Monat übrig?
Wenn Sie vom Haushaltseinkommen alle laufenden Kosten wie Miete, Heizung, Kleidung, Essen und Trinken abziehen. Wie viel Geld haben Sie in Ihrem Haushalt dann ungefähr noch, mit dem Sie machen können, was Sie wollen?"

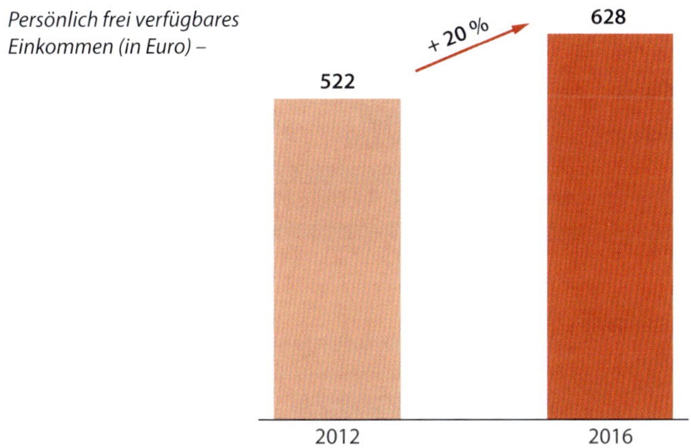

Abb. 3.3 Deutlich gewachsener finanzieller Spielraum.
Basis: Bundesrepublik Deutschland, 65- bis 85-jährige Bevölkerung. Quelle: Generali Altersstudien 2013 und 2017

können hingegen im Durchschnitt über 1027 Euro pro Monat frei verfügen. Auch wenn im Trendverlauf der letzten vier Jahre sichtbar wird, dass alle sozialen Schichten von der guten konjunkturellen Entwicklung in Deutschland profitieren konnten, bleiben die Unterschiede zwischen den oberen und den unteren sozialen Schichten in Deutschland immens. Der finanzielle Spielraum der Oberschicht ist in der älteren Generation rund dreimal so hoch wie derjenige in der Unterschicht.

Die Höhe des frei verfügbaren Einkommens hängt jedoch nicht nur von der Schichtzugehörigkeit ab, sondern in hohem Maße auch vom Familienstand. So verfügen Verheiratete im Durchschnitt über ein frei verfügbares Einkommen von 715 Euro pro Monat, Verwitwete immerhin über 545 Euro, Ledige hingegen nur über 418 Euro. Noch geringer ist der finanzielle Spielraum von Geschiedenen: Ihnen stehen im Durchschnitt nur 342 Euro im Monat zur freien Verfügung. Im Vergleich mit dem Jahr 2012 hat sich die finanzielle Situation der Geschiedenen sogar entgegen dem allgemeinen Trend geringfügig verschlechtert. Die 65- bis 85-Jährigen, die in Scheidung leben, haben heute im Durchschnitt sieben Euro weniger im Monat zur freien Verfügung als noch vier Jahre zuvor.

Weiterhin unterschiedlich gestaltet sich auch der finanzielle Spielraum von West- und Ostdeutschen. 65- bis 85-jährige Westdeutsche verfügen im Durchschnitt über rund 655 Euro im Monat, Ostdeutsche hingegen nur über 520 Euro. Allerdings haben in den letzten vier Jahren insbesondere ältere Menschen im Osten Deutschlands von der guten wirtschaftlichen Entwicklung profitiert. Der finanzielle Spielraum der ostdeutschen Bevölkerung ab 65 Jahren erhöhte sich zwischen 2012 und 2016 um 42 Prozent, derjenige der westdeutschen Bevölkerung um lediglich 16 Prozent (Abb. 3.4).

Unterschiede zwischen Ost und West zeigen sich jedoch nicht nur beim frei verfügbaren Einkommen, sondern gleichermaßen auch beim durchschnittlichen Haushaltseinkommen. So verfügen 65- bis 85-Jährige aus Westdeutschland im Schnitt über ein Haushaltsnettoeinkommen von 2500 Euro im Monat, 65- bis 85-Jährige aus Ostdeutschland hingegen über 2040 Euro.

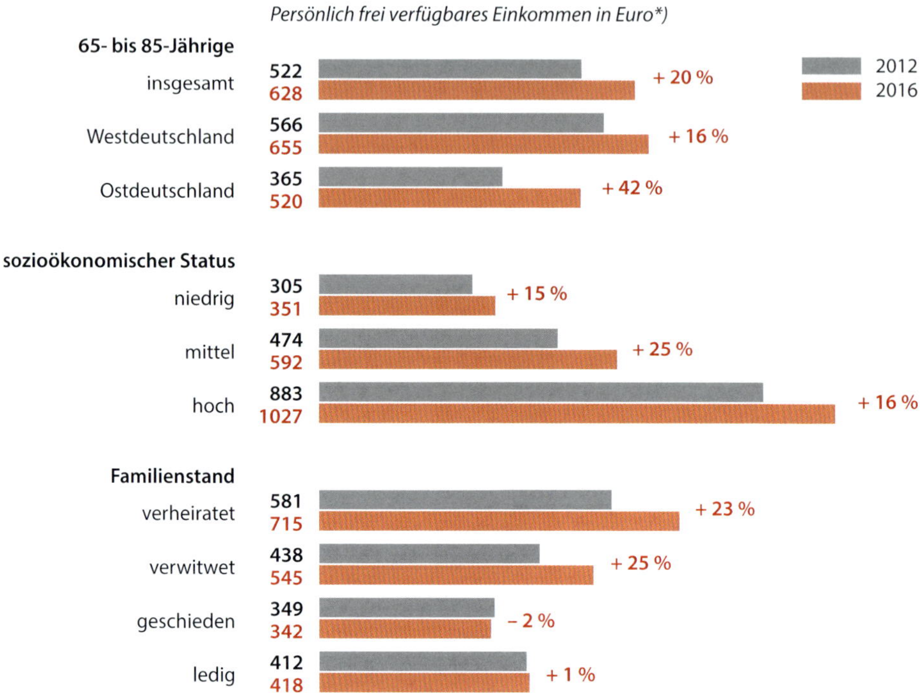

*) Betrag, der im Monat durchschnittlich zur freien Verfügung bleibt, wenn alle laufenden Kosten wie Miete, Heizung, Kleidung, Essen und Trinken beglichen sind

Abb. 3.4 Sehr unterschiedliche Entwicklung des finanziellen Spielraums in den verschiedenen soziodemografischen Gruppen.
Basis: Bundesrepublik Deutschland, 65- bis 85-jährige Bevölkerung. Quelle: Generali Altersstudien 2013 und 2017

Gerade in der älteren Generation wirken die Folgen der Teilung auch mehr als 25 Jahre nach der Wiedervereinigung immer noch nach: Die unterschiedlichen Erwerbsbiografien, aber auch der höhere Immobilienbesitz in Westdeutschland sind wesentliche Ursachen dieser Differenzen.

Insgesamt verfügen die 65- bis 85-Jährigen über ein Haushaltsnettoeinkommen von durchschnittlich 2410 Euro im Monat. Im Vergleich mit dem Jahr 2012 sind dies gut 200 Euro bzw. 10 Prozent mehr. Besonders großen Einfluss auf das Haushaltseinkommen hat erwartungsgemäß die soziale Stellung. So verfügen 65- bis 85-Jährige aus den höheren Sozialschichten über ein Haushaltsnettoeinkommen von 3540 Euro im Monat, Gleichaltrige aus den unteren Sozialschichten nur über 1580 Euro. Daneben hat auch der Familienstand Einfluss auf das durchschnittliche Haushaltseinkommen. Auch bedingt durch die unterschiedliche Haushaltsgröße verfügen Verheiratete über ein deutlich höheres monatliches Einkommen als Verwitwete, Geschiedene oder Ledige (Abb. 3.5).

Wichtigste Säule des monatlichen Haushaltseinkommens bilden für die 65- bis 85-Jährigen Leistungen, die sich aus ihrer früheren Berufstätigkeit ergeben. Daneben spielt für die finanzielle Absicherung im Alter allerdings auch der Immobilienbesitz eine herausragende Rolle. Zwei Drittel der 65- bis 85-Jährigen besitzen eine oder mehrere Immobilien.[1] 45 Prozent von ihnen

1 Die in Abb. 3.6 ausgewiesene Nettosumme umfasst den Anteil derer, die mindestens eine Immobilie besitzen. Da es durchaus vorkommen kann, dass jemand zwei oder mehr Immobilien besitzt, kann die Summe der Einzelnennungen bei einigen Gruppen durchaus größer als 100 Prozent sein.

Frage: „Wenn Sie das Einkommen aller Haushaltsmitglieder zusammenzählen: Wie groß ist das Netto-Einkommen des Haushalts insgesamt im Monat? Sie brauchen mir nur nach dieser Liste hier den Buchstaben zu sagen."

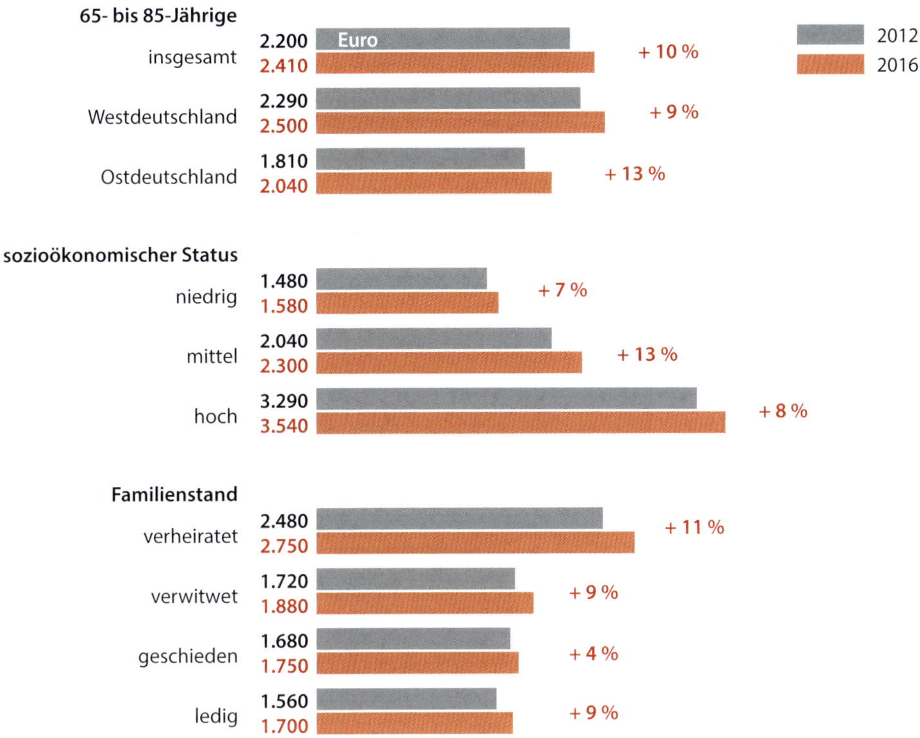

Abb. 3.5 Durchschnittliches Haushaltseinkommen höher als 2012.
Basis: Bundesrepublik Deutschland, 65- bis 85-jährige Bevölkerung. Quelle: Generali Altersstudien 2013 und 2017

besitzen ein Einfamilienhaus, 12 Prozent eine Eigentumswohnung; weitere 10 Prozent besitzen ein Zweifamilienhaus, 4 Prozent ein Mehrfamilienhaus und 2 Prozent ein Ferienhaus oder eine Ferienwohnung. Die Immobilienbesitzquoten schwanken innerhalb der Altersgruppe zum Teil erheblich. So gibt es – bedingt durch die unterschiedlichen Wirtschaftssysteme in den Jahrzehnten der Teilung – weiterhin deutliche Unterschiede zwischen Ost- und Westdeutschland: 70 Prozent der 65- bis 85-Jährigen in Westdeutschland, aber nur 55 Prozent in Ostdeutschland besitzen eine Immobilie. Allerdings nähert sich der Immobilienbesitz in beiden Teilen Deutschlands sukzessive an. So hat sich in Ostdeutschland der Anteil der 65- bis 85-jährigen Immobilienbesitzer innerhalb der letzten vier Jahre von 48 auf 55 Prozent erhöht, während er in Westdeutschland konstant bei 70 Prozent geblieben ist.[2] Im Westen hat sich im Zuge des konjunkturellen Aufschwungs der Kreis der Immobilienbesitzer selbst kaum verändert, sehr wohl jedoch der Anteil der Personen, die mehr als eine Immobilie besitzen.

2 Vgl. Generali Zukunftsfonds und Institut für Demoskopie Allensbach (Hrsg.), Generali Altersstudie 2013. Wie ältere Menschen leben, denken und sich engagieren. Frankfurt Main 2012, S. 86.

Frage: „Besitzen Sie oder jemand in Ihrem Haushalt ein Haus oder eine Eigentumswohnung?"

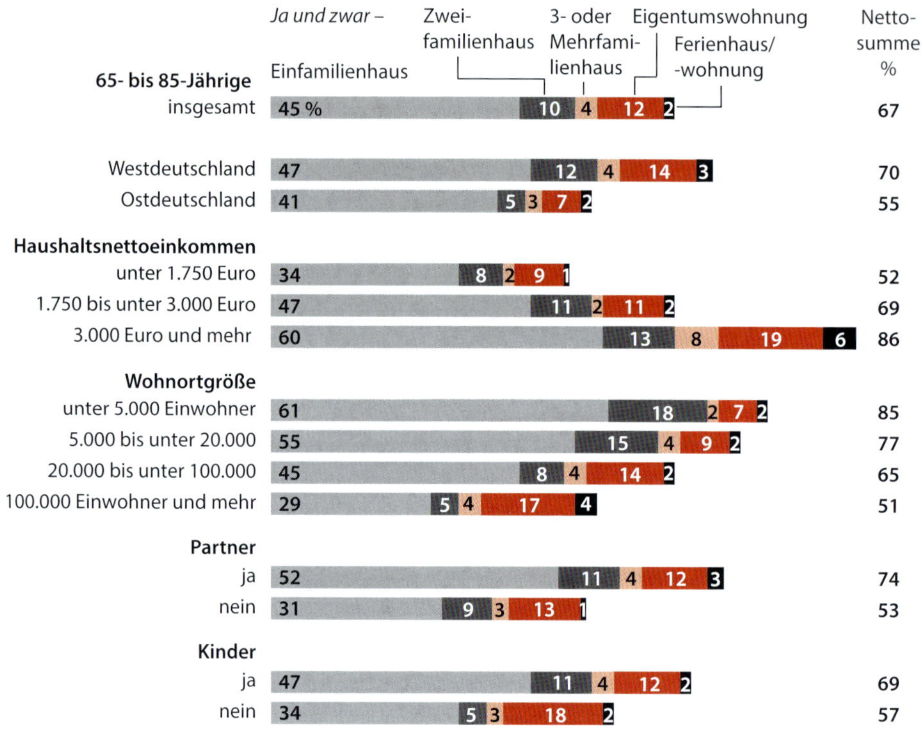

Abb. 3.6 Immobilienbesitz.
Basis: Bundesrepublik Deutschland, 65- bis 85-jährige Bevölkerung. Quelle: Generali Altersstudie 2017

Erwartungsgemäß besitzen insbesondere Haushalte mit überdurchschnittlichem Einkommen Immobilien. Von den 65- bis 85-Jährigen mit einem monatlichen Haushaltseinkommen über 3000 Euro verfügen 86 Prozent über mindestens eine Immobilie, aber selbst bei denjenigen mit niedrigem Haushaltseinkommen ist es gut jeder Zweite. Zudem gibt es beim Immobilienbesitz ein deutliches Stadt-Land-Gefälle. So besitzen 85 Prozent der 65- bis 85-Jährigen aus ländlichen Gebieten Immobilien, aber nur 51 Prozent von denen, die in einer Großstadt wohnen. Der Immobilienbesitz in Stadt und Land unterscheidet sich jedoch auch in anderer Hinsicht: So nennen 61 Prozent der 65- bis 85-Jährigen aus Wohnorten unter 5000 Einwohnern ein Einfamilienhaus ihr Eigen, aber nur 29 Prozent in Großstädten mit mehr als 100.000 Einwohnern. Umgekehrt ist der Anteil an Eigentumswohnungen in Großstädten mit 17 Prozent überdurchschnittlich hoch, im ländlichen Raum mit 7 Prozent weit unterdurchschnittlich (Abb. 3.6).

Da die meisten Älteren ihr Haus oder ihre Eigentumswohnung abbezahlt haben, wenn sie in den Ruhestand gehen, verfügen Immobilienbesitzer zumeist über einen größeren finanziellen Spielraum als Ältere, die zur Miete wohnen. So haben 65- bis 85-jährige Mieter aus den unteren Einkommensgruppen durchschnittlich 258 Euro pro Monat zur freien Verfügung,

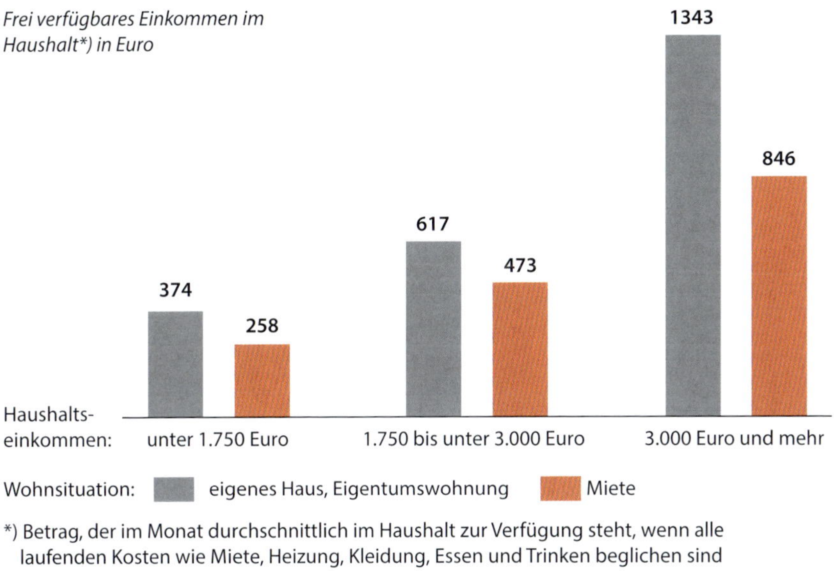

Abb. 3.7 Der finanzielle Spielraum im Alter ist für Eigenheimbesitzer deutlich größer als für Mieter. Basis: Bundesrepublik Deutschland, 65- bis 85-jährige Bevölkerung. Quelle: Generali Altersstudie 2017

Hauseigentümer aus der gleichen Einkommensgruppe jedoch 374 Euro, also 45 Prozent mehr. In den mittleren Einkommensgruppen beträgt die Differenz zwischen Hauseigentümern und Mietern 30 Prozent, in den höheren Einkommensschichten sogar fast 60 Prozent (Abb. 3.7).

Wie sehr die Mietkosten das frei verfügbare Einkommen schmälern, zeigt die Analyse des Anteils, den die Mietkosten am Haushaltseinkommen einnehmen. Durchschnittlich bezahlen 65- bis 85-jährige Mieter 630 Euro pro Monat für Miete und Nebenkosten; dies entspricht nahezu einem Drittel ihres Haushaltsnettoeinkommens. Im Vergleich zu 2012 sind die Mietkosten für 65- bis 85-jährige Mieter somit zwar um durchschnittlich 38 Euro gestiegen, der Anteil der Mietkosten am Haushaltsnettoeinkommen ist aber nahezu unverändert geblieben.

Vor allem in den unteren Einkommensgruppen wirken sich die Belastungen durch Miete und Nebenkosten besonders stark auf das verfügbare Einkommen aus: 65- bis 85-Jährige mit einem Haushaltsnettoeinkommen von unter 1000 Euro müssen 45 Prozent ihres Einkommens für Mietkosten aufwenden, diejenigen mit einem Haushaltseinkommen von 1000 bis unter 1500 Euro 43 Prozent. Mit steigendem Einkommen sinkt der Anteil, der für die Mietkosten aufgewendet wird. 65- bis 85-Jährige mit einem Haushaltseinkommen von 3000 Euro und mehr wenden nur noch knapp ein Viertel ihres monatlichen Einkommens für die Miete auf (Abb. 3.8).

Die insgesamt gute finanzielle Situation der älteren Generation sowie der hohe Anteil an Immobilienbesitzern können nicht darüber hinwegtäuschen, dass es einen beachtlichen Anteil an älteren Menschen in Deutschland gibt, die erhebliche finanzielle Sorgen haben. So gibt rund jeder siebte 65- bis 85-Jährige zu Protokoll, dass er sich Sorgen macht, die Kosten für sein Haus oder seine Wohnung in Zukunft nicht mehr bezahlen zu können, 6 Prozent machen sich darüber sogar große Sorgen. Besonders groß sind die Sorgen bei Älteren aus den unteren Einkommensschichten. Von den 65- bis 85-Jährigen, die über ein Haushaltsnettoeinkommen von weniger als 1750 Euro verfügen, macht sich gut jeder Fünfte Sorgen, die Kosten für das Haus oder die

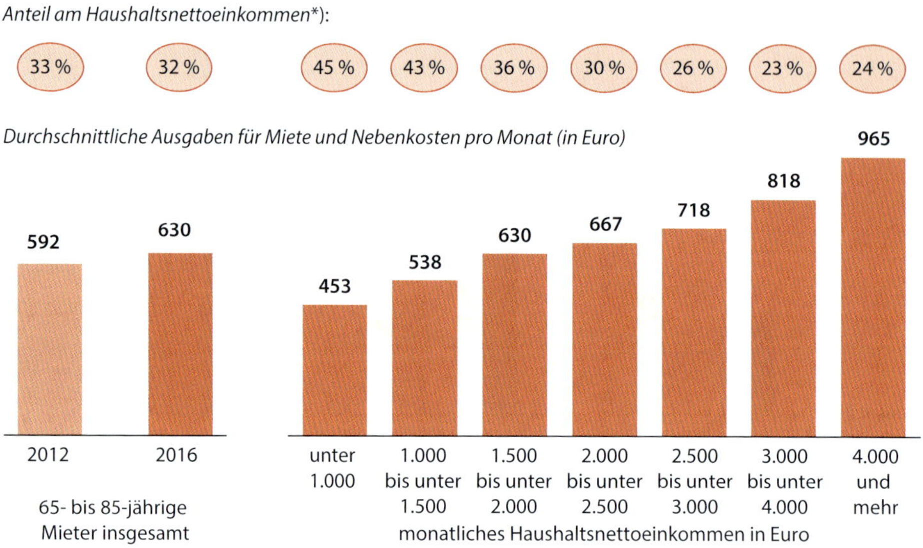

*) Bei der unteren Kategorie „unter 1.000 Euro" wurden 1.000 Euro, bei der obersten Kategorie „4.000 Euro und mehr" 4.000 Euro, ansonsten die Intervallmitte als Basis herangezogen.

Abb. 3.8 Mietkosten belasten insbesondere die unteren Einkommensgruppen.
Basis: Bundesrepublik Deutschland, 65- bis 85-jährige Mieter. Quelle: Generali Altersstudien 2013 und 2017

Wohnung zukünftig nicht mehr aufbringen zu können, jeder Zehnte macht sich große Sorgen. Da wie gezeigt der Immobilienbesitz stark mit dem Einkommen korreliert, ist der Anteil derer, die sich Sorgen machen, unter den Mietern deutlich größer als unter den Hausbesitzern. Von den 65- bis 85-Jährigen, die zur Miete wohnen, machen sich 23 Prozent Sorgen, die Kosten für ihre Wohnung in Zukunft nicht mehr begleichen zu können (Abb. 3.9).

Eine gravierende Veränderung der finanziellen Lage des Haushalts bedeutet für viele Ältere der Übergang vom Berufsleben in den Ruhestand. So mussten sich 47 Prozent der 65- bis 85-Jährigen einschränken, als der Hauptverdiener in ihrem Haushalt in Rente gegangen ist, 10 Prozent haben sich sogar stark einschränken müssen. Ältere, die aktuell zu den unteren Einkommensgruppen zählen, mussten sich besonders häufig einschränken: 61 Prozent von ihnen berichten von Abstrichen, die sie machen mussten, nachdem der Hauptverdiener ihres Haushalts in den Ruhestand gegangen ist, 20 Prozent von deutlich spürbaren Einschränkungen. 65- bis 85-Jährige aus den höheren Einkommensschichten hat der Übergang vom Berufsleben in den Ruhestand weniger getroffen: Von ihnen mussten sich zwar auch 31 Prozent einschränken, aber nur 3 Prozent berichten von starken Einbußen. Umgekehrt haben sich 40 Prozent aus dieser Personengruppe überhaupt nicht einschränken müssen, nachdem der Hauptverdiener ihres Haushalts in Rente gegangen ist (Abb. 3.10).

Auch in den Tiefeninterviews berichten viele von Abstrichen und Einschränkungen, die sie beim Übergang vom Berufsleben in den Ruhestand machen mussten:

» „Ja, ein bisschen einschränken mussten wir uns schon, vor allem in der Freizeitgestaltung, weil wir ja jetzt nicht mehr so viel Geld haben, um dauernd in den Urlaub zu fahren." (Mann, 75 Jahre, mit Partnerin)

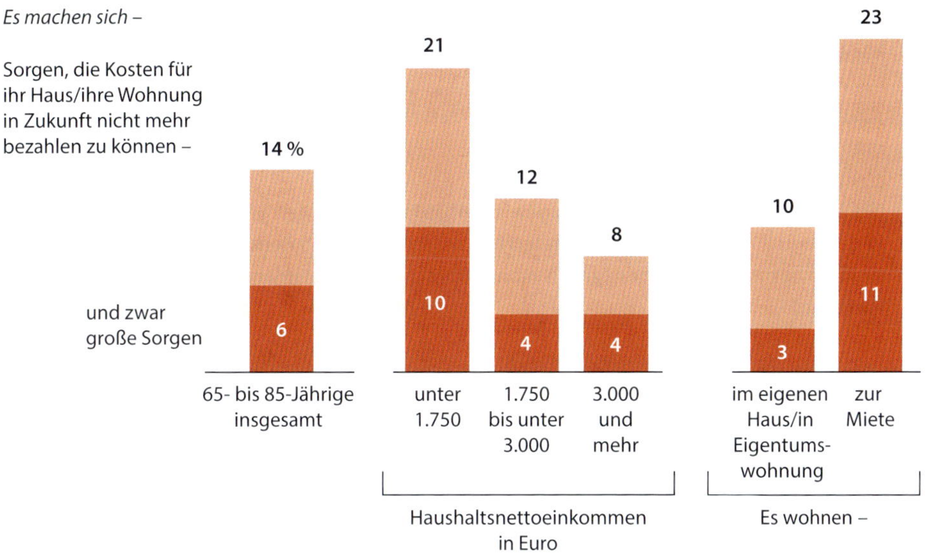

Abb. 3.9 Jeder siebte Ältere macht sich Sorgen, die Kosten für sein Haus bzw. seine Wohnung zukünftig nicht mehr zahlen zu können.
Basis: Bundesrepublik Deutschland, 65- bis 85-jährige Bevölkerung. Quelle: Generali Altersstudie 2017

Frage: „Als Rentner erhält man ja in der Regel weniger Geld als ein Berufstätiger. Einmal unabhängig davon, ob Sie selbst der Hauptverdiener waren oder nicht: Wie war das, als der Hauptverdiener in Ihrem Haushalt in Rente gegangen ist: Haben Sie sich aus diesem Grund sehr oder etwas einschränken müssen, oder haben Sie sich kaum oder gar nicht einschränken müssen?"

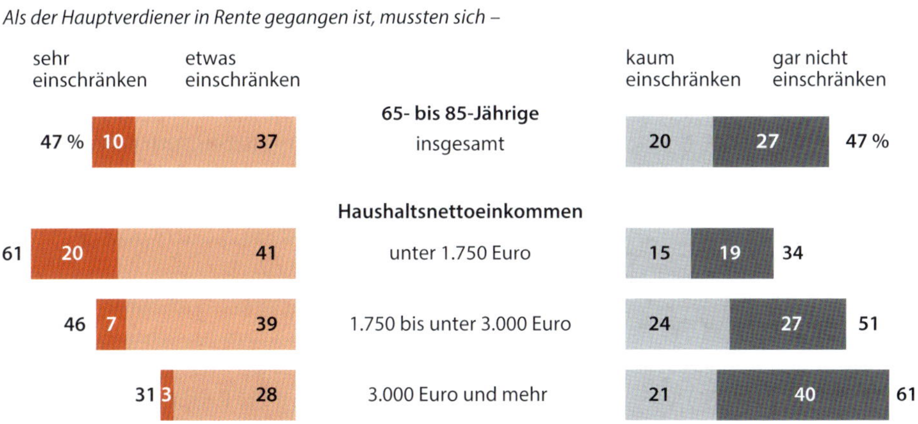

Abb. 3.10 Der Übergang vom Berufsleben in den Ruhestand ist für viele mit finanziellen Einschränkungen verbunden.
Basis: Bundesrepublik Deutschland, 65- bis 85-jährige Bevölkerung. Quelle: Generali Altersstudie 2017

» „Ich habe jetzt viel, viel weniger Geld zur Verfügung, als zu der Zeit, als ich noch gearbeitet habe." (Mann, 71 Jahre, alleinstehend)

» „Durch den Ruhestand ist mir leider sehr viel Gehalt abhandengekommen." (Mann, 75 Jahre, mit Partnerin)

» „Da sind bei uns auf jeden Fall auch gewisse Abstriche zu machen gewesen, nachdem ich in den regulären Ruhestand eingetreten bin, weil man doch als Rentenbezieher wesentlich weniger bekommt als zu der Zeit, als man vollbeschäftigt war." (Mann, 72 Jahre, mit Partnerin)

Nur ganz selten fällt das Fazit jedoch wirklich dramatisch aus:

» „Man könnte sagen, Mammutwellen sind ein Dreck dagegen. Als ich amtlicherseits stillgelegt worden bin, bin ich finanziell in ein fürchterliches Loch gefallen. Ich hatte plötzlich mehr als die Hälfte weniger als vorher zur Verfügung. Deswegen musste ich mein Haus verkaufen, weil das Haus hat mich im Monat mehr als 1000 Euro gekostet, und ich habe eine Rente von 1200 Euro, und davon soll man auch noch ein Auto halten, weil ohne Auto kannst du ja heute kaum noch was anfangen." (Mann, 72 Jahre, alleinstehend)

» „Was heißt einschränken? Ich bin zur Tafel gegangen!" (Mann, 70 Jahre, mit Partnerin)

Weit häufiger sind hingegen auch in den Tiefeninterviews die Berichte darüber, dass man sich zwar einschränken musste, sich aber auf diese Situation gut einstellen konnte:

» „Finanziell war der Übergang schon gravierend. Aber ich hatte ja alles darauf ausgerichtet. Ich brauchte dann das Haus nicht mehr abzahlen. Eine Zusatzrente, die ich hatte, musste ich nicht mehr bezahlen, sodass ich das ein bisschen abfedern konnte. Und somit eigentlich nur noch für meinen eigenen Unterhalt aufkommen musste. Und damit komme ich gut zurecht. Also ich hatte das vorher schon gut durchdacht und durchgerechnet." (Frau, 65 Jahre, alleinstehend)

» „Wir haben beide immer recht gut verdient. Mit dem Renteneintritt hat sich der finanzielle Rahmen natürlich ordentlich abgeschwächt, was wir auch gewusst haben. Aber wir haben uns von Anfang an darauf eingestellt. Das, was vorher war, zwei- bis dreimal in den Urlaub fahren, teure Konzertbesuche oder auch mal diese oder jene Sause, haben wir auf ein verkraftbares Mindestmaß eingeschränkt. Aber das macht uns nichts aus, wir haben uns darauf eingestellt." (Frau, 73 Jahre, mit Partner)

Die Einschränkungen, die durch die finanziellen Einbußen nach dem Ausscheiden aus dem Berufsleben notwendig werden, haben zumeist Auswirkungen auf viele unterschiedliche Lebensbereiche. Insbesondere versuchen Ältere, ihre Ausgaben für Reisen und Urlaube zu reduzieren. Aber auch Freizeitaktivitäten, Investitionen in das eigene Haus, Ausgaben für Kleidung, Möbel oder das Auto sind von den Einsparmaßnahmen betroffen, ebenso Unterstützungsleistungen für die Kinder oder Enkelkinder. 38 Prozent der 65- bis 85-Jährigen haben sich bei ihren Ausgaben für Urlaub und Reisen eingeschränkt, nachdem der Hauptverdiener

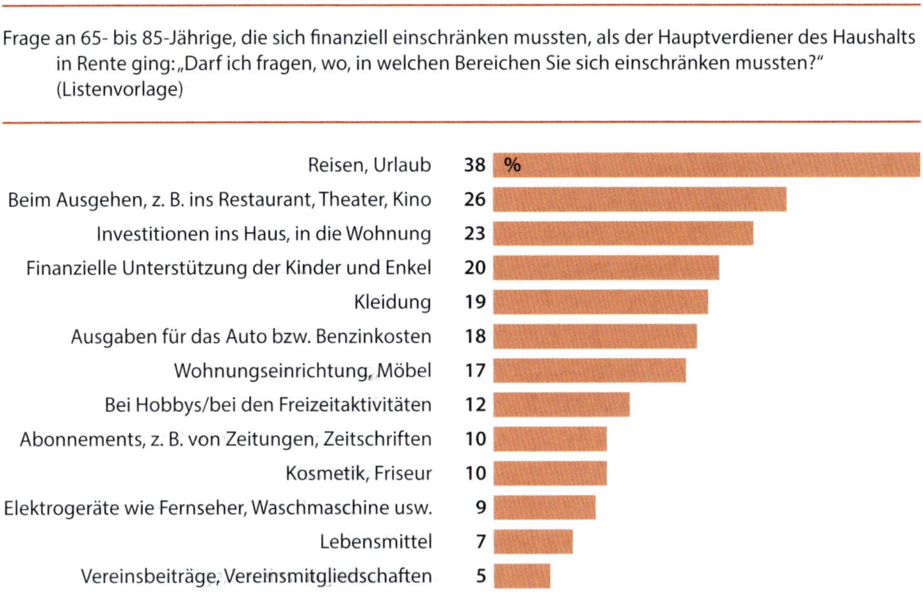

Abb. 3.11 Einschränkungen vor allem bei Ausgaben für Urlaub und Freizeit. Basis: Bundesrepublik Deutschland, 65- bis 85-Jährige, die sich finanziell einschränken mussten, als der Hauptverdiener des Haushalts in Rente ging. Quelle: Generali Altersstudie 2017

in den Ruhestand gegangen ist, 26 Prozent bei ihren Ausgaben für Restaurants, Theater, Kino usw. Weitere 23 Prozent haben ihre Ausgaben für ihr Haus bzw. ihre Wohnung reduziert, 20 Prozent die Unterstützungsleistungen für ihre Kinder und Enkel, 19 Prozent ihre Ausgaben für Kleidung. Immerhin 7 Prozent der 65- bis 85-Jährigen mussten sich auch bei ihren Ausgaben für Lebensmittel einschränken (Abb. 3.11).

Bei den Einschränkungen, die nach dem beruflichen Ausscheiden des Hauptverdieners notwendig werden, gibt es durchaus einige Unterschiede zwischen den verschiedenen Einkommensgruppen, aber auch zwischen den Geschlechtern. So schränken sich Frauen zwischen 65 bis 85 Jahren weit stärker als gleichaltrige Männer bei ihren Ausgaben für Kleidung oder Kosmetikartikel ein, Männer hingegen stärker bei den Ausgaben für das Auto.

Erwartungsgemäß müssen sich Ältere mit niedrigem Haushaltseinkommen häufiger bei ihren Ausgaben beschränken als Ältere mit mittlerem oder gar höherem Einkommen. Weit überdurchschnittlich müssen sich 65- bis 85-Jährige aus den unteren Einkommensschichten bei den Ausgaben für Kleidung, Kosmetik, das Ausgehen sowie für Lebensmittel einschränken. Nur 3 Prozent der 65- bis 85-Jährigen aus den höheren Einkommensgruppen und 5 Prozent aus den mittleren Einkommensgruppen haben sich bei ihren Ausgaben für Lebensmittel einschränken müssen, als der Hauptverdiener des Haushalts in den Ruhestand gegangen ist; bei den Gleichaltrigen mit niedrigem Einkommen sind es hingegen 13 Prozent. Fast jeder Zweite von ihnen gibt im Ruhestand weniger Geld für Reisen aus, 34 Prozent weniger für Restaurants, Theater- oder Kinobesuche, 27 Prozent für Kleidung und je 26 Prozent unterstützen im Ruhestand ihre Kinder und Enkelkinder weniger als früher und investieren weniger in ihr Haus oder ihre Wohnung (Tab. 3.1).

Tab. 3.1 Finanzielle Einschränkungen nach Einkommensgruppen

Frage an 65- bis 85-Jährige, die sich finanziell einschränken mussten, als der Hauptverdiener des Haushalts in Rente ging: „Darf ich fragen, wo, in welchen Bereichen Sie sich einschränken mussten?" (Listenvorlage)

			Haushaltsnettoeinkommen	
	65- bis 85-Jährige insgesamt (%)	unter 1.750 Euro (%)	1.750 bis unter 3.000 Euro (%)	3.000 Euro und mehr (%)
Reisen, Urlaub	38	47	38	25
Beim Ausgehen, z. B. ins Restaurant, Theater, Kino	26	34	23	17
Investitionen ins Haus, in die Wohnung	23	26	23	18
Finanzielle Unterstützung der Kinder und Enkel	20	26	19	12
Kleidung	19	27	16	12
Ausgaben für das Auto bzw. Benzinkosten	18	21	18	14
Wohnungseinrichtung, Möbel	17	22	16	13
Bei Hobbys/bei den Freizeitaktivitäten	12	16	11	7
Abonnements, z. B. von Zeitungen, Zeitschriften	10	15	9	7
Kosmetik, Friseur	10	18	7	4
Elektrogeräte wie Fernseher, Waschmaschine usw.	9	14	7	5
Lebensmittel	7	13	5	3
Vereinsbeiträge, Vereinsmitgliedschaften	5	8	4	3

Basis: Bundesrepublik Deutschland, 65- bis 85-Jährige, die sich finanziell einschränken mussten, als der Hauptverdiener des Haushalts in Rente ging
Quelle: Generali Altersstudie 2017

Materielle Lage und Armut im Alter – Kontinuität oder Wandel? Beurteilung der eigenen wirtschaftlichen Verhältnisse

Gerhard Naegele

Einkommen im Alter, das heißt die Verfügung über Geld und über ein ausreichendes und kontinuierlich fließendes Einkommen, kann als *die* zentrale Voraussetzung für die Gestaltung der Lebenslage älterer Menschen und damit für Eigenständigkeit und Selbstbestimmung in einer immer längeren Altersphase gelten, die zudem zunehmend durch unterschiedliche, an verschiedene Altersphasen gebundene Bedarfslagen gekennzeichnet ist, deren Befriedigung zumeist ohne frei verfügbares Geld nicht zu haben ist (vgl. Heinze et al. 2011, S. 62ff.). Dabei zeigt die Generali Altersstudie 2017 (GAS 2017), dass nicht nur bei der Analyse der Alterseinkommen pauschalisierte Beurteilungen und Wertungen zur Lebenslage älterer Menschen wenig sachgerecht sind, sondern dass auch mit Blick auf die übrigen Lebenslagedimensionen wachsender Differenzierungsbedarf besteht, so insbesondere im Hinblick auf Geschlecht, Familienstand, sozialer Status oder Wohnortlage. Dieser betrifft grundsätzlich auch den Migrationshintergrund. Insgesamt unterstützt die neue GAS 2017 mit ihrer durchgängigen Beachtung sozialer Differenzierungen auch die längst überfällige „Wiederentdeckung" der *Ungleichheitsforschung in der Gerontologie* (zum Beispiel Naegele 1976), die lange Zeit als verschüttet bzw. auch durch die Dominanz der psychologischen Gerontologie als „zugedeckt" gelten konnte.

Zunächst bestätigt die GAS 2017 die bereits für 2013 konstatierte *positive Bilanz der eigenen wirtschaftlichen Verhältnisse*: Nur 6 Prozent (2013: 6 Prozent) der Befragten berichten von einer „schlechten" bzw. „eher schlechten" wirtschaftlichen Lage, wohingegen 62 Prozent (63 Prozent) diese als „gut" bzw. „sehr gut" einschätzen. Auch wenn zu berücksichtigen ist, dass Hochaltrige und ältere Heimbewohner – mit jeweils überdurchschnittlich hohen Einkommensrisiken – in der Stichprobe nicht erfasst sind, so stehen auch diese Befragungsergebnisse in ihrer Gesamtheit für die in Fachkreisen weitgehend unbestrittene Einschätzung, den deutschen Rentnern ginge es finanziell noch nie so gut wie heute (vgl. Heinze et al. 2011, S. 53ff.).

Berücksichtigt man die herausragende Bedeutung der Gesetzlichen Rentenversicherung (GRV) für die gesamte Alterssicherung in Deutschland – immerhin stellt sie rund zwei Drittel des gesamten Bruttoeinkommensvolumens der älteren Menschen hierzulande und erreicht mehr als 90 Prozent der Betroffenen (und dies auch noch bei einer (in der Vergangenheit stetig ausgeweiteten) durchschnittlichen Rentenbezugsdauer von mittlerweile fast 20 Jahren) –, dann gilt, dass sie sich – trotz aller „Unkenrufe" – zumindest für die Mehrheit der jetzigen Rentnergeneration im Grundsatz bewährt hat. „Die Wirtschaftskrisen der letzten Jahre haben die Bedeutung der Verlässlichkeit des Umlageverfahrens in der GRV nochmals sehr deutlich gemacht" (Künemund et al. 2013, S. 209). Umso wichtiger ist es, diese insgesamt positive Bilanz der GRV auch künftigen Rentnergenerationen zu garantieren.

Andererseits weist die GAS 2017 auf „immense" soziale Ungleichheiten in der Einkommensverteilung hin. So ist zum Beispiel das frei verfügbare Einkommen mit im Durchschnitt 1027 Euro/Monat/Kopf für Ältere aus der „Oberschicht" etwa dreimal so hoch wie bei Älteren aus der „Unterschicht". Ähnlich „immens" sind auch die Unterschiede, wenn man das Geschlecht und den Familienstand betrachtet und zum Beispiel Frauen (niedriger) mit Männern oder Geschiedene/getrennt Lebende (niedriger) mit Verheirateten vergleicht (Abb. 3.4) (vgl. auch DEAS 2016, S. 17). Im Kern reflektieren diese Unterschiede (neben den speziell für westdeutsche Frauen dieser Kohorte immer noch bedeutsamen Folgerisiken abgeleiteter Alterssicherung) zum einen schichtentypische Unterschiede in den Verdienstmöglichkeiten in den Erwerbsbiografien (Strauß und Ebert 2013) sowie die (nicht selten ebenfalls schichtentypischen) Chancen, neben der GRV in Systeme zusätzlicher Alterssicherung Eingang zu finden oder ergänzende Absicherungsformen aufbauen zu können (vgl. Bäcker et al. 2011, Bd. II, S. 464ff.).

Damit sind zugleich auch wichtige Gründe für die immer noch bestehenden, allerdings geringer gewordenen Unterschiede in der finanziellen Lage zwischen ost- und westdeutschen Älteren benannt: Neben den abweichenden Erwerbsbiografien von Frauen (deutlich länger in der ehemaligen DDR) wirkt sich auch die im Osten geringere Verbreitung ergänzender Sicherungsformen (zum Beispiel BAV, ÖRZV, betriebliche Alters- und öffentlich-rechtliche Zusatzversorgung; aber auch weniger Immobilienbesitz s. u.) aus (vgl. Bäcker et al. 2011, Bd. II: 429ff.). Dass sich erfreulicherweise die Einkommensabstände zwischen Ost- und Westdeutschland selbst im Vergleichszeitraum seit 2013 weiter verringert haben (Abb. 3.4), kann ebenfalls als Beleg für die bisherige Leistungsfähigkeit der GRV und der Wirkung des hier großzügig beteiligten Bundeszuschusses gelten.

Selbst genutztes Wohneigentum als eigenständige Einkommensquelle im Alter

Die GAS 2017 fokussiert zu Recht das *selbst genutzte Wohneigentum* in seiner wachsenden Bedeutung als häufig unterschätzte *eigenständige* Einkommensquelle im Alter (so auch der Deutsche Alterssurvey; DEAS 2016, S. 18). Immerhin besitzen in Westdeutschland rund 70 Prozent der Befragten (gegenüber nur 55 Prozent in Ostdeutschland) eine oder mehrere Immobilie/n, die sie entweder selbst benutzen oder aus denen sie laufende Einnahmen erzielen. Ihr Anteil ist in den vergangenen Jahren sogar noch gestiegen – mit im Übrigen höheren Steigerungsraten in Ostdeutschland (vgl. DEAS 2016, S. 18). Hierin könnte auch mit ein Grund für die (nicht unbedingt zu erwartende) günstigere Einschätzung der eigenen finanziellen Lage in ländlichen Regionen mit einem hier stärkeren Verbreitungsgrad von selbst genutztem Wohneigentum liegen (Abb. 3.6). In der Konsequenz kann der hohe Anteil an Immobilienbesitzer in der Gruppe mit hohen Haushaltseinkommen nicht überraschen, und auch nicht, dass der finanzielle Spielraum im Alter für Eigenheimbesitzer insgesamt deutlich größer ist als für Mieter. Für Letztere kommt noch erschwerend hinzu, dass vor allem in den Großstädten seit Jahren ein Anstieg der Mietkosten stattgefunden hat, der in wachsendem Umfang Teile des monatlichen Einkommens beansprucht[3] und dabei die unteren Einkommensgruppen naturgemäß stärker belastet; darunter in besonderer Weise ältere alleinstehende Frauen, deren ohnehin geringeres verfügbares Einkommen dadurch noch mehr geschmälert wird (vgl. DEAS 2016, S. 19; Abb. 3.8).

3 Siehe ► Kap. 8, Kommentar von Rolf G. Heinze: „Wohnen und Wohnumfeld – der Lebensmittelpunkt im Alter".

Konsumtive Anpassungen an veränderte Alterseinkommen

Naturgemäß sind das Ausscheiden aus dem Erwerbsleben und der damit erfolgende Übergang von der eigenen Erwerbsarbeit hin zu sozialen Transferleistungen für die weitaus meisten Älteren mit finanziellen Einschränkungen verbunden. Diese fallen allerdings – folgt man den GAS 2017-Daten – deutlich weniger einschneidend aus als erwartet. Immerhin geben 27 Prozent der Befragten an, sich „gar nicht" und weitere 20 Prozent, sich „kaum" eingeschränkt zu haben. Auch hier lassen sich wieder bekannte soziale Differenzierungen erkennen: Ältere mit niedrigen Haushalteinkommen mussten sich stärker einschränken, und dies insbesondere in den für Ältere zentralen Konsumbereichen des Grundbedarfs wie Lebensmittel, Kleidung und Kosmetik. Demgegenüber mussten sich Ältere aus den höheren Einkommensgruppen – wenn überhaupt – „lediglich" in einigen Bereichen des Wahlbedarfs, nämlich bei Reisen, Urlaub und Ausgehen, einschränken (◘ Abb. 3.10 und ◘ Tab. 3.1).

Der Berufsaustritt ist aber nur ein – wenn auch wichtiger – Anlass für konsumtive Anpassungen im Alter. Mindestens ebenso bedeutsam – da die gesamte Restlebenszeit betreffend – sind Steigerungsraten (Dynamisierungen, Anpassungen) bei den einzelnen Alterseinkommen. Dabei zeigt sich erneut ein wichtiger Vorzug der GRV als umlagefinanziertem Sicherungssystem: Sie hat aufgrund der Koppelung ihrer *regelmäßigen* Dynamisierung an die wirtschaftliche Gesamtentwicklung bzw. die Lohnentwicklung in der Vergangenheit zumindest theoretisch das Potenzial, die relative Einkommensposition und damit den gewohnten Lebensstandard älterer Menschen zu schützen; auch wenn die Realität seit 2003 anders aussieht, denn seither haben GRV-Rentner einen Kaufkraftverlust hinnehmen müssen, weil die seither erfolgten Rentenpassungen den Inflationsverlust nicht ausgeglichen haben (Fachinger et al. 2014). Damit stehen die GRV- Renter allerdings nicht allein da.

Einkommens- und Lebenslagearmut im Alter

Angesichts der aktuellen Diskussion um eine bevorstehende „Massenarmut im Alter" bietet die GAS 2017 eine gute Quelle zur Relativierung von „Horrorszenarien", aber auch Anlass zur kritischen Reflexion bisheriger Politiken. Nicht nur die GAS 2017, sondern auch der Deutsche Alterssurvey (DEAS) konstatieren, dass „Ältere auch weiterhin nicht überdurchschnittlich häufiger von Armut betroffen sind als Menschen mittleren Alters" (DEAS 2016, S. 17). So bewegen sich die in der GAS 2017 ermittelten Werte für Menschen in „schlechter" und „eher schlechter" wirtschaftlicher Lage (s. o.) in etwa zwischen den für die absolute und relative Armut hierzu offiziell gehandelten Zahlen (s. u.). Dem entspricht auch, dass („nur") etwa jeder siebte Befragte sich Sorgen macht, sein Haus bzw. seine Wohnung zukünftig nicht mehr zahlen zu können (◘ Abb. 3.9). Ebenso dürften die hohen Werte für die drohende Angst vor der eigenen Pflegebedürftigkeit den antizipierten potenziellen finanziellen Folgen mit geschuldet sein.

Auch wenn die GAS 2017 sonst Altersarmut nicht explizit adressiert – ihre Daten wären dazu auch nur bedingt geeignet –, so belegen sie dennoch die (gegenwärtig noch) geringe Verbreitung von Alterseinkommensarmut, die zudem auch noch niedriger ist als die von Arbeitslosen, kinderreichen Familien oder Alleinerziehenden (Bäcker und Schmitz 2013). Allerdings sind Letztere in der Regel nur zeitweilig von Armut betroffen, während Armut für Ältere aufgrund zumeist fehlender Handlungsspielräume kaum durch eigene Aktivitäten veränderbar ist, sondern für die weitaus meisten eine dauerhafte Armutslage für den Rest des Lebens bleibt. Die Option „Arbeit in der Rente" ist zudem nur bestimmten

Berufsgruppen offen, konzentriert sich außerdem auf die jüngeren Alten und folgt überdies einer sozialen Selektion.[4] Auch die Hoffnung auf Erbschaften und andere materielle Zuflüsse ist zumeist unrealistisch. Im Gegenteil: Erbschaften können die Abstände zu den Nichtarmen dieser Altersgruppe noch vergrößern, weil der Sozial- und Einkommensstatus der Erben hierzulande in der Regel nicht wesentlich von dem ihrer Eltern abweicht (vgl. Lux und Schupp 2010).

Armut (nicht nur im Alter) wird hierzulande zumeist als *Einkommens*armut konzeptualisiert. Dabei wird in der Regel unterschieden zwischen *absoluter* und *relativer* (Einkommens-)Armut. *Absolute Einkommensarmut* liegt vor, wenn Personen nicht über die zur Existenzsicherung notwendigen Güter wie Nahrung, Kleidung und Wohnung verfügen und ihr physisches Überleben gefährdet ist. Sie gilt in Deutschland nicht nur als weitgehend überwunden, sondern ist schon per definitionem eigentlich gar nicht existent, denn die Grundsicherung bei Alter und Erwerbsminderung,[5] auf die ein Rechtsanspruch für Jedermann besteht und die gegenwärtig von mehr als 500.000 Personen über 65 Jahren bezogen werden,[6] soll ja explizit das „sozial-kulturelle Existenzminimum" absichern. Somit gelten ihre Bezieher schon qua definitionem nicht als „arm" („bekämpfte Armut"). Zudem ist das Berechnungsverfahren für das Grundsicherungsniveau höchst umstritten („Statistikmodell" mit „Zirkelschluss"), die darauf beruhende Armutsgrenze gilt als „politisch gesetzt" (Bäcker und Schmitz 2013). Nicht von ungefähr wurde es ja vom Bundesverfassungsgericht schon 2010 als verfassungswidrig eingestuft.

Die meisten Armutsforscher hierzulande benutzen daher das *relative Armutskonzept.* „Relative Armut" liegt vor, wenn Menschen das soziokulturelle Existenzminimum der Gesellschaft in diesem Land unterschreiten. Als Bemessungsgrundlage für die Berechnung der „Armutsgefährdungs- oder Armutsrisikogrenze" gelten 60 Prozent des Durchschnittseinkommens (berechnet mittels Medianeinkommen) der Bevölkerung.[7] Nach dieser Definition[8] galten im Jahr 2014 14,3 Prozent der Menschen im Alter von 65pus als „armutsgefährdet" (gegenüber 15,5 Prozent in der Gesamtbevölkerung).

Geringes Einkommen ist zwar eine zentrale, aber nicht ausschließliche Bedingung für ein als „arm" zu bezeichnendes Leben. Hieran knüpfen explizit das aus der Ungleichheitsforschung stammende *Lebenslagenkonzept* (vgl. Backes und Clemens 2013) und dessen Anwendung bei Armut an. In einem umfassenderen Sinne manifestiert sich *Lebenslagenarmut* dabei als Ergebnis eines unzureichenden Zugangs zu bzw. einer unzureichenden Nutzung von immateriellen Ressourcen wie Bildung, Wohneigentum, Gesundheit oder sozialem Kapital („Ressourcenansatz"). Sie geht damit auch weit über die finanziellen Dimensionen hinaus, indem sie explizit die immateriellen Lebensverhältnisse der von Armut Bedrohten und/oder Betroffenen in den Blick nimmt (Naegele 2016b).

4 Siehe dazu ▶ Abschn. 3.2, Kommentar von Gerhard Naegele: „Altes und Neues zur „Arbeit trotz Rente"".

5 Ab 1.1.2016: 404 Euro für eine alleinstehende Person plus ggf. Mehrbedarfszuschläge von derzeit 17 Prozent des maßgeblichen Regelsatzes (allerdings ohne Wohnkosten, notwendige Versicherungen u.a.m.).

6 Dies entspricht aktuell einer Grundsicherungsquote bei den 65plus von etwa 3,3 Prozent.

7 Dieses betrug 2014 knapp 12.000 Euro pro Jahr, also knapp 1000 Euro im Monat für eine alleinstehende Person.

8 die ebenfalls umstritten ist, denn es handelt sich auch hier um eine „politisch gesetzte Zahl"

Mittels Lebenslagenkonzept untersuchte Altersarmut hat dabei wiederholt Zusammenhänge zwischen niedrigem Einkommen und ungünstigen immateriellen Lebensbedingungen älterer Menschen nachgewiesen, so beispielsweise (teilweise auch belegt in der GAS 2017)[9] in den Dimensionen Gesundheit (Tab. 2.1 und 6.1), Krankheit und Pflegebedürftigkeit, (gesunde) Rest-Lebenserwartung, Wohnverhältnisse (Tab. 2.1) einschließlich Haushaltsausstattung, Internetnutzung (Abb. 4.17), digitale Ausstattung (Abb. 4.20) und Kompetenz,[10] Partizipation und Kommunikation, Zukunftsorientierung und Altersbilder (Abb. 2.7), Mobilität sowie Versorgungsqualität bei Krankheit und Pflegebedürftigkeit und Zugang zu hochwertigen gesundheitlichen und anderen sozialen Diensten und Einrichtungen (vgl. verschiedene Beiträge in Vogel und Motel-Klingebiel 2013); in der Konsequenz vielfach verbunden mit niedriger Lebensqualität und Lebenszufriedenheit (Abb. 2.2) und ungünstigerer Lebensbilanzierung (Abb. 2.5), geringerem subjektivem Wohlbefinden, unzureichend ausgebildeten individuellen Bewältigungsstilen und geringeren Handlungsmöglichkeiten und -spielräumen. Dem entspricht eine stark mit dem Einkommen variierende Einschätzung der eigenen Handlungschancen zur Alter(n) sgestaltung (Tab. 6.3). Sie kann damit auch das sogenannte *Zufriedenheitsparadoxon* mit erklären, wonach viele ältere Menschen in sozial benachteiligten Lebenslagen ihre Lebenssituation subjektiv positiver einschätzen als aufgrund der objektiv gegebenen Umstände anzunehmen wäre (Staudinger 2000).

Vor diesem Hintergrund eignet sich die GAS 2017 auch für die auf ältere Menschen bezogene Ungleichheits- und Armutsforschung. Indem sie an verschiedenen Stellen niedrige Einkommen als zentrales Auswertungskriterium ausweist (und zu weiteren Themen diese Option interessierten Anwendern eröffnet), ermöglicht sie auch solche Analysen, die vertieften Einblick geben zumindest in die immateriellen Lebensbedingungen von älteren Menschen mit niedrigem Einkommensniveau, auch wenn diesen keine der hierzulande üblichen Armutsabgrenzungen zugrunde liegt.[11]

In der Konsequenz bedeutet dies auch, dass Transferzahlungen allein und primär zur Bekämpfung von Altersarmut nur stark eingeschränkte und zudem nur – im Grundsatz probleminadäquat – monodimensionale Wirkungen erzielen können. Gefordert sind demgegenüber auch solche ergänzenden Maßnahmen zur unmittelbaren Verbesserung immaterieller Lebenslagedimensionen. Damit wird zugleich der Blick auf weitere politische Handlungsebenen und -akteure jenseits der sozialen Sicherungspolitik im engeren Sinne gelenkt (Naegele et al. 2013). Adressiert sind insbesondere die Kommunen, die direkt mit Armut konfrontiert sind, und hier insbesondere die Akteure aus dem gesundheits-, wohnungspolitischen sowie zivilgesellschaftlichen Bereich (Naegele 2016a). Dazu gehört auch – wie im Lebenslagekonzept explizit angedacht –, *Handlungsspielräume*, also Ermöglichungsstrukturen für die Betroffenen dahingehend zu eröffnen, selbst initiativ und aktiv zu werden. Es wird zugleich deutlich, dass eine auf dem Lebenslagekonzept

---

9 Siehe auch die Kommentare von Klein und Rapp: „Wie man sich fühlt", Pott: „Gesundheit, Lebenserwartung und Lebensgefühl", Ehlers und Naegele: „Digitale Kompetenz" und Heinze: „Wohnen und Wohnumfeld – der Lebensmittelpunkt im Alter".

10 Siehe den Kommentar von Ehlers und Naegele: „Digitale Kompetenz".

11 die aber für die meisten Zwecke der Lebenslageforschung auch gar nicht benötigt wird

beruhende Armutspolitik eingebunden ist in ein komplexes Gemengelage von Fakten, Überzeugungen und Wertentscheidungen, die sich einem wissenschaftlichen Zugriff zuweilen entziehen.

Künftig wieder steigende Altersarmut?

Auch wenn (Einkommens-)Altersarmut derzeit (noch) *kein* Massenphänomen ist, so weist sie dennoch seit Beginn der Jahrtausendwende die höchsten Steigerungsraten auf. Nicht wenige Experten erwarten eine weitere Zunahme, manche befürchten sogar eine flächendeckende „Rückkehr der Altersarmut" (Vogel und Motel-Klingebiel 2013). Bislang liegen jedoch dazu keine seriösen, das heißt belastbaren Vorausberechnungen vor (es sei denn, man folgt „Horrorszenarien" ohne jegliche belastbare empirische Fundierung).

Dennoch mehren sich Anzeichen zumindest für einen Bedeutungsanstieg. Sie betreffen zum einen die wachsende Verarmungsgefahr bei stationärer Pflege (immerhin schon mit einem Anteil von zwischen 35 und 40 Prozent der Bewohner), die sich auch in den weit verbreiteten Ängsten älterer Menschen vor künftiger Alterspflegebedürftigkeit ausdrücken dürfte. Vor allem aber gilt es, den Blick für die bekannten Hauptursachen von künftig steigender Altersarmut zu schärfen und hierauf mit geeigneten Politikkonzepten zu reagieren. Gemeint sind die „Doppelwirkung" von *externen* (Umbrüche auf dem Arbeitsmarkt; unter anderem wachsende Entnormalisierung von Arbeitsverhältnissen, Lücken in den Versicherungsbiografien) und Rentenrechts-*internen* Verursachungsfaktoren („neue Alterssicherungspolitik"; unter anderem Folgen des Absenkens des Rentenniveaus, „Scheitern der Riester-Rente") und die Frage, ob diese ihre bisherige Schubkraft beibehält oder gestoppt werden kann (vgl. ausführlich Bäcker und Schmitz 2013).

Es mehren sich Anzeichen dafür, dass insbesondere in den neuen Bundesländern solche für die Entstehung und Perpetuierung von Altersarmut kritischen Episoden (vor allem (Langzeit-) Arbeitslosigkeit und Frühverrentungen) in den Biografien zunehmen werden, das heißt ein Anstieg von diskontinuierlichen Erwerbs- und Versicherungsverläufen zu erwarten ist. Andererseits wird es – trotz aller Beschäftigungsnachteile – in Ost- wie Westdeutschland gleichermaßen zu einer Verbesserung der Frauenrenten durch eine Steigerung von Häufigkeit und Dauer ihrer Erwerbsbeteiligung kommen (vgl. Kumpmann 2011). Zwar hat auch die Rente mit 67 tendenziell zu einer Ausweitung der durchschnittlichen Beschäftigungsdauern geführt (bislang um mehr als ein Jahr), wenngleich nicht unbedingt bei den Problemgruppen, wurde aber durch die 2014 eingeführte Rente mit 63 in ihrer Wirkung wieder eingeschränkt.

Nicht zuletzt könnte der demografische Wandel auf dem Arbeitsmarkt selbst mittel- bis längerfristig auch für die künftige Alterssicherung günstige Beschäftigungschancen und -dauern positiv beeinflussen. Allerdings gilt auch hier das „Matthäus-Prinzip" („Wer hat, dem wird gegeben"). Vor diesem Hintergrund dürfte die über die beiden für die spätere Sicherungsqualität im Alter zentralen Parameter der Erwerbsbiografien – Höhe des Verdienstes sowie Dauer und Volumen der versicherungspflichtigen Erwerbsarbeit – bewirkte Spreizung der Alterseinkommen vermutlich weiter voranschreiten; mit der Folge, dass sich Einkommens- und Vermögensunterschiede im Alter künftig wohl eher vertiefen als nivellieren, wie bereits im Fünften Bundesaltenbericht vorhergesagt (BMFSFJ 2006). Es bleibt also für eine präventive Altersarmutsvermeidungspolitik in diesem Lande noch viel zu tun.

Literatur

Bäcker, G., & Schmitz, J. (2013). Altersarmut und Rentensicherung: Diagnosen, Trends, Reformoptionen und Wirkungen. In C. Vogel, & A. Motel-Klingebiel (Hrsg.), *Altern im sozialen Wandel: Die Rückkehr der Altersarmut?* (S. 57–80). Wiesbaden: SpringerVS.

Bäcker, G., Naegele G., et al. (2011). *Sozialpolitik und soziale Lage. Bd. I und II* (5. Aufl.). Wiesbaden: VS Verlag für Sozialwissenschaften.

Backes, G., & Clemens, W. (2013). *Lebensphase Alter. Eine Einführung in die sozialwissenschaftliche Alternsforschung* (4. Aufl.). Weinheim und Basel: BeltzJuventa.

BMFSFJ – Bundesministerium für Familie, Senioren, Frauen und Jugend (Hrsg.), (2006). *Fünfter Altenbericht der Bundesregierung. Die Potentiale des Alters in Wirtschaft und Gesellschaft.* Berlin: BMFSFJ.

DEAS. (2016). Mahne, K., Wolff, J. K., Simonson, J. & Tesch-Römer, C.: *Deutscher Alterssurvey (DEAS) 2014: Kurzfassung.* Berlin: DZA.

Fachinger, U., et al. (2014). *Die Dynamisierung von Alterseinkommen – Chancen und Risiken eines neuen Mischungsverhältnisses staatlicher, betrieblicher und privater Alterssicherung* – (Income Dynamics in Old Age – IDA). Berlin: Deutsche Rentenversicherung Bund.

Heinze, R. G., Naegele, G., & Schneiders, K. (2011). *Wirtschaftliche Potenziale des Alters. Grundriss Gerontologie. Bd. 11.* Stuttgart: Kohlhammer, Urban.

Kumpmann, I. (2011). Politikoptionen gegen Altersarmut. *Deutsche Rentenversicherung, 4,* 292–303.

Künemund, H., Fachinger, U., Schmähl, W., Unger, K., & Laguna, E. P. (2013). Rentenanpassung und Altersarmut. In C. Vogel, & A. Motel-Klingebiel (Hrsg.), *Altern im sozialen Wandel: Die Rückkehr der Altersarmut?* (S. 193–212).Wiesbaden: SpringerVS.

Lux, T., & Schupp, J. (2010). Analyse des Erbschafts- und Schenkungsverhaltens. In C. Vogel, H. Künemund, & U. Fachinger (Hrsg.), *Die Relevanz von Erbschaften für die Alterssicherung* (S. 49–61, Bd. 90). DRV-Schriften. Berlin: Deutsche Rentenversicherung.

Naegele, G. (1976). *Soziale Ungleichheit im Alter.* Köln: Hanstein-Verlag.

Naegele, G. (2016a). Handlungsempfehlungen für die Kommunen. In Bertelsmann Stiftung (Hrsg.), *Demographie konkret – Altersarmut in Deutschland. Regionale Verteilung und Erklärungsansätze* (S. 68–79). Gütersloh: Verlag Bertelsmann Stiftung.

Naegele, G. (2016b). Lebenslagen im Alter im demographischen Wandel. In H. Romahn & D. Rehfeld (Hrsg.), *Lebenslagen – Beiträge zur Gesellschaftspolitik.* Marburg: Metropolis Verlag.

Naegele, G., Olbermann E., & Bertermann, B. (2013). Altersarmut als Herausforderung für die Lebenslaufpolitik. In C. Vogel, & A. Motel-Klingebiel (Hrsg.), *Altern im sozialen Wandel: Die Rückkehr der Altersarmut?* (S. 447–462). Wiesbaden: SpringerVS.

Strauß, S., & Ebert, A. (2013). Einkommensungleichheiten in Westdeutschland vor und nach dem Renteneintritt. In C. Vogel, & A. Motel-Klingebiel (Hrsg.), *Altern im sozialen Wandel: Die Rückkehr der Altersarmut?* (S. 253–272). Wiesbaden: SpringerVS.

Staudinger, U. (2000). Viele Gründe sprechen dagegen, und trotzdem geht es vielen Menschen gut: Das Paradox des subjektiven Wohlbefindens. *Psychologische Rundschau, 51,* 185–197.

Vogel, C., & Motel-Klingebiel, A. (Hrsg.), (2013). *Altern im sozialen Wandel: Die Rückkehr der Altersarmut?* Wiesbaden: SpringerVS.

3.2 Arbeiten im Alter

Auch wenn sich untere Einkommensgruppen nach dem Ausscheiden aus dem Berufsleben bei ihren Ausgaben besonders einschränken müssen, heißt dies umgekehrt nicht, dass sie überdurchschnittlich oft auch nach Erreichen des 65. Lebensjahres noch einer beruflichen Tätigkeit nachgehen. Im Gegenteil: Es sind eher ältere Menschen aus den oberen Einkommensgruppen, die auch jenseits der 65 noch beruflich aktiv sind: 13 Prozent der 65- bis 85-Jährigen mit niedrigem Einkommen arbeiten derzeit zumindest noch stundenweise gegenüber 19 Prozent aus den höheren Einkommensgruppen.

Insgesamt sind 15 Prozent der 65- bis 85-Jährigen derzeit noch regelmäßig berufstätig. Der Trendvergleich mit der Generali Altersstudie 2013 macht deutlich, dass aktuell mehr Ältere regelmäßig arbeiten als noch vor vier Jahren. Damals gaben 11 Prozent der über 65-Jährigen an, noch regelmäßig zu arbeiten. Der Kreis der Älteren, die weiterhin einer beruflichen Tätigkeit nachgehen, ist in nahezu allen soziodemografischen Gruppen angestiegen. Weiterhin sind es vor allem die Jüngeren innerhalb der untersuchten Altersgruppe sowie die Freiberufler und Selbstständigen, die auch nach Überschreiten des 65. Lebensjahres noch beruflich aktiv sind. So sind 29 Prozent der 65- bis 69-Jährigen regelmäßig berufstätig, von den 70- bis 74-Jährigen sind es noch 13 Prozent, bei den 80- bis 85-Jährigen dann nur noch 4 Prozent (■ Abb. 3.12).

Der Umfang der Berufstätigkeit ist in der Regel eher begrenzt. Von denjenigen, die noch regelmäßig beruflich aktiv sind, arbeiten 42 Prozent weniger als zehn Stunden pro Woche, weitere 31 Prozent zehn bis 19 Stunden in der Woche. Nur 9 Prozent der berufstätigen 65- bis 85-Jährigen arbeiten Vollzeit, also 35 Stunden oder mehr pro Woche. Im Durchschnitt beträgt die wöchentliche Arbeitszeit bei denen, die noch einer regelmäßigen Arbeit nachgehen, knapp 14 Stunden. Im Vergleich zum Jahr 2012 ist die durchschnittliche Arbeitszeit damit sogar leicht zurückgegangen. Vor vier Jahren betrug die durchschnittliche Wochenarbeitszeit der 65- bis 85-Jährigen noch 15 Stunden. Dies liegt auch daran, dass innerhalb der letzten vier Jahre vor allem der Anteil Älterer, die weniger als zehn Stunden pro Woche arbeiten, angestiegen ist (■ Abb. 3.13).

In den Tiefeninterviews wird deutlich, dass diejenigen, die noch beruflich aktiv sind, es besonders schätzen, weniger Stunden als früher arbeiten zu können. Dass der Umfang der beruflichen Tätigkeit heute geringer ist als früher, wird von ihnen als Zugewinn an Freiheit verstanden:

» „Ich freue mich jeden Tag über meine Arbeit, obwohl ich Rentner bin. Aber ich werde noch gebraucht in meiner alten Firma. Ich arbeite dort noch stundenweise, habe Kontakt zu vielen Menschen. Das ist wunderschön. Und das besonders Schöne ist, dass ich mir meine Arbeit einteilen kann. Ich muss nicht um 7 Uhr im Büro sein. Dafür bin ich sehr dankbar. Auch dass ich oft Urlaub machen kann. (Mann, 70 Jahre, mit Partnerin)

» „Ich arbeite immer noch in meinem früheren Beruf – nur nicht mehr so viele Stunden und nicht mehr so intensiv. Diese Freiheit kann ich mir nehmen und finde das unheimlich gut. Ich arbeite gern, aber das Alter benötigt doch auch ein wenig Ruhepausen. Jeden Tag zehn bis zwölf Stunden würde ich heute nicht mehr schaffen; will ich auch nicht mehr. Es ist alles gut so, wie es ist. (Mann, 71 Jahre, mit Partnerin)

65- bis 85-Jährige, die selbstständig oder freiberuflich arbeiten, sind nicht nur insgesamt häufiger beruflich aktiv als ihre Altersgenossen, sondern arbeiten in aller Regel auch mehr Stunden pro Woche. So bringen es Selbstständige und Freiberufler im Durchschnitt auf eine wöchentliche Arbeitszeit von 19 Stunden pro Woche, einfache Angestellte oder Beamte gerade einmal auf elf Stunden und Facharbeiter auf zwölf Stunden. Überdurchschnittlich viele Selbstständige und Freiberufler üben zudem auch jenseits des 65. Lebensjahres ihren Beruf noch in Vollzeit aus (■ Tab. 3.2).

Die ausgeübten Tätigkeiten sind breit gestreut. Besonders häufig üben Ältere Aushilfs- und andere Hilfstätigkeiten aus. So sind 16 Prozent der noch berufstätigen 65- bis 85-Jährigen als Hausmeister, Reinigungskraft oder Haushaltshilfe tätig, 5 Prozent üben Fahrtätigkeiten aus und weitere 2 Prozent Wärter- oder Kontrolltätigkeiten. Daneben sind kaufmännische Tätigkeiten (12 Prozent) oder Verkaufstätigkeiten (7 Prozent) recht weitverbreitet. Qualifizierte Tätigkeiten, die eine Ausbildung erfordern, wie Handwerks- oder Pflegeberufe, werden von 11 bzw. 6 Prozent der noch berufstätigen 65- bis 85-Jährigen ausgeübt. Freie Berufe sowie Lehrtätigkeiten

Frage: „Arbeiten Sie noch regelmäßig, egal ob in Ihrem früheren Beruf oder als Hinzuverdienst und egal, ob Vollzeit oder stundenweise?"

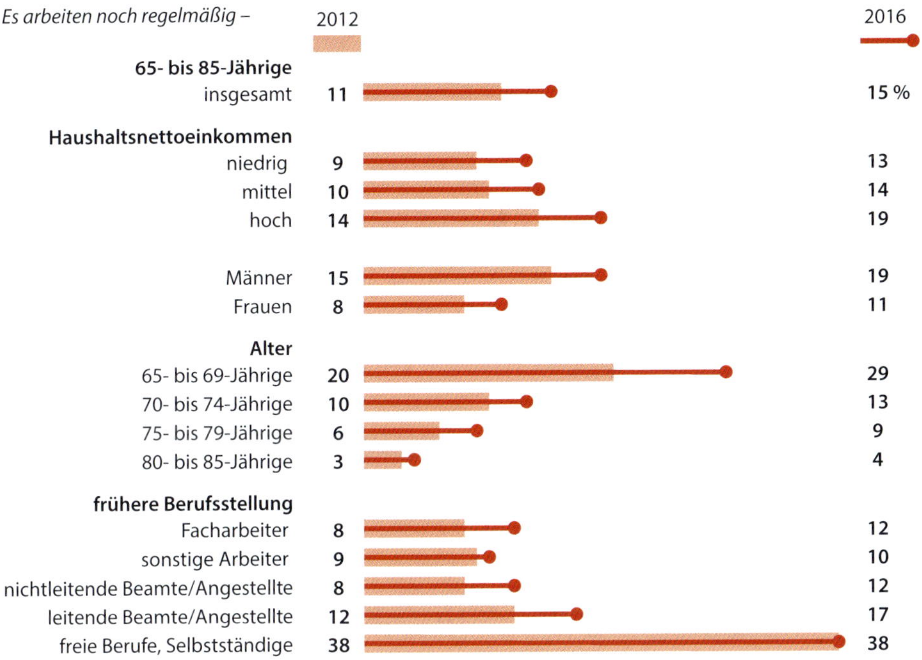

Abb. 3.12 Mehr berufstätige Ruheständler.
Basis: Bundesrepublik Deutschland, 65- bis 85-jährige Bevölkerung. Quelle: Generali Altersstudien 2013 und 2017

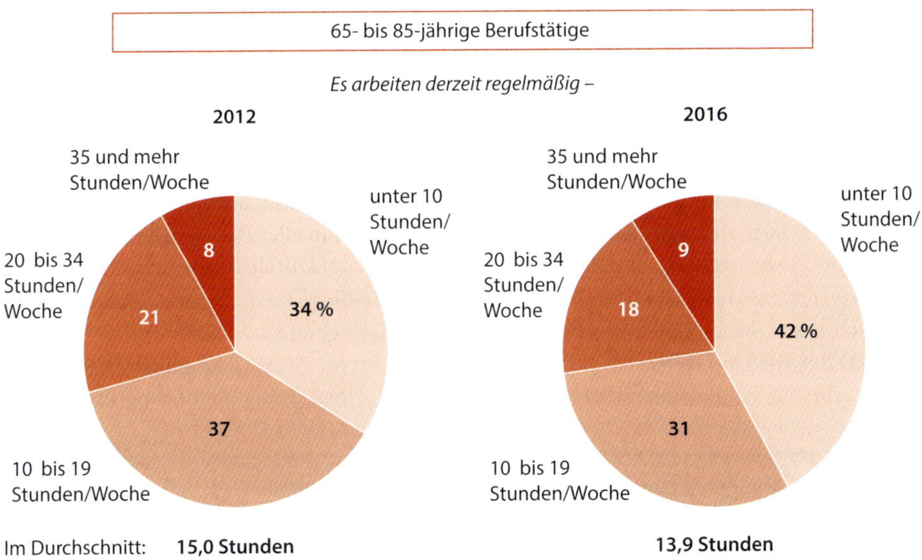

Abb. 3.13 Kein Ausbau beim Umfang der Berufstätigkeit.
Basis: Bundesrepublik Deutschland, 65- bis 85-jährige Berufstätige. Quelle: Generali Altersstudien 2013 und 2017

3

Tab. 3.2 Umfang der derzeit ausgeübten Berufstätigkeit nach (früherer) Berufsstellung

	65- bis 85-jährige Berufstätige –				
	Insgesamt (%)	die früher in folgender Berufsstellung tätig waren -			
		Facharbeiter (%)	Einfache Angestellte/ Beamte (%)	Leitende Angestellte/ Beamte (%)	Selbstständige/ Freie Berufe (%)
Es arbeiten derzeit regelmäßig –					
unter 10 Stunden pro Woche	42	40	52	45	24
10 bis 19 Stunden pro Woche	31	42	28	26	29
20 bis 34 Stunden pro Woche	18	14	16	16	31
35 Stunden pro Woche und mehr	9	4	4	13	16
Im Durchschnitt in Stunden	13.9	12.0	11.0	14.9	19.1

Basis: Bundesrepublik Deutschland, 65- bis 85-jährige Berufstätige
Quelle: Generali Altersstudie 2017

und Tätigkeiten im künstlerischen Bereich üben insgesamt 16 Prozent aus. Als Berater oder in leitender Position sind schließlich insgesamt 9 Prozent der berufstätigen 65- bis 85-Jährigen aktiv.

Deutliche Unterschiede in den ausgeübten Tätigkeiten gibt es zwischen Männern und Frauen. 65- bis 85-jährige Frauen, die noch berufstätig sind, üben überdurchschnittlich oft Hilfstätigkeiten oder kaufmännische Tätigkeiten aus oder sind in der Pflege tätig. Jede vierte Frau, die noch im Alter berufstätig ist, arbeitet als Haushaltshilfe oder Reinigungskraft, knapp jede Fünfte im kaufmännischen Bereich und gut jede Zehnte im Pflegebereich. Männer üben hingegen weit häufiger als Frauen handwerklich-technische Tätigkeiten oder Fahrtätigkeiten aus. Zudem findet man Männer auch deutlich häufiger in freien Berufen, als Berater oder in leitender Tätigkeit (Tab. 3.3).

Entsprechend dem hohen Anteil an Aushilfs- und Hilfstätigkeiten unter den ausgeübten beruflichen Tätigkeiten sind Minijobs[12] bei den Älteren am weitesten, sozialversicherungspflichtige Jobs hingegen am wenigsten verbreitet. 39 Prozent der 65- bis 85-Jährigen, die noch regelmäßig arbeiten, haben einen Minijob, 28 Prozent sind selbstständig oder freiberuflich tätig,

12 Eine geringfügige Beschäftigung (sogenannte Minijob) liegt laut Gesetzgeber vor, wenn das Arbeitsentgelt regelmäßig im Monat 450 Euro nicht überschreitet. In Deutschland gab es Ende 2015 rund 900.000 geringfügig entlohnte Beschäftigte (Minijobber), die über 65 Jahre alt und im gewerblichen Bereich beschäftigt waren, sowie gut 25.000 geringfügig entlohnte Beschäftige dieses Alters in Privathaushalten. Vgl. hierzu: Aktuelle Entwicklungen im Bereich der geringfügigen Beschäftigung IV. Quartal 2015, www.minijob-zentrale.de.

Tab. 3.3 Derzeit ausgeübte Tätigkeiten in Abhängigkeit von der Schulbildung

	65- bis 85-jährige berufstätige –		
	Personen insgesamt (%)	Männer (%)	Frauen (%)
Hausmeister-, Reinigungs-, Haushaltshilfetätigkeiten	16	9	25
(Angestellte) kaufmännische Tätigkeiten	12	7	19
Handwerklich-technische Tätigkeiten	11	16	5
Verkaufstätigkeiten	7	7	8
Freier Beruf: Arzt, Rechtsanwalt, Steuerberater o.Ä.	6	9	2
Lehrtätigkeiten	6	5	7
Betreuungs-, Pflegetätigkeiten	6	2	11
Fahrtätigkeiten	5	8	1
Landwirtschaftliche Tätigkeiten	5	6	4
Beratungstätigkeiten	5	8	2
Tätigkeiten im künstlerischen, journalistischen Bereich	4	5	4
Leitende Tätigkeit	4	6	-
Zeitungsaustragen	4	4	2
Gastronomie	3	3	3
Aufsichts-, Wärter-, Kontrolltätigkeiten	2	2	3
Reiseleiter, Führungen	1	x	1
Andere Angaben	4	4	4
x = Anteil unter 0,5 Prozent			
- = keine Nennung			

Basis: Bundesrepublik Deutschland, 65- bis 85-jährige Berufstätige
Quelle: Generali Altersstudie 2017

19 Prozent arbeiten auf Honorarbasis und lediglich 13 Prozent sind sozialversicherungspflichtig angestellt.

Frauen, die jenseits der 65 noch arbeiten, haben besonders häufig einen Minijob: Fast jede Zweite von ihnen geht einer solchen geringfügigen Beschäftigung nach, bei den Männern ist es nur jeder Dritte. Diese sind hingegen überdurchschnittlich oft als Selbstständige oder Freiberufler tätig. Mit 36 Prozent üben doppelt so viele Männer wie Frauen über 65 Jahre eine freiberufliche oder selbstständige Tätigkeit aus (Abb. 3.14).

Eine sozialversicherungspflichtige Anstellung haben genauso viele 65- bis 85-jährige Männer wie Frauen. Allerdings ist eine solche Beschäftigung für die allerwenigsten Älteren tatsächlich ein Ziel. Von denen, die noch beruflich aktiv, aber nicht sozialversicherungspflichtig beschäftigt

Frage an 65- bis 85-jährige Berufstätige: „Sind Sie sozialversicherungspflichtig angestellt, oder arbeiten Sie als Minijobber, als Selbstständiger bzw. freiberuflich, auf Honorarbasis, oder was sonst?"

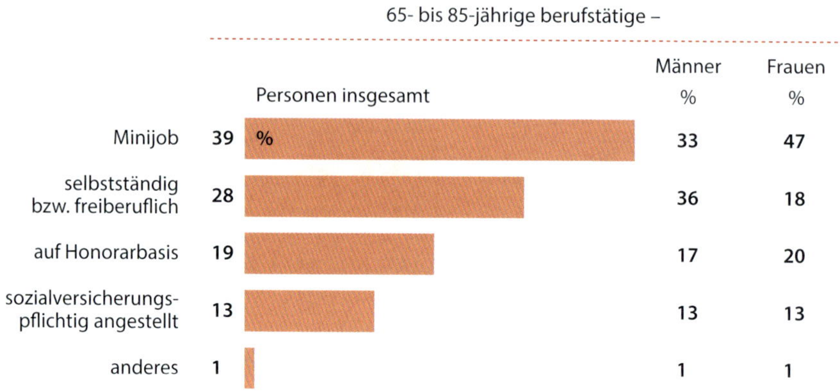

Abb. 3.14 Minijobs sind besonders beliebt.
Basis: Bundesrepublik Deutschland, 65- bis 85-jährige Berufstätige. Quelle: Generali Altersstudie 2017

sind, wünschen sich gerade einmal 2 Prozent, sozialversicherungspflichtig beschäftigt zu sein. Die überwältigende Mehrheit (93 Prozent) ist mit ihrer beruflichen Stellung hingegen zufrieden und wünscht sich keine Änderung ihres Anstellungsverhältnisses (Abb. 3.15).

Von denen, die noch regelmäßig arbeiten, sind insgesamt 22 Prozent beim gleichen Arbeitgeber beschäftigt, für den sie schon vor Beginn ihres Rentenalters gearbeitet haben, 6 Prozent arbeiten im Umfeld ihres alten Arbeitgebers, 40 Prozent hingegen für einen ganz neuen Arbeitgeber. Immerhin 28 Prozent sind selbstständig oder freiberuflich beschäftigt und somit nicht selten im gleichen beruflichen Umfeld aktiv wie vor dem Erreichen des 65. Lebensjahres (Abb. 3.16).

So üben 65 Prozent der Freiberufler und Selbstständigen die gleiche Tätigkeit aus wie vor Erreichen des Rentenalters, weitere 18 Prozent zumindest eine ähnliche. Nur 17 Prozent der 65- bis 85-jährigen Freiberufler und Selbstständigen machen mittlerweile etwas völlig anderes. Dieser Anteil ist in den anderen Berufsgruppen sowie in der Gesamtheit aller 65- bis 85-jährigen Berufstätigen deutlich höher: 40 Prozent der über 65-Jährigen, die noch regelmäßig arbeiten, machen etwas ganz anderes als vor Erreichen des Rentenalters, bei den früheren Facharbeitern sind es sogar 55 Prozent (Tab. 3.4).

Der vergleichsweise hohe Anteil an 65- bis 85-Jährigen, die noch regelmäßig arbeiten, lässt sich nur zum Teil damit erklären, dass diese auf das Geld angewiesen sind. Zwar geben 39 Prozent der beruflich Aktiven zu Protokoll, dass sie das Geld, das sie hinzuverdienen, zum Lebensunterhalt dringend benötigen, die breite Mehrheit äußert hingegen (auch) andere Gründe: 76 Prozent sind noch beruflich aktiv, weil ihnen die Arbeit an sich Spaß macht, 63 Prozent, weil sie geistig und körperlich fit bleiben möchten, 60 Prozent, weil ihnen der Kontakt zu anderen Menschen wichtig ist. Für weitere 47 Prozent gehört Arbeiten einfach zum Leben dazu, 46 Prozent haben zudem die Sorge, dass es ihnen zu Hause zu langweilig wird, immerhin 47 Prozent arbeiten noch, damit sie sich mehr leisten können (Abb. 3.17).

Dieser Befund gilt jedoch nicht für alle berufstätigen 65- bis 85-Jährigen gleichermaßen. Untere Einkommensgruppen benötigen den Verdienst aus ihrer Arbeit sehr viel stärker für den

Frage an 65- bis 85-Jährige, die nicht sozialversicherungspflichtig angestellt sind: „Sind Sie damit zufrieden, oder wären Sie lieber sozialversicherungspflichtig angestellt?"

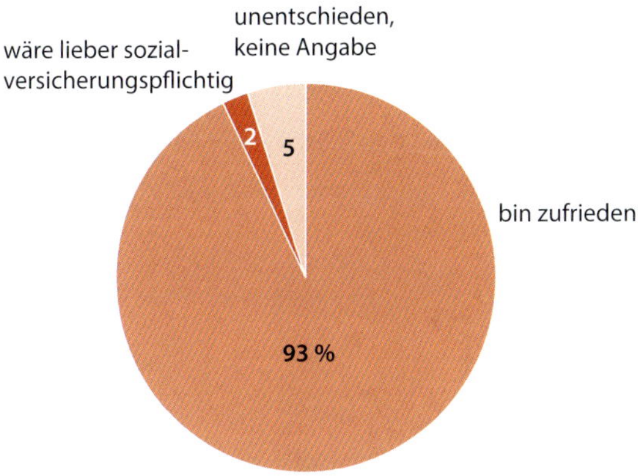

Abb. 3.15 Eine versicherungspflichtige Beschäftigung ist für die allerwenigsten Älteren ein Ziel. Basis: Bundesrepublik Deutschland, 65- bis 85-Jährige, die nicht sozialversicherungspflichtig angestellt sind. Quelle: Generali Altersstudie 2017

Frage an 65- bis 85-jährige Berufstätige: „Arbeiten Sie für den gleichen Arbeitgeber, für den Sie schon vor Beginn Ihres Rentenalters gearbeitet haben, oder arbeiten Sie im Umfeld Ihres damaligen Arbeitgebers, oder haben Sie nun einen ganz anderen Arbeitgeber als vor Beginn des Rentenalters?"

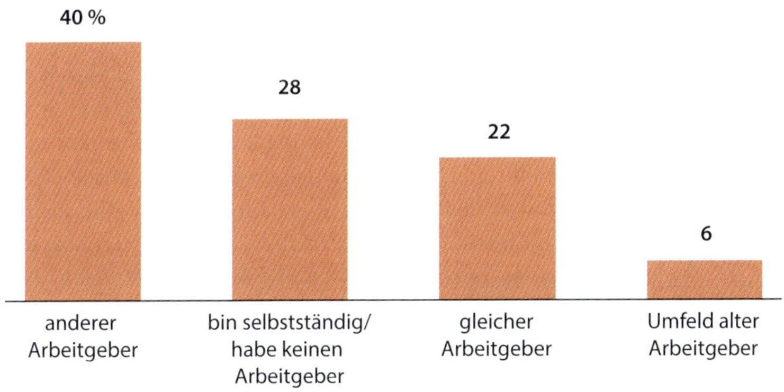

Abb. 3.16 Gleicher Arbeitgeber wie früher? Basis: Bundesrepublik Deutschland, 65- bis 85-jährige Berufstätige. Quelle: Generali Altersstudie 2017

Lebensunterhalt als höhere Einkommensschichten. So sagen 64 Prozent der noch Berufstätigen aus den unteren Einkommensschichten, dass sie auf das Geld angewiesen sind, 54 Prozent, dass sie sich dadurch mehr leisten können. Von den Älteren aus höheren Einkommensgruppen ist nur jeder Vierte auf das Geld angewiesen, nur 38 Prozent von ihnen arbeiten noch, um sich mehr leisten zu können. Umgekehrt betonen die berufstätigen 65- bis 85-Jährigen mit höherem Haushaltseinkommen weit überdurchschnittlich, dass sie noch arbeiten, weil ihnen die Arbeit

3

Tab. 3.4 Ausgeübte Tätigkeit im Vergleich zu früher

Frage an 65- bis 85-Jährige, die (noch) regelmäßig arbeiten: „Ist Ihre jetzige Tätigkeit die gleiche Tätigkeit, die Sie vor Erreichen des Rentenalters ausgeübt haben, oder ist es eine ähnliche Tätigkeit, oder ist es etwas ganz anderes?" (Mehrfachnennungen möglich!)

	65- bis 85-jährige Berufstätige –				
	Insgesamt (%)	die früher in folgender Berufsstellung tätig waren -			
		Facharbeiter (%)	Einfache Angestellte/ Beamte (%)	Leitende Angestellte/ Beamte (%)	Selbstständige/ Freie Berufe (%)
Gleiche Tätigkeit	41	24	39	30	65
Ähnliche Tätigkeit	20	19	16	31	18
Etwas ganz anderes	40	55	46	42	17
Keine Angabe	x	2	-	-	1
x = Anteil unter 0,5 Prozent					
– = keine Nennung					

Basis: Bundesrepublik Deutschland, 65- bis 85-jährige Berufstätige
Quelle: Generali Altersstudie 2017

Spaß macht, weil sie geistig wie körperlich fit bleiben möchten, weil sie dadurch mit anderen Menschen in Kontakt kommen und weil es ihnen wichtig ist, ihr Wissen und ihre Erfahrungen an Jüngere weiterzugeben. Zudem betonen sie häufiger als die Bezieher niedriger oder mittlerer Einkommen, dass sie in ihrem Unternehmen noch gebraucht werden (Tab. 3.5).

Auch in den Tiefeninterviews wird deutlich, dass es vielfältige Gründe gibt, auch jenseits des 65. Lebensjahres noch berufstätig zu sein: Spaß an der Arbeit, der Erhalt der körperlichen und geistigen Fitness sowie Abwechslungsreichtum gehören in jedem Fall bei vielen über 65-Jährigen, die noch berufstätig sind, dazu:

» „Ganz einfach gesagt: Weil ich Freude daran habe. Mir macht die Arbeit Spaß. Ich bin gern unter Menschen, gebe meine Erfahrung gern weiter. Außerdem gibt es den schönen Nebeneffekt, dass ich dadurch auch noch zusätzlich Geld in die Kasse bekomme, wovon meine Frau und ich, auch gern mit unseren Kindern oder Enkelkindern, mehrere zusätzliche Reisen im Jahr machen können." (Mann, 70 Jahre, mit Partnerin)

» „Der Grund für mich, weiterhin berufstätig zu sein, ist, dass ich weiter fachlich aktiv arbeiten kann, dass ich mir damit das eine oder andere Erfolgserlebnis verschaffen kann und dass ich aber gleichzeitig das Gefühl haben kann, das Team meines letzten Arbeitgebers weiter zu unterstützen, und mir daraus Positives für mein eigenes Leben im Sinne von Gebrauchtwerden ableiten kann." (Mann, 72 Jahre, mit Partnerin)

Tab. 3.5 Gründe für die Berufstätigkeit nach Einkommensgruppen

	65- bis 85-jährige Berufstätige – mit Haushaltsnettoeinkommen		
	unter 1.750 Euro (%)	1.750 bis unter 3.000 Euro (%)	3.000 Euro und mehr (%)
Weil mir die Arbeit an sich Spaß macht	66	77	84
Weil ich geistig bzw. körperlich fit bleiben möchte	52	64	73
Weil ich dadurch mit anderen Menschen in Kontakt komme	53	61	65
Weil ich mir dann mehr leisten kann	54	49	38
Weil arbeiten für mich zum Leben dazugehört	41	50	50
Weil es mir zu Hause auf Dauer zu langweilig würde	42	47	48
Weil ich auf das Geld angewiesen bin	64	31	25
Weil ich etwas Gutes tun, andere unterstützen möchte	28	30	30
Weil ich mein Wissen und meine Erfahrungen an Jüngere weitergeben möchte	19	28	38
Weil ich im Unternehmen gebraucht werde	17	21	35
Weil ich mit dem Geld Angehörige unterstütze	15	14	15

Basis: Bundesrepublik Deutschland, 65- bis 85-jährige Berufstätige
Quelle: Generali Altersstudie 2017

» „Ganz einfach, weil's mir Spaß macht, noch gefragt zu sein und Abwechslung in den Alltag bringt. Außerdem helfe ich gerne, und ich bleibe dabei auch noch geistig fit und informiert und langweile mich nicht auf dem Sofa." (Mann, 71 Jahre, mit Partnerin)

Dass finanzielle Gründe ausschlaggebend sind, ist auch in den Tiefeninterviews nur selten der Fall:

» „Ich erhalte eine Mindestrente und da kann man keine Sprünge machen. Also muss ich ganz einfach etwas dazu verdienen, ob ich will oder nicht." (Mann, 70 Jahre, alleinstehend)

So breit gestreut die Gründe der noch berufstätigen älteren Menschen in Deutschland auch ausfallen, das Gros der 65- bis 85-Jährigen ist jenseits des 65. Lebensjahres im Ruhestand. 85 Prozent der über 65-Jährigen arbeiten nicht mehr. Im Durchschnitt sind sie mit knapp 62 Jahren in den Ruhestand gegangen. Immerhin knapp jeder Dritte ist mit 60 Jahren oder früher aus dem Berufsleben ausgeschieden, 38 Prozent haben mit 63 bis 65 Jahren aufgehört zu arbeiten (Abb. 3.18).

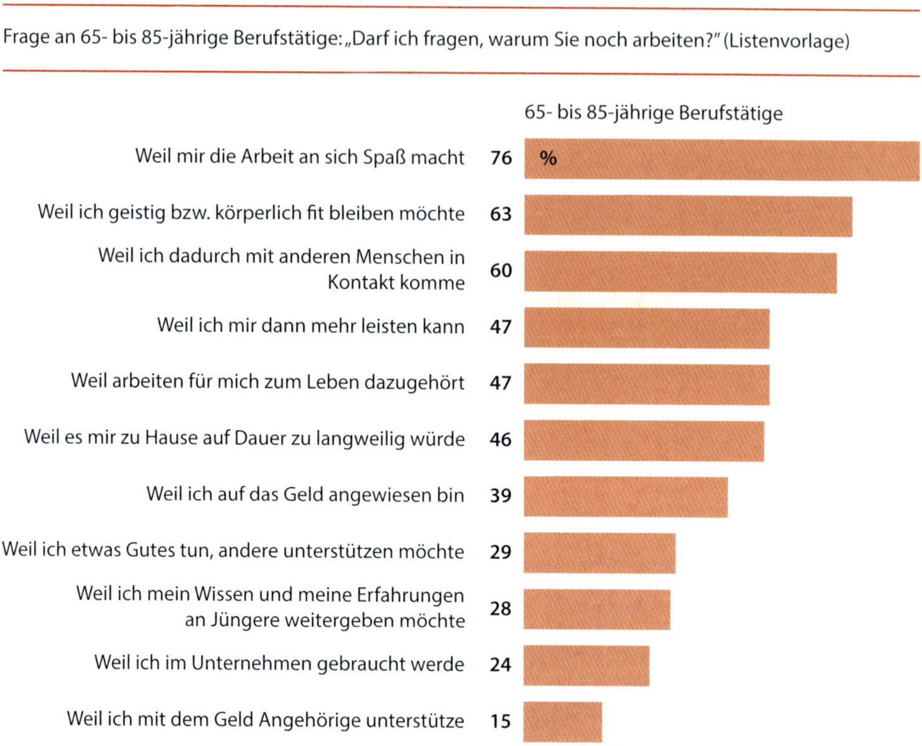

Abb. 3.17 Gründe für die Berufstätigkeit.
Basis: Bundesrepublik Deutschland, 65- bis 85-jährige Berufstätige. Quelle: Generali Altersstudie 2017

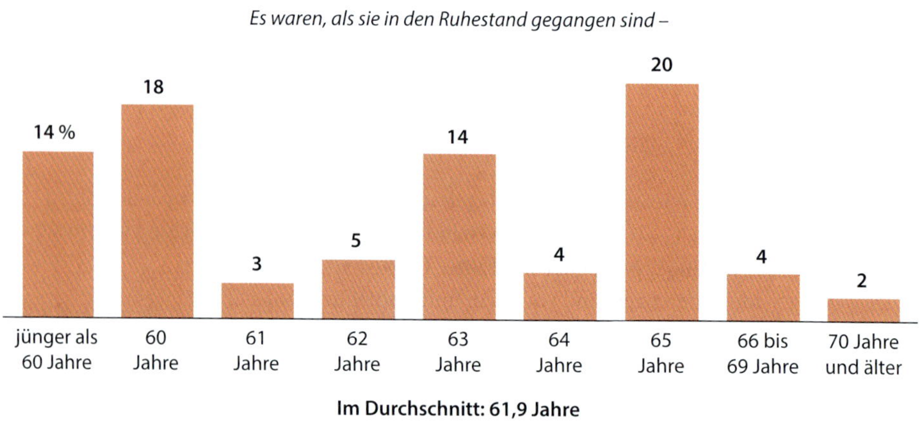

Abb. 3.18 Im Durchschnitt mit 62 Jahren in den Ruhestand.
Basis: Bundesrepublik Deutschland, 65- bis 85-Jährige, die nicht mehr berufstätig sind. Quelle: Generali Altersstudie 2017

Obgleich somit ein Großteil der Älteren mit Erreichen des gesetzlichen Rentenalters aus dem Berufsleben ausscheidet, plant nur eine Minderheit von ihnen schon konkret den Einstieg ins Rentenalter. Nur 30 Prozent der 65- bis 85-Jährigen haben schon vor dem Ausscheiden aus dem Berufsleben Pläne gemacht, was sie im Ruhestand alles vorhaben. Die Mehrheit (57 Prozent) hat dies hingegen auf sich zukommen lassen, ohne sich bereits vorab konkrete Gedanken zu machen.

Frage an 65- bis 85-Jährige, die nicht mehr berufstätig sind: „Haben Sie schon vor dem Ausscheiden aus dem Beruf Pläne gemacht, was Sie im Ruhestand alles machen wollen, oder haben Sie das eher auf sich zukommen lassen?"

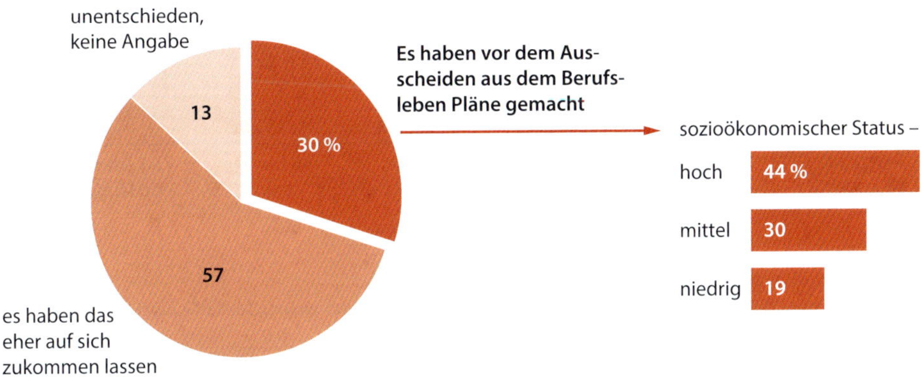

Abb. 3.19 Pläne für den Ruhestand.
Basis: Bundesrepublik Deutschland, 65- bis 85-Jährige, die nicht mehr berufstätig sind. Quelle: Generali Altersstudie 2017

Wie viele Gedanken sich der Einzelne über die Zeit im Ruhestand macht, hängt von vielen Faktoren ab: vom eigenen Gesundheitszustand, der Zahl der Hobbys, ob sich jemand gesellschaftlich engagiert, aber auch von den finanziellen Ressourcen, sich Träume und Pläne auch verwirklichen zu können. Diese verschiedenen Einflussfaktoren finden sich konzentriert auch im sozioökonomischen Status wieder. So machen sich Ältere aus den höheren Sozialschichten weit häufiger als Angehörige der mittleren oder unteren sozialen Schichten bereits im Vorhinein Gedanken über die Zeit nach dem Ausscheiden aus dem Berufsleben (Abb. 3.19).

Die große Mehrheit der älteren Generation kann dabei auf eine lange berufliche Laufbahn zurückblicken: Fast zwei Drittel aller ehemalig Berufstätigen im Alter von 65 bis 85 Jahren waren vierzig Jahre oder länger berufstätig, 12 Prozent von ihnen sogar fünfzig Jahre oder länger. Nur ein kleiner Teil hat eine kurze Erwerbsbiografie von weniger als dreißig Jahren hinter sich: 7 Prozent der heute 65- bis 85-Jährigen waren insgesamt weniger als zwanzig Jahre beruflich aktiv, weitere 7 Prozent zwanzig bis unter dreißig Jahre (Abb. 3.20).

Im Durchschnitt hat jeder ehemals Berufstätige gut 39 Berufsjahre hinter sich. Männer haben im Schnitt zehn Jahre länger gearbeitet als Frauen, Ostdeutsche etwa vier Jahre länger als Westdeutsche. Für beide Differenzen sind vor allem unterschiedlich lange Erziehungszeiten verantwortlich: Während Frauen vor allem in Westdeutschland nach der Geburt ihrer Kinder oft einige Jahre aus dem Berufsleben ausgeschieden sind, weisen Männer in aller Regel eine weitgehend lückenlose Erwerbsbiografie auf. Ostdeutsche Frauen wiederum sind in der Regel – zumindest zu Zeiten der DDR – relativ rasch nach der Geburt ihrer Kinder wieder in ihren Beruf zurückgekehrt. Dies belegt auch die differenziertere Analyse. So haben ostdeutsche Frauen im Durchschnitt nur drei Jahre weniger gearbeitet als ostdeutsche Männer. In Westdeutschland beträgt die Differenz zwischen Männern und Frauen hingegen fast zwölf Jahre.

Keinen Einfluss auf die Dauer der Berufstätigkeit hat die Höhe des Einkommens, sehr wohl aber die berufliche Stellung. So sind Selbstständige und Freiberufler mit über 45 Berufsjahren ebenso wie Facharbeiter (42 Jahre) und leitende Angestellte bzw. Beamte (41,3 Jahre) vergleichsweise lange berufstätig. Umgekehrt haben sonstige Arbeiter und einfache Angestellte bzw. Beamte im Durchschnitt weniger Berufsjahre hinter sich (Abb. 3.21).

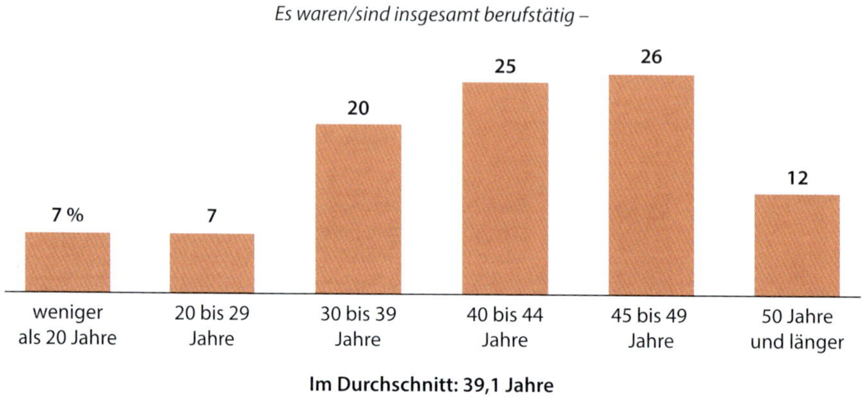

Abb. 3.20 Dauer der Berufstätigkeit.
Basis: Bundesrepublik Deutschland, 65- bis 85-Jährige, die berufstätig sind/waren. Quelle: Generali Altersstudie 2017

Frage: „Wie lange sind bzw. waren Sie insgesamt berufstätig? Wie viele Jahre waren das (bisher) insgesamt?"

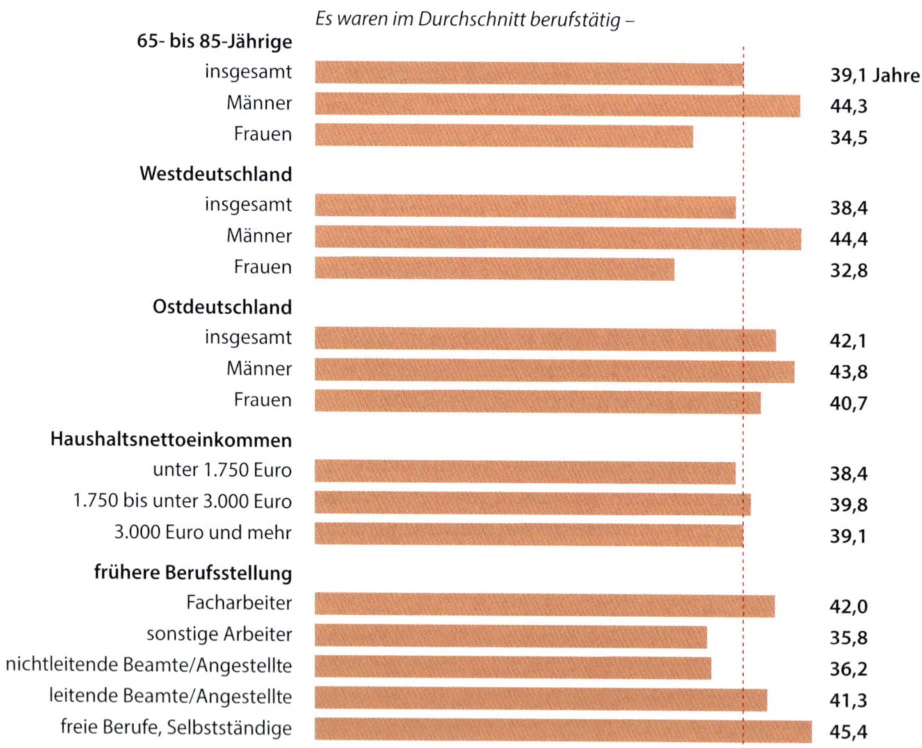

Abb. 3.21 Durchschnittliche Dauer der Berufstätigkeit in soziodemografischen Gruppen.
Basis: Bundesrepublik Deutschland, 65- bis 85-Jährige, die berufstätig sind/waren. Quelle: Generali Altersstudie 2017

Altes und Neues zur „Arbeit trotz Rente" – Weiter wachsende Rentnererwerbsarbeit

Gerhard Naegele

Die Generali Studie 2017 bestätigt das bereits für 2013 erstaunliche Ergebnis: Für immer mehr Ältere endet Arbeit im Alter inzwischen nicht mehr vor oder – wenn es ihnen überhaupt möglich ist – mit Erreichen der gesetzlichen Altersgrenze, sondern zum Teil Jahre darüber hinaus. In keiner Altersgruppe ist die Zuwachsrate der Erwerbstätigen in Deutschland so deutlich gestiegen wie bei den über 65-Jährigen (Brenke 2013). Die Rede ist von „Arbeit trotz Rente" (Naegele 2012; Pfarr und Maier 2014), kritisch von einer „Aufweichung der Normalitätsunterstellung in Bezug auf den Übergang in den Ruhestand" (Radl 2007) oder – beinahe schon euphorisch – von „silver work" (Deller und Maxin 2009) oder von „neuen Formen des aktiven Älterwerdens" (Nowossadeck und Vogel 2013). Allerdings sind die Anstiege in den Erwerbsquoten weitgehend auf die wachsende Erwerbsbeteiligung der 65- bis 70-Jährigen begrenzt.

Demnach arbeiteten 2016 (2012) „regelmäßig" 15 Prozent (11 Prozent) der befragten 65- bis 85-Jährigen; darunter weit überwiegend Jüngere (29 Prozent (20 Prozent) in der Gruppe der 65- bis 69-Jährigen), Männer (19 Prozent (15 Prozent) gegenüber 11 Prozent (8 Prozent) Frauen) sowie Freiberufler und Selbstständige (wie 2012 mit einem Anteil von 38 Prozent). Allerdings ist das Volumen nach wie vor begrenzt: Nur 9 Prozent arbeiten Vollzeit, 42 Prozent in Teilzeit von im Durchschnitt knapp 14 Stunden/Woche.

Auffällig, aber nicht überraschend ist, dass „Arbeit trotz Rente" mehrheitlich bislang nur sozial selektiv realisiert wird. Wie für die „richtige" Arbeitswelt der noch nicht verrenteten älteren Arbeitnehmer zeigt sich auch für die „Arbeit trotz Rente", dass vorzugsweise diejenigen (länger) weiter arbeiten (können), die schon vorher gute Erwerbschancen hatten: Abgesehen von den Selbstständigen und Freiberuflichen (mit deutlich höheren Anteilen als in der gesamten Erwerbsbevölkerung; s.u.) sind es vorzugsweise mittlere und höhere (akademische) Qualifikationen und/oder ein besserer Gesundheitsstand sowie weniger berufliche als private Belastungen, die in der Gruppe der Rentnererwerbstätigen überrepräsentiert sind. Es sind zudem mehrheitlich Personen mit „hohen" Einkommen (19 Prozent gegenüber 9 Prozent mit niedrigem Haushaltseinkommen) (Abb. 3.12). Da diese (aus verschiedenen Gründen) zumeist auch noch über durchschnittlich höhere zusätzliche Alterseinkommen verfügen (zum Beispiel Riester-Renten, BAV, Einkünfte aus Vermögen, Vermietung und Verpachtung), vertiefen sich dadurch bereits bestehende soziale Einkommensungleichheiten noch mehr. In Anbetracht auch insgesamt wachsender „sozialer Ungleichheiten" im Verrentungs- und Übergangsgeschehen, die maßgeblich von der bestehenden Praxis der Altersgrenzen und Rentenpolitik (zum Beispiel „Rente mit 67") mit bestimmt sind (Hofäcker und Naumann 2015; Hofäcker et al. 2015), sollte diesen Befunden und den ihnen zugrunde liegenden Mechanismen dringend mehr sozialpolitische wie gerontologische Aufmerksamkeit gewidmet werden.

Die Generali-Daten für 2016 bestätigen im Trend vorliegende Studienergebnisse zur Bedeutungszunahme des Phänomens der Rentnererwerbsarbeit (zum Beispiel Brenke 2013; DEAS 2016); Abweichungen – zum Beispiel zu den (niedrigeren) Mikrozensus-Daten des Statistischen Bundesamtes (Tab. I) – erklären sich primär aus Unterschieden in den Erhebungsdesigns und -methoden.

3

Tab. I Altersspezifische Beschäftigungsquoten: Deutschland (2000–2014) gesamt

	Jahr		
	2000	2010	2014
Altersgruppe u. Geschlecht			
55–60			
Männlich	1.826.000/**66,0 %**	2.106.000/**77,7 %**	2.312.000/**81,5 %**
Weiblich	1.280.000/**46,8 %**	1.798.000/**65,0 %**	2.096.000/**72,4 %**
60–65			
Männlich	818.000/**27,8 %**	1.094.000/**48,9 %**	1.477.000/**59,0 %**
Weiblich	416.000/**12,2 %**	759.000/**32,9 %**	1.216.000/**46,0 %**
65+			
Männlich	241.000/**4,3 %**	411.000/**5,6 %**	605.000/**8,0 %**
Weiblich	131.000/**1,5 %**	258.000/**2,6 %**	361.000/**3,7 %**

Quelle: destatis.de

Motive, Beweggründe und neue soziale Ungleichheiten

In dem Maße, in dem Arbeit nach der Rente auch in Deutschland deutliche Zuwachsraten aufweist, werden Fragen nach dem „Warum" und „Unter welchen Bedingungen" immer virulenter. Folgende Argumentationslinien lassen sich ausmachen:

1. Die wachsende Weiterarbeit nach der Rente könnte als Indikator für wachsende Sicherungsdefizite des bestehenden Alterssicherungssystems interpretiert werden, das heißt damit auch für von vielen befürchtete Akzeptanz- und letztlich für Legitimationsverluste der „traditionellen" Institutionen „Alter" im „dreigeteilten Lebenslauf" und „Ruhestand" und der sie jeweils determinierenden Sozial- und Rentengesetzgebung und -politik (Naegele 2011) („verdienter und Ruhestand" frei vom Zwang zur Arbeit als „größte Leistung des Sozialstaates" (Rosenmayr 1987).
2. Eng damit zusammen hängt die Frage nach den Gründen und Motiven, warum Menschen bei (trotz) Überschreiten des Rentenalters weiterarbeiten (zum Beispiel „frei gewählt" oder „weiter arbeiten müssen").

Bislang berechtigen die empirisch nachgewiesenen Motive zur Aufnahme einer Rentnererwerbsarbeit/Weiterführung der Erwerbsarbeit (noch) nicht, die Sicherungsqualität der bestehenden Alterssicherungssysteme grundlegend zu adressieren und damit die Legitimationsfrage zu stellen. Zwar war der „Übergang vom Berufsleben in den Ruhestand" (Abb. 3.10) für etwa 10 Prozent der Befragten mit erheblichen („musste mich sehr einschränken") bzw. für weitere 37 Prozent mit leichten („musste mich etwas einschränken") Einschränkungen verbunden, dennoch waren (sind) ökonomische Motive zur Aufnahme einer Alterserwerbsarbeit (noch) in der Minderheit. Es überwiegen – wie auch bei der Generali Altersstudie 2013 und nach allen dazu zusätzlich vorliegenden Befunden – (noch) die intrinsischen Motive wie zum Beispiel „Arbeit macht Spaß“, „Werde noch gebraucht“, „Soziale Kontakte“ etc. (zum Beispiel Mergenthaler und Micheel 2014; Pfaff und Maier 2014). Diese sind dabei vor allem für die oberen betrieblichen Statusgruppen/höher Qualifizierten typisch (◘ Tab. 3.5). Dies bestätigen auch die neuesten Befunde des Deutschen Alterssurveys (DEAS 2016, S.13).

» Vor dem Hintergrund der sich verändernden materiellen Lebenssituation im Alter bekommt auch das Thema der Erwerbstätigkeit nach dem Ruhestandseintritt eine neue Bedeutung. Die Erwerbsbeteiligung im Ruhestand hat in den letzten Jahren deutlich zugenommen, allerdings werden finanzielle Gründe dabei wesentlich seltener als Motiv genannt als beispielweise der Spaß an der Arbeit oder der Wunsch nach einer Aufgabe. (…) Die Erwerbstätigkeit nach dem Ruhestandseintritt ist also nicht nur ein Ausdruck finanzieller Notwendigkeiten, sondern kann vor dem Hintergrund sich wandelnder Altersbilder, verbesserter Gesundheit und gestiegener Bildungsniveaus auch als eine Möglichkeit der gesellschaftlichen Teilhabe und des aktiven Alterns gesehen werden. (DEAS 2016, S. 13)

Wirtschaftliche Gründe („Armutsvermeidung“, „Kann mir damit mehr leisten“) sind demgegenüber in der GAS 2017 (noch) nachrangig und werden erwartungsgemäß überdurchschnittlich häufig von bildungs- und einkommensschwächeren erwerbstätigen Rentnern genannt (Mergenthaler und Micheel 2014). Dies belegt auch die Studie des Deutschen Instituts für Altersvorsorge (basierend auf den SOEP-Daten). Hier heißt es wörtlich:

» Unzureichendes Einkommen aus Rentenbezügen und anderen Quellen sowie ein zu geringes Vermögen sind nicht die vordringlichen Beweggründe, die Menschen veranlassen, auch nach Eintritt in das Rentenalter einer Erwerbstätigkeit nachzugehen.“ (Pfaff und Maier 2014, S. 1)

Finanzielle Motive sind somit (zumindest derzeit noch) nicht der wichtigste Grund für „Arbeit trotz Rente“, wohl aber ein gewichtiger und zunehmend bedeutsam werdender. Auch verdecken die Daten, dass viele einkommensschwache Rentner möglicherweise gern arbeiten würden, um ihre finanzielle Lage zu verbessern, aber unter Umständen gar keinen Zugang zu bezahlter Erwerbsarbeit haben, zum Beispiel aus gesundheitlichen Gründen (beispielsweise Erwerbsminderungsrentner), oder weil der Arbeitsmarkt mit „altersgerechten“ Rentnerjobs speziell für den Personenkreis der bildungsschwächeren und/oder gesundheitlich eingeschränkten Älteren besonders schwer zugänglich ist.

Ob auch künftig die intrinsischen Motive weiter dominieren werden oder aber ökonomische Gründe (weiter) aufschließen oder gar überwiegen, ist eine derzeit kontrovers diskutierte Frage, weil sie die künftige Alterseinkommensentwicklung insgesamt adressiert. Angesichts einer prognostizierten weiteren Verschlechterung der finanziellen Lage und wachsender Einkommensarmut zumindest bei bestimmten Rentnergruppen gibt es Hinweise auf einen wachsenden Bedarf, aus finanzieller Not hinzuverdienen zu müssen (zum Beispiel Hochfellner und Burkert 2013). Hierzu habe ich bereits in der Generali Altersstudie von 2013 wie folgt argumentiert:

» Arbeit trotz Rente könnte zu einer zunehmend in Anspruch genommenen ‚Notlösung' werden, um etwa im Falle von Frühverrentungen versicherungsmathematische Abschläge besser verkraften, Renteneinbußen wegen wachsender Lücken in den Erwerbsbiografien, Phasen von Niedrigverdiensten oder dergleichen zu kompensieren und insgesamt einen Ausgleich für die aufgrund der neuen Alterssicherungspolitik seit 2002 zu erwartenden Renteneinbußen erwirtschaften zu können (…) könnte somit zu einem zunehmend genutzten Instrument des nachträglichen Ausgleichs von Altersarmutsrisiken aus früheren Erwerbsphasen werden.

Sollte man also – wie verschiedentlich argumentiert – Arbeit nach der Rente als ein Instrument zur nachträglichen Aufstockung zu niedriger regulärer Alterseinkommen explizit fördern und potenziell Betroffenen erleichterte Zugangsbedingungen anbieten (zum Beispiel durch Flexibilisierung und Vereinfachung der Hinzuverdienstgrenze, wie im Abschlussbericht der Koalitionsarbeitsgruppe „Flexible Übergänge vom Erwerbsleben in den Ruhestand" vom Mai 2016 vorgeschlagen[13] oder durch Subventionierung von Rentnerarbeitsplätzen)? Andererseits ist zu konstatieren, dass damit die aus früheren Lebensphasen und der vorherigen Erwerbsbiografie stammenden eigentlichen Ursachen für niedrige Alterseinkommen unangetastet bleiben, dass letztlich eigentlich Erwerbsarbeit-bezogene Verantwortungen der Arbeitgeber, Tarifparteien und der Mindestlohnpolitik auf die Renten-, Altersgrenzen und Steuerpolitik verlagert werden. Die Diskussion dazu ist schon jetzt in vollem Gange, und man darf gespannt sein, wie sie insbesondere die künftige Alterssicherungspolitik in Deutschland beeinflusst.

Arbeitsbedingungen in der Rentnererwerbsarbeit – Ein Vorbild für die reale Arbeitswelt Älterer?

Eine weitere Frage bezieht sich auf die Arbeitsbedingungen und die Arbeitsqualität der Rentnererwerbsarbeit. Wie werden sie von den Betroffenen erlebt, und wie unterscheiden sie sich gegebenenfalls von den Arbeitsbedingungen und der Arbeitsqualität davor? Da die Arbeitsbedingungen in der Rente in vielen Fällen frei gewählt sind, könnten diese auch ein Indikator dafür sein, wie man gern in der Spätphase des „richtigen" Erwerbslebens gearbeitet hätte. Hilfsweise könnte man auch Antworten von noch „normal" Beschäftigten hinzuziehen, die nach den Wünschen und Bedingungen bezüglich einer möglichen Weiterarbeit nach der Rente gefragt worden sind (vgl. zum Beispiel Büsch et al. 2010; Micheel et al. 2011). Dieses Wissen könnte unter anderem dafür genutzt werden, um die letzten „normalen" Berufsjahre „altersgerechter" zu gestalten; das heißt, die Erfahrungen der „silver worker" könnten dann dafür genutzt werden, dass künftig mehr heute ältere Arbeitnehmer auf freiwilliger Basis und „in Würde" länger im „richtigen" Erwerbsleben bleiben könnten; ganz im Sinne übergeordneter renten- und beschäftigungspolitischer Politikkonzepte, die auf eine Ausweitung der Lebensarbeitszeit zielen („Rente mit 67"), ohne jedoch die eigentlichen, zumeist betrieblichen „Ermöglichungsbedingungen" hinreichend zu reflektieren. Dies gilt umso mehr, als vorliegende Studien übereinstimmend ein wachsendes Interesse älterer Arbeitnehmer belegen, nach Eintritt in die Rente (zu

13 Inzwischen (Juli 2016) vom Kabinett beschlossen.

allerdings möglichst selbstbestimmten Bedingungen) erwerbstätig bleiben zu wollen (vgl. zum Beispiel Büsch et al. 2010; Micheel et al. 2011). Die Generali Altersstudie 2017 bestätigt, dass es gegenüber der GAS 2013 aktuell mehr berufstätige Rentner gibt. Allerdings ist der Umfang der geleisteten Arbeit immer noch begrenzt, ein Ausbau hat nicht stattgefunden (◘ Abb. 3.13). Es bestätigt sich erneut eindrucksvoll, dass Teilzeitbeschäftigung und/oder flexible und reduzierte Arbeitszeiten ebenso wie keine Festlegungen der künftigen Dauer der Weiterbeschäftigung in besonderer Weise zu den als von den erwerbstätigen Rentnern besonders positiv erlebten Arbeitsbedingungen zählen. Frühere Befunde zählen dazu auch noch höhere individuelle Entscheidungsspielräume über Arbeitszeiten und -inhalte (vgl. Büsch et al. 2010). Überraschenderweise steht bei den in der Generali Altersstudie 2017 Befragten auch die Versicherungsfreiheit der Beschäftigung nach der Rente auf der Hitliste der Beschäftigungswünsche weit oben; wobei dies aber auch die Beschäftigungsrealität widerspiegelt: Sozialversicherungsfreie Minijobs sind mit 39 Prozent die relative Mehrheit der berichteten unselbstständigen Beschäftigungsverhältnisse gegenüber nur 13 Prozent sozialversicherungspflichtiger unselbstständiger Arbeit; nur eine verschwindend kleine Minderheit von ganzen 2 Prozent der versicherungsfrei Beschäftigten hätten lieber eine versicherungspflichtige Arbeit (◘ Abb. 3.14 und 3.15). Andererseits spiegeln diese Daten auch die bestehende Angebotsstruktur an bezahlter Erwerbsarbeit für Rentner wider. Dennoch: Es bleibt auch heute noch eine sozialpolitisch zumindest kritisch zu hinterfragende Interessenidentität zwischen Beschäftigten und ihren Arbeitgebern, wenn die Befragten das wachsende Interesse vieler Betriebe an möglichst flexiblem Personaleinsatz ganz offensichtlich mittragen. Rentnerarbeit ist somit ein auch von den Beschäftigten selbst gestütztes, zunehmend genutztes Flexibilisierungsinstrument der Betriebe.

Nicht überraschend ist der unverändert hohe Anteil selbstständiger bzw. freiberuflicher Tätigkeiten unter denjenigen, die nach Erreichen des Rentenalters weiterarbeiten. Allerdings konnte die naheliegende Vermutung nicht bestätigt werden, eine unzureichende Alterssicherung, wie für viele Selbstständige typisch – so vor allem bei vielen sogenannten „Soloselbstständigen" (Bäcker et al. 2012) –, sei speziell für diese Gruppe ein herausragendes Motiv für ihre Weiterarbeit. Im Gegenteil: Gerade bei selbstständig und freiberuflich Weiterarbeitenden überwiegen die intrinsischen Motive gegenüber den ökonomischen besonders auffällig (◘ Abb. 3.17). Dem entspricht auch – wie zusätzliche Sonderauswertungen der Generali Altersstudie 2017 zeigen –, dass sie auch ihre wirtschaftliche Lage überdurchschnittlich oft als „gut" und „sehr gut" einstufen, was auch ihre nachweisbar höheren frei verfügbaren Einkommen und für sie häufigerer selbst genutzter Immobilienbesitz belegen.

Selbstständige und freiberufliche Tätigkeiten sind auch deshalb in der Rentnererwerbsarbeit häufiger verbreitet, da sie ganz offensichtlich nicht nur ein höheres Maß an Autonomie, sondern auch an Eigenregie von Arbeitsgestaltung einschließlich der Reduzierung der Arbeitsbelastungen zulassen; was ebenfalls als bemerkenswerte Bezugspunkte für Hinweise auf Verbesserungspotenziale bei den Arbeitsbedingungen der jetzt „normal" beschäftigten älteren Arbeitnehmer gelten kann.

Von denen, die nichtselbstständig und/oder freiberuflich arbeiten, tun dies etwa 32 Prozent beim ehemaligen Arbeitgeber bzw. weitere 9 Prozent in dessen Umfeld. Dabei üben sie mehrheitlich die gleiche oder eine ähnliche Tätigkeit aus (◘ Abb. 3.16 und ◘ Tab. 3.4). Diese im Grundsatz erstaunlich hohe Bindung an den ehemaligen Arbeitgeber bzw. dessen Umfeld lässt mehrere Deutungen zu: Die vorhandenen Qualifikationen werden weiterhin benötigt (Fachkräftemangel?), betriebsspezifische Qualifikationen erleichtern Weiterarbeit, Arbeitssuche und -aufnahme in der Rente, und drittens könnten diese Befunde ein mögliches betriebliches Interesse daran belegen, mit der Weiterbeschäftigung vormals sozialversicherungspflichtiger Beschäftigter nunmehr kostengünstiger und zudem noch flexibler den betrieblichen Qualifikationsbedarf zu decken.

Ausblick

Abschließend sei ein eher volkswirtschaftliches Thema zumindest angesprochen: Wie hoch ist der gesamtwirtschaftliche Wertschöpfungsbeitrag der Rentnerarbeit in Deutschland, das heißt, welchen Beitrag leisten Deutschlands Rentner (selbst) zur Erwirtschaftung des gesellschaftlichen Wohlstands (einschließlich ihrer eigenen sozialen Absicherung)? Dazu liegen erstaunlicherweise keine belastbaren Informationen vor. Da aber der Arbeitsmarkt zunehmend dazu bereit zu sein scheint (wenn auch zumeist in der Form ungeschützter Beschäftigung), Tätigkeiten anzubieten, die von Rentnern – aus welchen Gründen auch immer – gesucht und angenommen werden, besteht auch aus dieser Perspektive Anlass, die Entwicklung in diesem Segment des sogenannten „silver markets" nicht nur aus der Beschäftigtenperspektive, sondern auch die Interessenlage der sie beschäftigenden Betriebe und der diese Praxis stützenden Sozial- und Rentenpolitik zu untersuchen.

Literatur

Bäcker, G., Naegele, G., Bispinck, R., & Hofemann, K. (2011). *Sozialpolitik und soziale Lage. Bd. II* (4. Aufl.). Wiesbaden: VS Verlag für Sozialwissenschaften.

Brenke, K. (2013). Immer mehr Menschen im Rentenalter sind berufstätig. *DIW-Wochenbericht,6*, 3–13.

Büsch, V., Dobritz, J., Heien, T., & Micheel, F. (2010). *Weiterbeschäftigung im Rentenalter. Wünsche – Bedingungen – Möglichkeiten.* Materialien zur Bevölkerungswissenschaft. Heft 129.

Deller, J., & Maxin, L. M. (2009). Berufliche Arbeit von Ruheständlern. *Zeitschrift für Gerontologie und Geriatrie, 42*(4), 305–310.

Deutsches Zentrum für Altersfragen: Mahne, K., Wolff, J. K., Simonson, J., & Tesch-Römer, C. (Hrsg.), (2016). *Altern im Wandel: Zwei Jahrzehnte Deutscher Alterssurvey (DEAS)*. Berlin: DZA.

Hochfellner, D., & Burkert, C. (2013). Berufliche Aktivität im Ruhestand. Fortsetzung der Erwerbsbiographie oder notwendiger Zuverdienst? *Zeitschrift für Gerontologie und Geriatrie, 46*(3), 242–250.

Hofäcker, D., & Naumann, W. (2015). The emerging trend of work beyond retirement age in Germany. Increasing social inequality? *Zeitschrift für Gerontologie und Geriatrie, 48*, 473–479.

Hofäcker, D., Hess, M., & Naumann, E. (2015). Changing retirement transitions in times of paradigmatic political change: towards growing Inequalities? In C. Torp (Hrsg.), *Challenges of ageing: retirement, pensions and intergenerational justice* (S. 205–226). New York: Palgrave Macmillan.

Mergenthaler, A., & Micheel, F. (2014). Erwerbsarbeit und informelle Tätigkeiten der 55- bis 70-Jährigen in Deutschland. In Bundesinstitut für Bevölkerungsforschung (Hrsg.), *TOP (transitions and old potential)*. Wiesbaden.

Micheel, F., Roloff, J., & Wickenheiser, I. (2011). Die Bereitschaft zur Weiterbeschäftigung im Ruhestandsalter im Zusammenhang mit sozioökonomischen Merkmalen. *Zeitschrift für Bevölkerungswissenschaft, 35*(4), 833–868.

Naegele, G. (Hrsg.), (2011). *Soziale Lebenslaufpolitik*. Wiesbaden: VS Verlag für Sozialwissenschaften.

Naegele, G. (2012). Arbeit trotz Rente. In Generali Zukunftsfonds & Institut für Demoskopie Allensbach (Hrsg.), *Generali Altersstudie 2013. Wie ältere Menschen leben, denken und sich engagieren* (S. 104–108). Frankfurt/M.: Fischer.

Nowossadeck, S., & Vogel, C. (2013). Aktives Altern: Erwerbsarbeit und Freiwilliges Engagement. In Deutsches Zentrum für Altersfragen (DZA) (Hrsg.), *Report Altersdaten 2/2013*. Berlin.

Pfarr, C., & Maier, C. unter Mitarbeit von Lehmann, I. R. (2014). *Arbeient trotz Rente: Warum bleiben Menschen im Ruhestand erwerbstätig?* Forschungsbericht des Deutschen Instituts für Altersvorsorge. Köln.

Radl, J. (2007). Individuelle Determinanten des Renteneintrittsalters. Eine empirische Analyse von Übergängen in den Ruhestand. *Zeitschrift für Soziologie, 36*(1), 43–64.

Rosenmayr, L. (1987). Arbeit und Freizeit im Lebenslauf. In L. Rosenmayr, & F. Kolland (Hrsg.), *Arbeit – Freizeit – Lebenszeit. Neue Übergänge im Lebenszyklus* (S. 3–8). Opladen: Westdeutscher Verlag.

Ergänzende Studie zu diesem Thema: Christian Pfarr und Christian Maier: Arbeiten trotz Rente:[14]

Auszug aus der Zusammenfassung, S. 1f.

Unzureichendes Einkommen aus Rentenbezügen und anderen Quellen sowie ein zu geringes Vermögen sind nicht die vordringlichen Beweggründe, die Menschen veranlassen, auch nach Eintritt in das Rentenalter einer Erwerbstätigkeit nachzugehen. Das ist eines der wesentlichen Ergebnisse der Studie „Arbeiten trotz Rente – Warum sind Menschen im Ruhestand weiter erwerbstätig?", die Christian Pfarr und Christian Maier von der Universität Bayreuth im Auftrag des Deutschen Instituts für Altersvorsorge angefertigt haben. Anknüpfend an die öffentlich sehr kontrovers geführte Diskussion über die Frage, warum Menschen im Rentenalter weiter arbeiten, untersuchten die Autoren Gründe und Einflussfaktoren für eine solche verlängerte Erwerbstätigkeit. Bislang blieben die Hintergründe dafür weitgehend im Dunkeln. (…) Auch die Auswertung des Einkommens aus der Gesetzlichen Rentenversicherung liefert keinen Hinweis darauf, dass Personen mit einer sehr geringen Rente, also diejenigen, die von einer drohenden Altersarmut am stärksten betroffen sein dürften, sich stärker am Arbeitsmarkt engagieren, als Menschen mit einem höheren Renteneinkommen. So fällt zum Beispiel auf, dass unter den Nichterwerbstätigen kaum Bezieher einer Jahresrente, die 15.000 Euro übersteigt, zu finden sind. Zum anderen bietet die Gruppe der Erwerbstätigen ein ebenso überraschendes wie eindeutiges Bild: 2012 waren alle Einkommensgruppen nahezu gleich verteilt. Die Wahrscheinlichkeit einer Erwerbstätigkeit ist also unabhängig von der Rentenhöhe gleich groß. Damit lässt sich – zumindest für den gegenwärtigen Zeitpunkt – die viel diskutierte Aussage entkräften, dass für eine Erwerbstätigkeit trotz Rentenbezugs die Höhe des Renteneinkommens eine entscheidende Rolle spielt. Die These, dass Altersarmut als hauptverantwortlich für eine Erwerbsbeteiligung von Rentnern anzusehen ist, wird auch durch die Untersuchung des Haushaltsnettovermögens widerlegt. In der Gruppe der erwerbstätigen Rentner machen Personen mit einem Haushaltsnettovermögen von mehr als 250.000 Euro den größten Anteil aus. In der Gruppe der Nichterwerbstätigen wiederum vereinen Menschen mit keinem Vermögen den größten Anteil auf sich. In den Clustern mit Vermögen in unterschiedlicher Höhe wiederum sind die Anteile ähnlich. Damit deutet auch diese Auswertung darauf hin, dass die Wahrscheinlichkeit, trotz Rentenbeginns zu arbeiten, nicht primär von finanziellen Notwendigkeiten getrieben wird.

14 Warum bleiben Menschen im Ruhestand erwerbstätig? Forschungsbericht des Deutschen Instituts für Altersvorsorge (DIA). Köln 2014

3.3 Ehrenamtliches Engagement

Neben der Erwerbsarbeit spielt auch das unentgeltliche, ehrenamtliche Engagement in der älteren Generation eine große Rolle. Insgesamt 42 Prozent der 65- bis 85-Jährigen engagieren sich derzeit ehrenamtlich. Im Vergleich zur Generali Altersstudie 2013 sind dies 3 Prozentpunkte weniger. Dieser Rückgang wird zumindest teilweise durch einen leicht erhöhten Zeitaufwand kompensiert, den die Engagierten pro Woche leisten: Waren es 2012 im Durchschnitt 4,2 Stunden pro Woche, sind es aktuell 4,4 Stunden.[15]

Schwerpunkte des freiwilligen Engagements sind die Bereiche Kirche, Sport, Kultur sowie Freizeit und Geselligkeit. 14 Prozent engagieren sich im kirchlichen Bereich, 12 Prozent im Bereich Sport und Bewegung und jeweils 10 Prozent in den Bereichen Kultur und Musik sowie im Bereich Freizeit oder Geselligkeit. In der Politik sind 6 Prozent der älteren Generation ehrenamtlich engagiert, in der Flüchtlingshilfe 5 Prozent (◘ Abb. 3.22).

Von denen, die sich ehrenamtlich engagieren, ist gut die Hälfte in einem Bereich ehrenamtlich aktiv, gut jeder Vierte engagiert sich in zwei Bereichen, weitere 13 Prozent sind sogar in drei unterschiedlichen Bereichen aktiv. Für vier oder mehr Bereiche engagieren sich schließlich 8 Prozent der bürgerschaftlich engagierten 65- bis 85-Jährigen (◘ Abb. 3.23).

Wie facettenreich und vielseitig das ehrenamtliche Engagement der älteren Generation ist, zeigen auch die Berichte der Befragten aus den Tiefeninterviews:

» „Ich bin hier in unserer Kirchengemeinde ehrenamtlich tätig. Da mache ich Kinderarbeit, also Beschäftigungsangebote, wie basteln, malen usw." (Frau, 66 Jahre, alleinstehend)

» „Beim Demenz-Service-Center bin ich Teilnehmer und habe mich nochmals für eine mögliche Betreuung angemeldet. Dafür habe ich auch Fortbildungen gemacht, für die Betreuung von Menschen mit Demenz. Dann leite ich monatlich die Wanderungen der Arbeiterwohlfahrt, und ab und zu leite ich dort den Englisch-Stammtisch. Ich gehöre auch mit zum „Wunschgroßeltern-Projekt". Das ist ein Familienprojekt der Stadt und des Mütterzentrums. Ich wurde geschult, und dann habe ich so fünf Jahre ehrenamtlich eine „Wunsch-Enkelin" betreut. Was noch? Ach ja, ich bin auch vereidigte Schiedsfrau und zertifizierte Mediatorin." (Frau, 78 Jahre, alleinstehend)

» „Der Abendgottesdienst in unserer Gemeinde ist meine Leidenschaft. Weil ich arbeite immer, zumindest wenn es möglich ist, an der Vorbereitung mit. Seit September engagiere ich mich auch wieder ehrenamtlich in der Herzsportgruppe, einer eigenständigen Abteilung innerhalb des Sportvereins. Ich bin seit 19 Jahren in der Truppe dabei. Und von Anfang an, als wir eine eigene Abteilung wurden, war ich zweiter Vorsitzender in der Abteilungsleitung." (Mann, 72 Jahre, alleinstehend)

» „Also ich bin Revisor des Ortsverein der Sozialdemokratischen Partei Deutschlands hier vor Ort sowie Mitglied des Organisationsteams des Forums Internationales Miteinander. Politisch habe ich mich mein ganzes Leben lang engagiert und eingesetzt. Dann engagiere ich mich im Migrationsbereich, aber schon seit jetzt gut zehn Jahren. Im Rahmen meiner Lehrtätigkeit werde ich auch immer wieder mal gebeten, auszuhelfen. Aber natürlich nicht

15 Vergleiche ◘ Abb. 3.25 sowie Generali Altersstudie 2013, S. 353.

Frage: „Es gibt ja verschiedene Möglichkeiten, sich außerhalb von Beruf und Familie irgendwo zu engagieren, z. B. in einem Verein, einer Initiative, einem Projekt oder einer Selbsthilfegruppe. Hier auf dieser Liste sind einmal einige Bereiche aufgeschrieben. Sind darunter welche, in denen Sie sich engagieren, Sie also freiwillig mitarbeiten oder mithelfen, ohne dafür bezahlt zu werden bzw. nur gegen eine geringe Aufwandsentschädigung?" (Listenvorlage)

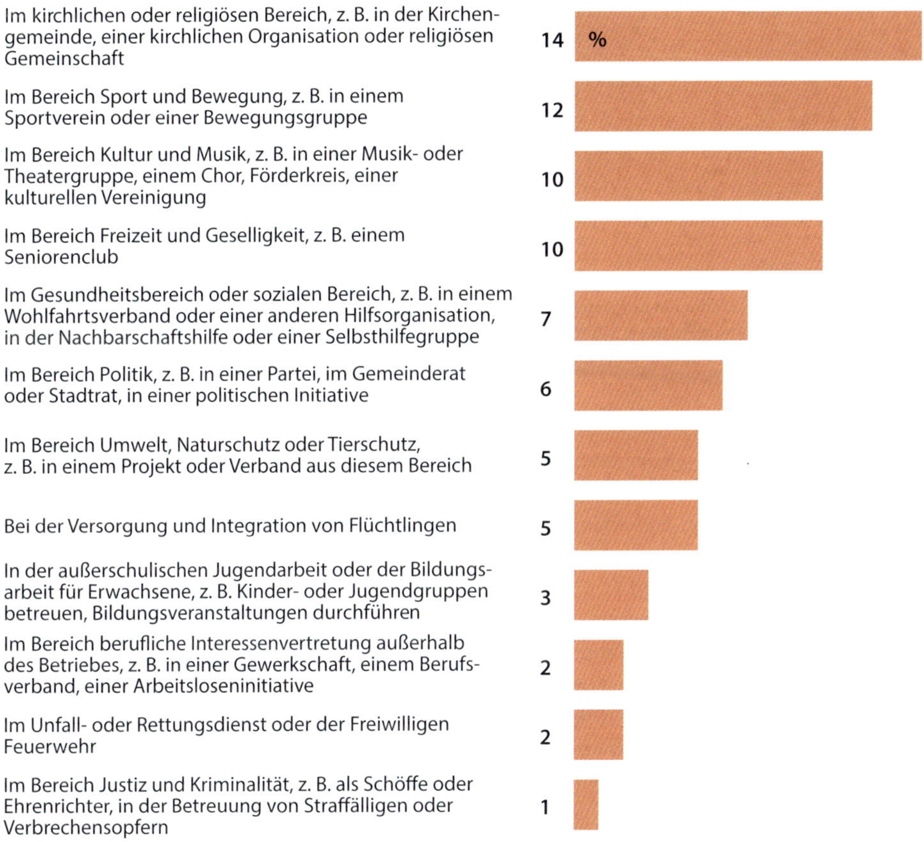

Es engagieren sich in mindestens einem der Bereiche: 42 %

Abb. 3.22 Engagement der älteren Generation.
Basis: Bundesrepublik Deutschland, 65- bis 85-jährige Bevölkerung. Quelle: Generali Altersstudie 2017

bezahlt. Das läuft manchmal über den Elternbeirat oder andere Organisationen. Da wird immer wieder mal der alte Beratungslehrer in mir aktiviert. Ich bin auch im Lions Club. Da bin ich Jugendbeauftragter und im Lions Quest-Projekt. Das ist ein Projekt zwischen Schülern und Lehrern. Da geht es um sozialen Umgang miteinander und gutes Benehmen als Lernhilfsmittel." (Mann, 71 Jahre, mit Partnerin)

» „Da ist zum einen der Gemeinderat, der Stadtrat. Da bin ich auch in verschiedenen Ausschüssen. Da haben wir dann immer Fraktionssitzung, die Sitzungen der einzelnen

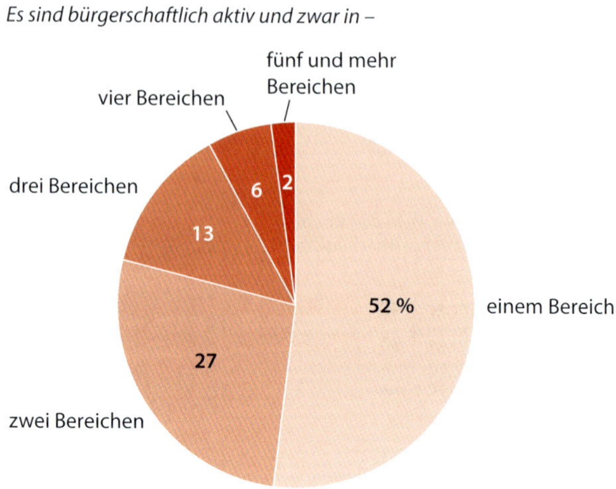

Abb. 3.23 Fast die Hälfte der bürgerschaftlich Engagierten ist in mehr als einem Bereich aktiv. Basis: Bundesrepublik Deutschland, 65- bis 85-jährige bürgerschaftlich Engagierte. Quelle: Generali Altersstudie 2017

Ausschüsse und die Sitzungen des Gemeinderats. Dahin gehe ich ja regelmäßig. Dann bin ich noch im Kirchengemeinderat. Da haben wir auch immer unsere Sitzungen monatlich. Da bin ich dann noch zusätzlich in der Caritas 2. Vorsitzende. Und dann bin ich noch im Ausschuss für Mission, Entwicklung, Frieden. Da engagieren wir uns auch immer, das überschneidet sich jetzt im Augenblick mit der Flüchtlingshilfe, für die ich mich engagiere." (Frau, 68 Jahre, mit Partner)

» „Ich engagiere mich für den Paritätischen Wohlfahrtsverband. Dafür habe ich auch schon Fortbildungsmaßnahmen wie zwei Erste-Hilfe-Kurse gemacht. Zudem kümmere ich mich mit einem Kollegen, den ich im Rahmen des Engagements für die Parität kennengelernt habe, derzeit um eine rund zwanzigköpfige Gruppe von Senioren und Seniorinnen, denen es finanziell und gesundheitlich nicht so gut geht wie mir." (Mann, 71 Jahre, mit Partnerin)

Besonders großen Einfluss auf das bürgerschaftliche Engagement haben Bildung, Gesundheitszustand sowie soziale Kontakte und die Kirchenbindung. Keinen Unterschied gibt es hingegen zwischen Ost- und Westdeutschen. Das höhere Engagement der Männer gegenüber den Frauen lässt sich zumindest teilweise mit dem verdeckten Alterseffekt erklären, da der Frauenanteil in den höheren Altersgruppen sukzessive zunimmt. Das Engagement selbst geht mit steigendem Alter jedoch spürbar zurück. So engagieren sich zwar immerhin 30 Prozent der 80- bis 85-Jährigen, in den anderen Altersgruppen ist der Anteil aber mit 42 bis 47 Prozent deutlich höher. Besonders stark wirkt sich der Bildungsstand auf das bürgerschaftliche Engagement aus: 65- bis 85-Jährige mit höherer Schulbildung engagieren sich mit 61 Prozent deutlich häufiger als Gleichaltrige mit mittlerer oder einfacher Schulbildung, von denen sich 41 bzw. 24 Prozent engagieren. Ähnlich wirkt sich auch der eigene Gesundheitszustand auf das freiwillige Engagement aus. Von den 65- bis 85-Jährigen mit einem (sehr) guten Gesundheitszustand engagieren sich 49 Prozent, von denjenigen mit einem schlechten Gesundheitszustand nur 28 Prozent.

Überdurchschnittlich stark ist das ehrenamtliche Engagement zudem bei Personen mit einem hohen Bekanntenkreis, wobei sich bürgerschaftliches Engagement und Größe des

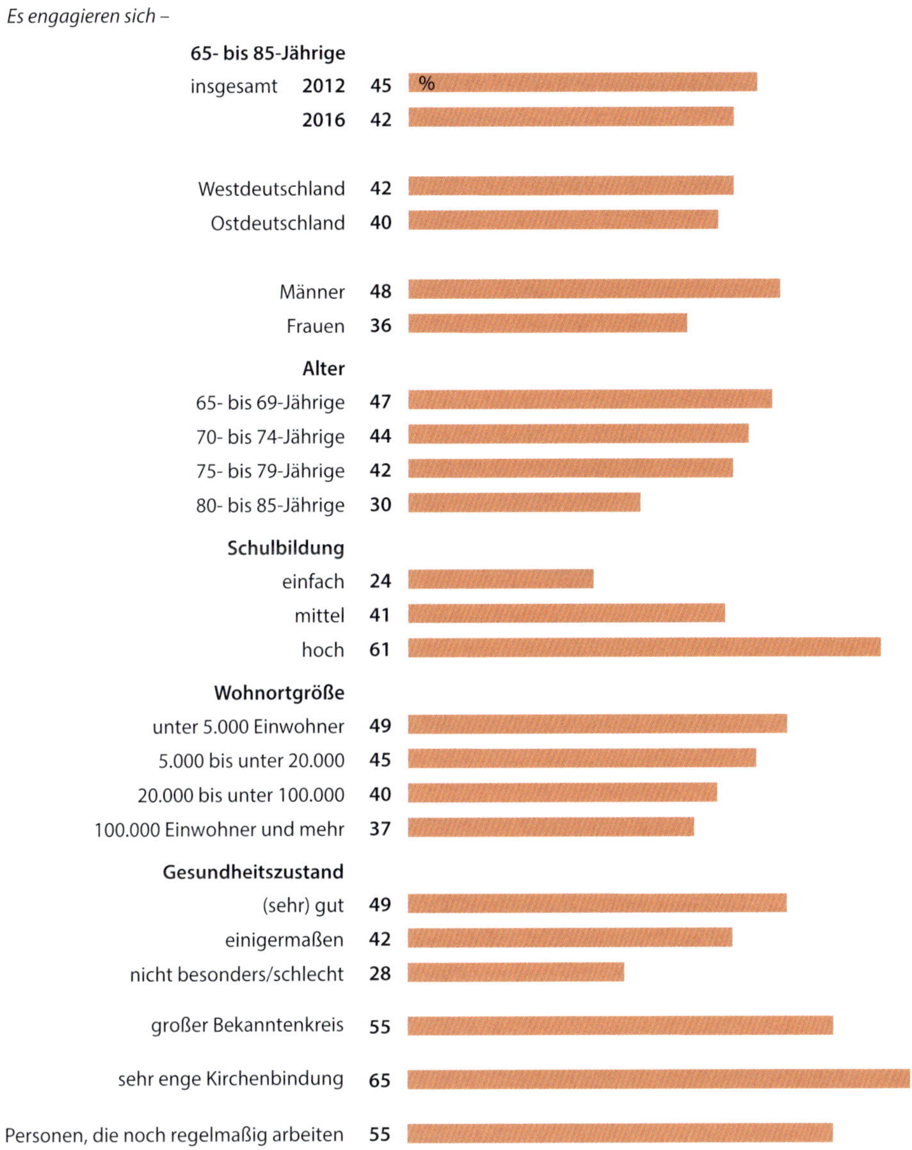

Abb. 3.24 Deutliche Unterschiede im Engagement.
Basis: Bundesrepublik Deutschland, 65- bis 85-jährige Bevölkerung. Quelle: Generali Altersstudien 2013 und 2017

Bekanntenkreises wechselseitig positiv beeinflussen dürften. Auch Ältere mit einer starken Kirchenbindung sind mit 65 Prozent weit überdurchschnittlich engagiert. Aber auch Ältere, die noch regelmäßig arbeiten, engagieren sich häufiger als der Durchschnitt der älteren Generation (Abb. 3.24).

Doch nicht nur im Umfang unterscheiden sich die verschiedenen Personengruppen, sondern auch in der Art ihres Engagements. So engagieren sich Frauen deutlich häufiger als Männer im kirchlichen Bereich, im Gesundheitsbereich oder für Soziales sowie bei der Betreuung und

Integration von Flüchtlingen. 41 Prozent der Frauen, die sich bürgerschaftlich engagieren, tun dies im kirchlichen Bereich, gegenüber 29 Prozent bei den Männern. Im Gesundheitsbereich engagieren sich 19 Prozent der Frauen und 14 Prozent der Männer. Deren Engagement ist überdurchschnittlich hoch in den Bereichen Sport, Politik und Natur- und Umweltschutz. Deutlich stärker als Frauen engagieren sich Männer auch in der beruflichen Interessenvertretung, im Unfall- oder Rettungsdienst sowie im juristischen Bereich – wenn auch insgesamt auf niedrigem Niveau.

Deutliche Unterschiede in der Art des freiwilligen Engagements gibt es auch zwischen den verschiedenen Bildungsschichten. 65- bis 85-Jährige mit einfacher Schulbildung, die sich bürgerschaftlich engagieren, sind vor allem im kirchlichen Bereich oder im Bereich Freizeit und Geselligkeit aktiv. Gleichaltrige mit hoher Schulbildung sind hingegen überdurchschnittlich engagiert in den Bereichen Kultur und Musik, in der Flüchtlingshilfe sowie in der Bildungsarbeit. 65- bis 85-Jährige mit mittlerer Schulbildung sind – verglichen mit denen mit einfacher oder höherer Schulbildung – überdurchschnittlich oft im Unfall- oder Rettungsdienst ehrenamtlich aktiv. Von den absoluten Werten her betrachtet, sind Ältere mit mittlerer Schulbildung jedoch am häufigsten im Kirchenbereich ehrenamtlich engagiert. Dies ist verständlicherweise vor allem auch bei Personen mit einer sehr engen Kirchenbindung der Fall. Von den regelmäßigen Kirchgängern, die sich bürgerschaftlich engagieren, sind nahezu drei Viertel im kirchlichen Bereich ehrenamtlich aktiv (◘ Tab. 3.6).

Der Umfang des zeitlichen Engagements ist meist begrenzt und liegt, bezogen auf die 65- bis 85-Jährigen, die sich engagieren, bei rund viereinhalb Stunden pro Woche. 25 Prozent der bürgerschaftlich Engagierten sind weniger als zwei Stunden in der Woche für ihr Ehrenamt tätig, 38 Prozent zwei bis unter fünf Stunden, weitere 14 Prozent immerhin fünf bis unter zehn Stunden. Einen höheren zeitlichen Aufwand betreiben die wenigsten ehrenamtlich Engagierten: 6 Prozent von ihnen wenden zehn bis 15 Stunden pro Woche für ihr Ehrenamt auf, 3 Prozent sogar mehr als 15 Stunden (◘ Abb. 3.25).

Zu ganz ähnlichen Ergebnissen wie die Generali Altersstudie kommt die Bevölkerungsbefragung im Rahmen der Zeitbudgetstudie des Statistischen Bundesamts von 2012/2013, die eine vergleichbare Engagementquote der älteren Generation ermittelt.[16] Deutlich geringer als in der Generali Altersstudie fällt dagegen die Engagementquote der Älteren in den Freiwilligensurveys aus. Für 2014 stuft der Freiwilligensurvey 35 Prozent der Bevölkerung ab 65 Jahre als Engagierte ein. Damit liegt der Anteil der engagierten Älteren wie auch schon in früheren Wellen des Freiwilligensurveys weit unter dem aller anderen Altersgruppen und signifikant unter der Durchschnittsquote für die Gesamtbevölkerung (44 Prozent).[17] Ähnliches gilt für den Deutschen Alterssurvey, der eine noch geringere Engagementquote für die Älteren ausweist. Danach waren 2014 nur 22 Prozent der Älteren in festen Gruppen und Organisationen engagiert.[18]

---

16 Blinkert, Baldo: Formen der Solidarität. Auswertung der Zeitverwendungserhebung des Statistischen Bundesamts 2012/2013 (Wiesbaden 2016, im Erscheinen).

17 Die Unterschiede in den Ergebnissen sind vor allem auf die deutlich unterschiedlichen Ermittlungsmethoden zurückzuführen. Beim Freiwilligensurvey wird zunächst ermittelt, ob jemand aktiv in einem Bereich tätig ist. Erst im Anschluss wird dann ausschließlich bei den jeweiligen „Aktiven" nachgefragt, ob man sich in diesem Bereich auch ehrenamtlich betätigt. Gerade Ältere dürften sich oft als nicht aktiv, aber engagiert verstehen. Dies dürfte die niedrigere Engagementquote im Freiwilligensurvey erklären. Vgl. Bundesministerium für Familie, Senioren, Frauen und Jugend: Freiwilliges Engagement in Deutschland. Der deutsche Freiwilligensurvey 2014. Berlin 2016.

18 Vgl. Deutsches Zentrum für Altersfragen (DZA): Altern im Wandel: Zwei Jahrzehnte Deutscher Alterssurvey (DEAS). Berlin 2016, S. 79–94. Auch hier sind die niedrigeren Werte für das ehrenamtliche Engagement auf die gänzlich andere Ermittlung zurückzuführen. Zudem bildet der DEAS nur das organisierte Engagement ab. Da sich viele Ältere jedoch auch in freien Initiativen engagieren (zum Beispiel der Flüchtlingshilfe), erklärt auch dies den niedrigeren Wert im DEAS.

Tab. 3.6 Bereiche des bürgerschaftlichen Engagements nach soziodemografischen Merkmalen

				Schulbildung			
	65- bis 85-Jährige insgesamt (%)	Männer (%)	Frauen (%)	Einfach (%)	Mittel (%)	Hoch %	Personen mit sehr enger Kirchenbindung (%)
Von denjenigen, die sich bürgerschaftlich engagieren, tun dies –							
im kirchlichen oder religiösen Bereich	35	29	41	51	36	26	74
im Bereich Sport und Bewegung, z.B. in einem Sportverein oder einer Bewegungsgruppe	28	31	25	22	29	29	20
im Bereich Kultur und Musik	25	25	25	18	23	31	27
im Bereich Freizeit und Geselligkeit	24	23	25	36	26	17	29
im Gesundheitsbereich oder sozialen Bereich	16	14	19	11	18	14	16
im Bereich Politik	13	18	8	2	13	18	12
im Bereich Umwelt, Naturschutz oder Tierschutz	11	13	8	8	11	11	6
bei der Versorgung und Integration von Flüchtlingen	11	9	13	2	9	18	10
in der außerschulischen Jugendarbeit oder der Bildungsarbeit für Erwachsene	6	6	7	1	5	11	4
im Bereich berufliche Interessenvertretung außerhalb des Betriebes	5	7	3	1	5	6	4
im Unfall- oder Rettungsdienst oder der Freiwilligen Feuerwehr	4	6	2	3	6	1	3
im Bereich Justiz und Kriminalität	2	3	1	2	1	3	1

Basis: Bundesrepublik Deutschland, 65- bis 85-jährige bürgerschaftlich Engagierte
Quelle: Generali Altersstudie 2017

Frage: „Einmal alles zusammengenommen: Wie viel Zeit wenden Sie für Ihr gesamtes freiwilliges bzw. ehrenamtliches Engagement im Durchschnitt pro Woche so ungefähr auf? Sind das ..."

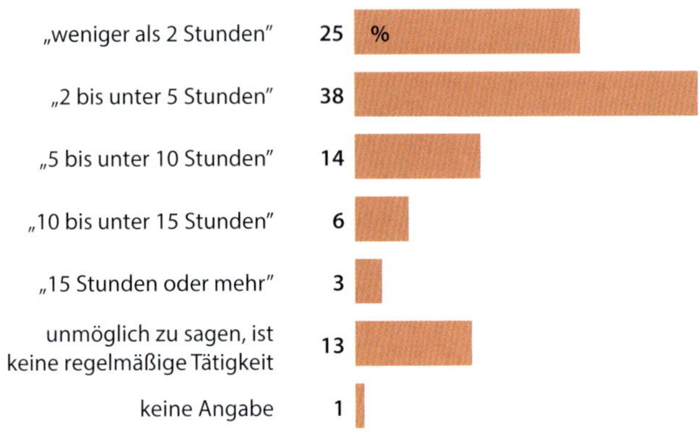

Im Durchschnitt: 4,4 Stunden*)

*) Bei der Kategorie „weniger als 2 Stunden" wurde als Durchschnitt 1 Stunde gesetzt, bei der Kategorie „15 Stunden oder mehr" 15 Stunden; bei den anderen Kategorien jeweils die Klassenmitte; berücksichtigt wurden nur Fälle mit konkreten Angaben

Abb. 3.25 Im Durchschnitt engagieren sich Ältere mehr als vier Stunden pro Woche. Basis: Bundesrepublik Deutschland, 65- bis 85-jährige bürgerschaftlich Engagierte. Quelle: Generali Altersstudie 2017

Engagement

Andreas Kruse

Mit Blick auf das ehrenamtliche Engagement fällt auf, dass selbst in der Gruppe der 80- bis 85-Jährigen noch 30 Prozent der Studienteilnehmer ehrenamtlich engagiert sind, was zeigt, dass auch das hohe Alter Engagementbereitschaft keinesfalls ausschließt. Die Tatsache, dass in den jüngeren Altersgruppen mit 42 bis 47 Prozent der Personen, die sich ehrenamtlich engagieren, deutlich höhere Zahlen berichtet werden, löst folgende Frage aus: Ist es nur der höheren körperlichen, zum Teil auch kognitiven Verletzlichkeit im neunten Lebensjahrzehnt geschuldet, dass der Anteil der ehrenamtlich engagierten Personen in dieser Altersgruppe erkennbar niedriger ist als in den jüngeren Altersgruppen? (Man bedenke: 25 Prozent der 80- bis 85-Jährigen geben ja an, das Engagement ihres Alters wegen aufgegeben zu haben.) Oder hat dies auch damit zu tun, dass Kirchen, Verbände, Vereine eine „verborgene Altersgrenze" einziehen, ab der sie nicht mehr proaktiv auf ältere Menschen zugehen, vielleicht sogar deren Angebot, sich ehrenamtlich zu engagieren, abweisen – indirekt oder direkt? In der Generali Hochaltrigenstudie 2014, in die auch Daten aus der Befragung von N = 800 Verbänden, Vereinen, Institutionen eingegangen sind, wurde deutlich, dass die weit überwiegende Zahl von Einrichtungen mit dem ehrenamtlichen Engagementinteresse von Frauen und Männern im neunten oder zehnten Lebensjahrzehnt gar nicht mehr rechnete oder diesen ein ehrenamtliches Engagement gar nicht mehr zutraute. Es wurden nur in den seltensten Fällen Überlegungen angestellt, inwieweit man für Menschen im hohen Alter spezifische Gelegenheitsstrukturen für Engagement bereitstellen und zudem Transportmöglichkeiten schaffen sollte, durch die die Mobilität auch alter Menschen sichergestellt würde.

Das ehrenamtliche Engagement ist immer *auch* auf Motive hin zu befragen, die diesem zugrunde liegen. Ein zentrales Motiv bildet jenes der Mitverantwortung, der Sorge für andere Menschen und um andere Menschen. Dabei beschränkt sich das Mitverantwortungsmotiv nicht allein darauf, andere Menschen zu unterstützen (Sorge für diese zu leisten und sich um diese zu sorgen), sondern schließt auch das Bedürfnis ein, etwas für das Gemeinwohl zu tun, dem Gemeinwohl zu dienen. Dabei sollte nicht übergangen werden, dass sich gerade in solchen Situationen, in denen etwas für andere getan wird, in denen das eigene Leben in den Dienst einer Sache gestellt wird, die *außerhalb der eigenen Person liegt*, das Sinn- und Stimmigkeitserleben einzustellen vermag. Was bedeutet dies für unsere Argumentation? Man sollte das ehrenamtliche Engagement nicht primär im Sinne einer von außen auferlegten Verpflichtung deuten, sondern vielmehr im Sinne einer *inneren Verpflichtung*, eines inneren Bedürfnisses, nämlich des Bedürfnisses nach einem mitverantwortlichen Leben. In einem öffentlichen Interview des Verfassers mit Margarete Mitscherlich im Jahre 2012 wurden von dieser damals 93-jährigen Psychoanalytikerin der „innere Verpflichtungscharakter" des ehrenamtlichen Engagements, das auch im hohen Alter bestehende Bedürfnis nach Mitverantwortung (im Sinne der aktiven Gestaltung des öffentlichen Raums) und zudem die Schaffung von Rahmenbedingungen besonders hervorgehoben, die für die Umsetzung des Engagementmotivs wichtig seien. Zu diesen Rahmenbedingungen zählte sie dabei vor allem emotional intime Kontexte, in denen das Gespräch mit einigen wenigen Menschen geführt werden sollte. Zudem zählte sie dazu mobilitätsförderliche Bedingungen und – in ihren Augen besonders wichtig – die gezielte Ansprache alter Menschen in folgendem Sinne: Wenn sie sich ehrenamtlich engagieren wollen, so sind sie ausdrücklich eingeladen. Diese Aussagen sind wichtig, weil sie auch in der Hinsicht gedeutet werden können, dass nicht wenige Menschen bis ins hohe Alter das Bedürfnis haben, etwas für andere, etwas für das Gemeinwohl zu tun. Die Schaffung von *teilhabefreundlichen Gelegenheitsstrukturen* – dabei auch gezielt für Menschen, die bereits im neunten oder zehnten Lebensjahrzehnt stehen – sollte immer auch der Verwirklichung ebendieses Bedürfnisses dienen – was in keiner Weise mit einer von außen kommenden Verpflichtung gleichgesetzt werden darf.

Alltag und digitale Medien

Generali Deutschland AG (Hrsg.), *Generali Altersstudie 2017*,
DOI 10.1007/978-3-662-50395-9_4

4.1 Abwechslungsreiche Alltagsgestaltung

Die Mehrheit der älteren Generation führt ein abwechslungsreiches und aktives Leben, das weit davon entfernt ist, eintönig oder langweilig zu sein. Gebeten, den Grad der Abwechslung ihres Alltags anhand einer 11-stufigen Skala von 0 („sehr eintönig und monoton") bis 10 („sehr abwechslungsreich") einzustufen, wählen die 65- bis 85-Jährigen im Durchschnitt die Skalenstufe 7,0. 45 Prozent empfinden ihren Alltag als besonders abwechslungsreich und stufen sich auf einer der oberen Skalenstufen von 8 oder höher ein. Nur 4 Prozent beschreiben ihren Alltag hingegen als weit überwiegend eintönig und stufen sich am Ende der Skala auf den Stufen 0 bis 2 ein (◘ Abb. 4.1).

Auch wenn fast jeder zweite 65- bis 85-Jährige seinen Alltag als besonders abwechslungsreich beschreibt, gibt es in der älteren Generation zwischen den verschiedenen Gruppen zum Teil gravierende Unterschiede. So wird der Alltag von den Jüngeren als weit abwechslungsreicher wahrgenommen als von den Älteren. 52 Prozent der 65- bis 69-Jährigen empfinden ihren Alltag als besonders abwechslungsreich, wählen also auf der 11-stufigen Skala einen der besonders hohen Skalenwerte 8 bis 10. Bei den 80- bis 85-Jährigen sind es mit 34 Prozent erheblich weniger. Dies hängt auch damit zusammen, dass sich der Gesundheitszustand mit zunehmendem Alter verschlechtert und die Gesundheit den größten Einfluss auf die Wahrnehmung des Alltags hat. Während 67 Prozent der 65- bis 85-Jährigen mit (sehr) gutem Gesundheitszustand ihren Alltag als besonders abwechslungsreich empfinden, sind es bei denjenigen mit eher schlechtem Gesundheitszustand nur 18 Prozent.

Auch das Einkommen und der sozioökonomische Status beeinflussen das Urteil der älteren Generation. Ältere aus den unteren Einkommensgruppen und sozialen Schichten empfinden ihren Alltag als weniger abwechslungsreich als Ältere aus den oberen Einkommens- und Sozialschichten. Als überdurchschnittlich abwechslungsreich bewerten ihren Alltag auch 65- bis 85-Jährige mit vielseitigen Interessen und engen sozialen Bindungen. So beschreiben 60 Prozent der bürgerschaftlich Engagierten, 62 Prozent der Älteren, die noch regelmäßig arbeiten, und 63 Prozent mit einem großen Bekanntenkreis ihren Alltag als besonders abwechslungsreich (◘ Abb. 4.2).

Wie sehr der Gesundheitszustand – und weniger das konkrete Alter – die Vorstellungen vom Abwechslungsreichtum des Alltags beeinflusst, zeigt die kombinierte Betrachtung von Gesundheitszustand und Alter. Diese Analyse zeigt sehr anschaulich, dass 80- bis 85-Jährige, die ihren Gesundheitszustand als (sehr) gut bezeichnen, ihr Leben als genauso abwechslungsreich wahrnehmen wie gesunde Ältere aus den anderen Altersgruppen. Vor allem aber empfinden die 80- bis 85-Jährigen mit guter gesundheitlicher Verfassung ihren Alltag als weit abwechslungsreicher als Ältere mit durchschnittlicher oder gar schlechter Gesundheit. So bezeichnen 65 Prozent der gesunden 80- bis 85-Jährigen ihren Alltag als sehr abwechslungsreich, von den deutlich Jüngeren, den 65- bis 69-Jährigen mit mäßigem Gesundheitszustand sind es nur 49 Prozent, von den 65- bis 69-Jährigen mit schlechtem Gesundheitszustand sogar nur 20 Prozent (◘ Abb. 4.3).

Der Alltag der älteren Generation ist bei aller Abwechslung mehrheitlich von alltäglichen Beschäftigungen wie dem Medienkonsum sowie Hausarbeiten geprägt. So sehen 90 Prozent der 65- bis 85-Jährigen täglich fern, 67 Prozent lesen täglich eine Zeitung oder Zeitschriften, weitere 19 Prozent machen dies ein- oder mehrmals in der Woche. Die Buchlektüre ist für 44 Prozent mindestens einmal pro Woche Teil des Alltags. Auch häusliche Tätigkeiten wie das Kochen gehören für 66 Prozent der Älteren zum täglichen oder wöchentlichen Alltag dazu, für 53 Prozent von ihnen auch die Beschäftigung mit dem Garten oder dem Balkon.

Frage: „Manche empfinden ihr Leben bzw. ihren Alltag als eintönig und monoton, andere als abwechslungsreich. Wie ist das bei Ihnen: Als wie eintönig oder abwechslungsreich empfinden Sie Ihr Leben? Bitte sagen Sie es mir wieder nach dieser Leiter. Null bedeutet, Sie empfinden Ihr Leben als sehr eintönig und monoton, und zehn, Sie empfinden Ihr Leben als sehr abwechslungsreich." (Bildblattvorlage)

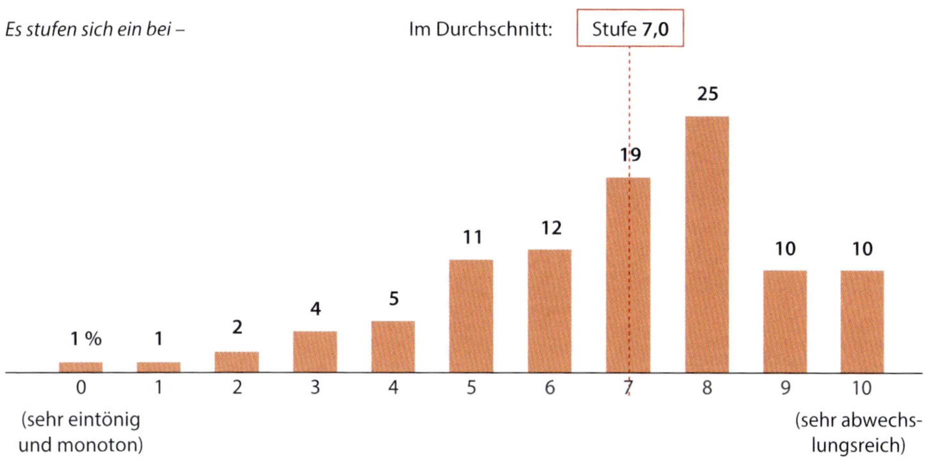

Abb. 4.1 Die Mehrheit empfindet ihren Alltag als abwechslungsreich.
Basis: Bundesrepublik Deutschland, 65- bis 85-jährige Bevölkerung. Quelle: Generali Altersstudie 2017

Daneben gehören auch Spaziergänge und Autofahrten zu den regelmäßigen Alltagsbeschäftigungen sowie die Pflege von sozialen Kontakten. Rund zwei Drittel der 65- bis 85-Jährigen verbringen täglich oder zumindest einmal pro Woche Zeit mit der Familie, gut jeder Zweite trifft sich täglich oder wöchentlich mit Freunden und Bekannten und jeder Dritte kümmert sich regelmäßig um die Enkelkinder. Der große Aktionsradius und die Vitalität der älteren Generation zeigen sich daran, dass auch Aktivitäten wie Sporttreiben und Radfahren zum Alltag vieler älterer Menschen dazugehören (Abb. 4.4).

Trotz vieler Gemeinsamkeiten gibt es auch bei der Alltagsgestaltung zum Teil deutliche Unterschiede innerhalb der Gruppe der 65- bis 85-Jährigen. So ist beispielsweise das Kochen eindeutig eine Frauendomäne: 91 Prozent der Frauen, aber nur 35 Prozent der Männer kochen täglich oder mindestens einmal pro Woche. Auch die Buchlektüre gehört – wie in anderen Altersgruppen auch – weit häufiger zum Alltag von Frauen als von Männern. Umgekehrt sind Fortbewegungsmittel eher Männerdomänen: So sind Männer weit häufiger als Frauen im Alltag mit dem Auto oder dem Fahrrad unterwegs.

Auch mit zunehmendem Alter verändert sich teilweise die Gestaltung des Alltags. Für viele Aktivitäten ist das achtzigste Lebensjahr eine bedeutende Schwelle, nach der vieles weniger intensiv ausgeübt wird als in den Jahren zuvor. Dies gilt insbesondere für das Radfahren sowie das Autofahren. So sind 74 Prozent der 65- bis 69-Jährigen mindestens einmal in der Woche mit dem Auto unterwegs, aber nur 39 Prozent der 80- bis 85-Jährigen. Auch die aktive Beschäftigung mit dem Garten oder dem Balkon lässt jenseits des achtzigsten Lebensjahres spürbar nach. Gleiches gilt für das Sporttreiben oder die aktive Mitarbeit in einem Verein, der Kirchengemeinde oder anderen Organisationen.

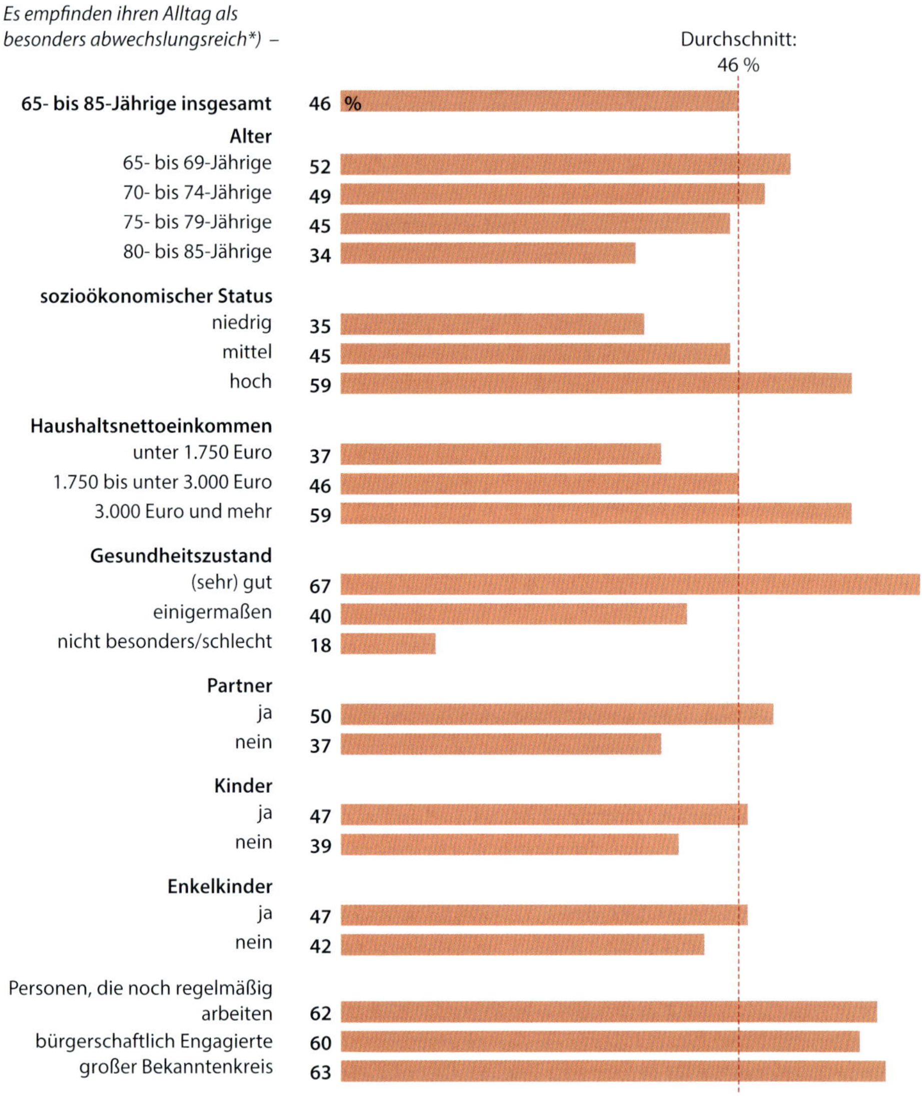

*) Selbsteinstufung auf einer der Skalenstufen 8 bis 10

Abb. 4.2 Wer den Alltag als besonders abwechslungsreich empfindet.
Basis: Bundesrepublik Deutschland, 65- bis 85-jährige Bevölkerung. Quelle: Generali Altersstudie 2017

Noch stärker als das Alter und das Geschlecht trennt die soziale Schicht die Alltagsgestaltung der älteren Generation. 65- bis 85-Jährige aus den oberen sozialen Schichten gestalten ihren Alltag deutlich facettenreicher und vielseitiger als Gleichaltrige aus den unteren sozialen Schichten. Lediglich mit dem Kochen beschäftigen sich untere Sozialschichten häufiger als höhere Schichten. Ansonsten unterscheiden sich die Alltagsbeschäftigungen von Ober- und Unterschicht teilweise gravierend. Dies betrifft zum einen alle Aktivitäten, die außer Haus stattfinden und eine gewisse Vitalität erfordern. So sind Ältere aus den oberen Sozialschichten weit häufiger mit dem Fahrrad oder Auto unterwegs als diejenigen aus den unteren Sozialschichten.

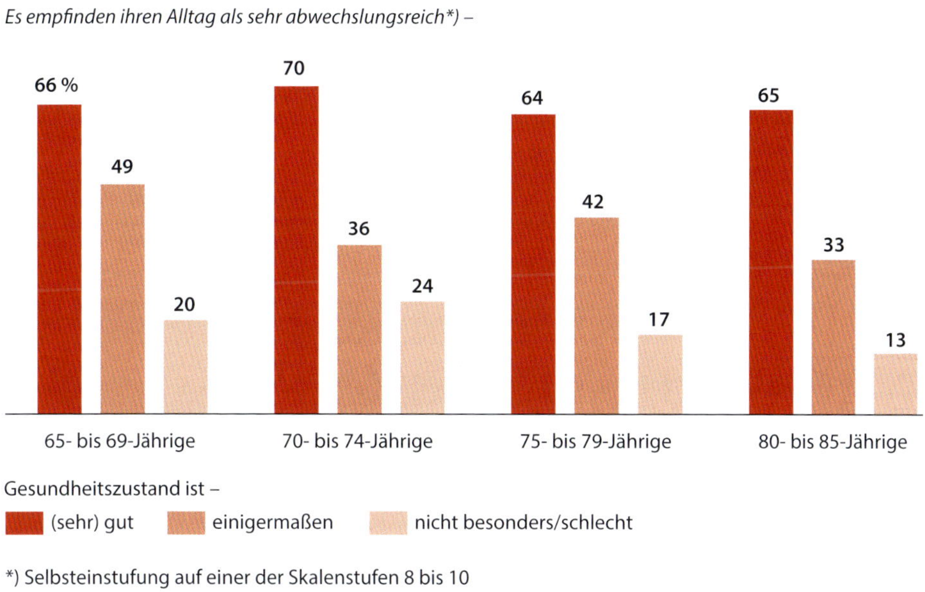

Abb. 4.3 Der Abwechslungsreichtum des Alltags hängt vor allem vom Gesundheitszustand ab. Basis: Bundesrepublik Deutschland, 65- bis 85-jährige Bevölkerung. Quelle: Generali Altersstudie 2017

Auch treiben sie häufiger Sport oder gehen häufiger spazieren. Zum Zweiten lesen Ältere aus den höheren Sozialschichten häufiger Zeitungen, Zeitschriften oder Bücher und besuchen häufiger Weiterbildungsveranstaltungen. Gleichzeitig sind sie aktiver in der Vereins- oder Gemeindearbeit, besuchen deutlich häufiger kulturelle Veranstaltungen oder gehen zum Essen außer Haus (Tab. 4.1).

In den Tiefeninterviews wird deutlich, wie vielschichtig und abwechslungsreich der Alltag vieler älterer Menschen verläuft. Besonders wichtig ist es vielen von ihnen zu betonen, dass sie als Rentner ihren Alltag deutlich freier und ungebundener gestalten können als früher:

» „Mein Mann und ich schlafen lange und frühstücken gegen 10 Uhr. Dann fährt mein Mann aus dem Haus, um Tennis zu spielen und ich kümmere mich erst einmal um den Haushalt. Gegen Mittag essen wir gemeinsam und dann fahre ich einkaufen oder zu meiner Mutter ins Pflegeheim. Wenn ich gegen 18 Uhr zurückkomme, bereite ich das Abendbrot, dann schauen wir fern oder lesen Zeitungen und Zeitschriften. Oftmals gehen wir auch in ein Konzert oder ich male." (Frau, 73 Jahre, mit Partner)

» „Nach dem Frühstück gehe ich einkaufen, meistens mit dem Fahrrad, wenn das vom Wetter her geht. Und mittags habe ich jetzt auch mehr Zeit zum Kochen, da kann ich auch mal etwas Besonderes machen. Nachmittags habe ich dann häufig Termine oder ich treffe mich mit irgendwelchen Leuten. Zweimal die Woche gebe ich Deutschunterricht, das ist dann am Nachmittag. Und dann habe ich auch Zeit, mit dem Computer mein Englisch aufzufrischen. Das mache ich auch jeden Tag. Ich lese dann mal auch in aller Ruhe die Zeitung. Abends haben wir, also ich und mein Mann, oft ehrenamtliche Termine oder Sitzungen. Da ist es eigentlich wie vorher, wie vor dem Ruhestand. Da hat sich nicht viel geändert." (Frau, 68 Jahre, mit Partner)

Frage: „Es ist ja ganz unterschiedlich, wie man seinen Alltag so gestaltet, was man so macht. Welche der folgenden Aktivitäten auf diesen Karten hier machen Sie täglich, welche ein- oder mehrmals in der Woche, welche ein- oder mehrmals im Monat, und welche seltener bzw. nie?"
(Kartenspiel- und Bildblattvorlage)

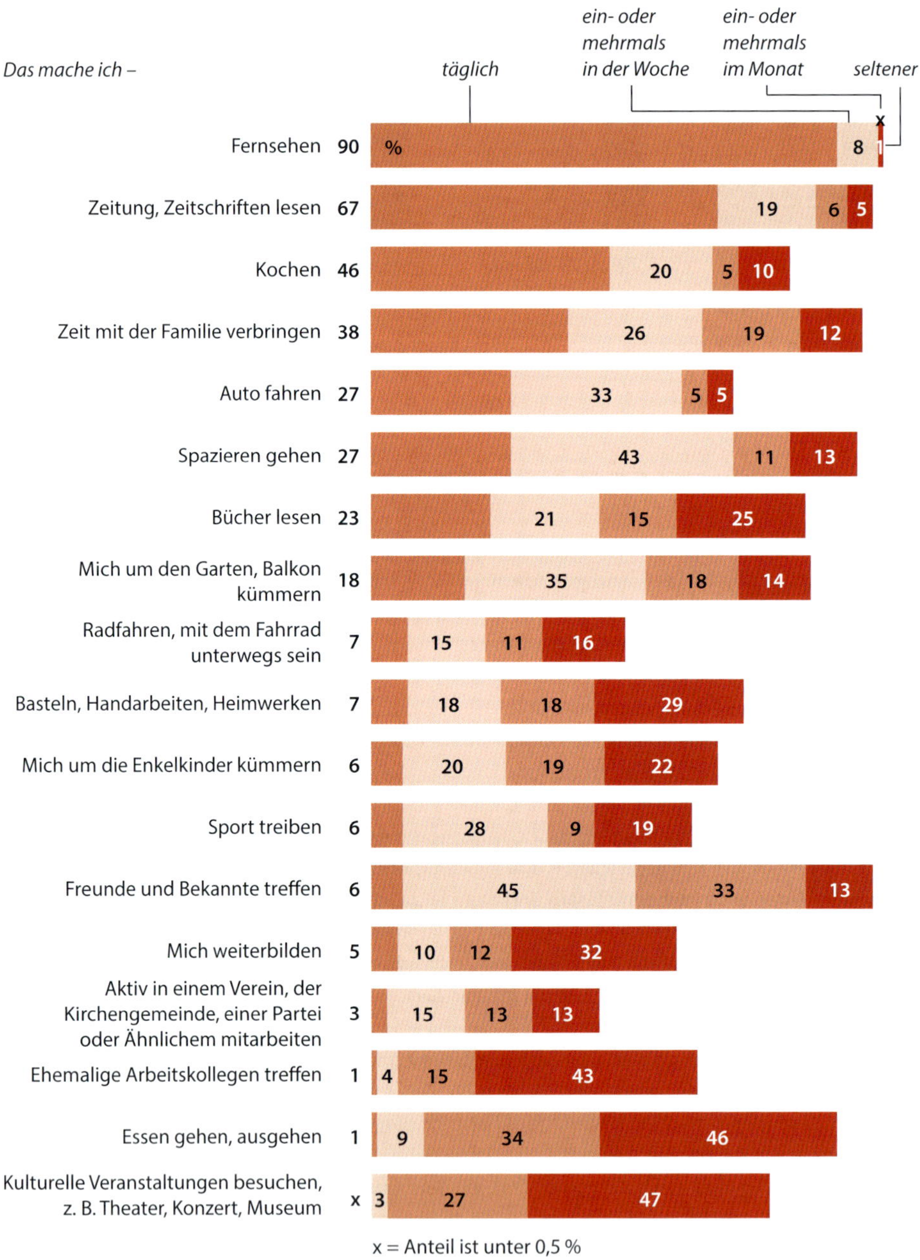

Abb. 4.4 Alltagsgestaltung.
Basis: Bundesrepublik Deutschland, 65- bis 85-jährige Bevölkerung. Quelle: Generali Altersstudie 2017

Tab. 4.1 Alltagsgestaltung nach Geschlecht, Alter und Schicht

	Geschlecht		Altersgruppen				Sozioökonomischer Status		
	Männer (%)	Frauen (%)	65- bis 69-Jährige (%)	70- bis 74-Jährige (%)	75- bis 79-Jährige (%)	80- bis 85-Jährige (%)	niedrig (%)	mittel (%)	hoch (%)
Es machen täglich bzw. mindestens einmal pro Woche –									
Fernsehen	98	97	97	97	98	97	98	98	96
Zeitung, Zeitschriften lesen	86	86	84	87	86	87	80	88	90
Kochen	35	91	65	68	65	64	70	67	59
Zeit mit der Familie verbringen	71	60	72	64	61	61	62	65	68
Auto fahren	75	48	74	66	54	39	42	63	74
Spazieren gehen	70	70	69	72	71	65	64	71	74
Bücher lesen	37	51	46	46	43	42	30	43	63
Mich um den Garten, Balkon kümmern	49	55	53	56	54	43	50	54	51
Radfahren, mit dem Fahrrad unterwegs sein	26	19	27	25	19	14	18	22	28
Basteln, Handarbeiten, Heimwerken	27	23	27	25	26	22	26	26	21
Mich um die Enkelkinder kümmern	28	25	30	30	21	22	28	27	23

Tab. 4.1 Fortsetzung

	Geschlecht		Altersgruppen				Sozioökonomischer Status		
	Männer (%)	Frauen (%)	65- bis 69-Jährige (%)	70- bis 74-Jährige (%)	75- bis 79-Jährige (%)	80- bis 85-Jährige (%)	niedrig (%)	mittel (%)	hoch (%)
Es machen täglich bzw. mindestens einmal pro Woche –									
Sport treiben	31	35	37	36	34	21	21	33	47
Freunde und Bekannte treffen	51	51	52	54	49	45	46	51	56
Mich weiterbilden	17	13	18	16	13	13	8	12	28
Aktiv in einem Verein, der Kirchengemeinde, einer Partei oder Ähnlichem mitarbeiten	21	16	20	20	19	11	12	19	23
Ehemalige Arbeitskollegen treffen	6	3	5	5	4	5	4	4	5
Essen gehen, ausgehen	13	8	11	12	8	8	7	8	16
Kulturelle Veranstaltungen besuchen, z. B. Theater, Konzert, Museum	3	3	3	4	3	2	1	2	8

Basis: Bundesrepublik Deutschland, 65- bis 85-jährige Bevölkerung
Quelle: Generali Altersstudie 2017

» „Mein Alltag ist komplett unstrukturiert, das ist die reine Freude. Ich gehe ins Bett, wann ich will und ich stehe auch auf, wann ich will. Und das kann sehr unterschiedlich sein. Einen strukturierten Tag gibt es bei uns nicht, mit Ausnahme vom Mittagessen." (Mann, 69 Jahre, mit Partnerin)

» „Ich stehe in der Regel so gegen 7 Uhr auf und mache meine tägliche Gymnastik. Nach dem Frühstück folgen kleine Aufräumarbeiten in der Wohnung oder Einkäufe je nach Bedarf. In der Regel nutze ich die Vormittagsstunden auch dafür, um eine neue Zeichnung oder ein neues Bild zu malen. Der Vormittag eignet sich dafür am besten, da die Lichtverhältnisse in meiner kleinen Werkstatt vormittags am günstigsten sind. In den Nachmittagsstunden surfe ich im Internet, um mich zu informieren oder um verschiedene Zeitungen online zu lesen. Ich habe feste Tage für das Fitnessstudio und feste Tage für mein Aqua-Training. Ansonsten versuche ich, in keine Routine zu verfallen, weil das für mich das Schlimmste wäre, immer jeden Tag das Gleiche zu machen, da käme dann bestimmt die Langeweile auf." (Frau, 67 Jahre, alleinstehend)

» „Ich genieße meine freie Zeit. Ich lese sehr viel Bücher und gucke im Internet und suche mir dort die Dokumentarfilme raus, hauptsächlich in Englisch, aber auch in Deutsch. Und abends bin ich am Telefon oder besuche jemanden oder bekomme Besuch. Ich habe eine gute Beziehung zu den Nachbarn." (Mann, 71 Jahre, alleinstehend)

» „Mein Tagesablauf ist natürlich im Winter schon ein anderer als im Sommer. Denn im Sommer bin ich eigentlich fast die ganze Zeit draußen im Garten, und da mache ich dann Gartenarbeit, Knollen pflanzen und Unkraut jäten, oder ich bringe meinen Wohnwagen in Ordnung. Meistens gibt es auch etwas zu reparieren, oder ich gehe im Wald spazieren." (Frau, 66 Jahre, alleinstehend)

» „Wir stehen gegen 7 Uhr auf, frühstücken in aller Ruhe, lesen Zeitung und beschwatzen, was wir machen am Tag, wenn noch nichts anliegt. Ansonsten wird ganz ohne Druck der Tag begonnen. Und der läuft bestimmt wie bei allen anderen Rentnern gleichermaßen ab: saubermachen, einkaufen, Wäsche waschen, Haushalt erledigen, kochen. Also nichts Konkretes, Festgelegtes, sondern tun, was anfällt. Völlig ungebunden. Des Weiteren: Freunde treffen, Rad fahren oder nur gammeln. Der Tag, so fühle ich es immer wieder, vergeht rasend schnell. Auch wenn man nichts macht!" (Frau, 73 Jahre, mit Partner)

» „Ich genieße es, morgens lange im Bett zu liegen. Dazu gehört für mich auch auf jeden Fall das tägliche Zeitunglesen. Ich mache es mir dann mit einem Kaffee und einem Brot wieder im Bett gemütlich und lese in aller Ruhe. Da ich auf niemanden Rücksicht nehmen muss, kann es auch schon mal 11 Uhr werden, bis ich fertig angezogen und gewaschen bin. Dann kommt es auf den Tag an. Ich habe zweimal die Woche meine beiden älteren Enkelkinder nachmittags zu betreuen. Ansonsten kommt halt noch der normale Haushalt dazu: Wäsche waschen, putzen und einkaufen. Aber alles so, wie ich gerade Lust habe." (Frau, 65 Jahre, alleinstehend)

» „Ich stehe auf, wenn ich wach werde. Ich stehe ungern mit Wecker auf. Dann mich herrichten, frühstücken, ausgiebig lange und ohne jede Hetze. Es gibt kein Muss. Und ansonsten vertreibe ich mir die Zeit, womit auch immer. Langeweile kenne ich nicht.

Mittagessen gibt's, wenn der Hunger mich ruft. Das ist mit allen Mahlzeiten so. Ich mache, was mir gerade in den Sinn kommt. Nachts wird es relativ spät, das habe ich mir so angewöhnt, seit ich in Rente bin, weil nachts bin ich am kreativsten. Da schreibe ich zum Beispiel Texte oder einfach nur E-Mails. Der PC ist mein Tor zur Welt. Damit halte ich Kontakt in die ganze Welt. Nachts passieren dann Dinge, die tagsüber unterbleiben, weil keine Zeit dafür ist." (Mann, 72 Jahre, alleinstehend)

Gleichzeitig illustrieren die Tiefeninterviews auch, wie strukturiert die Tagesabläufe bei einigen älteren Menschen ablaufen:

» „Mein Alltag ist sehr geregelt und von der notwendigen Einnahme meiner zahlreichen Medikamente geprägt: Ich stehe in der Regel um 6 Uhr auf, weil ich zu dieser Zeit meine ersten Tabletten einnehmen muss. Dann gehe ich ins Bad und danach esse ich mein erstes Frühstück. Gegen 8 Uhr sind die nächsten Tabletten fällig. So gegen 10 Uhr ist das zweite Frühstück fällig und dann die nächste Runde von Medikamenten. Dann mache ich meinen Haushalt – wohl gemerkt sehr langsam – und bereite, je nachdem, was ich essen möchte, mein Mittag vor. Ich lese meine Zeitung oder telefoniere mit meinen Bekannten. Nach dem Mittagessen lege ich mich hin und schlafe so bis ca. 15 Uhr. Wenn draußen schönes Wetter ist, mache ich eine kleine Spazierrunde um unsere Siedlung oder gehe in den naheliegenden Park. Um 18 Uhr gibt es bei mir Abendessen, danach gehe ich ins Bad und anschließend schaue ich mir Nachrichten oder was anderes im Fernsehen an. Und dann geht es wieder ins Bett. So ungefähr sieht mein Tagesablauf aus, also nichts Aufregendes!" (Frau, 84 Jahre, alleinstehend)

» „Der Alltag verläuft wie immer. Ich stehe um 4.30 Uhr auf, das bin ich so gewöhnt. Und dann habe ich eine Stunde für mich, in der ich neben Hygiene, Frühstück usw. auch Frühsport wie Liegestütze und Gymnastik mache. Danach muss ich mich meist um meinen Enkel kümmern, der in die Schule muss. Anschließend kommt die dienstliche Arbeit. Da mache ich dann meinen Kram als selbstständiger Händler. Der Tag vergeht ziemlich schnell, und da fernsehen noch nie so mein Ding war, gehe ich auch zeitig gegen 20.30 Uhr ins Bett." (Mann, 70 Jahre, alleinstehend)

» „Morgens stehen wir meistens halb acht, acht Uhr auf. Es wird in Ruhe gefrühstückt, Zeitung gelesen, eingekauft, Mittagessen gekocht, Mittagsruhe eingehalten. Kleiner Spaziergang, wenn möglich. Und der Abend ist teilweise dem Hobby vorbehalten." (Frau, 80 Jahre, mit Partner)

Die große Mehrheit der 65- bis 85-Jährigen ist an der Mehrzahl der Tage in der Woche außer Haus unterwegs. 30 Prozent gehen sogar täglich außer Haus, weitere 29 Prozent sind an fünf oder sechs Tagen unterwegs. Nur 1 Prozent der 65- bis 85-Jährigen verlässt nie das Haus, 4 Prozent nur an einem Tag und weitere 7 Prozent an zwei Tagen. Im Durchschnitt sind damit die 65- bis 85-Jährigen rund fünf Tage pro Woche unterwegs. Der Aktivitätsradius älterer Menschen lässt mit dem Alter etwas nach und wird insbesondere vom eigenen Gesundheitszustand beeinflusst. So sind 65- bis 69-Jährige häufiger außer Haus unterwegs als 80- bis 85-Jährige und Ältere mit gutem Gesundheitszustand deutlich häufiger als Ältere mit schlechtem gesundheitlichem Zustand (▢ Abb. 4.5).

Die Trendanalyse belegt, dass heute mehr Ältere für Aktivitäten außer Haus gehen als noch vor zehn oder zwanzig Jahren. Dies betrifft sowohl den Besuch kultureller Veranstaltungen als auch das Ausgehverhalten insgesamt. So gehen – entgegen dem allgemeinen Trend – heute mehr 65- bis 85-Jährige ins Theater oder in die Oper als noch vor 15 Jahren. Bei den 65- bis 69-Jährigen ist

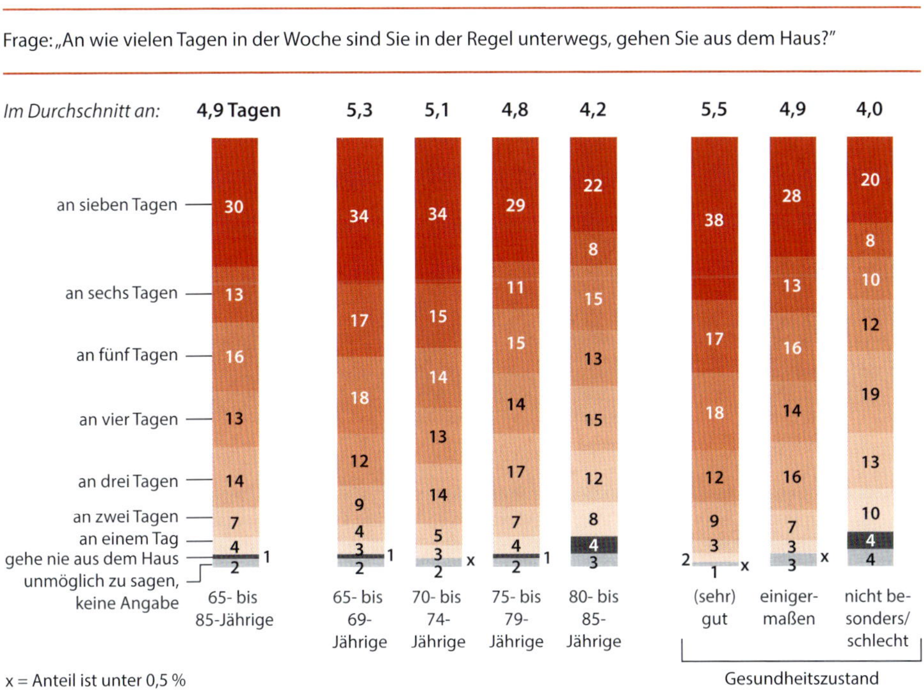

Abb. 4.5 Die meisten Älteren gehen regelmäßig aus dem Haus.
Basis: Bundesrepublik Deutschland, 65- bis 85-jährige Bevölkerung. Quelle: Generali Altersstudie 2013

der Anteil derer, die zumindest gelegentlich in die Oper, ins Theater oder Schauspielhaus gehen, in den Jahren 2000 bis 2015 von 51 auf 55 Prozent angestiegen, in der Altersgruppe der 70- bis 74-Jährigen von 45 auf 54 Prozent und bei den 75- bis 79-Jährigen sogar von 40 auf 50 Prozent. Und auch die 80- bis 85-Jährigen gehen heute tendenziell häufiger ins Theater oder in die Oper als noch vor 15 Jahren. In den jüngeren Bevölkerungsgruppen weist der Trend hingegen in die andere Richtung: Während im Jahr 2000 noch 47 Prozent der 14- bis 64-Jährigen regelmäßig oder gelegentlich eine Oper oder ein Schauspielhaus besucht haben, sind dies aktuell nur noch 41 Prozent (Abb. 4.6).

In ähnlicher Weise hat sich im gleichen Zeitraum der Besuch von Museen und Kunstausstellungen in der älteren Generation entwickelt. Mit Ausnahme der 80-Jährigen und Älteren gehen heute deutlich mehr Ältere in Museen oder Kunstausstellungen als noch vor 15 Jahren. So stieg der Anteil der Museums- und Ausstellungsbesucher bei den 65- bis 69-Jährigen in dieser Zeit von 40 auf 50 Prozent an, bei den 70- bis 74-Jährigen von 38 auf 49 Prozent und bei den 75- bis 79-Jährigen von 31 auf 42 Prozent. Bei den 80- bis 85-Jährigen stagniert der Anteil hingegen bei 29 Prozent. Und auch in der jüngeren Bevölkerung veränderte sich zwischen den Jahren 2000 und 2015 nur wenig: Bei den 14- bis 64-Jährigen verringerte sich der Anteil der Besucher von Museen oder Kunstausstellungen kaum spürbar von 45 auf 44 Prozent (Abb. 4.7).

Neben dem Besuch kultureller Veranstaltungen hat sich auch das Freizeitverhalten der älteren Generation deutlich gewandelt. So gehen heute deutlich mehr ältere Menschen zum Essen in ein Restaurant oder eine Gaststätte als noch vor einem Vierteljahrhundert. Diese Entwicklung betrifft alle Alterssegmente, also auch die 80-Jährigen und Älteren. Betrug der Anteil der 80- bis

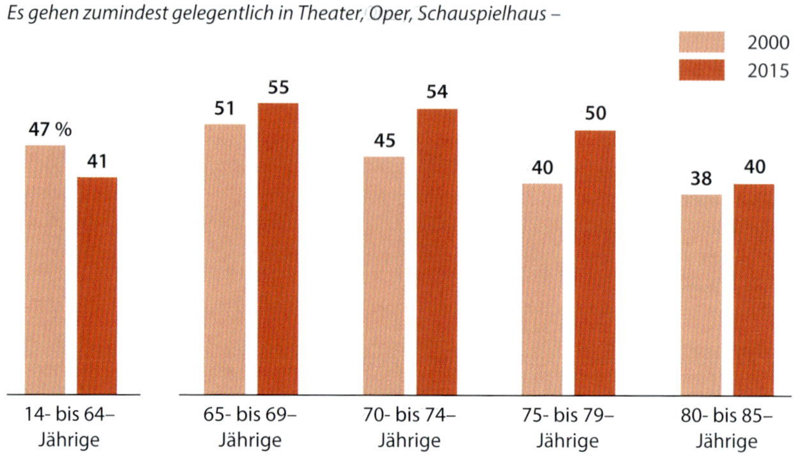

Abb. 4.6 Gestiegenes Kulturinteresse in der älteren Generation: Theater- und Opernbesuche. Basis: Bundesrepublik Deutschland, deutsche Bevölkerung ab 14 Jahre. Quelle: Allensbacher Markt- und Werbeträgeranalysen, AWA 2000 und AWA 2015

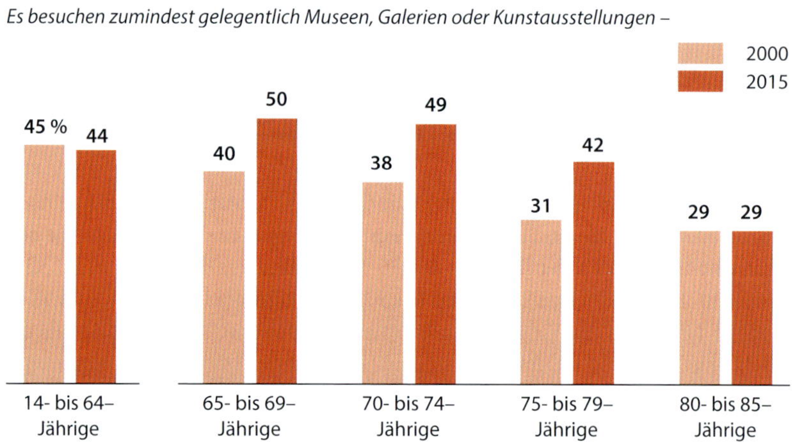

Abb. 4.7 Gestiegenes Kulturinteresse in der älteren Generation: Besuch von Museen und Kunstausstellungen. Basis: Bundesrepublik Deutschland, deutsche Bevölkerung ab 14 Jahre. Quelle: Allensbacher Markt- und Werbeträgeranalysen, AWA 2000 und AWA 2015

85-Jährigen, die häufig oder ab und zu zum Essen ausgehen, im Jahr 1990 50 Prozent, sind es heute 79 Prozent. Ähnlich steil stieg auch der Anteil in den Altersgruppen zwischen 65 und 79 Jahren an. Aktuell liegt in diesen Altersgruppen der Anteil derer, die zumindest ab und zu zum Essen außer Haus gehen, zwischen 86 und 89 Prozent – und damit in etwa genauso hoch wie bei den 14- bis 64-Jährigen (Abb. 4.8).

Weit mehr als die Restaurant-, Theater- oder Museumsbesuche gehören die Einkäufe und Besorgungen für den Haushalt zum Alltag älterer Menschen dazu. 18 Prozent der 65- bis 85-Jährigen gehen täglich oder fast täglich Einkaufen, fast jeder Zweite geht mehrmals in der Woche und rund ein Viertel erledigt die Besorgungen für den Haushalt in aller Regel einmal pro Woche.

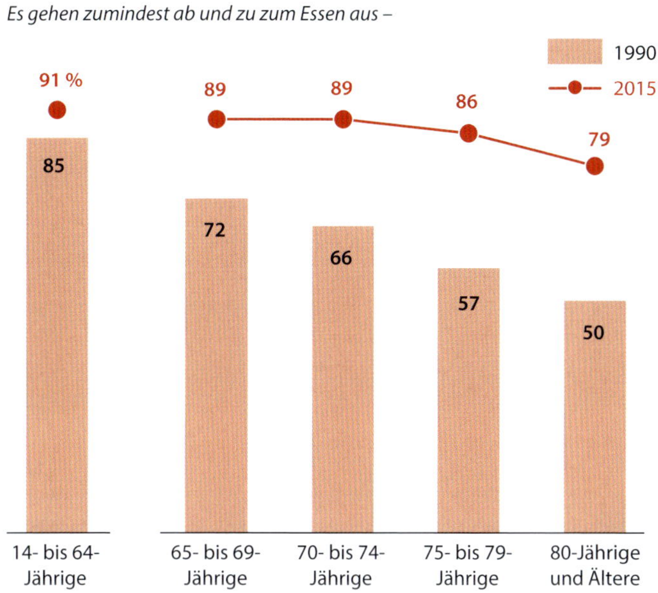

Abb. 4.8 Gestiegenes Freizeitinteresse: zum Essen ausgehen.
Basis: Westdeutschland, Bevölkerung ab 14 Jahre. Quelle: Allensbacher Markt- und Werbeträgeranalysen, AWA 1990 und 2015

Die wenigsten gehen seltener als einmal die Woche (7 Prozent) oder gar nie (4 Prozent) einkaufen. Mit zunehmendem Alter nimmt zwar die Häufigkeit der Einkäufe ab, aber auch bei den 75- bis 85-Jährigen gehen 86 Prozent mindestens einmal pro Woche zum Einkaufen außer Haus; bei den 65- bis 74-Jährigen sind es 92 Prozent. Wesentlich stärker als das Alter beeinflusst die zur Verfügung stehende Infrastruktur das Einkaufsverhalten der älteren Generation. 65- bis 85-Jährige, die im ländlichen Raum wohnen, beschränken sich weit häufiger als die Bewohner größerer Städte darauf, nur einmal pro Woche einzukaufen, während die Bewohner von Großstädten überdurchschnittlich oft täglich oder fast täglich ihre Besorgungen für den Haushalt durchführen (Abb. 4.9).[1]

Die Mehrheit der Älteren nutzt für ihre Einkäufe das Auto als Transportmittel. So fahren 58 Prozent der 65- bis 85-Jährigen mit dem eigenen Auto zum Einkaufen, weitere 8 Prozent werden von anderen mit dem Auto mitgenommen. 30 Prozent der Älteren gehen in aller Regel zu Fuß zum Einkaufen, 8 Prozent nutzen öffentliche Verkehrsmittel (Abb. 4.10).

Auch bei den genutzten Verkehrsmitteln gibt es zwischen den verschiedenen Altersgruppen sowie zwischen den Bewohnern kleinerer Ortschaften und denen größerer Städte zum Teil erhebliche Unterschiede. Jüngere fahren deutlich häufiger als Ältere mit dem eigenen Pkw zum Einkaufen, Ältere hingegen werden häufiger von anderen im Auto mitgenommen oder gehen zu Fuß zum Einkaufen. So fahren von den 65- bis 69-Jährigen 70 Prozent mit dem Auto zum Einkaufen, nur 4 Prozent fahren bei anderen im Pkw mit. Von den 80- bis 85-Jährigen wiederum werden 17 Prozent von anderen im Auto mitgenommen und vergleichsweise geringe 41 Prozent von ihnen fahren mit dem eigenen Pkw zum Einkaufen. Und während 36

1 Zur körperlichen Aktivität im Alltag, speziell beim Einkaufen, s. Kommentar von Thomas Klein und Ingmar Rapp: „Mobilität und körperliche Aktivität im Alltag".

Frage: „Wie oft gehen Sie im Allgemeinen einkaufen, ich meine, Besorgungen für den Haushalt machen? Würden Sie sagen...“

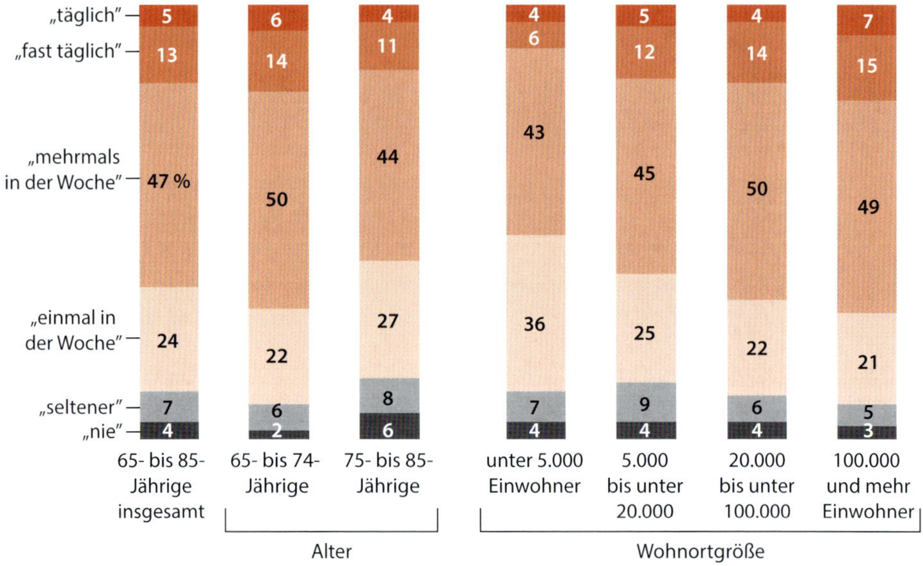

Abb. 4.9 Besorgungen für den Haushalt.
Basis: Bundesrepublik Deutschland, 65- bis 85-jährige Bevölkerung. Quelle: Generali Altersstudie 2017

Frage an 65- bis 85-Jährige, die zumindest selten Besorgungen für den Haushalt machen: „Fahren Sie in der Regel mit dem Auto zum Einkaufen, oder mit öffentlichen Verkehrsmitteln, mit dem Fahrrad, gehen Sie zu Fuß, oder wie kommen Sie sonst dahin?“

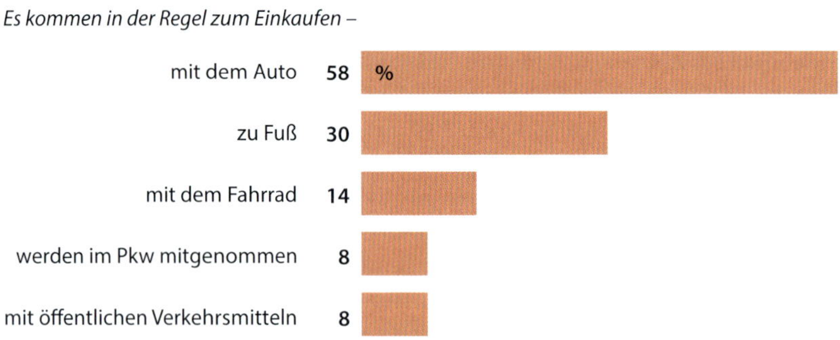

Abb. 4.10 Die meisten Älteren nutzen zum Einkaufen das Auto.
Basis: Bundesrepublik Deutschland, 65- bis 85-Jährige, die zumindest selten Besorgungen für den Haushalt machen. Quelle: Generali Altersstudie 2017

Frage an 65- bis 85-Jährige, die zumindest selten Besorgungen für den Haushalt machen:
„Wenn Sie einmal daran denken, wie weit die Einkaufsmöglichkeiten, die Sie in der Regel nutzen, von Ihrer Wohnung bzw. Ihrem Haus entfernt liegen: Wie groß ist da für Sie der Aufwand, diese Einkaufsmöglichkeiten zu erreichen? Würden Sie sagen, der Aufwand ist für Sie ..."

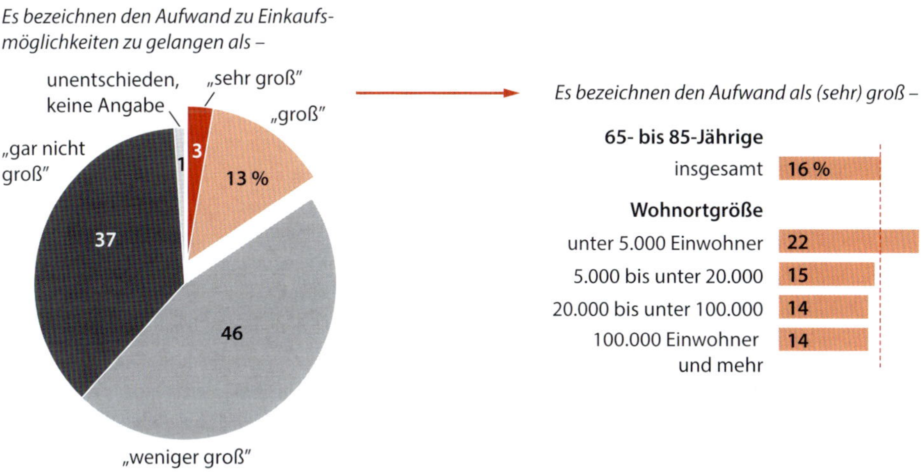

Abb. 4.11 Einkaufsmöglichkeiten sind meist gut erreichbar.
Basis: Bundesrepublik Deutschland, 65- bis 85-Jährige, die zumindest selten Besorgungen für den Haushalt machen. Quelle: Generali Altersstudie 2017

Prozent der 80- bis 85-Jährigen zu Fuß zum Einkaufen gehen, sind es bei den 65- bis 69-Jährigen nur 23 Prozent.

Noch größere Unterschiede findet man zwischen Älteren, die in kleineren Ortschaften bis 5000 Einwohner wohnen, und denen, die in Großstädten mit über 100.000 Einwohnern leben. Das mit weitem Abstand meist genutzte Transportmittel für die Bewohner kleinerer Gemeinden ist das Auto: 75 Prozent von ihnen fahren in aller Regel mit dem Auto zum Einkaufen; von den älteren Menschen, die in Großstädten leben, nutzen dafür nur 45 Prozent ein Auto. Fast genauso viele von ihnen gehen zu Fuß zum Einkaufen (41 Prozent). Dies macht von den Bewohnern von Orten unter 5000 Einwohnern nur eine Minderheit (17 Prozent). Auch öffentliche Verkehrsmittel werden mit 18 Prozent weit häufiger von den Bewohnern von Großstädten genutzt als von den Bewohnern kleinerer Ortschaften, von denen gerade einmal 2 Prozent mit öffentlichen Verkehrsmitteln zum Einkaufen fahren (Tab. 4.2).

Dass die Versorgung mit Einkaufsmöglichkeiten in Deutschland alles in allem sehr gut ist, belegen auch die Antworten älterer Menschen auf die Frage, wie sie die Erreichbarkeit ihrer Einkaufsstätten einschätzen. Lediglich 3 Prozent schätzen den Aufwand, um die Geschäfte für die Einkäufe des täglichen Bedarfs zu erreichen, als sehr groß ein, weitere 13 Prozent als groß. Für fast jeden Zweiten (46 Prozent) ist der gefühlte Aufwand weniger groß, 37 Prozent sehen darin sogar gar keinen Aufwand. Auch von den 65- bis 85-Jährigen, die in eher ländlichen Gebieten wohnen, in denen die Dichte an Einkaufsmöglichkeiten geringer einzuschätzen ist, klagt nur eine Minderheit über den Aufwand, der sich für sie mit dem Einkaufen verbindet: 22 Prozent der Älteren, die in Orten mit weniger als 5000 Einwohnern leben, halten den Aufwand für (sehr) groß, um ihre bevorzugte Einkaufsstätte zu erreichen. Von den Bewohnern von Orten mit 5000 bis unter 20.000 Einwohnern klagen darüber 15 Prozent, von den Bewohnern mittelgroßer Städte mit 20.000 bis unter 100.000 Einwohnern empfinden dies 14 Prozent so; in Großstädten ab 100.000 Einwohnern sind es genauso viele (Abb. 4.11).

Tab. 4.2 Genutztes Verkehrsmittel zum Einkaufen nach Alter und Wohnortgröße

		Alter				Wohnortgröße			
	65- bis 85-Jährige insgesamt (%)	65- bis 69-Jährige (%)	70- bis 74-Jährige (%)	75- bis 79-Jährige (%)	80- bis 85-Jährige (%)	unter 5.000 Einwohner (%)	5.000 bis unter 20.000 (%)	20.000 bis unter 100.000 (%)	100.000 Einwohner und mehr (%)
Es kommen in der Regel zum Einkaufen –									
mit dem Auto	58	70	62	52	41	75	63	58	45
zu Fuß	30	23	30	33	36	17	22	33	41
mit dem Fahrrad	14	16	16	13	10	9	16	15	14
Werden im Pkw mitgenommen	8	4	5	10	17	11	11	7	5
mit öffentlichen Verkehrsmitteln	8	6	7	10	10	2	4	5	18

Basis: Bundesrepublik Deutschland, 65- bis 85-Jährige, die zumindest selten Besorgungen für den Haushalt machen
Quelle: Generali Altersstudie 2017

Mobilität und körperliche Aktivität im Alltag

Thomas Klein und Ingmar Rapp

Körperliche Aktivität ist mit steigendem Alter ein zunehmend wichtigerer Aspekt des Gesundheitsverhaltens bzw. des gesundheitsrelevanten Verhaltens. Denn körperliche Aktivität ist ein Schlüsselfaktor für die Prävention von kardio-vaskulären Erkrankungen, Osteoporose, Diabetes, einigen Krebserkrankungen und anderen Alterskrankheiten. Darüber hinaus ist körperliche Aktivität bei vielen Erkrankungen auch für die Therapie förderlich. Entsprechende Gesundheitseffekte sind nicht nur für Sport, sondern auch zum Beispiel für die Fortbewegung mit dem Rad nachgewiesen. Und speziell die körperliche Aktivität im Alltag ist schließlich für Unabhängigkeit und Selbstständigkeit im Alter von großer Bedeutung. Sie beleuchtet insofern auch einen Zwischen- und Übergangsbereich zwischen sportlicher Fitness und starken Alltagseinschränkungen beim Treppengehen, Anziehen usw. – den sogenannten *activities of daily living*.

Im Vergleich zur Sportaktivität ist die körperliche Aktivität im Alltag noch wenig erforscht. Von der Analyse sportlicher Aktivität ist eine enge Verknüpfung mit dem Lebensstil bekannt (Rapp und Klein 2016). Denn wie der Lebensstil im Allgemeinen ist auch die sportliche (In-) Aktivität individuell sehr stabil. Obendrein ist sie oft in einen mehr oder weniger umfassenden Gesamtzusammenhang von Verhaltensweisen und verhaltensbedingenden Lebensumständen eingebunden, die den Lebensstil ausmachen. Beides gilt noch verstärkt für die körperliche Aktivität im Alltag, denn hierbei ist die körperliche Aktivität unmittelbar mit konstanten anderweitigen Alltagsaktivitäten verbunden.

Wir konzentrieren uns im Folgenden auf das Einkaufengehen als eine Alltagsaktivität, die jeden – zumindest jeden Haushalt – betrifft. Wie schon aus ◘ Abb. 4.10 hervorgeht, ist es so, dass die große Mehrheit nicht Einkaufen *geht*, sondern mit dem Auto fährt. Nur 30 Prozent gehen regelmäßig zu Fuß einkaufen und 14 Prozent mit dem Fahrrad (◘ Abb. 4.10), sind also auf dem Weg zum Einkaufen körperlich aktiv.

◘ Schaubild I zeigt, wie sich das Einkaufen zu Fuß und mit dem Rad mit zunehmendem Alter verändert. Das Einkaufen zu Fuß wird bis zum Alter Mitte 70 deutlich häufiger (Schaubild I, obere Kurve). Bezieht man sich allerdings nur auf diejenigen ohne gesundheitliche Einschränkungen im Alltag, die außerdem Auto fahren – diejenigen also, deren Fortbewegungsalternativen weder in Bezug auf Gehen noch in Bezug auf Autofahren eingeschränkt sind –, fällt der Altersanstieg wesentlich geringer aus (◘ Schaubild I, darunterliegende Kurve). Man kann also davon ausgehen, dass Einschränkungen des Autofahrens dafür verantwortlich sind, dass mit zunehmendem Alter häufiger zu Fuß eingekauft wird.

Neben dem Alterseinfluss gibt es in der älteren Bevölkerung weitere große Unterschiede der körperlichen Fortbewegung beim Einkaufen (◘ Tab. I). Dabei ist interessant, dass diejenigen mit gesundheitlichen Einschränkungen im Alltag fast gleich häufig zu Fuß einkaufen wie diejenigen ohne Einschränkungen. Lediglich Einkaufen mit dem Rad ist bei Personen mit gesundheitlichen Einschränkungen seltener. Beschränkt man sich allerdings bei der Betrachtung auf diejenigen, die Auto fahren, gehen die gesundheitlich Eingeschränkten doch deutlich seltener zu Fuß.

Große Unterschiede beim Einkaufen zu Fuß bestehen auch je nach der Größe des Wohnorts. Hat der Wohnort weniger als 20.000 Einwohner, gehen nur 19 Prozent der älteren Bevölkerung zu Fuß einkaufen, in größeren Orten hingegen 36 Prozent. Bei der

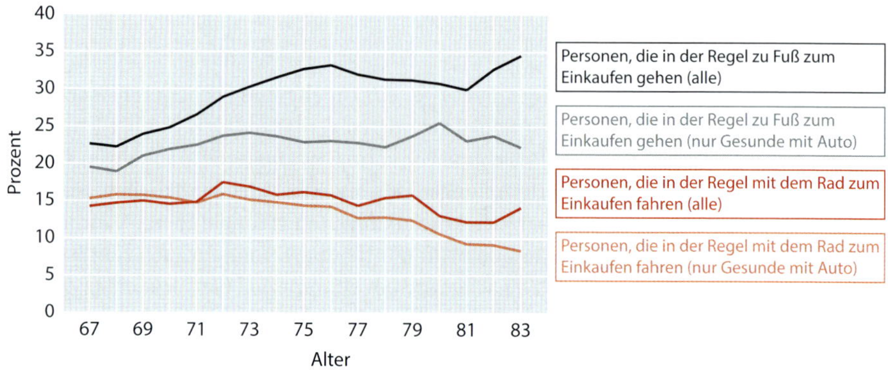

Schaubild I Anteil der Personen, die in der Regel zu Fuß oder mit dem Rad einkaufen in Prozent (gleitende 5-Jahres-Durchschnitte). Anmerkung: Gesund bedeutet hier ohne gesundheitliche Einschränkungen im Alltag. Quelle: Generali Altersstudie 2017, eigene Berechnung

Entscheidung über das Einkaufen zu Fuß spielt somit die Erreichbarkeit von Geschäften eine große Rolle. Beim Einkaufen mit dem Rad besteht hingegen kein Zusammenhang mit der Ortsgröße – auch nicht, wenn man die Ortsgrößen stärker differenziert, als in Tab. I geschehen.

Tabelle I unterscheidet weiterhin nach dem Bildungsabschluss zwischen denjenigen mit und ohne mindestens Fachhochschulreife. Aus zahlreichen Studien zur Sportpartizipation ist bekannt, dass sportliche Aktivität stark mit der Bildung, der beruflichen Stellung und dem Einkommen variiert (Klein 2009), und es stellt sich die Frage, ob diese Unterschiede auch in Bezug auf die körperliche Aktivität im Alltag bestehen. Für die geringere Verbreitung sportlicher Aktivität in unteren Bildungs-, Einkommens- und Berufsgruppen sind ungünstigere Lebens- und Arbeitsbedingungen und eine schlechtere Ausstattung mit materiellen Ressourcen mitverantwortlich, die für verschiedene Sportarten nötig sind. Hinsichtlich der körperlichen Aktivität im Alltag wäre hingegen angesichts begrenzterer materieller Ressourcen gerade in unteren Schichten eine Bevorzugung der billigeren Fortbewegung zu Fuß oder mit dem Rad plausibel.

Die Ergebnisse von Tab. I zeigen aber eher das Gegenteil: Beim Einkaufen zu Fuß besteht insgesamt in der älteren Bevölkerung kein Unterschied zwischen den Bildungsgruppen. Wenn die Betreffenden allerdings Auto fahren, gehen gerade diejenigen *mit* mindestens Fachhochschulreife häufiger zu Fuß einkaufen. Noch ausgeprägter und unabhängig vom Autofahren ist der Unterschied zwischen den Bildungsgruppen beim Einkaufen mit dem Rad. Daraus folgt, dass offenbar nicht die Kosten der Fortbewegung, sondern eher unterschiedliche Lebensstile den Ausschlag geben.

Festzuhalten ist somit, dass sich die Schichtunterschiede der körperlichen Aktivität, die von der Sportaktivität seit Langem bekannt sind, auch in der Alltagsfortbewegung fortsetzen. Im Hinblick auf die gesundheitliche Bedeutung der körperlichen Aktivität auch im Alltag gilt es daher, vor allem bei den weniger Gebildeten körperliche Aktivität zu fördern. Im Hinblick auf die Stadt-Land-Unterschiede des zu Fuß Gehens scheint hingegen die Verfügbarkeit von Geschäften ausschlaggebend.

Tab. 1 Personen, die in der Regel mit dem Rad bzw. zu Fuß einkaufen gehen (Angaben in Prozent)

	Einkaufen zu Fuß		
	Insgesamt	**nur Personen, die Auto fahren**	**nur Personen ohne gesundh. Einschränkungen**
Insgesamt	29	20	29
Ohne gesundh. Einschränkungen im Alltag	29	22	29
Mit gesundh. Einschränkungen im Alltag	28	16	–
Wohnort hat weniger als 20.000 Einwohner	19	13	20
Wohnort hat 20.000 oder mehr Einwohner	36	26	36
Höchstens Realschulabschluss	29	19	29
Mindestens Fachhochschulreife	29	24	29
	Einkaufen mit dem Fahrrad		
	Insgesamt	**nur Personen, die Auto fahren**	**nur Personen ohne gesundh. Einschränkungen**
Insgesamt	14	14	17
Ohne gesundh. Einschränkungen im Alltag	17	16	17
Mit gesundh. Einschränkungen im Alltag	9	9	–
Wohnort hat weniger als 20.000 Einwohner	13	13	15
Wohnort hat 20.000 oder mehr Einwohner	14	14	18
Höchstens Realschulabschluss	13	12	15
Mindestens Fachhochschulreife	18	17	21

Quelle: Generali Altersstudie 2017, eigene Berechnung

4

Literatur

Klein, T. (2009). Determinanten der Sportaktivität und der Sportart im Lebenslauf. *Kölner Zeitschrift für Soziologie und Sozialpsychologie, 61*, 1–32.

Rapp, I., & Klein, T. (2016). Lebensstil und Gesundheit. Trends und soziale Unterschiede des gesundheitsrelevanten Lebensstils und Folgen für die Gesundheit. In M. Jungbauer-Gans, & P. Kriwy (Hrsg.), *Handbuch Gesundheitssoziologie*. Wiesbaden: Springer VS (im Erscheinen).

4.2 Steigende Mobilität in der älteren Generation

Die vielfältige und abwechslungsreiche Alltagsgestaltung der 65- bis 85-Jährigen hängt eng mit der zunehmenden Vitalität, aber auch mit der steigenden Mobilität der älteren Generation zusammen. Das wird besonders eindrucksvoll sichtbar, wenn man den Anteil älterer Autofahrer im Langzeittrend analysiert. Von den 65- bis 85-Jährigen ist Mitte der 1980er-Jahre nur eine Minderheit selbst Auto gefahren. Innerhalb der letzten 30 Jahre hat sich der Anteil älterer Autofahrer in allen Alterssegmenten vervielfacht. Von den 65- bis 69-Jährigen zählen heute mehr als doppelt so viele zu den Autofahrern wie 1985. Bei den 70- bis 74-Jährigen hat sich im gleichen Zeitraum der Anteil an Autofahrern mehr als verdreifacht, bei den 75- bis 79-Jährigen mehr als verfünffacht, und bei den 80- bis 85-Jährigen ist der Anteil um mehr als das Zehnfache angestiegen. Aktuell ist der Anteil der 80- bis 85-jährigen Autofahrer größer als unter den 65- bis 69-Jährigen vor 30 Jahren (▪ Abb. 4.12).

Besonders bemerkenswert ist die Entwicklung innerhalb der letzten 30 Jahre bei den Frauen über 65 Jahren verlaufen. Mitte der 1980er-Jahre zählten gerade einmal 15 Prozent der 65- bis 69-Jährigen Frauen in Westdeutschland zu den Autofahrern, heute sind es in dieser Altersgruppe

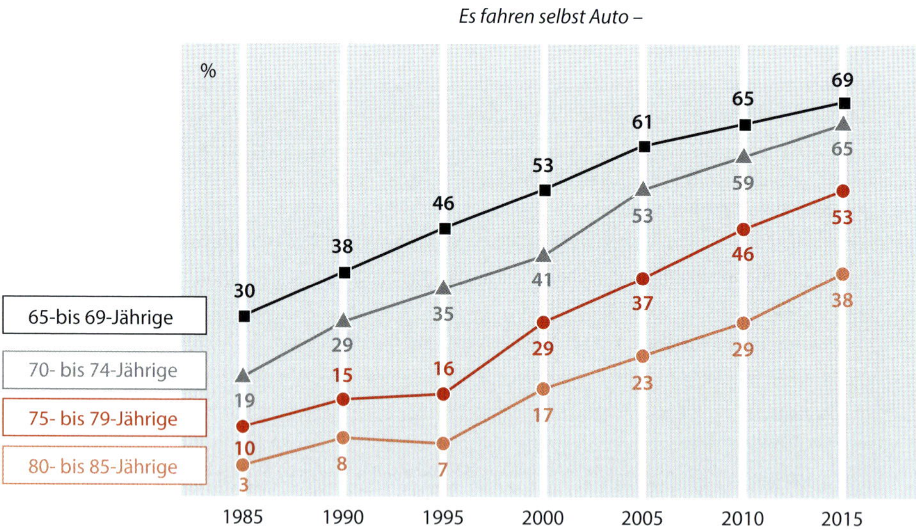

▪ **Abb. 4.12** Deutlich mehr Autofahrer in der älteren Generation.
Basis: Westdeutschland, 65- bis 85-jährige Bevölkerung. Quelle: Allensbacher Markt- und Werbeträgeranalysen, AWA 1985 bis 2015

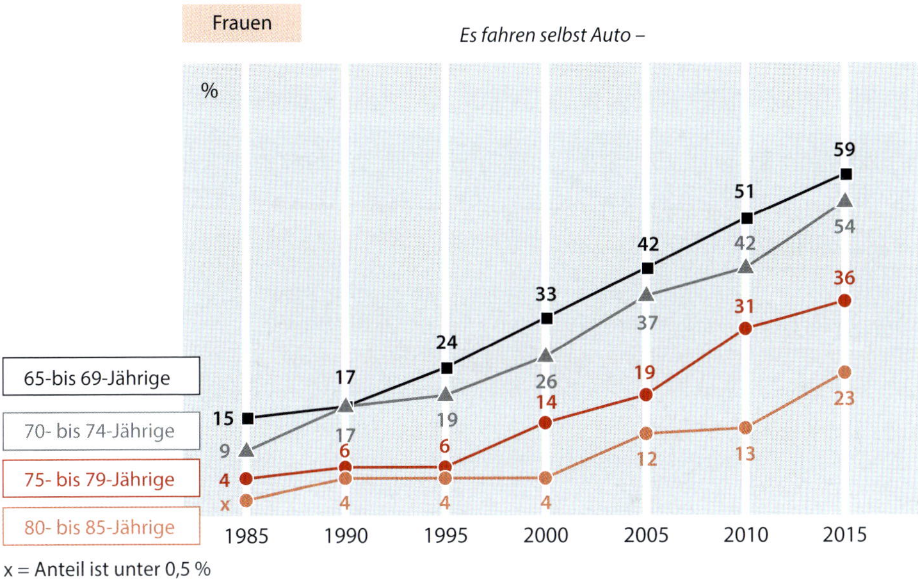

Abb. 4.13 Immer mehr Frauen über 65 Jahren fahren Auto.
Basis: Westdeutschland, 65- bis 85-jährige Frauen. Quelle: Allensbacher Markt- und Werbeträgeranalysen, AWA 1985 bis 2015

59 Prozent. Bei den 70- bis 74-jährigen Frauen ist der Anteil im gleichen Zeitraum von 9 auf 54 Prozent angestiegen, bei den 75- bis 79-jährigen Frauen von 4 auf 36 Prozent. Und während es vor 30 Jahren kaum eine Frau über 85 Jahre gab, die selbst Auto gefahren ist, sind es heute eindrucksvolle 23 Prozent (Abb. 4.13).

Ebenfalls stark zugenommen – wenn auch nicht so stark wie bei den Frauen – hat der Anteil autofahrender Männer im Alter zwischen 65 und 85 Jahren. Auch hier gibt es die eindrücklichsten Steigerungen in den höheren Altersgruppen. So stieg der Anteil der 80- bis 85-jährigen männlichen Autofahrer von 1985 bis 2015 von 12 auf 65 Prozent an, der Anteil bei den 75- bis 79-jährigen Männer im gleichen Zeitraum von 20 auf 74 Prozent. Im Alterssegment der 70- bis 74-Jährigen hat sich der Anteil der männlichen Autofahrer von 39 auf 78 Prozent verdoppelt und bei den 65- bis 69-Jährigen von 54 auf 80 Prozent erhöht. Damit gibt es anders als noch vor 30 Jahren im Alterssegment der 65- bis 74-Jährigen genauso viele männliche Autofahrer wie bei den 18- bis 64-Jährigen insgesamt (Abb. 4.14).[2]

Doch nicht nur beim Autofahren wird die steigende Mobilität der älteren Generation sichtbar, sondern auch in ihrem Reiseverhalten. So verreisen die über 65-Jährigen heute wesentlich häufiger als Mitte der 1980er-Jahre. 1985 hatten 43 Prozent der 65- bis 69-Jährigen in den letzten zwölf Monaten mindestens eine Urlaubsreise unternommen, heute sind es 62 Prozent. Mit steigendem Alter nimmt der Anteil der Urlauber zwar ab, liegt aber in allen Altersgruppen weit über dem Stand von 1985. Lediglich bei den 80-Jährigen und Älteren ist der Anteil noch vergleichsweise niedrig. Aber auch in dieser Altersgruppe hat gut jeder Vierte in den letzten zwölf Monaten mindestens eine Urlaubsreise unternommen. Vergleicht man das Reiseverhalten der 65-Jährigen und Älteren mit dem der 14- bis 64-Jährigen wird deutlich, dass in den letzten dreißig Jahren

2 Vergleiche Allensbacher Markt- und Werbeträgeranalyse, AWA 2015.

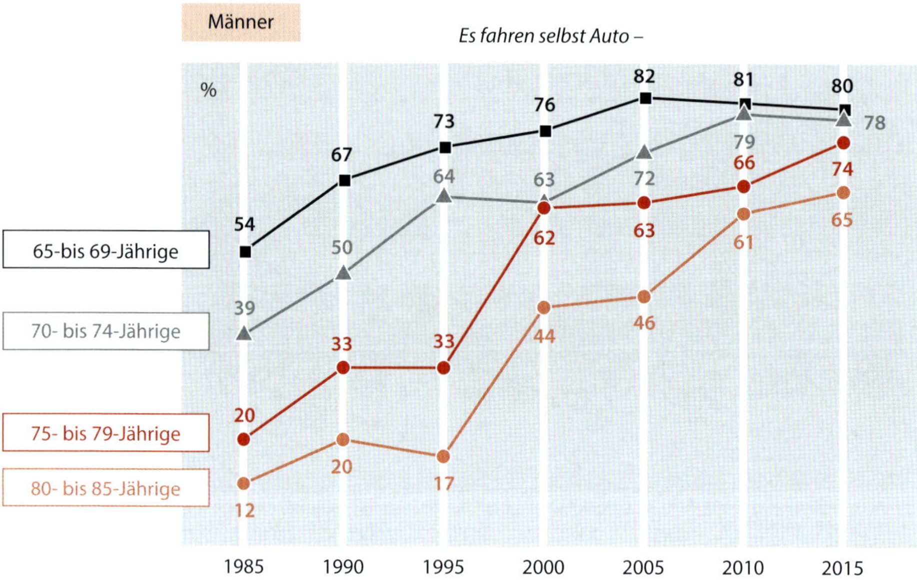

Abb. 4.14 Auch der Anteil der über 65-jährigen Männer, die Auto fahren, ist im Langzeittrend deutlich angestiegen.
Basis: Westdeutschland, 65- bis 85-jährige Männer. Quelle: Allensbacher Markt- und Werbeträgeranalysen, AWA 1985 bis 2015

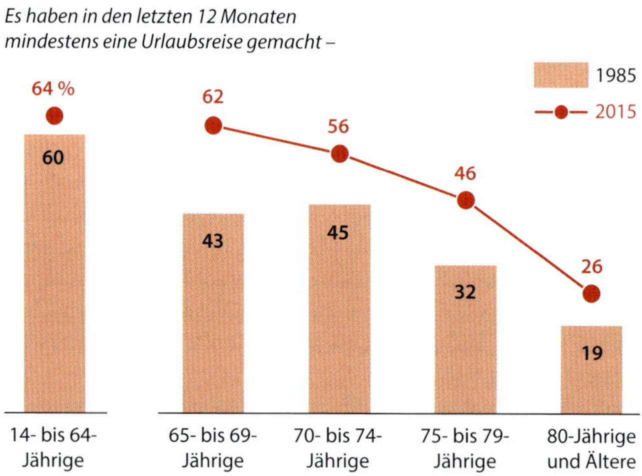

Abb. 4.15 Reiselust: Ältere machen heute deutlich mehr Urlaubsreisen als vor dreißig Jahren.
Basis: Westdeutschland, Bevölkerung ab 14 Jahre. Quelle: Allensbacher Markt- und Werbeträgeranalysen, AWA 1985 und 2015

der Anteil Älterer, die auf Urlaubsreise gehen, deutlich stärker angestiegen ist als bei den Jüngeren (Abb. 4.15).

Neben dem deutlich höheren Anteil an älteren Reisenden sind auch die Reiseziele ein Beleg für die zunehmende Mobilität der älteren Generation. So haben Reisen ins nicht-deutschsprachige Ausland in der deutschen Bevölkerung insgesamt zugenommen, ganz besonders aber bei

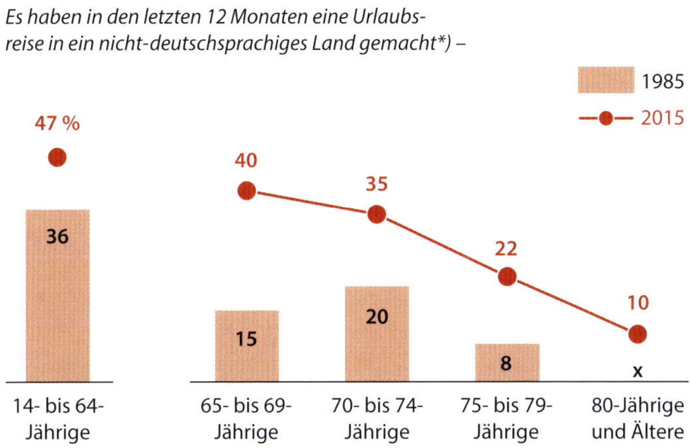

*) Reise innerhalb der letzten 12 Monate in Europa (ohne Deutschland, Österreich, Schweiz) oder außerhalb Europas
x = Anteil ist unter 0,5 %

Abb. 4.16 Ältere Kosmopoliten: Immer mehr Reisen ins fremdsprachige Ausland. Basis: Westdeutschland, Bevölkerung ab 14 Jahre. Quelle: Allensbacher Markt- und Werbeträgeranalysen, AWA 1985 und 2015

den 65-Jährigen und Älteren. Während von den 65- bis 69-Jährigen Mitte der 1980er-Jahre 15 Prozent in den letzten zwölf Monaten mindestens eine Urlaubsreise in ein nicht-deutschsprachiges Land unternommen hatten, sind es mittlerweile 40 Prozent. Bei den 80-Jährigen und Älteren gab es vor dreißig Jahren nahezu kaum jemanden, der eine Reise ins fremdsprachige Ausland unternommen hat, heute sind es immerhin 10 Prozent (Abb. 4.16).

4.3 Der Umgang mit digitalen Medien

Das Internet hat sich innerhalb der letzten Jahre zu einem Massenmedium entwickelt. Vor allem unter 30-Jährige können sich zumeist ein Leben ohne Internet gar nicht mehr vorstellen. Deutlich seltener als die Jüngeren nutzen derzeit die 65-Jährigen und Älteren das Internet. Aktuell nutzt jeder zweite 65- bis 85-Jährige das Internet. Ein Vergleich der verschiedenen soziodemografischen Gruppen zeigt jedoch, dass die Internutzung auch innerhalb der Altersgruppe stark differiert. So nutzen rund zwei Drittel der 64- bis 74-Jährigen das Internet, aber nur ein Drittel der 75- bis 85-Jährigen. Männer nutzen das Internet zudem häufiger als Frauen. Besonders stark unterscheidet sich die Internetnutzung in den verschiedenen sozialen Schichten. Während gerade einmal 23 Prozent der 65- bis 85-Jährigen aus der Unterschicht das Internet nutzen, sind es in der Mittelschicht 50 Prozent, in den oberen Sozialschichten hingegen 81 Prozent. Doch nicht nur der Anteil der Internetnutzer unterscheidet sich stark in den verschiedenen Gruppen, sondern auch die Frequenz der Nutzung. So sind 65- bis 85-Jährige aus den oberen sozialen Schichten weit überdurchschnittlich täglich oder sogar mehrmals täglich online. Und auch die Nutzungsfrequenz der Männer sowie der 65- bis 74-Jährigen liegt über dem Durchschnitt der 65- bis 85-Jährigen insgesamt (Abb. 4.17).

Obgleich der Anteil älterer Internetnutzer im Vergleich mit jüngeren Alterskohorten immer noch deutlich niedriger ist, verläuft die Ausbreitung der Internetnutzung in keinem anderen Alterssegment so dynamisch wie bei den 65-Jährigen und Älteren. Dies hängt einerseits damit

Frage: „Wie oft nutzen Sie das Internet? Würden Sie sagen ...“

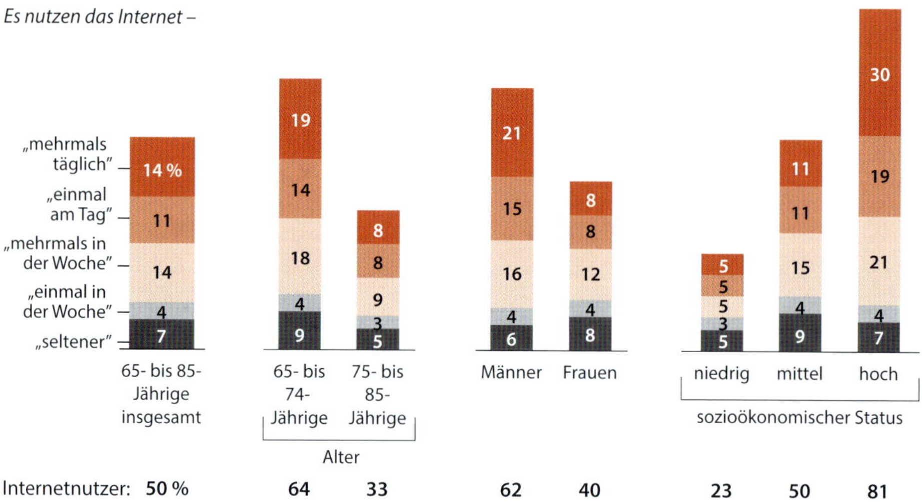

Abb. 4.17 Jeder Zweite nutzt das Internet.
Basis: Bundesrepublik Deutschland, 65- bis 85-jährige Bevölkerung. Quelle: Generali Altersstudie 2017

zusammen, dass immer mehr Jüngere, die das Internet bereits nutzen, in die Alterskohorte der über 65-Jährigen nachrücken, zum anderen auch an dem großen Nachholeffekt. Umgekehrt ist der Sättigungsgrad bei den unter 65-Jährigen schon so hoch, dass in diesem Alterssegment das Wachstum weit weniger dynamisch verlaufen kann. Der Vergleich mit den jüngeren Bevölkerungsgruppen zeigt, dass die Internetnutzung bei den unter 65-Jährigen nach wie vor deutlich weiter verbreitet ist als bei den 65-Jährigen und Älteren. So nutzen 89 Prozent der 14- bis 64-Jährigen das Internet; zwischen Männern und Frauen dieses Alters gibt es – anders als bei den 65- bis 85-Jährigen – kaum Unterschiede bei der Internetnutzung. Unterschiede gibt es vor allem zwischen den sozialen Schichten, auch wenn diese bei den Jüngeren weniger gravierend ausfallen als in der älteren Generation (Abb. 4.18).

Wie unterschiedlich in der älteren Generation die Einstellungen zum Internet sind, zeigen auch die Tiefeninterviews sehr anschaulich. Einerseits gibt es viele ältere Menschen, die dem Internet sehr aufgeschlossen gegenüberstehen und die es zumeist auch sehr intensiv nutzen:

» „Also Internet und Google haben das Leben schon erleichtert. Früher, wenn ich eine Sprache erlernen wollte, da musste ich in das Land fahren und heute kommt die Sprache zu mir ins Haus, in mein Haus, in meine Wohnung über das Internet. Und man kann sich sehr viel Wissen aneignen, und das ist schon toll.“ (Mann, 71 Jahre, alleinstehend)

» „Ich nutze das Internet beruflich, aber auch privat. Meine Tochter, mein Schwiegersohn und meine kleine Enkeltochter verbrachten ein Sabbatjahr in Neuseeland. Wir haben fast jeden Tag miteinander geskypt, waren miteinander verbunden. Eine ganz tolle Sache. Auch informieren meine Frau und ich uns im Internet über Politik, Urlaub und Dinge, die wir uns vielleicht anschaffen wollen. Wir nutzen das Internet täglich. Das Internet ist aus unserem Leben nicht mehr wegzudenken.“ (Mann, 70 Jahre, mit Partnerin)

Frage: „Wie oft nutzen Sie das Internet? Würden Sie sagen ...“

Es nutzen das Internet –

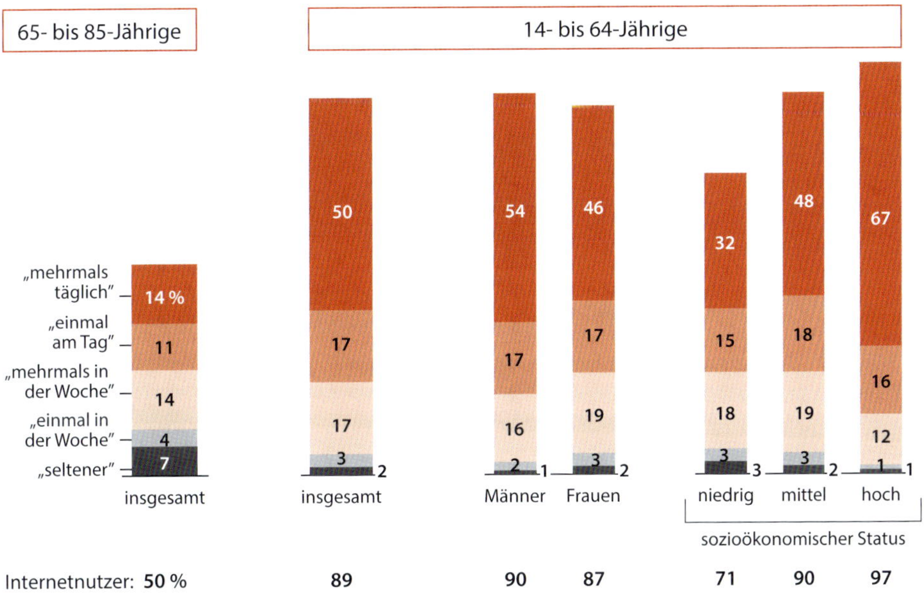

Abb. 4.18 Internetnutzung von Jüngeren und Älteren im Vergleich.
Basis: Bundesrepublik Deutschland, 14- bis 85-jährige Bevölkerung. Quelle: Generali Altersstudie 2017 und Allensbacher Markt- und Werbeträgeranalyse, AWA 2015

» „Das Internet finde ich eine gute Sache, insbesondere für Recherchen. Da finde ich das super. Auch für den E-Mail-Verkehr. Ich nutze das Internet fast täglich. Ich schaue im Fernsehen viele Quizsendungen, und dann mache ich übers Tablet gleich mit und recherchiere die Antworten.“ (Frau, 65 Jahre, alleinstehend)

» „Ich benutze mein Internet täglich: In erster Linie nutze ich es, um ein paar Spiele für mein geistiges Training durchzuführen. Und dann ist es für die Urlaubssuche sehr schön. Und ich benutze es zum Einkaufen, für allgemeine Produktinformationen und Testergebnisse.“ (Mann, 75 Jahre, mit Partnerin)

» „Ich nutze das Internet mehrmals täglich, das ist schon lange zur Gewohnheit geworden. Ich kontrolliere regelmäßig meine Mails, lese sowohl deutsche als auch polnische Zeitungen und Zeitschriften online, suche nach bestimmten Begriffen oder Artikeln, die mir Freunde oder Bekannte empfohlen haben. Ich erledige meine geplanten Reisen online: also Reiseauskunft, Fahrscheine oder Flugtickets kaufen. Ich nutze auch gern Skype, da ich viele Freunde in den USA und Kanada habe, und so können wir unsere Kontakte besser pflegen. Ich bin auch in den sozialen Netzwerken unterwegs, also Facebook, Twitter, Instagram sowie die polnische Plattform Nasza klasa, also überall, wo man sich mit den Freunden quasi treffen kann oder erfahren kann, was sie so gerade machen.“ (Frau, 67 Jahre, alleinstehend)

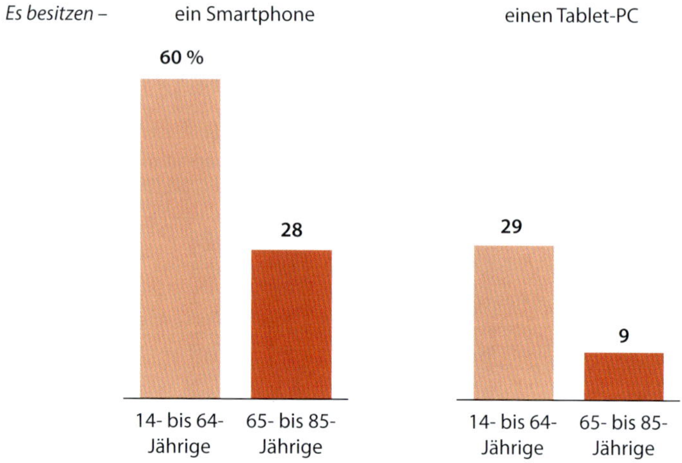

Abb. 4.19 Deutliche Unterschiede zwischen Jüngeren und Älteren.
Basis: Bundesrepublik Deutschland, 14 bis 85-jährige Bevölkerung. Quelle: Generali Altersstudie 2017 und Allensbacher Markt- und Werbeträgeranalyse, AWA 2015

Umgekehrt äußern viele ältere Menschen auch Bedenken gegenüber dem Internet. Ihnen ist das Medium oft zu kompliziert. Entsprechend bevorzugen sie lieber klassische Medien oder bitten die Kinder oder den Partner darum, Recherchen im Internet zu übernehmen:

» „Wir brauchen das Internet nicht, weil ja die Kinder da sind. Die wohnen ja hier über uns, und wenn mal irgendetwas ist, dann fragen wir die, und die gucken dann für uns im Internet." (Mann, 75 Jahre, mit Partnerin)

» „Mir ist das zu kompliziert, damit komme ich nicht klar. Wenn, dann frage ich meinen Lebensgefährten oder meine Kinder. Die bestellen dann mal was für mich oder suchen nach Informationen." (Frau, 65 Jahre, alleinstehend)

» „Das ist mir zu kompliziert. Das möchte ich auch nicht mehr lernen. Das brauche ich auch alles nicht für mein Leben." (Frau, 81 Jahre, alleinstehend)

» „Alle Informationen, die ich persönlich benötige, kann ich auch durch meine Zeitung oder aus dem TV erfahren. Aber ich bin die bestens informierte Oma und Uroma der Welt: Was man alles so durch das Internet erfahren oder machen kann, dafür sorgen schon meine Enkel und teilweise auch schon die Urenkel." (Frau, 84 Jahre, alleinstehend)

» „Ich wüsste gar nicht, was ich damit machen sollte oder könnte." (Mann, 85 Jahre, alleinstehend)

Auch andere digitale Technologien werden zurzeit von der älteren Generation zurückhaltender angenommen als von den jüngeren Bevölkerungsgruppen. Dies betrifft sowohl den Besitz von Smartphones als auch den von Tablet-PCs. So besitzen 60 Prozent der 14- bis 64-Jährigen in Deutschland ein Smartphone, aber vergleichsweise geringe 28 Prozent der 65- bis 85-Jährigen. Einen Tablet-PC besitzen 29 Prozent der 14- bis 64-Jährigen, aber nur 9 Prozent der 65- bis 85-Jährigen (Abb. 4.19).

In den Tiefeninterviews wird zudem sichtbar, dass viele aus der älteren Generation das Handy vor allem als Mittel zum Zweck sehen, das besonders gut für Notfälle geeignet ist, während die Mehrheit auf die Vielzahl an Zusatzfunktionen, die moderne Handys und Smartphones heute bieten, gut verzichten kann:

» „Das Mobiltelefon ist eigentlich nur dafür da, dass man, wenn man mal in Gefahr ist, Hilfe holen kann. Ich bräuchte ansonsten eigentlich keins, nur wenn ich unterwegs bin." (Mann, 75 Jahre, mit Partnerin)

» „Mir persönlich bedeutet das Handy nicht besonders viel. Ich selbst nehme es nur mit, wenn ich außerhalb meiner Stadt bin bzw. in den Urlaub fahre, damit ich da erreichbar bleibe. Ansonsten ist das Handy für mich nicht so wichtig." (Mann, 75 Jahre, mit Partnerin)

» „Auch nehme ich das Handy nur zum Telefonieren, wenn ich auf Reisen bin. Es ist mir irgendwie ein wenig suspekt. Ich telefoniere zu Hause eigentlich immer über das Festnetz." (Frau, 73 Jahre, mit Partner)

» „Ich habe sogar ein Handy. Aber ich benutze es nur ganz selten, wenn ich zum Beispiel mit der Wandergruppe unterwegs bin. Dann nehme ich das mal mit, aber sonst brauche ich es nicht. Ich habe ja Festnetz und einen Anrufbeantworter. Dann rufe ich zurück. Das reicht." (Frau, 78 Jahre, alleinstehend)

» „Ich nutze das Handy nur, wenn ich es muss: beruflich oder wenn ich unterwegs bin oder weit verreise und meinen Sohn über meine glückliche Ankunft informieren soll, sonst versuche ich, das Handy weitgehend zu meiden." (Frau, 67 Jahre, alleinstehend)

Eng mit der zurückhaltenden und oft recht praxisorientierten Nutzung des Handys verknüpft, ist bei einigen Älteren eine kritische Haltung zur teilweise sehr intensiven Handy-Nutzung der jüngeren Generation:

» „Mobiltelefone sind natürlich ganz toll, wenn man sich nicht davon abhängig macht, weil man ist ja jederzeit und überall erreichbar. Und wenn man mal nicht erreichbar sein will, dann muss man einfach mal konsequent sein und nicht ewig an dieser Kiste hängen wie so viele Jugendliche, die ja nur noch mit dem Handy in der Hand herumlaufen. Was ich auch furchtbar finde, dass an allen Flecken und Orten telefoniert wird ohne Rücksicht auf die Mitmenschen." (Frau, 66 Jahre, alleinstehend)

» „Gerade die jungen Leute verlernen es meiner Ansicht nach, mit ihren Altersgenossen oder Eltern persönlich zu kommunizieren und hängen ständig an den Dingern. Ob das wegen der Strahlungen und Dauererreichbarkeit wirklich so gesund ist, wage ich zu bezweifeln. Das hat alles ein ganz großes Suchtpotenzial." (Mann, 71 Jahre, mit Partnerin)

» „Es ist schon eine Gefahr, wenn man das Telefonieren mit den Handys zu sehr überstrapaziert und wenn man nur damit beschäftigt ist, statt mit dem Leben. Das vermisse ich besonders bei jungen Menschen. Und wenn man drei junge Frauen in einem Restaurant an einem runden Tisch sieht, wie alle drei zusammensitzen und alle einzeln ihre Handys am Ohr haben und mit anderen Leuten am Handy am Sprechen sind, sich mit denen unterhalten, da frage ich mich, warum die drei Frauen sich überhaupt getroffen haben. Das hätten sie auch zu Hause machen können, im Auto oder wo auch immer." (Mann, 71 Jahre, alleinstehend)

Gleichzeitig äußern sich einige der älteren Befragten jedoch auch sehr positiv zu den vielfältigen Nutzungsmöglichkeiten von Mobiltelefonen und berichten in den Tiefeninterviews von einem regelmäßigen Gebrauch ihrer Handys:

» „Für die Arbeit ist das Handy für mich nicht mehr wegzudenken. Aber auch privat finde ich es schön, wenn meine Frau und ich zum Beispiel mit den Enkelkindern auf Reisen sind, dass wir den Eltern jederzeit ein paar Fotos schicken können, ihnen zeigen: Es geht uns gut, macht euch keine Sorgen." (Mann, 70 Jahre, mit Partnerin)

» „Also ich nutze das Smartphone erstens zum Telefonieren, zweitens für den Dienst WhatsApp, drittens fürs Autofahren, weil mein Navigationsgerät eine Zusatzunterstützung vom Smartphone braucht, um die nötigen Daten zu bekommen, und viertens auch als Orientierungsmittel für unterwegs, dass ich dann schauen kann, wo ich bin oder wie ich dahin komme, wo ich hin will." (Mann, 72 Jahre, mit Partnerin)

» „Das Handy ist für mich persönlich ein gutes Telefon: Immer erreichbar sein, das macht mir nichts aus. Also ich möchte immer erreichbar sein, wenn es eben geht. Es ist in Notsituationen eine Hilfe, es ist ein Kommunikationsmittel, welches ich auch nutze, mich über die Apps freue, die über mein Enkelkind berichten, oder sonst was. Also ich finde das schon eine tolle Sache!" (Mann, 69 Jahre, mit Partnerin)

» „Richtig begeistert bin ich vom Smartphone. Ich kann damit ins Internet, ich kann Dateien ablegen, ich kann Fragen stellen und bekomme sie beantwortet, ich kann mir damit Bilder angucken und vieles mehr. Das ist einfach schön." (Mann, 71 Jahre, mit Partnerin)

Wie bereits bei der Internetnutzung gibt es auch beim Besitz von Smartphones und Tablet-PCs innerhalb der Gruppe der 65- bis 85-Jährigen teilweise deutliche Unterschiede. Insbesondere bei der Ausbreitung der internetfähigen Handys mit Touchscreen sind die Einflüsse von Alter, Geschlecht und sozialem Status erkennbar. Mittlerweile besitzen 37 Prozent der 65- bis 74-Jährigen ein Smartphone, aber nur 17 Prozent der 75- bis 85-Jährigen. 65- bis 85-jährige Männer besitzen häufiger ein Smartphone als Frauen und erneut sind es Ältere aus der Oberschicht, die die vergleichsweise neuen Mobilfunkgeräte vermehrt nutzen: 47 Prozent der 65- bis 85-Jährigen aus den oberen sozialen Schichten, aber nur 14 Prozent aus den unteren Schichten besitzen ein Smartphone.

Ähnliche Unterschiede, wenn auch auf niedrigerem Niveau, zeigen sich beim Besitz von Tablet-PCs. So besitzen nur 6 Prozent der 75- bis 85-Jährigen einen Tablet-PC, bei den 65- bis 74-Jährigen sind es doppelt so viele. Männer im Alter zwischen 65 und 85 Jahren besitzen etwas häufiger einen Tablet-PC als gleichaltrige Frauen, und erneut sind es vor allem Ältere aus den oberen Sozialschichten, die ein iPad oder Ähnliches ihr Eigen nennen. 18 Prozent der 65- bis 85-Jährigen aus den oberen sozialen Schichten besitzen einen Tablet-PC, aber nur 4 Prozent aus den unteren Sozialschichten (◘ Abb. 4.20).

Frage: „Haben Sie ein Smartphone, also ein Handy, mit dem Sie auch ins Internet gehen können, oder haben Sie einen Tablet-PC, also einen tragbaren, sehr flachen Computer ohne Tastatur wie z. B. das iPad, oder haben Sie nichts davon?"

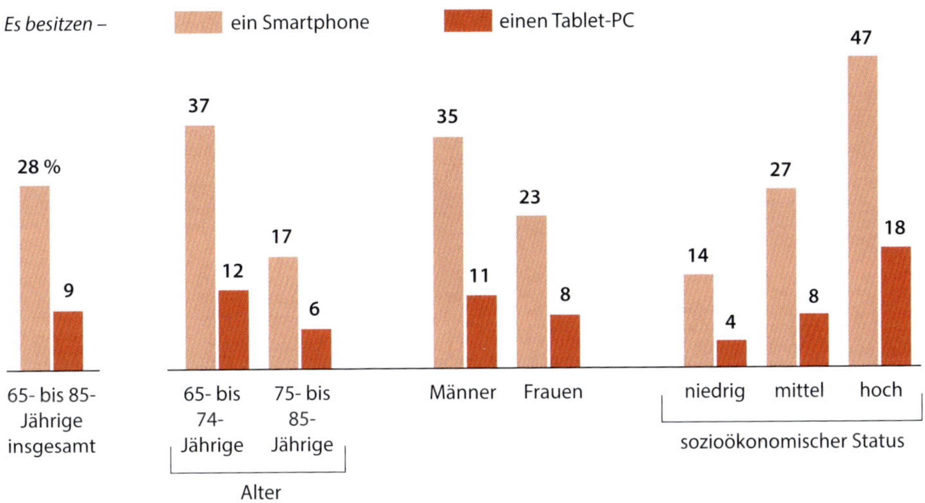

Abb. 4.20 Besitz von Smartphone und Tablet-PC.
Basis: Bundesrepublik Deutschland, 65- bis 85-jährige Bevölkerung. Quelle: Generali Altersstudie 2017

Die Entwicklungen bei der Internetnutzung wie auch beim Besitz von Smartphones oder Tablet-PCs zeigen ein mitunter zögerliches Interesse der älteren Generation an neuen Technologien. Dies hat auch damit zu tun, dass ihnen der Umgang mit digitalen Geräten oft schwerer fällt als den Jüngeren und sie die Vielfalt an technischen Möglichkeiten nicht selten überfordert. So äußern 39 Prozent der 65- bis 85-Jährigen, dass sie sich durch den technischen Fortschritt, zum Beispiel bei Handys, Computern oder dem Internet, eher überfordert fühlen. Nicht ganz so viele Ältere (34 Prozent) zählen sich eher zu denen, die gerne neue technische Geräte ausprobieren und neue Entwicklungen mit Interesse verfolgen (Abb. 4.21).

Wie eng das Gefühl der Überforderung mit der Nutzung digitaler Technologien zusammenhängt, zeigt die detaillierte Analyse. Es fühlen sich vor allem jene Gruppen von neuen Techniken genervt und überfordert, die solche Technologien auch nur unterdurchschnittlich nutzen: Frauen, Ältere und Personen aus den unteren Sozialschichten. Während bei den 65- bis 85-jährigen Männern der Anteil jener überwiegt, die Interesse an neuer Technik haben und auch gerne etwas ausprobieren, sind bei den gleichaltrigen Frauen eindeutig jene in der Mehrheit, die sich durch neue Techniken überfordert fühlen. Gleiches zeigt sich bei den verschiedenen Alterssegmenten sowie insbesondere beim sozialen Status: Von den 65- bis 85-Jährigen mit hohem sozioökonomischen Status zeigen sich 52 Prozent an neuen Techniken interessiert und probieren gerne Neues aus, von den Personen mit niedrigem sozioökonomischen Status sind es hingegen nur 18 Prozent. Von diesen bekennt gut jeder Zweite, dass er sich durch neue Techniken meist eher genervt und überfordert fühlt. Dieses Gefühl teilen wiederum nur 26 Prozent der Älteren aus den oberen Sozialschichten (Abb. 4.22).

Frage: „Wie ist das für Sie persönlich: Fühlen Sie sich durch den technischen Fortschritt, z.B. bei Handys, Computern, dem Internet usw., eher genervt bzw. überfordert, oder sind Sie an neuer Technik eher interessiert und probieren gerne etwas aus?"

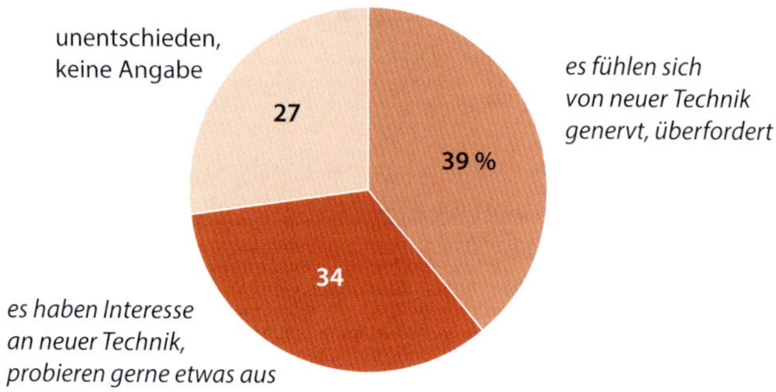

Abb. 4.21 Technische Neuerungen: Interesse oder Überforderung.
Basis: Bundesrepublik Deutschland, 65- bis 85-jährige Bevölkerung. Quelle: Generali Altersstudie 2017

Frage: „Wie ist das für Sie persönlich: Fühlen Sie sich durch den technischen Fortschritt, z.B. bei Handys, Computern, dem Internet usw., eher genervt bzw. überfordert, oder sind Sie an neuer Technik eher interessiert und probieren gerne etwas aus?"

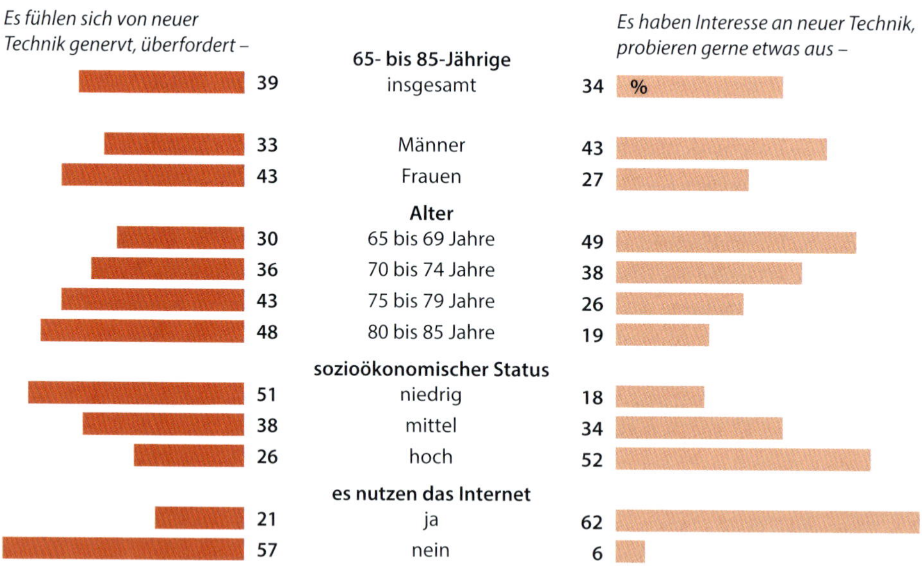

Abb. 4.22 Unterschiedliche Einstellungen zum technischen Fortschritt.
Basis: Bundesrepublik Deutschland, 65- bis 85-jährige Bevölkerung. Quelle: Generali Altersstudie 2017

Soziale Ungleichheit und digitale Inklusion – ein relevantes Thema auch im Alter

Anja Ehlers und Gerhard Naegele

Die „digitale Spaltung" und ihre Konsequenzen

Die Ergebnisse der Generali Altersstudie 2017 zum Umgang mit digitalen Medien untermauern die Erkenntnisse aus anderen einschlägigen Studien: Nach wie vor tut sich zwischen jüngeren und älteren Geburtskohorten so etwas wie ein „digitaler Graben" auf. Mit Blick auf das digitale Leitmedium Internet stehen 50 Prozent Nutzer unter den 65- bis 85-Jährigen 89 Prozent Nutzern unter den 14- bis 64-Jährigen gegenüber. Die Zahlen zur Frequenz der Internetnutzung veranschaulichen zudem, dass die „digitale Spaltung" auch zwischen Altersgruppen verläuft, die unterschiedlich oft im Internet unterwegs sind. So nutzen 50 Prozent der 14- bis 64-Jährigen „mehrmals täglich" das Internet. Bei den 65- bis 85-Jährigen sind es lediglich 14 Prozent (◘ Abb. 4.17 und 4.18). Unter den älteren Befragten sind zudem Smartphones (28 Prozent) und Tablet-PCs (9 Prozent) deutlich seltener verbreitet als bei den jüngeren Befragten (60 bzw. 29 Prozent) (◘ Abb. 4.19). Und 39 Prozent der Bevölkerung zwischen 65 und 85 Jahren fühlen „sich von neuer Technik genervt bzw. überfordert" (◘ Abb. 4.21). Hier offenbart sich gleichsam eine folgenschwere Wechselwirkung, da diese negativen Bewertungen vor allem in den Gruppen verbreitet sind, die neue Medien selten gebrauchen.

Aus diesen Ergebnissen resultiert Handlungsbedarf. Denn der „digitale Graben" ist mit Blick auf ältere Menschen in zweierlei Hinsicht ein besonders relevantes Thema: So können Lebensqualität und Selbstständigkeit im Alter dank digitaler Medien unterstützt oder sogar gesteigert werden (Claßen et al. 2014; Pelizäus-Hoffmeister 2013). Ältere Menschen können dank E-Mail und Skype selbst über weite Entfernungen Kontakte zu Familie und Bekannten pflegen. Sie können unabhängig von Mobilitätseinschränkungen online einkaufen und ihre Bankgeschäfte im Internet erledigen. Sie können über soziale Medien einem freiwilligen Engagement nachgehen oder sich politisch einbringen. Und sie können sich mithilfe digitaler Medien neue Hobbys erschließen, Reisen planen sowie Angebote der Gesundheitsprävention in Anspruch nehmen. Darüber hinaus erfahren gerade (ältere) Menschen mit Behinderung durch digitale Medien eine Erweiterung ihres Handlungsspielraums.

Diesem durchaus positiv zu bewertenden „Mehr an Möglichkeiten" steht ein wachsender Handlungsdruck für ältere Menschen gegenüber, der aus der zunehmenden Digitalisierung aller Bereiche des täglichen Lebens resultiert: Wer keine oder nur unzureichende Kompetenzen in der Nutzung digitaler Medien hat, wird aus immer mehr Bereichen des gesellschaftlichen Lebens ausgeschlossen (Pelizäus-Hoffmeister 2013) – nicht zuletzt, da die Zahl der analogen Alternativen beständig abnimmt: Traditionelle Medien wie Radio und Fernsehen bieten immer mehr Informationen ausschließlich online an. Behörden, Verkehrsunternehmen, Banken und andere Dienstleister schränken persönliche Angebote vor Ort ein und verweisen stattdessen auf das Internet und digitale Automaten. Des Weiteren sind schon heute kaum noch Haushaltsgeräte, Fernseher und Pkw ohne komplexe digitale Bedienelemente erhältlich. Vor diesem Hintergrund ist die Fähigkeit zur kompetenten Nutzung digitaler Technik auch im Alter ein Bestimmungsfaktor für gesellschaftliche Teilhabechancen. Wer nicht über diese Kompetenzen verfügt, ist von digitaler Exklusion betroffen (Kaletka et al. 2014; Thimm 2013).

Ursachen der „digitalen Spaltung" und ihre Bedeutung für zukünftige Entwicklungen

Angesichts der weitreichenden Konsequenzen, die sich aus einer „digitalen Spaltung" ergeben, sind ihre Ursachen näher zu beleuchten. Hier veranschaulichen die Daten der Generali Altersstudie 2017, wie sehr der Gebrauch digitaler Medien an den sozioökonomischen Status gebunden ist. Es sind vor allem die Älteren aus unteren sozialen Schichten, die Gefahr laufen, digital „abgehängt" zu werden. So trennen beispielsweise 58 Prozentpunkte die 65- bis 85-Jährigen Internetnutzer aus der oberen von denen aus der unteren sozialen Schicht. Und während sich 52 Prozent der älteren Menschen zwischen 65 und 85 Jahren mit hohem sozioökonomischen Status für neue Technik interessieren, ist dies bei lediglich 18 Prozent der Gleichaltrigen aus niedrigen sozialen Schichten der Fall (■ Abb. 4.22). Ferner zeigen die Zahlen zur Nutzungshäufigkeit des Internets den Einfluss der Schichtzugehörigkeit. So nutzen 30 Prozent der Personen mit hohem sozioökonomischem Status das Internet mehrmals täglich, während es beim niedrigen Status nur 5 Prozent sind (■ Abb. 4.17).

Gleiches gilt für die Ausstattung mit mobilen digitalen Endgeräten wie Smartphones und Tablet-PCs – hier dürften die Unterschiede vor allem auf die verfügbaren finanziellen Ressourcen in Abhängigkeit vom sozioökonomischen Status zurückzuführen sein. Auch in Bezug auf jüngere Altersgruppen liefert die Generali Altersstudie 2017 entsprechende Belege für Zugangsbarrieren zu digitalen Medien nach Schichtzugehörigkeit, wenngleich nicht so prägnant ausgeprägt. Da das Alter(n) in Kontexten sozialer Benachteiligung durch eine Kumulation der Effekte sozialer Ungleichheit charakterisiert ist, werden ihre Auswirkungen sich im Verlauf des Lebens auch dieser jüngeren Jahrgänge zuspitzen und das Risiko ihrer digitalen Exklusion somit deutlich erhöhen (Pelizäus-Hoffmeister 2013).

Zu einem weiteren Faktor, der sich in der Nutzung digitaler Medien im Alter niederschlägt, geben die Daten der Generali Altersstudie 2017 ebenfalls Aufschluss. Die großen Unterschiede in der Internetnutzung zwischen älteren Frauen (40 Prozent) und Männern (62 Prozent) (■ Abb. 4.17) und in den Zahlen zum Besitz von Smartphones und Tablet-PCs (■ Abb. 4.20) spiegeln vor allem die Folgen einer geschlechtsspezifischen Sozialisation mit traditionellen Rollenzuweisungen wider (Thimm 2013): Die Auseinandersetzung mit Technik haben die meisten der 65- bis 85-Jährigen in ihren Biografien als „typisch männlich" erlebt. Entsprechend selten kamen viele Frauen dieser Altersgruppe damit in der Vergangenheit in Berührung (Pelizäus-Hoffmeister 2013). Folglich ist bei vielen von ihnen das Selbstvertrauen zu gering ausgeprägt, um sich im Alter mit digitalen Medien zu beschäftigen. Internalisierte Rollenbilder und das (unbewusste) Bestreben, ihnen zu entsprechen, üben ebenfalls ihren Einfluss aus. Gewandelte Geschlechterrollen bedingen allerdings in den jüngeren Altersgruppen der 14- bis 64-Jährigen ein komplett anderes Bild, in dem die Unterschiede in der Internetnutzung zwischen Frauen (87 Prozent) und Männern (90 Prozent) verschwindend gering sind (■ Abb. 4.18).

Die Veränderungen im Mediennutzungsverhalten von Frauen aus unterschiedlichen Geburtskohorten sind ein Teilaspekt der großen Veränderungsdynamik, die den „digitalen Graben" kennzeichnet. Daten des Statistischen Bundesamtes (2015) und der ARD/ZDF-Onlinestudie 2015 (Frees und Koch 2015) zeigen, dass zwischen 2014 und 2015 der Anteil der Onliner in der Altersgruppe 65plus bzw. 60plus im Vergleich zu jüngeren Altersgruppen am stärksten anstieg. Dieser Zuwachs ist vor allem auf das Nachrücken jüngerer Geburtskohorten in das Alter zurückzuführen. Denn wie die Generali Altersstudie 2017 veranschaulicht, bestehen auch zwischen den 65- bis 85-Jährigen große Unterschiede im Umgang mit den Medien. So nutzen beispielsweise zwei Drittel der 75- bis 85-Jährigen kein Internet, bei den 65- bis 74-Jährigen sind es mit 36 Prozent deutlich weniger (Abb. 4.17). Unterschiede im Generationenvergleich finden sich zudem in der Geräteausstattung: 17 Prozent der 75- bis 85-Jährigen besitzen ein Smartphone, bei den 65- bis 74-Jährigen ist der Anteil mit 37 Prozent mehr als doppelt so groß (Abb. 4.20). Und während lediglich 6 Prozent zwischen 75 und 85 Jahren einen Tablet-PC haben, sind es bei den jüngeren Älteren 12 Prozent. Es scheinen sich demnach eindeutig unterschiedliche „Technik-Generationen" (Sackmann und Weymann 1994) herauszukristallisieren – ein Begriff, der angesichts der Heterogenität des Alter(n)s übrigens kontrovers diskutiert wird (Aroldi 2011; Claßen et al. 2014).

Besteht angesichts dieser Befunde Anlass zur Hoffnung, dass sich der „digitale Graben" in Zukunft von allein schließen wird? Schließlich werden in wenigen Jahrzehnten die Gruppen der älteren und hochaltrigen Menschen ausschließlich aus *digital natives* bestehen, die im Zeitalter der Digitalisierung sozialisiert wurden. Zwei Argumente sprechen dagegen. So ist erstens davon auszugehen, dass weitere technische Innovationen mit zunehmendem Tempo aufeinanderfolgen werden (Thimm 2013). Vorhandene digitale Kompetenzen werden daher immer schneller veralten – mit dem Ergebnis, dass diesbezüglich zwangsläufig Unterschiede zwischen jüngeren und älteren Generationen entstehen (Hanson 2011). Die fortschreitende Digitalisierung ist ein gutes Beispiel für die „strukturelle Diskrepanz" (*structural lag*), mit der Riley und Riley (1994) die Beobachtung beschreiben, dass gesellschaftliche Strukturen und Alterskohorten sich mit unterschiedlichen Geschwindigkeiten verändern. Älteren Menschen bleibt aus dieser Perspektive immer nur die Option, den Entwicklungen der Digitalisierung „hinterherzulaufen". Ein Aufholen scheint ausgeschlossen.

Ausblick

Wo finden sich nun Ansatzpunkte, um die digitale Exklusion älterer Menschen zu bekämpfen? Die Generali Altersstudie 2017 liefert mit ihren Ergebnissen zu den Zukunftsplänen älterer Menschen (Abb. 2.8) eine ganze Reihe davon: Für das Training kognitiver Fähigkeiten, die Weitergabe von Wissen an jüngere Menschen, das Reisen, die Pflege von Hobbys und Kontakten zu Arbeitskollegen, die Ausübung eines freiwilligen Engagements und die Weiterbildung eröffnen digitale Medien ein großes Spektrum an Möglichkeiten. Und die Zahl informeller und non-formaler Bildungsangebote, die gerade ältere Menschen in diesen Kontexten zur Nutzung digitaler Technik motivieren bzw. in deren Gebrauch unterstützen sollen, wächst beständig. Da die Inanspruchnahme solcher Angebote wiederum stark durch sozioökonomische Faktoren und individuelle Technik- und Bildungsbiografien beeinflusst werden, sind allerdings weitere Anstrengungen notwendig, um möglichst viele ältere und eben auch sozial benachteiligte ältere Menschen zu erreichen. Hierfür sind Lebenswelt-orientierte Inhalte von grundlegender Bedeutung, die durch den praktischen Nutzen digitaler Technik im Alltag überzeugen (Hartung et al. 2009). Darüber hinaus wird das Risiko digitaler Exklusion stark davon abhängen, inwiefern zukünftige technische Innovationen durch Nutzerfreundlichkeit gekennzeichnet sein werden. Um diesem Ziel näher zu kommen, ist die Integration (älterer) Nutzer in Forschung und Entwicklung deutlich auszuweiten (Pelizäus-Hoffmeister 2013). Und schließlich muss es aus der Lebenslaufperspektive heraus darum gehen, soziale Ungleichheit schon in jüngeren Generationen zu bekämpfen, um mit gleichen Chancen in Bildung und Beruf langfristig auch die digitale Inklusion im Alter zu fördern.

Literatur

Aroldi, P. (2011). Generational belonging between media audiences and ICT users. In F. Colombo, & L. Fortunati (Hrsg.), *Broadband society and generational changes* (S. 51–67). Frankfurt/M.: Peter Lang.

Claßen, K., Oswald, F., Doh, M., Kleinemas, U., & Wahl, H.-W. (2014). *Umwelten des Alterns. Wohnen, Mobilität, Technik und Medien.* Grundriss Gerontologie, Bd. 10. Stuttgart: Kohlhammer.

Frees, B., & Koch, W. (2015). Internetnutzung: Frequenz und Vielfalt nehmen in allen Altersgruppen zu. *Media Perspektive, 9*, 366–377.

Hanson, V. L. (2011). Technology skill and age: what will be the same 20 years from now? *Universal Access in the Information Society, 10*, 433–452.

Hartung, A., Schorb, B., Küllertz, D., & Reißmann, W. (2009). Alter(n) und Medien. *Theoretische und empirische Annäherungen an Forschungs- und Praxisfeld.* TLM Schriftenreihe, Bd. 20. Berlin: Vistas.

Kaletka, C., Pelka, B., Seiler, G., & Wolbers, N. (2014). „Moderator/in digitale Inklusion": Neues Lernangebot schließt Lücke in der beruflichen Weiterbildung. http://www.die-bonn.de/doks/2014-berufliche-weiterbildung-01.pdf. Zugegriffen 17. Februar 2016.

Pelizäus-Hoffmeister, H. (2013). *Zur Bedeutung von Technik im Alltag Älterer. Theorie und Empirie aus soziologischer Perspektive.* Wiesbaden: Springer VS.

Riley, M. W., & Riley, J. W. (1994). Individuelles und gesellschaftliches Potenzial des Alterns. In P. B. Baltes, J. Mittelstraß, & U. M. Staudinger (Hrsg.), *Alter und Altern: Ein interdisziplinärer Studientext zur Gerontologie* (S. 437–460). Berlin: de Gruyter.

Sackmann, R., & Weymann, A. (1994). *Die Technisierung des Alltags. Generationen und technische Innovationen.* Frankfurt/M.: Campus Verlag.

Statistisches Bundesamt. (2015). Fast jede zweite Person über 65 Jahre nutzt das Internet. https://www.destatis.de/DE/PresseService/Presse/Pressemitteilungen/2015/12/PD15_466_63931.html. Zugegriffen 28. Februar 2016.

Thimm, C. (2013). Digitale Gleichberechtigung der Generationen – Altern in einer mediatisierten Gesellschaft. In M. Hüther., & G. Naegele (Hrsg.), *Demografiepolitik. Herausforderungen und Handlungsfelder* (S. 326–343). Wiesbaden: Springer VS.

Die Bedeutung von sozialen Kontakten, Partnerschaft und Familie

Generali Deutschland AG (Hrsg.), *Generali Altersstudie 2017*,
DOI 10.1007/978-3-662-50395-9_5

5.1 Hoher Stellenwert sozialer Kontakte

Die Bedeutung sozialer Kontakte steht außer Frage. Dies gilt für alle Generationen gleichermaßen. Entsprechend wichtig sind auch der älteren Generation ein fester Freundes- und Bekanntenkreis. 69 Prozent von ihnen können dabei auf einen festen Freundes- und Bekanntenkreis zurückgreifen, mit dem sie sich regelmäßig treffen. 41 Prozent der Älteren bezeichnen ihren Bekanntenkreis zudem als groß. Dreiviertel der 65- bis 85-Jährigen schätzen auch das Zusammensein mit anderen und sind ganz generell gerne unter Menschen. Die Bedeutung von Freundschaften und anderen sozialen Kontakten nimmt auch mit dem Alter kaum ab. Auch von den 80- bis 85-Jährigen sagen 70 Prozent, dass sie gerne unter Menschen sind. Gleichzeitig nehmen jedoch in diesem Alterssegment die sozialen Kontakte spürbar ab. Von den 80- bis 85-Jährigen bekunden zwar immerhin noch 59 Prozent, dass sie einen festen Freundes- und Bekanntenkreis haben, von den 65- bis unter 75-Jährigen sind es jedoch über 70 Prozent. Dies hängt auch damit zusammen, dass mit zunehmendem Alter das Gefühl leicht zunimmt, gar nicht mehr so viel Kontakt zu anderen Menschen zu brauchen. Allerdings ist diese Auffassung auch bei den Ältesten vergleichsweise schwach ausgeprägt. Selbst von den 80- bis 85-Jährigen sind nur 26 Prozent der Meinung, dass sie nicht so viele soziale Kontakte benötigen.

Ein anderer Befund macht deutlich, dass die weit überwiegende Mehrheit der älteren Generation mit der Zahl ihrer Kontakte durchaus zufrieden ist: Nur 12 Prozent der 65- bis 85-Jährigen würden sich mehr soziale Kontakte wünschen (◘ Abb. 5.1).

Die ältere Generation zeigt sich jedoch nicht nur weit überwiegend zufrieden mit der Zahl ihrer sozialen Kontakte, sondern auch mit der Qualität ihrer Beziehungen und Kontakte. Gebeten, die Zufriedenheit mit ihren sozialen Kontakten auf einer 11-stufigen Skala von 0 („überhaupt nicht zufrieden") bis 10 („völlig zufrieden") einzustufen, wählen die 65- bis 85-Jährigen im Durchschnitt den ausgesprochen hohen Skalenwert 8,0. 71 Prozent sind mit den Beziehungen und Kontakten zu anderen Menschen besonders zufrieden und wählen einen der drei höchsten Skalenpunkte (◘ Abb. 5.2).

Besonders großen Einfluss auf die Zufriedenheit mit den sozialen Kontakten hat der eigene Gesundheitszustand. Ältere Menschen mit schlechtem Gesundheitszustand haben deutlich seltener als solche mit gutem Gesundheitszustand einen festen oder gar großen Bekanntenkreis, mit dem sie sich regelmäßig treffen. Dementsprechend unzufriedener äußern sie sich zu ihren sozialen Kontakten. Nur jeder zweite 65- bis 85-Jährige mit schlechtem Gesundheitszustand ist besonders zufrieden mit den Beziehungen und Kontakten zu anderen. Von denjenigen mit gutem Gesundheitszustand sind es 82 Prozent. Auch der soziale Status sowie der Familienstand haben Einfluss auf die Zufriedenheit mit den sozialen Kontakten. Von den Verheirateten sind 74 Prozent damit besonders zufrieden, von den Verwitweten 67 Prozent, von den Geschiedenen 63 Prozent, von den Ledigen hingegen nur 57 Prozent. Ältere, die noch regelmäßig arbeiten, zeigen sich überdurchschnittlich zufrieden mit ihren sozialen Kontakten, ebenso diejenigen, die einen großen Bekanntenkreis haben: 78 Prozent der beruflich Aktiven und 87 Prozent der Älteren mit großem Bekanntenkreis sind besonders zufrieden mit ihren sozialen Kontakten (◘ Abb. 5.3).

Die außerordentlich hohe Zufriedenheit mit den sozialen Kontakten zeigt sich auch daran, dass das Gefühl der Vereinsamung in der älteren Generation nicht besonders weitverbreitet ist. Lediglich 4 Prozent der 65- bis 85-Jährigen haben häufiger das Gefühl, einsam zu sein, weitere 19 Prozent haben dieses Gefühl zumindest manchmal. Die große Mehrheit kennt dieses Gefühl (so gut wie) gar nicht. Mit zunehmendem Alter wächst jedoch das Gefühl der Einsamkeit. Von den 80- bis 85-Jährigen fühlen sich 36 Prozent manchmal oder sogar häufig einsam. Noch stärker sind ältere Menschen ohne Partner und solche mit schlechtem Gesundheitszustand von dem

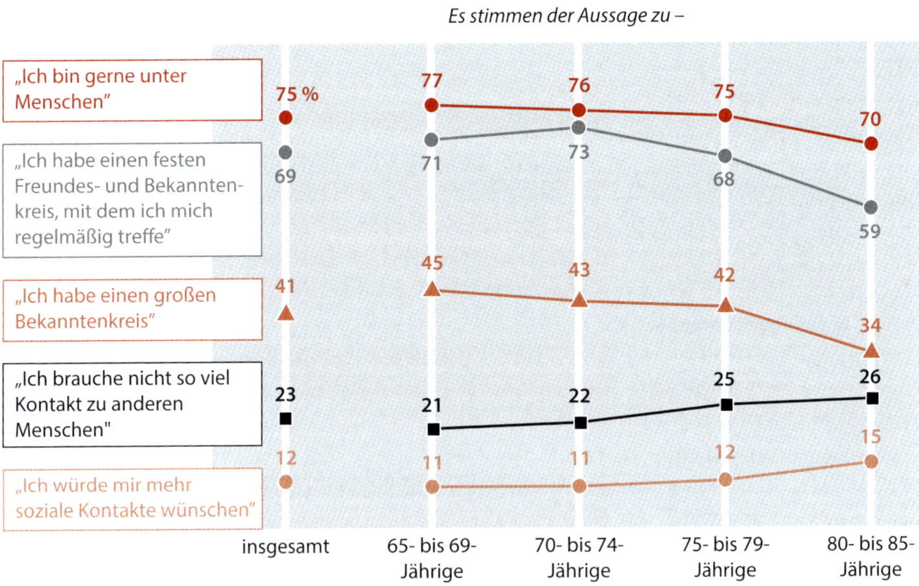

Abb. 5.1 Bedeutung sozialer Kontakte.
Basis: Bundesrepublik Deutschland, 65- bis 85-jährige Bevölkerung. Quelle: Generali Altersstudie 2017

Frage: „Wie zufrieden sind Sie mit den Beziehungen und Kontakten, die Sie zu anderen Menschen haben?" (Bildblattvorlage)

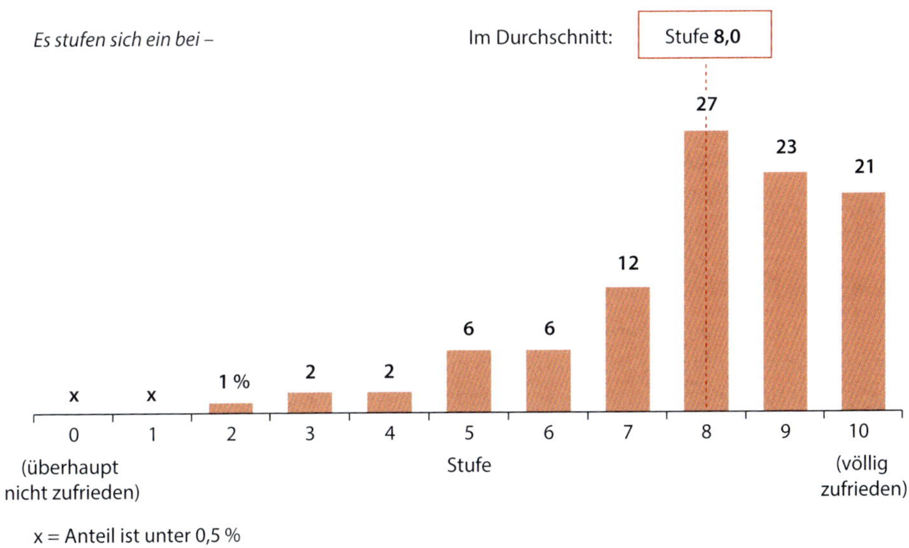

Abb. 5.2 Zufriedenheit mit sozialen Kontakten.
Basis: Bundesrepublik Deutschland, 65- bis 85-jährige Bevölkerung. Quelle: Generali Altersstudie 2017

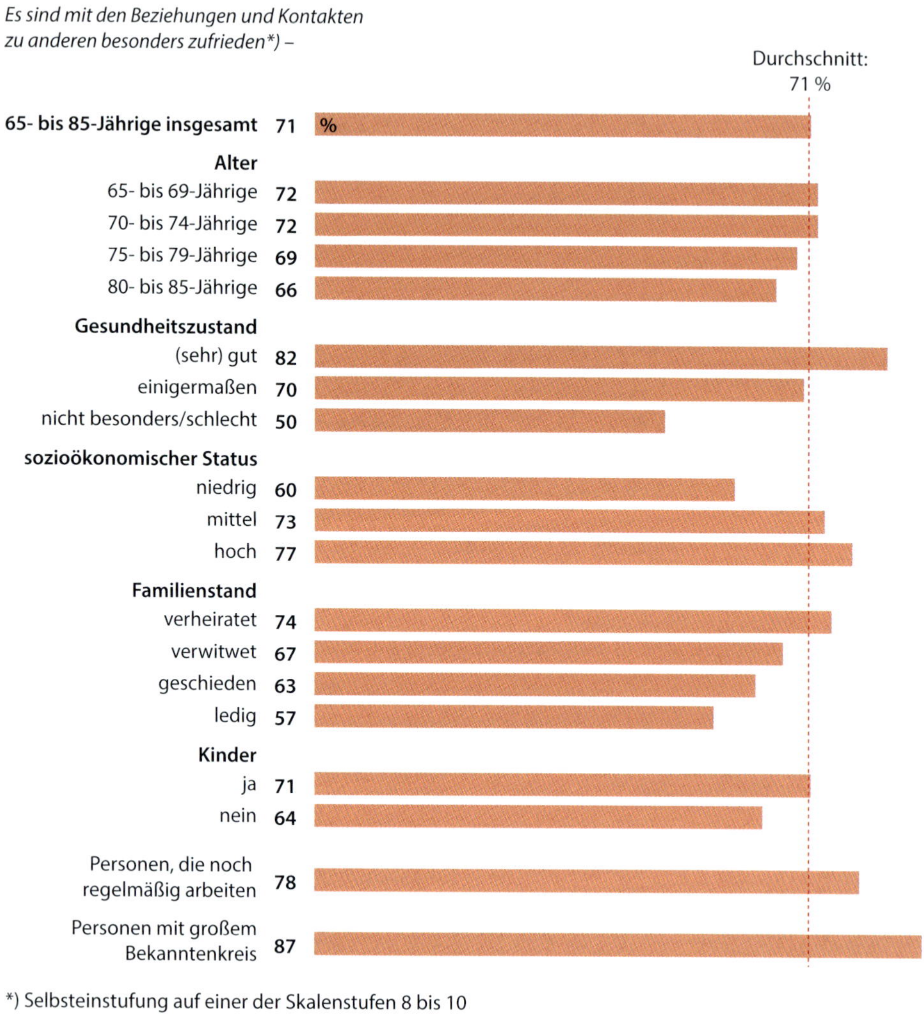

Abb. 5.3 Einflussfaktoren auf die Zufriedenheit mit sozialen Kontakten.
Basis: Bundesrepublik Deutschland, 65- bis 85-jährige Bevölkerung. Quelle: Generali Altersstudie 2017

Empfinden von Einsamkeit betroffen. Ein schlechter Gesundheitszustand sowie das Fehlen eines Partners sind die größten Risikofaktoren, um im Alter zu vereinsamen. Umgekehrt kennen 65- bis 85-Jährige mit gutem Gesundheitszustand ebenso wie diejenigen, die einen Partner oder einen großen Bekanntenkreis haben, das Gefühl der Einsamkeit besonders selten (Abb. 5.4).[1]

Auch in den Tiefeninterviews wird deutlich, dass insbesondere Alleinstehende von dem Gefühl der Einsamkeit betroffen sind. Diejenigen, die davon betroffen sind, versuchen sich auf verschiedenste Weise abzulenken und das Gefühl der Einsamkeit zu verdrängen:

1 Zum Aspekt der Vereinsamung s. auch die Einleitung von Andreas Kruse: „Das Alter im Schnittpunkt von Chancen und Aufgaben. Selbst- und mitverantwortliches Leben älterer Menschen".

Frage: „Wie ist das bei Ihnen: Kommt es vor, dass Sie sich einsam fühlen?"

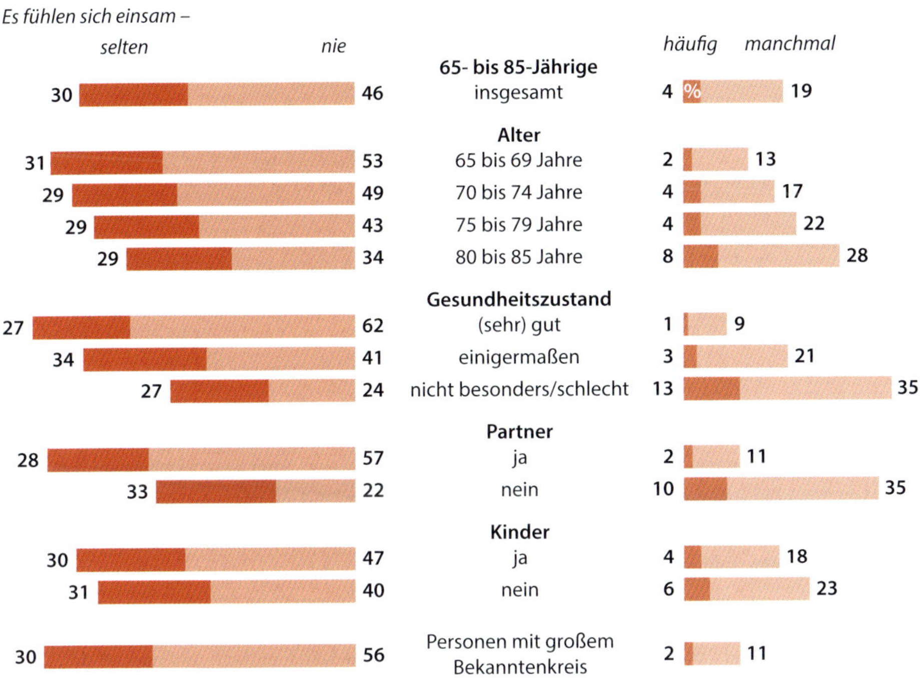

Abb. 5.4 Fühlt man sich manchmal einsam?
Basis: Bundesrepublik Deutschland, 65- bis 85-jährige Bevölkerung. Quelle: Generali Altersstudie 2017

» „Also es kommt schon vor, besonders an Festtagen wie Weihnachten oder Silvester, wenn alle anderen mit ihren Liebsten zusammen sind und ich hier alleine rumhocke. Und auch manchmal im Winter, wenn man auch wenig unternehmen kann. Also mein Highlight ist der Sommer, weil man da auch immer Menschen um sich rum hat." (Frau, 66 Jahre, alleinstehend)

» „Einsamkeit ist natürlich ein wichtiges Thema: Viele aus der Familie, dem Freundes- und Bekanntenkreis sind nicht mehr da, und man muss einfach damit leben, dass es auch Zeiten gibt, wo man Einsamkeit spürt, wo keiner da ist. Aber das ist dann eine Frage, wie man damit umgeht. Ich versuche mich dann abzulenken und an etwas anderes zu denken. Das ist nun mal der Lauf der Welt." (Frau, 81 Jahre, alleinstehend)

» „Natürlich kenne ich auch das Gefühl. Und es ist dann auch nicht gleich so, dass ich zum Telefon greife. Aber wenn ich mich ganz einsam fühle, dann wende ich mich an Gott, an Jesus. Er weiß, was mit mir los ist und bei ihm bitte ich dann darum, mich aus dieser Emotionalität wieder wegzuführen. Meistens macht er es." (Frau, 68 Jahre, mit Partner, nicht zusammenlebend)

» „Oh, sehr oft, mein Mann fehlt mir sehr und ich frage mich immer wieder, wozu ich eigentlich noch lebe. Es ist was anderes, wenn man noch gesund und fit ist, aber wenn man die eigene Kraft nur noch für die Aufrechterhaltung physiologischer Funktionen aufbringen muss, ist das Leben nicht mehr so erstrebenswert. Das sind so meine Gedanken, wenn ich mich an einigen Tagen zu schwach fühle. Natürlich bin ich froh, dass ich meine Familie um mich habe, aber manchmal bin ich schon sehr lebensmüde, und am liebsten würde ich aus diesem Leben fortgehen." (Frau, 84 Jahre, alleinstehend)

» „Ich kenne dieses Gefühl. Immer dann, wenn ich in einer liebevollen, harmonischen Familie eingeladen war und erlebt habe, wie liebevoll alle miteinander umgehen. Wenn ich dann nach Hause komme, dann sag' ich mir, ja, so hatte ich mir das auch einmal gewünscht. Das macht mich dann traurig. Und dann fühle ich mich auch schon mal einsam. Und dann denke ich wieder daran, was für ein schönes Leben ich doch habe, und das tröstet mich und macht mich wieder froh. Und dann ist wieder gut." (Frau, 85 Jahre, alleinstehend)

Dass die Mehrheit der älteren Generation das Gefühl der Einsamkeit nicht kennt, spiegelt sich auch in den Tiefeninterviews wider. Dies gilt auch für viele Alleinstehende:

» „Nein, das ist mir fremd. Ich bin auch manchmal sehr gerne allein. Wenn ich mit Leuten zusammen bin, dann bin ich sehr gerne mit Leuten zusammen. Aber wenn ich alleine bin, dann bin ich gerne allein. Ich lebe allein und wohne allein, und ich hätte auch kein Interesse, mit jemandem zusammenzuleben. Ständig jemanden um mich zu haben, das würde mich krank machen." (Mann, 71 Jahre, alleinstehend)

» „Ich fühle mich nicht einsam. Ich bin auch gerne mal alleine. Ich habe ein relativ bewegtes Leben, und da bin ich auch mal froh, wenn ich meine Ruhe habe: einfach mal nur auf der Couch liegen und ein bisschen fernsehen oder mal ein Buch lesen oder ein bisschen am Tablet rumspielen, das finde ich eigentlich auch schön." (Frau, 65 Jahre, alleinstehend)

» „Ich fühle mich nie einsam. Im Gegenteil: Ich bin ein Mensch, der die Ruhe und das Alleinsein gut genießen kann." (Frau, 65 Jahre, alleinstehend)

» „Ich lebe zwar alleine, aber ich fühle mich nicht einsam. Wenn man so einen großen Freundeskreis hat, wie ich ihn habe, ist man nicht alleine und kann sich nicht einsam fühlen. Manchmal wünsche ich mir wirklich, ein paar freie Tage für mich alleine zu haben, ohne irgendwas unternehmen zu müssen." (Frau, 67 Jahre, alleinstehend)

Insbesondere den 65- bis 85-Jährigen, die mit einem Partner zusammenleben, ist das Gefühl der Einsamkeit nahezu unbekannt:

» „Ich fühle mich nicht einsam. Absolut nicht." (Frau, 73 Jahre, mit Partner)

» „Also einsam fühle ich mich nicht. Das habe ich bis jetzt noch nicht gehabt." (Frau, 68 Jahre, mit Partner)

» „Dazu habe ich keine Zeit. Ich habe mich noch nie einsam gefühlt. Vielleicht mal gelangweilt. Aber dann habe ich mich ins Auto gesetzt oder bin in die Stadt gegangen. Oder ich habe jemanden angerufen und gefragt, ob wir ins Kino oder einen Kaffee trinken gehen. Also Einsamkeit kenne ich nicht." (Frau, 81 Jahre, mit Partner)

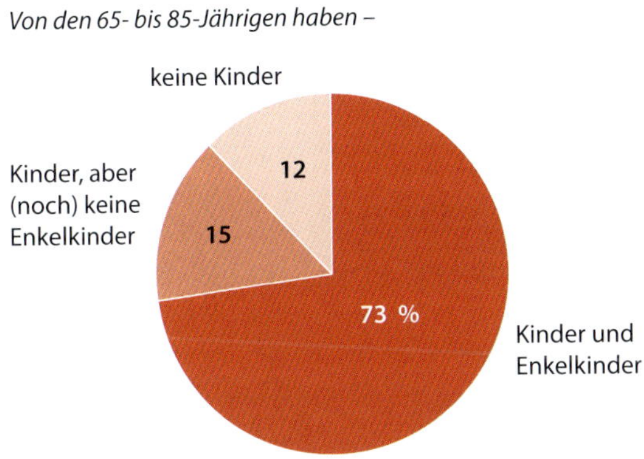

Abb. 5.5 Kinder und Enkelkinder.
Basis: Bundesrepublik Deutschland, 65- bis 85-jährige Bevölkerung. Quelle: Generali Altersstudie 2017

> „Dadurch dass wir uns immer beschäftigen, ist das Thema Einsamkeit nicht auf der Tagesordnung." (Frau, 73 Jahre, mit Partner)

> „Nein, grundsätzlich hatte ich so ein Gefühl nie. Ich muss auch sagen, wenn ich jetzt plötzlich allein wäre, dann wäre ich völlig hilfsbedürftig, aber nicht in dem Sinne, dass ich mir nichts zu essen machen könnte oder den Haushalt nicht bewältigen könnte, sondern einfach mental wäre das sehr schwer." (Mann, 72 Jahre, mit Partnerin)

Auch das Vorhandensein von Kindern und Enkelkindern hat einen positiven Effekt auf die Zufriedenheit mit den sozialen Kontakten. Vor allem aber sind umgekehrt Kinderlose meist weniger zufrieden mit ihren sozialen Beziehungen und kennen das Gefühl der Einsamkeit weit häufiger als Ältere mit Kindern. Die meisten Älteren haben dabei selbst Kinder, häufig auch Enkelkinder. Insgesamt haben 73 Prozent der 65- bis 85-Jährigen Kinder und Enkelkinder, 15 Prozent von ihnen haben Kinder, aber (bislang) keine Enkelkinder. Nur 12 Prozent der Älteren sind kinderlos und dementsprechend auch ohne Enkelkinder (Abb. 5.5).

Der Kontakt zu den Kindern und Enkelkindern kann für die breite Mehrheit als eng bezeichnet werden. 25 Prozent der 65- bis 85-jährigen Eltern sehen ihre Kinder täglich oder fast täglich, weitere 29 Prozent mindestens einmal pro Woche und weitere 27 Prozent ein- oder mehrmals im Monat. Der Kontakt zu den Enkelkindern ist ebenfalls für die meisten eng, aber etwas sporadischer als zu den Kindern. So sehen 16 Prozent der Großeltern ihre Enkelkinder täglich oder fast täglich, 27 Prozent ein- oder mehrmals in der Woche und 31 Prozent wenigstens einmal pro Monat (Abb. 5.6).

Die Kontakthäufigkeit zu den Kindern variiert dabei teilweise zwischen den verschiedenen soziodemografischen Gruppen. Keinen allzu großen Einfluss hat das Alter auf die Kontaktfrequenz, auch wenn 80- bis 85-jährige Eltern ihre Kinder leicht überdurchschnittlich sehen. Deutlich stärkeren Einfluss auf die Kontakthäufigkeit von Eltern und Kindern hat der soziale Status. Eltern aus den unteren Sozialschichten sehen ihre Kinder in deutlich häufigerer Frequenz als Eltern aus den oberen Sozialschichten. Dies lässt sich dadurch erklären, dass Kinder aus oberen sozialen Schichten häufiger aus beruflichen Gründen in einer anderen Gegend als die Eltern wohnen; bei Kindern aus einfachen sozialen Verhältnissen ist dies weit seltener der Fall. Ebenfalls einen deutlichen Einfluss auf die Kontaktdichte hat die Wohnortgröße. Während 61 Prozent der Eltern aus Gemeinden mit weniger als 5000 Einwohnern ihre Kinder häufig, also mindestens

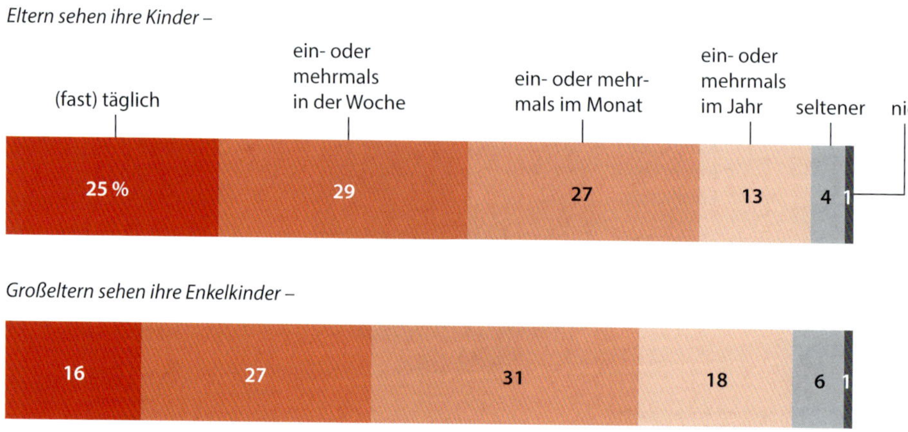

Abb. 5.6 Häufiger Kontakt zu Kindern und Enkelkindern.
Basis: Bundesrepublik Deutschland, 65- bis 85-Jährige, die Kinder bzw. Enkelkinder haben. Quelle: Generali Altersstudie 2017

einmal pro Woche sehen, sind dies bei Eltern, die in Großstädten wohnen, nur 44 Prozent. Besonders lose ist der Kontakt zu ihren Kindern bei 65- bis 85-Jährigen, die geschieden sind. Von ihnen sieht nur jeder Dritte das eigene Kind mindestens einmal pro Woche, die Mehrheit hat eher sporadischen Kontakt zu den Kindern (Abb. 5.7).

Auch die Kontakthäufigkeit zu den Enkelkindern unterscheidet sich zum Teil erheblich zwischen den verschiedenen Gruppen der 65- bis 85-Jährigen. 43 Prozent der Großeltern sehen ihre Enkelkinder täglich oder zumindest einmal die Woche. Anders als beim Kontakt zu den Kindern nimmt die Kontaktdichte mit dem Alter ab. 65- bis 74-jährige Großeltern sehen ihre Enkelkinder signifikant häufiger als Großeltern ab dem 75. Lebensjahr. Dies liegt auch daran, dass jüngere Großeltern weit häufiger in die Betreuung der Enkelkinder eingebunden sind als Großeltern höheren Alters – sei es, weil dies mit größeren Anstrengungen verbunden ist oder auch weil die Enkelkinder älterer Großeltern häufig selbst schon so alt sind, dass sie keine Betreuung mehr benötigen.

In den meisten anderen soziodemografischen Gruppen finden sich die gleichen Muster wieder wie beim Kontakt zu den Kindern: Ältere aus den unteren sozialen Schichten sehen ihre Enkelkinder regelmäßiger als Großeltern aus den oberen sozialen Schichten, Bewohner kleinerer Gemeinden häufiger als solche, die in großen Städten leben, und Verheiratete und Verwitwete sehen ihre Enkel weit häufiger als Geschiedene (Abb. 5.8).

5.2 Ehe und Partnerschaft

Zwei Drittel der 65- bis 85-Jährigen leben mit einem Partner zusammen. Männer leben dabei weit häufiger in Partnerschaft als Frauen: 82 Prozent der 65- bis 85-jährigen Männer leben mit einer Partnerin zusammen, aber nur 56 Prozent der Frauen gleichen Alters mit einem Partner. Mit zunehmendem Alter nimmt der Anteil derer, die in Partnerschaft leben, deutlich ab. So haben 78 Prozent der 65- bis 69-Jährigen einen Partner an ihrer Seite; bei den 70- bis 74-Jährigen sind es 71 Prozent, bei den 75- bis 79-Jährigen immerhin noch 66 Prozent, bei den 80- bis 85-Jährigen nur noch 49 Prozent. In aller Regel ist der Partner auch der Ehepartner. Von den Verwitweten und Ledigen hat gerade einmal rund jeder Zehnte einen Partner, von den Geschiedenen jeder Fünfte (Abb. 5.9).

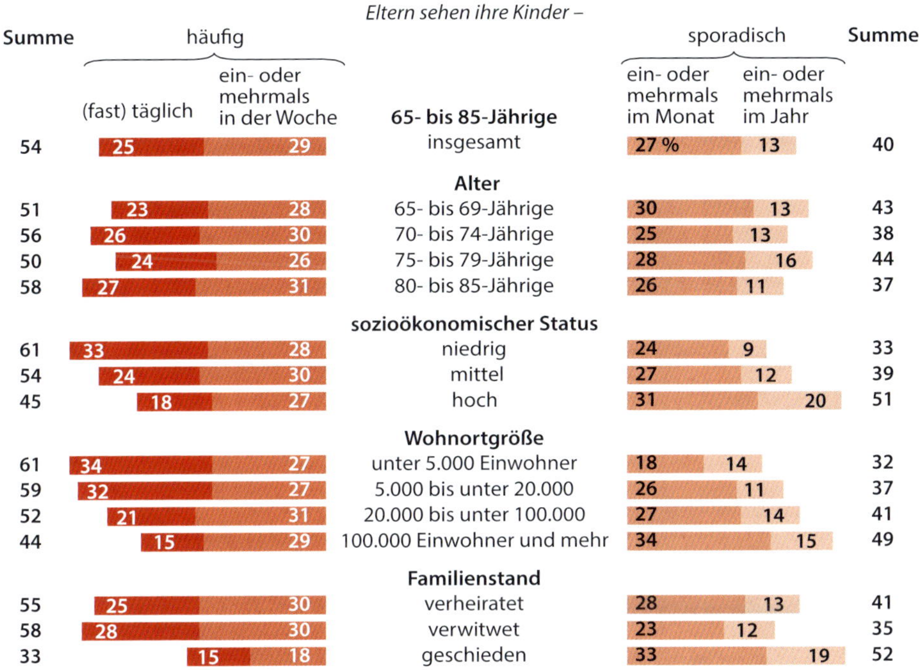

Abb. 5.7 Wie häufig sieht man die eigenen Kinder?
Basis: Bundesrepublik Deutschland, 65- bis 85-Jährige mit Kindern. Quelle: Generali Altersstudie 2017

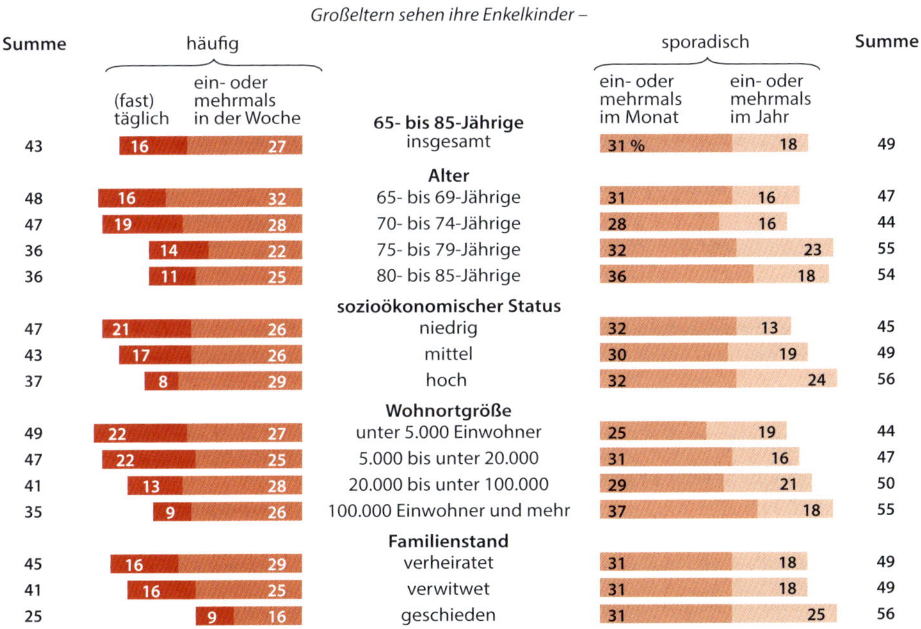

Abb. 5.8 Wie häufig sieht man die Enkelkinder?
Basis: Bundesrepublik Deutschland, 65- bis 85-Jährige mit Enkelkindern. Quelle: Generali Altersstudie 2017

Es leben mit einem Partner zusammen –

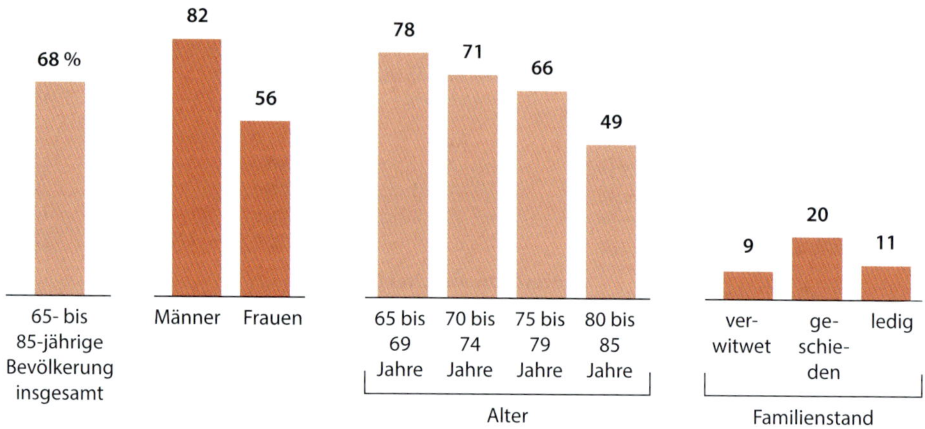

Abb. 5.9 Zwei Drittel der 65- bis 85-Jährigen leben mit einem Partner zusammen.
Basis: Bundesrepublik Deutschland, 65- bis 85-jährige Bevölkerung. Quelle: Generali Altersstudie 2017

Es leben mit einem Partner zusammen –

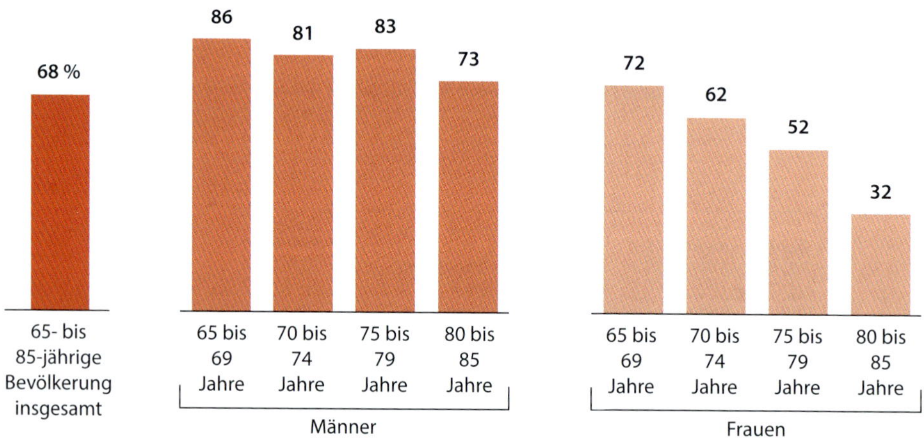

Abb. 5.10 Männer leben deutlich häufiger in Partnerschaft als Frauen.
Basis: Bundesrepublik Deutschland, 65- bis 85-jährige Bevölkerung. Quelle: Generali Altersstudie 2017

Die kombinierte Auswertung nach Alter und Geschlecht macht deutlich, dass die gravierenden Unterschiede der in Partnerschaft lebenden Männer und Frauen in allen Altersgruppen sichtbar sind, sich aber mit zunehmendem Alter als besonders stark herausstellen. So liegt der Anteil der Männer im Alter von 65 bis 79 Jahren, die in einer Partnerschaft leben, durchgängig bei über 80 Prozent. Bei den Frauen geht der Anteil zwischen dem 65. und 79. Lebensjahr hingegen von 72 auf 52 Prozent zurück. Von den 80- bis 85-jährigen Frauen haben sogar nur noch 32 Prozent einen Partner an ihrer Seite, von den Männern gleichen Alters demgegenüber 73 Prozent. Die Unterschiede sind zum einen mit der durchschnittlich höheren Lebenserwartung

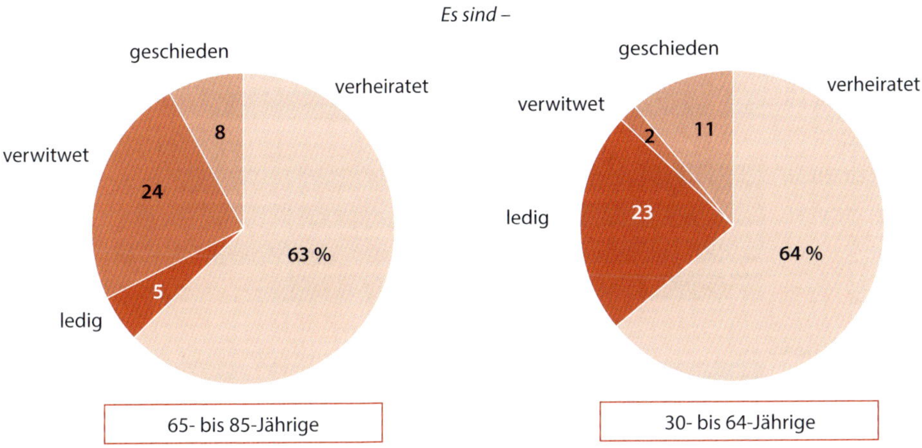

Abb. 5.11 Familienstand.
Basis: Bundesrepublik Deutschland, 30- bis 85-jährige Bevölkerung. Quelle: Generali Altersstudie 2017 und Allensbacher Markt- und Werbeträgeranalyse, AWA 2015

von Frauen zu erklären, zum anderen mit der Tatsache, dass Männer zumeist einige Jahre älter sind als ihre Frauen (Abb. 5.10).

Das vorherrschende Familienbild der älteren Generation ist die Ehe: Knapp zwei Drittel der 65- bis 85-Jährigen sind verheiratet, fast jeder Vierte ist zudem verwitwet. Weitere 8 Prozent der älteren Generation leben in Scheidung, nur 5 Prozent von ihnen sind ledig. Dass sich die Formen des Zusammenlebens und das Familienbild in den letzten Jahrzehnten verändert haben, zeigt der Vergleich mit der jüngeren Bevölkerung. Zwar sind auch von den 30- bis 64-Jährigen knapp zwei Drittel verheiratet, gleichzeitig ist aber bei ihnen der Anteil an Verwitweten äußerst gering. Umgekehrt gibt es bei den Jüngeren etwas mehr Geschiedene (11 Prozent), vor allem aber deutlich mehr Ledige (23 Prozent) als in der älteren Generation (Abb. 5.11).

Da die meisten Partner im Alter auch die Ehepartner sind, zeigt sich bei den Verheirateten das gleiche Bild wie bei den Partnerschaften: Der Anteil verheirateter Männer in der älteren Generation ist deutlich höher als der Anteil verheirateter Frauen. Insgesamt sind 77 Prozent der Männer, aber nur 52 Prozent der 65- bis 85-jährigen Frauen verheiratet. Und während bei den Männern der Anteil der Verheirateten mit dem Alter nur wenig abnimmt, geht dieser bei Frauen mit zunehmendem Alter steil zurück. Sind von den 65- bis 69-jährigen Frauen noch 68 Prozent verheiratet, so sind es bei den 80- bis 85-Jährigen nur noch 30 Prozent. Die große Mehrheit der Frauen dieses Alters ist verwitwet: Insgesamt 63 Prozent der 80- bis 85-jährigen Frauen haben bereits ihren Ehemann verloren. Bei den gleichaltrigen Männern sind es vergleichsweise geringe 23 Prozent, die als Witwer leben (Abb. 5.12).

Die meisten der 65- bis 85-Jährigen sind schon lange verheiratet und können im Durchschnitt auf gut 43 Ehejahre zurückblicken. 73 Prozent der 65- bis 85-Jährigen sind schon länger als 40 Jahre verheiratet; 36 Prozent konnten bereits goldene Hochzeit feiern, 3 Prozent sogar nach 60 Ehejahren die Diamanthochzeit (Abb. 5.13).

Da die Dauer einer Ehe nur unzureichend Auskunft über die Qualität einer Partnerschaft gibt, helfen hier die Aussagen aus den Tiefeninterviews weiter. In den Äußerungen vieler Verheirateter wird sichtbar, wie eng die Beziehungen auch nach vielen Jahrzehnten Ehe noch sind und welche Bedeutung sie für viele ältere Menschen immer noch haben:

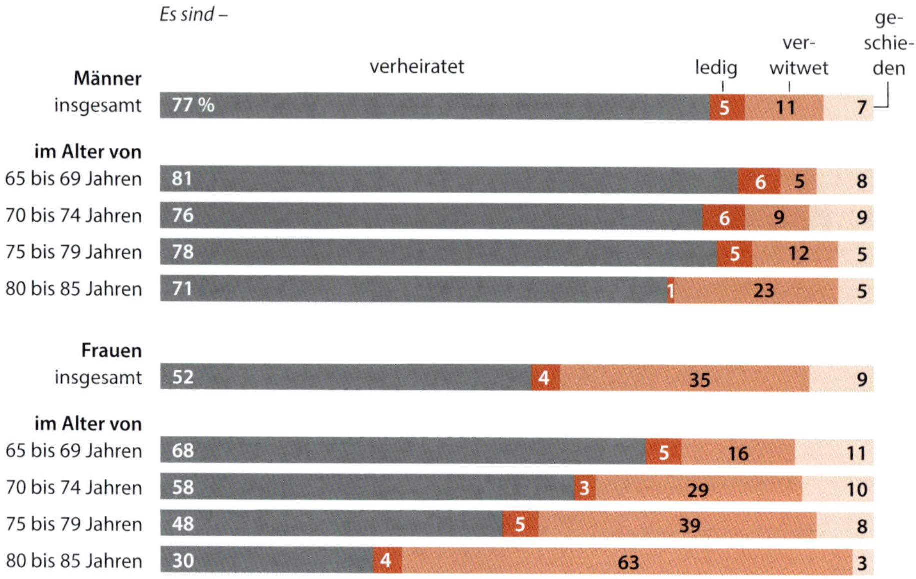

Abb. 5.12 Deutliche Unterschiede zwischen Männern und Frauen beim Familienstand.
Basis: Bundesrepublik Deutschland, 65- bis 85-jährige Bevölkerung. Quelle: Generali Altersstudie 2017

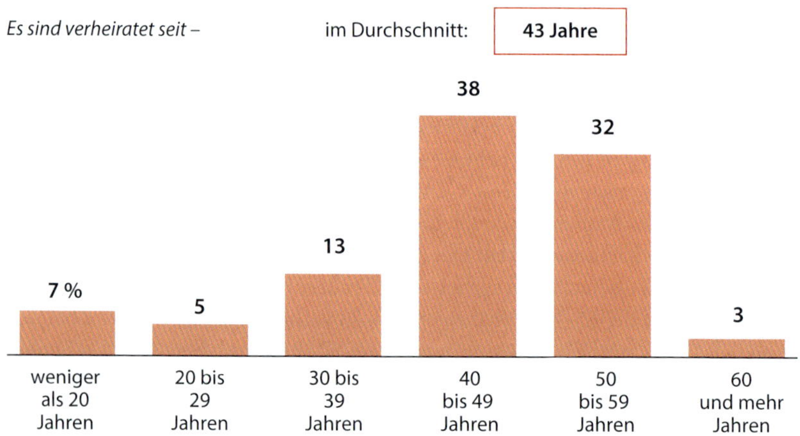

Abb. 5.13 Ehepaare sind im Durchschnitt seit 43 Jahren verheiratet.
Basis: Bundesrepublik Deutschland, 65- bis 85-jährige Verheiratete. Quelle: Generali Altersstudie 2017

» „Meine Ehe bedeutet mir alles. Sie ist glücklich, wir sind nicht nur Ehepartner, sondern auch Freunde. Teilen alles miteinander, Freud und Leid. Können alles miteinander besprechen. Wir sind glücklich." (Mann, 70 Jahre, mit Partnerin)

» „Ich habe einen Mann und bin seit 48 Jahren glücklich mit ihm verheiratet. Er bedeutet mir sehr viel. Wir ergänzen uns, haben gleiche Interessen. Es ist schön mit ihm." (Frau, 73 Jahre, mit Partner)

> „Wir sind 37 Jahre verheiratet, beide im Rentenalter und miteinander älter geworden, haben eine Tochter und zwei Enkel. Mein Mann und ich unternehmen eigentlich alle Dinge gemeinsam, beraten uns und führen es auch so aus. Unsere Partnerschaft beruht auf gegenseitiger Anerkennung, Ehrlichkeit, Treue und Verlässlichkeit. Das heißt aber nicht, dass wir uns einengen. Jeder hat seine Freiräume, damit ganz persönliche Dinge auch gepflegt werden können. Aber die Gemeinsamkeit steht im Vordergrund." (Frau, 73 Jahre, mit Partner)

> „Nach 55 Jahren bedeutet mir meine Ehe genauso viel wie zum Anfang. Es gibt keine bösen Worte. Wir sind sehr zufrieden miteinander." (Mann, 75 Jahre, mit Partnerin)

> „99 Prozent meiner Freunde und Wegbegleiter sind alle geschieden, ein-, zwei-, dreimal. Ich bin immer noch mit derselben Frau zusammen. Ich bin im hohen Alter glücklich und die sind im hohen Alter unglücklich. Und meine Frau ist das Beste, was mir je hätte passieren können. Denn sie widerspricht mir, bremst mich und sagt mir öfter: ‚Denk mal schärfer nach'" (Mann, 71 Jahre, mit Partnerin)

> „Wir sind ja nun mehr als fünfzig Jahre verheiratet, und ich kann sagen, dass wir es wirklich schätzen, einander als Partner zu haben und dass wir einander nicht missen möchten und dass wir der Meinung sind, dass das gemeinsame Leben uns Freude bereitet. Ja, das Geheimnis einer so langen Partnerschaft bzw. Ehe ist erstmal wirkliche dauerhafte Zuneigung und die Erhaltung eines positives Gefühls des Miteinanderlebens, indem ich zum Beispiel die Frau, mit der ich lebe, immer noch ein bisschen als das junge Mädchen sehe, das ich damals kennengelernt habe und in das ich mich verliebt habe. Das ist vielleicht sogar das Entscheidende, die Chemie muss auch immer noch stimmen, man muss sich noch riechen können und man darf sich eben nicht auseinanderleben. Wir haben 1965 geheiratet, das war schon früh, aber ich habe es nie bereut." (Mann, 72 Jahre, mit Partnerin)

Verheiratete sind mit ihrem Leben insgesamt zufriedener als Verwitwete, Geschiedene oder Ledige. 57 Prozent der verheirateten 65- bis 85-Jährigen äußern sich mit ihrem Leben insgesamt ganz besonders zufrieden. Von den Verwitweten sind es 48 Prozent, von den Ledigen 46 Prozent und von den Geschiedenen nur 44 Prozent, die mit ihrem Leben besonders zufrieden sind. Dabei ist weniger der Familienstand entscheidend als vielmehr das Vorhandensein eines Partners: Von den 65- bis 85-Jährigen, die mit einem Partner zusammenleben, sind 56 Prozent mit ihrem Leben ganz besonders zufrieden, von denen, die keinen Partner haben, ziehen nur 47 Prozent eine derart positive Bilanz (▪ Abb. 5.14).

Dass die Unterschiede nicht größer sind, lässt sich auch dadurch erklären, dass sich die große Mehrheit der Partnerlosen gar keinen Partner wünscht. Gerade einmal 13 Prozent der 65- bis 85-Jährigen, die ohne Partner leben, hätten gerne einen Partner. 58 Prozent hingegen sind auch ohne Partner zufrieden. Am ehesten wünschen sich noch 65- bis 85-jährige Männer ein Ende ihrer Partnerlosigkeit: 22 Prozent der alleinstehenden Männer würden sich eine Partnerschaft wünschen. Aber auch bei ihnen überwiegt mit 43 Prozent der Anteil derjenigen, die mit ihrer Situation zufrieden sind. Selbst von denen, die häufiger oder gelegentlich über das Gefühl von Einsamkeit klagen, wünscht sich weniger als jeder Fünfte einen Partner an seiner Seite. Umgekehrt sind vor allem Partnerlose, die sich nur selten oder nie einsam fühlen, mehrheitlich mit

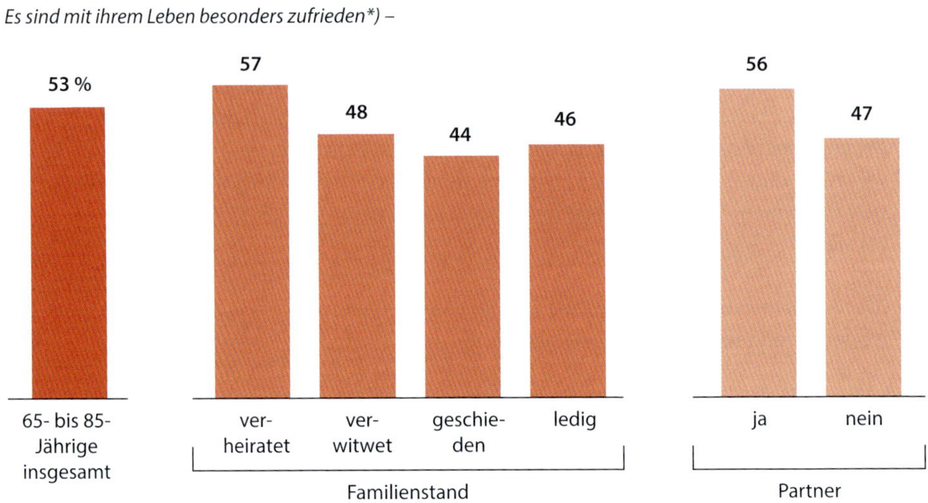

*) auf einer Skala von 0 („überhaupt nicht zufrieden") bis 10 („völlig zufrieden") bewerten ihre Lebenszufriedenheit mit 8 oder höher

Abb. 5.14 Ältere mit Partner sind mit ihrem Leben zufriedener.
Basis: Bundesrepublik Deutschland, 65- bis 85-jährige Bevölkerung. Quelle: Generali Altersstudie 2017

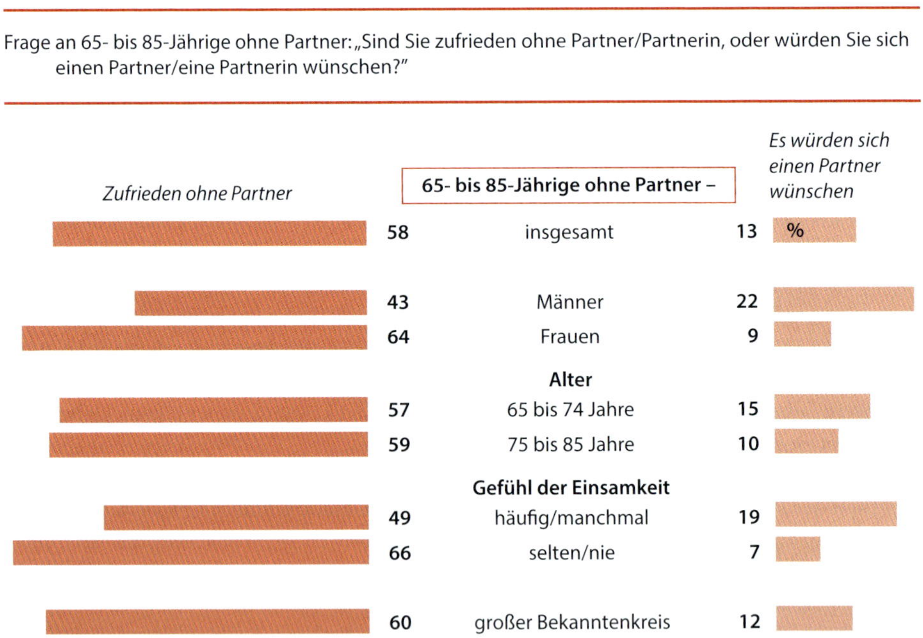

Abb. 5.15 Der Wunsch nach einem Partner.
Basis: Bundesrepublik Deutschland, 65- bis 85-Jährige ohne Partner. Quelle: Generali Altersstudie 2017

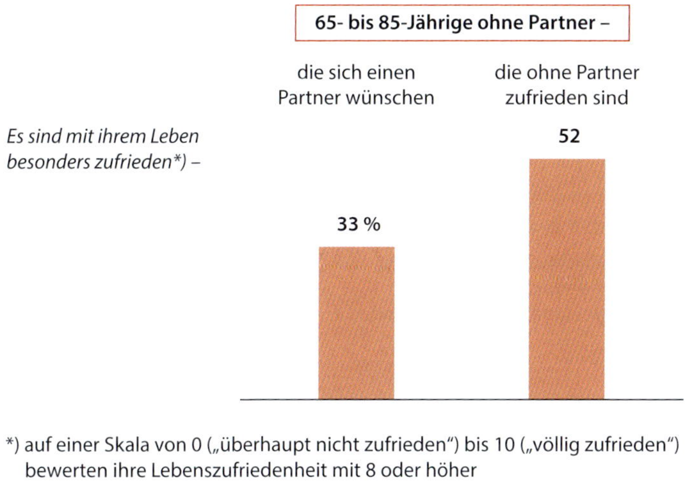

Abb. 5.16 Auch ohne Partner glücklich?
Basis: Bundesrepublik Deutschland, 65- bis 85-Jährige ohne Partner. Quelle: Generali Altersstudie 2017

ihrem Leben ohne Partner zufrieden. Dies gilt auch für Frauen ohne Partner und Partnerlose, die einen großen Bekanntenkreis haben (Abb. 5.15).[2]

Die Einstellung, ob sich jemand einen Partner wünscht, hat auch einen erheblichen Einfluss auf die Lebenszufriedenheit. Partnerlose 65- bis 85-Jährige, die sich einen Partner wünschen, sind mit ihrem Leben weit unterdurchschnittlich zufrieden. Nur jeder Dritte von ihnen zeigt sich mit seinem derzeitigen Leben besonders zufrieden. Partnerlose 65- bis 85-Jährige hingegen, die sich keinen Partner wünschen, sind deutlich zufriedener mit ihrem Leben. Gut jeder Zweite von ihnen ist derzeit besonders zufrieden mit dem eigenen Leben (Abb. 5.16).

Dass die Mehrheit der Älteren, die ohne Partner leben, an dieser Situation auch gar nichts ändern wollen, liegt vor allem daran, dass sich viele von ihnen an ein Leben ohne Partner gewöhnt haben und sich – insbesondere die Verwitweten – oft noch ihrem alten Partner verbunden fühlen. 40 Prozent der 65- bis 85-Jährigen, die ohne Partner leben, haben sich daran gewöhnt und möchten die damit verbundenen Freiheiten auch gar nicht aufgeben. Für 37 Prozent kommt eine neue Partnerschaft nicht infrage, weil sie verwitwet sind und sie sich ihrem verstorbenen Ehepartner noch verbunden fühlen. Dies gilt natürlich in besonderem Maße für diejenigen, die ihren Ehepartner erst vor Kurzem verloren haben.

Weitere 23 Prozent fühlen sich zudem zu alt für eine neue Partnerschaft. Dieses Argument nimmt verständlicherweise mit steigendem Alter zu: Von den 75- bis 79-Jährigen ohne Partner sagen dies bereits 27 Prozent, von den 80- bis 85-Jährigen sogar 33 Prozent. Darüber hinaus gibt es für knapp jeden fünften Älteren ohne Partner oft gar keinen konkreten Grund, der gegen eine Partnerschaft spricht, rund jeder Siebte kennt zudem keine Männer bzw. Frauen, die den eigenen Erwartungen und Vorstellungen entsprechen (Abb. 5.17).

2 Zu den Gründen für die Partnerlosigkeit im Alter und den abnehmenden Partnerwunsch mit zunehmendem Alter s. Kommentar von Thomas Klein und Ingmar Rapp: „Partnerlosigkeit im Alter. Ursachen und soziale Unterschiede".

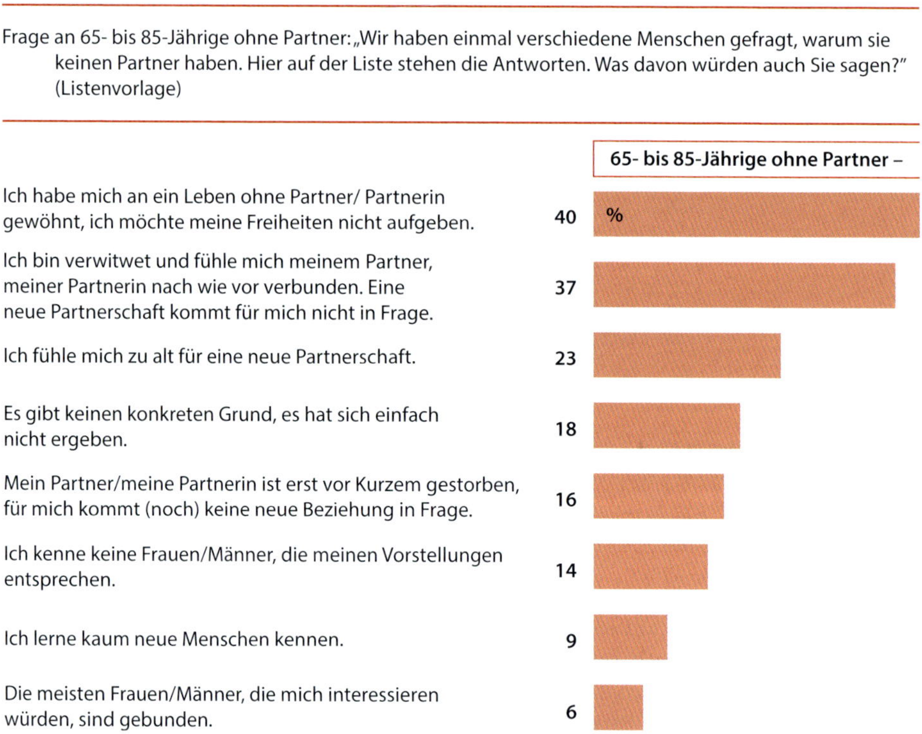

Abb. 5.17 Was spricht gegen einen Partner?
Basis: Bundesrepublik Deutschland, 65- bis 85-Jährige ohne Partner. Quelle: Generali Altersstudie 2017

Partnerlosigkeit im Alter – Ursachen und soziale Unterschiede

Ingmar Rapp und Thomas Klein

Aus der neuen Generali Altersstudie 2017 geht hervor, dass rund ein Drittel der 65- bis 85-Jährigen nicht mit einem Ehe- oder Lebenspartner zusammenlebt. Dieser Wert hat sich in den letzten vier Jahren, seit der ersten Generali Altersstudie, praktisch nicht verändert. In Übereinstimmung mit anderen Studien (zum Beispiel Lengerer 2016) zeigt die vorliegende Studie außerdem, dass Partnerlosigkeit im höheren Alter zunimmt. Diese Zunahme beruht einerseits darauf, dass die bestehenden Partnerschaften nach und nach aufgelöst werden, in der Regel durch Verwitwung. Dabei sind ältere Frauen häufiger partnerlos als ältere Männer (Abb. 5.10), weil Frauen häufiger von Verwitwung betroffen sind. Andererseits beruht die Zunahme der Partnerlosigkeit im Alter aber auch darauf, dass partnerlose Männer und insbesondere partnerlose Frauen mit steigendem Alter immer seltener neue Partnerschaften eingehen (Ivanova et al. 2013; Jaschinski 2011).

Wenig ist bislang darüber bekannt, warum ältere Menschen kaum noch neue Partnerschaften eingehen. Grundsätzlich kommen zwei Ursachen infrage. Erstens wünschen sich ältere Menschen, die keinen Partner (mehr) haben, möglicherweise keinen Partner. Zweitens ist es für ältere Männer und Frauen ohne Partner möglicherweise besonders schwierig, einen Partner zu finden.

Verschiedene Gründe kommen in Betracht, weshalb ältere Menschen möglicherweise keine Partnerschaft wollen. Ein wichtiges Motiv für die Gründung von Partnerschaften in jungen Jahren ist die Gründung einer Familie, und dieses Motiv spielt natürlich bei den 65- bis 85-jährigen Frauen und sicherlich auch bei den 65- bis 85-jährigen Männern keine Rolle mehr. Andere Studien mit kleineren Fallzahlen berichten außerdem, dass vor allem ältere Frauen oft kein Interesse an einer neuen Partnerschaft haben, weil sie ihre neu gewonnenen Freiheiten nicht aufgeben wollen (Davidson 2002; Talbott 1998). Und ein weiterer potenzieller Grund für einen geringen Partnerwunsch von älteren Witwen und Witwern ist die Verbundenheit mit dem verstorbenen Partner über den Tod hinaus.

Es gibt aber auch Argumente dafür, dass es für ältere Menschen besonders schwierig sein könnte, einen Partner zu finden. So verschlechtern sich im Laufe des Lebens die sogenannten „Gelegenheiten" der Partnersuche. Die Anzahl an ungebundenen Personen, die potenziell als Partner in Betracht kommen, ist im jungen Erwachsenenalter am höchsten, wenn viele noch keinen Partner haben, und nimmt anschließend rasch ab.

Mindestens genauso wichtig wie die bloße Anzahl potenzieller Partner ist aber auch die Einbindung in soziale Aktivitäten, in denen Menschen überhaupt erst miteinander in Kontakt kommen. In diesem Zusammenhang haben beispielsweise Untersuchungen gezeigt, dass das Berufsumfeld ein wichtiger Ort der Begegnung mit potenziellen Partnern ist (De Graaf und Kalmijn 2003; Häring et al. 2014). Für die 65- bis 85-Jährigen, die meist nicht mehr im Erwerbsleben stehen, könnte es auch vor diesem Hintergrund schwieriger werden, einen Partner zu finden.

Allerdings nimmt, wie bereits erwähnt, die Partnerlosigkeit im Alter über 65 Jahren wieder zu, und somit kommt ein steigender Anteil der Älteren zumindest prinzipiell wieder als Partner in Betracht. Von dieser Entwicklung profitieren jedoch partnerlose Frauen nur bedingt. Denn es sind vor allem ältere Frauen, die ihren Partner verlieren, und somit sind partnerlose Männer im Vergleich zu partnerlosen Frauen mit steigendem Alter immer stärker in der Unterzahl. Frauen sind deshalb einer immer größer werdenden Konkurrenz ausgesetzt, während es sich für Männer genau umgekehrt verhält. Zusammengenommen sprechen die genannten Argumente dafür, dass es für ältere Frauen, aber nicht unbedingt für ältere Männer immer schwieriger werden könnte, einen Partner zu finden.

In der Generali Altersstudie 2017 wurden die 65- bis 85-Jährigen ohne Partner gefragt, ob sie sich einen Partner wünschen. Nur wenige Männer (22 Prozent) und noch weniger Frauen (9 Prozent) bejahen diese Frage. Diese niedrigen Werte verweisen auf einen im Durchschnitt nur gering ausgeprägten Partnerwunsch. Bei der Interpretation ist allerdings zu beachten, dass ein nicht vorhandener Wunsch durchaus auch fehlende Möglichkeiten widerspiegeln kann (Poortman und Hewitt 2015), nach dem Motto: Ich finde keinen neuen Partner, also will ich auch keinen Partner. Aufschlussreicher ist daher die Frage nach konkreten Gründen, die einer Partnerschaft im Wege stehen.

◘ Tabelle I informiert über den Grad der Zustimmung zu vier Hindernissen für eine Partnerschaft. Zwei Hindernisse beziehen sich auf individuelle Gründe gegen eine Partnerschaft. Dabei handelt es sich einerseits um das Motiv, individuelle Freiheiten nicht aufgeben zu wollen, sowie andererseits um das Motiv der Verbundenheit mit dem verstorbenen Partner. Die zugehörigen Aussagen sind: „Ich bin verwitwet und fühle mich meinem Partner/meiner Partnerin nach wie vor verbunden. Eine neue Partnerschaft kommt für mich nicht infrage" sowie „Ich habe mich an ein Leben ohne Partner/Partnerin gewöhnt, ich möchte

5

Tab. I Partnerlose Personen, die dem jeweiligen Hindernis für eine neue Partnerschaft zustimmen (Angaben in Prozent)

	Ich fühle mich meinem verstorbenen Partner nach wie vor verbunden		Ich möchte meine Freiheiten nicht aufgeben	Ich kenne keine Frauen/Männer, die meinen Vorstellungen entsprechen	Die meisten Frauen/Männer, die mich interessieren würden, sind gebunden
	alle Partnerlose	nur Verwitwete	alle Partnerlose	alle Partnerlose	alle Partnerlose
Frauen	42	57	41	14	6
Männer	23	47	38	13	8
65- bis 69-jährige Frauen	25	47	48	21	10
70- bis 74-jährige Frauen	34	50	44	15	6
75- bis 79-jährige Frauen	43	58	43	15	6
80- bis 84-jährige Frauen	58	64	32	8	2
65- bis 69-jährige Männer	6	25	47	13	7
70- bis 74-jährige Männer	16	44	48	13	9
75- bis 79-jährige Männer	26	45	29	18	8
80- bis 84-jährige Männer	45	56	24	7	7
Frauen mit höchstens Realschulabschluss	44	57	40	13	6
Frauen mit mindestens Fachhochschulreife	31	57	44	19	5
Männer mit höchstens Realschulabschluss	23	45	36	8	7
Männer mit mindestens Fachhochschulreife	20	55	43	27	10

Quelle: Generali Altersstudie 2017, eigene Berechnung

meine Freiheiten nicht aufgeben". Hinzu kommen zwei äußere Hindernisse, die sich auf fehlende Gelegenheiten beziehen. Diese werden über die Zustimmung zu den Aussagen „Ich kenne keine Frauen/Männer, die meinen Vorstellungen entsprechen" sowie „Die meisten Frauen/Männer, die mich interessieren würden, sind gebunden" erfasst (die Fragen sind dem Partnermarktsurvey entnommen; vgl. Klein und Stauder 2008; Klein et al. 2010). Die erstgenannte Aussage verweist somit auf das *Angebot* an geeigneten Kandidaten, die zweite Aussage hingegen auf deren *Verfügbarkeit* (vgl. Stauder 2006).

Aus ◘ Tab. I geht zunächst hervor, dass sowohl bei Frauen als auch bei Männern eindeutig individuelle Motive gegenüber äußeren, gelegenheitsstrukturellen Hindernissen dominieren. So kommt für 42 Prozent der partnerlosen Frauen und für 23 Prozent der partnerlosen Männer keine neue Partnerschaft in Betracht, weil sie sich ihrem verstorbenen Partner nach wie vor verbunden fühlen (Spalte 1 von ◘ Tab. I). Der höhere Wert bei den Frauen erklärt sich dabei nur teilweise dadurch, dass Frauen häufiger verwitwet sind. Betrachtet man nur jene Partnerlosen, die verwitwet sind (Spalte 2 von ◘ Tab. I), fällt der Unterschied zwischen Frauen (57 Prozent) und Männern (47 Prozent) geringer aus, verschwindet aber nicht. Weiterhin geben 41 Prozent der Frauen und 38 Prozent der Männer an, dass sie keinen Partner wollen, weil sie ihre Freiheiten nicht aufgeben wollen. Bemerkenswert ist die fast genauso hohe Zustimmung zu dieser Aussage bei den Männern. Anders als gelegentlich vermutet, sind es also nicht nur die älteren partnerlosen Frauen, die ihre Freiheiten nicht aufgeben wollen (vgl. Talbott 1998).

Demgegenüber sagen nur 14 Prozent der Frauen und 13 Prozent der Männer, sie hätten keinen Partner, weil sie niemanden kennen, der ihren Vorstellungen entspricht. Und nur 6 Prozent der Frauen und 8 Prozent der Männer sind partnerlos, weil die meisten, für die sie sich interessieren würden, gebunden sind. Interessanterweise nennen somit Männer häufiger als Frauen die mangelnde Verfügbarkeit potenzieller Partner als Grund, obwohl ältere Frauen häufiger partnerlos sind als ältere Männer. Ein Grund hierfür könnte sein, dass ältere Männer oft deutlich jüngere Partnerinnen suchen (vgl. Klein und Rapp 2014), die eben entsprechend häufiger gebunden sind.

◘ Tabelle I zeigt auch, wie sich die Hindernisse für eine Partnerschaft zwischen verschiedenen Altersgruppen unterscheiden. Sowohl von Frauen als auch von Männern wird mit steigendem Alter zunehmend häufiger die Verbundenheit mit dem verstorbenen Partner als Grund genannt, der gegen eine Partnerschaft spricht (Spalte 1 von ◘ Tab. I). Dies liegt wiederum nur zum Teil daran, dass der Anteil der Verwitweten unter den Partnerlosen mit steigendem Alter zunimmt. Denn ein etwas schwächerer Zusammenhang mit dem Alter zeigt sich auch, wenn nur verwitwete Personen betrachtet werden (Spalte 2 von ◘ Tab. I). Jüngere Witwen und Witwer sind demnach offener für eine neue Partnerschaft als ältere Witwen und Witwer.

Für die Aussage, dass man sich an ein Leben ohne Partner gewöhnt hat und seine Freiheiten nicht aufgeben will, zeigt sich hingegen mit steigendem Alter eine nachlassende Zustimmung. Dieser Alterszusammenhang erscheint möglicherweise kontraintuitiv, wenn man davon ausgeht, dass sich Gewohnheiten mit dem Alter eher verfestigen. Bei der Interpretation ist aber zu beachten, dass sich mit steigendem Alter auch die Zusammensetzung der Gruppe der Partnerlosen und somit die durchschnittliche Dauer der Partnerlosigkeit ändert. Während viele 65- bis 69-jährige Partnerlose zeitlebens partnerlos waren, sind 80- bis 85-jährige Partnerlose oft erst seit Kurzem verwitwet. Bemerkenswert ist schließlich, dass mangelnde Gelegenheiten, die für den hier untersuchten Altersbereich der 65- bis 85-Jährigen ohnehin nur selten als Hindernis genannt werden, mit steigendem Alter weiter an Bedeutung verlieren.

5

Zum Teil variieren die Hindernisse für eine Partnerschaft zwischen Bildungsgruppen (■ Tab. I). Frauen und Männer, die mindestens Fachhochschulreife oder einen höheren Bildungsabschluss haben, nennen im Vergleich zu Frauen und Männern mit niedrigerer Bildung etwas häufiger das Motiv, dass sie ihre Freiheiten nicht aufgeben wollen. Weiterhin stimmen höher Gebildete häufiger der Aussage zu, dass sie niemanden kennen, der ihren Vorstellungen entspricht. Dieses Ergebnis kann darauf hinweisen, dass höher Gebildete höhere Ansprüche an einen potenziellen Partner stellen. Es kann aber auch damit zusammenhängen, dass Personen in erster Linie einen Partner mit ähnlichen Eigenschaften suchen. In diesem Fall kommen für die höher Gebildeten tatsächlich weniger Personen als Partner in Betracht, weil Personen mit höherer Bildung im hier untersuchten Altersbereich von 65 bis 85 Jahren deutlich in der Unterzahl sind.

Zieht man anhand der dargestellten Ergebnisse zu den subjektiv wahrgenommenen Hindernissen für eine Partnerschaft ein Fazit zu der Frage, warum ältere Menschen kaum noch neue Partnerschaften eingehen, dann fällt dieses recht deutlich aus. Viele ältere Menschen, die keinen Partner haben, wünschen sich keine (weitere) Partnerschaft. Fehlende Gelegenheiten scheinen demgegenüber nur für wenige Ältere ein Hindernis bei der Partnersuche darzustellen.

Literatur

Davidson, K. (2002). Gender differences in new partnership choices and constraints for older widows and widowers. *Ageing International, 27,* 43–60.

De Graaf, P. M., & Kalmijn, M. (2003). Alternative routes in the remarriage market: competing-risk analyses of union formation after divorce. *Social Forces, 81,* 1459–1498.

Häring, A., Richter, A., & Stoye, K. (2014). Struktur und Funktionsweise von Partnermärkten. Beschreibung von Partnermärkten mit den Daten des Partnermarktsurvey. In A. Häring, T. Klein, J. Stauder, & K. Stoye (Hrsg.), *Der Partnermarkt und die Gelegenheiten des Kennenlernens. Der Partnermarktsurvey* (S. 47–68). Wiesbaden: Springer VS.

Ivanova, K., Kalmijn, M., & Uunk, W. (2013). The effect of children on men's and women's chances of re-partnering in a european context. *European Journal of Population, 29,* 1–28.

Jaschinski, I. (2011). Der Übergang in eine nacheheliche Partnerschaft: Eine vergleichende Analyse zwischen Männern und Frauen auf Basis des deutschen Generations and Gender Survey. *Zeitschrift für Familienforschung, 23,* 219–240.

Klein, T., & Rapp, I. (2014). Die altersbezogene Partnerwahl im Lebenslauf und ihr Einfluss auf die Beziehungsstabilität. In A. Steinbach, M. Hennig, & O. Arránz Becker (Hrsg.), *Familie im Fokus der Wissenschaft* (S. 203–221). Wiesbaden: Springer-VS.

Klein, T., & Stauder, J. (2008). Partnermärkte in Deutschland im Spiegel eines neuen Erhebungsinstruments. In J. Huinink, & M. Feldhaus (Hrsg.), *Neuere Entwicklungen in der Beziehungs- und Familienforschung. Vorstudien zum Beziehungs- und Familienentwicklungspanel (PAIRFAM)* (S. 78–113). Würzburg: Ergon.

Klein, T., Stauder, J., & Häring, A. (2010). Gelegenheiten des Kennenlernens – der Partnermarkt in Ost- und Westdeutschland. In P. Krause, & I. Ostner (Hrsg.), *Leben in Ost- und Westdeutschland. Eine sozialwissenschaftliche Bilanz der deutschen Einheit 1990-2010* (S. 187–209). Frankfurt a. M.: Campus.

Lengerer, A. (2016). Partnerschaftliches Zusammenleben im Alter. Ausmaß, Formen und soziale Unterschiede im Lebensverlauf von Kohorten. In J. Stauder, I. Rapp, & J. Eckhard (Hrsg.), *Soziale Bedingungen privater Lebensführung* (S. 15–40). Wiesbaden: Springer VS.

Poortman, A.-R., & Hewitt, B. (2015). Gender differences in relationship preferences after union dissolution. *Advances in Life Course Research, 26,* 11–21.

Stauder, J. (2006). Die Verfügbarkeit partnerschaftlich gebundener Akteure für den Partnermarkt. *Kölner Zeitschrift für Soziologie und Sozialpsychologie, 58,* 617–637.

Talbott, M. M. (1998). Older widows' attitudes towards men and remarriage. *Journal of Aging Studies, 12,* 429–449.

5.3 Die sozialen Netzwerke schaffen Verlässlichkeit

Die Bedeutung der sozialen Kontakte wird vor allem dadurch sichtbar, dass sie den älteren Menschen Sicherheit und Verlässlichkeit verschaffen. Von den 65- bis 85-Jährigen kennen nahezu alle jemanden, an den sie sich wenden und auf den sie sich verlassen können, wenn sie einmal in eine schwierige Situation geraten. Vor allem auf die Hilfe der engsten Familienangehörigen können die meisten älteren Menschen in Deutschland vertrauen. Drei Viertel aller 65- bis 85-Jährigen wissen, dass sie sich in einer schwierigen Lage auf ihre Kinder verlassen können, zwei Drittel, dass sie sich auch auf ihren Partner verlassen können.[3] 53 Prozent wissen zudem um die Unterstützung guter Freunde, 39 Prozent bauen auf die Nachbarschaftshilfe. Mehr als jeder Vierte kann sich auch auf die Enkelkinder verlassen, weitere 30 Prozent auf andere Familienangehörige. Dass es niemanden gibt, an den man sich in einer schwierigen Lage wenden kann, sagt gerade einmal einer von Hundert der 65- bis 85-Jährigen (◘ Abb. 5.18).

Auch im Krankheitsfall fällt es der weit überwiegenden Mehrheit der älteren Generation leicht, jemanden zu finden, der ihnen hilft. 81 Prozent der 65- bis 85-Jährigen haben die Erfahrung

Frage: „Wenn Sie einmal in eine schwierige Lage geraten und auf Hilfe angewiesen sind: Gibt es da jemanden, auf den Sie sich in diesem Fall verlassen könnten, bei wem sind Sie sicher, dass er Ihnen hilft?" (Listenvorlage)

Es können sich in schwieriger Lage verlassen auf –

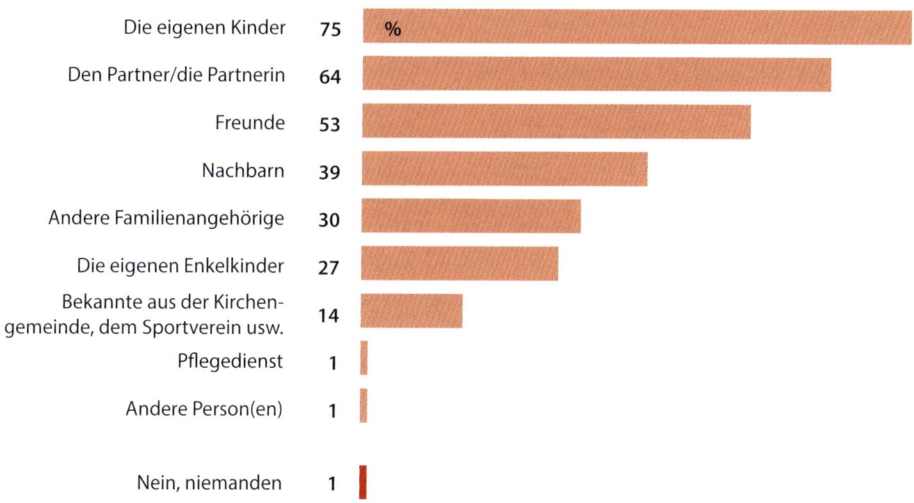

◘ **Abb. 5.18** In schwieriger Lage ist vor allem auf die Familie Verlass.
Basis: Bundesrepublik Deutschland, 65- bis 85-Jährige Bevölkerung. Quelle: Generali Altersstudie 2017

3 Beschränkt man sich in der Analyse auf jenen Personenkreis, der selbst Kinder hat, so sagen sogar 85 Prozent, dass sie sich in einer schwierigen Situation auf ihre Kinder verlassen können. Von denjenigen, die einen Partner haben, können sich sogar 91 Prozent auf ihren Partner verlassen, wenn sie in einer Notsituation auf Hilfe angewiesen sind.

Frage: „Wie schwer oder leicht fällt es Ihnen, jemanden aus Ihrer Familie oder Ihrem engeren Freundes- und Bekanntenkreis zu finden, der Ihnen hilft, wenn Sie einmal krank sein sollten, z. B. im Haushalt oder bei Erledigungen?"

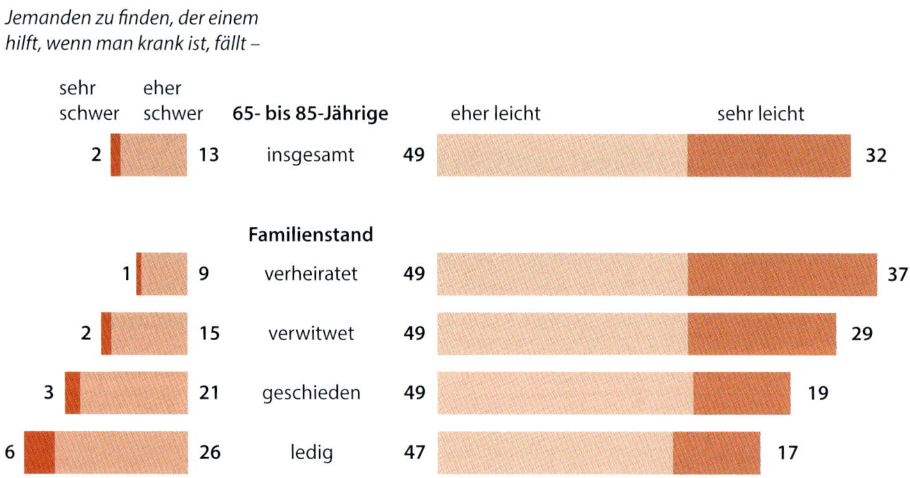

Abb. 5.19 Den meisten Älteren fällt es leicht, jemanden zu finden, der einem im Krankheitsfall hilft. Basis: Bundesrepublik Deutschland, 65- bis 85-jährige Bevölkerung. Quelle: Generali Altersstudie 2017

gemacht, dass sie leicht jemanden aus der Familie oder dem engeren Freundes- und Bekanntenkreis finden, der ihnen im Krankheitsfall hilft, 32 Prozent halten dies sogar für besonders leicht. Nur eine Minderheit von 15 Prozent hält es für (eher) schwer, jemanden in einer solchen Krankheitssituation zu finden, der einen beispielsweise im Haushalt unterstützt. Vor allem Verheiratete sehen kaum Schwierigkeiten, im Krankheitsfall Unterstützung zu bekommen. Aber auch die große Mehrheit der Verwitweten, Geschiedenen und Ledigen halten es eher für leicht, in einem solchen Fall Hilfe aus dem Familien- oder Freundeskreis zu erhalten. Tendenziell die größten Bedenken äußern noch die Geschiedenen sowie die Ledigen. 24 Prozent der Geschiedenen und 32 Prozent der Ledigen glauben, dass es für sie eher schwer oder sogar sehr schwer ist, jemanden zu finden, der ihnen hilft, wenn sie einmal krank sein sollten (Abb. 5.19).

Es ist überaus erfreulich, dass die weit überwiegende Mehrheit der Älteren darauf vertrauen kann, sich im Falle einer Krankheit oder sonstigen Notsituation an jemanden aus der Familie oder dem Freundeskreis wenden zu können und dort Hilfe zu erfahren. Ebenso erfreulich ist, dass sich dies jedoch nicht auf Notsituationen beschränkt, sondern auch den Alltag und die angenehmen Dinge des Lebens einschließt. So finden es 77 Prozent der 65- bis 85-Jährigen leicht, jemanden zu finden, mit dem sie etwas gemeinsam unternehmen können, nur 18 Prozent berichten in diesem Zusammenhang von Schwierigkeiten. Insbesondere ein großer Bekanntenkreis begünstigt die Suche nach Mitstreitern. Von den 65- bis 85-Jährigen mit großem Bekanntenkreis halten es 90 Prozent für (sehr) leicht, jemanden für gemeinsame Unternehmungen zu finden. Auch Älteren mit gutem Gesundheitszustand fällt es leichter jemanden zu finden, als Gleichaltrigen mit mäßigem oder gar schlechtem Gesundheitszustand (Abb. 5.20).

Auch wenn die größte Hilfe von den engeren Familienmitgliedern und den guten Freunden kommt, spielt im Alltag vieler Älterer auch die gegenseitige Hilfe unter Nachbarn eine wichtige

Frage: „Wenn Sie mal jemanden suchen, um etwas gemeinsam zu unternehmen, z. B. einen Spaziergang machen oder eine Veranstaltung besuchen: Wie leicht oder wie schwer ist es dann für Sie in der Regel, jemanden zu finden?"

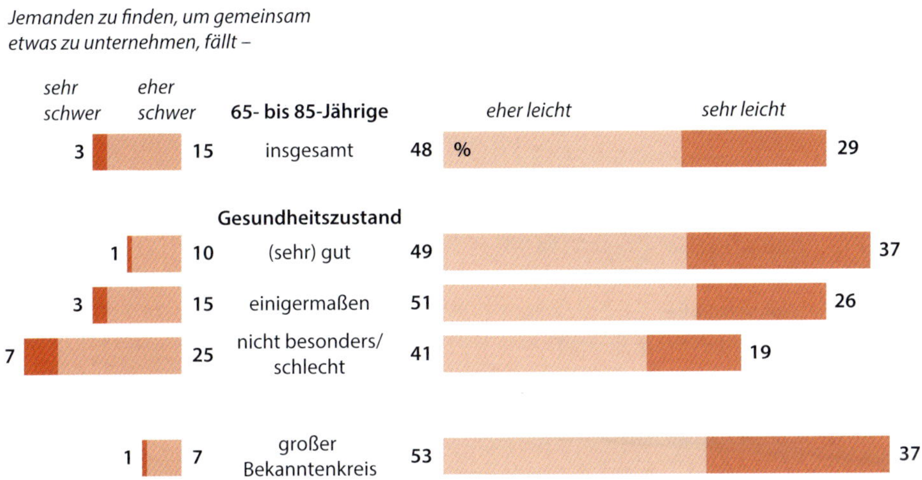

Abb. 5.20 Wie leicht fällt es, jemanden für gemeinsame Unternehmungen zu finden?
Basis: Bundesrepublik Deutschland, 65- bis 85-jährige Bevölkerung. Quelle: Generali Altersstudie 2017

Rolle. 59 Prozent der 65- bis 85-Jährigen erhalten im Alltag zumindest sporadisch Hilfe von ihren Nachbarn, 8 Prozent sogar mindestens einmal pro Woche, weitere 13 Prozent ein- oder mehrmals im Monat. Bei den meisten ist die Nachbarschaftshilfe jedoch weniger regelmäßig: 38 Prozent berichten, dass ihre Nachbarn ihnen seltener als einmal im Monat behilflich sind, wenn es beispielsweise um Arbeiten im Haushalt oder Garten geht sowie um Einkäufe oder Arztbesuche.

Von der vielzitierten größeren Solidarität in Ostdeutschland findet sich in den Daten nur wenig wieder. Ältere Menschen in Ostdeutschland erhalten kaum häufiger Hilfe von ihren Nachbarn als ältere Menschen in Westdeutschland. Ebenfalls nur wenige Unterschiede gibt es zwischen Älteren, die in kleineren Ortschaften wohnen, und den Bewohnern großer Städte. Tendenziell erhalten sogar 65- bis 85-Jährige, die in Großstädten oder größeren Städten von 20.000 bis unter 100.000 Einwohnern leben, regelmäßigere Unterstützung von ihren Nachbarn als ältere Menschen, die in Ortschaften und Gemeinden mit weniger als 20.000 Einwohnern leben (Abb. 5.21).

Die älteren Menschen selbst helfen ihren Nachbarn etwas häufiger als ihnen selbst von den Nachbarn geholfen wird. 64 Prozent der 65- bis 85-Jährigen helfen ihren Nachbarn im Alltag zumindest hin und wieder. 11 Prozent der Älteren engagieren sich täglich oder mindestens einmal pro Woche für ihre Nachbarn, weitere 16 Prozent mindestens einmal im Monat, 37 Prozent seltener als einmal monatlich. Erneut unterscheidet sich die Nachbarschaftshilfe in Ost- und Westdeutschland nur unwesentlich voneinander. Leichte Unterschiede sind wiederum zwischen den Bewohnern kleinerer Städte und Gemeinden sowie den Bewohnern von größeren Städten erkennbar. Wieder sind es eher ältere Menschen, die in mittleren und großen Städten leben, die in der Nachbarschaftshilfe aktiver sind, als die Bewohner kleinerer Städte oder auch von Gemeinden unterhalb von 5000 Einwohnern (Abb. 5.22).

Frage: „Wie häufig helfen Ihnen Ihre Nachbarn im Alltag, also z. B. im Haushalt, im Garten, beim Einkaufen, bei Arztbesuchen usw.?"

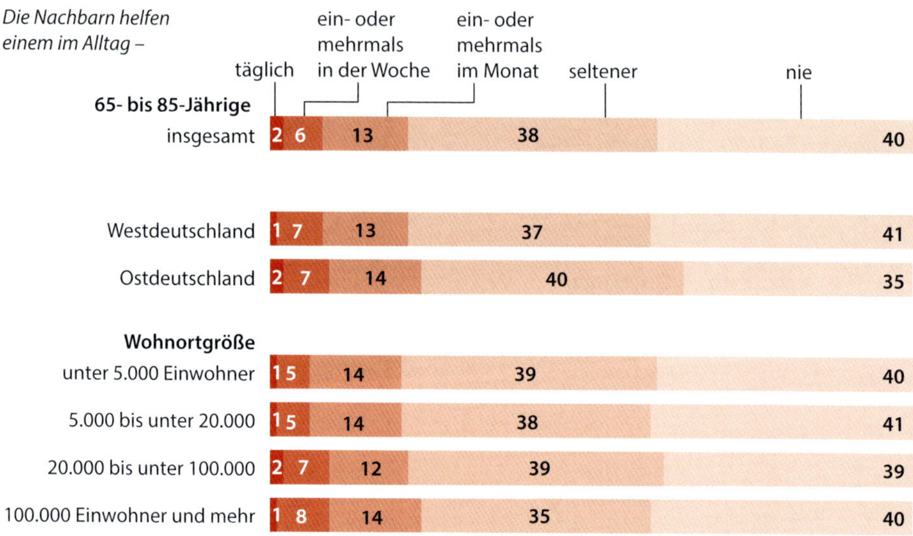

Abb. 5.21 Hilfe von den Nachbarn.
Basis: Bundesrepublik Deutschland, 65- bis 85-jährige Bevölkerung. Quelle: Generali Altersstudie 2017

Frage: „Wie häufig helfen Sie Ihren Nachbarn im Alltag, also z. B. im Haushalt, im Garten, beim Einkaufen, bei Arztbesuchen usw.?"

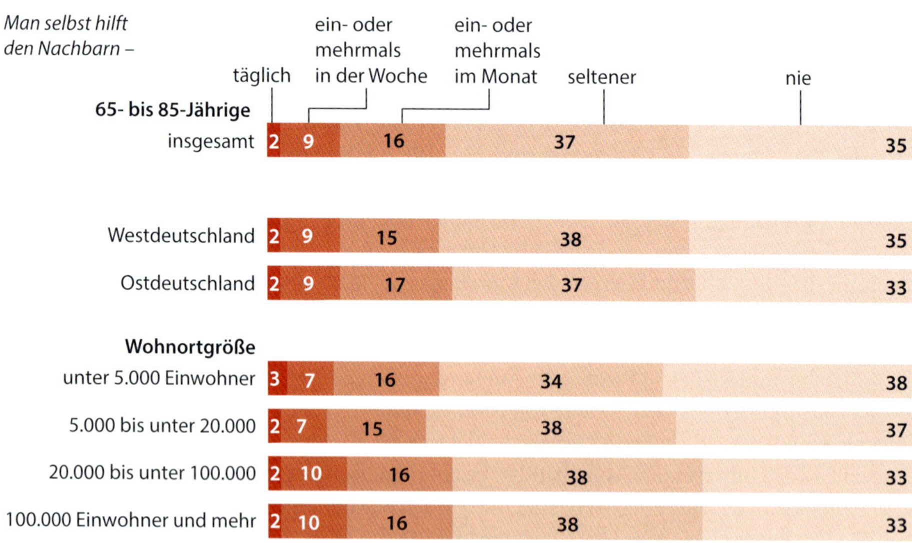

Abb. 5.22 Hilfe für die Nachbarn.
Basis: Bundesrepublik Deutschland, 65- bis 85-jährige Bevölkerung. Quelle: Generali Altersstudie 2017

Dass die Beziehungen zu den Nachbarn zumeist intakt und von gegenseitiger Hilfeleistung geprägt sind, illustrieren auch die Tiefeninterviews:

» „Ich werde am meisten von meiner Nachbarin unterstützt. Zum Beispiel an Silvester, wo ich alleine war, hat sie gesagt: ‚Komm rüber!', und wir haben uns einen netten Abend gemacht, zusammen gekocht und dann was zusammen gespielt. Und wir reden auch öfters miteinander, was auch wichtig ist. Inzwischen hat sich da eine Art Freundschaft entwickelt. Also hier im Haus gibt es eine richtig nette Nachbarschaft, und da könnte ich auch jederzeit klingeln, wenn ich mal Hilfe brauche." (Frau, 66 Jahre, alleinstehend)

» „Wir haben eigentlich ein gutes Verhältnis zu den Nachbarn. Aber da wir ja nun Rentner sind, unterstützen wir die Nachbarn mehr, als sie uns, weil wir ja mehr Zeit haben. Wir brauchen ja auch noch keine Hilfe. Wenn die einen Nachbarn mal wegfahren, die haben einen Hund, dann gehen wir mit dem Hund spazieren. Oder wenn sie mal zum Bahnhof wollen oder auch nach Tegel zum Flughafen, dann fahre ich sie dahin." (Mann, 75 Jahre, mit Partnerin)

» „Das geht alles sehr freundschaftlich ab. Unser Vermieter wohnt gleich im Haus nebenan. Der mäht uns den Rasen auf dem gemeinsamen Grundstück mit, man quatscht mal eine Runde, aber das war's dann auch schon. Es ist gerade die richtige Dosierung. Wenn man mal jemanden braucht, ist jemand da, aber es wird auch nicht lästig. Wir haben den nötigen Respekt und Abstand, aber bei Bedarf auch ein freundschaftliches Verhältnis." (Mann, 71 Jahre, mit Partnerin)

» „Also im Wohngebiet lebe ich ja schon lange. Da verspüre ich eine große Hilfsbereitschaft. Gerade schwere und große Dinge wie Sprudelwasser, Waschpulver usw. bringen meine Nachbarn mir immer mit dem Auto mit. Dafür mache ich andere Besorgungen und Erledigungen für sie. Auch im Winter bei schlechtem Wetter wie Eis und Schnee übernehmen sie vieles für mich, damit ich nicht auf die Straße muss." (Mann, 85 Jahre, alleinstehend)

Gesundheitszustand und -verhalten – vor allem eine Frage des Alters und der sozialen Schicht

Generali Deutschland AG (Hrsg.), *Generali Altersstudie 2017*,
DOI 10.1007/978-3-662-50395-9_6

6.1 Gesundheitsbilanz

Der Gesundheitszustand 65- bis 85-Jähriger ist heute weitaus besser als vor zwanzig, dreißig Jahren. Dies wurde in der ersten Generali Altersstudie ausführlich dokumentiert. Zurzeit verändert sich der Gesundheitszustand der älteren Generation nur noch langsam. Entsprechend fällt die Gesundheitsbilanz heute ähnlich aus wie vor vier Jahren. 40 Prozent der 65- der 85-Jährigen bewerten ihren Gesundheitszustand uneingeschränkt positiv, 39 Prozent mit „einigermaßen", jeder Fünfte als „nicht besonders" oder eindeutig „schlecht". Diese Bilanz differiert vor allem in den sozialen Schichten und zwischen unter 75-Jährigen und Älteren, die die 75 überschritten haben. Besonders auffällig sind die großen Unterschiede zwischen den sozialen Schichten. Während 52 Prozent der 65- bis 85-Jährigen aus den höheren sozialen Schichten eine positive Bilanz ihres Gesundheitszustandes ziehen, ist dies nur bei 28 Prozent der Gleichaltrigen aus den niedrigen sozialen Schichten der Fall. Umgekehrt ziehen 29 Prozent dieser Altersgruppe aus den schwächeren sozialen Schichten eine negative Bilanz, dagegen nur 16 Prozent in den höheren sozialen Schichten (Tab. 6.1).[1]

Die Altersfeinaufgliederung zeigt, dass der Gesundheitszustand bis Mitte 70 weitgehend stabil bleibt. Zwischen 65 und 74 ziehen knapp die Hälfte eine positive Bilanz, lediglich 17 bis 16 Prozent eine negative. Jenseits der Mitte 70 steigen gesundheitliche Beschwerden kontinuierlich an, verstärkt jenseits der 80. In der Altersgruppe der 80- bis 85-Jährigen klagen 32 Prozent über gravierende gesundheitliche Beeinträchtigungen, während nur noch jeder Vierte den eigenen Gesundheitszustand ohne Einschränkungen positiv bewertet (Abb. 6.1).

Auch der Familienstand hat einen signifikanten Einfluss auf den Gesundheitszustand 65- bis 85-Jähriger. Während 44 Prozent der Verheirateten ihren Gesundheitszustand positiv bilanzieren, gilt dies nur für rund ein Drittel der verwitweten, geschiedenen oder ledigen Älteren. Während die Diskrepanz zwischen Verheirateten und Verwitweten zumindest partiell auf den höheren Altersdurchschnitt der Verwitweten zurückzuführen ist, gilt dies nicht für geschiedene und ledige 65- bis 85-Jährige. Zwar zieht auch nur gut ein Fünftel der Geschiedenen wie der Ledigen eine negative Bilanz ihrer gesundheitlichen Verfassung und damit nur graduell mehr als unter den Verheirateten. Der Anteil, der deutliche Abstriche macht und den eigenen Gesundheitszustand nicht uneingeschränkt positiv bewertet, ist jedoch in beiden Gruppen gravierend höher als unter Verheirateten. So resümieren 37 Prozent der Verheirateten ihre gesundheitliche Verfassung relativierend mit „einigermaßen", dagegen 45 Prozent der geschiedenen und 47 Prozent der ledigen 65- bis 85-Jährigen. Das Zusammenleben mit einem Partner erhöht erkennbar die Chance auf physisches Wohlbefinden (Tab. 6.2).

Jenseits der 65 ist es ein großer Erfolg, wenn der Gesundheitszustand stabil bleibt. Nachhaltige Verbesserungen sind in diesem Alter die Ausnahme. Lediglich 8 Prozent berichten, dass sich ihr Gesundheitszustand in den letzten drei Jahren zumindest tendenziell verbessert hat. In 38 Prozent der Fälle ist die Gesundheit über diesen Zeitraum hinweg stabil geblieben, während 36 Prozent eine graduelle und 17 Prozent eine deutliche Verschlechterung erfahren haben. Auch hier zeigt sich die zunehmende Dynamik jenseits der 75: Während von den 70- bis 74-Jährigen 14 Prozent die Bilanz ziehen, dass sich ihr Gesundheitszustand über die letzten drei Jahre hinweg deutlich verschlechtert hat, ist dies bei 19 Prozent der 75- bis 79-Jährigen der Fall und bei 26 Prozent der 80- bis 85-Jährigen. 71 Prozent der 80- bis 85-Jährigen konstatieren eine Verschlechterung

1 Zur subjektiven Bedeutung der Gesundheit s. Kommentar von Elisabeth Pott: „Lebenserwartung und Lebensgefül äerer Menschen in Deutschland".

Tab. 6.1 Schichtgebundene Bilanz des eigenen Gesundheitszustandes

Frage: "Wie würden Sie alles in allem zurzeit Ihren Gesundheitszustand beschreiben?"				
	65- bis 85-Jährige insgesamt (%)	Sozioökonomischer Status		
		niedrig (%)	mittel (%)	hoch (%)
(Sehr) gut	40	28	40	52
Einigermaßen	39	43	41	32
Nicht besonders	15	21	14	12
Schlecht	6	8	5	4
Unentschieden	x	x	x	x
Keine Angabe	x	x	x	x
x = Anteil ist unter 0,5 Prozent				

Basis: Bundesrepublik Deutschland, 65- bis 85-jährige Bevölkerung
Quelle: Generali Altersstudie 2017

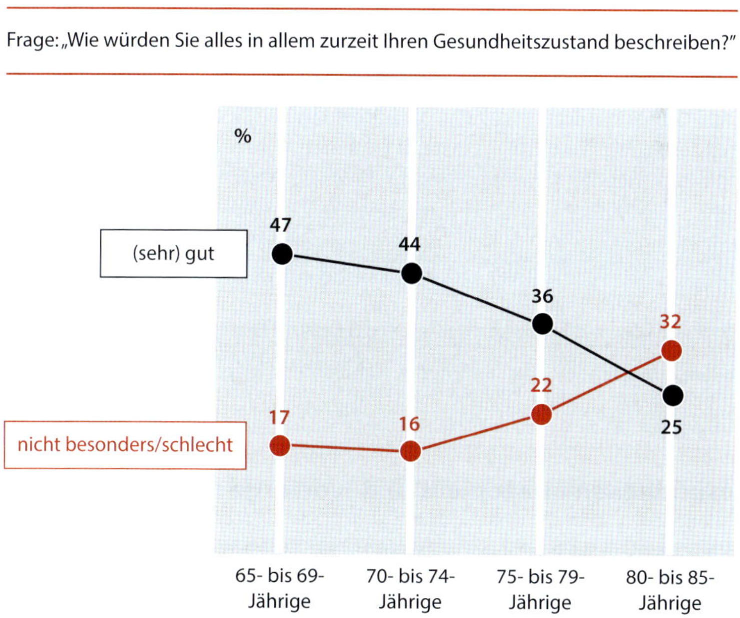

Abb. 6.1 Abwärtstrend jenseits der 75.
Basis: Bundesrepublik Deutschland, 65- bis 85-jährige Bevölkerung. Quelle: Generali Altersstudie 2017

Tab. 6.2 Überdurchschnittlich positive Bilanz der verheirateten Älteren

Frage: „Wie würden Sie alles in allem zurzeit Ihren Gesundheitszustand beschreiben?"	Familienstand			
	verheiratet (%)	verwitwet (%)	geschieden (%)	ledig (%)
(Sehr) gut	44	31	33	31
Einigermaßen	37	42	45	47
Nicht besonders/ schlecht	19	27	21	22
Unentschieden, keine Angabe	x	x	1	x
x = Anteil ist unter 0,5 Prozent				

Basis: Bundesrepublik Deutschland, 65- bis 85-jährige Bevölkerung
Quelle: Generali Altersstudie 2017

ihres Gesundheitszustandes, gravierend mehr als in der Altersgruppe der 75- bis 79-Jährigen (57 Prozent). Während von den 65- bis 69-Jährigen noch die Mehrheit von einem stabilen oder sogar verbesserten Gesundheitszustand berichtet, ist dies nur bei 42 Prozent der 75- bis 79-Jährigen und gerade einmal bei 29 Prozent der 80- bis 85-Jährigen der Fall (Abb. 6.2).

Auf Sicht der nächsten drei Jahre hoffen 40 Prozent auf gesundheitliche Stabilität und weitere 7 Prozent auf eine Verbesserung ihres Gesundheitszustandes. Dagegen stellt sich jeder fünfte 65- bis 85-Jährige auf eine Verschlechterung ein; die übrigen trauen sich keine Prognose zu (Abb. 6.3).

Je besser der eigene Gesundheitszustand bilanziert wird, desto positiver fällt auch die Prognose für die kommenden Jahre aus. So geht die große Mehrheit der 65- bis 85-Jährigen, die ihren aktuellen Gesundheitszustand positiv bewerten, davon aus, dass sich auch in absehbarer Zeit keine nennenswerten Beeinträchtigungen ergeben werden. Völlig anders schätzen Ältere ihre gesundheitlichen Perspektiven ein, wenn sie bereits nennenswert beeinträchtigt sind. Die Mehrheit dieser Gruppe zieht zum einen die Bilanz, dass sich ihr Zustand über die letzten drei Jahre hinweg deutlich verschlechtert hat. Gleichzeitig gehen 42 Prozent davon aus, dass sich ihr Zustand in den kommenden Jahren weiter verschlechtern wird. Lediglich 11 Prozent hoffen auf Besserung, 17 Prozent zumindest auf die Erhaltung des Status quo (Abb. 6.4).

6.2 Gesundheitsmanagement und -vorsorge

Je mehr die Anfälligkeit der eigenen Gesundheit bewusst wird, desto intensiver wird die Auseinandersetzung mit Gesundheitsrisiken und Prävention. Entsprechend setzt sich die 65-jährige und ältere Bevölkerung wesentlich intensiver mit Gesundheitsthemen auseinander, als dies für die jüngere und mittlere Generation gilt. Die Auseinandersetzung mit gesundheitlichen Risiken und den Möglichkeiten der Prävention ist jedoch nicht nur altersabhängig, sondern auch in hohem Maße eine Frage der sozialen Schicht. Schon das Zutrauen, dass sich die gesundheitliche

Frage: „Würden Sie sagen, dass sich Ihr Gesundheitszustand in den letzten drei Jahren deutlich oder etwas verbessert hat, oder hat er sich deutlich oder etwas verschlechtert, oder hat sich Ihr Gesundheitszustand nicht verändert?"

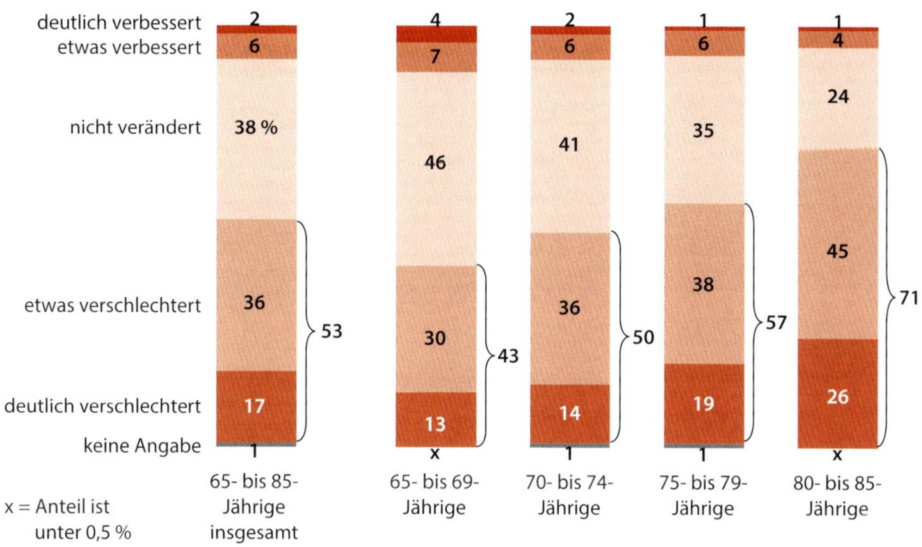

Abb. 6.2 Entwicklung des eigenen Gesundheitszustandes im Verlauf der letzten drei Jahre. Basis: Bundesrepublik Deutschland, 65- bis 85-jährige Bevölkerung. Quelle: Generali Altersstudie 2013

Frage: „Das ist sicherlich nicht einfach zu sagen, aber was erwarten Sie, wie sich Ihr Gesundheitszustand in den nächsten drei Jahren entwickeln wird? Gehen Sie davon aus, dass Ihr Gesundheitszustand weitgehend unverändert bleibt, oder wird er sich voraussichtlich verbessern oder verschlechtern?"

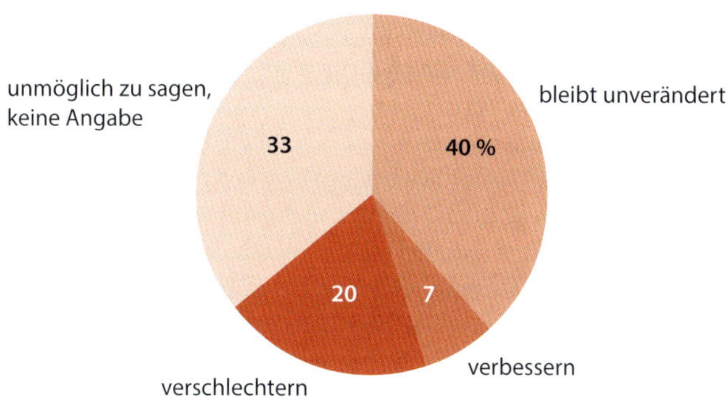

Abb. 6.3 Prognose auf Sicht der nächsten drei Jahre. Basis: Bundesrepublik Deutschland, 65- bis 85-jährige Bevölkerung. Quelle: Generali Altersstudie 2017

Frage: „Das ist sicherlich nicht einfach zu sagen, aber was erwarten Sie, wie sich Ihr Gesundheitszustand in den nächsten drei Jahren entwickeln wird? Gehen Sie davon aus, dass Ihr Gesundheitszustand weitgehend unverändert bleibt, oder wird er sich voraussichtlich verbessern oder verschlechtern?"

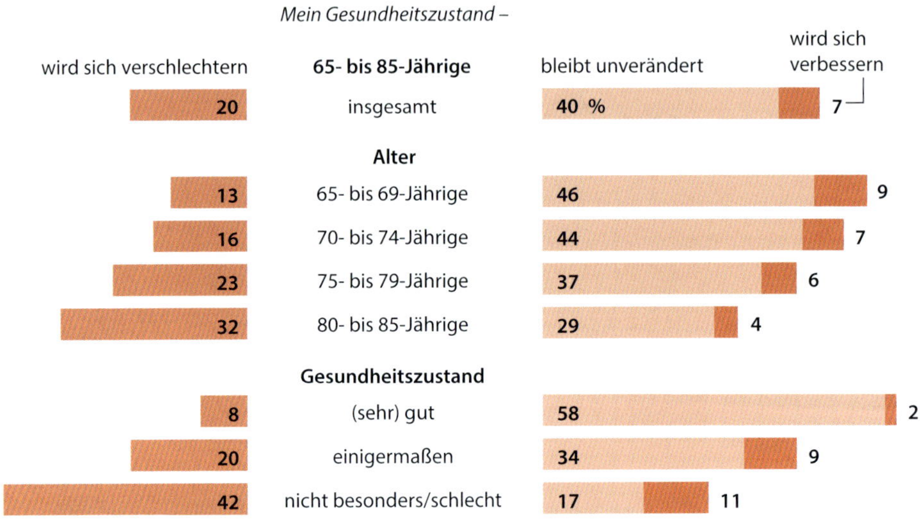

Abb. 6.4 Gesundheitliche Perspektiven und Status quo.
Basis: Bundesrepublik Deutschland, 65- bis 85-jährige Bevölkerung. Quelle: Generali Altersstudie 2017

Entwicklung durch das eigene Verhalten beeinflussen lässt, ist in den verschiedenen sozialen Schichten sehr unterschiedlich ausgeprägt. Zwar ist auch in den schwächeren sozialen Schichten nur eine kleine Minderheit fatalistisch eingestellt und glaubt, dass das eigene Verhalten keinerlei Auswirkungen auf den Gesundheitszustand hat. 7 Prozent der Älteren aus den einfachen sozialen Schichten gehen davon aus, 2 Prozent in den höheren sozialen Schichten. Die höheren sozialen Schichten gehen jedoch weitaus mehr davon aus, dass sie selbst großen Einfluss auf ihre Gesundheit haben: 53 Prozent der 65- bis 85-Jährigen mit hohem sozioökonomischen Status sind davon überzeugt, dagegen nur 36 Prozent der Gleichaltrigen aus den schwächeren sozialen Schichten (Tab. 6.3).[2]

Gleichzeitig ist auch den schwächeren sozialen Schichten durchaus bewusst, dass es zahlreiche Verhaltensweisen gibt, die die Gesundheit fördern bzw. beeinträchtigen. Die höheren sozialen Schichten sehen allerdings ein wesentlich breiteres Spektrum an Verhaltensweisen, die gesundheitsrelevant sind. Insgesamt gehen annähernd 80 Prozent der 65- bis 85-Jährigen davon aus, dass der Verzicht auf Rauchen die Gesundheit fördert; darüber hinaus gehen knapp 70 Prozent davon aus, dass ausreichend Bewegung, eine bewusste Steuerung des eigenen Körpergewichts und genügend Schlaf für die Gesunderhaltung besonders wichtig sind. Auch regelmäßige Vorsorgeuntersuchungen, gesundheitsbewusste Ernährung und die Vermeidung von Stress werden

2 Zum Aspekt einer ganzheitlich verstandenen Prävention s. Kommentar von Elisabeth Pott: „Lebenserwartung und Lebensgefühl älterer Menschen in Deutschland" (Gesundheitskompetenz als Ziel von Partizipation und Empowerment).

Tab. 6.3 Unterschiedliches Zutrauen in die eigenen Handlungsmöglichkeiten in den sozialen Schichten

Frage: „Glauben Sie, dass man durch sein Verhalten die eigene Gesundheit stark beeinflussen kann, oder etwas, oder so gut wie gar nicht?"

	65- bis 85-Jährige insgesamt (%)	Sozioökonomischer Status		
		niedrig (%)	mittel (%)	hoch (%)
Stark	43	36	41	53
Etwas	50	53	52	44
So gut wie gar nicht	4	7	4	2
Unentschieden, keine Angabe	3	4	3	1

Basis: Bundesrepublik Deutschland, 65- bis 85-jährige Bevölkerung
Quelle: Generali Altersstudie 2017

von der großen Mehrheit als wichtige Maßnahmen im Interesse der Erhaltung von Gesundheit und Fitness eingestuft. Die höheren Sozialschichten sehen ein deutlich breiteres Spektrum an möglichen Maßnahmen, die dazu beitragen können, gesund und leistungsfähig zu bleiben. Sie messen insbesondere einer bewussten Steuerung des Gewichts, dem Verzicht auf Rauchen, einer gesundheitsbewussten Ernährung, regelmäßiger körperlicher Aktivität und insbesondere Maßnahmen zur Erhaltung der geistigen Leistungsfähigkeit weitaus mehr Bedeutung zu als Ältere aus den einfachen sozialen Schichten. So halten es 30 Prozent der 65- bis 85-Jährigen aus den einfachen sozialen Schichten für besonders wichtig, regelmäßig Sport zu treiben, dagegen 56 Prozent der Gleichaltrigen aus den höheren sozialen Schichten. 57 Prozent der Älteren aus den einfachen sozialen Schichten halten es für besonders wichtig, auf das Gewicht zu achten, drei Viertel der Gleichaltrigen aus den höheren sozialen Schichten. Maßnahmen zur Erhaltung der geistigen Leistungsfähigkeit stufen 39 Prozent der Älteren aus den einfachen sozialen Schichten als besonders wichtig ein, 72 Prozent in den höheren sozialen Schichten. Weitgehend einig sind sich Ältere aus den einfachen sowie den höheren sozialen Schichten hingegen, dass ausreichend Schlaf und der (weitgehende) Verzicht auf Alkohol der Gesundheit förderlich sind (Tab. 6.4).

Die Vorstellungen, welche Maßnahmen für die Erhaltung von Gesundheit und Leistungsfähigkeit wichtig sind, verändern sich teilweise mit zunehmendem Alter. So werden jenseits der 80 viele Verhaltensweisen und Maßnahmen in der Bedeutung zurückgestuft. Das gilt sowohl für regelmäßige Vorsorgeuntersuchungen wie für ausreichend Bewegung und Sport und die Kontrolle des eigenen Gewichts. Während 71 Prozent der 65- bis 69-Jährigen es für wichtig halten, regelmäßig an Vorsorgeuntersuchungen teilzunehmen, teilen zwei Drittel der 70- bis 79-Jährigen diese Auffassung, aber nur 56 Prozent der 80- bis 85-Jährigen. Sieben von zehn unter 80-Jährigen messen ausreichender Bewegung große Bedeutung bei, 60 Prozent der 80- bis 85-Jährigen. Noch stärker korreliert die Bedeutung, die regelmäßiger sportlicher Aktivität beigemessen wird, mit dem Alter: Von den 65- bis 69-Jährigen halten es 51 Prozent für besonders wichtig, regelmäßig Sport zu treiben, von den 75- bis 79-Jährigen 42 Prozent, von den 80- bis 85-Jährigen nur

Tab. 6.4 Maßnahmen zur Erhaltung von Gesundheit und Leistungsfähigkeit

Frage: „Hier auf der Liste stehen verschiedene Möglichkeiten, was man selbst tun kann, um gesund und leistungsfähig zu bleiben. Was davon halten Sie für besonders wichtig?"

	65- bis 85-Jährige insgesamt (%)	Sozioökonomischer Status		
		niedrig (%)	mittel (%)	hoch (%)
Nicht rauchen	79	70	81	84
Auf ausreichend Bewegung achten	70	60	70	78
Auf das Gewicht achten	69	57	72	75
Auf genügend Schlaf achten	67	68	67	67
Regelmäßig zu Vorsorge- und Früherkennungsuntersuchungen gehen	66	60	66	70
Sich gesundheitsbewusst ernähren	62	55	64	64
Darauf achten, gelassen und ausgeglichen zu sein, sich möglichst wenig aufregen	59	51	62	60
Gar keinen oder nur wenig Alkohol trinken	57	56	58	55
Etwas für die geistige Leistungsfähigkeit tun	56	39	58	72
Regelmäßig Sport treiben	44	30	45	56
Auf ausreichend Erholung achten	41	38	42	42
Mir Hilfe suchen, wenn ich bei persönlichen Problemen nicht weiter weiß	32	33	33	29
Zu Hause Dehn- oder Gymnastikübungen machen	29	25	29	31
Vitamintabletten oder Ähnliches nehmen	13	12	13	14
Gelegentlich fasten	10	9	10	10

Basis: Bundesrepublik Deutschland, 65- bis 85-jährige Bevölkerung
Quelle: Generali Altersstudie 2017

6

Tab. 6.5 Über 80-Jährige messen Vorsorgeuntersuchungen weniger Bedeutung bei

Frage: „Hier auf der Liste stehen verschiedene Möglichkeiten, was man selbst tun kann, um gesund und leistungsfähig zu bleiben. Was davon halten Sie für besonders wichtig?"

	65- bis 69-Jährige (%)	70- bis 74-Jährige (%)	75- bis 79-Jährige (%)	80- bis 85-Jährige (%)
– Auszug –				
Auf ausreichend Bewegung achten, z.B. spazieren gehen oder Fahrrad fahren	72	71	71	60
Auf das Gewicht achten	74	69	69	61
Regelmäßig zu Vorsorge- und Früherkennungsuntersuchungen gehen	71	67	66	56
Sich gesundheitsbewusst ernähren	60	62	65	57
Regelmäßig Sport treiben	51	48	42	31
Zu Hause Dehn- oder Gymnastikübungen machen	26	28	30	31

Basis: Bundesrepublik Deutschland, 65- bis 85-jährige Bevölkerung
Quelle: Generali Altersstudie 2017

31 Prozent. Lediglich Dehn- oder Gymnastikübungen, die zu Hause absolviert werden, messen 80- bis 85-Jährige tendenziell mehr Bedeutung bei als 65- bis 74-Jährige. Diese Bewegung zu Hause ersetzt hier offenkundig teilweise sportliche Aktivitäten und Bewegung außer Haus (Tab. 6.5).

Auch die faktischen Aktivitäten zeigen, dass sich das Spektrum der Maßnahmen im Interesse der Erhaltung von Gesundheit und Leistungsfähigkeit jenseits der 80 verengt. Das gilt insbesondere für sportliche Aktivitäten und Bewegung außer Haus, für die Kontrolle des Gewichts und den Besuch von Vorsorgeuntersuchungen. Während knapp zwei Drittel der 65- bis 85-Jährigen regelmäßig an Vorsorge- und Früherkennungsuntersuchungen teilnehmen, ist dies nur bei 53 Prozent der 80- bis 85-Jährigen der Fall. 35 Prozent der 65- bis 85-Jährigen treiben regelmäßig Sport, von den 80- bis 85-Jährigen noch 25 Prozent. Auch hier zeigt sich, dass die sportliche Aktivität und Bewegung außer Haus teilweise durch Gymnastik und Dehnübungen zu Hause kompensiert wird. Während von den 65- bis 69-Jährigen lediglich 23 Prozent zu Hause Dehn- oder Gymnastikübungen machen, ist dies bei 31 Prozent der 80- bis 85-Jährigen der Fall. Auch der Verzicht auf Alkohol und das Streben nach ausreichend Schlaf und Ruhe nimmt jenseits der 80 zu (Tab. 6.6).

Das ausgeprägte gesundheitsbewusste Verhalten der älteren Generation kommt auch in den Tiefeninterviews sehr anschaulich zum Ausdruck. Insbesondere ausreichend Bewegung und sportliche Aktivitäten sind wesentliche Maßnahmen zum Erhalt der eigenen Gesundheit:

» „Ich gehe zum Yoga, ich gehe zum Sport, mache viel Gartenarbeit, was ja auch viel Bewegung und Kraft erfordert. Ich bin fast täglich draußen, wenn das Wetter es zulässt.

6

Tab. 6.6 Gesundheitsbewusstes Verhalten

Frage: „Was tun Sie alles für Ihre Gesundheit, was tun Sie, um gesund und leistungsfähig zu bleiben?" (Listenvorlage)

	65- bis 69-Jährige (%)	70- bis 74-Jährige (%)	75- bis 79-Jährige (%)	80- bis 85-Jährige (%)
– Auszug –				
Regelmäßig zu Vorsorge- und Früherkennungsuntersuchungen gehen	65	70	62	53
Auf ausreichend Bewegung achten, z.B. spazieren gehen oder Fahrrad fahren	61	64	63	53
Auf das Gewicht achten	60	63	60	48
Gar keinen oder nur wenig Alkohol trinken	50	61	63	66
Sich gesundheitsbewusst ernähren	49	54	58	50
Regelmäßig Sport treiben	38	38	37	25
Auf ausreichend Erholung achten	38	37	36	41
Zu Hause Dehn- oder Gymnastikübungen machen	23	27	33	31
Mir Hilfe suchen, wenn ich bei persönlichen Problemen nicht weiter weiß	21	24	25	32
Vitamintabletten oder Ähnliches nehmen	13	17	18	21

Basis: Bundesrepublik Deutschland, 65- bis 85-jährige Bevölkerung
Quelle: Generali Altersstudie 2017

Ich mache viel Wellness und gehe jede Woche privat zur Massage, um meinen Rücken einigermaßen fit zu halten." (Frau, 65 Jahre, alleinstehend)

» „Ich fahre Kajak. Dann gehe ich sehr gerne schwimmen und ich mache sehr gerne Gartenarbeit. Das ist für mein Alter ausreichend." (Mann, 75 Jahre, mit Partnerin)

» „Ich mache Nordic Walking: drei- bis viermal pro Woche. Auch mein Garten hält mich fit. Zudem lasse ich mich regelmäßig durchchecken und achte auf meine Gesundheit." (Frau, 73 Jahre, mit Partner)

» „So oft wie möglich betreibe ich Wassergymnastik oder mache Zirkeltraining. Wenn möglich fünfmal in der Woche." (Mann, 70 Jahre, mit Partnerin)

» „Ich bin sportlich sehr aktiv und mache auch zu Hause viel, um gesund und beweglich zu bleiben, zum Beispiel meine Morgengymnastik. Ich gehe auch zweimal in der Woche ins Fitnessstudio, dabei einmal zum Zumba-Training. Einmal in der Woche gehe ich ins Aquatraining, und an manchen Wochenenden unternehme ich Wanderungen in der näheren Umgebung. Ich ernähre mich relativ gesund, und seit Kurzem gehe ich einmal in der Woche zum Yoga. Das alles hält mich bis jetzt fit, und ich bin mit mir selbst sehr zufrieden." (Frau, 67 Jahre, alleinstehend)

Auch in den Tiefeninterviews wird deutlich, dass sportliche Aktivitäten durch – zumeist altersbedingte – körperliche Einschränkungen nur noch begrenzt ausgeübt werden können oder zum Teil auch stark reduziert werden müssen:

» „Wenn ich abends hier sitze, dann fahre ich mit meinen Füßen Fahrrad. Einfach ein bisschen in die Pedale treten. Das hat mir der Therapeut besorgt. Er hat mir auch Übungen gezeigt, die ich dann mache. So gymnastische Übungen für jeden Tag. Und noch so anderes Verschiedenes, auch für den Kopf. Dann habe ich auch noch einen Gummiball zum Kneten." (Frau, 84 Jahre, alleinstehend)

» „Die tägliche Bewegung ist schon gut. Wir gehen auch viel spazieren. Aber mit dem Fahrradfahren, das hat nachgelassen, weil wir ein bisschen Probleme hatten mit meinem Knie. Ich habe unten so ein Rudergerät, da bin ich morgens immer auf dem See gerudert, aber das hat jetzt auch nachgelassen, weil sie mir ein neues Knie einbauen wollen." (Mann, 75 Jahre, mit Partnerin)

» „Ich mache täglich im Bett noch meine kleinen Gymnastikübungen, und ich laufe einmal am Tag die Treppe rauf und runter, um meine Beine zu durchbluten – ich wohne im ersten Stock. Und auch das kleine Fahrrad, also nur so etwas für die Beine, nutze ich jeden Tag beim Fernsehen. Ich mache das fast schon automatisch seit Jahren, nachdem ich die neuen Hüften bekommen habe. Mehr kann ich nicht machen, aber das ist schon viel in meinem Zustand." (Frau, 82 Jahre, alleinstehend)

» „Viel frische Luft, immer in Bewegung bleiben. Und wenn es mal nicht so ist, dann eben auch mal etwas Ruhe einlegen und Tee trinken." (Mann, 85 Jahre, alleinstehend)

Auch das eigene Gewicht und eine gesundheitsbewusste Ernährung spielen für viele ältere Menschen im Alltag eine wichtige Rolle:

» „Gesundes Essen ist für mich wichtig: nicht so viel Fleisch, dafür viel Gemüse und Salate." (Frau, 73 Jahre, mit Partner)

» „Ich achte natürlich auf meine Ernährung, dass sie glutenfrei ist. Dadurch habe ich auch schon einige Kilos abgenommen." (Frau, 68 Jahre, mit Partner)

» „Ein wichtiger Punkt hinsichtlich der Gesundheit ist ja die Ernährung. Wenn man es im Kreuz hat, so wie ich im Moment, dann darf man nicht zu schwer werden. Man fühlt sich doch auch nicht wohl, wenn man einen Bauch hat. Das Gewicht ist kontrollierbar. Es muss im Rahmen bleiben." (Mann, 71 Jahre, mit Partnerin)

» „Ich trinke viel Tee, und meine polnische Haushaltshilfe kocht jeden Tag frisch für uns mit viel Gemüse und gesunden Sachen." (Frau, 77 Jahre, alleinstehend)

Zudem äußern einige der Befragten in den Tiefeninterviews, dass man auch durch die richtige Lebenseinstellung den eigenen Gesundheitszustand positiv beeinflussen kann:

» „Für mich ist eine positive Einstellung zum Leben ganz wichtig. Dass man sich nicht bei jedem Wehwehchen, das man im Körper spürt, sofort die Hölle ausmalt. Also wenn man Angst hat, dass etwas passieren oder geschehen wird, dann passiert es auch. Die Wehwehchen kommen, dauern ein, zwei Tage und dann verschwinden sie auch wieder von alleine. Und so war es immer schon. Man darf sich dann nur nicht verrückt machen lassen. Und so halte ich es auch." (Mann, 71 Jahre, alleinstehend)

» „Gesund ernähren, frische Luft mit Bewegung, die Tage genießen und nicht faul sein, also gar keine Trägheit aufkommen lassen." (Frau, 73 Jahre, mit Partner)

» „Ich habe immer viel zu tun – das hält jung, und man hat keine Zeit daran zu denken, ob man sich jetzt gerade krank fühlt, weil man ja schließlich noch gebraucht wird. Schließlich warten alle angefangenen Projekte auf ihre Erledigung. Da habe ich gar keine Zeit, krank zu sein oder zu werden." (Frau, 77 Jahre, alleinstehend)

» „Der geregelte Ablauf ist ganz wichtig. Also ich schwöre darauf, mit der Uhr zu leben. Und viel zu schlafen, zu regelmäßigen Zeiten. Und gesund zu essen. Jeden Tag einen Apfel und eine Banane. Ja, so mache ich das. Und sich von dem trennen, was unnötig ist und belastet, also von Dingen und von Menschen. So kann ich meine Freiheit als älterer Mensch genießen." (Frau, 85 Jahre, alleinstehend)

Die faktisch praktizierten Verhaltensweisen decken sich weitgehend mit den Vorstellungen, was für die Erhaltung von Gesundheit und Leistungsfähigkeit besonders wichtig ist. So verzichtet die große Mehrheit auf Nikotin und Alkohol, achtet auf genügend Schlaf und ausreichend Bewegung, besucht regelmäßig Vorsorgeuntersuchungen, kontrolliert das Gewicht und achtet auch auf eine gesundheitsbewusste Ernährung. Gemessen an dem Leitbild, was besonders zur Gesunderhaltung beiträgt, bleiben im Alltag noch am ehesten regelmäßige Bewegung und Sport, eine gesundheitsbewusste Ernährung und die systematische Kontrolle des eigenen Gewichts hinter dem Ideal zurück. So halten es 70 Prozent der 65- bis 85-Jährigen für besonders wichtig, auf ausreichend Bewegung zu achten, 61 Prozent praktizieren dies im Alltag. Regelmäßige sportliche Aktivitäten halten 44 Prozent für wichtig, 35 Prozent setzen dies auch im Alltag konsequent um. Einer gesundheitsbewussten Ernährung messen 62 Prozent große Bedeutung zu, 53 Prozent praktizieren dies im Alltag (◘ Abb. 6.5).

Frauen halten ein breiteres Spektrum an gesundheitsfördernden Verhaltensweisen und Vorsorgemaßnahmen für wichtig als Männer. Das gilt insbesondere für eine gesundheitsbewusste Ernährung und den Verzicht auf Alkohol, für ausreichend Schlaf und den Rekurs auf Unterstützung durch andere bei persönlichen Problemen. In Bezug auf die gesundheitsbewusste Ernährung, den Verzicht auf Alkohol und Gymnastikübungen, die zu Hause praktiziert werden, setzen Frauen diese Verhaltensweisen auch stärker im Alltag um als Männer. Diese achten gleichzeitig tendenziell überdurchschnittlich auf ausreichend Bewegung außer Haus, gleichzeitig überdurchschnittlich auf ausreichend Erholung und Vermeidung von psychischem Stress (◘ Abb. 6.6).

Abb. 6.5 Gesundheitsbewusstes Verhalten: Leitideen und ihre Umsetzung im Alltag. Basis: Bundesrepublik Deutschland, 65- bis 85-jährige Bevölkerung. Quelle: Generali Altersstudie 2017

Mit Blick auf die sozialen Schichten wird deutlich, dass sich nicht nur die Leitideen unterscheiden, welche Verhaltensweisen zur Erhaltung von Gesundheit und Leistungsfähigkeit wichtig sind, sondern auch deren Umsetzung im Alltag. Insbesondere Maßnahmen zur Erhaltung der geistigen Leistungsfähigkeit und regelmäßige sportliche Aktivitäten werden von 65- bis 85-Jährigen aus den höheren sozialen Schichten weitaus mehr praktiziert als in den einfachen sozialen Schichten. 35 Prozent der Älteren aus den schwächeren sozialen Schichten bemühen sich gezielt um die Erhaltung der geistigen Leistungsfähigkeit, 48 Prozent aus der Mittelschicht und 73 Prozent der 65- bis 85-Jährigen aus den höheren sozialen Schichten. 23 Prozent aus den einfacheren sozialen Schichten treiben regelmäßig Sport, dagegen knapp die Hälfte der Gleichaltrigen aus den höheren sozialen Schichten. Auch die bewusste Kontrolle des Gewichts und der Verzicht auf Nikotin werden in den höheren sozialen Schichten häufiger praktiziert als in den einfachen Schichten. So achten 52 Prozent der Älteren aus den schwächeren sozialen Schichten auf ihr Gewicht, dagegen knapp zwei Drittel der Gleichaltrigen aus den höheren sozialen Schichten (Tab. 6.7). Schon in der ersten Generali Altersstudie vor vier Jahren zeigte sich die unterschiedliche Gesundheitsorientierung der sozialen Schichten ähnlich ausgeprägt.

Die überwältigende Mehrheit der 65- bis 85-Jährigen fühlt sich durchaus gut informiert, was im Interesse der eigenen Gesunderhaltung getan werden kann und müsste. 71 Prozent stufen sich als gut informiert, weitere 16 Prozent sogar als sehr gut informiert ein. Auch in den schwächeren

Frage: „Was tun Sie alles für Ihre Gesundheit, was tun Sie, um gesund und leistungsfähig zu bleiben?" (Listenvorlage)

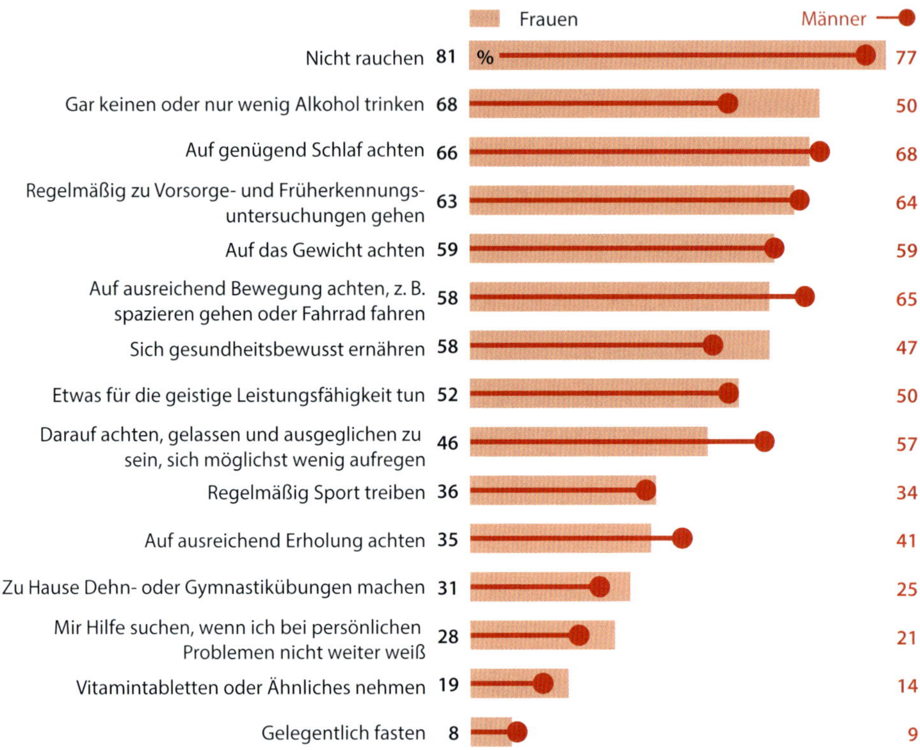

Abb. 6.6 Gesundheitsorientierung von Männern und Frauen im Alltag.
Basis: Bundesrepublik Deutschland, 65- bis 85-jährige Bevölkerung. Quelle: Generali Altersstudie 2017

Tab. 6.7 Unterschiedliche Gesundheitsorientierung der sozialen Schichten

Frage: „Was tun Sie alles für Ihre Gesundheit, was tun Sie, um gesund und leistungsfähig zu bleiben?" (Listenvorlage)

	Sozioökonomischer Status		
	niedrig (%)	**mittel (%)**	**hoch (%)**
– Auszug –			
Nicht rauchen	74	79	86
Auf ausreichend Bewegung achten	57	61	66
Auf das Gewicht achten	52	60	64
Etwas für die geistige Leistungsfähigkeit tun	35	48	73
Regelmäßig Sport treiben	23	36	49

Basis: Bundesrepublik Deutschland, 65- bis 85-jährige Bevölkerung
Quelle: Generali Altersstudie 2017

Frage: „Einmal ganz allgemein gefragt: Wie gut fühlen Sie sich alles in allem darüber informiert, was man selbst für seine Gesundheit tun kann? Würden Sie sagen ..."

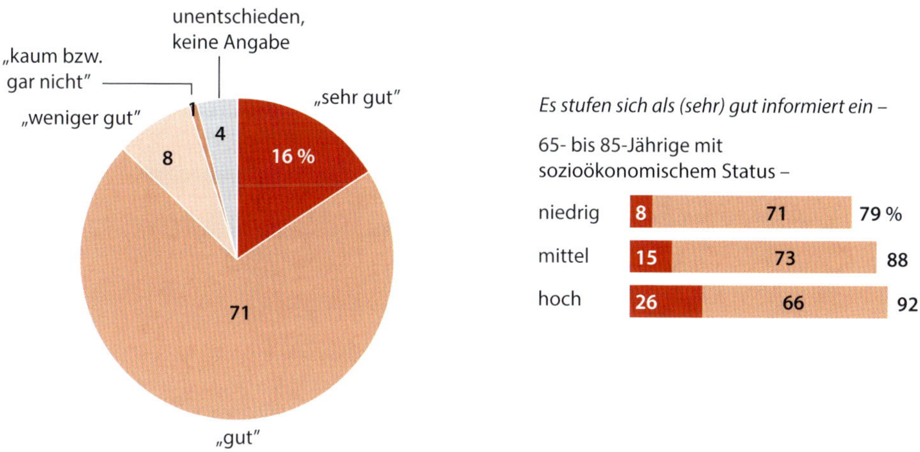

Abb. 6.7 Gut informiert.
Basis: Bundesrepublik Deutschland, 65- bis 85-jährige Bevölkerung. Quelle: Generali Altersstudie 2017

sozialen Schichten konstatiert nur eine Minderheit Informationsdefizite; 79 Prozent stufen sich als (sehr) gut informiert ein, in der Mittelschicht 88 Prozent, in den höheren sozialen Schichten 92 Prozent (Abb. 6.7).

Informationen zum Thema Gesundheitsvorsorge beziehen die 65- bis 85-Jährigen vor allem von Ärzten, aus dem Fernsehen und aus Gesprächen im Verwandten- und Bekanntenkreis. Auch Apotheken-Kundenzeitschriften werden von der Mehrheit als Informationsquelle zu diesem Thema genutzt, überdurchschnittlich von Frauen. Die wichtigste Informationsquelle sind jedoch Gespräche mit dem Hausarzt: 84 Prozent der Älteren nutzen Gespräche mit dem Hausarzt, um sich über Gesundheitsvorsorge zu informieren, 58 Prozent (auch) Gespräche mit einem Facharzt. 70 Prozent informieren sich auch über Beiträge im Fernsehen, 51 Prozent über Artikel in Apotheken-Zeitschriften und 45 Prozent über Artikel in Tageszeitungen (Abb. 6.8).

Das Internet spielt bisher als Informationsquelle in der älteren Generation eine untergeordnete Rolle. 18 Prozent nutzen Gesundheitsportale im Netz, 13 Prozent (auch) Internetseiten von Printmedien, ebenso viele andere Online-Informationen. Insgesamt rufen 30 Prozent der 65- bis 85-Jährigen Informationen zum Thema Gesundheitsvorsorge im Internet ab. Es kann jedoch kein Zweifel bestehen, dass die Bedeutung des Internets als Informationsquelle auch in der älteren Generation in den nächsten Jahren dynamisch wachsen wird. Dies zeigt schon allein die Altersfeinaufgliederung: Während von den 80- bis 85-Jährigen lediglich 9 Prozent Gesundheitsportale im Internet nutzen, sind es von den 65- bis 69-Jährigen bereits 27 Prozent (Abb. 6.9). Auch die Internetseiten von Printmedien wie andere Internetangebote werden von 65- bis 69-Jährigen häufiger genutzt als von den 70- bis 74-Jährigen und insbesondere den 75-Jährigen und Älteren. Die Jüngeren gehen auch in der Altersgruppe der 65- bis 85-Jährigen bei der Internetnutzung voran wie in der gesamten Bevölkerung die jüngere Generation. Zurzeit existieren ausgeprägt generationenspezifische Kommunikations- und Informationskulturen. Dies betrifft insbesondere die Nutzung des Internets, aber auch die Nutzung der Tagespresse. In der jungen Generation steht das Internet als Informationsquelle bei einem aktivierten und

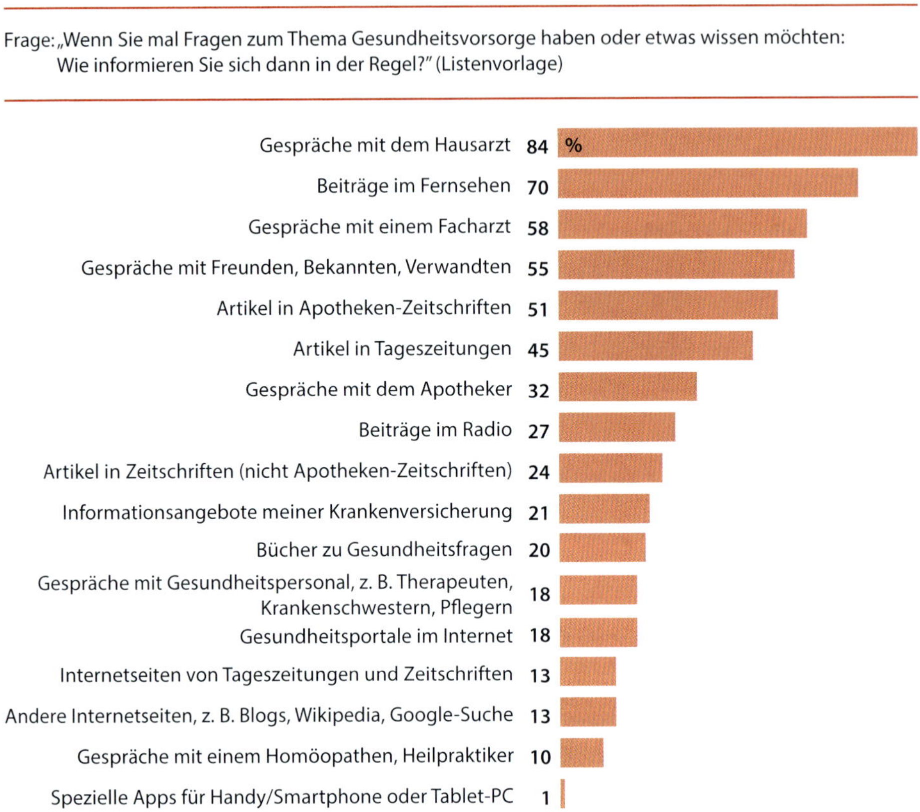

Abb. 6.8 Informationsquellen zum Thema Gesundheitsvorsorge.
Basis: Bundesrepublik Deutschland, 65- bis 85-jährige Bevölkerung. Quelle: Generali Altersstudie 2017

strukturierten Informationsbedarf bereits mit Abstand an der Spitze. Da das Internet wie kein anderes Medium zeit- und raumunabhängig einen aktivierten und strukturierten Informationsbedarf befriedigen kann, wird es auch in der älteren Generation für diesen Zweck rasch an Bedeutung gewinnen. Gerade für das Interesse an Gesundheitsinformationen gilt, dass meist gezielt nach bestimmten Informationen gesucht wird, also ein aktivierter und strukturierter Informationsbedarf vorliegt (Abb. 6.9).

Die Nutzung des Internets hängt nicht nur eng mit dem Alter zusammen, sondern in hohem Maße auch mit der sozialen Schicht. Die höheren Sozialschichten nutzen das Internet schon weitaus stärker für ihre Information zum Thema Gesundheitsvorsorge als die einfachen sozialen Schichten. So rufen lediglich 7 Prozent der 65- bis 85-Jährigen aus den einfachen sozialen Schichten Informationen von Gesundheitsportalen im Internet ab, aber bereits 33 Prozent der Gleichaltrigen aus den höheren sozialen Schichten. Umgekehrt spielen Gespräche mit dem Hausarzt und dem Apotheker sowie Beiträge im Fernsehen als Informationsquelle in den schwächeren sozialen Schichten eine überdurchschnittliche Rolle (Tab. 6.8).[3]

3 Zur Rolle des Internets bei der Gesundheitsprävention s. Kommentar von Elisabeth Pott: „Lebenserwartung und Lebensgefühl älterer Menschen in Deutschland" (Gesundheitsinformation für ältere Menschen).

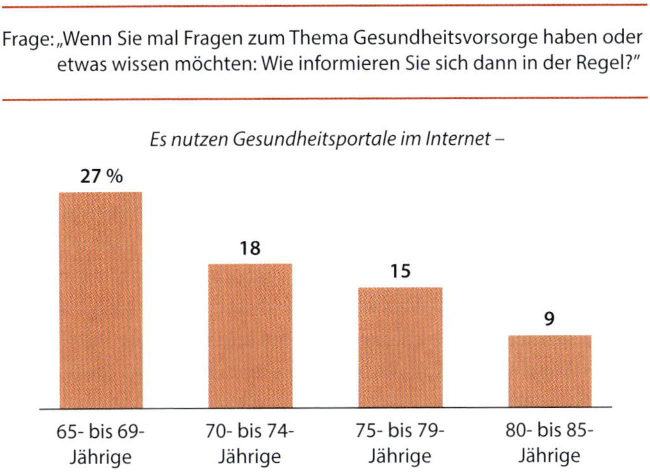

Abb. 6.9 Altersgebundene Nutzung des Internets.
Basis: Bundesrepublik Deutschland, 65- bis 85-jährige Bevölkerung. Quelle: Generali Altersstudie 2017

Tab. 6.8 Überdurchschnittliche Nutzung des Internets in den höheren sozialen Schichten

Frage: „Wenn Sie mal Fragen zum Thema Gesundheitsvorsorge haben oder etwas wissen möchten: Wie informieren Sie sich dann in der Regel?" (Listenvorlage)	Sozioökonomischer Status		
	niedrig (%)	mittel (%)	hoch (%)
– Auszug –			
Gespräche mit dem Hausarzt	86	86	78
Beiträge im Fernsehen	74	71	64
Artikel in Apotheken-Zeitschriften	54	54	38
Gespräche mit dem Apotheker	36	33	25
Bücher zu Gesundheitsfragen	15	19	27
Gesundheitsportale im Internet	7	17	33
Internetseiten von Tageszeitungen und Zeitschriften	8	13	19
Andere Internetseiten, z.B. Blogs, Wikipedia, Google-Suche	3	12	25
Gespräche mit einem Homöopathen, Heilpraktiker	5	9	15

Basis: Bundesrepublik Deutschland, 65- bis 85-jährige Bevölkerung
Quelle: Generali Altersstudie 2017

6.3 Lokale Angebote für die Gesundheitsvorsorge

Viele können in ihrem Wohnumfeld auf Informationsangebote und Kurse zurückgreifen, die sich speziell an Ältere wenden. So berichtet knapp jeder Zweite von Wander- bzw. Walking-Gruppen oder Wassergymnastik, die in der näheren Umgebung für Ältere angeboten werden. Vier von zehn 65- bis 85-Jährige wissen, dass es in erreichbarer Nähe auch Informationsveranstaltungen zum Thema gesunde Ernährung gibt wie auch zum Umgang mit bestimmten Krankheiten, die sich teilweise auch gezielt an Betroffene wenden. 26 Prozent haben Angebote zur Erhaltung der geistigen Leistungsfähigkeit bewusst registriert, ebenso viele Kurse zum Muskelaufbau und zur Sturzprävention. In Westdeutschland sind solche Angebote wesentlich weiter verbreitet als in Ostdeutschland. Das gilt für Angebote und Kurse zur Stabilisierung der körperlichen Fitness wie für Angebote zur Erhaltung der geistigen Leistungsfähigkeit oder einschlägige Informationsveranstaltungen.

6

So gibt es in den neuen Bundesländern weitaus weniger als in Westdeutschland Angebote der örtlichen Sportvereine für die ältere Generation, weniger Informationsveranstaltungen zum Umgang mit bestimmten Krankheiten oder zu Themen wie gesundheitsbewusste Ernährung (▣ Tab. 6.9).

West und Ost unterscheiden sich hier wesentlich mehr als Stadt und Land. Dass von den Älteren, die in Großstädten leben, tendenziell weniger Angebote genannt werden als von dem Durchschnitt der Älteren, lässt den Schluss zu, dass die Unübersichtlichkeit der größeren Städte und die Fülle der Optionen, die die Bewohner von großen Städten haben, auch dazu führt, dass Angebote in bestimmten Bereichen eher unterschätzt werden. So berichten 43 Prozent der 65- bis 85-Jährigen von Informationsveranstaltungen und Kursen zum Thema gesunde Ernährung, die sie im näheren Umfeld besuchen könnten, von den Einwohnern von Großstädten 41 Prozent. 38 Prozent der 65- bis 85-Jährigen insgesamt und genauso 38 Prozent der Großstädter haben schon Informationsveranstaltungen zum Umgang mit bestimmten Krankheiten bewusst registriert. Insgesamt differieren die Angaben von 65- bis 85-Jährigen, die auf dem Land leben, von Gleichaltrigen aus den größeren Städten weitaus weniger als wiederum die Einschätzung der sozialen Schichten. Ältere aus den höheren sozialen Schichten berichten von weitaus mehr Angeboten in ihrem Wohnumfeld als Gleichaltrige aus den schwächeren sozialen Schichten. Dies zeigt, dass die Angaben nicht nur das faktische Angebot im Umfeld widerspiegeln, sondern in hohem Maße auch von der Gesundheitsorientierung und damit dem Interesse an Gesundheitsthemen wie auch von Bildung und Informationsstand beeinflusst sind. So wissen 52 Prozent der Älteren aus den höheren sozialen Schichten, dass in der näheren Umgebung Informationsveranstaltungen zum Thema gesunde Ernährung angeboten werden, dagegen nur 32 Prozent der Gleichaltrigen aus den schwächeren sozialen Schichten. Informationsveranstaltungen zum Umgang mit bestimmten Krankheiten haben 28 Prozent aus den schwächeren sozialen Schichten bewusst registriert, 49 Prozent der Gleichaltrigen aus den höheren sozialen Schichten. Sämtliche zur Diskussion gestellten Angebote waren 65- bis 85-Jährigen aus den schwächeren sozialen Schichten signifikant weniger bekannt als Gleichaltrigen aus den mittleren bzw. höheren sozialen Schichten (▣ Tab. 6.10).

Ältere aus den schwächeren sozialen Schichten tun sich auch deutlich schwerer, aus den Angeboten zum Thema Gesundheitsvorsorge, die in der näheren Umgebung zur Verfügung stehen, Angebote zu finden und auszuwählen, die interessieren. Zwei Drittel der Älteren aus den höheren sozialen Schichten tun sich hier leicht, dagegen nur 42 Prozent der 65- bis 85-Jährigen aus den schwächeren sozialen Schichten. Die Fülle der Angebote kommt damit stärker denjenigen zugute,

Tab. 6.9 Weniger Angebote in Ostdeutschland

Frage: „Hier auf der Liste stehen verschiedene Angebote aus dem Bereich Gesundheitsvorsorge, die sich speziell an ältere Menschen richten. Was davon wird bei Ihnen in der Umgebung angeboten, ich meine, soweit Sie das wissen?"

	65- bis 85-Jährige insgesamt (%)	Westdeutschland (%)	Ostdeutschland (%)
Wander-, Walking-Gruppen	48	51	37
Seniorenschwimmen, Wassergymnastik	47	49	39
Andere seniorengerechte Angebote der örtlichen Sportvereine oder von anderen Anbietern	45	48	32
Informationsveranstaltungen bzw. Kurse zum Thema gesunde Ernährung	43	45	36
Informationsveranstaltungen zum Umgang mit bestimmten Krankenheiten	40	42	33
Angebote für Menschen mit bestimmten Krankheiten oder Problemen	38	40	28
Angebote für Menschen, die einen nahestehenden Menschen verloren haben	29	33	15
Informationsveranstaltungen zum Thema altersgerechtes Wohnen	27	28	23
Angebote zur Erhaltung der geistigen Leistungsfähigkeit	26	29	17
Kurse zum Muskelaufbau oder zur Vorbeugung von Stürzen	26	28	19
Nichts davon	10	9	15
Weiß nicht	11	10	12

Basis: Bundesrepublik Deutschland, 65- bis 85-jährige Bevölkerung
Quelle: Generali Altersstudie 2017

die ohnehin überdurchschnittlich informiert sind und eine gesundheitsbewusste Lebensweise praktizieren (Abb. 6.10).

Quer durch alle sozialen Schichten gilt jedoch, dass die Mehrheit keines der Angebote in der näheren Umgebung in Anspruch nimmt. Noch am ehesten werden sportliche Aktivitäten zur Erhaltung der körperlichen Leistungsfähigkeit akzeptiert wie Wassergymnastik, Walking-Gruppen oder andere seniorengerechte Angebote der örtlichen Sportvereine. Auch hier sind es

Tab. 6.10 Unterschiedliche Wahrnehmung der einschlägigen Angebote in den sozialen Schichten

Frage: „Hier auf der Liste stehen verschiedene Angebote aus dem Bereich Gesundheitsvorsorge, die sich speziell an ältere Menschen richten. Was davon wird bei Ihnen in der Umgebung angeboten, ich meine, soweit Sie das wissen?"

	Sozioökonomischer Status		
	niedrig (%)	mittel (%)	hoch (%)
– Auszug –			
Seniorengerechte Angebote der örtlichen Sportvereine oder von anderen Anbietern	36	46	52
Informationsveranstaltungen bzw. Kurse zum Thema gesunde Ernährung	32	45	52
Informationsveranstaltungen zum Umgang mit bestimmten Krankheiten	28	42	49
Angebote für Menschen mit bestimmten Krankheiten oder Problemen	31	39	43
Angebote zur Erhaltung der geistigen Leistungsfähigkeit	15	28	35
Kurse zum Muskelaufbau oder zur Vorbeugung von Stürzen	17	27	32

Basis: Bundesrepublik Deutschland, 65- bis 85-jährige Bevölkerung
Quelle: Generali Altersstudie 2017

Frage: „Wenn Sie einmal an die verschiedenen Angebote zum Thema Gesundheit denken, die es bei Ihnen in der Umgebung gibt, z.B. Gesundheitsberatung, Vorträge oder Sportangebote: Wie leicht oder schwer ist es da für Sie, Angebote zu finden, die Sie interessieren? Würden Sie sagen ..."

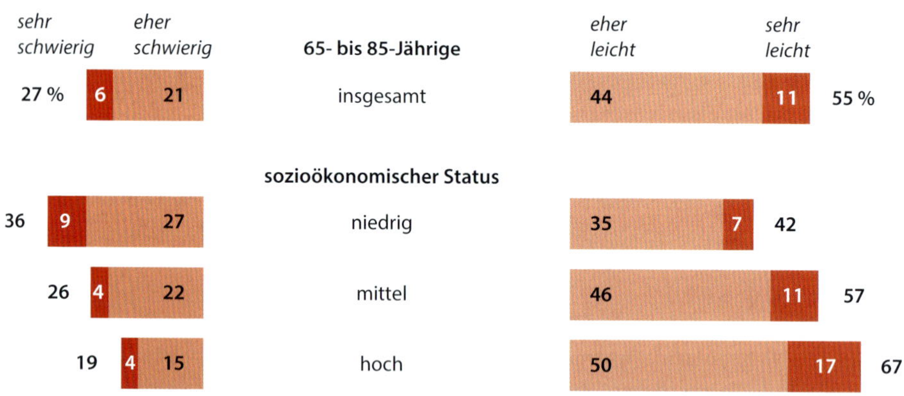

Abb. 6.10 Orientierung über interessante Angebote – auch eine Frage der Schicht.
Basis: Bundesrepublik Deutschland, 65- bis 85-jährige Bevölkerung. Quelle: Generali Altersstudie 2017

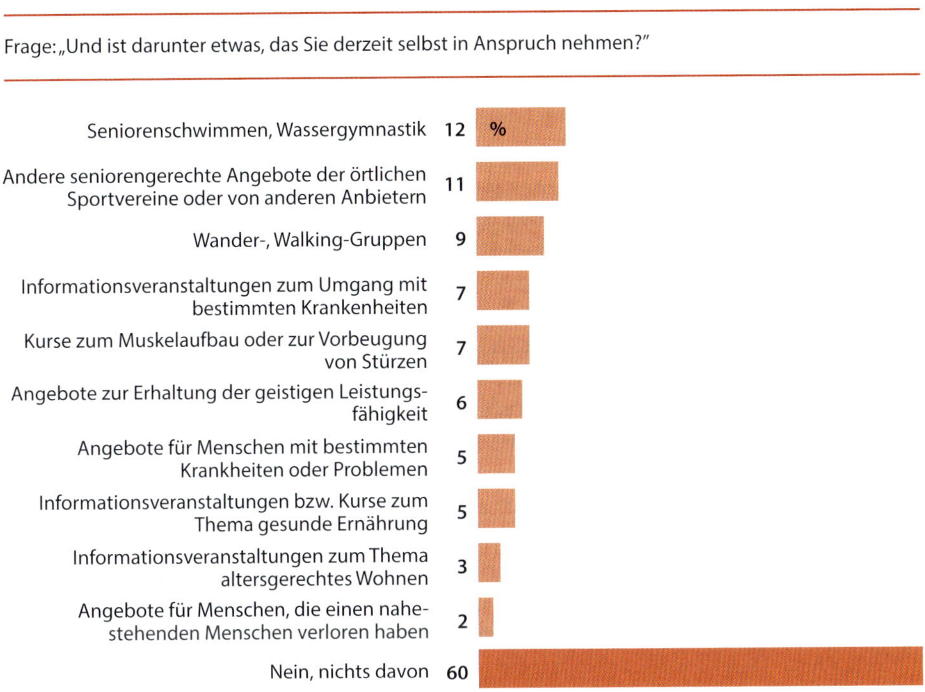

Abb. 6.11 Nutzung der Angebote in der näheren Umgebung.
Basis: Bundesrepublik Deutschland, 65- bis 85-jährige Bevölkerung. Quelle: Generali Altersstudie 2017

jedoch kleine Minderheiten, die von diesen Möglichkeiten Gebrauch machen: So machen 12 Prozent von Angeboten für Wassergymnastik und Schwimmen, die sich speziell an Senioren wenden, Gebrauch, 9 Prozent beteiligen sich an Wander- bzw. Walking-Gruppen, 11 Prozent an anderen seniorengerechten Angeboten der örtlichen Sportvereine oder von anderen Anbietern. Alle anderen zur Diskussion gestellten Angebote werden nur von 3 bis maximal 7 Prozent der 65- bis 85-Jährigen genutzt. 60 Prozent nehmen keines dieser Angebote in Anspruch, in den höheren sozialen Schichten 55 Prozent, in den einfachen sozialen Schichten 63 Prozent (Abb. 6.11).

Inwieweit diese Angebote angenommen werden, ist auch eine Frage der körperlichen Konstitution. So beteiligen sich 65- bis 85-Jährige mit gutem Gesundheitszustand dreimal so häufig an Wander- und Walking-Gruppen oder doppelt so häufig an Seniorenschwimmen und Wassergymnastik wie Ältere, die gesundheitlich beeinträchtigt sind. Diese nutzen umgekehrt überdurchschnittlich Informationsveranstaltungen zum Umgang mit bestimmten Krankheiten und speziell auch die einschlägigen Informationsveranstaltungen für Betroffene. Insgesamt zeigen die Ergebnisse, dass Gesundheitsorientierung in der älteren Generation stärker individuell umgesetzt wird als durch kollektive Aktivitäten oder organisierte Informationsangebote. Gleichzeitig darf die Bedeutung dieser Angebote nicht unterschätzt werden, denn die absolute Zahl der Teilnehmer ist durchaus eindrucksvoll: 25 Prozent beteiligen sich an kollektiven sportlichen Aktivitäten; dies entspricht in dieser Altersgruppe immerhin 3,8 Millionen.

Lebenserwartung und Lebensgefühl älterer Menschen in Deutschland

Elisabeth Pott

Die Menschen in Deutschland werden immer älter. Die Lebenserwartung bei Geburt liegt in Deutschland aktuell bei 78,2 Jahren für Männer und bei 83,1 Jahren für Frauen (Statistisches Bundesamt, Pressemitteilung vom 4.3.2016). Auch für ältere Menschen hat die Lebenserwartung weiter zugenommen. Die noch verbleibende Lebenserwartung beträgt bei heute 65-jährigen Männern weitere 18 Jahre und bei 65-jährigen Frauen fast 21 weitere Lebensjahre.

Die Generali Altersstudie 2017 (GAS 2017) zeigt, dass es in Deutschland der überwiegenden Zahl der Menschen im Alter von 65 bis 85 Jahren gutgeht, dass sie zufrieden sind, sich subjektiv gesund fühlen, viel unternehmen und optimistisch in die Zukunft blicken. 40 Prozent der 65- bis 85-Jährigen bewerten ihren Gesundheitszustand uneingeschränkt positiv. Der subjektive Gesundheitszustand der 65- bis 85-Jährigen ist damit sehr viel besser als noch vor einigen Jahrzehnten. Hier kann auf die Aussagen des DEAS 2014 verwiesen werden: Menschen mit einer guten subjektiven Gesundheit leben länger, und dies zeigt sich interessanterweise auch unabhängig von ihrer objektiven Gesundheit. Darüber hinaus ist bei Menschen mit guter subjektiver Gesundheit die Motivation höher, gesundheitsförderliche Verhaltensweisen auszuführen oder Risikoverhaltensweisen zu verändern. Daraus wird abgeleitet, dass die eigene Einschätzung der Gesundheit den individuellen Gesundheitszustand umfassender widerspiegelt als einzelne Gesundheitsdimensionen oder Diagnosen, da die eigene Lebenssituation und der eigene Lebensstil in die Bewertung einfließen. Es ist daher wichtig, sowohl bei der Gesundheitsberichterstattung als auch in der Gesundheitsversorgung diese Selbsteinschätzung zusätzlich zur objektiv gemessenen Gesundheitssituation zu berücksichtigen. Gerade der subjektiven Gesundheit kommt mit steigendem Alter eine wachsende Bedeutung zu (Spuling DEAS, S. 162).

Die Angaben zum Gesundheitszustand haben sich in der GAS 2017 im Vergleich zur GAS 2013 kaum verändert. Zu ähnlichen Ergebnissen kommt auch der Deutsche Alterssurvey 2014 (DEAS 2014,S. 167).

Krankheitsspektrum im Alter

Im Alter nehmen Krankheiten zu. Mit zunehmendem Alter steigen das individuelle Krankheitsrisiko, auch für das gleichzeitige Auftreten mehrerer chronischer Erkrankungen, sogenannte Multimorbidität, und entsprechend die Einnahme zahlreicher Medikamente. Die GAS 2017 zeigt, dass die gesundheitlichen Beschwerden jenseits Mitte der 70 kontinuierlich ansteigen. Ab dem Alter von 65 Jahren sind mehr als die Hälfte aller Menschen an (mindestens) einer chronischen Krankheit erkrankt. Im Vordergrund stehen

- Herz-Kreislaufkrankheiten,
- Diabetes,
- Muskel-Skelett-Erkrankungen, hierdurch funktionale Einschränkungen, Einschränkungen der Mobilität,
- Sturzunfälle: Fast ein Drittel der 65-Jährigen und Älteren stürzt mindestens einmal jährlich,
- Krebserkrankungen.

Das Auftreten von Mehrfacherkrankungen ist ein Charakteristikum der gesundheitlichen Lage älterer Menschen. 68 Prozent der 65- bis 74-jährigen Männer und 76 Prozent der gleichaltrigen Frauen weisen mehr als zwei Erkrankungen auf. Bei den über 75-jährigen Männern steigen die Werte auf 74 Prozent und bei über 75-jährigen Frauen auf 82 Prozent (Robert-Koch-Institut 2015; Nowossadeck und Nowossadeck 2011).

Neben vielfältigen körperlichen Erkrankungen und hirnorganisch bedingten Alterungsprozessen treten im Alter häufig auch psychische Störungen auf, die psychoreaktiv zum Beispiel durch Verlust des Lebenspartners, Aufgabe der Berufstätigkeit, Verarmung an sozialen Beziehungen und Nachlassen der Leistungs- und Anpassungsfähigkeit entstehen. Was psychische Erkrankungen angeht, so findet seit einiger Zeit eine Verschiebung von den somatischen zu den psychischen Krankheiten statt, gemeint sind hier vor allem Depressionen und Demenz: Ein Viertel der über 65-Jährigen hat psychische Probleme oder Störungen. Depressionen, Angststörungen und Erschöpfungszustände treten deutlich häufiger bei Frauen auf, während einige der o.g. somatischen Krankheiten, zum Beispiel Herz-Kreislauferkrankungen, häufiger bei Männern diagnostiziert werden.

Das gleichzeitige Vorkommen verschiedener Funktionsstörungen, insbesondere das Nachlassen des Seh- und Hörvermögens, führt zu Beeinträchtigungen der Teilhabe am Leben in der Gemeinschaft und der Einschränkung oder sogar dem Verlust von Selbstständigkeit.

Die Veränderung wird auch subjektiv wahrgenommen. Allerdings nimmt die subjektive Gesundheitsbewertung zufolge DEAS nicht im gleichen Ausmaß ab, wie es die altersbedingte Zunahme an Erkrankungen und funktionalen Einschränkungen erwarten lassen würde. (DEAS 2016, S. 162) Selbst bei mehrfach erkrankten Personen ist der Anteil mit einer guten Gesundheitsbewertung immer noch dreimal so groß wie der Anteil mit einer schlechten Gesundheitsbewertung. 14 Prozent der 70- bis 74-Jährigen geben an, dass sich über die letzten drei Jahre ihr Gesundheitszustand deutlich verschlechtert hat, bei den 75-bis 79-Jährigen geben das schon 19 Prozent an und bei den 80-bis 85-Jährigen 26 Prozent (Abb. 6.2). 40 Prozent der 65-bis 85-Jährigen hoffen für die nächsten drei Jahre auf eine gesundheitliche Stabilisierung, aber jeder Fünfte stellt sich auf eine Verschlechterung ein. Die Erwartungen für die nächsten Jahre hängen stark von der aktuellen Situation, also auch von bereits vorhandenen Beeinträchtigungen ab. In der GAS 2017 ist vor allem der enge Zusammenhang zwischen subjektiver Gesundheit und Lebenszufriedenheit bestätigt worden. Die subjektive Bewertung der eigenen Gesundheit ist als ein wichtiger und sogar besserer Vorhersagewert für die Lebenserwartung anzusehen als die objektiv gemessene Gesundheit.

Gesundheit und soziale Lage

Schlechtere soziale Lage = schlechtere Gesundheit

Auf einen kleineren Teil der Bevölkerung trifft die Feststellung, dass es ihnen gutgeht und dass sie zufrieden sind, nur eingeschränkt zu. Die Gruppe der sozioökonomisch schlechter gestellten Menschen im Alter von 65 bis 85 Jahren ist deutlich unzufriedener, weniger optimistisch, hat weniger soziale Kontakte und fühlt sich subjektiv auch weniger gesund. Zu ganz ähnlichen Ergebnissen kommt auch der Deutsche Alterssurvey mit seiner aktuellsten Untersuchung aus dem Jahr 2014 (DEAS 2016, S. 133) Im Vergleich zwischen den sozialen Schichten ziehen in der GAS 2017 52 Prozent aus den höheren sozialen Schichten eine positive Bilanz ihres Gesundheitszustandes, während dies nur 28 Prozent der Gleichaltrigen aus niedrigen sozialen Schichten tun. Andere Untersuchungen zum Gesundheitszustand von Menschen in sozial schwierigen Lebenslagen zeigen über alle Altersgruppen ähnliche Ergebnisse. In einer systematischen Literaturübersicht, in die 71 europäische Studien eingeflossen sind, die im Zeitraum von 1995 bis 2013 publiziert wurden, zeigen Read und Kollegen, dass zwischen Indikatoren der sozialen Lage, zum Beispiel Einkommen, Vermögen und Wohnsituation, und Indikatoren der subjektiven Gesundheit, zum Beispiel allgemeine Lebenszufriedenheit, gesundheitsbezogene Lebensqualität und Selbsteinschätzung des allgemeinen Gesundheitszustandes, zumeist ein enger Zusammenhang besteht (Read et al. 2016). Je prekärer die soziale Lage desto höher ist auch der Anteil der Älteren, die ihren Gesundheitszustand negativ bewerten und eine geringe Lebensqualität berichten (Richter und Hurrelmann 2009).

Die Lebenserwartung von Menschen in sozial schwierigen Verhältnissen ist deutlich niedriger als die von sozial und ökonomisch besser gestellten Menschen. Männer der untersten Einkommensschicht haben eine um bis zu elf Jahre geringere Lebenserwartung als Männer der höchsten Einkommensgruppe. Bei Frauen beträgt der Unterschied bis zu acht Jahre.

Erklärungsmodelle für die deutlich schlechtere Gesundheit bei Menschen der unteren Einkommensschicht gehen von einem komplexen Wirkungsgeflecht zwischen besonders hohen sozialen Belastungen, besonders niedrigen Ressourcen und Bewältigungsmöglichkeiten und gesundheitsgefährdenden Risikoverhaltensweisen und niedriger Inanspruchnahme medizinischer Früherkennungs- und Vorsorgeangebote aus.

Zielgruppe der Prävention: Sozial benachteiligte ältere Menschen

In seinem Gutachten 2007 hat der Sachverständigenrat zur Begutachtung der Entwicklung im Gesundheitswesen festgestellt (Sachverständigenrat 2007), dass Potenziale für Gesundheitsförderung und Prävention insbesondere in der stärkeren Berücksichtigung sozial benachteiligter älterer Menschen liegen (Pott 2013). Schon im Jahr 2000 hat der deutsche Gesetzgeber in § 20 SGB V Prävention und Gesundheitsförderung als Aufgabe der Gesetzlichen Krankenversicherung verankert mit dem Oberziel, sozial bedingte gesundheitliche Ungleichheit abzubauen. Ziele von Gesundheitsförderung und Prävention sind die Erhaltung und die Stärkung der körperlichen, der seelisch/geistigen und der sozialen Gesundheit. Angesichts dieser Zielsetzungen ist eine Kombination von Verhaltens- und Verhältnisprävention erforderlich und erfolgversprechend. Unter Verhaltensprävention verstehen wir alle Maßnahmen, die unmittelbar Einfluss auf den Abbau von Risikoverhalten oder auf die Stärkung von gesundheitsgerechtem Verhalten haben. Veranschaulicht werden kann das zum Beispiel am Thema Rauchen. Zur Verhaltensprävention gehören beispielsweise Information und Aufklärung über die Gesundheitsschädlichkeit des Rauchens, über Folgekrankheiten, über die Minderung der sportlichen Leistungsfähigkeit, über das Abhängigkeitspotenzial und Informationen darüber, wie man sich das Rauchen abgewöhnen kann, wenn man schon Raucher ist. Schließlich gehören dazu Informationen über Handlungsalternativen und Maßnahmen zur Stärkung der Persönlichkeit. Sie können dazu beitragen, Jugendliche zu motivieren, mit dem Rauchen gar nicht erst zu beginnen, und Raucher dazu motivieren, mit dem Rauchen aufzuhören. Unter Verhältnisprävention, auch strukturelle Prävention genannt, werden Maßnahmen verstanden, die Einfluss auf die Lebens-, Arbeits- und Umweltbedingungen haben, wie Nichtraucherschutzgesetze,

Tabaksteuererhöhungen, Werbeverbote, Entfernung von Zigarettenautomaten. Die Kombination von Maßnahmen aus beiden Bereichen soll die gesündere Wahl zur leichteren Wahl machen. Ein solches Konzept kann nur sektorenübergreifend und in interdisziplinärer Zusammenarbeit umgesetzt werden. Dem stehen eine starke Segmentierung und Versäulung im deutschen Gesundheits- und Sozialwesen, unterschiedliche Konzepte der verschiedenen Berufsgruppen und unterschiedliche Finanzierungsstrukturen entgegen. Eine Stärkung der Prävention ist angesichts der demografischen Entwicklung, angesichts des vorherrschenden Krankheitsspektrums chronischer Krankheiten im Alter und der ungleichen Verteilung von Gesundheitschancen dringend notwendig. In Deutschland beobachten wir seit Längerem eine Verschiebung von den akuten zu den chronisch-degenerativen und von somatischen zu psychischen Störungen. Viele Krankheiten haben ihre Wurzeln bereits in der Kindheit oder im Jugendalter. Viele riskante Verhaltensweisen sind bereits im Kindes- und Jugendalter entstanden, soziale Benachteiligung findet sich ebenfalls schon in der Kindheit. Deshalb müssen Prävention und Gesundheitsförderung idealerweise möglichst früh in der Kindheit beginnen und alters- und zielgruppenspezifisch über die verschiedenen Lebensphasen, über das mittlere Lebensalter zum Beispiel auch in den Betrieben kontinuierlich bis ins hohe Lebensalter fortgesetzt werden. Die GAS 2017 befasst sich mit der Altersgruppe der 65- bis 85-Jährigen. Für diese Altersgruppe zeigt die neuere Forschung, dass Menschen bis ins hohe Alter lernfähig und trainierbar (Narushima 2008; Hottenrott et al. 2004) sind. Daraus folgt, dass auch wenn Menschen in jüngeren Jahren nicht mit Prävention und Gesundheitsförderung erreicht worden sind, geeignete Präventionsmaßnahmen auch noch im höheren Alter erfolgreich sein können. Dabei müssen allerdings die biografische Entwicklung und der langjährige Einfluss der Lebensbedingungen berücksichtigt werden. Das Wissen um die Lernfähigkeit im körperlichen und im psychischen Bereich bis ins hohe Alter ist noch lange nicht überall verbreitet. Viele ältere Menschen, aber auch viele Multiplikatoren sind überzeugt, dass ihre Entwicklung bereits abgeschlossen ist. Prävention muss auf dem Stand der wissenschaftlichen Erkenntnisse heute Konzepte des lebenslangen Lernens entwickeln und umsetzen. Das erfordert ein erhebliches Umdenken und auch im Handeln große Umstellungen der Zielgruppen und der Multiplikatoren. Lebenslanges Lernen bedeutet unter anderem, dass auch dann, wenn bereits Krankheit eingetreten ist, Präventionsmaßnahmen fortgesetzt werden. So ist die früher üblicherweise verordnete Schonung in vielen Krankheitssituationen inzwischen einer frühen Mobilisierung und Aktivierung gewichen. Ein anderes Beispiel zeigt, dass eine Änderung gesundheitsriskanter Verhaltensweisen wie „das Aufhören mit dem Rauchen" auch nach vielen Raucherjahren mit ihren zu befürchtenden Folgen noch möglich ist und das Risiko einer Folgekrankheit deutlich vermindert.

Die Bedeutung von Prävention und Gesundheitsförderung für ein gesundes Altern ist heute unbestritten. Nachdem die Lebenserwartung in den letzten Jahrzehnten deutlich angestiegen ist, sollen nun möglichst viel Lebensqualität und Wohlbefinden für diese gewonnenen Jahre ermöglicht werden. Wichtig sind qualitätsgesicherte Ansätze, die körperliche, psychische und soziale Einflussfaktoren und strukturelle Rahmenbedingungen berücksichtigen. Die Programme müssen alltagsnah gestaltet und nachhaltig angelegt sein. Sie müssen Menschen im Alltag dort erreichen, wo sie leben, und sie müssen ggf. bereits vorhandene Beeinträchtigungen oder Einschränkungen unter dem Gesichtspunkt des Erhalts der Selbstständigkeit auszugleichen suchen. Zu den besonders von Gesundheitsproblemen betroffenen Menschen in schwierigen Lebenslagen müssen geeignete Zugangswege gefunden und verankert werden. Nicht übersehen werden darf die Möglichkeit, die soziale Lage der Betroffenen unmittelbar zu verbessern (Kruse 2013; Kruse und Schmitt 2016, S. 252ff).

Ganzheitlicher Ansatz

Intervention in Sinne der Ottawa-Charta

Die Verabschiedung der Ottawa-Charta für Gesundheitsförderung der WHO begründet eine Abkehr von einem ausschließlich auf die klassischen Risikofaktoren konzentrierten Konzept und die Hinwendung zu einem ganzheitlichen Ansatz von Prävention und Gesundheitsförderung. Unverzichtbare Elemente erfolgreicher Programme sind die Förderung von Gesundheitskompetenzen (*Empowerment*) von Menschen und Organisationen, die Einbeziehung der Zielgruppen in die Entwicklung, Umsetzung der Maßnahmen *(Partizipation)* und der Lebensweltbezug. Nur so kann gewährleistet werden, dass bei den tatsächlichen Bedürfnissen der Zielgruppen angesetzt wird. Es muss davon ausgegangen werden, dass im Alter bereits vorher bestehende, sozial bedingte Ungleichheiten weiter bestehen und sich aufgrund lebenslaufbedingter Vorprägungen verstärken können.

Entsprechend komplexe Interventionsansätze müssen hohen Qualitätsanforderungen genügen. Nicht zu vernachlässigen ist der Einfluss der Strukturen des Gesundheitswesens. Häufig scheitert gute Prävention an unterschiedlichen Zuständigkeiten, Kompetenzkonflikten, Streit um die Frage, wer die Kosten trägt, und an unterschiedlichen Konzepten unterschiedlicher Professionen. Sektorale Ansätze führen bestenfalls zu Verbesserungen einzelner Bereiche, aber nicht zu einer Verbesserung der Versorgung insgesamt und werden deshalb den Erfordernissen einer erfolgversprechenden, ganzheitlich ausgerichteten Prävention und Gesundheitsförderung bei alten Menschen nicht gerecht.

Orientierung am Modell „Frühe Hilfen"

Während es in den letzten Jahren in Deutschland gelungen ist, für Kinder, deren gesunde Entwicklung bedroht ist, ein vernetztes System der Frühen Hilfen aufzubauen und so ihre Chancen auf ein gesundes Aufwachsen deutlich zu verbessern, gibt es keine vergleichbaren Strukturen für ältere Menschen. Vor allem gibt es bis heute niemanden, der in der Fülle unterschiedlicher Angebote eine Lotsen- und Koordinierungsfunktion für alte Menschen wahrnimmt, damit passgenau die tatsächlich gebrauchten Angebote genutzt werden können. Während bei den Frühen Hilfen Kinder *und* Eltern im Blick sind, fehlt für Ältere die Einbeziehung der Bezugs-, Betreuungs- und Pflegepersonen, die in erster Linie Hilfe und Versorgung leisten, im Regelfall der Angehörigen. Oft sind das die erwachsenen, häufig selbst schon älteren Kinder. Auch bei Fragen von Aufklärung und Prävention ist ihre Hilfe unverzichtbar. Es beginnt damit, dass vielfach Informationen zum Beispiel des Arztes nicht richtig verstanden oder erinnert werden. Dann kommt den Helfern und Betreuern die Aufgabe zu, Informationen leicht verständlich zu erklären und im Alltag ggf. häufiger zu wiederholen.

Ähnlich wie bei den Frühen Hilfen muss ein vernetzter kommunaler Ansatz für ältere Menschen in Erwägung gezogen werden (Walter und Patzelt 2012; Günster, Klose und Schmacke 2012; Köster 2012).

Gesundheitsinformation für ältere Menschen

Der Arzt als wichtigste Quelle der Gesundheitsinformation

In der GAS 2017 geben die meisten älteren Menschen an, über ihren Arzt aufgeklärt und informiert werden zu wollen. 84 Prozent der Älteren geben an, dass Gespräche mit ihrem Hausarzt ihre wichtigste Informationsquelle zu Fragen der Gesundheitsvorsorge sind. An dieser Stelle muss angemerkt werden, dass andererseits von Patienten über Kommunikationsschwierigkeiten in Gesprächen mit ihrem Arzt berichtet wird. Häufig wird über zu wenig Zeit geklagt, aber auch darüber, dass er gar nicht richtig zuhört oder unterbricht, bevor gesagt oder gefragt werden konnte, was man wissen wollte, und schließlich lautet die Klage, dass der Arzt zu viele Fachausdrücke gebraucht, die man nicht verstanden hat. Da gute Gespräche mit dem Patienten deutlich zum Behandlungserfolg beitragen und diejenigen, die präventiv beraten werden wollen, offenbar ein großes Vertrauen gerade in die Beratung durch den Arzt setzen, muss das Arzt-Patienten-Gespräch seiner Bedeutung für ältere Menschen entsprechend verbessert werden. Anzumerken ist, dass zum Medizinstudium keine obligatorische Ausbildung in Gesprächsführung gehört und eine solche der Mehrzahl der heute aktiven Ärzte nicht einmal angeboten wurde. Dabei muss noch berücksichtigt werden, dass es in hohem Alter aufgrund eingeschränkten Hörens und Sehens und ggf. vorliegender kognitiver Einschränkungen besonderer Fähigkeiten in der Kommunikation bedarf.

Allgemeine andere Informationsquellen

Weitere deutlich seltener genutzte Informationsquellen alter Menschen sind Fernsehsendungen, Gespräche mit dem Facharzt, Gespräche mit Verwandten, Freunden und Bekannten und schließlich Apotheken-Zeitschriften.

Internet

Das Internet spielt bisher in der älteren Generation für die Informationsbeschaffung zum Thema Gesundheitsvorsorge eine untergeordnete Rolle. Die GAS 2017 stellt fest, dass heute die junge Generation, vor allem die unter 30-Jährigen, sich ein Leben ohne Internet gar nicht mehr vorstellen können, dass aber die Ausbreitung der Internetnutzung bei den 65-Jährigen und Älteren deutlich langsamer verläuft. Zwei Drittel der 64- bis 74-Jährigen nutzen heute das Internet, aber nur ein Drittel der 75- bis 85-Jährigen. Unterschiede gibt es außerdem zwischen Männern und Frauen und zwischen den sozialen Schichten. Diese Unterschiede sind in den jüngeren Altersgruppen der 14- bis 64-Jährigen zwischen Männern und Frauen deutlich geringer und zwischen den sozialen Schichten immerhin weniger ausgeprägt.

Trendentwicklungen (Schlette 2013) zeigen, dass die Bedeutung des Internets als Informationsquelle in der nachwachsenden älteren Generation in den nächsten Jahren immer mehr wachsen wird. Die Verbreitung der Internetnutzung in den älteren Altersgruppen und allen sozialen Schichten bietet große Vorteile auch für die Gesundheitsinformation. Vorteile können sein: Förderung von Wissen und Mitsprache, unabhängig von Bildung und sozialer Situation. Idealerweise kommt es zur Einebnung sozialer Unterschiede, denn Online-Informationen stehen grundsätzlich allen zur Verfügung. Vorteile sind die leichte und schnelle Verfügbarkeit, Informationen sind rund um die Uhr zugänglich. Physische

Barrieren sind durch die Verfügbarkeit im Hause und die Anpassung von Sichtbarkeit und Hörbarkeit niedriger als bei vielen anderen Angeboten. Dabei spielt ggf. auch die Verwendung besonders geeigneter Hard- und auch Software eine größere Rolle, deren Beschaffung ihrerseits eine Hürde darstellen kann. Das größte Angebot von Hardware findet sich heute im Internet. Hier wären Vertriebskanäle wie die *Ouderenwinkels* in den Niederlanden geeignet, die im stationären Einzelhandel auch in kleineren Orten neben dem in Deutschland regelmäßig in „Sanitätshäusern" zu findenden Bedarf ganz selbstverständlich Hard- und Software anbieten. Ein weiterer Vorteil ist gute Verständlichkeit; wenn Daten und Fakten internetgerecht, das heißt insbesondere grafisch gestaltet und audiovisuell unterstützt, gut aufbereitet im Internet stehen, sind sie leicht verständlich. Deshalb haben internetgestützte Informationsangebote in den jüngeren Altersgruppen auch bisher schon eine sehr hohe Akzeptanz. Mit dem Älterwerden der digital aufgewachsenen Generation werden sich auch im höheren Alter die weiteren Vorzüge des Internets, wie Multimodalität und Interaktivität, noch stärker positiv auswirken. Heute geht es zunächst häufig zum Beispiel um krankheitsspezifische Informationen, um Fragen der Arzneimittelsicherheit, um Bewertungskriterien für Versorgungsangebote. Wegen der rasanten Entwicklung der Digitalisierung, die alle Lebensbereiche in Staat und Gesellschaft betrifft, auch „digitale Revolution" genannt, ist es vielleicht nicht erstaunlich, dass ein größerer Teil der Älteren sich durch den Umgang mit den digitalen Geräten und die Vielfalt der technischen Möglichkeiten noch überfordert fühlt (◘ Abb. 4.21). Das trifft besonders auf diejenigen zu, die damit nicht täglich arbeiten. Aber nicht nur die Geschwindigkeit der Entwicklung löst Ängste aus. Es kommt auch zu Veränderungen der Informations- und Kommunikationskultur, die zum Beispiel auch das Arzt-Patienten-Verhältnis betreffen. Während früher das Expertenwissen dem Arzt vorbehalten war, hat heute jeder Bürger über die neuen Medien grundsätzlich Zugang zu Fachwissen – unter Einschluss jedweden Pseudo-Fachwissens – und medizinischen Informationen, die ihn selbst zum Experten machen. Zwar kommt dies dem Ideal der WHO des gut informierten Bürgers/Patienten näher, der kompetent ist, besser und selbstbestimmt über seine Gesundheit zu entscheiden. Die WHO verwendet hier den Begriff *health literacy*, in Deutschland bevorzugt unter dem Stichwort *Gesundheitskompetenz* angesprochen. Aber auch das kann bei älteren Patienten, die ein patriarchalisches Arzt-Patienten-Verhältnis gewohnt sind, Ängste auslösen. Eine verbesserte Gesundheitskompetenz führt zu einer Veränderung der Arzt-Patienten-Kommunikation. Gespräche auf Augenhöhe und gemeinsame Entscheidungsfindung (*shared-decision-making*) werden begünstigt. Ob ältere Menschen dies wirklich wünschen, muss unter der insbesondere von Dierks aufgeworfenen Fragestellung, ob Augenhöhe vom Patienten wirklich gewünscht ist, kritisch geprüft werden (Dierks und Seidel 2005).

Das Gespräch mit dem Arzt wird damit nicht überflüssig, es verändert seinen Charakter. Technologie sollte immer als Unterstützung eingesetzt werden und nicht Ersatz für persönliche Begegnung sein. Dies muss ausdrücklich betont werden, weil das persönliche Gespräch, das das Vertrauensverhältnis zwischen Arzt und Patient begründet, in seiner Bedeutung für den Behandlungserfolg immer noch oft unterschätzt wird.

Gesundheitskompetenz als Ziel von Partizipation und Empowerment

Gesundheitskompetenz (*health literacy*) ist die Fähigkeit, Entscheidungen zu treffen, die sich positiv auf die eigene Gesundheit auswirken. Das umfasst die Fähigkeit zu selbstbestimmtem Handeln und Gestalten, also zu mehr Übernahme von Verantwortung für die eigene Gesundheit. Um Gesundheitskompetenz zu entwickeln, sind in der Prävention und Gesundheitsförderung die Ansätze der Partizipation und des Empowerment zentral. Aus einem Prozess, den sie mitgestalten können, gehen Menschen gestärkt hervor. Sie erfahren, dass sie etwas verändern können, dass sie nicht hilflos sind, sondern dass sie etwas bewirken. Laut GAS 2017 gehen in den höheren sozialen Schichten weit mehr Menschen davon aus, dass sie selbst großen Einfluss auf ihre Gesundheit haben, als in den einfachen sozialen Schichten. Eine erfolgreiche Verstärkung dieses Ansatzes, der sich auf Partizipation und Empowerment richtet, käme gerade denen besonders zugute, die einen besonderen Bedarf an Prävention und Gesundheitsförderung haben.

Insgesamt stellt die GAS 2017 in der Altersgruppe der 65- bis 85-Jährigen fest, dass mit dem zunehmenden Bewusstwerden der Anfälligkeit der eigenen Gesundheit, der eigenen Verletzbarkeit, eine intensivere Auseinandersetzung mit Gesundheitsrisiken und Prävention erfolgt (► Abschn. 6.2). Es ist in allen Schichten bewusst, dass der Verzicht auf das Rauchen gut für die Gesundheit ist, und die überwiegende Mehrheit weiß auch, dass ausreichend Bewegung, eine bewusste Steuerung des eigenen Körpergewichts und genügend Schlaf für die eigene Gesunderhaltung besonders wichtig sind. Ebenso werden eine gesundheitsbewusste Ernährung und die Vermeidung von Stress bewertet. Der Unterschied zwischen den unterschiedlichen sozialen Schichten besteht vor allem darin, dass Menschen aus höheren sozialen Schichten wesentlich mehr Handlungsoptionen zur Verfügung stehen und sie über eine deutlich bessere Selbstwirksamkeitserwartung verfügen.

Soziale Kontakte und Gesundheit

Befund der GAS 2017 zu sozialen Kontakten

Von den 65- bis 85-Jährigen geben in der GAS 2017 nahezu alle an, jemanden zu finden, an den sie sich wenden können, wenn sie einmal in eine schwierige Situation geraten, zum Beispiel krank werden (◘ Abb. 5.19). Drei Viertel wissen, dass sie sich auf ihre Kinder verlassen können, zwei Drittel auch auf ihren Partner. Dass es niemanden gibt, an den man sich in einer schwierigen Lage wenden kann, sagt nur 1 Prozent der 65- bis 85-Jährigen. 81 Prozent geben an, leicht jemanden aus der Familie oder dem engeren Freundes -und Bekanntenkreis zu finden, der ihnen im Krankheitsfall hilft. Auch der DEAS stellt fest, dass die Zahl der Personen, die gesundheitlich eingeschränkten Personen helfen, deutlich ansteigt und der Großteil der Unterstützung weiterhin innerhalb der Familie erbracht wird. 24 Prozent der Geschiedenen und 32 Prozent der Ledigen halten es aber für eher schwer, oder sogar sehr schwer, jemanden zu finden, der ihnen in einer solchen Situation hilft. Gleichzeitig fällt auf, dass 44 Prozent der Verheirateten ihren Gesundheitszustand positiv bewerten, während das nur für ein Drittel der geschiedenen oder ledigen Älteren gilt (◘ Tab. 6.2). Das kann als Beleg dafür angesehen werden, wie wichtig eine stabile Partnerbeziehung für Wohlbefinden und Gesundheit ist. Angesichts der zunehmenden Zahl von Geschiedenen und Alleinlebenden stellt sich damit für die Zukunft die Frage, wie deren Gesundheit besser gefördert werden kann und wo die benötigte Hilfe zu finden sein wird.

Auch für gemeinsame Unternehmungen stellen es sich 77 Prozent der heute 65- bis 85-Jährigen leicht vor, Mitstreiter zu finden (◘ Abb. 5.20). Besonders leicht stellen sich das diejenigen vor, die einen großen Bekanntenkreis haben und die gesund sind. 59 Prozent der Befragten erhalten zumindest sporadisch auch im Alltag Hilfe von ihren Nachbarn, und 64 Prozent helfen umgekehrt hin und wieder ihren Nachbarn. Zwischen Ost- und Westdeutschland finden sich dabei kaum Unterschiede (◘ Abb. 5.21 und 5.22).

Einsamkeit

Die GAS 2017 zeigt, dass ältere Menschen in schlechterem Gesundheitszustand und die ohne Partner sich häufiger einsam fühlen (◘ Abb. 5.4). Während das Vorhandensein von Kindern und Enkelkindern einen positiven Effekt auf die Zufriedenheit mit den sozialen Kontakten hat, kennen Kinderlose das Gefühl der Einsamkeit weit häufiger. Die GAS 2017 geht davon aus, dass sich die Zahl der Alleinlebenden in den nächsten Jahren weiter erhöht. Dadurch würde auch die Zahl derjenigen, die sich einsam fühlen, weiter steigen.

Da die Untersuchung an vielen Stellen gezeigt hat, dass gute und zuverlässige soziale Kontakte sich positiv auf die Gesundheit auswirken, ist im Umkehrschluss unschwer zu erwarten, dass sich Einsamkeit ungünstig auf die Gesundheit auswirkt.

Tatsächlich hat Einsamkeit einen großen Einfluss sowohl auf die Krankheitsentstehung als auch auf den Krankheitsverlauf. Dieser Befund ist für die Prävention und die Behandlung von Krankheiten von besonderer Bedeutung, unter anderem deshalb, weil er unterschätzt wird, obwohl an anderer Stelle bereits auf die große Bedeutung sozialer Nähe und Unterstützung für die Gesundheit hingewiesen wurde. Einsamkeit muss unter anderem als wesentliches Risiko für das Auftreten von Depressionen gesehen werden. Dabei ließe sich auch für Alleinlebende und Kinderlose Einsamkeit überwinden (DEAS 2014, S. 330). Soziales Engagement ist zum Beispiel ein geeigneter Weg, um andere Menschen kennenzulernen und etwas für die eigene Gesundheit zu tun. Es ist inzwischen hinreichend untersucht, dass soziales Engagement förderlich für die eigene Gesundheit ist (aerzteblatt.de 2016). Präventionskonzepte dürfen sich daher nicht ausschließlich auf gesunde Ernährung und körperliche Aktivierung beschränken, sondern müssen soziale Risiken wie Einsamkeit, also die soziale Dimension von Gesundheit, immer mit einbeziehen. Zu beantworten ist die Frage nach geeigneten Hilfen für Menschen, die einsam sind. Wie muss Engagement gefördert werden, damit gerade diejenigen ermutigt werden, die sich selbst ein solches Engagement nicht zutrauen, denen es aber besonders guttun würde? Alle Berufsgruppen im Gesundheits- und Sozialbereich müssen dafür sensibilisiert werden, Einsamkeitsprobleme zu erkennen und soziale Kontakte und soziales Engagement zu fördern. Dafür müssen diese Berufsgruppen auch einen Überblick über vorhandene Angebote in der Nähe haben und selbst kooperationsbereit sein. Nur wer Angebote anderer respektiert, wird sie auch empfehlen oder vermitteln. Geeignete Strukturen müssen, vor allem auf der kommunalen Ebene, geschaffen oder weiterentwickelt werden. Heute sind solche Strukturen vereinzelt, teilweise als Modelle vorhanden, in der breiten Versorgung fehlen sie aber. Es ist nicht nur eine Aufgabe bestimmter Berufsgruppen, sondern auch eine gesellschaftliche Aufgabe, Menschen, die einsam sind, nicht allein zu lassen, sondern sie in gesellschaftliche Aktivitäten mit einzubeziehen. Infrage kommen zum Beispiel Bürgergemeinschaften, kirchliche Aktivitäten, Hilfsangebote für Kindertagesstätten, Hilfe für Flüchtende und Migranten etc. Vielleicht sollte auch der im Gesundheitswesen oft eher kritisch gesehene Umgang mit Haustieren in Einsamkeitssituationen Aufmerksamkeit finden.

Gesundheitsorientierung und gesundheitsorientiertes Verhalten

Angebote

Aufgrund bereits erfahrener vermehrter Anfälligkeit ihrer Gesundheit setzt sich die ältere Generation intensiver mit Gesundheitsthemen auseinander. Allerdings sind auch dabei große soziale Unterschiede zu beobachten. Vor allem ist das Zutrauen in die Beeinflussbarkeit der gesundheitlichen Entwicklung durch das eigene Verhalten in den verschiedenen sozialen Schichten sehr unterschiedlich ausgeprägt. Wir sprechen hier von der Selbstwirksamkeitserwartung, die in sozial schwachen Schichten sehr viel geringer ausgeprägt ist. Die Förderung von Selbstwirksamkeitserwartung und Selbstvertrauen gehört deshalb zu den wichtigsten Ansätzen eines erfolgversprechenden Konzeptes von Prävention und Gesundheitsförderung. Es gibt eine hohe Übereinstimmung in allen sozialen Schichten zu den inhaltlichen Themen, die für Prävention und Gesundheitsförderung relevant sind. Dazu gehören der Verzicht auf das Rauchen, eine gesundheitsbewusste Ernährung, ausreichend Bewegung, genügend Schlaf, Abbau/Vermeidung von Stress, Erhaltung der geistigen Leistungsfähigkeit. In den höheren sozialen Schichten wird Präventionsmaßnahmen, die auf die genannten Punkte abzielen, eine wesentlich höhere Bedeutung beigemessen. Gleichzeitig verfügen sie über ein wesentlich breiteres Spektrum an Verhaltensmöglichkeiten. In der Altersgruppe der über 80-Jährigen werden viele Verhaltensweisen und Maßnahmen in ihrer Bedeutung zurückgestuft. Das gilt sowohl für Sport als auch für die regelmäßige Teilnahme an Vorsorgeuntersuchungen.

Im Hinblick auf den Sport stellt sich die Frage, ob überhaupt für diese Altersgruppe geeignete Angebote vorhanden sind. Wenn Angebote vorhanden sind, ist die Frage, ob sie den Bedürfnissen dieser Gruppe, also vor allem dem Erhalt von Selbstständigkeit, angepasst sind. Im höheren Alter spielt die Frage der Erreichbarkeit eine größer werdende Rolle. Wenn in dieser Altersgruppe größere Bewegungsunsicherheit vorliegt, kann Angst vor Verletzungen, vor Stürzen (Sturzhäufigkeit im Alter!), Menschen an einer Teilnahme hindern. Wichtig ist auch, welche Empfehlungen behandelnde Ärzte ggf. aussprechen. Seit dem Inkrafttreten des Präventionsgesetzes zum 1.1.2016 kann der Arzt zum Beispiel eine Bescheinigung, das sogenannte Rezept für Bewegung, ausstellen, das auf eine gemeinsame Initiative der Deutschen Gesellschaft für Sportmedizin und Prävention, dem Deutschen Olympischen Sportbund und der Bundesärztekammer zurückgeht.

Was die Teilnahme an Vorsorgeuntersuchungen betrifft, so kommen hier verschiedene Angebote grundsätzlich in Betracht. Dazu gehört seit 1989 der sogenannte Gesundheits-Check-Up, der allen über 35-jährigen Versicherten der gesetzlichen Krankenversicherung nach § 25 SGB V alle zwei Jahre angeboten wird. Die Untersuchungen richten sich auf die Feststellung von Risikofaktoren für Herz-Kreislauf-Krankheiten, Nierenerkrankungen und Diabetes Mellitus Typ 2. Die Frage des Nutzens dieser Untersuchung konnte – mangels aussagekräftiger klinischer Studien – bis heute nicht eindeutig beantwortet werden. Auch aufgrund einer länger zurückliegenden – aktuellere liegen nicht vor – Cochrane-Metaanalyse von 14 überhaupt vorhandenen älteren Studien konnte kein positiver Effekt auf Morbidität und Mortalität der Teilnehmer gefunden werden (Krogsbøll et al. 2012).

Eine Weiterentwicklung dieses Angebots ist aufgrund erweiterter Bestimmungen im Präventionsgesetz gegenwärtig in der Fachdiskussion. Seit 1971 gibt es das Krebsfrüherkennungsprogramm nach § 25 SGB V. Mit dem Krebsfrüherkennungs- und -registergesetz vom 9.4.2013 ist der Gemeinsame Bundesausschuss mit der inhaltlichen und organisatorischen Weiterentwicklung beauftragt worden. Die Krebsfrüherkennungsangebote sollen mit höherer Wirksamkeit, Qualität und Sicherheit durchgeführt werden. Die Bewertung einzelner Untersuchungen aus dem bisherigen Krebsfrüherkennungsprogramm ist wissenschaftlich umstritten. In dem Bemühen, die Teilnahmequoten zu erhöhen, ist in der Vergangenheit einseitig positiv für eine Teilnahme geworben worden. Es hat sogar Bemühungen gegeben, eine Nichtteilnahme mit Sanktionen zu belegen. Eine allgemeine Empfehlung zur Teilnahme, wie sie früher üblich war, kann angesichts fraglicher Nutzen-/Risikobewertungen heute nicht mehr vertreten werden. Dem Patienten sollte vielmehr auf der Basis wissenschaftlich begründeter, evidenzbasierter Informationen über Nutzen und Risiken die Entscheidung überlassen bleiben. Eine Entscheidung zur Nichtteilnahme ist zu respektieren.

Gesundheitsverhalten

Die GAS 2017 zeigt, dass Gesundheitsorientierung und tatsächliches Verhalten nicht vollständig übereinstimmen. Das tatsächliche Verhalten deckt sich nur zum Teil mit dem Wissen und den Vorstellungen. 70 Prozent der 65- bis 85-Jährigen halten es für besonders wichtig, auf ausreichend Bewegung zu achten. 61 Prozent praktizieren das im Alltag (■ Abb. 6.5). Regelmäßige sportliche Aktivitäten halten 44 Prozent für wichtig, 35 Prozent setzen das im Alltag um. Einer gesundheitsbewussten Ernährung messen 62 Prozent große Bedeutung bei, 53 Prozent praktizieren dies im Alltag. Dabei mag noch eine leichte Einfärbung dieser Aussagen aufgrund der vor Augen stehenden Wichtigkeit eines gesundheitsfördernden Verhaltens dahinstehen. Dieses Auseinanderdriften von Wissen und Verhalten ist auch in jüngeren Altersgruppen bei Gesundheitsthemen zu beobachten. Häufig liegen Zielkonflikte zugrunde. Auch wenn jemand weiß, wie er sich gesundheitsgerecht verhalten sollte, ist ihm in einer bestimmten Lebenssituation vielleicht etwas anderes wichtiger. Jeder weiß zum Beispiel, dass Rauchen gesundheitsschädlich ist, trotzdem gibt es noch eine beachtliche Zahl von Rauchern, gerade in den sozial schwachen Schichten. Die Frage „Was hindert Menschen, vorhandenes Wissen in die Tat umzusetzen?" kennt viele Antworten, die Gründe für die Nichtumsetzung sind vielfältig, zum Beispiel hat das Rauchen möglicherweise in Stresssituationen eine bestimmte Entlastungsfunktion, für die jemand keinen Ersatz sieht. Notwendig wäre das Erlernen einer gesunden Methode der Stressbewältigung in diesen Situationen. Beispiele gibt es auch aus den anderen Bereichen des Gesundheitsverhaltens. Das Thema Ernährung spielt im höheren Alter oft eine wichtige Rolle, weil es je nach Lebenssituation zum Beispiel als einer der wenigen Bereiche empfunden wird, die noch mit Genuss verbunden sind: Eine Frau, die ihr Leben lang selbst für sich und ihre Familie gekocht hat („Allen hat es immer gut geschmeckt!"), hat Schwierigkeiten, von der reichlichen Verwendung der „guten Butter" abzusehen und auf fettarme Kost umzustellen. Es erfordert auch ein hohes Maß an Selbstdisziplin, auf Süßes zu verzichten, wenn man immer gern Süßes gegessen hat. Eine Änderung des Verhaltens benötigt ein unterstützendes Umfeld, ein geeignetes Angebot attraktiver, bei der Ernährung schmackhafter Alternativen und eine langfristige konsequente Umstellung. Dies lässt sich gerade bei der Umstellung des Ernährungsverhaltens unschwer nachvollziehen. Darüber hinaus stellt sich die Frage nach der Motivation. Wenn jemand sich im hohen Alter alles in allem wohlfühlt, fehlen leicht die subjektiven Gründe, den Lebensstil mit Blick auf die verbleibende Lebenszeit zu verändern. Es sollten ja gerade für diese Lebensphase Wohlbefinden und Lebensqualität das Ziel aller Maßnahmen sein.

Alle Erkenntnisse der GAS 2017 zeigen, dass das Medizinische und das Soziale eng zusammenhängen. Daraus folgt, dass Prävention sich nicht nur auf individualmedizinische Vorbeugungsmaßnahmen beschränken darf, wie dies in der Vergangenheit häufig der Fall war, sondern in einem ganzheitlichen Verständnis von Gesundheit sämtliche menschliche Lebensbereiche und deren krankmachenden oder gesunderhaltenden Faktoren berücksichtigen muss.

Hilfe und Pflege durch Angehörige

Die GAS 2017 enthält umfangreiche Feststellungen zur Pflege durch Angehörige (▶ Kap. 7). Wenn die Partner pflegen, wird es als positiv erlebt, dass die Beziehung zum Partner dadurch noch enger geworden ist und dass es stärkt, den Angehörigen vor der Einweisung in ein Pflegeheim bewahren zu können. Auf der anderen Seite wachsen die Sorgen, dass sich der Gesundheitszustand in absehbarer Zeit verschlechtern könnte. Die Übergänge von Hilfsbedürftigkeit zu Pflegebedürftigkeit und schwerer Pflegebedürftigkeit sind fließend. In den meisten geschilderten Fällen befindet sich die Hilfsbedürftigkeit bei der Befragung in einem frühen Stadium.

In der Regel schultern Ältere, deren Partner im Alltag Unterstützung benötigen, fast alles oder das meiste selbst, wenn sie selbst gesund sind. Trotzdem fühlen sich immerhin 13 Prozent der Befragten schon in dieser Situation überfordert (◘ Abb. 7.5). In der Art der Unterstützung unterscheiden sich Männer und Frauen. In der Gruppe der 65- bis 85-Jährigen unterstützen Männer ihre Frauen vor allem bei der Haushaltsführung und bei Erledigungen. Sie fühlen sich immerhin zu 9 Prozent schon in dieser Situation überfordert. Frauen kümmern sich viel mehr auch um genuine Pflegeaufgaben. Von den Frauen fühlen sich 18 Prozent dieser Situation nur teilweise gewachsen und von den Aufgaben überfordert (◘ Tab. 7.4).

Auch wenn die Zahlen auf den ersten Blick gering erscheinen, muss auf diesen Sachverhalt ein besonderes Augenmerk gerichtet werden. Wenn durch die Zuwendung in der Pflege eines nahestehenden Menschen eine Beziehung noch inniger wird, empfinden das viele Pflegende als eine Bereicherung, die ihnen Kraft gibt. Dass diese Situation mit ihrer Verantwortung sie auch sehr fordert und dass die Verantwortung, die Angst und die Hilflosigkeit bei Verschlechterung des Gesundheitszustands, insgesamt die Vielzahl der zu bewältigenden Aufgaben sie vielleicht auch überfordert, bemerken sie oft erst nach einiger Zeit. Die Gefahr selbst zu erkranken, besonders wenn bereits Beeinträchtigungen/Vorerkrankungen vorhanden sind, darf nicht unterschätzt werden.

Zwar gibt es in dieser Situation viel Zuspruch und Anerkennung aus dem eigenen Umfeld. Nach den Zahlen der GAS 2017 sind die konkreten Hilfen in diesen Situationen jedoch nicht ausreichend vorhanden, gerade einmal 15 Prozent werden professionell von mobilen Pflegediensten unterstützt. Von denen, deren eigener Gesundheitszustand nicht besonders gut oder eher schlecht ist, sind es 17 Prozent (◘ Tab. 7.3). Es ist deshalb dringend erforderlich, helfenden und pflegenden Angehörigen mehr Beratungs- und Unterstützungsangebote zur Verfügung zu stellen, damit sie ihre Aufgaben liebevoll und mit Einfühlungsvermögen wahrnehmen können, ohne dabei selbst krank zu werden. Denn die Hilfe und Pflege durch Angehörige ist für die Betroffenen sehr wichtig. Wer liebevolle und zuverlässige Unterstützung durch Angehörige erfährt, hat gute Chancen auf Besserung. Viele Wünsche von pflegenden Angehörigen richten sich deshalb auch ganz konkret auf Strukturverbesserungen des vorhandenen Beratungs- und Unterstützungsangebots, damit der zu Pflegende auch bei weiterer Verschlechterung zu Hause – und das heißt häufig in der Pflege von Angehörigen – bleiben kann. Dieser Wunsch ist und war bereits in der GAS 2013 sehr ausgeprägt. Zu ähnlichen Ergebnissen kommt auch der Deutsche Alterssurvey (DEAS 2016, Kap. 12)

Bei der Beratung geht es in der GAS 2017 vor allem um Fragen des Umgangs mit den Belastungen bzw. um die Bewältigung der Stressbelastung. Bei den benötigten Unterstützungsangeboten geht es zum Beispiel um eine dauerhafte Pflegekraft, aber auch um die kurzfristige Verfügbarkeit von Pflegeplätzen (genannt wurde die Tagespflege, es gibt allerdings einen ebenfalls großen Mangel an Nachtpflegeplätzen). Auch eine stärkere finanzielle Entlastung wird nach Angaben der Betroffenen gebraucht. Besonders betont wird der Wunsch nach mehr Hausbesuchen durch den Hausarzt. Dieser Wunsch besteht umso mehr, wenn der zu pflegende Angehörige eine Pflegestufe hat. 38 Prozent aller 65- bis 85-Jährigen, deren Partner Unterstützung benötigen, wünschen sich mehr Hausbesuche, bei denjenigen, deren Partner eine Pflegestufe hat, steigt die Zahl auf 63 Prozent (▣ Abb. 7.11). Das zeigt, dass viele pflegende Angehörige Angst haben, etwas falsch zu machen, sich durch einen Arzt absichern möchten und für sich selbst kompetente Beratung erhoffen. Angesichts der vorhandenen Arztzahlen und der Tatsache, dass auch die praktizierenden niedergelassenen Ärzte älter werden und in diesem Bereich Nachwuchsmangel nicht nur in ländlichen Gebieten herrscht, aber auch angesichts von Finanzierungsfragen und anderer Strukturprobleme im Gesundheitswesen müssten weitreichende Veränderungen nicht nur im Vergütungssystem erfolgen, um diesem Wunsch zu entsprechen. Es liegen inzwischen Studien vor, die nach neuen Modellen suchen und sie erproben. Es geht dabei um unterschiedliche Modelle unter Einbeziehung der Telemedizin, anschaulich ist die Bezeichnung eines schon älteren Modells als *arztentlastende, gemeindenahe, e-health-gestützte, systemische Intervention* (Deutsches Ärzteblatt 2009). Die Entwicklung und Weiterentwicklung solcher und ähnlicher Modelle und ihre Implementierung, nicht nur in ländlichen Regionen, kann ein Weg zu einer insgesamt verbesserten Versorgung auch zu Hause sein.

Eine qualitativ hochwertige geriatrische Versorgung zu Hause ist an viele weitere, heute noch nicht überall gegebene Voraussetzungen geknüpft. Deutschland muss im Hinblick auf geriatrische Forschung und Versorgung als Entwicklungsgebiet betrachtet werden. 2012 gab es in Deutschland lediglich 756 ambulant tätige geriatrisch fortgebildete Ärzte (Pippel et al. 2014).

Seit 2008 wird ein vom Hausarzt durchgeführtes geriatrisches Basis-Assessment ab dem 70. Lebensjahr von der gesetzlichen Krankenversicherung in Deutschland vergütet. Diese Leistung ist in den EBM (Einheitlicher Bewertungsmaßstab = Vergütungsverzeichnis der vertragsärztlichen Versorgung in Deutschland) aufgenommen. Von Untersuchungsinhalt und -umfang her war das zunächst eine Minimalvariante, die inzwischen erweitert worden ist. Das geriatrische Assessment ist deshalb von großer Bedeutung in der Versorgung alter Menschen, weil es mit einem ganzheitlichen Ansatz die körperliche Belastbarkeit, die Leistungsfähigkeit im Alltag, die subjektive Gesundheit, die Mobilität, das soziale Umfeld, die Wohnsituation, das Vorhandensein von Hilfsdiensten, körperliche Beschwerden, Lebensgewohnheiten, Stimmungen, Medikamentengebrauch, eine medizinische Untersuchung und Funktionstests umfassen soll. Ein hierfür geeigneter Fragebogen wurde zum Beispiel an der Medizinischen Hochschule Hannover entwickelt und wird vom Institut für Allgemeinmedizin der MHH unter der Bezeichnung „STEP-Assessment“ (Standardised Assessment for Elderly Patients in Primary Care) im Internet angeboten. Voraussetzung für die Umsetzung ist allerdings ein interdisziplinäres geriatrisch geschultes Team.

Die mit der zunehmenden Zahl älter werdender Menschen drängender werdende Notwendigkeit einer qualitativ hochwertigen, geriatrischen Beratung und Versorgung wird sich angesichts dieser Ausgangslage nicht kurzfristig lösen lassen. Mit vollem Recht haben die deutschen Akademien unter Federführung der Deutschen Akademie der Naturforscher Leopoldina die „adäquate Versorgung von chronisch und mehrfach erkrankten Patienten hohen Alters“ als eine der vordringlichen Aufgaben im Gesundheitssystem bezeichnet (Leopoldina et al. 2015).

Es bedarf geriatrisch gut ausgebildeter interdisziplinärer Teams, die zusammengesetzt aus den Bereichen der Prävention, der Behandlung, der Rehabilitation, der Sozialdienste, der Physiotherapie und der Pflegedienste gemeinsam übergreifend ein Versorgungskonzept erstellen und umsetzen. Dabei sollte schließlich noch eine bessere Verzahnung zwischen ambulanter und stationärer Behandlung/Versorgung und zwischen Prävention, Rehabilitation und Pflege erfolgen.

Literatur

aerzteblatt.de (2016). Soziales Engagement steigert Lebenszufriedenheit im Alter. http://www.aerzteblatt.de/nachrichten/66390. Zugegriffen 15.06.2016

Berg, N. v. d., et al. (2009). AGnES: Hausarztunterstützung durch qualifizierte Praxismitarbeiter – Evaluation der Modellprojekte: Qualität undAkzeptanz. *Deutsches Ärzteblatt, 106*(1–2), 3–9. doi:10.3238/aerztebl.2009.0003.

Deutsches Zentrum für Altersfragen: Mahne, K., Wolff, J. K., Simonson, J., & Tesch-Römer, C. (Hrsg.) (2016). *Altern im Wandel: Zwei Jahrzehnte Deutscher Alterssurvey (DEAS)*. Berlin: DZA.

Dierks, M. L., & Seidel, G. (2005). Gleichberechtigte Beziehungsgestaltung zwischen Ärzten und Patienten – wollen Patienten wirklich Partner sein? In M. Härter, A. Loh, C. Spies (Hrsg.), *Gemeinsam entscheiden – erfolgreich behandeln. Neue Wege für Ärzte und Patienten im Gesundheitswesen* (S. 35–44). Köln: Deutscher Ärzteverlag.

Günster, C., Klose, J., & Schmacke, N. (Hrsg.) (2012). *Versorgungsreport 2012. Schwerpunkt: Gesundheit im Alter*. Stuttgart: Schattauer.

Hottenrott, K., et al. (2004). Einfluss eines 8 wöchigen Walkingtrainings auf die HRV bei über 60 jährigen. In K. Hottenrott (Hrsg.), *Herzfrequenzvariabilität im Fitness- und Gesundheitssport*. Schriften der Deutschen Vereinigung für Sportwissenschaft, Band 142 (S. 191–197). Hamburg: Czwalina.

Köster, M. (2012). Älter werden in Deutschland – Regionalkonferenzen in den Bundesländern. In BzgA (Hrsg.), *Lebensphase Alter gestalten – Gesund und aktiv älter werden*. Köln: BzgA.

Krogsbøll, L. T., et al. (2012). General health checks in adults for reducing morbidity and mortality from disease. *Database of Systematic Reviews, 10*, CD009009.

Kruse, A. (2013). Im Gespräch mit Prof. Dr. Andreas Kruse. http://www.demografische-chance.de/die-themen/aktuelle-meldungen/im-gespraech-mit-prof-dr-andreas-kruse.html. Zugegriffen 15.06.2016

Kruse, A., & Schmitt, E. (2016). Soziale Ungleichheit, Gesundheit und Pflege im höheren Lebensalter. *Bundesgesundheitsblatt – Gesundheitsforschung – Gesundheitsschutz, 59*(2), 252–258.

Narushima, M. (2008). More than nickels and dimes: the health benefits of a community-based lifelong learning programme for older adults. *International Journal of Lifelong Education, 70*(6), 673–692.

Nationale Akademie der Wissenschaften Leopoldina, acatech – Deutsche Akademie der Technikwissenschaften, Union der deutschen Akademien der Wissenschaften (Hrsg.), (2015). *Medizinische Versorgung im Alter – Welche Evidenz brauchen wir?* Halle (Saale): Deutsche Akademie der Naturforscher Leopoldina.

Nowossadeck, S., & Nowossadeck, E. (2011). *Krankheitsspektrum und Sterblichkeit im Alter.* Report Altersdaten 1-2/2011. Berlin: Deutsches Zentrum für Altersfragen.

Pippel, K., et al. (2014). Geriatrie: Weiter Bedarf an geriatrischem Nachwuchs. *Dtsch Arztebl, 111*(33–34), A-1412/B-1216/C-1159.

Pott, E. (2013). Die Bedeutung von Prävention und Gesundheitsförderung in einer älter werdenden Gesellschaft. In Burger, S. (Hrsg.), *Alter und Multimorbidität. Herausforderungen an die Gesundheitsversorgung und die Arbeitswelt* (S. 239–260). Heidelberg: medhochzwei.

Read, S., et al. (2016). Socio-economic position and subjective health and well-being among older people in Europe: a systematic narrative review. *Aging & Mental Health, 20*(5), 529–542.

Richter, M., & Hurrelmann, K. (Hrsg.), (2009). *Gesundheitliche Ungleichheit. Grundlagen, Probleme, Perspektiven* (2. Aufl.). Wiesbaden: VS Verlag für Sozialwissenschaften.

Robert-Koch-Institut. (Hrsg.), (2015). *Gesundheit in Deutschland. Gesundheitsberichterstattung des Bundes.* Berlin: RKI.

Sachverständigenrat zur Begutachtung der Entwicklung im Gesundheitswesen. (2007). *Kooperation und Verantwortung als Voraussetzungen einer zielorientierten Gesundheitsversorgung*. Gutachten 2007. BT-Drs. 16/6339.

Schlette, S. (2013). Wie das Web und mobile Technologien Patientenkommunikation und -Coaching verändern: eine Momentaufnahme aus den USA. In S. Burger (Hrsg.), *Alter und Multimorbidität. Herausforderungen an die Gesundheitsversorgung und die Arbeitswelt* (S. 181–194). Heidelberg: medhochzwei.

Statistisches Bundesamt. (2016). Pressemitteilung Nr. 072 vom 04.03.2016.

Walter, U., & Patzelt, C. (2012). Gesundheitsförderung und Prävention im Alter. In C. Günster, J. Klose, & N. Schmacke (Hrsg.), *Versorgungsreport 2012. Schwerpunkt: Gesundheit im Alter* (S. 233–248). Stuttgart: Schattauer.

Der Pflegefall

Generali Deutschland AG (Hrsg.), *Generali Altersstudie 2017*,
DOI 10.1007/978-3-662-50395-9_7

7.1 Erfahrungen und vorausschauende Überlegungen

In der ersten Generali Altersstudie 2013 wurde deutlich, wie groß die Ängste in der älteren Generation sind, durch eine nachhaltige Beeinträchtigung ihres Gesundheitszustandes und ihrer körperlichen oder geistigen Kräfte abhängig zu werden und ständig auf die Hilfe anderer angewiesen zu sein. Die große Mehrheit hofft in diesem Fall auf den eigenen Partner und die Familie. Es war jedoch auch zu erkennen, dass viele den Gedanken an eine Pflegesituation und ihre Folgen zunächst wegschieben – auch in der Hoffnung, dass ihnen diese Situation erspart bleibt.[1]

Die neue Generali Altersstudie untersucht detaillierter, inwieweit die Pflegesituation für die 65- bis 85-Jährigen durchaus schon konkret ist, sei es durch eigene Erfahrungen mit Pflegebedürftigkeit, sei es durch die Verantwortung für einen Partner, der Unterstützung bei der Bewältigung des Alltags benötigt. Altersbedingte körperliche Einschränkungen und Beschwerden kennt jenseits der 70 die Mehrheit bereits aus eigener Erfahrung, jenseits der 80 die überwältigende Mehrheit. 11 Prozent der 65- bis 85-Jährigen insgesamt kennen auch die Situation, auf Hilfe und Pflege durch andere angewiesen zu sein, bereits aus eigener Erfahrung. Diese Erfahrungen nehmen jenseits der 80 steil zu. Von den 65- bis 69-Jährigen kennen 6 Prozent die Situation der Pflegebedürftigkeit bereits aus eigener Erfahrung, von den 70- bis 74-Jährigen 8 Prozent; jenseits der Mitte 70 wächst der Anteil zunächst auf 11 Prozent, jenseits der 80 auf 21 Prozent.

Noch größer ist der Kreis, der die Herausforderungen, die mit Pflegebedürftigkeit verbunden sind, durch die Hilfs- bzw. Pflegebedürftigkeit des eigenen Partners kennengelernt hat. Insgesamt 20 Prozent der 65- bis 85-Jährigen waren bzw. sind mit der Situation konfrontiert, dass ihr Partner Pflege benötigt, von den unter 70-Jährigen 13 Prozent, von den 75- bis 79-Jährigen 22 Prozent, jenseits der 80 bereits jeder Dritte (■ Tab. 7.1).

Nicht alle, die pflegebedürftig sind, beantragen direkt oder überhaupt eine Pflegestufe. Von den 65- bis 85-Jährigen sind 7 Prozent bereits einer Pflegestufe zugeordnet, überwiegend der Pflegestufe 1. Bei der Bewertung dieser Daten ist zu berücksichtigen, dass die Schwerstpflegefälle und insbesondere von Alzheimer und Demenz Betroffene in der Stichprobe nicht enthalten sind. Die Statistiken des Bundesministeriums für Gesundheit weisen für die Gruppe der 65- bis 85-Jährigen insgesamt rund 9 Prozent Leistungsempfänger aus, wobei unter den 65- bis 69-Jährigen 3 Prozent eine Pflegestufe haben, von den 70- bis unter 75-Jährigen 5 Prozent, den 75- bis 79-Jährigen 10 Prozent und von den 80- bis 84-Jährigen bereits 21 Prozent (■ Abb. 7.1).[2]

Die Übergänge zwischen allmählich fortschreitenden altersbedingten Einschränkungen und dem Angewiesensein auf Pflegeleistungen sind fließend. Dies wird auch anhand der Schilderungen aus den Tiefeninterviews deutlich:

» „Der ganze Körper, ich sag' das jetzt mal so, ist nicht mehr so wie früher. Vieles geht gut, aber ich brauche auch mehr Ruhephasen. Ansonsten geht alles noch, aber etwas langsamer halt." (Frau, 65 Jahre, alleinstehend)

» „Wenn ich etwas Schweres zu tragen habe, das merke ich, wenn ich schwere Koffer zum Flughafen tragen muss zum Beispiel. Ich nehme deshalb nur leichte Sachen und mache langsam, und wenn es zu schwer wird, mache ich eine kleine Pause und dann geht's weiter." (Mann, 71 Jahre, alleinstehend)

---

1 Vegleiche dazu Generali Altersstudie 2013, Seite 294ff.

2 Diese Daten beziehen sich auf das Jahr 2013.

Tab. 7.1 Erfahrungen mit der Pflegesituation und altersbedingten Einschränkungen

Frage: „Hier auf diesen Karten steht einiges, was einem im Leben widerfahren kann, was auf einen zukommen kann. Darf ich fragen, ob darunter auch etwas ist, das Sie persönlich schon erlebt haben?"

	65- bis 85-Jährige insgesamt (%)	65- bis 69-Jährige (%)	70- bis 74-Jährige (%)	75- bis 79-Jährige (%)	80- bis 85-Jährige (%)
– Auszug –					
Altersbedingte körperliche Beschwerden bzw. Einschränkungen	56	41	53	59	76
Schwere Erkrankung	38	35	33	40	44
Pflegebedürftigkeit bzw. Hilfsbedürftigkeit des Partners/der Partnerin	20	13	17	22	32
Eigene Pflegebedürftigkeit	11	6	8	11	21

Basis: Bundesrepublik Deutschland, 65- bis 85-jährige Bevölkerung
Quelle: Generali Altersstudie 2017

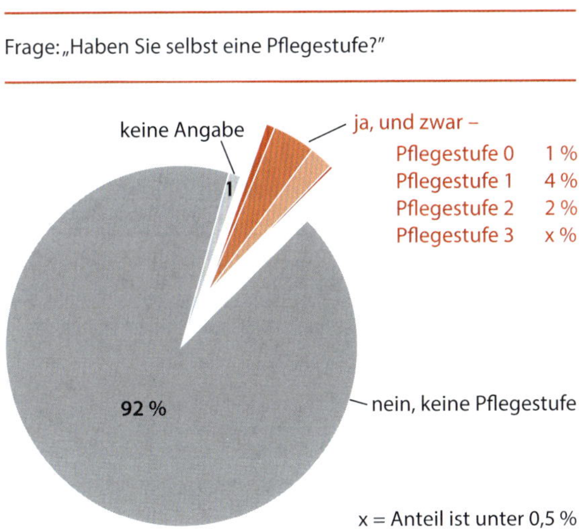

Abb. 7.1 Eigene Pflegestufe.
Basis: Bundesrepublik Deutschland, 65- bis 85-jährige Bevölkerung. Quelle: Generali Altersstudie 2017

> „Also der Haushalt fällt mir da ein, da kann ich nicht mehr alles machen. Putzen und Saubermachen, fallen mir nach meiner Hüft-OP schwer. Da bin ich dankbar, wenn eine Hilfe einmal im Monat kommt. Ich kann mich eben nicht mehr so gut bücken, wenn etwas hingefallen ist. Abwaschen und Kochen gehen aber noch ganz gut." (Frau, 81 Jahre, alleinstehend)

> „Ich glaube, die Liste mit den Dingen, die mir Mühe bereiten, ist größer und länger als die mit den mühelosen Sachen. Da ich sehr stark gehbehindert bin und ohne Rollator geht es nicht mehr – auch in der Wohnung nicht –, muss ich meinen Tagesablauf fürsorglich planen: Wann kann ich meinen Müll wegschaffen und wann meine Post holen? Alles auf einmal geht nicht mehr. Auch meine Kräfte und Ausdauer sind ziemlich ramponiert. Was ich noch vor zwanzig Jahren an einem Tag geschafft habe, zum Beispiel Wäsche waschen, aufhängen und abnehmen, dauert heute mindestens zwei Tage, so sieht die Wirklichkeit aus." (Frau, 84 Jahre, alleinstehend)

> „Ich kann wohl das Bett abziehen und die Wäsche in der Waschmaschine waschen. Aber ich kann nicht auf den Boden gehen und sie zum Trocknen aufhängen. Als ich noch am Stock ging, konnte ich auch noch alleine ein paar Kleinigkeiten einkaufen und den Beutel dann an die Krücke hängen, aber jetzt geht das nicht mehr. Es ist natürlich schade, dass man das jetzt alles nicht mehr so kann. Aber nun ja, so ist es eben. Damit muss man sich ja abfinden." (Frau, 81 Jahre, mit Partner)

> „Die Pflegestufe wurde mir ja noch nicht zugesprochen, schon zweimal nicht. 46 Minuten Körperpflege, das ist so ein Kriterium bei der Pflegeeinstufung. Die habe ich noch nicht. Das Waschen klappt noch alleine, nur das Duschen und Haare waschen nicht. Das liegt bei mir am Rücken, der ist kaputt. Spinalkanalstenose. Da drückt alles auf den Nerv. Hier hinten sind auch schon drei Wirbel so buckelig. Ich kann auch nicht auf einer harten Liege liegen oder auf einem harten Stuhl sitzen. Das geht nicht." (Frau, 84 Jahre, alleinstehend)

Die Mehrheit der 70-Jährigen und Älteren ist mit altersbedingten Einschränkungen konfrontiert, die zunächst meist ohne Unterstützung anderer gemeistert werden. Sukzessive nehmen die Herausforderungen jedoch zu und werden zunächst vor allem mithilfe des Partners bewältigt oder mit Unterstützung anderer Angehöriger. Von den 65- bis 85-Jährigen, die in einer festen Partnerschaft leben, berichten 22 Prozent, dass ihr Partner zumindest bei einigen Dingen im Alltag auf Hilfe angewiesen ist. Frauen sind häufiger mit dieser Situation konfrontiert als Männer. So berichten 19 Prozent der 65- bis 85-jährigen Männer, die in einer festen Partnerschaft leben, dass ihre Partnerin auf Hilfe angewiesen ist, dagegen 26 Prozent der Frauen. In der Mehrzahl der Fälle befindet sich diese Situation der Hilfsbedürftigkeit jedoch im Anfangsstadium. Nur 3 Prozent sind mit der Situation konfrontiert, dass der Partner bei allen oder den meisten Tätigkeiten Unterstützung benötigt, während 12 Prozent zwar Unterstützung leisten müssen, aber nur bei ganz wenigen Tätigkeiten. Auch hier zeigt die Altersfeinaufgliederung, dass die Herausforderungen jenseits der 80 deutlich anwachsen (◘ Tab. 7.2).

Im Durchschnitt ist der Partner seit knapp fünf Jahren im Alltag auf Hilfe angewiesen, in jedem neunten Fall bereits knapp ein Jahrzehnt und länger (◘ Abb. 7.2).

Tab. 7.2 Hilfsbedürftigkeit des Partners

Frage: „Ist Ihr Partner/Ihre Partnerin im Alltag auf Hilfe bzw. Unterstützung angewiesen? Würden Sie sagen …"					
	65- bis 85-Jährige, die verheiratet sind bzw. einen festen Partner haben				
	Insgesamt (%)	Alter			
		65- bis 69-Jährige (%)	70- bis 74-Jährige (%)	75- bis 79-Jährige (%)	80- bis 85-Jährige (%)
„Ja, bei allen bzw. den meisten Dingen"	3	1	4	4	5
„Ja, bei einigen Dingen"	7	4	5	9	14
„Ja, aber nur bei ganz wenigen Tätigkeiten"	12	9	10	15	17
„Nein, nicht auf Hilfe angewiesen"	77	85	79	71	63
Keine Angabe	1	1	2	1	1

Basis: Bundesrepublik Deutschland, 65- bis 85-Jährige, die verheiratet sind bzw. einen festen Partner/eine feste Partnerin haben
Quelle: Generali Altersstudie 2017

Eine Pflegestufe hat nur weniger als jeder Vierte derjenigen, deren Partner Hilfe benötigt, für und mit dem Partner beantragt. Dies hat vor allem auch damit zu tun, dass viele der notwendigen Unterstützungsleistungen nicht die klassische Pflegesituation betreffen, sondern vor allem die Erleichterung der Haushaltsführung und die Erledigung von Arztbesuchen und Behördengängen. Zwei Drittel der 65- bis 85-Jährigen, deren Partner im Alltag zumindest bei einigen Dingen auf Unterstützung angewiesen ist, helfen vor allem beim Heben oder Tragen von schwereren Gegenständen, bei Arztbesuchen und Behördengängen, bei Gartenarbeiten und körperlichen Arbeiten im Haushalt sowie bei Einkäufen. Knapp jeder Zweite unterstützt den Partner bei Arztbesuchen und Behördengängen, 45 Prozent bei der Hausarbeit, 41 Prozent auch bei Einkäufen.

In immerhin 28 Prozent der Fälle ist jedoch auch Unterstützung bei jeder einfachen Bewegung wie beim einfachen Gehen notwendig; 26 Prozent helfen beim An- und Ausziehen, 15 Prozent beim Aufstehen bzw. Zubettgehen. In jedem vierten Fall wird der Partner bei der Körperpflege unterstützt. Männer und Frauen unterstützen sich auf sehr unterschiedliche Weise. Männer helfen ihrer Partnerin vor allem beim Heben von schweren Gegenständen, bei Gartenarbeiten, bei der Hausarbeit und bei Einkäufen, während Frauen überdurchschnittlich für den Partner Leistungen erbringen, die in den Bereich der Pflege gehören wie Hilfe beim An- und Ausziehen, bei der Körperpflege oder beim Aufstehen und Zubettgehen (Abb. 7.3).

Viele werden bei diesen Hilfeleistungen für die Partner von anderen unterstützt, vor allem von den eigenen Kindern und Schwiegerkindern, aber auch von mobilen Pflegediensten, von Freunden, Bekannten oder Nachbarn oder auch den Enkelkindern. Zumindest in diesem Stadium,

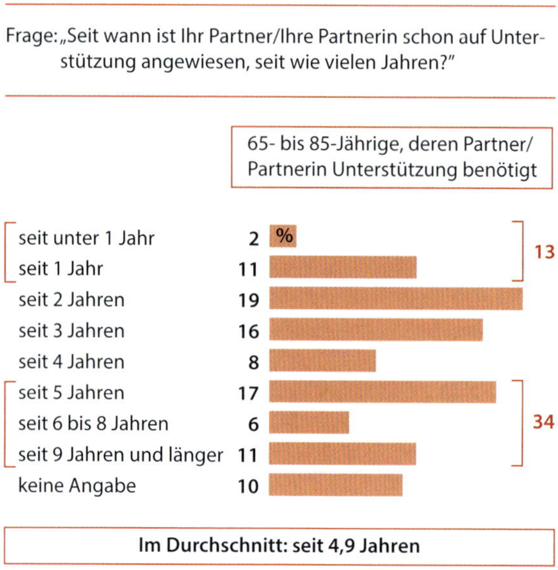

Abb. 7.2 Dauer der Hilfsbedürftigkeit des Partners.
Basis: Bundesrepublik Deutschland, 65- bis 85-Jährige, deren Partner im Alltag zumindest etwas auf Unterstützung angewiesen ist. Quelle: Generali Altersstudie 2017

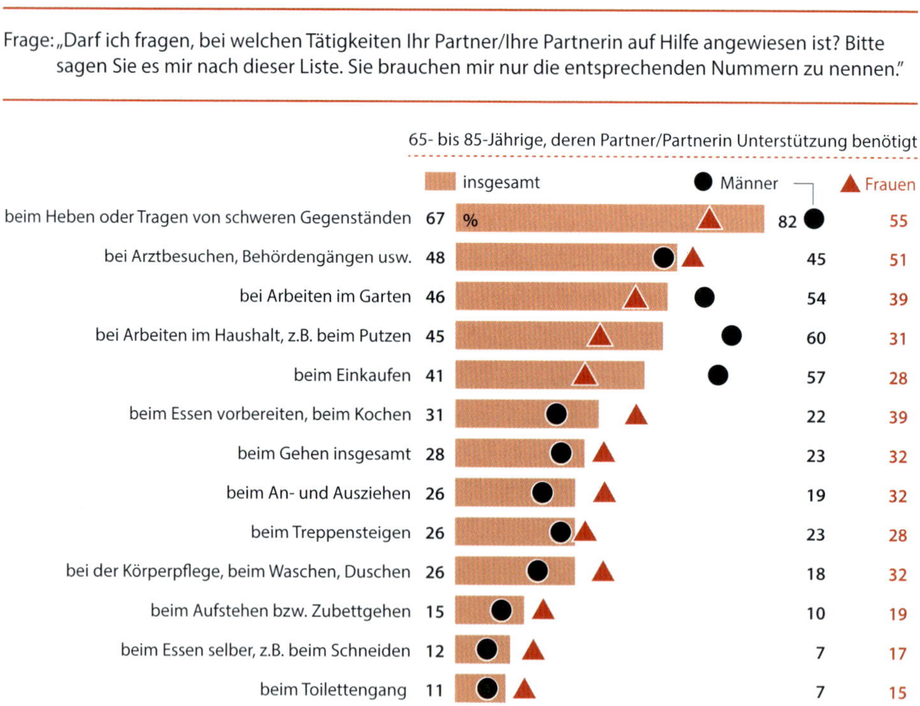

Abb. 7.3 Unterstützung des Partners.
Basis: Bundesrepublik Deutschland, 65- bis 85-Jährige, deren Partner im Alltag zumindest etwas auf Unterstützung angewiesen ist. Quelle: Generali Altersstudie 2017

Tab. 7.3 Viel Unterstützung durch die Familie

Frage: „Werden Sie bei der Betreuung bzw. Pflege Ihres Partners/Ihrer Partnerin von anderen unterstützt?"(Listenvorlage)	65- bis 85-Jährige, deren auf Betreuung angewiesene(r) Partner(in) mit in der eigenen Wohnung bzw. mit im Haus wohnt			
	Insgesamt (%)	Eltern (%)	Kinderlose (%)	Eigener Gesundheitszustand nicht besonders/schlecht (%)
Ja, werde unterstützt von –				
meinen Kindern, Schwiegerkindern	36	40	–	49
mobilen Pflegediensten, z. B. Rotes Kreuz, Johanniter oder private regionale Dienste	15	15	14	17
Freunden, Bekannten oder Nachbarn	14	13	21	18
meinen Enkelkindern	12	13	–	13
meinen Geschwistern bzw. Schwager/Schwägerin	6	7	1	8
entfernteren Verwandten wie Nichten und Neffen	4	4	10	6
Bringdiensten wie Essen auf Rädern	4	4	7	8
einer privaten Pflegekraft	4	4	6	7
Freiwilligen von Wohlfahrtsverbänden wie z. B. AWO, Caritas oder Diakonie, oder Nachbarschaftsinitiativen	3	3	5	7
Kurzzeitpflegeheimen, z. B. wenn ich im Urlaub bin	3	3	3	5
Nein, von niemandem	47	47	55	34

Basis: Bundesrepublik Deutschland, 65- bis 85-Jährige, deren auf Betreuung angewiesene(r) Partner(in) mit in der eigenen Wohnung bzw. mit im Haus wohnt
Quelle: Generali Altersstudie 2017

in dem die meisten noch nicht mit einer schweren Pflegesituation konfrontiert sind, spielt die Familie mit Abstand die größte Rolle. So werden nicht nur 36 Prozent von ihren Kindern und Schwiegerkindern unterstützt, sondern darüber hinaus 12 Prozent von ihren Enkelkindern, 6 Prozent von Geschwistern und 4 Prozent von entfernteren Verwandten (Tab. 7.3). Insgesamt

Frage: „Wie haben Sie sich die Betreuung und Pflege mit den anderen Beteiligten aufgeteilt: Wie viel machen Sie selbst bei der Pflege? Würden Sie sagen ..."

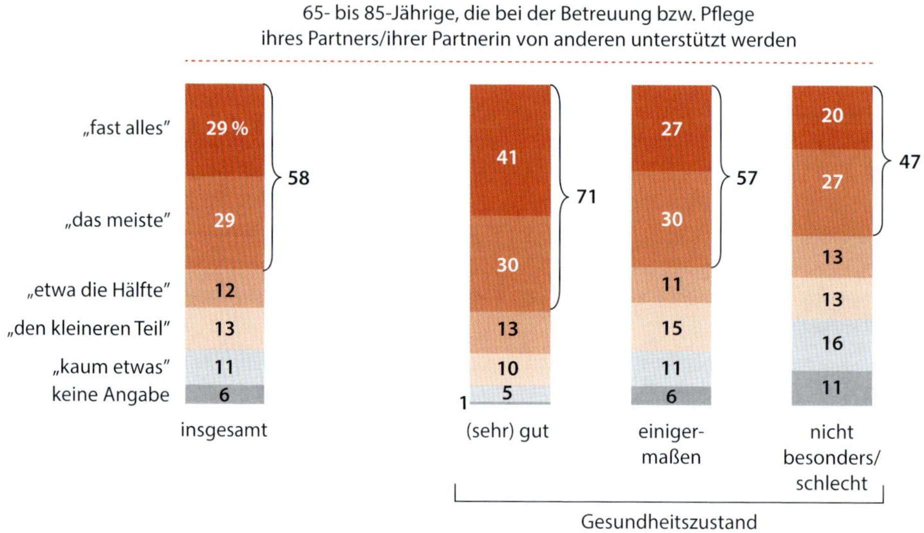

Abb. 7.4 Aufgabenteilung bei der Betreuung.
Basis: Bundesrepublik Deutschland, 65- bis 85-Jährige, die bei der Betreuung bzw. Pflege ihres Partners von anderen unterstützt werden. Quelle: Generali Altersstudie 2017

umfasst der Kreis, der hier auf die Hilfe der Familie rekurrieren kann, 40 Prozent der 65- bis 85-Jährigen, deren Partner auf Betreuung angewiesen ist und mit in der eigenen Wohnung bzw. im eigenen Haus wohnt. Wie tragfähig das soziale Netz Familie in dieser Situation ist, hängt jedoch in hohem Maße auch davon ab, ob Kinder und Enkelkinder vorhanden sind. Kinderlose können in ihrer Familie höchstens auf Geschwister oder entferntere Verwandte rekurrieren und sind ansonsten auf den Freundeskreis, auf Pflegedienste oder Unterstützung Dritter angewiesen. Entfernte Verwandte und der Freundes- und Bekanntenkreis springen hier zwar teilweise in die Bresche, können aber nicht annähernd die Unterstützung kompensieren, die aufgrund des Fehlens eigener Kinder und Enkelkinder entfällt. Die Unterstützung durch die eigenen Kinder und Schwiegerkinder gewinnt besondere Bedeutung, wenn der eigene Gesundheitszustand beeinträchtigt ist und die Unterstützung des Partners erschwert. In diesem Fall kann die Hälfte auf die Unterstützung ihrer Kinder und Schwiegerkinder rekurrieren; bezieht man den weiteren Familienkreis mit ein, so werden 65- bis 85-Jährige, die selbst gesundheitlich beeinträchtigt sind, bei der Unterstützung des Partners in 51 Prozent der Fälle unterstützt.

In der Regel schultern Ältere, deren Partner im Alltag Unterstützung benötigen, jedoch auch dann fast alles oder das meiste selbst, wenn sie durch andere unterstützt werden. Nur jeder Vierte übernimmt in dieser Konstellation den kleineren Teil oder nur einen ganz geringen Teil der Pflege- und Unterstützungsleistungen. Hier spielt wiederum der eigene Gesundheitszustand eine große Rolle: Von denjenigen, deren Gesundheit im Großen und Ganzen intakt ist, übernehmen 71 Prozent fast alles oder das meiste selbst, von denjenigen mit beeinträchtigter Gesundheit dagegen nur knapp die Hälfte (Abb. 7.4).

Da sich die Hilfsbedürftigkeit bei den meisten in einem frühen Stadium befindet, halten sich die Einschränkungen und Belastungen für die Partner in der Regel in Grenzen. Nur 13 Prozent der 65- bis 85-Jährigen, deren Partner zumindest begrenzt auf Unterstützung angewiesen ist, fühlen sich in dieser Situation öfter überfordert. 11 Prozent klagen über eine starke zeitliche Belastung, sodass sie kaum noch dazu kommen, ihre sozialen Kontakte zu pflegen. 10 Prozent haben schon die Erfahrung gemacht, dass sie bei der Pflege des Partners über Grenzen gegangen sind und Herausforderungen bewältigt haben, von denen sie sich ursprünglich nicht vorstellen konnten, dass sie diesen überhaupt gewachsen sind.

In der Gruppe der 65- bis 85-Jährigen, die ihren Partner im Alltag unterstützen, belastet weniger die Gegenwart als die Gedanken über die Zukunft: 55 Prozent belastet der Gedanke, dass sich der Zustand des Partners in absehbarer Zeit weiter verschlechtern wird. Diese Sorge belastet insbesondere Frauen: Während nur 43 Prozent der Männer, die ihre Partnerin im Alltag unterstützen, sich über die weitere Entwicklung große Sorgen machen, gilt dies für zwei Drittel der Frauen. Dies hat auch damit zu tun, dass hier teilweise eine andere Situation vorliegt. Männer unterstützen ihre Frauen vor allem bei der Haushaltsführung und bei Erledigungen, während Frauen weitaus mehr genuine Pflegeaufgaben stemmen. Entsprechend fühlen sich auch Frauen häufiger durch die Situation überfordert: 9 Prozent der Männer, aber knapp jede fünfte Frau, die ihren Partner im Alltag unterstützt und teilweise auch pflegt, fühlt sich den Herausforderungen nur teilweise gewachsen. Frauen betonen jedoch nicht nur die Herausforderungen und Belastungen überdurchschnittlich, sondern auch die Gratifikationen der Situation. So ziehen sie mehr als Männer das Resümee, dass es trotz der schwierigen Situation ausgesprochen schöne Momente in der Beziehung gibt, und berichten überdurchschnittlich von Zuspruch und Anerkennung aus dem eigenen Umfeld. 30 Prozent der Frauen ziehen auch Kraft aus der Überzeugung, dass die eigenen Anstrengungen dazu beitragen, dass der Partner zu Hause bleiben kann und nicht in ein Senioren- bzw. Pflegeheim übersiedeln muss (■ Tab. 7.4).

In dem Moment, in dem die Hilfsbedürftigkeit fortschreitet, wachsen die Herausforderungen, aber auch die Gratifikationen. Dies zeigen die Angaben der Älteren, deren Partner bereits eine Pflegestufe hat. In diesen Fällen wächst die Besorgnis, wie sich die Situation weiterentwickeln wird, steil an. 74 Prozent belastet der Gedanke, dass sich der Zustand des Partners in absehbarer Zeit verschlechtern könnte. 35 Prozent fühlen sich in dieser Situation überfordert. Gleichzeitig gibt es jedoch Kraft, dass man durch das eigene Engagement den Partner vor der Übersiedlung in ein Pflegeheim bewahren kann. Zwei Drittel betonen diesen Aspekt; knapp die Hälfte erfährt in dieser Situation auch viel Zuspruch aus dem eigenen Umfeld. 46 Prozent ziehen das Fazit, dass die Beziehung zum Partner in dieser Situation enger geworden ist (■ Abb. 7.5).

In dem Moment, in dem Hilfsbedürfnis zu Pflegebedürftigkeit wird, gewinnt auch die Auseinandersetzung mit der Situation und der möglichen weiteren Entwicklung an Bedeutung. Es werden dann verstärkt Gespräche mit dem pflegebedürftigen Partner geführt, Informationen zu den Leistungen der Krankenkassen und der Pflegeversicherung eingeholt wie auch zu den Angeboten von Wohlfahrtsverbänden und Pflegediensten. Ein Teil beginnt dann auch mit der Suche nach einer dauerhaften Pflegekraft. Diese Möglichkeit wird eher erwogen als die Unterbringung in einem Pflegeheim: Während 20 Prozent derjenigen, deren Partner bereits eine Pflegestufe hat, Möglichkeiten gesucht haben, dauerhaft eine Pflegekraft zu engagieren, haben sich nur 11 Prozent über Pflegeheime informiert. Schon in der ersten Generali Altersstudie vor vier Jahren wurde deutlich, wie ausgeprägt der Wunsch ist, die Pflegesituation soweit wie möglich zu Hause zu bewältigen. Entsprechend wächst mit der Zahl pflegebedürftiger Menschen kontinuierlich die Nachfrage nach unterstützenden Dienstleistungen an. Von den 65- bis 85-Jährigen, deren Partner bereits eine Pflegestufe hat, haben bereits 39 Prozent Informationen eingeholt, welche Leistungen Wohlfahrtsverbände und Pflegedienste zur Bewältigung dieser Situation anbieten. In dieser Situation entsteht naturgemäß auch ein hoher Informationsbedarf in Bezug auf die

Tab. 7.4 Emotionale Herausforderungen und Gratifikationen der gegenseitigen Unterstützung

Frage: „Wenn man seinen Partner/seine Partnerin pflegt bzw. sich um ihn/sie kümmert, kann man ja sehr unterschiedliche Erfahrungen machen. Hier auf der Liste stehen einige Aussagen. Welche dieser Erfahrungen machen auch Sie, was davon würden auch Sie sagen?"

	65- bis 85-Jährige, deren Partner/Partnerin Unterstützung benötigt		
	Insgesamt (%)	Männer (%)	Frauen (%)
Mich belastet der Gedanke, dass sich der Zustand meines Partners/meiner Partnerin in absehbarer Zeit weiter verschlechtern wird	55	43	65
Trotz der schwierigen Situation haben wir auch schöne Momente zusammen	40	36	43
Durch die Pflege ist das Verhältnis zwischen meinem Partner/meiner Partnerin und mir (noch) enger geworden	28	27	29
Es gibt mir Kraft zu wissen, dass mein Partner/meine Partnerin wegen meiner Unterstützung bzw. Pflege nicht in ein Senioren- bzw. Pflegeheim muss	26	22	30
Ich erfahre aus meinem Umfeld viel Zuspruch, viel Anerkennung für das, was ich tue	22	18	27
Ich fühle mich mit der Unterstützung bzw. Pflege öfter überfordert	13	9	18
Ich mache mir Sorgen, dass die Pflegebedürftigkeit meines Partners/meiner Partnerin immer mehr zu einer Belastung für unsere Beziehung wird	11	6	15
Ich komme kaum noch dazu, mich mit anderen Leuten zu treffen, meinen eigenen Hobbys und Wünschen nachzugehen	11	9	12
Ich habe viel Arbeit mit Behördenangelegenheiten wie z. B. Anträgen	10	9	12
Ich bin bei der Unterstützung bzw. Pflege über meine Grenzen gegangen, ich mache Dinge, von denen ich nie gedacht hätte, dass ich sie könnte	10	9	11
Wir bekommen kaum noch Besuch, weil Freunde und Bekannte sich bei uns unwohl fühlen	7	7	7
Nichts davon	24	31	18

Basis: Bundesrepublik Deutschland, 65- bis 85-Jährige, deren auf Betreuung angewiesene(r) Partner(in) mit in der eigenen Wohnung bzw. mit im Haus wohnt
Quelle: Generali Altersstudie 2017

Frage: „Wenn man seinen Partner/seine Partnerin pflegt bzw. sich um ihn/sie kümmert, kann man ja sehr unterschiedliche Erfahrungen machen. Hier auf der Liste stehen einige Aussagen. Welche dieser Erfahrungen machen auch Sie, was davon würden auch Sie sagen?"

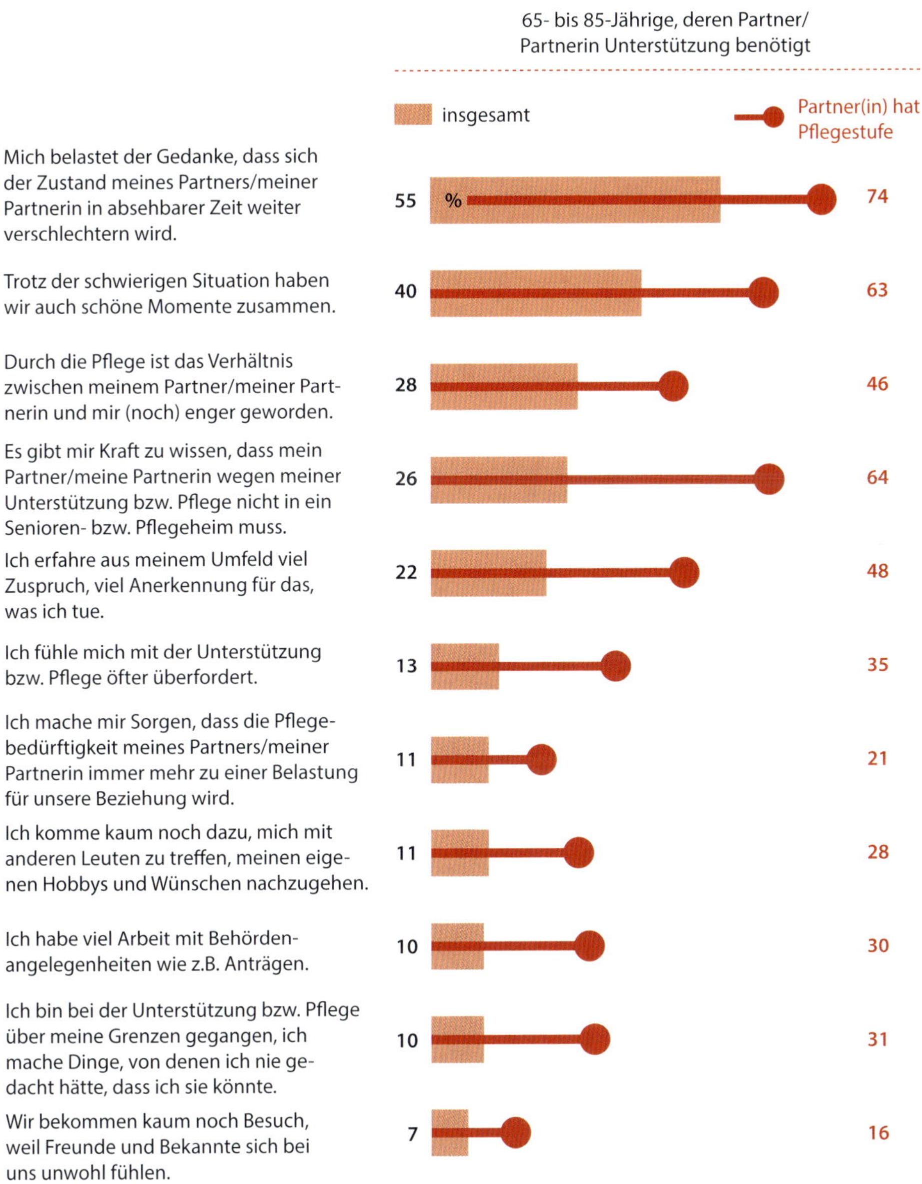

Abb. 7.5 Emotionale Herausforderungen und Gratifikationen.
Basis: Bundesrepublik Deutschland, 65- bis 85-Jährige, deren auf Betreuung angewiesener Partner mit in der eigenen Wohnung bzw. mit im Haus wohnt. Quelle: Generali Altersstudie 2017

Frage: „Steht auf dieser Liste etwas, das Sie mit Blick auf die Pflegebedürftigkeit oder auf altersbedingte Beschwerden Ihres Partners/Ihrer Partnerin auch gemacht haben?"

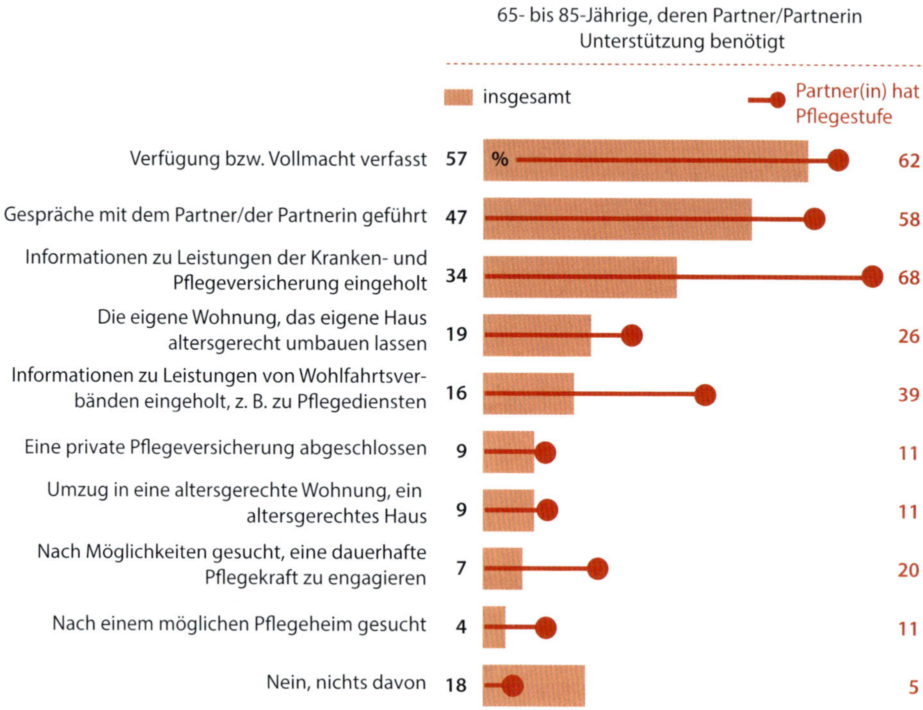

Abb. 7.6 In der Pflegesituation wachsende Informationsbedürfnisse.
Basis: Bundesrepublik Deutschland, 65- bis 85-Jährige, deren Partner im Alltag zumindest etwas auf Unterstützung angewiesen ist. Quelle: Generali Altersstudie 2017

Leistungen der Kranken- und Pflegeversicherungen. 34 Prozent aller 65- bis 85-Jährigen, deren Partner im weitesten Sinne im Alltag auf Unterstützung angewiesen ist, haben bereits Informationen zu diesen Leistungen eingeholt, von denjenigen, deren Partner bereits eine Pflegestufe hat, 68 Prozent (Abb. 7.6).

Gleichzeitig zeigen die Tiefeninterviews, dass viele ältere Menschen die Auseinandersetzung mit dem Thema Pflegebedürftigkeit möglichst weit hinausschieben. Solange es gesundheitlich keine allzu großen Beschwerden gibt, wird das Thema eher verdrängt:

» „Eigentlich befasse ich mich mit dieser Frage überhaupt nicht. Eben aus diesem Grund unternehme ich alles Mögliche, um meine Gesundheit und Eigenständigkeit zu erhalten. Wenn es zu einer solchen Situation kommen sollte, wird sich schon eine Lösung finden: Ich habe Familie, ich habe Freunde und es gibt noch die gesetzlichen Möglichkeiten, um solche Fälle zu lösen." (Frau, 67 Jahre, alleinstehend)

» „Solche Gedanken schiebe ich ganz weit weg von mir. Ich will davon derzeit nichts wissen. Auch im Kopf versuche ich das auszuklinken. Ich will davon auch gar nicht reden. Wer sich damit beschäftigt, hört nicht mehr auf, in sich hineinzuhören. Ich kenne das aus Gesprächen mit Kunden, die von vielerlei reden und merken, dass dies und jenes gesundheitlich nicht stimmt. Und dann stellen sie plötzlich fest, dass sie krank sind. Das will ich bei mir vermeiden." (Mann, 70 Jahre, alleinstehend)

» „Also Gedanken mache ich mir darüber nicht. Ich bin mir aber darüber im Klaren, dass es irgendwann so weit sein wird. Ich habe aber für mich festgelegt, wenn es so weit ist, dann werde ich auch eine Lösung finden. Notfalls gehe ich auch in ein Seniorenstift oder sonst was, verkaufe das Haus und versuche dann eine Einrichtung zu finden, wo ich trotzdem noch einigermaßen zurechtkomme." (Frau, 65 Jahre, alleinstehend)

» „Das macht einem einerseits Angst, andererseits versuche ich das wegzuschieben und gar nicht so viel darüber nachzudenken. Ich möchte das positiv sehen. Sonst kommt man nur ins Grübeln. Und das belastet einen dann mehr. Im Endeffekt kann man ja eh nicht viel machen. Bei uns im Rheinland heißt es ja ‚Et kütt wie et kütt!'" (Frau, 81 Jahre, alleinstehend)

» „Nein, ich habe mal daran gedacht, aber bisher noch nichts gemacht. Eine Patientenverfügung oder so was habe ich auch nicht, aber ich weiß, dass ich es machen sollte. Das habe ich auch vor zu machen." (Mann, 71 Jahre, alleinstehend)

» „Eigentlich habe ich mich bisher noch nicht mit dieser Frage beschäftigt, was ist wenn. Lediglich oberflächliche Informationen, was man jetzt so in der Zeitung liest oder wenn mal im Fernsehen darüber berichtet wird. Ich habe auch noch keine Patientenverfügung, bin auch nirgends angemeldet oder so was." (Frau, 66 Jahre, alleinstehend)

Aber es gibt auch diejenigen, die sich mit dem Thema Pflegebedürftigkeit schon intensiver beschäftigt haben und bereits über Möglichkeiten nachgedacht haben, die ihren individuellen Vorstellungen möglichst gerecht werden:

» „Ich habe mir das Telefon angeschafft. Und ich habe diese sogenannte gute Freundin, die ist wirklich eine gute Freundin, die mir versprochen hat, wenn mal etwas sein sollte, dann würde sie sich für mich verwenden, dass ich entweder in ein Altenheim komme oder in ein Pflegeheim. Sie würde sich auch hier in meiner Wohnung um mich kümmern, wenn ich eine Woche oder zwei Wochen bettlägerig bin. Da habe ich mich schon drum gekümmert, und das beruhigt mich, dass ich das weiß." (Frau, 85 Jahre, alleinstehend)

» „Ich lebe – dank meines verstorbenen Mannes – in einem bereits behindertengerecht umgebauten Haus. Ich würde mir, wenn ich richtig pflegebedürftig wäre, eine polnische Hilfe für den Tag und eine für die Nacht organisieren – da kann dann nichts schiefgehen. In ein Heim oder Krankenhaus will ich nicht – ich will bis zum Ende meines Lebens zu Hause sein und dort auch von den polnischen Hilfen gepflegt werden, wenn meine Söhne keine Zeit für mich haben sollten." (Frau, 77 Jahre, alleinstehend)

» „Wenn es so wäre, dann muss ich eben in eine Pflegeeinrichtung gehen. Aber nur so lange, wie es noch lebenswert ist. Ich bin stark daran interessiert, mein Leben selbst zu bestimmen und notfalls auch Sterbehilfe durchzuführen. Dafür würde ich auch notfalls ins Ausland gehen. Also ich möchte in so einer Einrichtung nur so lange leben, wie es für mich auch noch lebenswert ist. Ich möchte mich nicht quälen, ich möchte selbst bestimmen und nicht hundertprozentig auf andere angewiesen sein. Ich muss auf jeden Fall alleine essen können und auf Toilette gehen können." (Frau, 65 Jahre, alleinstehend)

» „Mit den Gedankengängen habe ich mich beschäftigen müssen, notgedrungen, jetzt so Ende Oktober letzten Jahres bis Anfang Januar diesen Jahres, und ich bin noch zu keinem vernünftigen Schluss gekommen. Weil eines möchte ich nicht, ich möchte weder in meiner Hütte hier vor mich hin krepieren, noch möchte ich meiner Tochter zur Last fallen. Aber ein Heim kann ich mir auch nicht leisten. Also was bleibt mir eigentlich? Alles tun, dass ich möglichst gesund bleibe." (Mann, 72 Jahre, alleinstehend)

» „Mit meiner Frau unterhalte ich mich schon ab und zu mal darüber, wie es wäre, wenn man im Alter auf fremde Hilfe angewiesen wäre. Hier bei uns in der Nähe gibt es gute Einrichtungen zum betreuten Wohnen, die wir uns mal für andere angesehen haben, und wir kamen dann zu dem Schluss, dass das gegebenenfalls später auch mal etwas für uns sein könnte, wo man einen Knopf hat, mit dem man Hilfe herbeirufen kann, wo man mit Essen und allem anderen versorgt wird, und wo im Notfall ärztliche Hilfe nicht weit ist. Angemeldet haben wir uns da aber noch nicht." (Mann, 71 Jahre, mit Partnerin)

Die Betroffenen wissen in der Regel, an wen sie sich wenden können, wenn sie im weitesten Sinne Fragen zum Thema Pflege haben. 79 Prozent der 65- bis 85-Jährigen insgesamt sind überzeugt, für diese Themen die richtigen Informationsquellen und Ansprechpartner zu haben, von denjenigen, deren Partner eine Pflegestufe hat, sogar 88 Prozent. Die meisten denken dabei vor allem an Ärzte und an die Kranken- bzw. Pflegeversicherung. 56 Prozent würden sich an einen Arzt wenden, 51 Prozent an eine Versicherung; mit großem Abstand folgen die Wohlfahrtsverbände bzw. andere Anbieter von Dienstleistungen, die in der Pflegesituation unterstützen. Alle anderen Informationsquellen sind in dieser Situation zunächst von untergeordneter Bedeutung (Abb. 7.7).

Gleichzeitig fühlt sich jedoch nur weniger als die Hälfte über wesentliche Aspekte ausreichend informiert. Das gilt gerade für die Leistungen der Kranken- und Pflegeversicherung, der Aspekt, der bei Eintreten der Pflegesituation besonders interessiert. Nur 44 Prozent fühlen sich über die Leistungen, die im Pflegefall zu erwarten sind, ausreichend informiert, 38 Prozent melden dezidiert den Wunsch nach mehr Informationen an. Je höher der sozioökonomische Status ist, desto ausgeprägter dominiert die Überzeugung, über ausreichend Informationen zu verfügen. So fühlen sich 52 Prozent der 65- bis 85-Jährigen aus den höheren sozialen Schichten ausreichend informiert, aber nur 32 Prozent der Gleichaltrigen aus den schwächeren sozialen Schichten; von ihnen wünschen sich 46 Prozent mehr und ausführlichere Informationen. Interessanterweise bekundet auch die Gruppe, die sich bereits intensiver mit dem Thema auseinandergesetzt hat, in hohem Maße Informationsdefizite: Von den Älteren mit einem pflegebedürftigen Partner, der auch bereits eine Pflegestufe hat, haben nach eigenem Bekunden bereits 68 Prozent Informationen zu Leistungen der Kranken- und Pflegeversicherung eingeholt. Gleichzeitig hat diese Gruppe jedoch keineswegs überdurchschnittlich das Empfinden, über dieses Thema gut informiert zu sein. Lediglich 46 Prozent dieser Gruppe fühlen sich ausreichend informiert, 42 Prozent wünschen explizit mehr Informationen (Abb. 7.8).

Die höheren Sozialschichten setzen sich generell intensiver mit der Vorsorge für den Pflegefall und insbesondere auch für die Situation, dass man selbst nicht mehr die geforderten Entscheidungen treffen kann, auseinander. So haben zwei Drittel der 65- bis 85-Jährigen aus den höheren sozialen Schichten bereits eine Patientenverfügung verfasst, dagegen nur knapp die Hälfte der Gleichaltrigen aus den schwächeren sozialen Schichten. Insgesamt haben 57 Prozent dieser Altersgruppe

Frage: „Und an wen wenden Sie sich bzw. würden Sie sich wenden: an einen Arzt, ihre Kranken- bzw. Pflegeversicherung, einen Wohlfahrtsverband wie z. B. AWO, Caritas oder Diakonie bzw. an einen anderen Anbieter von Pflegeleistungen, an spezielle Internetangebote, oder an wen sonst?"

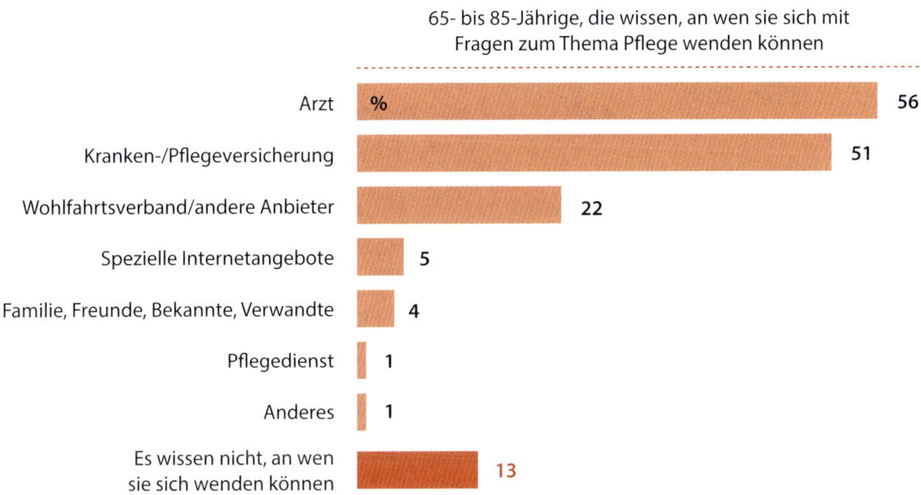

Abb. 7.7 Informationsquellen zum Thema Pflege.
Basis: Bundesrepublik Deutschland, 65- bis 85-jährige Bevölkerung. Quelle: Generali Altersstudie 2017

Frage: „Zur Kranken- und Pflegeversicherung: Fühlen Sie sich ganz allgemein über die Leistungen, die man im Pflegefall von der Kranken- bzw. Pflegeversicherung bekommt, ausreichend informiert, oder hätten Sie darüber gern mehr Informationen?"

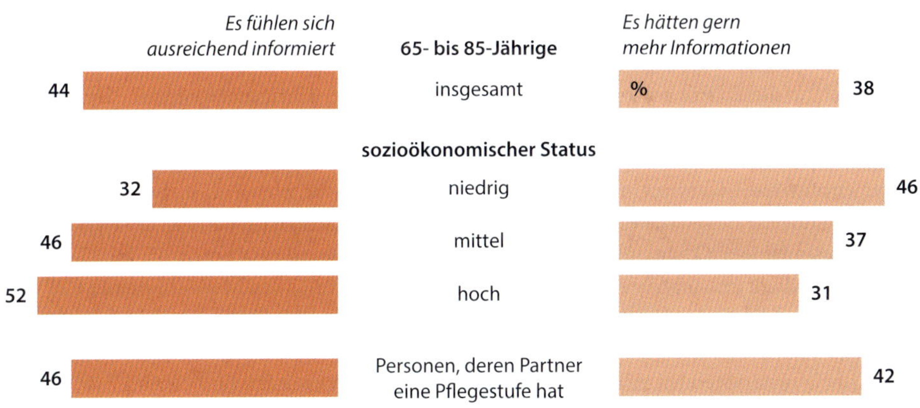

Abb. 7.8 Informationsdefizite.
Basis: Bundesrepublik Deutschland, 65- bis 85-jährige Bevölkerung. Quelle: Generali Altersstudie 2017

bereits eine Patientenverfügung abgefasst; nicht nur die soziale Schicht, sondern auch das erreichte Alter hat einen wesentlichen Einfluss darauf, ob diese Vorsorgemaßnahme getroffen worden ist. So haben von den unter 70-Jährigen gerade einmal 48 Prozent eine Patientenverfügung verfasst, von den 75- bis 79-Jährigen 60 Prozent, jenseits der 80 68 Prozent (Abb. 7.9).

Frage: „Es gibt ja die Möglichkeit, eine sogenannte Patientenverfügung zu verfassen. Damit kann man im Voraus festlegen, wie man behandelt werden möchte, falls man wegen eines Unfalls oder einer Krankheit nicht mehr in der Lage ist, selbst Entscheidungen zu treffen. Haben Sie selbst eine solche Patientenverfügung verfasst, oder haben Sie vor, das zu tun, oder haben Sie das nicht vor?"

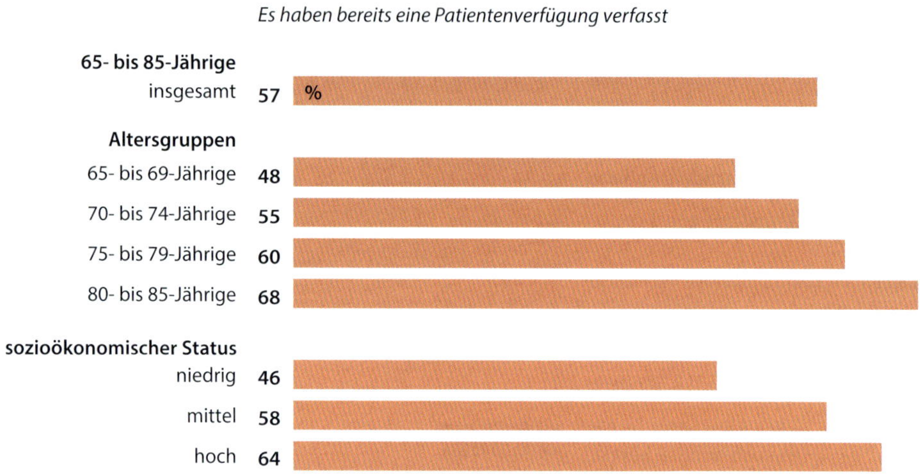

Abb. 7.9 Patientenverfügungen – eine Frage von Alter und sozialer Schicht.
Basis: Bundesrepublik Deutschland, 65- bis 85-jährige Bevölkerung. Quelle: Generali Altersstudie 2017

Die große Mehrheit derjenigen, die noch keine Patientenverfügung verfasst hat, hat durchaus den Plan, dies in absehbarer Zeit zu tun. Das gilt auch für die Vorsorgevollmachten für den Fall, dass man nicht mehr ausreichend entscheidungsfähig ist. Eine solche vorsorgliche Vollmacht haben bisher erst 52 Prozent der 65- bis 85-Jährigen verfasst; 28 Prozent haben jedoch vor, dies in absehbarer Zeit zu tun. Auch hier spielt das Alter eine große Rolle. Von den 65- bis 69-Jährigen haben erst 42 Prozent vertraglich für diesen Fall Vorsorge getroffen, von den 80- bis 85-Jährigen dagegen annähernd zwei Drittel. Auch hier liegt der Anteil in den schwächeren sozialen Schichten signifikant unter dem Durchschnitt: Während in den mittleren und höheren sozialen Schichten die Mehrheit für diesen Fall Vorsorge getroffen hat, ist dies nur in 43 Prozent der Fälle in den schwächeren sozialen Schichten der Fall. Interessanterweise hängt die vorsorgliche Erteilung von Vollmachten für den Fall der eigenen Entscheidungsunfähigkeit kaum mit dem eigenen Gesundheitszustand zusammen. 65- bis 85-Jährige, deren Gesundheit ernsthaft beeinträchtigt ist, haben nur in ähnlichem Maße für diesen Fall Vorsorge getroffen wie 65- bis 85-Jährige, die sich in einer guten gesundheitlichen Verfassung befinden. Dasselbe Muster zeigt sich auch bei Patientenverfügungen, die ebenfalls von Älteren mit schlechtem Gesundheitszustand tendenziell unterdurchschnittlich abgefasst worden sind (Abb. 7.10).

7.2 Wünsche an Staat und Gesellschaft zur Erleichterung der Pflegesituation

Wenn der Pflegefall aktuell wird, wächst nicht nur der Informationsbedarf steil an, sondern auch das Bedürfnis, von Staat und Gesellschaft in der Situation besser unterstützt zu werden. Viele machen in dieser Situation Erfahrungen mit bürokratischen Hürden, zum Beispiel bei

Frage: „Neben der Patientenverfügung gibt es auch die Möglichkeit, jemand anderen zu bevollmächtigen, Entscheidungen für einen selbst zu treffen, wenn man dazu nicht mehr in der Lage ist, z. B. über eine Betreuungsverfügung oder Vorsorgevollmacht. Dabei kann es z. B. um finanzielle, rechtliche oder gesundheitliche Angelegenheiten gehen. Haben Sie selbst schon eine solche Vollmacht bzw. Verfügung verfasst, oder haben Sie vor, das zu tun, oder haben Sie das nicht vor?"

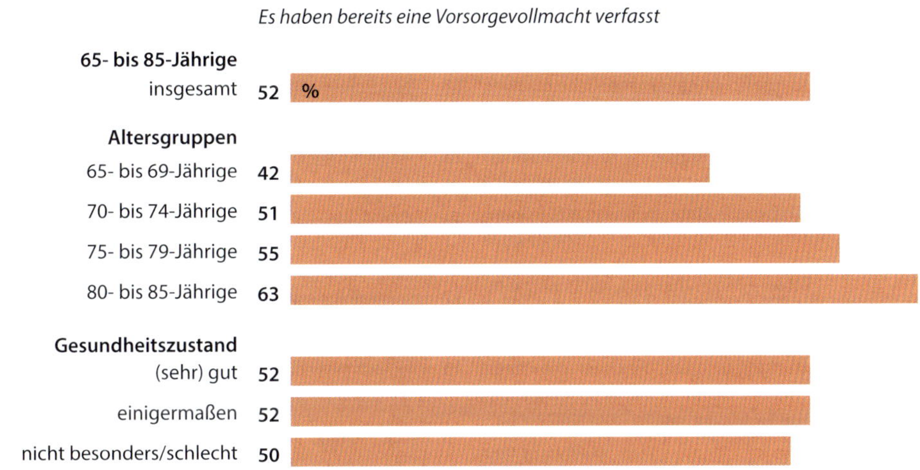

Abb. 7.10 Vorsorgevollmachten – keine Frage des Gesundheitszustandes.
Basis: Bundesrepublik Deutschland, 65- bis 85-jährige Bevölkerung. Quelle: Generali Altersstudie 2017

der Beantragung von Pflegeleistungen. So wünschen sich 28 Prozent aller 65- bis 85-Jährigen, deren Partner im Alltag auf Unterstützung angewiesen ist, weniger bürokratische Hürden bei der Beantragung von Pflegeleistungen; in der Gruppe, die bereits Pflegeleistungen beantragt hat und deren Partner eine Pflegestufe hat, schnellt dieser Wunsch auf 55 Prozent hoch. Genauso wächst in dieser Situation der Wunsch nach einer stärkeren finanziellen Entlastung. 25 Prozent der Älteren, deren Partner auf Unterstützung angewiesen ist, wünschen sich eine stärkere finanzielle Entlastung, beispielsweise durch höhere Pflegesätze; 52 Prozent derjenigen, deren Partner bereits eine Pflegestufe haben, teilen diesen Wunsch.

Viele wünschen sich auch bessere Möglichkeiten, kurzfristig eine Pflegekraft zu bekommen oder auf einen Platz in einer Tagespflege zurückgreifen zu können. Auch Beratungsangebote, wie man mit den Belastungen umgeht, die durch die Pflege entstehen, interessieren zunehmend, wenn die Pflegesituation sich zuspitzt. Am meisten wünschen sich die Betroffenen jedoch mehr Hausbesuche von Ärzten. Die Entwicklung des Gesundheitssystems und die Anreizsysteme für Ärzte dämmen Hausbesuche eher ein, als sie zu fördern. Diese Entwicklung steht quer zu den Bedürfnissen einer alternden Gesellschaft, die sich an dem Leitbild orientiert, auch bei zunehmenden gesundheitlichen Beeinträchtigungen so lange wie möglich autonom im eigenen Haushalt zu leben. Dieses Leitbild ist nur umzusetzen, wenn immer mehr der unterstützenden Dienstleistungen und damit auch der ärztlichen Leistungen auch zu Hause zur Verfügung stehen. 38 Prozent aller 65- bis 85-Jährigen, deren Partner Unterstützung benötigen, wünschen sich mehr Hausbesuche, 63 Prozent derjenigen, deren Partner eine Pflegestufe hat. Der Wunsch nach mehr Hausbesuchen führt mit Abstand in der Liste der Erwartungen und Wünsche an Staat und Gesellschaft (Abb. 7.11).

Frage: „Was würden Sie sich im Zusammenhang mit der Pflege Ihres Partners/ihrer Partnerin an Unterstützung von Staat und Gesellschaft wünschen?"

Abb. 7.11 Wünsche an Staat und Gesellschaft.
Basis: Bundesrepublik Deutschland, 65- bis 85-Jährige, deren Partner im Alltag zumindest etwas auf Unterstützung angewiesen ist. Quelle: Generali Altersstudie 2017

Altersgerechtes Wohnen

Generali Deutschland AG (Hrsg.), *Generali Altersstudie 2017*,
DOI 10.1007/978-3-662-50395-9_8

8.1 Wunsch und Wirklichkeit

Mit zunehmendem Alter und verstärkt bei altersbedingten Einschränkungen verändern sich die Bedürfnisse in Bezug auf die Wohnsituation. Schon in der Generali Altersstudie 2013 wurde deutlich, dass viele 65- bis 85-Jährige in Wohnverhältnissen leben, die altersbedingten Einschränkungen nur ungenügend Rechnung tragen. Gleichzeitig war jedoch auch zu erkennen, dass die meisten sich mit diesen Defiziten durchaus arrangieren.

Dies hat zum einen mit der Bindung an die eigene Wohnung und das Wohnumfeld zu tun, mit der Scheu vor einem Kräfte fordernden Umzug, aber auch mit der großen Zufriedenheit mit der aktuellen Wohnsituation. Wie eingangs bereits geschildert, bilanzieren die 65- bis 85-Jährigen ihre Zufriedenheit mit der derzeitigen Wohnsituation auf einer 11-stufigen Skala von 0 („überhaupt nicht zufrieden") bis 10 („völlig zufrieden") im Durchschnitt mit der hohen Skalenstufe 8,4. Ähnlich groß ist die Zufriedenheit mit dem Wohnumfeld, dem Ort bzw. Stadtteil, in dem man lebt.[1]

Überdurchschnittlich zufrieden sind diejenigen, die im eigenen Haus oder einer Eigentumswohnung leben, und dieser Kreis wächst kontinuierlich. 64 Prozent der 65- bis 85-Jährigen leben in der eigenen Immobilie, 55 Prozent im eigenen Haus, 9 Prozent in einer Eigentumswohnung. In Ostdeutschland liegt der Anteil der Immobilienbesitzer mit 54 Prozent deutlich unter dem Niveau im Westen (67 Prozent); über die letzten zwei Jahrzehnte hinweg hat sich der Abstand jedoch sukzessive verringert. Vor zwanzig Jahren lebten in Westdeutschland 54 Prozent der 65- bis 85-Jährigen, in Ostdeutschland 29 Prozent dieser Altersgruppe in der eigenen Immobilie.

Der Immobilienbesitz differiert jedoch nicht nur zwischen Ost und West, sondern besonders ausgeprägt auch zwischen Stadt und Land: Auf dem Land wohnen 79 Prozent der Älteren in der eigenen Immobilie, in den Großstädten dagegen nur 46 Prozent. Auch der Familienstand und die Einkommensverhältnisse sind wesentliche Einflussfaktoren (◘ Abb. 8.1).[2]

Die meisten wohnen bereits seit Jahrzehnten in ihrem Haus bzw. ihrer Wohnung – im Durchschnitt 31 Jahre. Jeder Fünfte lebt seit 30 bis 39 Jahren in der jetzigen Wohnung, 35 Prozent 40 Jahre und länger. Auf dem Land sind Wohnungswechsel noch seltener als in den Städten, auch bedingt durch den höheren Anteil an Immobilienbesitzern. Ältere, die auf dem Land wohnen, leben im Durchschnitt seit 38 Jahren in ihrer jetzigen Wohnung, Gleichaltrige in den großen Städten im Durchschnitt 26 Jahre (◘ Abb. 8.2).

Die ausgeprägte Bindung an die eigene Wohnung ist ein wesentlicher Grund, warum sich viele damit arrangieren, dass ihre Wohnung nicht den im Alter veränderten Anforderungen voll und ganz entspricht. Nur 22 Prozent ziehen die Bilanz, dass ihre Wohnung voll und ganz dem Profil einer altersgerechten Wohnung entspricht; 52 Prozent attestieren das ihrer Wohnung nur teilweise, 24 Prozent überhaupt nicht (◘ Abb. 8.3). Hier gibt es interessanterweise keine signifikanten Unterschiede zwischen den sozialen Schichten; auch 65- bis 85-Jährige aus den höheren sozialen Schichten stufen ihre Wohnverhältnisse bestenfalls mit Einschränkungen als altersgerecht ein.

Wie unterschiedlich die Wohnverhältnisse älterer Menschen in Deutschland sind, illustrieren auch die Tiefeninterviews. Einerseits gibt es diejenigen, die ihre derzeitige Wohnsituation als wenig altersgerecht beschreiben und zumeist wissen, dass sie in ihrem Haus oder ihrer Wohnung nicht bleiben können, wenn sie beispielsweise auf einen Rollstuhl angewiesen sind:

1 Vergleiche ◘ Abb. 2.3.

2 Zum Thema Wohnen und Immobilienbesitz s. Kommentar von Rolf G. Heinze: „Wohnen und Wohnumfeld – der Lebensmittelpunkt im Alter".

Frage: „Wohnen Sie im eigenen Haus, in einer Eigentumswohnung, oder wohnen Sie zur Miete?"

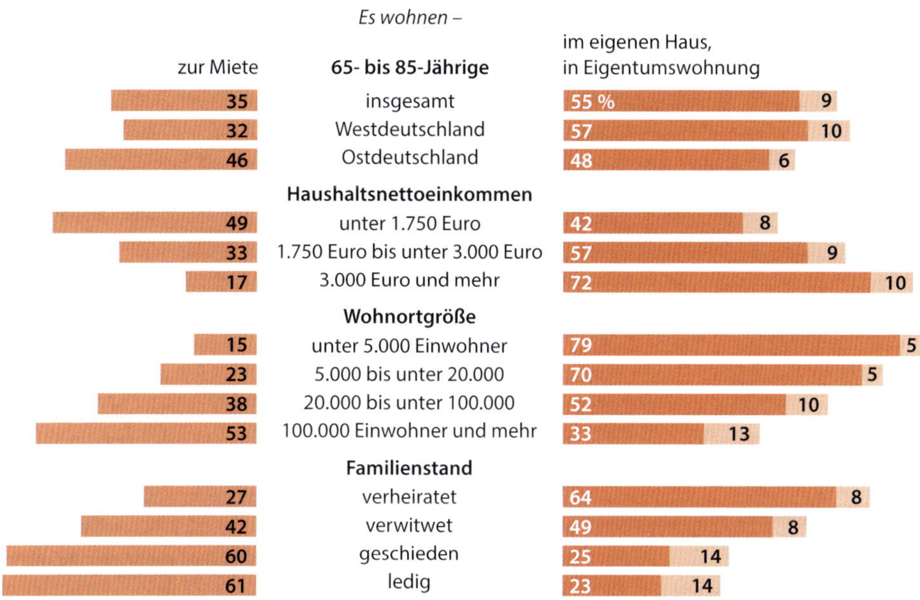

Abb. 8.1 Immobilienbesitzer und Mieter.
Basis: Bundesrepublik Deutschland, 65- bis 85-jährige Bevölkerung. Quelle: Generali Altersstudie 2017

Frage: „Zu Ihrer Wohnsituation: Wie lange wohnen Sie schon in Ihrer jetzigen Wohnung, Ihrem jetzigen Haus, seit wie vielen Jahren?"

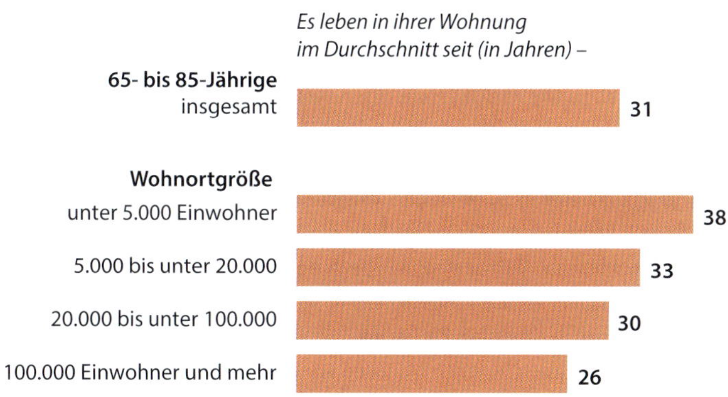

Abb. 8.2 Lange Wohndauer.
Basis: Bundesrepublik Deutschland, 65- bis 85-jährige Bevölkerung. Quelle: Generali Altersstudie 2017

Frage: „Würden Sie sagen, dass Ihr Haus, Ihre Wohnung Ihre Anforderungen an eine altersgerechte Wohnsituation voll und ganz oder teilweise erfüllt, oder würden Sie das nicht sagen?"

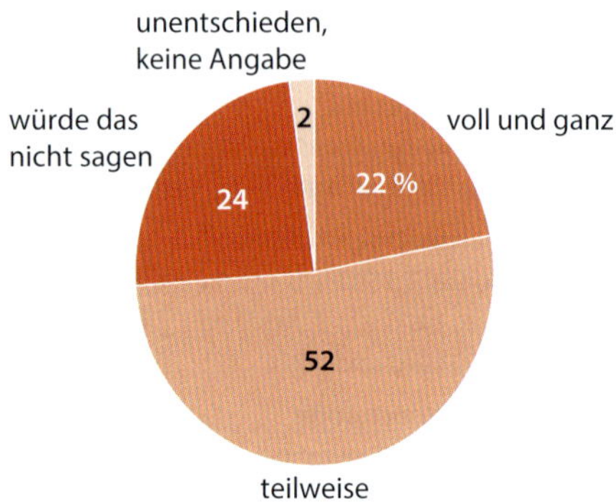

Abb. 8.3 Nur eine Minderheit lebt in einer altersgerechten Wohnsituation.
Basis: Bundesrepublik Deutschland, 65- bis 85-jährige Bevölkerung. Quelle: Generali Altersstudie 2017

» „Sollte ich irgendwann auf einen Rollstuhl angewiesen sein, wäre es vorbei. Es gibt eine Treppe und das Bad wäre viel zu klein. Es gibt nur eine Badewanne, keine Dusche. Da wären sehr viele Umbauten nötig. Ich denke, das wäre für mich nicht finanzierbar." (Frau, 65 Jahre, alleinstehend)

» „Die Wohnung ist nicht altersgerecht. Also technisch könnte man es schon umbauen, das müsste man mit der Hausverwaltung klären, aber wenn man einen Rollstuhl bräuchte, wäre das schon schwierig. Zu meiner Wohnung sind es sieben Stufen zu überwinden, da könnte man zwar eine Rampe anbringen, aber ich weiß gar nicht, ob ein Rollstuhl oder Rollator überhaupt in meine Wohnung passen würde. Der Flur ist sehr klein, sehr schmal, da passt, glaube ich, kein Rollstuhl durch." (Mann, 71 Jahre, alleinstehend)

» „Wir werden dieses Haus nicht mehr umbauen. Der Charakter würde auch verloren gehen. Aus diesem Grund haben wir vor, das Haus irgendwann zu verkaufen und eine altersgerechte Eigentumswohnung in Innenstadtlage zu kaufen." (Mann, 70 Jahre, mit Partnerin)

» „Um die Wohnung barrierefrei zu gestalten, müsste ich schon eine ganze Masse investieren. Wir wohnen ja im 2. Stock, und da müsste dann ein Treppenlift her. Die Diskussion hatten wir im Haus auch schon mal. Barrierefrei würde ja heißen, dass in der Wohnung auch an den Türen etwas verändert werden müsste. Denn so, wie sie jetzt sind, wäre es ja mit einem Rollstuhl sehr schwierig. In so einem Fall würde sich dann schon die Frage stellen, wie es denn weitergehen soll. Wahrscheinlich müssten wir dann die Wohnung wechseln." (Mann, 71 Jahre, mit Partnerin)

» „Ich wohne ja oben, und das kann natürlich, wenn man es mal mit der Hüfte bekommt oder auch gehbehindert wird, problematisch werden. Da muss ich mir dann was einfallen lassen. Notfalls verkaufe ich alles und nehme mir eine Parterrewohnung." (Frau, 65 Jahre, alleinstehend)

Andere betonen, dass sie bereits altersgerecht wohnen oder frühzeitig Anstrengungen unternommen haben, um ihre Wohnung oder ihr Haus altersgerecht umzugestalten:

» „Ich wohne in einem bereits behindertengerecht umgebauten Haus. Wir mussten ja schon vor Jahren alles für meinen kranken Mann umbauen lassen. Alles ist perfekt darauf eingerichtet, sodass ich auch vorm Alter keine Angst habe." (Frau, 77 Jahre, alleinstehend)

» „Das Haus ist von Anfang an barrierefrei gestaltet, und es sind auch keine weiteren Investitionen nötig. Wir haben im Laufe der Jahre auch aufgepasst, dass das Haus immer auf einem aktuellen Stand ist." (Mann, 75 Jahre, mit Partnerin)

» „Sollte einer von uns mal im Rollstuhl sitzen, bräuchte ich nur eine Rampe für die drei Eingangsstufen. Das wäre schon alles. Die Türen sind groß genug und alles andere auch." (Frau, 81 Jahre, mit Partner)

» „Ich wohne in einem größeren Mehrparteienhaus mit Aufzug und speziellem Sozialbereich. Die Wohnung ist altersgerecht gebaut und die Zugänge im Haus sind barrierefrei." (Frau, 81 Jahre, alleinstehend)

» „Ich komme in meiner Wohnung sehr gut klar, weil meine Wohnung bei der letzten Restaurierung altersgerecht und barrierefrei umgebaut wurde. Ich konnte bei diesen Arbeiten auch alle meine Wünsche vorher äußern, und heute profitiere ich davon." (Frau, 84 Jahre, alleinstehend)

Drei Viertel sehen damit bei aller Zufriedenheit mit ihrer Wohnsituation durchaus auch Defizite. Von ihnen hat jedoch nur eine Minderheit erwogen, aus diesem Grund umzuziehen: 29 Prozent derjenigen, die ihre Wohnsituation als nicht oder nur mit Einschränkungen altersgerecht einstufen, haben schon über einen Umzug nachgedacht, am ehesten diejenigen, die selbst schon Pflegeleistungen beziehen (37 Prozent). Nur eine kleine Minderheit hat bereits altersbedingt die Wohnung gewechselt, dies sind 7 Prozent der 65- bis 85-Jährigen.

Dies hat auch damit zu tun, dass die meisten nur selektiv Defizite ihrer Wohnsituation empfinden. Eine altersgerechte Wohnsituation hat aus der Sicht der 65- bis 85-Jährigen viele Facetten, vor allem eine gute Infrastruktur, Barrierefreiheit, eine schöne und ruhige Umgebung und bezahlbare Mieten bzw. Kosten, die mit Alterseinkünften problemlos zu finanzieren sind. In Bezug auf die Infrastruktur ist der älteren Generation insbesondere wichtig, dass es in der Nähe Arztpraxen gibt, Geschäfte für den täglichen Bedarf, Betreuungs- und Pflegedienste sowie eine gute Anbindung an öffentliche Verkehrsmittel. All dies ist der großen Mehrheit besonders wichtig, wie auch naturnah zu leben, in einer schönen Umgebung oder zumindest inmitten vieler Grünflächen und in einer Gegend, in der man sich gut auskennt. Jeder Zweite legt besonderen Wert auf eine ruhige Umgebung und auf wenig Verkehrslärm.

Die Sozialstruktur in ihrer Umgebung ist den 65- bis 85-Jährigen weniger wichtig, zumindest was die Altersstruktur angeht. So ist nur 29 Prozent besonders wichtig, dass in der Umgebung auch viele jüngere Menschen und Familien leben, nur 17 Prozent, dass in der Nachbarschaft viele ältere Personen leben (Abb. 8.4). (Vgl. dazu auch den Kommentar von Rolf G. Heinze: „Wohnen und Wohnumfeld – der Lebensmittelpunkt im Alter" (Quartier als Teilhabeort im Alter) im Anschluss dieses Kapitels).

Die meisten dieser Anforderungen werden von der eigenen Wohnung durchaus weitgehend erfüllt. Dies gilt sowohl für die gute Anbindung an öffentliche Verkehrsmittel als auch

Frage: „Hier auf der Liste haben wir einmal aufgeschrieben, was man unter einer altersgerechten Wohnung, einem altersgerechten Wohnumfeld verstehen kann. Was davon gehört für Sie zu einer altersgerechten Wohnsituation dazu, was ist Ihnen besonders wichtig?"

Abb. 8.4 Anforderungen an eine altersgerechte Wohnsituation.
Basis: Bundesrepublik Deutschland, 65- bis 85-jährige Bevölkerung. Quelle: Generali Altersstudie 2017

für den Wunsch, ruhig und im Grünen zu wohnen, in der Nähe der eigenen Kinder zu sein sowie Ärzte, Pflegedienste und Einkaufsmöglichkeiten für den täglichen Bedarf in der Nähe zu haben. 85 Prozent sind Arztpraxen, die sich in erreichbarer Nähe befinden, besonders wichtig, bei 76 Prozent ist dies erfüllt. 63 Prozent wünschen sich eine gute Anbindung an öffentliche Verkehrsmittel, 60 Prozent sind in dieser Hinsicht mit ihrer Wohnung zufrieden.

Größere Defizite werden nur bei drei Aspekten konstatiert: vor allem bei der Barrierefreiheit in der eigenen Wohnung sowie der Ausstattung mit Aufzügen und der Höhe der Mieten bzw. monatlichen Kosten. 70 Prozent halten barrierefreie Wohnungen im Alter für außerordentlich wichtig, nur 30 Prozent leben in einer Wohnung oder einem Haus, das diese Anforderungen erfüllt (Abb. 8.5).

Moderate Mieten bzw. Kosten der Wohnung sind 57 Prozent besonders wichtig, 44 Prozent sind in dieser Beziehung mit der eigenen Wohnung zufrieden. Die Angaben der 65- bis 85-jährigen Mieter zur Höhe ihrer monatlichen Miete einschließlich Nebenkosten zeigen, dass auch die ältere Generation von den steigenden Mieten betroffen ist. 2012 wurden die monatlichen Wohnkosten im Durchschnitt mit 592 Euro beziffert, aktuell mit 630 Euro. Der Kreis, der mehr als 700 Euro im Monat für Wohnen aufbringen muss, hat sich im selben Zeitraum von 26 auf 31 Prozent erhöht (Abb. 8.6).

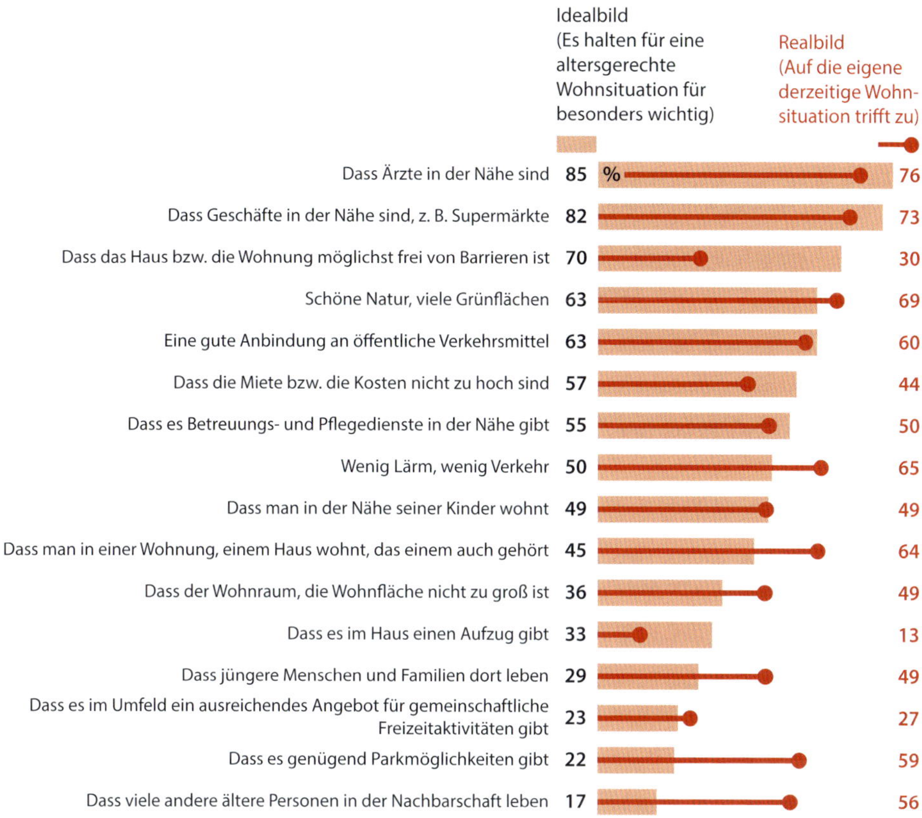

Abb. 8.5 Ideal und Wirklichkeit.
Basis: Bundesrepublik Deutschland, 65- bis 85-jährige Bevölkerung. Quelle: Generali Altersstudie 2017

Die Mieten differieren zwischen Ost und West und Stadt und Land. Vor allem bestimmt jedoch die Finanzkraft des Haushaltes, was sich die Älteren an Wohnkosten leisten und leisten können. So beziffern 65- bis 85-Jährige mit einem monatlichen Haushaltsnettoeinkommen von weniger als 1750 Euro ihre monatlichen Wohnkosten mit knapp 540 Euro, Gleichaltrige, die über 3000 Euro und mehr im Monat verfügen können, mit 853 Euro (Abb. 8.7).

8.2 Ausstattung der Haushalte

Die technische Ausstattung kann gerade das Leben Älterer in vieler Hinsicht erleichtern und auch sicherer machen. Bisher werden viele dieser technischen Möglichkeiten jedoch nur von einer kleinen Minderheit genutzt. Rauchmelder sind zwar mittlerweile bedingt durch die gesetzlichen Vorschriften in der großen Mehrheit der Haushalte vorhanden. Knapp jeder Zweite verfügt auch über einen Türöffner mit Gegensprechanlage, 34 Prozent über Lampen, die auf Bewegungsmelder reagieren. Andere Ausstattungsmöglichkeiten, die bei gesundheitlichen Problemen lebensrettend sein können, wie ein Notruf oder ein Alarmknopf, der ständig getragen wird, besitzt jedoch nur eine Minderheit von 6 Prozent. Von denjenigen, die bereits eine Pflegestufe haben, machen immerhin 32 Prozent von dieser Möglichkeit Gebrauch (Abb. 8.8). (Vergleiche dazu

Frage: „Wenn Sie einmal zusammenrechnen, was Sie pro Monat insgesamt für Ihre Wohnung bzw. Ihr Haus bezahlen, also Kaltmiete, Heizkosten, Strom und weitere Nebenkosten: Könnten Sie mir bitte sagen, wie viel das ungefähr ist?"

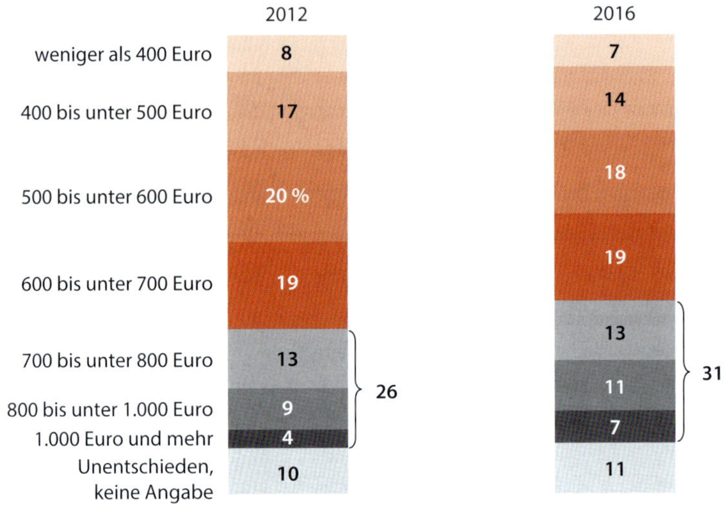

Abb. 8.6 Steigende Mieten.
Basis: Bundesrepublik Deutschland, 65- bis 85-jährige Mieter. Quelle: Generali Altersstudien 2013 und 2017

Frage: „Wenn Sie einmal zusammenrechnen, was Sie pro Monat insgesamt für Ihre Wohnung bzw. Ihr Haus bezahlen, also Kaltmiete, Heizkosten, Strom und weitere Nebenkosten: Könnten Sie mir bitte sagen, wie viel das ungefähr ist?"

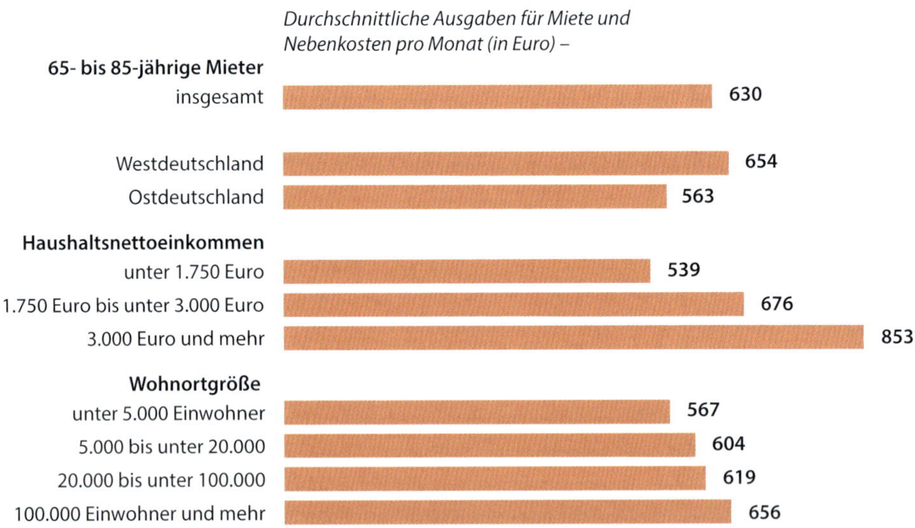

Abb. 8.7 Unterschiedliche Wohnkosten in Ost und West.
Basis: Bundesrepublik Deutschland, 65- bis 85-jährige Mieter. Quelle: Generali Altersstudie 2017

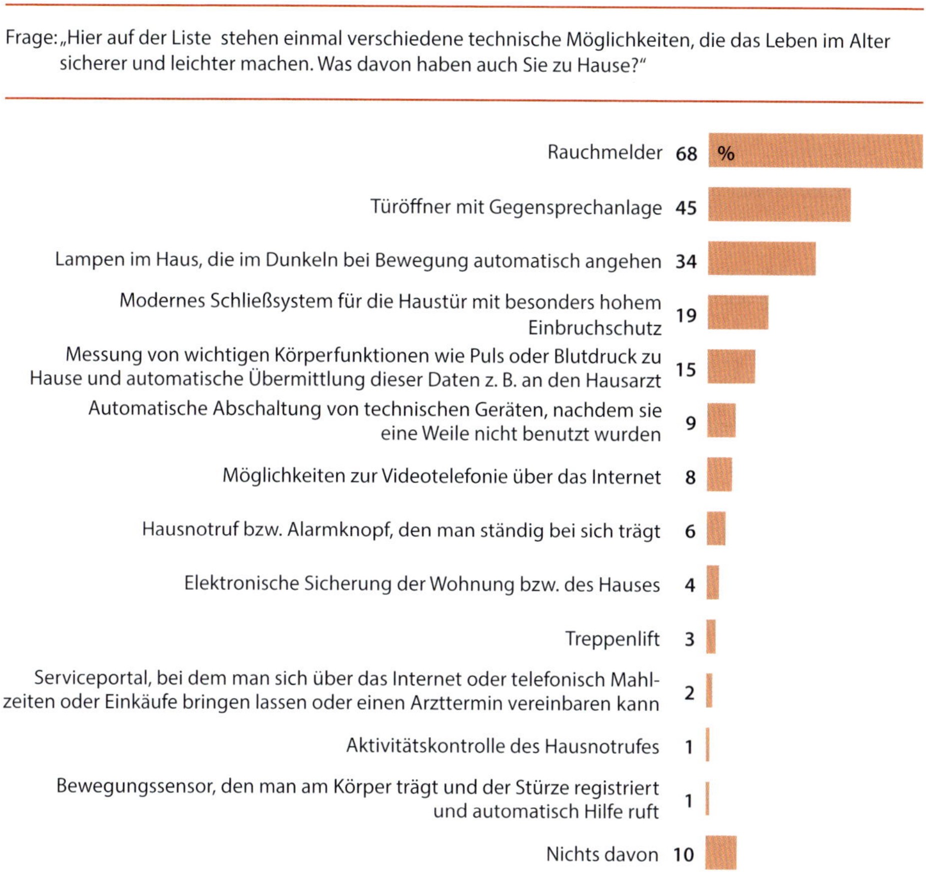

Abb. 8.8 Technische Ausstattung.
Basis: Bundesrepublik Deutschland, 65- bis 85-jährige Bevölkerung. Quelle: Generali Altersstudie 2017

auch den Kommentar von Rolf G. Heinze: „Wohnen und Wohnumfeld – der Lebensmittelpunkt im Alter" (Technische Assistenzen als Lösungsansatz für steigende Hilfe und Pflegebedürftigkeit) am Ende des Kapitels).

Der Kreis, der sich für die Absicherung durch einen Hausnotruf oder Alarmknopf interessiert, diese Möglichkeit bisher aber noch nicht nutzt, ist dreimal so groß wie der Kreis der heutigen Nutzer. 19 Prozent interessiert die Möglichkeit, bei gesundheitlichen Problemen auf diese Weise abgesichert zu sein, von den Empfängern von Pflegeleistungen 24 Prozent. Die Haltung zu einer solchen Sicherheitsmaßnahme ist jedoch gespalten: Knapp die Hälfte erkennt an, dass eine solche Notrufmöglichkeit besser sicherstellt, dass man im Notfall jemanden erreicht; 42 Prozent sind jedoch überzeugt, dass ihnen in diesem Fall ihr Telefon ausreichend Sicherheit bietet. Jeder Vierte ist zudem überzeugt, auf ein solches Gerät verzichten zu können, da immer jemand im Haus ist. Ein Teil fürchtet auch, dass ein Hausnotruf bzw. Alarmknopf mit erheblichen Kosten verbunden ist (Abb. 8.9).

Während viele den Nutzen von Notrufsystemen durchaus anerkennen, treffen elektronische Systeme, die die Körperfunktionen überwachen und automatisch einen Arzt informieren, überwiegend auf Vorbehalte. Vor allem wird argumentiert, dass man selbst darüber entscheiden

Frage: „Darf ich zu einer der Möglichkeiten noch etwas genauer nachfragen, und zwar zum **Hausnotruf bzw. Alarmknopf,** den man ständig bei sich trägt und mit dem man bei Bedarf Hilfe rufen kann? Hier stehen einige Aussagen zu dieser technischen Möglichkeit. Was davon würden auch Sie sagen?"

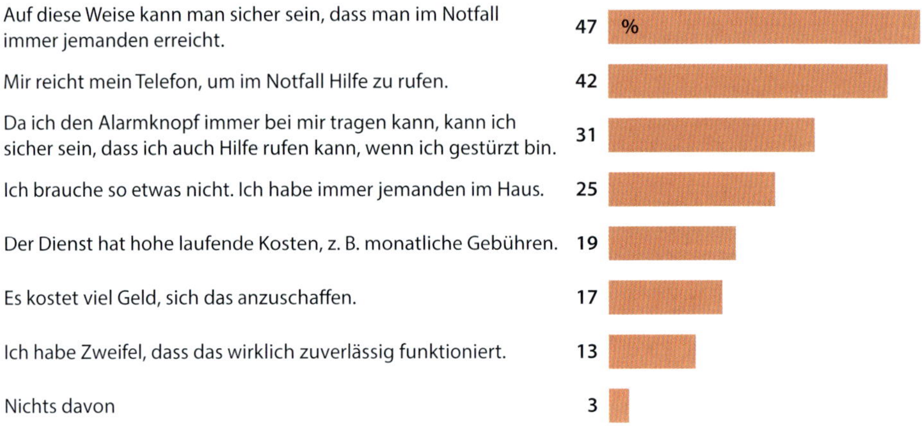

Abb. 8.9 Pro und kontra Notrufsysteme.
Basis: Bundesrepublik Deutschland, 65- bis 85-jährige Bevölkerung. Quelle: Generali Altersstudie 2017

Frage: „Darf ich zu einer der Möglichkeiten noch etwas genauer nachfragen, und zwar dazu, dass man mit **mobilen Geräten** wie elektronischen Armbändern wichtige Körperfunktionen überwachen und diese Daten automatisch an einen Arzt schicken kann? Hier stehen einige Aussagen zu dieser technischen Möglichkeit. Was davon würden auch Sie sagen?"

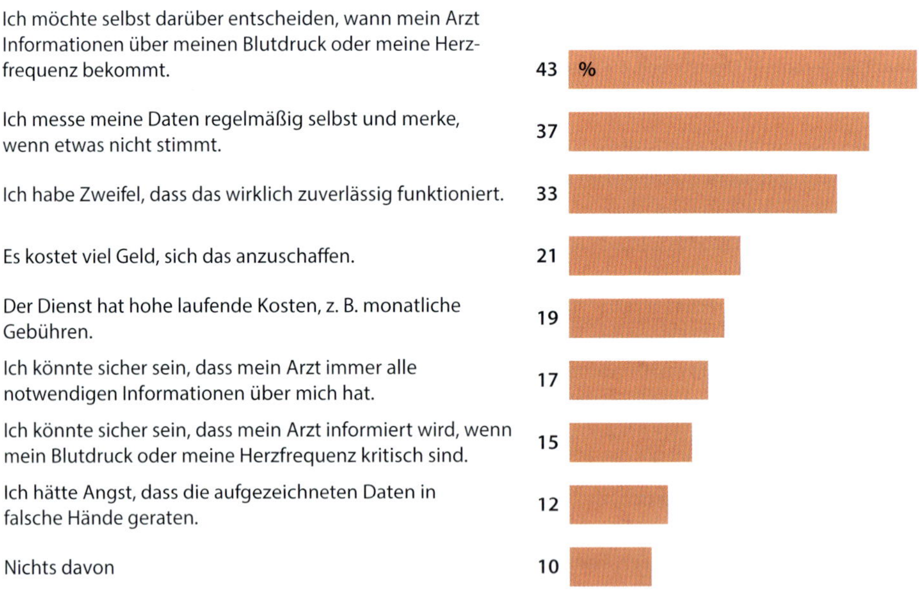

Abb. 8.10 Pro und kontra elektronische Überwachungssysteme.
Basis: Bundesrepublik Deutschland, 65- bis 85-jährige Bevölkerung. Quelle: Generali Altersstudie 2017

möchte, wann der Arzt Informationen über beispielsweise Blutdruck oder Herzfrequenz bekommt und dass man die Daten regelmäßig auch selbst vermisst und merkt, wenn etwas nicht stimmt. Jeder Dritte hat auch Zweifel, ob solche Systeme zuverlässig funktionieren. Die Sicherheit, dass der eigene Arzt alle notwendigen Informationen bekommt, insbesondere dann, wenn eine kritische Situation entsteht, überzeugt nur eine kleine Minderheit (Abb. 8.10).

Bei der Bewertung dieser Ergebnisse ist zu berücksichtigen, dass es diese technischen Möglichkeiten erst seit kurzer Zeit gibt und entsprechend die überwältigende Mehrheit keinerlei Erfahrung damit hat. Technologische Innovationen werden zunächst in der Regel von Jüngeren angenommen und diffundieren erst mit zeitlicher Verzögerung in die höheren Altersgruppen. Entsprechend ist davon auszugehen, dass sich die Haltung zu solchen elektronischen Überwachungssystemen in Zukunft sukzessive verändert.

Wohnen und Wohnumfeld – der Lebensmittelpunkt im Alter

Rolf G. Heinze

Wohnen im Alter

Der demografische Wandel mit der Ausdehnung der Lebensphase des Alters macht das Wohnen im Kontext des öffentlichen Raumes immer stärker zum Lebensmittelpunkt. Über 90 Prozent der Personen im Alter von über 65 Jahren lebt in privaten Wohnungen, während gemeinschaftliche Wohnformen mit ca. 27.000 Personen in ca. 900 Wohnprojekten bundesweit noch keine allzu große Bedeutung haben, allerdings wachsen werden. Nur knapp 4 Prozent der Personen über 65 lebt in institutionellen Kontexten von Alten- und Pflegeheimen, wobei der Anteil jenseits des 80. Lebensjahres auf rund 11 Prozent ansteigt (vgl. zusammenfassend Oswald und Wahl 2016). Im Umkehrschluss heißt das, dass fast 90 Prozent privat wohnen (und dies gilt auch für viele chronisch Kranke oder an Demenz erkrankte, die ebenfalls zu rund 75 Prozent nicht in einem Heim wohnen, sondern in der eigenen Immobilie). Angaben des Mikrozensus 2014 bestätigen diese Aussage: Demnach wohnen 97 Prozent der 60-Jährigen und Älteren und immer noch 90 Prozent der 80-Jährigen und Älteren in einem privaten Haushalt, also mit Partner, allein oder mit anderen Verwandten in einer Immobilie.

Die gestiegene Präferenz der Älteren für das Wohnen in einer eigenen Immobilie wird durch den aktuellen Deutschen Alterssurvey (DEAS) bestätigt, der von 1996 bis 2014 folgende Veränderungen konstatiert:

» Bei den 70- bis 85-Jährigen ist die Wohneigentümerquote in dieser Zeit überdurchschnittlich von 47,9 Prozent auf 59,7 Prozent gestiegen. Zugenommen hat allerdings auch der Anteil der Personen mit Wohneigentum, die in diesem Alter noch ein Immobiliendarlehen abzahlen müssen. Die Wohneigentümerquote ist insgesamt in Ostdeutschland zwar immer noch niedriger als in Westdeutschland, der Unterschied zwischen Ost und West hat sich bei den 40- bis 85-Jährigen jedoch zwischen 1996 und 2014 halbiert (von 26,9 auf 12,7 Prozentpunkte). (DEAS 2016, S. 299)

Das Wohnen in den eigenen vier Wänden stellt also nach wie vor die beliebteste Wohnform und den zentralen Lebensort für ältere Menschen dar. Auch im hohen Alter wohnen nur wenige Menschen in Versorgungseinrichtungen. Das Altenpflegeheim wird von der Mehrheit der Älteren nur akzeptiert, wenn keine Möglichkeiten mehr zur selbstständigen Lebensführung bestehen. Selbst im Falle von Pflegebedürftigkeit bleibt mit etwa 70 Prozent der größte Teil der Betroffenen zu Hause in der eigenen Wohnung und wird dort versorgt. Sogar rund zwei Drittel der 90-Jährigen nutzen keine besonderen Wohnformen für das Alter, sondern wohnen im „normalen" Wohnungsbestand.

Die Wohnwünsche differenzieren sich aber auch bei Älteren durch die wachsende Pluralisierung immer weiter aus. *Den* alten Menschen gibt es nicht, und damit nicht *die* Ansprüche an die Wohnung und das Wohnumfeld. Gerade für das Alter gilt, dass Lebensläufe und Lebensphasen immer unterschiedlicher gestaltet und gelebt werden. Altern wird zunehmend durch plurale Verlaufsformen und Individualisierung gekennzeichnet. Dies ist mit sozialen Wandlungsprozessen einerseits und der zeitlichen Ausdehnung der Altersphase und längerer Lebenserwartung andererseits zu erklären. Genauso wie die Lebensphase zwischen 30 und 50 „bunter" geworden ist, gilt dies für das Alter. Das chronologische Alter eignet sich nur noch für eine grobe Abgrenzung des risikobehafteten hohen Alters (ab ca. 85 Jahre), aber nicht mehr als generelles Distinktionsmerkmal. Die Altersphase erreicht heute nicht selten über dreißig Lebensjahre; das heißt konkret, es geht bei vielen Menschen (insbesondere Frauen) um mehr als ein Drittel des Erwachsenenlebens und nicht um die „Restzeit plus" des Lebens. Bei allen Abgrenzungen nach Alter tritt subjektiv das gleiche Phänomen auf: Auch nach den vorliegenden Daten fühlt sich die Mehrheit jünger (allerdings nicht mehr so ausgeprägt wie in der Generali Altersstudie von 2013). So liegt bei fast zwei Dritteln das gefühlte Alter im Durchschnitt sieben bis acht Jahre unterhalb des tatsächlichen Alters. Auch von den 80- bis 85-Jährigen fühlt sich rund die Hälfte jünger als es ihrem biologischen Alter entspricht.

Bedeutung und Verteilung des Immobilieneigentums im Alter

Gerade weil das Wohnen in den „eigenen vier Wänden" weiterhin für die große Mehrheit der Älteren die beliebteste Wohnform darstellt, sind nach den neuen Daten aus der Generali Altersstudie 2017 die *sozialen Unterschiede* hervorzuheben, wenngleich sie nicht so deutlich ausfallen, wie vielleicht vermutet wird. Insbesondere Haushalte mit überdurchschnittlichem Einkommen sind Immobilienbesitzer: Von den 65- bis 85-Jährigen mit einem monatlichen Haushaltseinkommen über 3000 Euro verfügen 86 Prozent über mindestens eine Immobilie, aber selbst bei denjenigen mit niedrigem Haushaltseinkommen ist es gut jeder Zweite (◻ Abb. 3.6). Wer über Wohneigentum verfügt, hat auch mehr finanzielle Spielräume als Miethaushalte, da die Immobilie im Alter zumeist abbezahlt ist (den unteren Einkommensgruppen stehen dadurch durchschnittlich 116 Euro mehr pro Monat zur freien Verfügung).

Wohneigentum bietet älteren Menschen Sicherheit, jedoch wird die Immobilie als Altersvorsorge aufgrund der demografischen Schrumpfung in vielen ländlich-peripheren Regionen zunehmend infrage gestellt, da dort kaum Nachfrage nach Bestandswohneigentum besteht. Es wird vor allem dann kritisch, wenn die Selbstnutzung der Immobilie aus Altersgründen nicht mehr möglich ist und gleichzeitig der Marktwert der Immobilie gesunken ist. Dieser ist stark abhängig von der geschätzten demografischen Entwicklung des Standortes, in der er sich befindet, und schafft Probleme für die älteren Bewohner sich entleerender strukturschwacher Räume, die sich einen Umzug (zum Beispiel in betreutes Wohnen) teilweise nicht mehr leisten können. Dies gilt auch für die Option, die Wohnung oder das Haus altersgerecht umzugestalten, weil dies ebenfalls mit hohen Kosten verbunden ist (je nach Sanierungsbedarf). Trotz der unzureichenden Wohnsituation und der sich verschlechternden Versorgungslage müssen deshalb viele ältere Menschen in den schrumpfenden Regionen diese Rahmenbedingungen akzeptieren – manche wünschen sich aufgrund der Verbundenheit mit der Lokalität auch gar keinen Umzug.

Zufriedenheit mit der Wohnsituation im Alter

Weitgehend übereinstimmend mit den vorliegenden Daten aus der Generali Altersstudie 2017 wird auch im neuesten Deutschen Alterssurvey die *eigene Wohnsituation* 2014 von einer großen Mehrheit mit gut bewertet:

» 89,7 Prozent der 40- bis 85-Jährigen bewerten im Jahr 2014 ihre Wohnsituation als gut. Von 1996 bis 2014 hat sich in Ostdeutschland die Bewertung der Wohnsituation deutlich verbessert und sich damit dem westdeutschen Niveau angeglichen. Im Jahr 2014 bewerten die Ältesten (70 bis 85 Jahre) mit 92,0 Prozent ihre Wohnsituation im Vergleich zu den 40- bis 54-Jährigen (88,0 Prozent) und den 55- bis 69-Jährigen (90,1 Prozent) häufiger als gut. Auch in einfachen Wohnlagen bewerten die Bewohnerinnen und Bewohner ihre Wohnsituation mehrheitlich als gut (68,1 Prozent), wenn auch weniger häufig als in gehobenen (96,2 Prozent) und mittleren Wohnlagen (87,9 Prozent). (DEAS 2016, S. 299)

Die Zufriedenheit mit der eigenen Wohnsituation und dem Wohnumfeld ist also bei den 65- bis 85-Jährigen sehr hoch (Skalenstufe 8,4 bzw. 8, 2 auf einer 10er-Skala (Abb. 2.3) – von allen Lebensbereichen wird die Wohnsituation am positivsten bewertet. Dies gilt insbesondere für diejenigen, die ein eigenes Haus oder eine Eigentumswohnung haben. Deutliche Unterschiede zeigen sich sowohl mit Blick auf Ost und West als auch vor allem im Hinblick auf Stadt und Land (auf dem Land wohnen mehr als 80 Prozent der Älteren in einer eigenen Immobilie, in Großstädten nur 46 Prozent). Zwei Drittel der 65- bis 85-Jährigen besitzen eine oder mehrere Immobilien, 45 Prozent von ihnen besitzen ein Einfamilienhaus und 12 Prozent eine Eigentumswohnung (◘ Abb. 3.6).

Die Verbundenheit mit der Immobilie wird dadurch unterstützt, dass die meisten bereits durchschnittlich 31 Jahre dort leben (auf dem Land sind es durchschnittlich sogar 38 Jahre). Auch wenn die eigene Wohnung nicht den Anforderungen des Alters entspricht, unterstützt die Bindung an das etablierte Wohnumfeld, sich auch dann zu arrangieren, wenn die Wohnverhältnisse nur eingeschränkt altersgerecht sind. Nur 22 Prozent geben an, ihre Wohnungen entsprächen dem Profil einer altersgerechten Wohnung (52 Prozent nur teilweise und 24 Prozent überhaupt nicht), aber dennoch ist eine „ausgeprägte Sesshaftigkeit" zu erkennen, und deshalb sind Umzüge bislang in dieser Altersgruppe noch selten vorzufinden. Dennoch werden die Barrierefreiheit und die Ausstattung mit Aufzügen als Defizitpunkte angesprochen: So halten 70 Prozent barrierefreie Wohnungen für außerordentlich wichtig, aber nur für 30 Prozent wird dieser Wunsch realisiert (◘ Abb. 8.5). Die Selbstständigkeit und Lebensqualität erhaltende Gestaltung der Wohnung gilt heute als zentrales Merkmal von Wohnqualität. Verbunden mit dem steigenden Alter wachsen die Anforderungen und Ansprüche an die Wohnqualität, vor allem in den Bereichen Sicherheit, Komfort, Bedienbarkeit von technischen Geräten und auch Bezahlbarkeit. Moderate Mieten sind für 57 Prozent besonders wichtig

(44 Prozent sind in dieser Frage mit der Mietsituation zufrieden), zumal auch die Älteren immer mehr von den steigenden Mieten betroffen sind (regional allerdings unterschiedlich).

Die hohe Zufriedenheit mit dem Wohnumfeld resultiert sicherlich auch daraus, dass in der unmittelbaren Wohnumgebung bislang die Infrastruktur noch gut aufgestellt ist: Wichtig ist beispielsweise für die meisten Älteren, eine Arztpraxis in der Nähe zu haben (85 Prozent), und dieser Wunsch wird auch bei 76 Prozent erfüllt. Aber auch die Einkaufsmöglichkeiten und die Anbindung an öffentliche Verkehrsmittel sowie der Wunsch, ruhig und im Grünen zu wohnen wird „weitgehend erfüllt". Die starke Verbundenheit mit dem eigenen Wohnumfeld könnte eine der Ursachen für eine kritische, oft ablehnende Haltung gegenüber einem Umzug in stationäre Altenhilfeeinrichtungen sein.

Nebenkosten, altersgerechter Umbau von Immobilien im Alter

Die Pflegesituation ist bei den meisten durchaus schon präsent, denn altersbedingte körperliche Beschwerden kennt die Mehrheit der über 70-Jährigen bereits aus eigener Erfahrung, jenseits der 80 die überwältigende Mehrheit (mit steilem Anstieg).

» Noch größer ist der Kreis, der die Herausforderungen, die mit Pflegebedürftigkeit verbunden sind, durch die Hilfs- bzw. Pflegebedürftigkeit des eigenen Partners kennengelernt hat. Insgesamt 20 Prozent der 65- bis 85-Jährigen waren bzw. sind mit der Situation konfrontiert, dass ihr Partner Pflege benötigt, von den unter 70-Jährigen 13 Prozent, von den 75- bis 79-Jährigen 22 Prozent, jenseits der 80 bereits jeder Dritte. (▶ Abschn 7.1)

Allgemein ist die monatliche Wohnkostenbelastung in Prozent des Einkommens in den letzten Jahren angestiegen:

» Der Anteil des Haushaltseinkommens, den Mieterinnen und Mieter für die Miete und die Nebenkosten ausgeben, ist zwischen 1996 und 2014 von 27,9 auf 35,1 Prozent gestiegen. Besonders hoch ist die Mietbelastung für ältere alleinlebende Frauen (45,2 Prozent). Eine relativ niedrige Wohnkostenbelastung haben Haushalte, die im schuldenfreien Wohneigentum leben (16,0 Prozent). (DEAS 2016, S. 299)

Trotz der hohen Zustimmungswerte für das Wohnen im eigenen Zuhause sind noch erhebliche Nachholbedarfe im Bereich altengerechten Wohnens zu konstatieren. Schätzungen gehen davon aus, dass unter 5 Prozent des gesamten Wohnungsbestands altersgerecht sind, wobei eine Quantifizierung sowohl des Bestands als auch des Bedarfs an barrierefreien bzw. -armen Wohnungen aber schwierig ist. Wenn auch geschätzt wird, dass rund drei Viertel aller Seniorenhaushalte Stufen und Schwellen beim Zugang zur Wohnung oder dem Haus haben, scheinen diese negativen Umwelteinflüsse wenig Bedeutung für die Präferenz des Wohnens in den „eigenen vier Wänden" zu haben. Viele ältere Menschen wissen oft nicht, was unter „altersgerecht" zu verstehen ist. Die Vorteile eines Umbaus, zum Beispiel die Vermeidung von Barrieren, erschließt sich ihnen daher nicht. Aus sozialwissenschaftlicher Perspektive ist interessant, dass in Untersuchungen nur ein Bruchteil der Befragten thematisiert, dass sie Schwierigkeiten mit einer nicht ausreichend altengerecht gestalteten Wohnung haben. Bei einer subjektiven Bewertung der Wohnqualität wirken wohl auch soziale Vergleichsprozesse. Die Aussage, dass die eigenen Wohnbedingungen unzureichend seien, bedeutet das Eingeständnis eines Defizits im Vergleich zu anderen Menschen. Dies ist umso unangenehmer, als die eigene Wohnsituation im subjektiven Erleben häufig nicht durch eigene Anstrengungen in ausreichendem Maße verbessert werden kann.

Andererseits sind Defizite unübersehbar: Nur 30 Prozent der 65- bis 85-Jährigen leben in einer Wohnung bzw. einem Haus, das möglichst frei von Barrieren und damit als altengerecht zu bezeichnen ist, allerdings wird das von den meisten nicht als Problem angesehen (◘ Abb. 8.5). Das Wohnumfeld (Nähe zu Ärzten und Geschäften etc.) ist da bedeutsamer. Dennoch bleibt etwa die Vermeidung von Stürzen, die zumeist multifaktoriell verursacht sind, wichtige Aufgabe der Wohnraumanpassung im Alter. Zu den Risikofaktoren zählen neben gesundheitlichen Einschränkungen insbesondere Faktoren der räumlichen Umwelt wie Stolperfallen in der Wohnung, fehlende Bewegungsflächen im Sanitärbereich und schlechte Beleuchtung. Vieles kann durch relativ einfache Anpassungsmaßnahmen verbessert werden. *Sicherheit* wird so zu einem zentralen Thema und bietet zahlreiche Anknüpfungspunkte für ergänzende Umbaumaßnahmen und Dienstleistungskonzepte.

Wunsch nach Verbleib in der Immobilie auch im Pflegefall

Mit steigendem Alter nehmen die gesundheitlichen Beeinträchtigungen zu, was sich für viele Ältere als Problem darstellt, denn sie wollen ungern abhängig werden und auf ständige Hilfe angewiesen sein (bei Bedarf wird dann auf den Partner und die Familiennetzwerke gehofft). Allerdings ist auf ein sinkendes familiales Pflegepotenzial hinzuweisen. Nicht nur sinkt die Zahl an Töchtern/Schwiegertöchtern pro Pflegebedürftigem, sondern auch rückläufige Kinderzahlen, höhere Frauenerwerbsquote und größere Mobilität führen zu einem rückläufigen Anteil der Angehörigenpflege. Dennoch vertrauen die meisten Älteren auf Hilfe aus den familiären und sozialen Netzwerken. Auch im Krankheitsfall geht die weit überwiegende Mehrheit der älteren Generation davon aus, jemanden zu finden, der ihnen hilft. 81 Prozent der 65- bis 85-Jährigen haben die Erfahrung gemacht, dass sie leicht jemanden aus der Familie oder dem engeren Freundes- und Bekanntenkreis finden, der ihnen im Krankheitsfall hilft. In schwieriger Lage ist vor allem auf die Familie Verlass, und nur eine Minderheit von 15 Prozent hält es für (eher) schwer, jemanden in einer solchen Krankheitssituation zu finden, der einen unterstützt (◘ Abb. 5.19).

Neben dem Vertrauen auf Hilfe aus dem engsten Kreis der Familienangehörigen zählen 53 Prozent auf die Unterstützung guter Freunde, 39 Prozent bauen auf die Nachbarschaftshilfe (◘ Abb. 5.18). Dennoch darf nicht vergessen werden, dass die familialen Beziehungen durch wachsende Entfernungen zwischen den erwachsenen Kindern und ihren Eltern belastet werden.

> » Während die erwachsenen Kinder im Jahr 1996 noch für 38,4 Prozent der Eltern im Mittel in der Nachbarschaft oder im gleichen Ort lebten, trifft dies im Jahr 2014 nur noch auf etwa ein Viertel (25,8 Prozent) zu. Für über die Hälfte der Eltern (51,1 Prozent) wohnen die erwachsenen Kinder im Jahr 2014 im Mittel in einem anderen Ort, aber in einem Radius von bis zu zwei Stunden Wegezeit und für ein knappes Viertel (23,1 Prozent) noch weiter entfernt. (DEAS 2016, S. 230)

Wenn auch der Großteil der Hilfs- und Pflegeunterstützung noch in der Kernfamilie geleistet wird, haben die Wandlungsprozesse auf dem Arbeitsmarkt (insbesondere die gestiegene

Frauenerwerbstätigkeit) Auswirkungen auf das Unterstützungspotenzial. „Zwischen 2001 und 2012 ist unter den informell Pflegenden im erwerbsfähigen Alter (unter 65 Jahren) der Anteil der Erwerbstätigen von 53 auf 66 Prozent angestiegen – wobei ein Großteil in Teilzeit erwerbstätig ist." (DEAS 2016, S. 193)

Handlungsempfehlungen

Wenn auch eine Quantifizierung sowohl des Bestands als auch des Bedarfs an altersgerechten Wohnungen schwierig und jeweils primär auf Lokalitäten zu beziehen ist, besteht Konsens darin, dass noch sehr viele Wohnungen und auch das kommunale Umfeld altersgerecht zu gestalten sind. Zentrales Ziel für die große Mehrheit der Älteren ist die Aufrechterhaltung einer selbstständigen Lebensführung. Der großen Nachfrage nach geeigneten Wohnformen für Ältere stehen derzeit in Deutschland eindeutig zu wenige Angebote gegenüber. Den Herausforderungen kann durch verschiedene Maßnahmen begegnet werden: von der technischen Verbesserung der Wohnungen, der Schaffung neuer adäquat ausgestatteter Altenwohnungen mit Quartiersanbindungen und technischer Assistenz bis hin zum Aufbau einer vielfältigen Wohnlandschaft für Ältere, die den pluralen Sozialstrukturen in der wachsenden Gruppe der „jungen Alten" entspricht.

Quartier als Teilhabeort im Alter

Die Lebensqualität im Quartier/am Wohnort ist eine Schlüsselkomponente der Zufriedenheit mit den Wohn- und Lebensverhältnissen. Manchmal wird das Quartier schon zum Zauberwort, auf das viele politische Akteure setzen, wenn es um die Lebensqualität insbesondere im Alter geht. Konsens besteht darin, dass mit dem Quartiersbegriff versucht wird, administrative Bezeichnungen wie Bezirk, Orts- oder Stadtteil zu umgehen und sich auf „gewachsene", kulturell geprägte sozialräumliche Strukturen zu konzentrieren. Gerade weil der Begriff zumeist im politischen Kontext verwandt wird, ist zu Pragmatismus zu raten. Allgemein gilt: Ein Quartier ist überschaubar (ein Dorf in der Stadt), basiert auf räumlichen und kulturell-sozialen Gegebenheiten (unter anderem lokale Identität, hohe Interaktionsdichte, Aktivitäten beispielsweise in Vereinen) und zeichnet sich durch eine eigenständige städtebauliche, infrastrukturelle und soziale Vielfalt aus. Nicht nur die Kommunen und die Wohnungswirtschaft müssen sich zukünftig den neuen Entwicklungen im Bereich der Haushaltsstrukturen und den Wohnwünschen älterer Menschen anpassen. Als entscheidender Faktor für Produkte und Dienstleistungen im Bereich Wohnen und Immobilien hat sich herausgestellt, dass das gesamte Wohnumfeld mit in die Betrachtung einbezogen werden muss.

„Wohnen im Alter" darf und wird sich deshalb künftig nicht mehr nur auf die Anpassung des unmittelbaren Wohnraumes (etwa die Ausstattung mit Aufzügen oder Barrierefreiheit) beschränken können. Vielmehr gilt es, umfassende kommunale Konzepte zu entwickeln, die auch eine Anpassung des Wohnumfeldes, der quartiersbezogenen Infrastruktur sowie der Versorgung mit Einkaufsmöglichkeiten und sonstigen Gesundheitsdienstleistungsangeboten (von Ärzten bis hin zu Betreuungs- und Pflegediensten) auf Quartiersebene einschließen. Wenn es um das lokale Umfeld geht, heißt dies auch, dass die Bewohner aktiviert werden müssen und neue Kooperationen etabliert werden. Hierfür müssen „neue Allianzen" auf kommunaler Ebene gebildet werden; Akteure aus Wohnungsunternehmen, sozialen Dienstleistungsträgern (von Wohlfahrtsverbänden bis hin zu privaten

Pflegeunternehmen), Wirtschaft, Verwaltung, Politik und Wissenschaft müssen motiviert werden, besser zusammenzuarbeiten.

Dazu gehört die Einrichtung eines Beratungsbüros im Quartier oder die Aktivierung des Bürgerengagements. Es gibt keine Alternative dazu, im Wohnquartier komplementär zum erforderlichen altersgerechten Umbau zusätzlich soziale Unterstützungsnetzwerke aufzubauen und das nahe Wohnumfeld als Pflege- und Kontaktstützpunkt bei Bedarf zu nutzen. Gute Pflege braucht professionelle Unterstützungsinfrastruktur, zu der nicht nur die räumliche Architektur zählt, sondern auch informelle Unterstützungsnetzwerke und ein „Empowerment" der älteren Menschen.

Ohne quartiersnahe Versorgungskonzepte und einen Welfare-Mix (das heißt eine Kombination von familiärer Unterstützung, professionellen Diensten und Selbsthilfe sowie sozialem Engagement im Umfeld (vgl. dazu unter anderem Klie 2014 und Heinze 2015) wären Ältere ansonsten alternativlos auf eine Heimunterbringung angewiesen. Einen Umzug in eine stationäre Einrichtung lehnt jedoch die große Mehrheit der älteren Generation nach verschiedenen Umfragen ab. In lokalen, wohnquartiersbezogenen Projekten kann man den Verbleib in der eigenen Wohnung in vielen Fällen ermöglichen, aber nur dann, wenn sowohl technische Assistenz als auch soziale Betreuung (professionelle wie bürgerschaftliche Hilfen) eingesetzt werden. Inzwischen sind in Deutschland in einigen Kommunen solche Netzwerke entstanden, die sich explizit mit Themen wie des längeren Wohnens zu Hause oder Generationenwohnprojekten und anderen innovativen Wohnformen beschäftigen. Hervorzuheben ist auch der ansteckende Charakter solch lokaler Netzwerke, die insgesamt eine Aktivierung des Bürgerengagements und der Generationenbeziehungen bewirken. Wenn man bedenkt, dass die ältere Generation noch in beachtlichem Maße ehrenamtlich aktiv ist und auch noch große Potenziale für die Ausweitung dieses Engagements bestehen, dann zeigt sich ein zukunftsweisender Weg, um den Herausforderungen des demografischen Wandels aktiv zu begegnen.

Nicht nur die steigende Zahl der Alten im Quartier, sondern auch die demografisch bedingte steigende Anzahl der Pflegebedürftigen und Hochaltrigen im Quarttier und das bereits oben erwähnte schrumpfende familiale Pflegepotenzial verleiht der Funktion des Quartiers als Ort des sozialen Austauschs einen geradezu notwendigen Charakter. Das direkte Umfeld nimmt eine zunehmende Bedeutung für Ältere ein – insbesondere wenn die Mobilität gesundheitsbedingt eingeschränkt ist. Als „MittelpunktOrt" alltäglicher Lebenswelten ist das Quartier wie auch die Wohnung im höheren Alter – nach Erwerbs- und Familienphase – oft aber auch neu anzueignen. Dabei muss darauf geachtet werden, dass im Wohnquartier als sozialräumlichem Mittelpunkt der Alltagsgestaltung und auf der Grundlage der Vertrautheit mit dem Ort nach langer Wohndauer ein hohes Unterstützungspotenzial für ältere Menschen behutsam und nachhaltig ermöglicht wird. Verschiedene Studien belegen den Zusammenhang von hoher Wohnstabilität und sozialen Nachbarschaftsbeziehungen und damit verbunden einen substanziellen Gewinn an Wohlbefinden bei älteren Menschen. Aber auch hier zeigen sich die sozialen Unterschiede:

» „Menschen, die in einfachen Wohnlagen leben, geben häufiger eingeschränkte Nachbarschaftsnetzwerke an: Insgesamt hat im Jahr 2014 etwa jeder Zehnte (10,7 Prozent) der 40- bis 85-Jährigen eingeschränkte Nachbarschaftsnetzwerke (d. h. keine oder nur eine hilfsbereite Person in der Nachbarschaft). Bewohnerinnen und Bewohner einfacher Wohnlagen berichten zu einem Fünftel (20,2 Prozent) eingeschränkte Nachbarschaftsnetzwerke. Von den Personen, die in gehobenen Wohnlagen leben, sind nur 7,7 Prozent in dieser Situation". (DEAS 2016, S. 329; vgl. auch Oswald und Wahl 2016)

Teilhabe im Quartier als Gestaltungsaufgabe

Insbesondere in solchen Quartieren, in denen die Sozialeinbindung nicht mehr gegeben ist – zum Beispiel durch eine hohe Bewohnerfluktuation, durch den Generationenwechsel in Eigenheimquartieren oder den Fortzug der mittleren Generation in ländlichen Regionen –, ist die Funktionsfähigkeit des Quartiers als Ort sozialer Teilhabe allerdings zunehmend gefährdet. Möglichkeiten des Mitgestaltens als Qualitäten von Selbstbestimmung und Partizipation sind aber auch in normalen und gutsituierten Quartieren keine Selbstverständlichkeit, sie müssen gefördert und dadurch ermöglicht und geschaffen werden.

Solche strategischen Optionen werden unter anderem in der Siebten Altenberichtskommission der Bundesregierung diskutiert. In dem intelligenten und effizienten Zusammenwirken von Angehörigen, Freunden, Profis und bürgerschaftlich Engagierten liegt die Zukunft einer „gelingenden Sorge" für Menschen mit Unterstützungsbedarf. Die vernetzte Versorgung aller Generationen im Wohnquartier wird künftig eine noch größere Rolle spielen. Dabei kommt der Kooperation der Wohnungswirtschaft mit sozialen Diensten sowie Kostenträgern (Kranken- und Pflegeversicherung) eine wesentliche Rolle zu. Neue integrative Versorgungsangebote stoßen allerdings auf zahlreiche institutionelle Hürden. Es existiert für sie häufig keine klare öffentliche Finanzierungsverantwortung, und zudem bringen öffentliche Kostenträger neuen Akteuren oft Misstrauen entgegen. Vor diesem Hintergrund ist es keine leichte Aufgabe, auf lokaler Ebene kleinteilig vernetzte Versorgungsstrukturen zu etablieren, die es älteren Menschen möglich machen, notwendige Versorgungs- und Dienstleistungen einschließlich Pflege und Betreuung innerhalb ihres Quartiers in für sie erreichbaren Distanzen zu erhalten und so im Nahbereich um ihre Wohnung herum soziale Kontakte zu erleben und zu pflegen. Eine solche Neustrukturierung der sozialen Dienste in Richtung sozialintegrierter, vernetzter Versorgung setzt ein strategisches Umdenken der zentralen Akteure in diesem Politikfeld voraus. Soziale Innovationen sind also gefragt – und hier kann die Wohnungswirtschaft wesentliche Impulse setzen, da sie in vielen Fällen die Schnittstelle zwischen den verschiedenen Akteuren bei der Bewältigung der demografischen Herausforderungen darstellt. Verschiedene Wohnungsunternehmen haben inzwischen diese Vorteile auch erkannt und entwickeln unterschiedliche Maßnahmen, um sowohl die Verweildauer in den Wohnungen zu erhöhen als auch die Lebensqualität und die Sicherheit im Quartier zu steigern (vgl. als Überblick GdW/InWIS/SIBIS 2015, S. 5ff).

Unterschiedliche Quartiersentwicklungen und Gelingensbedingungen

Generell nehmen jedoch *sozialräumliche Differenzierungen* zu, und Quartiere entwickeln sich unterschiedlich. Einige Quartiere boomen (derzeit etwa „Kreativquartiere"), andere haben ihren hohen sozialen Status erhalten und wieder andere zeigen problematische Entwicklungsprozesse. Hier überlagern sich soziale Probleme, die Gebäudesubstanz wird vernachlässigt. So entstehen städtische Verarmungsviertel und überforderte Nachbarschaften, die sich insbesondere in ökonomisch schlecht gestellten Großstädten ausbreiten. Hier nehmen auch Abschließungstendenzen wieder erheblich zu, während über Jahrzehnte eine gewisse soziale Durchlässigkeit gewachsen war.

Der Schub für integrierte, quartiersnahe Lösungen gelingt nur unter Einbeziehung aller betroffenen Akteure (Kommunen, Gesundheits- und Wohnungswirtschaft, Sozialorganisationen etc.), aber schon bei der Kooperation zwischen Kommunen und Akteuren aus der Sozial- und Gesundheitswirtschaft sind Defizite zu konstatieren. Viele Kommunen sehen sich aufgrund der Überbelastungen außerstande, den Vernetzungsaufgaben aktiv nachzugehen. Benötigt werden systematische Verlaufs- und Versorgungsanalysen, um auf dieser Basis einen strukturierten Diskurs über Quartiersnetze als Experimentierräume zu führen und ein Innovationsmonitoring zu entwickeln. „Treiber" können Kommunen oder auch andere Akteure sein, die als „Spinne" innerhalb eines Versorgungsnetzes im Quartier wirken. „Quartiersstrategien" sind jedoch *nicht* geeignet, um den Rückzug staatlicher Unterstützung zu kompensieren. Gefragt sind nicht nur temporäre Förderungen, sondern langfristig angelegte kooperative Lösungen und neue Finanzierungsmodelle.

In allen europäischen Ländern gewinnt der Wohnbereich und speziell das Wohnquartier an Bedeutung. Programme zur besseren Integration von Wohnen, Beteiligung und Pflege im Wohnquartier prägen derzeit den Diskurs um die Herausforderungen des demografischen Wandels. In skandinavischen Wohlfahrtssystemen ist die lokale Ebene schon immer stark in Fragen des „Wohnens im Alter" engagiert, aber auch in anderen Ländern gewinnt die Quartiersebene an Bedeutung (beispielsweise in Großbritannien die *vanguard sites* als *new care models* des National Health Service). Dabei geht es um folgende Punkte:

- Altersgerechte Gestaltung des Wohnraums
- Entwicklung neuer kooperativer Wohnformen (vom betreuten Wohnen bis hin zu Altenwohngemeinschaften)
- Beratung, Vermittlung und Unterstützung bei der Alltagsbewältigung durch Serviceleistungen und Beratung vor Ort
- Aufbau einer altengerechten Infrastruktur im Wohnumfeld (Wohnquartiersebene) inklusive der Schaffung bzw. des Ausbaus öffentlicher Begegnungsräume
- Förderung des bürgerschaftlichen Engagements
- Entwicklung von assistierenden Technologien

Integrierte Wohnstrukturen, die beispielsweise ein individuelles und selbstbestimmtes Leben für ältere Menschen mit Pflege- und Unterstützungsbedarf im eigenen Quartier ermöglichen, bieten viele Vorteile. So können Bewohner ihr Leben (in Abhängigkeit vom Hilfebedarf) selbstbestimmt gestalten und in einer Gemeinschaft mit verbindlichem Nachbarschaftskontext leben. Sie sind so auch im Alter nicht „allein", bleiben aktiv und können ihre Potenziale bis ins hohe Alter besser entfalten. Vernetzte Wohnformen wirken so der Vereinsamung und Vereinzelung durch die Ausdünnung familiärer Netzwerke im höheren Alter entgegen. Das direkte sozialräumliche Umfeld wird insbesondere angesichts sich verändernder Familienstrukturen mit der zunehmenden Bedeutung von Wahlverwandtschaften auch weiter an Bedeutung gewinnen. In dem intelligenten und effizienten Zusammenwirken von Angehörigen, Freunden, Profis in den Wohlfahrtsorganisationen und bürgerschaftlich Engagierten liegt die Zukunft einer „gelingenden Sorge" für Menschen mit Unterstützungsbedarf.

Die Siebte Altenberichtskommission wirbt dafür, Wohnpolitik umfassend zu gestalten, da mehrere Handlungsfelder berührt werden. Bei der Bedarfsermittlung sowie der Umsetzung sollten verschiedene Ressorts innerhalb der Verwaltung, gemeinnützige, kirchliche und privatwirtschaftliche Anbieter sozialer Dienste, die Wohnungswirtschaft, Wohlfahrtsverbände sowie Bürger *zusammenwirken*. Neben der eigenen Leistungserbringung erwächst den Kommunen dabei zunehmend die Aufgabe, Akteure zu mobilisieren, Netzwerke zu initiieren, neue Kooperationsformen ins Leben zu rufen und zu moderieren und die Schnittstellen zwischen den verschiedenen Handlungsfeldern zu gestalten.

Die Fokussierung auf integrierte, wohnquartiersbezogene Versorgungsstrukturen impliziert aber einen erheblichen politischen Handlungsbedarf, der auf den unterschiedlichen Ebenen des politischen Systems ansetzt. Qualitative empirische Studien („Mehrwertanalysen") liegen vereinzelt für integrierte Wohn- und Versorgungsstrukturen vor. Da es sich aber um Welfare-Mix-Analysen handelt, ist eine eindeutige fiskalische Bewertung schwierig. Nach derzeitigem Stand kann aber nachgewiesen werden, dass die Netzwerkeinbindung präventive Wirkungen hat und die Lebensqualität steigert. Es ist deshalb mit Blick auf die wachsenden Herausforderungen im Bereich des Wohnens im Alter und der Pflege eine zentrale Aufgabe, solche lokalen sozialen Netzwerke zu stärken (auch im Zusammenspiel mit Familien- und Verwandtschaftsnetzen).

Die Kommunen allein scheinen zumeist überfordert, da die Rahmenbedingungen (vor allem der eingeengte finanzielle Spielraum in vielen Kommunen) sich ihnen in den Weg stellen. Dass eine öffentliche Förderung solcher Modelle sinnvoll ist und die *Netzwerkeinbindung* präventive Wirkungen hat sowie die Lebensqualität steigern kann, muss durch weitere empirische Praxisbeispiele belegt werden. Wenn es gelingt, die Versorgungssicherheit quartiersbezogen zu organisieren und den Menschen in ihrer gewohnten Umgebung eine echte Perspektive bis ins hohe Alter zu bieten, so kann dies dazu beitragen, dass weniger Pflegeplätze in Anspruch genommen werden müssen und dadurch auch Kosten verringert werden. Es ist deshalb mit Blick auf die wachsenden demografischen Herausforderungen eine zentrale Aufgabe, „sorgende Gemeinschaften" aufzubauen, die sich in einzelnen Kommunen auch schon schrittweise konstituieren und sich neben den Familien- und Verwandtschaftsnetzwerken ansiedeln. Der Möglichkeitsraum schrumpft für hochaltrige Menschen zusehends zusammen, und von daher ist es eine zentrale Aufgabe, in den Quartieren *kleinteilige Versorgungsstrukturen* zu etablieren, die es älteren Menschen möglich machen,

- notwendige Versorgungs- und Dienstleistungen einschließlich Pflege und Betreuung innerhalb ihres Quartiers in für sie erreichbaren Distanzen zu erhalten,
- im Nahbereich um ihre Wohnung herum soziale Kontakte zu erleben und zu pflegen,
- selbstbestimmt durch Mitgestaltung von Prozessen und Teilhabe am öffentlichen Leben in Würde zu altern.

Hindernisse beim Aufbau neuer Nachbarschaften

Für das „vernetzte Wohnen", das quer zu den etablierten Strukturen liegt, ist es allerdings schwierig, adäquate Finanzierungsstrukturen aufzubauen. Im deutschen System der sozialen Dienste existiert ein hoher Regulierungsgrad entlang der Säulen der Sozialgesetzgebung, der häufig mit den etablierten Strukturen der Wohlfahrtsproduktion kongruent ist. Neue integrative Angebote stoßen in dieser Landschaft auf zahlreiche institutionelle Hürden.

Es existiert für sie häufig keine klare öffentliche Finanzierungsverantwortung. Im Feld der etablierten Aufgaben finden sich zudem häufig geschlossene Märkte, da korporatistische Routinen überwiegen und die Fachverwaltungen als Kostenträger und die etablierten Anbieter aus der Verbändelandschaft eng verwoben sind. Zudem bringen öffentliche Kostenträger neuen Akteuren oft Misstrauen entgegen. Die institutionelle Segmentierung der Politikfelder mit spezifischen Spielregeln prägt den deutschen Wohlfahrtsstaat seit seiner Entstehung und erschwert eine sektorenübergreifende Aufgabenbewältigung, wie sie für eine nachhaltige Demografiepolitik notwendig wäre. Vor dem Hintergrund einer abgeschotteten Politiksegmentierung ist es keine leichte Aufgabe, auf lokaler Ebene kleinteilig vernetzte Versorgungsstrukturen zu etablieren, die es älteren Menschen ermöglichen, notwendige Versorgung und Dienstleistungen einschließlich Pflege und Betreuung innerhalb ihres Quartiers zu erreichen und so in ihrem Wohnumfeld soziale Kontakte zu erleben und zu pflegen.

Technische Assistenzen als Lösungsansatz für steigende Hilfe- und Pflegebedürftigkeit

Der demografische Trend ist eine wesentliche *driving force* des Dienstleistungs- und Technikbedarfs, denn jeder zweite Mann und drei von vier Frauen werden im Laufe des Lebens pflegebedürftig. Die Auflösung der traditionellen Großfamilie und die wachsende Individualisierung lässt die Nachfrage steigen. Wenn auch die große Mehrheit – wie gezeigt – der älteren Bevölkerung möglichst lange in der eigenen Wohnung verbleiben möchte (Trend: „I stay@home statt Altenpflegeheim" oder „Independent Living"), wird ab einem bestimmten Grad der Hilfs- und Pflegebedürftigkeit neben der Unterstützung durch professionelle soziale Dienste sowie das Familien- oder Nachbarschaftsnetzwerk Technikassistenz benötigt: von technischen Systemen zur Erhöhung der Sicherheit (Hausnotruf, Aktivitätskontrollen etc.) bis zum Tele-Health-Monitoring.

Seit gut zehn Jahren werden Wohnungen auch technologisch aufgerüstet. Altersgerechte Assistenzsysteme (AAL: Ambient Assisted Living) mit Komponenten wie Sensorik zur Lokalisierung und Unterstützung der Nutzer, Assistenz bei Gefahren, der Bestimmung von Vitalparametern etc. sowie intelligente Vernetzungen haben sich ausgebreitet. Der in letzter Zeit forcierte „Hype" um die Digitalisierung der Lebenswelten wird sich ebenfalls auf altersgerechte Assistenzsysteme auswirken, denn viele der Anwendungen von „Big Data" zielen auf den Gesundheits- und Wohnbereich und verheißen bei Nutzung nicht nur mehr Komfort, sondern auch ein längeres Leben. Allerdings wird bislang das Recht auf informationelle Selbstbestimmung, die Schaffung von Sicherheitsstandards und generell der Diskurs um ethische Anforderungen weitgehend ausgeblendet.

Trotz der zunehmenden Diskurse zur Techniknutzung von Älteren und „Silver Surfern" wird in vielen Altersstudien noch immer von der These ausgegangen, dass moderne Kommunikations- und Informationstechnologien eher unangemessene Ansprüche an ältere Menschen stellen, als sie zu unterstützen. Nicht wenige ältere Menschen, gerade Hochbetagte, haben auch Angst, wenn es um das Internet geht. Nach einer repräsentativen Umfrage (4000 Personen) der „Initiative D21" schrecken noch immer viele Senioren vor dem – in ihren Augen – gefährlichen und komplizierten Internet zurück und überlassen es anderen Familienmitgliedern (oft Kinder/Enkelkinder). Vielen Älteren ist es einfach nicht klar, wie die neuen technischen Optionen im Alltag konkret zu ihrem Vorteil genutzt werden können. Generell ist die Akzeptanz technologischer Innovationen altersabhängig und stark vom konkreten Nutzen determiniert. Dennoch hat sich der Anteil an „Silver Surfern" in den letzten Jahren deutlich gesteigert: Studien sprechen davon, dass inzwischen über 90 Prozent der Älteren, die das Internet nutzen, E-Mails schreiben, über 80 Prozent von ihnen „Informationen zu persönlichen Interessen suchen" (zumeist in Gesundheitsfragen) und über 50 Prozent sagen: „Das Internet erhöht meine Lebensqualität" (vgl. WEITwinkel April 2016, S. 8 sowie Oswald und Wahl 2016). Bestehende Barrieren gegenüber den neuen Technologien haben sich folglich bereits in vielen Fällen aufgelöst und die konkreten Erleichterungen werden genutzt. Die noch bestehenden Vorbehalte (die eindeutig sozial selektiv zu verorten sind) werden sich großenteils in den nächsten Jahren sukzessive abbauen, wenngleich weiterhin Aufklärungsmaßnahmen und niedrigschwellige Nutzungsangebote große Bedeutung haben. Die zukünftigen Älteren werden sich von den heutigen hinsichtlich der Aufgeschlossenheit gegenüber neuen Technologien signifikant unterscheiden. Obwohl das hohe Alter „weiblich" ist, werden jedoch beispielsweise Genderaspekte hinsichtlich der Techniknutzung bislang nicht explizit angesprochen.

Die Lücken in den Digitalisierungsdiskursen im Feld des Alters sollten wenigstens ein Stück weit geschlossen und damit sollte der Gefahr begegnet werden, dass gerade die Gerontologen, aber auch die anderen gesellschaftlichen Institutionen, nur noch auf die neuen Herausforderungen reagieren, während die „Hohepriester des Silicon Valley" mit immer größerer Geschwindigkeit die „digitalen Revolutionen" präsentieren. So richtig es ist, auf die Gefahren hinzuweisen, wenn der Diskurs von denen dominiert wird, die davon profitieren (also den „Technologie-Evangelisten" und den Marketingexperten), so wenig helfen panische Abwehrreaktionen. Gefragt ist eine rational geführte Debatte über die Chancen und Risiken neuer digitaler Technologien, wozu zentral gehört, nicht nur zu erforschen, was die Menschen mit den Daten anstellen, sondern auch, welche Auswirkungen die Daten auf die Menschen haben.

Hausnotruf- und andere Rufsysteme

Die Durchsetzung technischer Assistenzsysteme in Deutschland im Bereich des Wohnens im Alter beginnt konkret mit der Entwicklung der Hausnotrufsysteme seit den 1970er-Jahren. Für das Jahr 2010 gibt es laut dem Bundesverband Hausnotruf Betreiber über 350.000 Kunden. Es sind wahrscheinlich etwas mehr, weil beim Bundesverband nur die großen Betreiber vertreten sind, darüber hinaus aber auch viele kleine existieren. Nach den vorliegenden Daten wird allerdings diese technische Option nur von einer „kleinen Minderheit" genutzt. Der Kreis, der sich für die Absicherung durch einen Hausnotruf oder Alarmknopf interessiert, diese Möglichkeit bisher aber noch nicht nutzt, ist dreimal so groß wie der Kreis der heutigen Nutzer (19 Prozent). Aber nur 6 Prozent besitzen einen Hausnotruf bzw. einen Alarmknopf, den man ständig bei sich trägt, um bei gesundheitlichen Problemen auf diese Weise abgesichert zu sein. Die Haltung zu einer solchen Sicherheitsmaßnahme ist gespalten: 47 Prozent der Befragten erkennen an, dass eine solche Möglichkeit besser sicherstellt, dass man im Notfall jemanden erreicht; 42 Prozent sind jedoch überzeugt, dass ihnen in diesem Fall ihr Telefon ausreichend Sicherheit bietet (◘ Abb. 8.8 und 8.9).

Die Technik der Hausnotrufsysteme ist über die Jahre nicht grundsätzlich verändert worden. Zu der Möglichkeit, im Notfall einen Notruf an die Zentrale senden zu können, sind allerdings weitere Möglichkeiten hinzu gekommen, etwa über Sensoren Brände (Rauchmelder), Einbrüche (Bewegungsmelder) etc. zu entdecken und an die Zentrale zu melden, die dann entsprechend reagieren kann. Der Hausnotruf kann auch zum Serviceruf erweitert werden, dann können über die Notrufzentrale auch Fahrdienste, Essen auf Rädern oder hauswirtschaftliche Dienstleistungen organisiert werden. Verschiedene Sozialorganisationen (wie das Rote Kreuz oder die Johanniter, der Arbeiter Samariter Bund) bieten auf der Basis von Mobilfunktelefonen einen Mobilnotruf an, der Hilfe zu jeder Zeit und an jedem Ort garantiert – sofern eine Netzabdeckung gegeben ist. Der monatliche Basispreis für solche Hausnotrufsysteme liegt bei 18–20 Euro (die einmalige Anschlussgebühr beträgt rund 10 Euro); bei Personen mit anerkannter Pflegestufe übernimmt in der Regel die Pflegekasse die monatlichen Kosten des Basistarifs.

Telemedizin

Während die Hausnotrufsysteme lediglich das Eintreten von Notsituationen melden und Hilfe initiieren können, werden mit der Telemedizin diagnostische Verfahren, die vorher das Aufsuchen einer Arztpraxis oder einen ärztlichen Hausbesuch voraussetzten, in die Wohnung der Patienten verlagert. Allerdings zeigen sich hinsichtlich telemedizinischer Anwendungen, die die Körperfunktionen überwachen und automatisch einen Arzt informieren, deutliche Vorbehalte. Man möchte selbst darüber entscheiden möchten, wann der Arzt Informationen bekommt (43 Prozent). Zudem gibt es Zweifel hinsichtlich der Zuverlässigkeit der E-Health-Systeme: Jeder Dritte bezweifelt dies. Die durch elektronische Überwachungssysteme gegebene Möglichkeit, in einer kritischen Situation neue Sicherheit zu bekommen, überzeugt nur eine kleine Minderheit von 15 Prozent (◘ Abb. 8.10).

Generell informieren sich inzwischen über 50 Prozent der Internetnutzer (bei den über 65-Jährigen sogar 60 Prozent) über Krankheitssymptome in Internetsuchmaschinen, um zu erfahren, welche Krankheit dahinterstecken oder welche Behandlung sinnvoll sein könnte (Befragung von 783 N./BITKOM PM v. 13.5. 2016). An den Gesundheits-Apps und den „Wearables" (Fitnessarmbänder, Uhren etc.) zeigt sich, wie sich zwei grundlegende sozioökonomische und kulturelle Trends – die Individualisierung und die Digitalisierung – treffen und gegenseitig verstärken. Exemplarisch kann dies anhand der digitalen „Selbstvermessung" (*Quantified Self*) belegt werden. Die „Selbstvermessung", die bislang primär im Bereich der Fitness praktiziert wird, umfasst die Messung von Vitalparametern, körperlichen Aktivitäten wie Anzahl der Schritte pro Tag etc. durch am Körper getragene digitalisierte und miniaturisierte Messgeräte, die über Funknetze ihre Daten an Speichersysteme übermitteln.

Die Sensoren können also auch zur *Steigerung der Lebensqualität* älterer Menschen genutzt werden. Intelligente Sensortechniken gekoppelt mit telemedizinischen Anwendungen ermöglichen es älteren Menschen, ihren Wunsch, möglichst lange selbstständig zu leben, zu erfüllen. An diesen Anwendungsbeispielen zeigt sich der fließende Übergang von technischen Assistenzsystemen zu telemedizinischen Anwendungen.

» Telemedizin umfasst ein breit gefächertes Spektrum von Möglichkeiten der Bereitstellung und/oder Anwendung von gesundheitlichen Dienstleistungen mittels Informations- und Kommunikationstechnologie zur Überbrückung einer räumlichen Distanz, falls Patient und betreuende Gesundheitsprofessionen bzw. diese untereinander nicht am selben Ort sind. Die Anwendung umfasst sogenannte Apps auf Smartphones, die Übertragung physiologischer Daten vom Patienten zum

Gesundheitsdienstleister (Telemonitoring), aber auch beispielsweise die Übertragung von diagnostischen Bildern zur Beurteilung an einen entfernt stationierten Experten (Telekonsultation). (Sachverständigenrat Gesundheitswesen 2014, S. 580)

Überblicksstudien sprechen von signifikant positiven Effekten für Patienten, allerdings fehlen für Deutschland großangelegte Studien. „Insgesamt können die vorliegenden Studien noch keine hinreichenden Belege dafür liefern, welche Art der Telemedizin (von Apps über Telefonate bis Monitoring physiologischer Parameter) bei chronischen Erkrankungen den größten Effekt besitzt oder sich als besonders kosteneffektiv erweist." (Sachverständigenrat Gesundheitswesen 2014, S. 581) Im Fokus telemedizinischer Anwendungen zur Versorgung chronischer Erkrankungen steht das Monitoring im häuslichen Umfeld, denn darüber kann der Verbleib im eigenen Zuhause bei Erkrankungen (zum Beispiel Herzinsuffizienz) oder Rehabilitationsmaßnahmen ermöglicht werden.

Technische Assistenzsysteme (von einem Hausnotrufsystem bis hin zu telemedizinischen Versorgungsformen) können sicherlich das selbstbestimmte Wohnen im Alter unterstützen, empirische Erfahrungen weisen aber darauf hin, dass die Inanspruchnahme stark auch von sozialraumorientierten Versorgungsstrukturen abhängt. Technik und Soziales gehören zusammen, digitale Beziehungen können nicht verlässliche soziale Beziehungen kompensieren. Der Fokus sollte sich deshalb von „Smart Homes" auf Quartiere verlagern und zudem die Nutzer und weitere Netzwerke und Organisationen stärker aktiv einbeziehen (kollaborative Produktions- und Konsumprozesse mit dem Ziel sozialer Innovationen).

Der in letzter Zeit nicht nur in den Medien forcierte „Hype" um die Digitalisierung der Lebenswelten wird sich auch auf die Ausbreitung altersgerechter Assistenzsysteme auswirken, denn viele der Anwendungen zielen auf den Gesundheits- und Pflegebereich. Der Einstieg der großen Internet- und IT-Konzerne (zum Teil mit Pharmakonzernen und Krankenkassen) in den Gesundheits- und „Smart-Home"-Markt wird ein Übriges in diese Richtung bewegen. Gleichwohl bleibt vieles noch abstrakt und wird medial inszeniert, an konkreten Umsetzungen mangelt es noch. Die Debatte um technische Assistenzen in Deutschland braucht deshalb sowohl in der Gesundheits- und Pflegepolitik als auch in der Praxis des Wohnens einen neuen *Aufbruch*. Mit dem „Gesetz für sichere digitale Kommunikation und Anwendungen im Gesundheitswesen (E-Health-Gesetz)" hat die jetzige Bunderegierung einen (allerdings längst überfälligen) Fahrplan für die Einführung einer digitalen Infrastruktur und zu Anwendungen auf der elektronischen Gesundheitskarte vorgelegt. Jetzt wird es darauf ankommen, die im internationalen Vergleich hinterherhinkende E-Health-Strategie endlich in konkrete Umsetzungsperspektiven für eine nutzenbringende integrierte und digitalisiert gestützte Versorgungsinfrastruktur münden zu lassen. Zudem wäre zu diskutieren, wie die Digitalisierungsperspektiven mit kooperativen Organisationsmodellen (zum Beispiel Genossenschaften) zur Begrenzung der marktgetriebenen Wissenskonzerne zu verbinden sind.

Eine aktive Beteiligung der Bürger an ihren Daten ist schon deshalb zwingend, da sonst „digitale Leibeigenschaft" droht. Eine Lösung für mehr digitale Selbstbestimmung könnte eine „Persönliche Daten-Genossenschaft" (MIDATA.COOP) mit folgenden Zielen sein:

- Sichere Aufbewahrung, Verwaltung und Teilen der persönlichen Daten
- Bürger entscheiden, welche Daten sie mit wem, zu welchem Zweck und wann teilen und wie Gewinne aus der Zweitnutzung investiert werden

- Genossenschaft nimmt gegenüber Mitgliedern die Verantwortung für Datensicherheit und Verwendung
- Demokratisierung des persönlichen Datenmarktes und damit Begrenzung der Macht der großen Internetkonzerne

Plakative Hinweise, dass Digitalisierungsprozesse die Lebensqualität (auch in der Pflege) erhöhen können, können deshalb die Hindernisse auf Mikroebene bislang kaum beseitigen. Die Angst vor Kontrolle nimmt dann ab, wenn das Gefühl, im Notfall Hilfe zu erhalten, durch digitale Assistenz gesteigert wird. Das Sicherheitsempfinden kann hier Zweifel relativieren. Empirische Untersuchungen aus dem Feld der Smart-Home-Technologien bestätigen zwar, dass Bedenken bezüglich der Privatheit eine Barriere der Techniknutzung darstellen, andererseits bestätigte sich, „dass Ältere bereit waren, einen Teil ihrer Privatsphäre aufzugeben, wenn durch den Einsatz von Technik die Unabhängigkeit in den eigenen vier Wänden erhalten werden konnte“ (Oswald und Wahl 2016, S. 123).

Einer breiten Umsetzung steht in Deutschland nach wie vor die mangelnde *Kooperation* der beteiligten Akteure entgegen – neben der Wohnungswirtschaft auch der Kostenträger wie etwa Kranken- und Pflegekassen. Die Anbieter technischer Systeme müssen bislang fehlende *Standards* entwickeln, die Interoperabilität von Systemen sicherstellen und stärker auf die aktuelle Situation und Wünsche der Nutzer und deren kognitive Fähigkeiten eingehen. Gefragt sind vorzeigbare „Best-Practice-Lösungen“, die auch die Frage der Finanzierbarkeit neuer Dienstleistungen thematisieren. „Die weitere Entwicklung des Marktes erfordert es, dass die Marktpartner – Wohnungsunternehmen, Gerätehersteller und die Anbieter von Dienstleistungen – über das bisherige Maß hinaus kooperativ an der Entwicklung von tragfähigen Geschäftsmodellen oder Geschäftsmodellvarianten arbeiten. Zusätzlich zu den traditionellen Marktrollen sollten neue Konzepte erprobt werden, mit denen die Belastung für die Mieterhaushalte möglichst gering gehalten wird bzw. deren Zahlungsmöglichkeit nicht übersteigt und für die anderen Beteiligten – Wohnungsunternehmen, Geräteanbieter und Anbieter von Dienstleistungen – Kosten und Nutzen in einem angemessenen Verhältnis zueinanderstehen“ (GdW/InWIS/SIBIS 2015, S. 167).

Die mangelnde Akzeptanz vieler älterer Menschen gegenüber neuen Technologien könnte durch Aufklärung und Beratung gemildert werden, was aber bislang nicht gelungen ist, auch weil die Mehrzahl der Gerontologen, Soziologen, Psychologen und Mediziner in den letzten Jahren eine reservierte Haltung gegenüber den neuen technischen Optionen und generell der Digitalisierung eingenommen und die *Gestaltungschancen* zu wenig thematisiert haben.

Fortschritte der Digitalisierung auch im Alter

Die Zurückhaltung gegenüber neuen digitalen Techniken wird sich in den nächsten Jahren relativieren (vgl. Heinze und Hilbert 2015, 2016). Technologische Innovationen werden zumeist von Jüngeren zunächst erprobt und diffundieren erst langsam in die älteren Personengruppen, was am Beispiel des Smartphones demonstriert werden kann. In einer repräsentativen Befragung im Auftrag des Digitalverbands Bitkom sagt die Hälfte (50 Prozent) der Senioren, dass Smartphones für sie eine große Erleichterung im Alltag sind. Jeder Vierte (25 Prozent) erklärt sogar, dass er sich ein Leben ohne Smartphone nicht mehr vorstellen kann. Und mehr als jeder Fünfte (22 Prozent) findet, dass ihn das Smartphone anderen

Menschen näher bringt. „Smartphones wie auch Apps und mobile Webseiten sind in den vergangenen Jahren immer benutzerfreundlicher geworden und dadurch auch für ältere Menschen, die unter Umständen noch wenig Erfahrung mit digitalen Technologien haben, immer attraktiver", sagt Bitkom-Hauptgeschäftsführer Dr. Bernhard Rohleder. Gerade neue Geräte mit großen Bildschirmen, sogenannte „Phablets", haben zum Smartphone-Boom bei Senioren beigetragen. „Zudem gibt es eine Reihe von Apps, die speziell auf die Bedürfnisse älterer Menschen zugeschnitten sind. Dazu gehören Anwendungen, die an die Medikamenteneinnahme erinnern, Apps für Denksport-Aufgaben oder solche, die das Diktieren von Texten ermöglichen." (Pressemitteilung Bitkom vom 6.5. 2016) Sehbehinderte Menschen könnten zudem die Spracherkennungssoftware nutzen, um einen Anruf aufzubauen oder eine SMS zu schreiben. Insgesamt nutzen 74 Prozent der Deutschen ein Smartphone. Bei den 14- bis 49-Jährigen sind es sogar 93 Prozent, bei den 50- bis 64-Jährigen 83 Prozent.

Fazit

Möglichst lange selbstständig zu Hause zu leben, selbst im Falle körperlicher und gesundheitlicher Einschränkungen bzw. erheblich eingeschränkter Mobilität, ist der dominante Wunsch der Älteren. Eine adäquat altengerecht gestaltete Wohnung kann – im Sinne eines präventiven Technik- und Dienstleistungseinsatzes – dazu beitragen, Hilfe- und Pflegebedürftigkeit zu vermeiden oder zumindest aufzuschieben. Und sie entspricht am ehesten den geäußerten individuellen Präferenzen. Mit der älter werdenden Bevölkerung wächst tendenziell auch der Bedarf an unterstützenden Dienstleistungen und intelligenten Assistenzsystemen (wie Ambient Assisted Living: AAL oder „Tele-Care" etc.) für altengerechtes Wohnen und Leben. *Vernetztes Wohnen* meint in diesem Zusammenhang nicht nur die Einbindung von Informations- und Kommunikationstechnologien in der Wohnung, sondern auch die Vernetzung unterschiedlicher Branchen, Technologien und der jeweiligen Akteure. Angebote, die einen gleitenden Übergang von noch vollständiger Selbstständigkeit bis zu abgestufter, betreuender und pflegender Unterstützung beinhalten, stehen erst am Anfang. Allgemein geht es aber primär nicht mehr allein um die Wohnung, sondern um das Wohnen, und das bedeutet *sozialräumliche Vernetzung*.

Für die Zukunft sollte allerdings stärker die Maxime gelten: Die Technik muss den älteren Bewohnern dienen und sich auf das konzentrieren, was notwendig und auch bezahlbar ist. „Bevor eine Funktion in den Alltag integriert, das heißt regelmäßig angewendet wird, muss in den jeweiligen Funktionen demnach ein persönlicher, aktueller Nutzen erkannt worden sein" (Schelisch 2016, S. 243) – und zudem sind technische Assistenzen nur durch die Einbettung in das Wohnumfeld und soziale Netzwerke erfolgreich. Das Internet schafft zwar Interaktionen, aber diese stoßen schnell an Grenzen, wenn es um gegenseitige Hilfe und Sorge geht.

In anderen westlichen Ländern (etwa den Niederlanden, Großbritannien oder den skandinavischen Ländern) scheinen sich solche „Welfare-Technologien" bereits stärker etabliert zu haben, während in Deutschland technisch anspruchsvolle integrierte Wohnlösungen bislang nur in Modellprojekten realisiert werden. Dies liegt auch daran, dass es für viele der neuen technikgestützten Dienstleistungen keine flächendeckenden Erstattungsmöglichkeiten gibt und dass sich die zuständige Selbstverwaltung des deutschen Gesundheitswesens schwertut, entsprechende Regelungen zu verabschieden – obwohl sie vom Gesetzgeber hierzu explizit aufgefordert wurde. „Best-Practice-Beispiele" können zwar die Bandbreite und Qualität verdeutlichen, haben aber noch nicht zum Durchbruch geführt.

Literatur

Deutsches Zentrum für Altersfragen: Mahne, K., Wolff, J. K., Simonson, J., & Tesch-Römer, C. (Hrsg.). (2016). *Altern im Wandel: Zwei Jahrzehnte Deutscher Alterssurvey (DEAS)*. Berlin: DZA.

GdW/InWIS/SIBIS. (2015). *Technische Assistenzsysteme für ältere Menschen – eine Zukunftsstrategie für die Bau- und Wohnungswirtschaft*. Berlin: GdW.

Generali Zukunftsfonds & Institut für Demoskopie Allensbach. (Hrsg.). (2012). *Generali Altersstudie 2013. Wie ältere Menschen leben, denken und sich engagieren*. Frankfurt am Main: Fischer.

Heinze, R. G. (2015). Wohn- und Lebensformen im Alter: Selbstständigkeit erhalten, Integration fördern. *Der Bürger im Staat 2/3 – 2015* (S. 120–129).

Heinze, R. G., & Hilbert, J. (2015). Individualisierung, Ökonomisierung, Digitalisierung: Der sozio-ökonomisch-technische Wandel als Herausforderung und Chance für eine zukunftsfähige Soziale Gesundheitswirtschaft. In H. Romahn, & D. Rehfeld (Hrsg.), *Lebenslagen – Beiträge zur Gesellschaftspolitik* (S. 199–220). Marburg: Metropolis.

Heinze, R. G., & Hilbert, J. (2016). Digitalisierung und Gesundheit: transforming the way we live. In G. Naegele, E. Olbermann, & A. Kuhlmann (Hrsg.), *Teilhabe im Alter gestalten. Aktuelle Themen der Sozialen Gerontologie* (S. 323–340). Wiesbaden: Springer VS.

Klie, T. (2014). *Wen kümmern die Alten? Auf dem Weg in eine sorgende Gesellschaft*. München: Pattloch.

Oswald, F., & Wahl, H.-W. (2016). Alte und neue Umwelten des Alterns – Zur Bedeutung von Wohnen und Technologie für Teilhabe in der späten Lebensphase. In G. Naegele, E. Olbermann, & A. Kuhlmann (Hrsg.), *Teilhabe im Alter gestalten. Aktuelle Themen der Sozialen Gerontologie* (S. 113–129). Wiesbaden: Springer VS.

Sachverständigenrat zur Begutachtung der Entwicklung im Gesundheitswesen. (2014). *Bedarfsgerechte Versorgung – Perspektiven für ländliche Regionen und ausgewählte Leistungsbereiche*. Gutachten 2014. Berlin.

Schelisch, L. (2016). *Technisch unterstütztes Wohnen im Stadtquartier. Potentiale, Akzeptanz und Nutzung eines Assistenzsystems für ältere Menschen*. Wiesbaden: Springer VS.

Wohlfahrtswerk für Baden-Württemberg. (Hrsg.) (2016). *WEITwinkel. Magazin des Wohlfahrtswerks für Baden-Württemberg 1/2016*.

Prägende Momente: Der Umgang mit Veränderungen im Leben

Generali Deutschland AG (Hrsg.), *Generali Altersstudie 2017*,
DOI 10.1007/978-3-662-50395-9_9

So sehr die Älteren auch zufrieden mit ihrem Leben sind und weit überwiegend das Leben genießen, ist das Alter dennoch eine Zeitspanne mit vielen Veränderungen, Brüchen und einschneidenden Momenten. Wie bereits in ▶ Kap. 2 gezeigt wurde, ist die ältere Generation geteilter Meinung, ob das Alter ein Lebensabschnitt ist, der vor allem Chancen oder überwiegend Beschwerden und Mühen mit sich bringt. Vielen Älteren fällt es gleichzeitig schwer, für mehrere Jahre im Voraus zu planen – die Unsicherheit, was die Zukunft bringt, ist dafür zu groß. 57 Prozent der 65- bis 85-Jährigen zählen sich zu denen, die eher kurzfristig planen und nicht für mehrere Jahre im Voraus. Mit steigendem Alter geht die langfristige Zukunftsplanung deutlich zurück. Vertreten von den 65- bis 69-Jährigen noch vergleichsweise geringe 42 Prozent die Auffassung, dass es sich in ihrem Alter nicht mehr lohnt, langfristig zu planen, sagen dies von den 70- bis 74-Jährigen 54 Prozent, von den 75- bis 79-Jährigen bereits 62 Prozent und von den 80- bis 85-Jährigen sogar 77 Prozent.

Auch der Gesundheitszustand entscheidet darüber, ob ältere Menschen ihre Zukunft eher längerfristig oder eher kurzfristig planen. Von den 65- bis 85-Jährigen mit schlechtem Gesundheitszustand sind 78 Prozent überzeugt, dass es sich in ihrem Alter nicht lohnt, mehrere Jahre im Voraus zu planen, da man nie weiß, was passiert; von denen mit gutem Gesundheitszustand sind es dagegen nur 41 Prozent (◘ Abb. 9.1).

9

Die Unsicherheit, nicht einschätzen zu können, was in den nächsten Jahren alles auf einen zukommt, hängt auch mit den Erfahrungen zusammen, die viele aus der älteren Generation bereits gemacht haben. Die Erfahrungen reichen dabei von Veränderungen des Alltags, wie es beispielsweise das Ausscheiden aus dem Berufsleben oder die altersbedingte Aufgabe von Hobbys mit sich bringen, über Einschnitte wie schwere Erkrankungen oder Pflegebedürftigkeit bis hin zu Todesfällen im nahen Umfeld. Vor allem die Erfahrungen mit Krankheit und Tod sind besonders prägend. Insgesamt haben bereits 70 Prozent der 65- bis 85-Jährigen den Verlust enger Freunde erlebt, 27 Prozent auch den Tod des eigenen Partners. Körperliche Beschwerden und Einschränkungen kennen 56 Prozent der Älteren, 38 Prozent auch schwere Erkrankungen. Als selbst pflegebedürftig bezeichnen sich 11 Prozent der 65- bis 85-Jährigen, einen pflegebedürftigen Partner haben oder hatten 20 Prozent (◘ Abb. 9.2).

Mit steigendem Alter nehmen auch die Erfahrungen mit Einschnitten und prägenden Ereignissen im Leben zu.[1] Vor allem jenseits des 80. Lebensjahres häufen sich derartige Erlebnisse. Während bei den 65- bis 69-Jährigen 61 Prozent den Verlust enger Freunde erlebt haben und 13 Prozent den Tod des eigenen Partners, beklagen bei den 80- bis 85-Jährigen 82 Prozent den Verlust enger Freunde und bereits 50 Prozent den Verlust des eigenen Partners. Auch die Erfahrungen mit schweren Krankheiten und Pflegebedürftigkeit nehmen mit dem Alter steil zu. 41 Prozent der 65- bis 69-Jährigen klagen über körperliche Einschränkungen, aber 76 Prozent der 80- bis 85-Jährigen. Und während 13 Prozent der unter 69-Jährigen bereits Erfahrungen mit einem pflegebedürftigen Partner gemacht haben, sind es bei den über 80-Jährigen 32 Prozent. Besonders stark nehmen mit dem Alter auch altersbedingte Veränderungen des Alltags zu. 42 Prozent der 80- bis 85-Jährigen haben altersbedingt ein Hobby aufgegeben, bei den 65- bis 69-Jährigen nur 14 Prozent, 26 Prozent der Älteren verzichtet altersbedingt auf das Autofahren, gegenüber 7 Prozent bei den Jüngeren. Von diesen haben bislang auch vergleichsweise geringe 5 Prozent ihr gesellschaftliches Engagement aufgrund ihres Alters aufgegeben, bei den 80- bis 85-Jährigen 25 Prozent (◘ Tab. 9.1).

---

1 Zu den Einschnitten im Leben älterer Menschen s. auch die Einleitung von Andreas Kruse: „Das Alter im Schnittpunkt von Chancen und Aufgaben. Selbst- und mitverantwortliches Leben älterer Menschen".

Frage: „Jemand, der etwa in Ihrem Alter ist, sagte uns neulich:
‚In meinem Alter plane ich nicht mehr mehrere Jahre im Voraus. Man weiß nie, was passiert.'
Geht Ihnen das auch so, oder geht Ihnen das nicht so?"

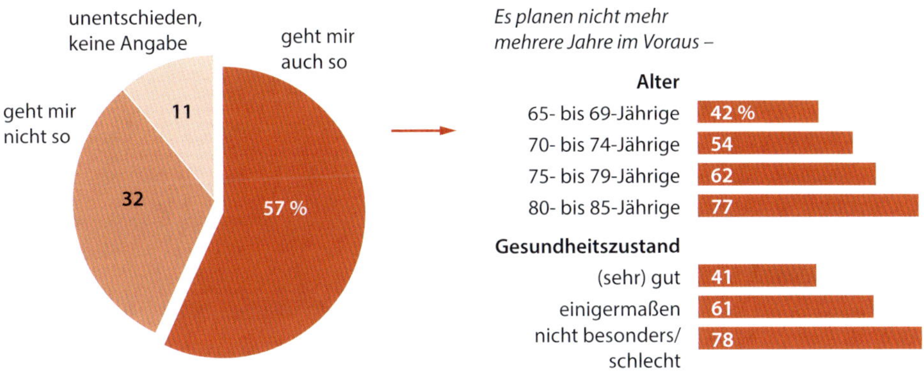

Abb. 9.1 Die Mehrheit plant nicht mehr langfristig.
Basis: Bundesrepublik Deutschland, 65- bis 85-jährige Bevölkerung. Quelle: Generali Altersstudie 2017

Frage: „Hier auf diesen Karten steht einiges, was einem im Leben widerfahren kann, was auf einen zukommen kann. Darf ich fragen, ob darunter auch etwas ist, das Sie persönlich schon erlebt haben? Bitte legen Sie die entsprechenden Karten heraus." (Kartenspielvorlage)

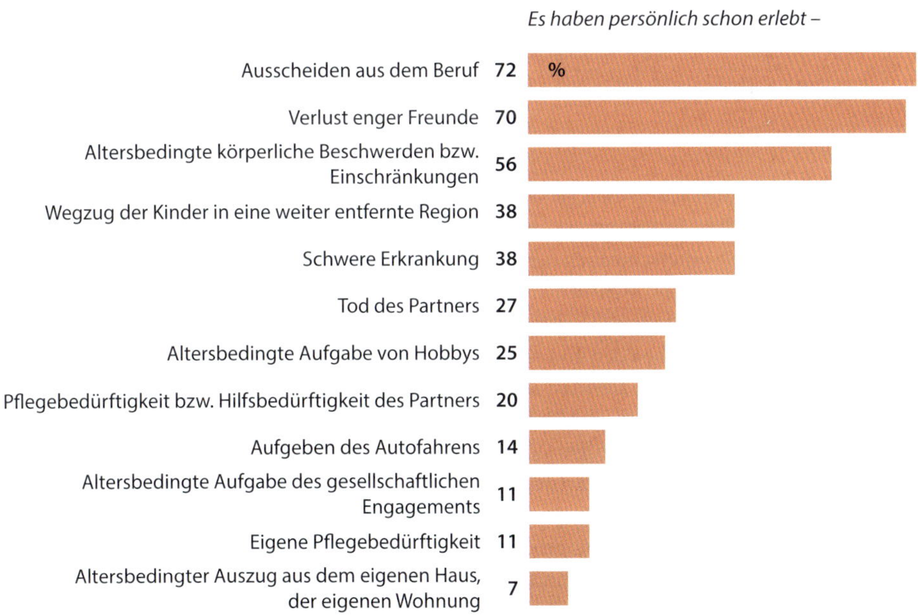

Abb. 9.2 Persönliche Einschnitte im Leben.
Basis: Bundesrepublik Deutschland, 65- bis 85-jährige Bevölkerung. Quelle: Generali Altersstudie 2017

9

Tab. 9.1 Persönliche Einschnitte nach Altersgruppen

	65- bis 69-Jährige (%)	70- bis 74-Jährige (%)	75- bis 79-Jährige (%)	80- bis 85-Jährige (%)
Es haben persönlich schon erlebt –				
Ausscheiden aus dem Beruf	72	73	71	69
Verlust enger Freunde	61	69	73	82
Altersbedingte körperliche Beschwerden bzw. Einschränkungen	41	53	59	76
Wegzug der Kinder in eine weiter entfernte Region	37	38	37	41
Schwere Erkrankung	35	33	40	44
Tod des Partners	13	23	30	50
Altersbedingte Aufgabe von Hobbys	14	20	30	42
Pflegebedürftigkeit bzw. Hilfsbedürftigkeit des Partners	13	17	22	32
Aufgeben des Autofahrens	7	11	15	26
Altersbedingte Aufgabe des gesellschaftlichen Engagements	5	8	13	25
Eigene Pflegebedürftigkeit	6	8	11	21
Altersbedingter Auszug aus dem eigenen Haus, der eigenen Wohnung	4	5	8	13

Basis: Bundesrepublik Deutschland, 65- bis 85-jährige Bevölkerung
Quelle: Generali Altersstudie 2017

Der Verlust des eigenen Partners gehört sicherlich zu den einschneidendsten Veränderungen im Leben älterer Menschen. Insgesamt mussten bereits 27 Prozent der 65- bis 85-Jährigen den Tod ihres Partners beklagen. So unterschiedlich der Umgang mit dieser Erfahrung bei den Betroffenen auch ausfällt, so hat sich die große Mehrheit von ihnen mit der Situation abgefunden. 62 Prozent derer, die ihren Partner verloren haben, können mit der Situation dennoch mittlerweile gut umgehen. 31 Prozent der Betroffenen haben den Tod des Partners hingegen noch nicht verarbeitet und bis heute nicht überwunden. Dies kann zum Teil auch daran liegen, wie überraschend oder umgekehrt wie absehbar der Tod des Partners für das Umfeld kam. 34 Prozent sagen, dass der Tod des Partners für sie völlig überraschend kam, 58 Prozent jedoch, dass der Tod nach längerer Krankheit abzusehen war.

Daneben hat der Verlust des Partners für die Hinterbliebenen häufig auch Veränderungen der finanziellen oder häuslichen Situation bedeutet. 29 Prozent mussten sich erst einmal in viele finanzielle und rechtliche Dinge einarbeiten, die vorher der Partner erledigt hatte, 22 Prozent mussten sich nach dem Tod des Partners auch finanziell einschränken, 16 Prozent sind aus dem gemeinsamen Haus bzw. der gemeinsamen Wohnung ausgezogen. Fast jeder Vierte der Betroffenen kann dem Tod des Partners rückblickend jedoch auch positive Seiten abgewinnen, weil er das Leben nun freier gestalten kann und weniger Rücksicht nehmen muss (Abb. 9.3).

Frage an 65- bis 85-Jährige, deren Partner/Partnerin gestorben ist: „Hier steht einiges, was uns andere über den Verlust Ihres Partners/Ihrer Partnerin gesagt haben. Würden Sie sich das bitte einmal durchlesen und mir sagen, was davon auch auf Sie zutrifft, was auch bei Ihnen so war?" (Listenvorlage)

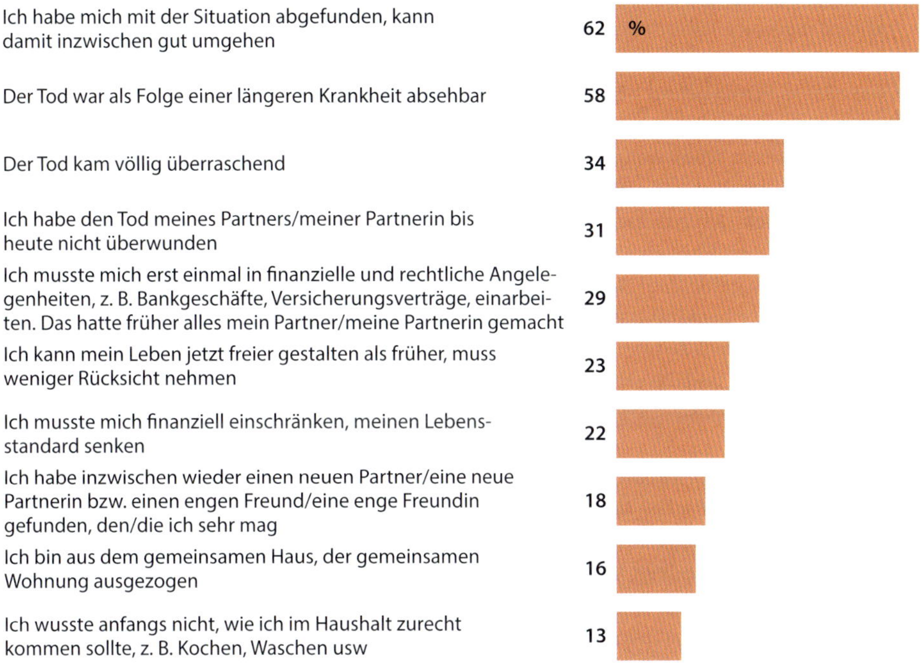

Abb. 9.3 Umgang mit dem Verlust des Partners.
Basis: Bundesrepublik Deutschland, 65- bis 85-Jährige, deren Partner gestorben ist. Quelle: Generali Altersstudie 2017

Wie einschneidend der Verlust des Partners für die große Mehrheit der älteren Menschen ist, kommt auch in den Aussagen der Betroffenen in den Tiefeninterviews sehr eindrucksvoll zum Ausdruck:

» „Es sind ja praktisch zwölf Jahre vergangen, dass mein Mann gestorben ist. Also der Absturz ist natürlich grauenvoll erstmal. Das ist ganz klar. Aber dann habe ich mir gesagt: ‚Es reicht ja, wenn einer weg ist. Du hast drei Kinder, und dann hast Du vier Enkel. Wenn du dich auch noch hängen lässt – das fehlte noch.' Ja, und da habe ich gedacht: kämpfen, Zähne zusammenbeißen. Und es geht. Man darf sich nicht hängen lassen. Wenn du noch andere hast, dann geht das. Ich meine, die Abstürze sind immer mal wiedergekommen." (Frau, 81 Jahre, mit Partner)

» „Ich habe das überwunden. Es waren schöne Zeiten. Das Leben geht weiter. Aber heute möchte ich keinen Mann mehr. Ich möchte meine Freiheit und mein Leben in Ruhe genießen. Mein Glaube hat mir Kraft gegeben. Und natürlich mein Sohn und meine vielen Bekannten und Freundinnen. Anfangs war es schwer. Aber ich habe mich betätigt: im Leprakreis, in der katholischen Frauengemeinschaft, im Turnverein und beim Zusammensein im Kaffeekränzchen." (Frau, 81 Jahre, alleinstehend)

» „Ja, und dann starb mein Mann in 1995 sehr überraschend an einem Herzinfarkt. Und dann musste ich zusehen, dass ich mich in meinem Leben wieder alleine zurechtfinde. Da war ich 47 Jahre alt. Er fehlt mir immer noch, und am liebsten würde ich ihn manchmal wieder ausbaggern. Er fehlt insofern, dass ich gerne mal wieder einen Mann hätte, an den ich mich anlehnen könnte. Das kann ich bei meinem jetzigen Partner nicht. (…) Aber ich muss ganz ehrlich sagen, ich habe das mittlerweile verkraftet. Ich bin ja auch in die neue Partnerschaft hineingegangen, wenngleich auch unter anderen Voraussetzungen. Ich sage Ihnen, Gott hat das alles so richtig gefügt." (Frau, 68 Jahre, mit Partner)

» „Es hätte alles so schön weiterlaufen können, aber dann, 1986, ist mein Mann nach längerer Krankheit gestorben und plötzlich war alles ganz anders. Auch nach 30 Jahren fehlt mir mein Mann sehr! Ich ertappe mich oft dabei, wie ich mit ihm in meinen Gedanken spreche. Wie ich ihm über die Ereignisse in unserer Familie erzähle, als wäre er bei mir ganz in der Nähe. Ich kann heute zwar damit umgehen, aber er fehlt mir wirklich sehr. Die ersten Monate nach seinem Tod war ich fast nie alleine. Ich habe damals noch gearbeitet, also habe ich wenigstens zeitweise eine Ablenkung gehabt. Es war nicht einfach, wir waren 35 Jahre verheiratet und das schweißt die Menschen schon sehr zusammen." (Frau, 84 Jahre, alleinstehend)

» „Ach, der Verlust, der war wirklich schlimm. Ich hatte schon einen hochinteressanten Mann. Ich hatte keinen einfachen Mann, aber einen mit Charakter. Aber andererseits, er war so viele Jahre so schwer krank, dass ich den Tod auch als eine Art Erlösung gesehen habe. Ja, für ihn war's das unbedingt. Das war ein Glück, dass er nachher starb. Ich sehe noch wie der Pater kam und sagte: ‚Oh Gott, das ist ja furchtbar. Hoffentlich kann der endlich sterben'. Daran kann ich mich gut erinnern, dann hat er dafür gebetet – und am nächsten Tag ist mein Mann dann gestorben. Am nächsten Morgen war er tot. Aber wenn man fünfzig Jahre mit einem Menschen Seite an Seite gelebt hat, reißt das eine ganz große Lücke." (Frau, 77 Jahre, alleinstehend)

» „Ich möchte es so sagen, es ist und bleibt so, dass meine Frau ein Lebensinhalt für mich war. Ich habe heute, nach so langer Zeit keine Trauerzeit mehr, aber ich vermisse meine Partnerin eben doch. Wir hatten ein sehr gutes Verhältnis miteinander, haben alles immer gemeinsam abgestimmt, haben die vielen negativen Situationen gemeinsam bewältigt; also sie wird immer in mir weiterleben. Aber man muss auch wissen, dass das Leben ja weitergehen muss. Und die Erkenntnis gebe ich Menschen weiter, die in ähnlicher Situation sind wie ich. Sie sollen alles noch unternehmen, was sie für möglich halten. Ich wäre da nie neidisch, wenn einer nochmals einen prima Partner finden würde." (Mann, 85 Jahre, alleinstehend)

Männer und Frauen verarbeiten den Verlust des Partners recht unterschiedlich. Teilweise zeigt sich darin auch die unterschiedliche Rollenverteilung der heute 65- bis 85-jährigen Männer und Frauen. So stellt für Männer, deren Partnerin gestorben ist, insbesondere die anfallende Hausarbeit eine große Herausforderung dar. 36 Prozent der Männer wussten nach dem Tod ihrer Partnerin anfangs nicht, wie sie mit Kochen, Wäsche waschen und anderen Tätigkeiten im Haushalt zurechtkommen sollten. Für Frauen stellt dies weit seltener ein Problem dar. Umgekehrt haben 35 Prozent der Frauen nach dem Tod des Partners erhebliche Schwierigkeiten mit vielen finanziellen und rechtlichen Angelegenheiten, weil dies vorher der Partner übernommen

Frage an 65- bis 85-Jährige, deren Partner/Partnerin gestorben ist: „Hier steht einiges, was uns andere über den Verlust Ihres Partners/Ihrer Partnerin gesagt haben. Würden Sie sich das bitte einmal durchlesen und mir sagen, was davon auch auf Sie zutrifft, was auch bei Ihnen so war?" (Listenvorlage)

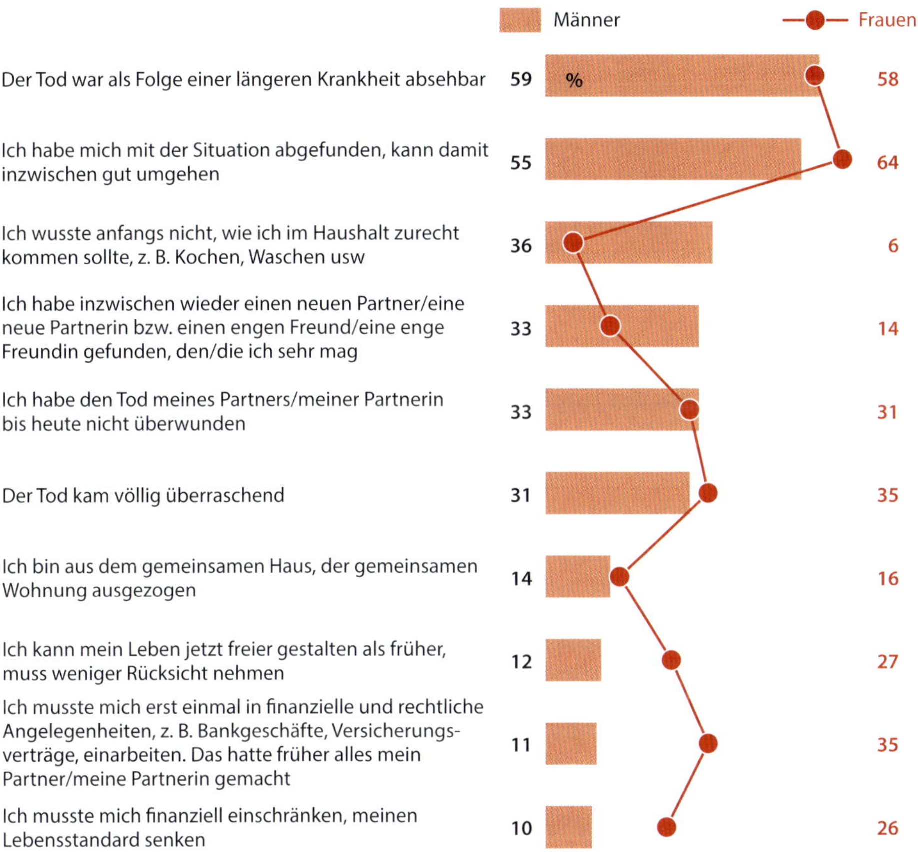

Abb. 9.4 Männer und Frauen verarbeiten den Verlust ihres Partners zum Teil sehr unterschiedlich. Basis: Bundesrepublik Deutschland, 65- bis 85-Jährige, deren Partner gestorben ist. Quelle: Generali Altersstudie 2017

hat. Auch haben Frauen weit häufiger nach dem Verlust des Partners mit finanziellen Schwierigkeiten zu kämpfen.

Ein anderer wesentlicher Unterschied zwischen Männern und Frauen, die ihren Partner verloren haben, ist zudem, dass verwitwete Männer deutlich häufiger als verwitwete Frauen nach dem Tod des Partners wieder eine Beziehung eingehen. So sind 33 Prozent der Männer, aber nur 14 Prozent der Frauen nach dem Tod des Partners eine neue Partnerschaft eingegangen. Frauen wiederum können sich etwas leichter mit dem Tod des Partners arrangieren als Männer, und sie geben auch weit häufiger zu Protokoll, dass sie ihr Leben nach dem Tod des Partners freier gestalten können (Abb. 9.4).

Auch wenn die Mehrheit der 65- bis 85-Jährigen bislang nicht vom Verlust des Partners betroffen ist, machen sich viele von ihnen intensive Gedanken darüber, wie sie mit dem Tod des

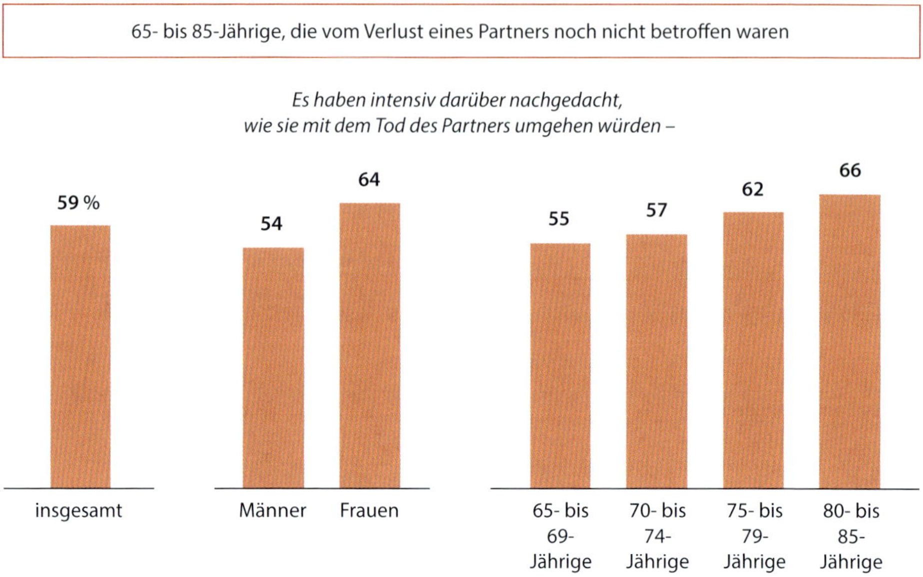

Abb. 9.5 Viele Ältere machen sich intensive Gedanken über den Verlust des Partners. Basis: Bundesrepublik Deutschland, 65- bis 85-Jährige, die vom Verlust eines Partners noch nicht betroffen waren. Quelle: Generali Altersstudie 2017

Frage: „Hier sind noch einmal die Dinge, von denen Sie noch nicht betroffen waren: Sind darunter Situationen, über die Sie schon einmal intensiver nachgedacht haben, wie Sie damit umgehen würden?" (Kartenspielvorlage)

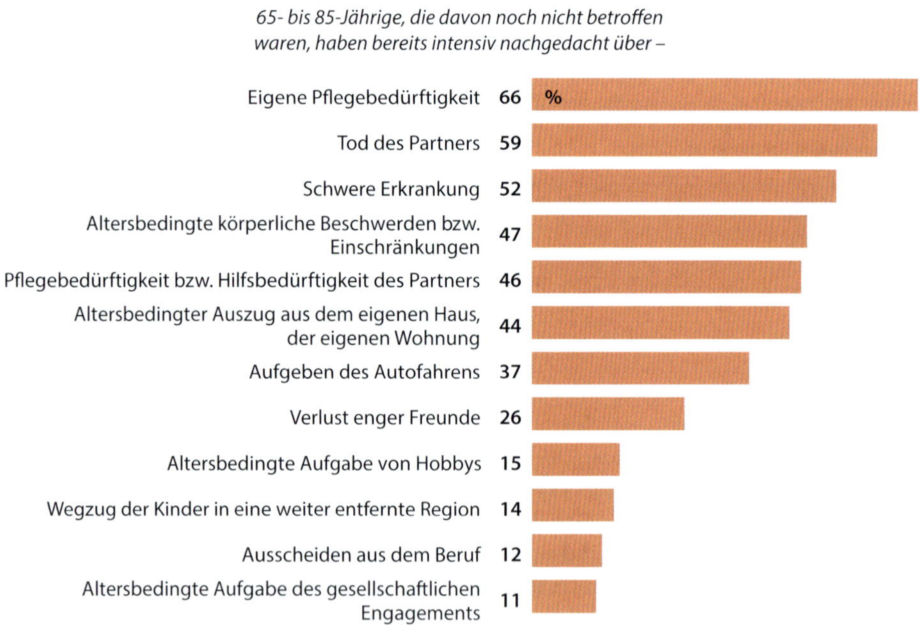

Abb. 9.6 Ältere beschäftigen sich intensiv mit den Themen Krankheit, Pflegebedürftigkeit und Verlust des Partners. Basis: Bundesrepublik Deutschland, 65- bis 85-Jährige, die von der jeweiligen Situation noch nicht betroffen waren. Quelle: Generali Altersstudie 2017

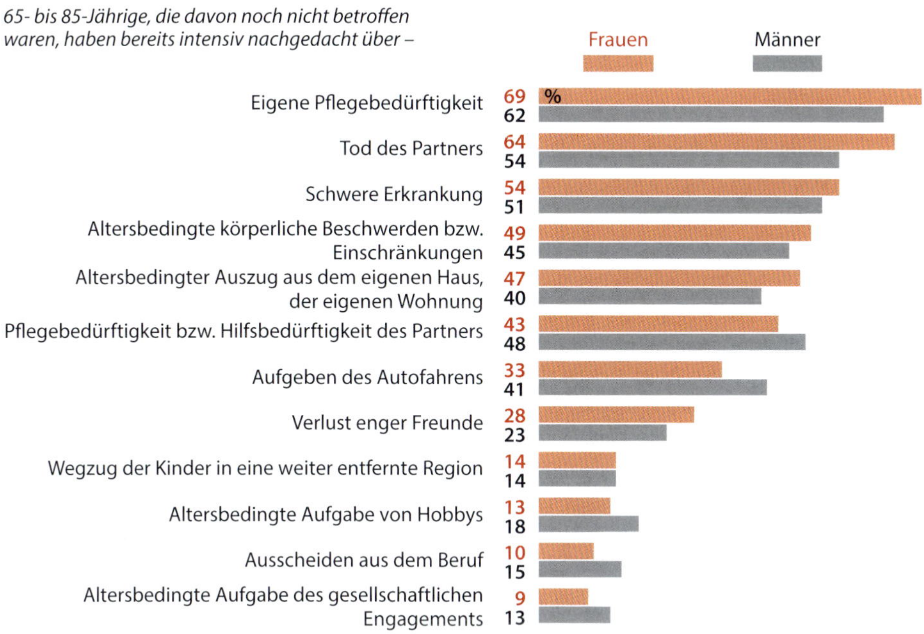

Abb. 9.7 Männer und Frauen beschäftigen sich unterschiedlich intensiv mit dem Älterwerden. Basis: Bundesrepublik Deutschland, 65- bis 85-Jährige, die von der jeweiligen Situation noch nicht betroffen waren. Quelle: Generali Altersstudie 2017

Partners umgehen würden. 59 Prozent der 65- bis 85-Jährigen haben sich damit schon intensiv auseinandergesetzt. Insbesondere Frauen und 75-Jährige und Ältere machen sich ausführlich Gedanken darüber (Abb. 9.5).

Somit ist die Auseinandersetzung mit dem Tod des Partners auch eines jener Themen, mit denen sich Ältere, die davon noch nicht betroffen waren, besonders häufig beschäftigen. Noch häufiger setzen sich 65- bis 85-Jährige nur mit der eigenen Pflegebedürftigkeit auseinander. Zwei Drittel der Älteren, die davon selbst bislang nicht betroffen sind, haben sich bereits intensive Gedanken über die eigene Pflegebedürftigkeit gemacht. Daneben beschäftigt besonders viele ältere Menschen der Umgang mit einer schweren Erkrankung sowie mit altersbedingten körperlichen Einschränkungen. Aber auch eine mögliche Pflegebedürftigkeit des Partners, der altersbedingte Auszug aus dem eigenen Haus oder der eigenen Wohnung sowie die Aufgabe des Autofahrens sind Gegenstand ausführlicher Gedanken von Älteren, die davon selbst noch nicht betroffen sind.

Weit weniger beschäftigen sich Ältere mit der Aufgabe von Hobbys oder des gesellschaftlichen Engagements sowie mit dem Ausscheiden aus dem Berufsleben oder auch mit einem möglichen Wegzug der eigenen Kinder in eine weit entfernte Region (Abb. 9.6).

Auch in dieser Frage unterscheiden sich zumindest teilweise Männer und Frauen. 65- bis 85-jährige Frauen machen sich zumeist intensivere Gedanken als Männer gleichen Alters über die existenziellen Fragen des Lebens, also die Themen Krankheit, Pflegebedürftigkeit und Tod. Männer wiederum beschäftigen sich häufiger als Frauen mit den eher alltäglichen Begleiterscheinungen des Älterwerdens: die Aufgabe des Autofahrens, das Ausscheiden aus dem Beruf, die Beendigung des gesellschaftlichen Engagements sowie die Aufgabe von Hobbys (Abb. 9.7).

Einschnitte

Andreas Kruse

Die Ergebnisse machen deutlich, dass ein recht großer Anteil der Gruppe der 65- bis 69-Jährigen von Einschnitten wie dem Verlust enger Freunde berichtet. Dieser Anteil nimmt mit steigendem Alter erheblich zu: In der Gruppe der 80- bis 85-Jährigen geben mehr als 80 Prozent den Verlust enger Freunde und 50 Prozent den Verlust des Partners an. Auch mit Blick auf gesundheitliche Einschränkungen und die Pflegebedürftigkeit des Partners ist ein erheblicher Anstieg über die in der Generali Studie 2017 differenzierten Altersgruppen erkennbar. Was folgt daraus?

Mit steigendem Alter stellen sich auch wachsende Anforderungen an die Bewältigungs- und Verarbeitungskapazität des Individuums. Die bereits getroffene Aussage, dass die Aufrechterhaltung von Lebenszufriedenheit und Optimismus mit steigendem Alter mehr und mehr als eine psychologische Leistung anzusehen sei, wird mit Blick auf die berichteten Einschnitte bestätigt. Dies heißt aber auch, dass die Selbstverantwortung im Alter nicht nur aus der Perspektive funktionaler Kompetenz (Selbstständigkeit in der Ausübung von Aktivitäten des täglichen Lebens) zu betrachten ist, sondern auch aus der Perspektive der psychischen Ressourcen, hier vor allem der Widerstandsfähigkeit (Resilienz). Diese Doppelperspektive ist deswegen wichtig, weil sie die Notwendigkeit betont, über einen primär körperlich und funktional orientierten Gesundheitsbegriff hinauszugehen und in die Konzeption von Gesundheit ausdrücklich die psychische (mentale) Gesundheit einzubeziehen. Daraus erwachsen auch Forderungen hinsichtlich der psychosomatischen und psychotherapeutischen Versorgung älterer Menschen – ein bis heute weitgehend vernachlässigter, in seiner großen Bedeutung für die Erhaltung oder Wiedergewinnung von Lebensqualität im Alter nicht ausreichend erkannter und anerkannter Versorgungsbereich.

Die Bewältigung und Verarbeitung der berichteten Einschnitte erfordert zudem die vermehrte Schaffung von „Gelegenheitsstrukturen" zur Förderung von persönlich sinnerfülltem Engagement, zur Förderung von persönlich sinnerfüllter Teilhabe. Viele der berichteten Einschnitte berühren die in der Biografie entwickelten und auch im Alter gezeigten Engagement- und Teilhabeformen. Eine bedeutende Aufgabe von Gesellschaft, Kultur und Politik (hier vor allem in den Kommunen) ist darin zu sehen, Gelegenheitsstrukturen zu schaffen, die die mit den Einschnitten verbundenen Verluste wenigstens in Teilen kompensieren können. Dies heißt zum Beispiel, dass sich Kommunen (und über diese hinaus: Kirchen, Verbände und Vereine) gezielt mit der Frage befassen, wie sie ältere Menschen in Engagementstrukturen einbinden können, wie sie Sorgestrukturen (im Sinne von „sorgenden Gemeinschaften") schaffen und weiterentwickeln können, in denen Sorge gegeben wie auch empfangen wird. Anders ausgedrückt: Genauso wichtig wie die Weiterentwicklung des Gesundheitssystems – mit Blick auf die Erhaltung oder Wiedererlangung von körperlicher und psychischer Gesundheit – ist die Weiterentwicklung von Engagement-, Teilhabe- und Sorgestrukturen mit dem Ziel, ältere Menschen in ihrer Überzeugung zu stärken, von anderen gebraucht zu werden (eine wichtige Einflussgröße mit Blick auf die Bewältigung und Verarbeitung von Einschnitten), ein aktiver Teil der Gesellschaft zu sein, in Sorgestrukturen eingebettet zu sein, die man durch eigenes Handeln bereichert und durch die man – umgekehrt – Bereicherung erfährt.

Aus den berichteten Befunden geht weiterhin hervor, dass zwischen der Bewältigung der äußeren Lebenssituation und der Verarbeitung des inneren Verlusts differenziert werden muss. Dies zeigt sich zum Beispiel darin, dass mehr als ein Drittel der verwitweten Männer angegeben haben, nach dem Tod der Partnerin zunächst nicht gewusst zu haben, wie sie einen Haushalt eigenständig führen sollten. Mehr als ein Drittel der verwitweten Frauen gaben an, nach dem Tod des Partners mit der Bewältigung rechtlicher und finanzieller Aufgaben überfordert gewesen zu sein. Fast ein Drittel der verwitweten Studienteilnehmer bejahten die Aussage, dass sie den Tod des Partners innerlich noch nicht verwunden hätten – diese Frauen und Männer stehen somit in einem intensiven inneren Verarbeitungsprozess. Es sind dies vor allem Frauen und Männer, die mit einem nicht vorhersehbaren, plötzlichen Tod des Partners konfrontiert waren. Fast zwei Drittel der verwitweten älteren Menschen berichten, dass sie mittlerweile mit dem Tod des Partners gut umgehen könnten: Aus diesen Aussagen spricht ein weitgehend abgeschlossener innerer Verarbeitungsprozess, der allerdings nicht in der Hinsicht verstanden werden darf, dass der Verlust des Partners nicht mehr als schmerzhaft empfunden würde. Blicken wir auf die Befunde zur Bewältigung und Verarbeitung, dann wird noch einmal deutlich, wie sehr auch hier eine bedeutende Komponente von Selbstverantwortung angesprochen ist: nämlich die Komponente, auch in einer Grenzsituation „Ja zum Leben zu sagen".

Ein weiterer, für das psychologische Verständnis von Selbstverantwortung wichtiger Aspekt wird in der Generali Altersstudie 2017 ausführlich betrachtet: Es ist dies die Antizipation, die gedankliche Vorwegnahme möglicher Einschnitte im Leben. Wie die Befunde zeigen, beschäftigen sich ältere Menschen mit einem breiten Spektrum möglicher Einschnitte, wobei eigene Krankheit, funktionelle Einschränkungen oder Pflegebedürftigkeit, Pflegebedürftigkeit oder Tod des Partners sowie Aufgabe der eigenen Wohnung im Zentrum der Antizipation stehen, gefolgt vom Verlust enger Freunde sowie dem Aufgeben-Müssen des eigenen Pkws. Nun könnte man folgern, dass ältere Menschen pessimistisch und gerade mit Blick auf die eigene Zukunft ängstlich wären. Man könnte weiter folgern, dass ältere Menschen ein negatives Altersbild zeigten.

Dies aber ist nicht der Fall. Und auch mit Blick auf diese Befunde zeigen sich mögliche Stärken eines Selbstverantwortungsdiskurses. Warum?

Die Antizipation möglicher Einschnitte bildet – sofern sie nicht die Lebensfreude nimmt und immer auch mit der Fähigkeit zur Selbstdistanzierung, das heißt zur bewusst geführten, reflektierten Auseinandersetzung verbunden ist, – eine Grundlage für die gelingende Bewältigung und Verarbeitung dieser Einschnitte, wenn diese denn eingetreten sind. Für die gelingende Bewältigung ist dies in der Hinsicht der Fall, dass schon in der Gegenwart Vorsorge getroffen wird, Informationen eingeholt und Anpassungen vorgenommen werden. Mit Blick auf die Anpassungen denke man nur an bauliche oder einrichtungsbezogene Veränderungen in der Wohnung, mit Blick auf die Vorsorge denke man nur an präventive Schritte, die gezielt unternommen werden, wie auch an kognitive und körperliche Trainings, die gezielt ausgeführt werden, mit Blick auf die Informationen denke man nur an praktisches Wissen über bestehende Hilfen nach Eintritt einer Erkrankung oder nach Auftreten einer Pflegebedürftigkeit. Und auch das Motiv, sich selbst in alltagspraktischen Fertigkeiten zu schulen, um bei schwerer Erkrankung oder nach dem Tod der Partnerin den Haushalt selbstständig führen zu können, ist Ausdruck eines verantwortlichen Umgangs mit möglichen Einschnitten. Diese-n verantwortlichen Umgang kann man durchaus im Sinne eines Selbstverantwortungsmotivs deuten. Die Antizipation dieser Einschnitte hat somit nichts mit einem negativen Altersbild oder einer pessimistischen Haltung zu tun. Dafür spricht ja auch die Tatsache, dass sich – wie bereits hervorgehoben – ein recht großer Anteil älterer Menschen als „optimistisch" einschätzt.

Vielfalt des Alters: 20 Porträts einer Generation

Generali Deutschland AG (Hrsg.), *Generali Altersstudie 2017*,
DOI 10.1007/978-3-662-50395-9_10

Die Auswertung und Analyse der quantitativen Befragung von 4133 65- bis 85-Jährigen, wie sie in den vorangegangenen Kapiteln dargestellt wurde, gibt einen umfassenden Einblick in die Lebensbedingungen, Einstellungen und Bedürfnisstrukturen älterer Menschen in Deutschland. Um darüber hinaus einen tiefergehenden Einblick in die individuellen Erfahrungen und Lebenswelten von 65- bis 85-Jährigen zu erhalten, wurden auch qualitative Tiefeninterviews anhand eines strukturierten Gesprächsleitfadens geführt.[1] Auf Basis dieser Tiefeninterviews wurden die nachfolgenden zwanzig Porträts von 65- bis 85-Jährigen erstellt, die einen Einblick in die Vielfalt von Biografien, aber auch derzeitigen Lebensentwürfen von 65- bis 85-Jährigen bieten sollen. Die Lebensgeschichten der hier dargestellten Personen sind nicht nur sehr unterschiedlich, sondern jede für sich genommen auch einzigartig. Und dennoch stehen diese Porträts stellvertretend für viele Menschen aus der älteren Generation, sodass sich vermutlich viele der heutigen 65- bis 85-Jährigen (zumindest partiell) in diesen Biografien wiederfinden können.

Um die unterschiedlichen Lebensentwürfe dieser Generation möglichst in ihrer gesamten Vielfalt einzufangen, wurden auch die einzelnen Interviewpartner anhand unterschiedlicher soziodemografischer Merkmale ausgewählt. Es wurden Ältere aus unterschiedlichen Alterssegmenten, Männer wie Frauen, Ostdeutsche wie Westdeutsche, Ältere mit und ohne Kinder, Verheiratete, Geschiedene, Verwitwete und Ledige, Ältere aus den oberen Einkommens- und Bildungsschichten ebenso wie solche aus den unteren sozialen Schichten für diese Porträts um Auskunft gebeten.

Die Porträts spiegeln die gesamte Bandbreite wider, wie sie auch in den quantitativen Ergebnissen zum Ausdruck kommt: Menschen, die mit ihrem derzeitigen Lebensabschnitt ausgesprochen zufrieden sind, kommen ebenso zu Wort wie Personen, die vor allem die Mühen und Beschwerden des Alters in den Vordergrund stellen. Deutlicher noch als in den Ergebnissen der quantitativen Untersuchung wird in den Tiefeninterviews deutlich, wie sehr die Zufriedenheit mit dem derzeitigen Lebensabschnitt auch mit der Bilanz eines abwechslungsreichen, nicht immer beschwerdefreien Lebens zusammenhängt. Viele der Porträtierten sind durch die Zeit des Zweiten Weltkriegs und die Nachkriegsjahre geprägt. Die positive Bilanz, die viele ältere Menschen heute ziehen, ist oft eng mit diesen Erfahrungen verknüpft. Nicht wenige blicken daher auch mit Stolz auf ihr bisheriges Leben und auf das, was sie erreicht haben, zurück.

Die große Mehrheit der hier Porträtierten beschreibt ihren Alltag als sehr abwechslungsreich. Viele von ihnen sind sportlich aktiv, gehen wandern, Fahrrad fahren oder täglich spazieren. Sehr zentral sind für die meisten von ihnen auch ihre sozialen Kontakte. Ähnlich wie in der quantitativen Befragung wird auch in den Tiefeninterviews der außerordentlich hohe Stellenwert der Familie sichtbar. Die eigenen Kinder und Enkelkinder haben dabei zumeist eine herausragende Bedeutung. Sichtbar werden in diesen Interviews auch die vielschichtigen und wechselseitigen Unterstützungsleistungen der älteren Generation und ihrer Kinder. Das Bewusstsein, sich bei Bedarf insbesondere in schwierigen Situationen voll und ganz auf die Hilfeleistung der eigenen Kinder verlassen zu können, ist für viele eine bedeutende Stütze.

Äußerst vielschichtig sind auch die Erfahrungen beim Übergang vom Berufsleben in den Ruhestand, von denen die Interviewten berichten. Fast alle ziehen die positive Bilanz, dass sie in ihrem derzeitigen Lebensabschnitt vor allem die hinzugewonnene Freiheit zu schätzen wissen. Die meisten Porträtierten haben den Übergang gut gemeistert und sich bereits kurz nach dem

1 Die abgekürzten Nachnamen der Porträtierten sowie Angaben beispielsweise zu Wohnorten oder früheren Tätigkeiten wurden weitestgehend anonymisiert. Die Gespräche wurden wörtlich protokolliert. Zur besseren Lesbarkeit wurden stark umgangssprachliche Formulierungen sowie Grammatik und Satzbau teilweise angepasst.

Ende ihrer beruflichen Laufbahn neue Aufgaben gesucht, die sie oft mit sehr großem Engagement bewältigen. Eng damit verknüpft ist das große ehrenamtliche Engagement, das auch in den Tiefeninterviews zum Vorschein kommt. Auch hier zeigen die Berichte der Befragten die große Bandbreite der Bereiche, in denen sich ältere Menschen engagieren. Deutlich kommt in den Schilderungen zum Ausdruck, wie sehr ihnen das Aufgabenfeld, für das sie sich engagieren, am Herzen liegt.

Frau M.

10.1 Frau M.

- ist 81 Jahre alt und sehr aktiv
- hat drei Kinder und vier Enkelkinder
- ist Anfang der 60er-Jahre aus der DDR geflohen
- verlor ihren Ehemann vor 12 Jahren
- hat mit einem neuen Partner ein zweites Glück gefunden

Keine Zeit für Einsamkeitsgefühle

Frau M. ist ein Familienmensch: „Die Familie steht für mich an erster Stelle. Ich kann mich auch auf meine Familie verlassen. Das merke ich etwa, wenn es mir nicht so gut geht und ein Kind oder ein Enkel ruft an." Sie hat drei Kinder und vier Enkelkinder, die inzwischen schon im Studium sind. Ihre Berufstätigkeit hat sie schon Anfang der 1960er-Jahre nach der Geburt des zweiten Kindes aufgegeben. Seitdem war sie vor allem Ehefrau, Mutter und später auch Großmutter. Auf ihre Kinder ist sie stolz. „Ich habe mit allen dreien Glück gehabt. Es ist keines missraten. Schule, Beruf, Familie … es lief alles, es läuft alles."

Dazu, dass es bei ihren Kindern und Enkeln „läuft", hat Frau M. kräftig beigetragen. So hat sie sich als Großmutter an der Betreuung der Kinder beteiligt, auch wenn sie dafür regelmäßig verreisen musste: „Montags war immer Oma-Tag. Sonst hätte meine Schwiegertochter auch nicht so arbeiten können. Da bin ich alle 14 Tage mit dem Zug für das ganze Wochenende hingefahren und habe dann erst ein Kind gehütet und dann beide. Und als sie dann hierherzogen, war montags immer Oma-Tag. Das ging nicht nur in der Kindergartenzeit so, sondern auch noch später, als die Kinder zur Schule gingen. Und meine Schwiegertochter brachte ihre Kinder dann auch in den Ferien für einige Zeit zu mir." Was Frau M. an der Betreuung ihrer Enkelkinder besonders gut gefallen hat: „Das Schönste an den Enkelkindern war ja, dass ich sie immer wieder abgeben konnte (lacht)."

Die enge Verbindung zu den Enkelkindern pflegt Frau M. auch heute noch: „Ich bin glücklich darüber, dass ich so voll in der Familie bin. Darüber, dass etwa die Kinder und Enkel immer noch zu mir kommen. Wenn die zum Beispiel an der Uni Schluss haben, dann ruft eine an und sagt: ‚Ich komme jetzt und besuche Euch.' Wenn das nicht geht, melde ich mich auch schon mal telefonisch bei ihnen oder schicke mit dem Handy eine Nachricht. Da ist doch schnell mal eine SMS geschrieben; das stört die nicht, und ich muss sie nicht eigens anrufen."

Im Alltag hat Frau M. sehr viel Kontakt zu Freunden und Nachbarn. Gerade bei den kleinen Problemen im Alltag kann sie mit Unterstützung aus der Nachbarschaft rechnen: „Wenn irgendwas ist, dann gehe ich zu meinem Nachbarn. Und fünf Minuten später hilft er mir dann. Unsere Nachbarschaft ist schon genial. Und auf die beiden direkten Nachbarn, da kann ich mich richtig drauf verlassen. Wenn ich zum Bridge wegfahre, sagt die Nachbarin immer: ‚Bleib mal stehen, ich muss mal sehen, was du anhast. Du bist immer so schön angezogen.' Es ist alles so schön unkompliziert."

Eine große Rolle im Leben von Frau M. spielen auch ihre Freundinnen und Freunde, mit denen sie sich regelmäßig trifft: „Freunde sind ganz wichtig. Mit meinen Freunden treffe ich mich in meiner Kegelrunde, meiner Bridgerunde und meiner sogenannten Handarbeitsrunde. Also, in der Handarbeitsrunde unterhalten wir uns nur und handarbeiten nicht mehr, wenn ich jetzt auch wieder damit anfange. Vor allen Dingen, wir kennen uns alle schon sehr lange. Im Kegelklub kennen wir uns schon 25 Jahre. Die Handarbeitsrunde – da haben wir uns kennengelernt, als unsere Kinder noch klein waren. Damals haben wir hier Feten gefeiert. Und die Freundschaften sind geblieben. Als ich meinen neuen Partner kennenlernte, habe ich gesagt: Auf meine Handarbeitsleute und meinen Kegelclub werde ich nicht verzichten. Das musste mein Partner akzeptieren. Und hätte er das nicht, dann hätte ich ihn vielleicht nicht als Partner."

Aufgrund der vielen Aktivitäten und sozialen Kontakte, die Frau M. pflegt, ist ihr das Gefühl von Einsamkeit völlig fremd: „Nein, tut mir leid. Für Einsamkeitsgefühle habe ich keine Zeit. Ich habe mich noch nie einsam gefühlt. Vielleicht mal gelangweilt. Aber dann habe ich mich ins Auto gesetzt oder bin in die Stadt gegangen. Oder ich habe jemanden angerufen und gefragt: Gehen wir ins Kino oder gehen wir einen Kaffee trinken oder so."

„Dass aus mir was geworden ist – da kann ich mich nur wundern"

Frau M., geboren 1935, wuchs als Einzelkind in Dresden auf. Mit Stolz blickt sie auf ihr Elternhaus zurück: „Ich bin in Freiheit groß geworden. Wir gingen morgens raus und kamen abends wieder. Keine Kontrolle. Wichtig war für mich, dass ich immer nach Hause kommen konnte, egal, was ich gemacht hatte. Die große Liebe meiner Eltern. Ich war ein mit Liebe verwöhntes Kind. Das einzige, also ersehnte Kind."

Ungern erinnert sie sich hingegen an den Krieg, den sie als junges Mädchen miterlebte: „Also da muss ich sagen, wenn du da im Keller sitzt und die Bomben schwirren, und die Flugzeuge … Der Hunger war eher zu ertragen als diese Ungewissheit. Als es dann schlechter wurde, kam ich in den Vorort zu meiner Großmutter. Zum Glück musste ich nicht in ein Kinderheim, weil sie da draußen ein Haus hatte. Da war ich wieder in Sicherheit."

„In der Schule war dann zwar alles in Ordnung. Ich habe aber nicht gerne still gesessen. Die Schule war deshalb nicht so mein Ding. Ich bin zu unruhig dafür, und ich arbeite lieber mit meinen Händen oder ich mache irgendwas. Bei der Berufsausbildung zur kaufmännischen Angestellten habe ich dann meinen späteren Mann kennengelernt. Und das war ein Glücksfall. Das muss ich wirklich sagen. S. war ein Glücksfall."

„Na ja, und dann kamen die Kinder. Insgesamt drei. Zwei davon waren in Dresden geboren. Dann kam die Flucht, weil ich gesagt habe, die Kinder werden hier keine Kommunisten. Das wollte ich nicht. Bevor die zur Schule gehen, hauen wir ab. Für meine Mutter war das schon eine Katastrophe, und das hat mich schon belastet. Aber als Erstes kommen die Kinder. Und die mussten in Freiheit groß werden. Meine Schwiegermutter wohnte ja in Hildesheim. Und dann hat uns eine russische Freundin, die in Westberlin lebte, einen Flug von Westberlin in den Westen gebucht, ohne unsere Namen anzugeben. Das war dann natürlich ein heikler Moment: Du fährst mit der S-Bahn über diese Grenze, die damals zwar noch offen war. Also der Zug wurde ja genau kontrolliert. Wir waren aber so klug gewesen, nur drei Koffer mitzunehmen und eine Urlaubsreise zu buchen, sodass wir einen Urlaubsort angeben konnten. Dann haben wir in Westberlin übernachtet und sind am nächsten Tag nach Hannover geflogen. Wir haben dann ein Dreivierteljahr bei meiner Schwiegermutter gewohnt und haben danach die Stadt gewechselt. Denn mein Mann hatte hier einen Freund, der ihm einen Job und eine Wohnung besorgt hatte."

Die ersten Jahre in der neuen Umgebung waren für Frau M. nicht immer leicht. Ihr drittes Kind kam hier zur Welt, und die Familie musste sich in der fremden Umgebung zurechtfinden. Aber rückblickend sagt Frau M.: „Ich habe eigentlich immer Glück gehabt im Leben. Wirklich. Aber ich bin wahrscheinlich auch so – ich gehe auch auf Leute zu. Das habe ich natürlich auch gemacht, als ich hierher zog. Wenn ich dann mit den drei Kindern und womöglich noch mit dem Dackel im Kinderwagen die Straße herunterging, habe ich viele einfach gegrüßt, auch wenn ich sie nicht mit Namen kannte. Später haben mir die Leute dann gesagt, ich sei immer so fröhlich gewesen. Ja, das ist bis heute so." Augenzwinkernd merkt sie an: „Also, dass aus mir was geworden ist – da kann ich mich nur wundern (lacht)."

„Ich habe noch einmal Glück gehabt"

Das schlimmste Ereignis im Leben von Frau M. war der Tod ihres Ehemannes, der vor fast zwölf Jahren starb. Der Verlust ihres Partners traf sie tief. Noch heute fällt es ihr schwer, darüber zu sprechen: „Also der Absturz ist natürlich erst einmal grauenvoll. Das ist ganz klar. Aber dann habe ich mir gesagt: ‚Es reicht ja, wenn einer weg ist. Du hast drei Kinder, und dann hast Du vier Enkel. Wenn du dich auch noch hängen lässt – das fehlte noch.' Ja. Und dann habe ich immer gedacht: S. wird da oben sagen ‚Mensch Du, ich habe was anderes von Dir erwartet.' Und da habe ich gedacht: kämpfen, Zähne zusammenbeißen. Und es geht. Man darf sich nicht hängen lassen. Wenn du noch andere Menschen hast, dann geht das. Ich meine, die Abstürze sind immer mal wiedergekommen. Auch jetzt, wenn wir hier jetzt so reden …"

In dieser schweren Zeit erlebte Frau M. viele Menschen in ihrem Umfeld von einer neuen Seite: „Menschen sind auf mich zugekommen und haben mir geholfen und haben mich eingeladen. Zum Teil waren das Menschen, von denen ich es gar nicht erwartet hatte, die ich immer für Egoisten gehalten hatte. Sodass ich immer dachte: Das sind doch nicht dieselben Leute. Besonders die Nachbarn haben sich gekümmert. Ich erinnere mich daran, wie ich zum ersten Mal den Rasen gemäht habe. Den Rasenmäher hatten die Nachbarn angeschmissen. Und als ich dann mit dem Rasenmähertrecker losfuhr, da stand die ganze Nachbarschaft dabei und schaute zu, wie ich den Rasen mähte."

Vor vier Jahren lernte Frau M. dann einen neuen Partner kennen, der inzwischen zu ihr gezogen ist. Für Frau M. ist die neue Partnerschaft ein Glücksfall: „Ich war auch mit anderen schon ein- oder zweimal ausgegangen, aber da hatte ich dann sofort das Gefühl, das wird nix, das reicht, das muss ich mir nicht antun. Aber bei ihm war es von Anfang an anders. Und auch die Kinder sagten: ‚Der ist ja bald wie unser Vater. Der ist ja so um uns besorgt". Also da habe ich noch einmal Glück gehabt. Da habe ich wirklich noch einmal Glück gehabt. Heute freue ich mich, weil ich nicht mehr allein bin. Auch ein großer Freundeskreis ersetzt eben einen Partner nicht. Gemeinsam unternehmen wir viel. Wir fahren in den Urlaub, gehen schwimmen, in die Sauna und zum Tanzen. Das Tanzen hätte ich fast vergessen, aber das ist das Allerwichtigste. Als er hierher zog, musste ich mich natürlich erst an ihn gewöhnen. Er ist nicht so sehr ordentlich, aber ich habe mir gedacht: Was soll's? In einer Partnerschaft darf man nicht immer versuchen, den eigenen Kopf durchzusetzen. Allerdings fällt mir das schon schwer. Wie wichtig mir unsere Partnerschaft inzwischen ist, merkte ich jetzt, als er im Krankenhaus war und den ganzen Tag und die ganze Nacht nicht zu Hause war. Als wir uns dann wiedergesehen haben, haben wir gesagt: ‚Oh Gott, ist das furchtbar, wenn man morgens alleine wach wird. Das ist ja eine richtige Katastrophe.' Das sind wir nicht mehr gewöhnt."

„Machen können, was ich will"

Das Alter schätzt Frau M. als eine Zeit der Freiheit und der Muße. Nach den vielen Jahren, in denen sie als Mutter und Großmutter vor allem mit dem Wohlergehen von anderen beschäftigt war, hat sie jetzt mehr Zeit für sich: „Am Alter ist mir wichtig, dass ich machen kann, was ich will. Und dass ich mir Ruhe und Zeit lassen kann."

Allerdings bedeutet Muße nicht etwa Inaktivität für sie: „Ich rätsele, ich lese, wir gucken Fernsehen, wir gehen raus. Dann kegle und schwimme ich gern, und ich spiele gerne Karten. Ich tanze regelmäßig und habe jetzt auch wieder angefangen zu stricken. Da haben alle Hurra geschrien und gesagt: ‚Du strickst doch seit 15 Jahren nicht.' Da habe ich gesagt: ‚Ich will euch alle überraschen'. Ich stricke also insgeheim einen Pulli."

Die modernen Kommunikationsgeräte betrachtet sie als wirklichen Fortschritt, der das Leben erleichtert. Auch mit 81 Jahren fährt sie noch gern Auto. Mit dem Internet hat sie sich schon vor einiger Zeit vertraut gemacht, nutzt es aber im Moment nur wenig: „Den Computer habe ich allerdings seit einem Jahr nicht mehr benutzt, weil ich keine Zeit hatte. Die Kinder haben ja gelacht, als ich gesagt habe, ich mache einen Computerkurs. Aber ich musste doch wissen, wie das blöde Ding funktioniert. Ich lebe gerne mit der Technik. Auch das Internet nutze ich im Moment nicht. Ich habe so einen blöden Router. Damit fliege ich immer raus. Eigentlich müsste ich den zurückschicken und mir einen neuen kaufen. Aber dazu habe ich im Moment keine Lust und keine Zeit. Ich denke, wenn ich endgültig älter werde und mich nicht mehr bewegen kann, dann könnte das Internet wichtig werden (lacht)."

Gesundheitlich geht es Frau M. im Großen und Ganzen noch gut, auch wenn ihr Rücken und Hüften Probleme bereiten. Und auch finanziell muss Frau M. sich keine Sorgen machen: „Wir schmeißen beide Renten zusammen und kommen damit prächtig hin. Einschränken muss ich mich nicht, ich habe ja auch nicht diese Riesenwünsche."

Auch vor der Zukunft hat sie nicht allzu viel Angst. Und wenn es ihr schlechter ginge, wüsste sie genau, was zu tun wäre: „Also, wenn ich merke, dass ich nicht mehr kann, müssen wir einen Gärtner haben, Essen auf Rädern und eine Putzfrau. Ich habe keine Lust, in ein Altersheim zu gehen. Sollte ich alleine bleiben, müsste ich das Haus verkaufen, und dann müsste ich wirklich in ein Altersheim. Du kannst alleine nun mal nicht in diesem großen Haus bleiben."

„Du darfst Hilfe nicht fordern – dann kommt sie"

Ihr Leben lang hatte Frau M. eine positive Grundeinstellung, die ihr half, auch schwierige Situationen durchzustehen. Daher macht sie sich um ihre eigene Zukunft auch wenig Sorgen: „Ich mache mir eigentlich nie Sorgen. Ich bin ein solcher Optimist, ich lasse alles auf mich zukommen. Vielleicht bin ich da leichtsinnig. Aber ich denke, wenn mich etwas trifft, habe ich dann immer noch genug Zeit, um damit fertig zu werden."

Selbst wenn Frau M. davon überzeugt ist, ein Glückskind zu sein, ist sie sich sicher, dass Glück am ehesten dem zuteil wird, der es sich zugleich auch verdient. Diese Lebenserfahrung würde sie gern weitergeben: „Du musst dich immer auf dich selber verlassen können. Du kannst nie erwarten, dass du Hilfe bekommst. Freiwillig ja, aber du kannst sie nicht fordern. Dann kommt sie. Also du musst eigentlich selber stark sein. Du kannst nicht sagen, das geht nicht oder ich stecke den Kopf in den Sand. Es gibt immer irgendwo Hilfe, auch wenn mal alles zusammenbricht. Das habe ich gelernt. Ob das nun Gottvertrauen ist oder – ich weiß es nicht. Wenn du denkst, jetzt geht es nicht mehr weiter, fällt dir irgendwie doch noch etwas ein. Du bist dann richtig verwundert. Du darfst dich nur nicht selber aufgeben. Und du darfst nicht jammern und darfst dich nicht hängen lassen."

Herr S.

10.2 Herr S.

- ist 71 Jahre alt und alleinstehend
- ist in Beirut geboren und hat danach in Wien, Köln und Berlin, später auch in den USA gelebt
- war Schauspieler
- ist gern unter Leuten, gerne aber auch mal allein

„No regrets, ich bereue nichts"

„Ich war das letzte Kind von insgesamt fünf Kindern. Ich bin in Beirut geboren, aufgewachsen und auf eine armenische Schule gegangen. Mit neun Jahren bin ich nach Wien gekommen. Da kam ich auf ein Internat, blieb dort vier Jahre und dann bin ich wieder zurückgegangen nach Beirut. Ich habe dann dort die deutsche Schule besucht, und da die deutsche Schule keine Abiturklasse hatte, haben wir dort die Schule nur bis zur Mittleren Reife besuchen können. Danach gab es keine Klassen. Und dann musste ich, damit ich die ganzen Gelder nicht verliere, die von meinen Eltern in mich reingesteckt wurden, halt nach Deutschland, um hier in Deutschland zu studieren. Aber ich hatte ja kein Abitur, sondern nur die Mittlere Reife und dann habe ich andere Schulen besucht. Ich bin dann nach Köln und habe erst in einem Kaufhaus gearbeitet, in einer Deko-Abteilung, weil ich Innenarchitekt werden wollte. Und als ich merkte, dass ich da nur verkaufen konnte und sonst nichts, bin ich dann da weg und bin zur Schauspielschule gegangen. Das war, was ich schon immer wollte, und das habe ich dann auch gemacht. Es gab eine private Schule dort, und ich habe meine kleinen Rollen, meistens beim WDR bekommen und dann NDR, und dann bin ich viel gependelt zwischen Zürich und München, Köln und Berlin und auch Hamburg. Da waren meine Gastverträge, wo ich auf Tournee war als Schauspieler und als Sänger. Das waren meistens Musicals und Fernsehauftritte. Ich habe beim ‚Tatort' mitgespielt und in dieser Gerichtssendung ‚Das Fernsehgericht tagt' – da hatte ich auch eine kleine Rolle."

Allerdings musste Herr S. wegen seines markanten Aussehens häufig Figuren spielen, die ihm nicht gefielen. „Irgendwann habe ich eingesehen, dass ich vom Typ her immer bestimmte Rollen zu spielen hatte. Die wussten, wo ich geboren war, und dann musste ich meist den Bösewicht spielen. Dazu hatte ich irgendwann keine Lust mehr. Ich wollte viel mehr darstellen. Das war mir von Anfang an ganz klar. Und da habe ich mir gesagt: Schauspiel ist nicht das einzige, was ich im Leben tun kann. Es gibt auch noch andere Dinge."

1979 verabschiedete er sich deshalb von der Bühne und ging in die USA, wo auch einer seiner Brüder lebt: „Dort habe ich dann gelebt und habe dort gedolmetscht: armenisch, arabisch, englisch, zwischendurch etwas Deutsch; ich habe auch deutsche Übersetzungen gemacht."

Allerdings hielt es ihn auch dort nicht dauerhaft. „Und dann bin ich 1998 wieder nach Deutschland zurück. Seit etwa 15 Jahren bin ich wieder in Berlin, endgültig. In Amerika ist es eine Hetze. Man hat in der Regel zwei bis drei Jobs, und man ist immer unterwegs, besonders in Los Angeles, wo ich gelebt habe. Dort gibt es 13 Millionen Menschen. Da verlor man wegen der großen Entfernungen sehr viel Zeit auf den Autobahnen. Das war schon sehr mühsam." Vor allem aber fehlte ihm in den USA die europäische Lebensweise: „Ich vermisste dort das Kulturelle, etwa die Art und Weise, wie man hier beim Essen zu Tisch sitzt und genießt, und die Zeit, die man hat, die man sich hier in Europa nehmen kann. Geprägt hat mich Europa, die europäische Kultur. Ich fühle mich eher als Europäer denn als Araber oder Amerikaner, obwohl ich die amerikanische Staatsbürgerschaft besitze."

Seine Lebensbilanz fällt positiv aus: „Ich bin zufrieden, sehr zufrieden. Ich habe ‚no regrets', ich bereue nichts. Auch nicht, dass ich nicht geheiratet und auch keine Familie gegründet habe. Ich finde es fabelhaft, wenn Leute heiraten, zusammenziehen und Kinder bekommen. Aber das war nichts für mich. Als Kind wusste ich das schon, als Teenager schon, dass das nicht mein Weg war. Und ich habe mein Leben so gelebt, wie ich es nur leben konnte und wollte."

Den Tag genießen

Als großes Glück des Alters betrachtet Herr S. die Freiheit, ohne Zwänge über die eigene Zeit zu verfügen: „Ich bin seit sechs Jahren Rentner, und dementsprechend habe ich es leichter als zu der Zeit, wo ich gearbeitet habe. Ich kann später aufstehen und kann meinen Tag so einteilen, wie ich es möchte – ohne Druck. Ich kann einkaufen gehen, wenn die Zeit so ist, dass ich das vormittags hinkriege oder abends spät. Und ich gehe den Tag ganz langsam an, genieße den Tag, und ich gehe viel spazieren."

Herr S. kann sich dabei vor allem am Alltäglichen erfreuen: „Ich habe große Freude an Spaziergängen und an Menschen, die freundlich sind, die an mir vorbeigehen, die ich unterwegs treffe, mit denen ich mich unterhalte. Und an Kindern, besonders an kleinen Kindern, die noch im Kinderwagen sind, und wie sie mit ihren Müttern unterwegs sind und einkaufen. Und an Tieren, Hunden, denen man begegnet und die schwanzwedelnd auf einen zukommen."

Den Tag beginnt Herr S. meist mit einem Spaziergang zum nahe gelegenen See. Dann greift er zum Telefon und meldet sich bei seinen Freunden oder Verwandten. Mittags kocht er eine Kleinigkeit, wenn er nicht gerade zum Essen eingeladen ist. Nachmittags macht er manchmal eine Siesta. Im Internet sieht er dann nach, was es Neues in der Welt gibt. Auch Fernsehsendungen schaut er sich ausschließlich über das Internet auf seinem Laptop an. Das geht manchmal bis in den Abend so. Dieses ruhige Leben gefällt ihm sehr gut: „Ich mache es mir gemütlich und das ohne Druck, und das gefällt mir. Ich genieße das Rentnerdasein sehr."

Auf den täglichen Spaziergängen nutzt Herr S. oftmals die „Trimm-dich-Geräte, die im Freien stehen". Ansonsten geht er – anders als früher – mittlerweile keinen regelmäßigen Hobbys mehr nach. „Früher habe ich auch viel Musik gemacht, ich habe Gitarre gespielt, und ich hatte auch mal ein Klavier. Etwas getrommelt habe ich auch, aber da habe ich heute irgendwie keine Lust mehr dazu."

Gern allein und gern in Gesellschaft

Auch wenn Herr S. allein lebt, ist er doch kein Einsiedler. Besondere Bedeutung hat seine Freundin für ihn: „Meine Freundin ist verwitwet. Ihr Mann ist vor acht Jahren verstorben, den hatte sie bis zu seinem Tod gepflegt, er war an Alzheimer erkrankt, und das war auch eine enorme Belastung für sie. Jetzt genießen wir zusammen unsere Freizeit, kochen gemeinsam, gehen spazieren oder unternehmen etwas. Wir verreisen auch zusammen. Aber jeder lebt auch sein eigenes Leben und lässt dem anderen seine Freiheit." Zusammen zu wohnen, kann Herr S. sich nicht vorstellen, auch wenn seine Freundin da zunächst andere Vorstellungen hatte. „Meine Freundin ist ein wichtiger Bestandteil in meinem Leben geworden, und ich habe durch sie auch viel Neues gelernt, neue Erfahrungen gemacht."

Sehr wichtig sind ihm auch seine anderen Freunde. „Sie rufen an, wenn sie mich brauchen, und ich bin da für sie. Genauso ist es auch umgekehrt. Wir können uns lange unterhalten, und wenn wir uns nicht treffen, telefonieren wir. Wir gehen gemeinsam ins Kino und im Sommer Eis essen. Wir reden viel, und wir lachen viel miteinander. Wenn ich keine Freunde hätte, wäre das Leben ganz schön traurig. Und mir geht's gut, weil ich eben gute Freunde habe."

In seinem weiteren Freundeskreis gibt es auch einige Damen, deren „Englischrunde" er verstärkt: „Wir treffen uns jeden Montagnachmittag immer reihum, mal bei der einen, mal bei der anderen und machen englische Konversation, also mehr so ein Kaffeekränzchen. Das macht großen Spaß, die Frauen lernen auch noch etwas dazu oder trainieren ihr Gedächtnis, und ich bin natürlich bei ihnen der Hahn im Korb und werde verwöhnt. Entweder gibt es selbstgebackenen Kuchen oder es wird auch gekocht."

Einsam oder nicht gebraucht fühlt er sich bei dieser Lebensweise nicht. „Wenn ich allein bin, bin ich sehr gerne allein. Und wenn ich mit Leuten zusammen bin, dann bin ich sehr gern mit Leuten zusammen."

Auch wenn die Familie von Herrn S. weit entfernt lebt, hat er dennoch zu einigen von ihnen regelmäßig Kontakt: „Ich wohne alleine hier, meine Familie ist weit weg in Amerika, in Kalifornien und ein Teil lebt noch in Beirut. Da ich ja die meiste Zeit meines Lebens für mich alleine war, weit weg von der Familie, habe ich mich daran gewöhnt, ohne Familie hier zu leben. Aber wir haben regelmäßig Kontakt, wir rufen uns immer jede Woche einmal an, und dann weiß ich, was dort so vor sich geht, wer geheiratet hat und wer sich scheiden ließ usw. Also ich weiß die Wehwehchen von ihnen und die wissen dann über mein Leben auch ein bisschen Bescheid."

Nicht jedem Wehwehchen nachgeben

Seine finanzielle Situation ist zwar teilweise etwas angespannt, dennoch klagt Herr S. nicht darüber: „Ich habe nur eine kleine Rente, da ich überwiegend freiberuflich gearbeitet habe. Daher habe ich auch nicht so viel in die Rentenkasse eingezahlt. Ich bekomme ein paar Dollar aus den USA, die ich drüben durch meine Arbeit erwirtschaftet habe, und eine kleine Rente aus meiner Tätigkeit in Deutschland. Ich habe eine kleine Wohnung, und der Vorteil in Berlin ist, wenn man in Altbauten wohnt, in denen es kleine Wohnungen gibt, und man wohnt schon sehr lange in dieser Wohnung, dann sind die Mietkosten nicht so hoch und die werden auch nur minimal erhöht, die Kosten. Die finanzielle Belastung kann man schon ertragen, das kriegt man irgendwie hin. Und man muss dann mit dem Rest, was dann noch übrigbleibt, haushalten. Und man muss mit dem, was man hat, zufrieden sein. Also ich kann das, ich persönlich komme da gut zurecht."

Etwas Besorgnis macht ihm allein seine Gesundheit. Nach einer Bypass-Operation kann sich Herr S. nicht mehr wie früher sportlich betätigen: „Was mir schwerfällt, das ist, dass ich nicht imstande bin, zu joggen und zu rennen, weil ich eine Herzinsuffizienz habe. Vor vielen Jahren hatte ich in Beirut eine Herzoperation und bekam einen Bypass. Früher habe ich das gut machen können, und das tut mir auch sehr leid, dass ich das nicht mehr machen kann. Aber ansonsten geht es mir gesundheitlich gut, seitdem ich meine OP abgeschlossen habe."

Um möglichst lange gesund zu bleiben, ernährt Herr S. sich sehr bewusst, geht zu den Vorsorgeuntersuchungen und achtet auf ausreichend Bewegung: „Ich gehe natürlich regelmäßig zum Arzt und lasse mich durchchecken. Ich bin viel unterwegs, die Bewegung tut mir gut, mit dem Fahrrad oder laufen, und ich bin halt jeden Tag mindestens eine Stunde unterwegs und an der frischen Luft, sofern man das von Berlin überhaupt sagen kann." Herr S. ist zudem davon überzeugt, dass die eigene Einstellung viel zur Gesunderhaltung beiträgt: „Ich bemühe mich um eine positive Einstellung zum Leben und darum, mir nicht nach jedem Wehwehchen, das ich im Körper spüre, sofort die Hölle vorzumalen. Also wenn man Angst hat, dass etwas passieren wird, dann passiert es auch. Die Wehwehchen kommen, dauern ein, zwei Tage und dann verschwinden sie auch wieder von alleine. Und so war es immer schon. Man darf sich dann nicht verrückt machen, und so halte ich es auch."

Alles ein bisschen leichter nehmen

Jungen Menschen würde Herr S. raten, sich Zeit zu nehmen und sich mehr zu entspannen. „Denn wenn man entspannt ist, und wenn man guter Dinge ist, dann hat man auch mehr Gedanken und Augen und Ohren für die anderen. Ich würde mir auch wünschen, dass die Menschen alles ein bisschen leichter nehmen könnten. Aber das merkt man eigentlich erst, wenn man ein gewisses Alter hat. Und ich sehe, dass die Leute hetzen und dass die Menschen an ihren Handys kleben, egal wo sie sind, und das Leben an ihnen vorbeigeht; dass sie nicht mitkriegen, wenn die Sonne scheint oder wie schön ein Regen sein kann oder wie das Leben auf den Straßen überhaupt sein kann oder ist."

„Ganz wichtig ist es aber, an sich selber zu glauben, sich selbst treu bleiben. Aber um das zu machen, muss man sich selbst erstmal kennenlernen. Dabei sind die Äußerlichkeiten, wenn man in den Spiegel sieht – Aussehen, Haare und alles –, das ist alles völlig unwichtig; auch wenn man alles mit der Mode mitmacht, so wie man es halt als junger Mensch so macht. Aber ab einem gewissen Alter hat man das nicht mehr nötig. Dann sieht man die Dinge ganz anders. Und jetzt, wo ich schon über 70 bin, haben all diese Dinge, wo wir als junge Menschen eine Menge hergegeben haben, um mitzumachen, um dabei zu sein, die bedeuten heute nichts mehr, für mich nicht. Und das gilt sicher auch für sehr viele andere Menschen. Man muss für sich ausfindig machen, wo das eigene Talent ist und wo eine Begabung ist, und der muss man dann treu bleiben. Und sollte es mal nicht so klappen, das ist nicht das Ende der Welt. Man kann dann auch etwas anderes machen. Man muss ausprobieren, was einem liegt und was einem nicht liegt. Deshalb hatte ich ja auch mehrere Berufe in meinem Leben, und ich bin froh, dass es so war."

Frau N.

10.3 Frau N.

- ist 65 Jahre alt, geschieden und hat einen Sohn
- wohnt mit der Familie ihres Sohnes im eigenen Haus
- unterstützt den selbstständigen Sohn bei der Buchhaltung, kümmert sich viel um das Enkelkind und bewirtschaftet einen großen Garten
- ist schon mit 58 Jahren unter Nutzung der Altersteilzeit in den Ruhestand gegangen
- bemüht sich darum, fit und gesund zu bleiben

„Endlich machen, wozu ich Lust habe"

Frau N. ist im 58. Lebensjahr vorzeitig unter Nutzung der Vorruhestandsregelung aus dem Beruf ausgeschieden. Ihre Rente wurde deshalb spürbar gekürzt. Aber das ist ihr die Freiheit wert, die sie im Ruhestand gewonnen hat: „Ich war mit 57 Jahren zu Hause, was ich nie bereut habe, trotz der Abzüge von der Rente. Weil ich endlich machen kann, wozu ich Lust habe. Zeit ist mir mehr wert als Geld. Ich weiß ja nicht, wie lange ich lebe."

Bei diesem Schritt dachte sie allerdings nicht vorrangig an die Gesundheit. Ihr Asthma, den Bluthochdruck und die Probleme mit der Hüfte betrachtet sie eher als „Wehwehchen", die sich nicht durch Klagen, sondern nur durch eigene Anstrengungen und viel Aktivität im Zaum halten lassen: „Ich gehe zum Yoga. Ich gehe zum Sport und mache viel Gartenarbeit, was ja auch viel Bewegung bringt und Kraft fordert. Ich bin fast täglich draußen, wenn es das Wetter zulässt. Mache viel Wellness, viele Anwendungen in den Urlauben. Gehe jede Woche privat zur Massage, um meinen Rücken einigermaßen fit zu halten. Was soll ich mehr machen?"

Der Beruf selbst hat ihr Spaß gemacht. Frau N., die in Brandenburg lebt, hat ihre Arbeit in einem Verkehrsbetrieb nach der Wiedervereinigung behalten. Während viele ihrer Bekannten eine neue Stelle suchen mussten, erhielt sie damals zusätzliche Aufgaben und mehr Verantwortung. Mit Erfolg meisterte sie nach der Wende die Öffentlichkeitsarbeit des Verkehrsunternehmens: „Nach der Wende habe ich dann das Marketing übernommen. Da habe ich immer alleine gearbeitet. Ich habe die Pressearbeit, die Öffentlichkeitsarbeit, die Buswerbung und alle Veröffentlichungen gemacht, bis zur Rente. Das hat mir auch Spaß gemacht, muss ich sagen."

Dennoch zögerte sie keinen Moment, als sie von der Möglichkeit erfuhr, vorzeitig in Rente gehen zu können: „Ich dachte, das ist es, was ich auch machen will. Und als ich dann kurz vor 55 war, habe ich im Betrieb schon immer gedrängelt. Dort hatten wir einen Chef aus dem Westen, der damit gar nichts anfangen konnte, der den Begriff ‚Altersteilzeit' nicht einmal kannte. Aber unser Personalchef hat ihn aufgeklärt. Der Chef hatte dann auch nichts dagegen. Den Vertrag habe ich zu Weihnachten gekriegt. Und dann habe ich jeden Monat, jeden Tag gezählt. Jeden Morgen habe ich abgestrichen – wieder einen Tag weniger! Eigentlich wäre das ja nicht notwendig gewesen, denn meine Arbeit hat mir auch Spaß gemacht. Aber ich wollte mich einfach mal anderen Dingen widmen, die mir so richtig Spaß machen. Als ich mein Ziel schließlich erreicht hatte, war ich sehr glücklich."

Bei der Freiheit, „machen zu können, wozu ich Lust habe", ging es ihr auch darum, noch etwas mehr von der Welt zu sehen, als es ihr bis dahin möglich gewesen war: „Ich wollte einfach noch ein bisschen verreisen. Ich bin vorher zwar auch verreist, aber das waren immer nur Erholungsreisen. Jetzt mache ich viele Städtereisen, was ich vorher nicht gemacht habe, weil mir das zu stressig war. Und jetzt fahre ich ausgeruht in Urlaub."

Inzwischen hat Frau N. viele Städte in Europa gesehen. Besonders gern denkt sie an ihre Fahrt nach New York zurück; die sei „traumhaft“ gewesen. Frau N. achtet jedoch bei ihrer Reiseplanung sehr genau auf Kosten und bevorzugt die günstige Nebensaison: „Ich suche mir immer nur Angebote aus, weil ich ja zeitlich unabhängig bin, und versuche, auch möglichst nicht in den Ferien zu fahren.“

Neben den Reisen genießt Frau N. vor allem die Ruhe und Gleichmäßigkeit der Tage. Nach der Doppelbelastung durch Beruf und Haushalt, die sie als geschiedene Mutter viele Jahre ohne Unterstützung durch einen Partner geschultert hat, findet sie es gut, jetzt nicht mehr unter Zeitdruck zu stehen: „Jetzt habe ich einfach mehr Zeit, um mich den schönen Dingen des Lebens zu widmen. Einfach so zu machen, wie mir das angenehm ist, wie es mir schön ist, wie ich es als Freude empfinde. Früher hatte man immer den Druck: Wenn du nach Hause kommst, musst du das machen und das machen, und auf dem Rückweg fährst du schnell noch einkaufen, dann fängst du an, das Essen zu machen, aber vorher musst du noch den Rasen mähen, falls es morgen wieder regnet. Man stand immer unter Zeitdruck.“

Zu den „schönen Dinge des Lebens“ gehören für Frau N. jetzt die ruhigen Stunden am Nachmittag sowie vor allem das Zusammensein mit ihrer Enkeltochter: „Ich habe ein ganz liebes Enkel, das ist mein ganzes Glück. Mit dem verbringe ich viel Zeit. Mein Häschen. Das ist das Schönste, was ich habe. Inzwischen ist die Kleine drei Jahre alt und kommt auch schon alleine hoch in meine Wohnung. Und ich bin froh, wenn sie zu mir kommt, jederzeit.“

Große Unterstützung für die Familie

Da Sohn und Schwiegertochter berufstätig sind, beschäftigt Frau N. sich viel mit dem Mädchen, holt es abends aus der Kita ab und hat ihm im großen Garten auch einen eigenen kleinen Spielplatz eingerichtet. Sehr eng ist auch die Beziehung zu ihrem einzigen Sohn und zur Schwiegertochter. Diese wohnen ebenfalls in ihrem Haus, in der größeren der beiden Wohnungen. Den Sohn, der als Installateur selbstständig ist, unterstützt Frau N. bei den schriftlichen Arbeiten: „Er ist der Handwerker. Mit dem Büro und dem Schriftverkehr hat er nicht so viel im Sinn. Also blieb das gleich für mich. Ich habe mich dann intensiv mit der Firma beschäftigt und versucht, ihm alles so richtig beizubringen. Das hat aber bis heute nicht so richtig geklappt. Aber das macht mir nichts aus, das bisschen Schriftverkehr bei so einem Einzelunternehmen ist für mich kein Problem.“

Als ihre Aufgabe betrachtet Frau N. schließlich auch noch die Arbeit im großen Garten der Familie: „Im Sommer bin ich natürlich viel im Garten. Tausend Quadratmeter wollen bewirtschaftet sein.“ Dabei geht es ihr darum, „dass man alles ein bisschen schön macht. Dass der Garten schön aussieht, dass die Wohnung schön aussieht, dass man sich ein Umfeld schafft, wo man sich wohlfühlt.“

„Ich hätte es immer irgendwie geschafft“

Beim Rückblick auf ihr bisheriges Leben ist Frau N. im Wesentlichen zufrieden, auch wenn sie unter anderen Bedingungen vielleicht manches anders gemacht hätte. Dabei sind ihre Erlebnisse und Erfahrungen in mancher Hinsicht prototypisch für das, was viele der Frauen erlebten, die im ersten Jahrzehnt nach dem Zweiten Weltkrieg in der Frühzeit der DDR geboren wurden: „Ich bin groß geworden in einer Familie, wo wir drei Kinder waren. Ich war das jüngste Kind, hatte zwei ältere Brüder, die mir das Leben in der Kindheit oft schwer gemacht haben. Besonders mein älterer Bruder, der acht Jahre älter war. Ich war aber auch viel bei meinen Großeltern in Westberlin, was ich immer sehr schön fand. Da war ich das einzige Kind und musste mit meinen Brüdern nichts teilen, die mir sowieso alles nur weggenommen haben. Das ging natürlich nur so lange, bis ich in die Schule kam, nachher nur noch in den Ferien. Aber ansonsten war meine Kindheit schon schön."

Wenn Frau N. heute an ihre Kindheit zurückdenkt, stehen ihr teilweise aber auch die kargen materiellen Verhältnisse vor Augen: „Bei uns hat sich ja früher alles draußen abgespielt. Kinderzimmer hatten wir nicht, wir haben zu fünft in zwei Zimmern mit Küche gewohnt. Wir hatten damals auch eine Außentoilette, und ich fand es ganz furchtbar, dort hinauszugehen. Als ich dann meine Lehre angefangen habe, bin ich morgens oft erst im Betrieb auf die Toilette gegangen. Abends habe ich dann nichts getrunken, um bis zum nächsten Tag durchzuhalten."

Zugleich erinnert sich Frau N. aber auch dankbar an ihre Eltern und die schönen Seiten der Jugend: „Spielzeug hatten wir natürlich nicht in dem Sinne, was man heute darunter versteht. Aber wir waren ja auch größtenteils draußen. Abends gab es nur ‚Mensch ärgere dich nicht!' und Kartenspiele. Etwas anderes hatten wir nicht. Aber da waren meine Eltern mit einbezogen, sodass die Familie abends immer zusammen war. Wir wussten, die Mutter ist immer für uns da. Der Vater kommt von der Arbeit, und abends sind wir alle zusammen. Das fand ich schön. Tja und das, denke ich, fehlt heute oft. Die Kinder sind oft sich selbst überlassen."

Aufgrund ihrer guten Schulnoten hätte Frau N. damals zur Erweiterten Oberschule gehen und das Abitur machen können. Aber sie überließ diese Chance, die damals nur drei Kindern in der Klasse eingeräumt wurde, einer Mitschülerin, „weil es mich damals einfach nicht interessiert hat, und ich wurde von zu Hause aus auch nicht angehalten. Ich will jetzt meinen Eltern keinen Vorwurf machen. Wir waren eben eine Arbeiterfamilie, und da war es so üblich. Ich wollte eben einfach Geld verdienen, und das habe ich auch geschafft. Ich habe mein Leben lang Geld verdient, war nie arbeitslos. Und ich bilde mir ein, ich hätte es immer irgendwie geschafft weiterzukommen."

Nach ihrer Lehre arbeitete Frau N. dann zunächst als Industriekauffrau in der Planung des Straßenbaus. Anschließend absolvierte sie ein Ingenieursstudium, arbeitete aber auch danach weiterhin im Organisations- und Verwaltungsbereich des Straßenbauwesens.

Ehejahre und Scheidung

„Während des Studiums habe ich dann auch meinen Mann kennengelernt. Wir haben dann nach zwei Jahren geheiratet und nach drei Jahren ein Kind bekommen." Auch nach der Geburt des Sohnes war Frau N. weiter Vollzeit berufstätig; ihre Elternzeit dauerte gerade einmal vier Monate: „Ich war vier Monate zu Hause und bin dann wieder voll arbeiten gegangen. Das war nicht das Gelbe vom Ei, weil das Kind oft krank war und ich dadurch viel unterbrechen musste. Da ist es heute schon wesentlich besser, wenn man erst einmal ein Jahr zu Hause bleiben kann."

Und auch die Wohnverhältnisse der jungen Familie waren zunächst wenig erfreulich, da äußerst beengt: „Eine Wohnung hatten wir damals noch nicht, es gab ja keine Wohnungen. Als das Kind dann da war, haben wir eine Wohnung bekommen. Allerdings bloß eine 1 1/2-Zimmer-Wohnung, was einer Katastrophe gleichkam. Die Wohnung haben wir dann so leidlich hergerichtet, dass sie überhaupt bewohnbar war. Aber wir wollten einfach ein bisschen unser Eigenes haben. Wir haben dann jahrelang für eine andere Wohnung gekämpft und mit Mühe und Not nach sechs Jahren eine Neubauwohnung gekriegt, wo wir dann eigentlich glücklich und zufrieden waren. Zumindest hatten wir das erste Mal im Leben ein Bad, was ich als große Errungenschaft empfunden habe. Da habe ich es gleich zur Pflicht erklärt: Täglich wird gebadet. Das war zu DDR-Zeiten ja auch kein Problem, denn das Wassergeld war ja in der Miete mit drin."

Allerdings lebten sich die Eheleute im Laufe der Jahre auseinander: „1987 habe ich mich dann scheiden lassen, weil unsere Vorstellungen von der Familie und der Beziehung nicht so richtig überein kamen und wir uns immer mehr auseinandergelebt hatten. Ich hielt es dann zumindest für besser, dass wir uns trennen. Ich war dann mit meinem Sohn alleine. Das war eigentlich kein Problem. Mein Sohn hatte damit ein bisschen Probleme. Hat das dann aber doch schnell überwunden. Er war ja dann schon zwölf Jahre."

Obwohl Frau N. in den folgenden Jahren alleinerziehende Mutter war, blieb sie weiterhin Vollzeit berufstätig. „Das war eigentlich kein Problem. Mein Sohn war in der Kita und hat später auch seinen Sport gemacht, er hat Tischtennis gespielt."Zudem erhielt Frau N. Unterstützung bei der Betreuung durch ihre eigenen Eltern.

Die Zeit nach der Wende

Vor größeren Problemen stand Frau N. nach der Wiedervereinigung. Sie musste sich ein ganz neues Aufgabengebiet erschließen. Daneben erforderte auch die Umstellung der Lebensverhältnisse viel Kraft und Aufmerksamkeit: „Ich habe dann Öffentlichkeitsarbeit und Marketing gemacht. Davon hatte ich eigentlich überhaupt keine Ahnung, weil das für Ostdeutsche ja gar kein Thema war. Wir kannten ja nicht einmal das Wort Marketing. Aber im Betrieb waren alle der Meinung, dass ich das schon hinkriegen würde. Und ich denke, ich habe es auch ganz gut hinbekommen, denn ich habe es bis zur Rente durchgehalten. Es hat mir dann auch Spaß gemacht. Damals musste ich mich mit vielen neuen Dingen beschäftigen. Aber das mussten ja auch alle anderen Ostdeutschen. Man musste sich um alles kümmern, alles neu organisieren: Krankenkasse und Versicherungen und alles, was wir vorher gar nicht kannten. Also man hatte ständig das Gefühl, dass man immer wieder lesen und zuhören musste: Was gibt es denn da wieder Neues, was muss ich da machen? Das fand ich nach der Wende schon sehr belastend."

Aber auch an die neuen Umstände gewöhnte Frau N. sich recht schnell. Zehn Jahre nach dem Fall der Mauer konnte sie bereits ihr eigenes Haus bauen, was nicht ohne Hindernisse ging, da sie zunächst bei den Behörden darum kämpfen musste, das Grundstück ihrer Eltern als Baugrundstück nutzen zu dürfen. Am Ende konnte sie aber in das Haus ziehen, in dem sie heute noch wohnt: „Da wurde der geschlossene Rohbau hingestellt, und dann haben wir fast alles alleine gemacht. Mein Sohn war ja inzwischen Heizungs-, Lüftungs- und Sanitärmonteur, der hat die ganze Heizung und die Sanitäranlagen gemacht. Ich habe gefliest, gemalert und die kleineren Verputzarbeiten gemacht, etwa an den Stromleitungen. Wir haben alles in Eigenleistung gemacht. Meine Mutter hat ständig gekocht und gebacken, alles getan, um uns zu versorgen. Meine Mutter hat mich sehr beim Bauen unterstützt."

„Einsam fühle ich mich gar nicht"

Trotz der engen Familienbande und trotz der räumlichen Nähe zur Familie ihres Sohnes führt Frau N. ihr eigenes Leben. Sie kocht für sich, verbringt die Abende in der Regel allein in der eigenen Wohnung und unternimmt viel außerhalb der Familie. So nutzt sie an ihrem Wohnort die Angebote zur Gesundheitsvorsorge: „Hier im Ort gibt es eine gemeinnützige Einrichtung, die viel anbietet: Sport, Schwimmen, Gymnastik und manches mehr. Da zahlt man einen Beitrag von drei Euro im Monat und kann ganz viel nutzen. Da mache ich vieles mit."

Einmal im Monat geht Frau N. auch ins Theater sowie zu einem Malkurs, den Bekannte selbst organisiert haben: „Das ist auf freiwilliger Basis, ein kostenloser Kurs, den wir uns selbst organisiert haben. Da bringt sich jeder ein, sodass wir auch ein bisschen vorwärts kommen. Ansonsten wollen wir unsere Gegend hier ringsherum mit Bildern ausstatten. Wir haben auch schon einige Ausstellungen gemacht, einmal in der Gemeindeverwaltung und einmal in der Kirche."

Obwohl ihr Bekanntenkreis groß ist, unterhält Frau N. engere Beziehungen nur mit einer kleinen Gruppe von Freunden, mit denen sie viel unternimmt: „Wir treffen uns regelmäßig. Wir spielen zusammen Karten, wir feiern im Sommer viel, grillen zusammen. Wir verreisen auch miteinander. Oft fahre ich mit den Alleinstehenden, die ihre Partner schon verloren haben. Wir sind aber auch schon in einer größeren Gruppe weggefahren. Mein ganz enger Freundeskreis ist mir schon lieb und wert. Ich mache für sie alles, und ich denke, das machen sie auch für mich."

Mit Unterstützung bei möglichen Problemen kann Frau N. aber auch durch ihre Familie rechnen. Nicht nur der Sohn und die Schwiegertochter wären dann für sie da, sondern auch ihre Brüder: „Mit denen habe ich nun nicht dauernd Kontakt, aber wenn mal Not am Mann ist, dann ist jeder für jeden da, und das ist wichtig. Die wohnen alle hier in der Nähe, und das ist für mich so in Ordnung. Einsam fühle ich mich gar nicht."

Offenheit gegenüber neuen technischen Geräten

Um Kontakt mit den Freunden und Bekannten zu halten, greift Frau N. ganz selbstverständlich auf die moderne Technik zurück. Sie nutzt ihr Smartphone, um WhatsApp-Nachrichten zu schicken, sowie einen Tablet-Computer: „Also ich finde ein Tablet ist schon begeisterungswürdig. Zumindest so für den Hausgebrauch. Oder mein Handy: Ich brauche keinen Fotoapparat mehr. Ich fahre in den Urlaub, fotografiere, was ich will, und wenn es mir nicht gefällt, dann kann ich es ja wieder löschen. Wenn ich daran denke, wie wir früher noch einen Film eingelegt haben und immer überlegt haben, mache ich das Bild oder nicht. Da ist es schon schön, dass ich heute mit dem Handy fotografieren kann."

Trotz aller Aufgeschlossenheit gegenüber neuen technischen Geräten hat Frau N. jedoch auch die möglichen Nachteile der Entwicklung vor Augen: „Wenn ich sehe, wie die Leute in den sozialen Netzwerken Dinge über sich veröffentlichen, ohne darüber nachzudenken, dann wird mir schlecht. Und dann wundern sie sich, wenn sie anschließend belästigt werden. Also das finde ich nicht schön. Und wenn ich sehe, wie die Kinder heute schon mit drei Jahren mit einem Tablet oder einem Handy umgehen – die verlernen das eigentliche Spielen. Das finde ich schon ein bisschen beängstigend."

Ihre eigene Zukunft sieht Frau N. eher gelassen. Mit der Möglichkeit, schwer zu erkranken, möchte sie sich jetzt noch nicht allzu sehr beschäftigen: „Ich will alles tun, damit ich ein bisschen fit bleibe und noch viel verreisen kann. Das sind meine weiteren Ziele. Und wenn alles so bleibt, wie es jetzt ist, dann denke ich, kann ich das auch gut verwirklichen."

Herr M.

10.4 Herr M.

- ist 71 Jahre alt und weiterhin als freiberuflicher Berater in seinem Beruf tätig
- ist zweimal geschieden und lebt jetzt mit einer zwanzig Jahre jüngeren Partnerin zusammen
- geht regelmäßig in einer Gruppe wandern
- engagiert sich ehrenamtlich

Strukturierte Abläufe

Das für Herrn M. prägende Motto seiner jetzigen Lebensphase lautet „endlich tun und lassen, was ich will. Trotzdem herrscht im gesamten Tages- und Wochenablauf eine gewisse Kontinuität und Regelmäßigkeit. Ich plane trotz Ruhestand noch Tages- und auch Wochenabläufe im Voraus. Besonders das Wochenende ist fast immer schon ziemlich fest verplant, da ich mit einer Gruppe gleichgesinnter Damen und Herren immer samstags Wanderungen unternehme. Wir treffen uns in lockerer Runde und wandern zwischen 10 und 14 Kilometer an einem Samstagnachmittag – bei Wind und Wetter. Rund sechsmal im Jahr machen wir aber auch Tageswanderungen von 20 bis 25 Kilometer."

Zum Alltag von Herrn M. gehört seit seiner Verrentung auch das ehrenamtliche Engagement für einen Wohlfahrtsverband: „Ich kümmere mich mit einem Kollegen, den ich im Rahmen meines Engagements kennengelernt habe, gerne um eine rund zwanzigköpfige Gruppe von Senioren, denen es finanziell und gesundheitlich nicht so gut geht wie mir. Das unterstützt inzwischen auch meine Partnerin, die schon das eine oder andere Mal eingesprungen und mir zur Seite gestanden ist, wenn mein Partner gesundheitlich ausgefallen ist. Außerdem freuen sich die alten Menschen immer sehr, wenn sie wieder mit meiner Partnerin über deren Erlebnisse und Reisen reden dürfen oder sie ihnen zeigt, wie man das neue Smartphone bedient oder ins Internet kommt. Darüber hinaus macht sie oft auch Bilder von unseren Ausflügen, wenn sie es zeitlich einrichten kann. Die Gruppe ist auch wirklich dankbar für unsere beider Anregungen und Ideen. Man freut sich richtig, einmal im Monat mal etwas wirklich anderes zu erleben. Unser erfolgreichster Ausflug war die von meiner Lebensgefährtin organisierte Besichtigung der internationalen Ägyptenausstellung, zu der wir fast fünfzig Teilnehmer begrüßen konnten." Die Hilfe, die Herr M. hier anderen gibt, ist aber nicht ganz selbstlos: „Ich mache das erst, seitdem ich das 65. Lebensjahr überschritten habe. Denn mit im Sessel sitzen und auf den Tod warten – wie uns mal ein Sporttrainer auf Island das deutsche Rentnerdasein geschildert hat – ist nicht. Das wäre nichts für mich. Deshalb muss ich auch noch weiter arbeiten, weil ich weder geistig noch körperlich einrosten will."

„Es macht mir Spaß, noch gefragt zu sein"

Das Interesse von Herrn M., stets auf dem Laufenden zu sein, hängt eng mit seiner beruflichen Tätigkeit als PR- und Wirtschaftsberater zusammen, die er jetzt als Rentner freiberuflich ausübt: „Ich berate – je nach Auftragslage – noch langjährige Kunden aus der Wirtschaft in Sachen Presse- und Öffentlichkeitsarbeit. Da kann ich nie sagen, ob etwas ansteht. In Zeiten der Krisen-PR kann ich dann auch mal ein paar Tage beschäftigt sein oder auch nur stundenweise. Kommt immer darauf an. Das macht mir aber auch Spaß, wenn Know-how, das ich in langen Jahren als Wirtschaftsredakteur erworben habe, auch heute noch gefragt ist. Und es macht mir Spaß, noch gefragt zu sein und bringt Abwechslung in den Alltag."

Mit Stolz blickt Herr M. auf seine Karriere und seine Begegnungen mit bekannten Entscheidungsträgern aus Politik und Wirtschaft zurück: „Besonders geprägt hat mich, dass man im Verlauf seiner beruflichen Karriere mit vielen hochrangigen politischen und wirtschaftlichen Entscheidungsträgern zusammengekommen ist und somit ein großes Netzwerk aufbauen konnte. Sehr gut erinnere ich mich in diesem Zusammenhang, mit dem damaligen Bundesumweltminister nach Rio de Janeiro zur Vorbereitung und Durchführung zum 1. Weltklimagipfel gereist zu sein. Das vergisst man nicht. Super war auch mein Helikopterflug – nach dem Mauerfall – von Greifswald über das damalige AKW der DDR hinweg auf die Insel Vilm vor Rügen, wo ich in der Datscha eines ehemaligen DDR-Wirtschaftsexperten zwei Nächte ‚residierte'. Außerdem waren zahlreiche Reisen der Landespressekonferenz zu wechselnden Destinationen und hochrangigen Politikern ein echtes Highlight, zum Beispiel waren wir in Paris, Budapest und Berlin sowie Bonn."

„Wir kommen einigermaßen über die Runden"

Dem Stolz, den Herr M. empfindet, wenn er an seine beruflichen Erlebnisse und Kontakte zurückdenkt, stehen knapp bemessene Finanzen im Alter gegenüber: „Die Finanzlage könnte noch ein bisschen besser sein, wenn sich das Projekt, an dem ich nun schon seit fast sechs Jahren intensiv arbeite, endlich realisieren ließe. Ich habe leider in meinem bisherigen Berufsleben zwei große Kunden gehabt, die es vorgezogen haben, ihre dicken Rechnungen nicht zu zahlen. Das hat mich neben den Kosten im Rahmen der zweiten Scheidung sehr belastet. Aber inzwischen ist alles soweit wieder im Lot. Wenn meine Lebensgefährtin – die als selbstständige Agenturchefin und Journalistin bisher auch zwei ‚faule' Kunden hatte – und ich unsere Honorarausfälle erhalten hätten, könnten wir – wie man so schön sagt – eine Feder in die Luft blasen. Aber was soll's, wir sind fit, können arbeiten, und wir kommen einigermaßen über die Runden und können uns das eine oder andere Extra auch mal leisten."

Für den Alltag von Herrn M. bedeutet dies: „Wir müssen uns nicht sehr einschränken, wenn nichts in Sachen Krankheit oder Honorarausfall passiert. Aber wir sind es durch die beiden Verdienstausfälle und meine Scheidung gewohnt, sparsam zu leben. Dafür leben wir auch in einem gemieteten Einfamilienhaus auf dem Land, weil es dort wesentlich günstiger, ruhiger und lufttechnisch besser ist als in der Großstadt, wo meine Lebensgefährtin bis zum Zusammenziehen gewohnt hat. Wir machen jetzt keine Riesensprünge und kaufen uns dauernd Schmuck, Autos und teure Geschenke oder fahren ständig in Urlaub, aber es reicht, dass wir uns wohl fühlen."

Immer nah dran am Zeitgeschehen und den neuen Medien

Herr M. greift bei seinen Recherchen auf verschiedene Medien zurück, auch das Internet ist eine täglich genutzte Informationsquelle: „Ich nutze das Internet täglich. Manchmal, je nach Zeit und Lust, auch mehrmals täglich und für mehrere Stunden. Ich bringe mich dadurch nachrichtentechnisch – neben der Tageszeitungslektüre – auf den neuesten Stand. Dabei höre ich dann auch häufig Radio, während ich zeitgleich längere Hintergrundberichte auf Tagesschau aktuell und im Stern, Fokus und Spiegel bzw. der FAZ lese. Also ich brauche nicht nur meinen PC, sondern auch das Internet täglich. Ich nutze es zum Nachrichtensammeln, zur Recherche und um in Kontakt zu bleiben über E-Mail. Auch für Online-Banking ist es nützlich und zum Skypen mit aller Welt. Das finde ich übrigens echt toll! Ich bekomme meine Infos, wann immer ich sie suche, brauche oder will – und das ohne zusätzliche Gebühren oder dass ich meinen Hintern vor die Türe bewegen oder durch die Republik telefonieren muss. Das ist prima."

Vor allem das Internet und Skypen begeistern Herrn M.: „Ich finde es super, dass man sich heute dank Internet kostengünstig über die meisten Vorgänge in der Welt informieren kann. Es sei denn, man hat es mit regimegesteuerten Medien und Netzen zu tun – da ist natürlich eine gewisse Vorsicht an den Tag zu legen. Aber wir leben ja glücklicherweise in Deutschland noch mit Netzfreiheit und nicht in China, wo zum Beispiel Rechercherestriktionen via Google und anderen Suchmaschinen gang und gäbe sind. Ich finde es toll, was man durch das Internet heutzutage von Deutschland aus auch alles in Erfahrung bringen kann, ohne dass man auch nur einen Fuß vor die Türe setzen muss. Auch Skypen finde ich toll. Es ist doch Wahnsinn, dass man heute kostenlos in der ganzen Welt inklusive Bildübertragung telefonieren kann. Was hat das früher alles eine Schweinekohle gekostet. Ich erinnere mich bei der Gelegenheit an ein Telefonat mit meiner Mutter, als ich ihr in jungen Jahren stolz von meinem ersten Casino-Gewinn in Las Vegas berichten wollte. Das Telefonat war dann allerdings wesentlich teurer als die 60 Dollar, die ich damals gewonnen hatte, weil ich meiner Mutter glaubhaft versichern musste, dass ich nun wirklich nicht spielsüchtig sei und der Casino-Besuch ein einmaliges Erlebnis wäre."

Ehe und Familie – nicht immer ganz einfach

Das Familienleben von Herrn M. ist von zwei Scheidungen geprägt. Seit 15 Jahren lebt Herr M. mit einer zwanzig Jahre jüngeren Kollegin zusammen, und auch zu seinen beiden Söhnen hat er wieder Kontakt: „Familie ist mir eigentlich sehr wichtig, aber zwei Scheidungen haben mich vorsichtig gemacht. Habe aber ein sehr gutes Verhältnis zu meinen beiden Söhnen aus zweiter Ehe und seit 15 Jahren eine verlässliche, abwechslungsreiche Partnerschaft mit einer zwanzig Jahre jüngeren Kollegin, die, wie ich, gut vernetzt und ihrem Beruf mit Leib und Seele verbunden ist. Wir gehen gemeinsam gerne auf Veranstaltungen – national und international, aber durchaus auch mal regional – und auf Reisen, weil wir uns so gut ergänzen. Lassen das aber auch nicht überall raushängen, kommt auf die Gesellschaft an. Sie lässt mir meine Freiräume, was mein Wanderhobby und meine Kinder angeht, und sie macht auch Dinge ohne mich. Wir müssen nicht 24 Stunden am Tag zusammen sein, sind aber gerne zusammen und unternehmen viel gemeinsam."

Familiäre Kontakte pflegt Herr M. ansonsten nur noch zu seinen Söhnen: „Ich konnte mir im Laufe der Jahre einen guten, vertrauensvollen Kontakt zu meinen beiden Jungs erarbeiten, was nach der stressigen Scheidung mit meiner letzten Ehefrau nicht so leicht war, denn wir sind wirklich in einem ‚Rosenkrieg' auseinandergegangen, der mich viel Geld, Zeit und Nerven gekostet hat. Meine Jungs und ich wir sehen uns zwar nicht wöchentlich, aber wenn wir einander brauchen, wissen wir, dass wir jederzeit aufeinander zählen können. Wir mailen und telefonieren regelmäßig und gehen auch schon mal zusammen essen, um uns auf den neuesten Stand zu bringen. Wir leben rund siebzig Kilometer auseinander, aber das ist keine wirkliche Entfernung. Durch die Scheidung und den Verlust meiner Mutter habe ich ansonsten keine weiteren verwandtschaftlichen Kontakte mehr."

Sorgen um Gesellschaft und Werte

Die derzeitige Situation der Gesellschaft in Deutschland und in Europa stimmen Herrn M. mehr als nachdenklich: „Durch meine Nachrichtenaffinität bin ich derzeit über einige gesellschaftliche und politische Entwicklungen sehr irritiert. Ich habe da große Bedenken, dass sich Europa und Deutschland gerade wegen der Flüchtlingskrise und des damit verbundenen Erstarkens von rechtsradikalen Tendenzen wie dem Front National unter Marine LePen oder die AfD in Deutschland negativ entwickeln und auseinanderdriften werden. Auch die Entwicklungen in Ungarn und in Polen betrachte ich mit Sorge. Das Gleiche gilt für den Nato-Partner Türkei, dessen restriktive Pressepolitik mir derzeit die Sorgenfalten ins Gesicht treibt. Es macht mich sprachlos, dass eine Frau Merkel und der Rest von Europa da einfach tatenlos zuschauen, bis es eventuell zu spät ist. Diese faschistoiden Tendenzen haben Vorläufer wie die Schwarzhemden unter Mussolini in Italien und die Braunhemden unter dem irrsinnigen Hitler. Das ist doch inzwischen alles bekannt und geschichtlich hervorragend aufgearbeitet, warum macht da niemand etwas dagegen und zieht die Reißleine? Ich habe Sorge, dass das seit Jahren erarbeitete Verhältnis der europäischen Partner wegen dieser Vorkommnisse auf Jahre beschädigt ist und uns im Endeffekt das Schengen-Abkommen kosten wird. Das wäre für mich als Bewohner der Großregion Deutschland, Luxemburg, Belgien und Frankreich fast unvorstellbar, genieße ich es doch seit Jahren, ohne Grenzkontrollen – auch noch in einer Währungseinheit – die Nachbarn zu besuchen und kennenzulernen. Eine solche Entwicklung wäre hier schlichtweg eine Katastrophe und würde auch die Wirtschaft lähmen."

Diesen Entwicklungen stellt er sein persönliches Lebensmotto entgegen: „Man sollte auch in heutigen Zeiten immer an sich selbst glauben, sich auf keinen Fall auf andere verlassen und sich in der ‚sozialen Hängematte' ausruhen wollen. Jeder ist auch heute noch seines Glückes eigener Schmied. Man kann nicht warten, bis einem die gebratenen Tauben in den Mund fallen. Und ganz wichtig: Man soll auch Verantwortung für sich und andere übernehmen wollen und nicht nach dem Motto leben: ‚Das geht mich nichts an, sollen das doch die anderen erledigen'. Ich möchte weiter in einem grenzenlosen Europa ohne Krieg und Misstrauen leben dürfen – dafür haben unsere Großväter und Väter ihr Blut vergossen und teilweise ihr Leben verloren. Wir müssen alles tun, damit Europa und die Freiheit – sowohl die innere als auch die Pressefreiheit – erhalten bleiben. Das ist zwar derzeit kein Spaziergang, aber es lohnt sich, für die Errungenschaften zu kämpfen, für die schon unsere vorherigen Generationen gekämpft haben, und rechtzeitig den Mund aufzumachen."

Frau N.

10.5 Frau N.

- ist 78 Jahre alt und lebt allein in einer Großstadt des Ruhrgebiets
- war und ist vielfach ehrenamtlich engagiert
- hat ihre drei Söhne als alleinerziehende Mutter großgezogen
- hat einen ihrer Söhne verloren
- fährt regelmäßig Rad und bewegt sich viel

„Ach ja, ich bin auch noch … "

Frau N. kann kaum durch die Innenstadt gehen, ohne auf Bekannte zu treffen: „Jetzt am Sonntag habe ich nach der Kirche zweimal hintereinander Leute getroffen, die mich irgendwo mit hin geschleift haben. Erst traf ich eine, die sagte: ‚Wir kennen uns doch'? Und ich sagte: ‚Ja, ich weiß nicht.' ‚Ja', sagte sie, ‚ich war früher mal Theologin in L., wo meine Schwester gewohnt hat'. Da kamen wir schon ins Reden. Kaum waren wir mit dem Kaffeetrinken fertig, traf ich hundert Meter weiter schon die nächste. Die sagte: ‚Jetzt musst du eben mitkommen. Ich gehe zu McDonald's und hole mir ein paar Pommes Frites'. ‚Nee', sagte ich, ‚ich gehe nicht mit'. Aber sie bestand darauf, weil wir uns so selten sehen. Schon bin ich mitgegangen. Ja, und dann war es schon Nachmittag. So was mache ich auch schon mal, ich lasse mich treiben. Und dann geschehen die Dinge ungeplant und ohne festgelegte Uhrzeit. Ganz spontan eben. Das mache ich gerne."

Meistens hat die frühere Buchhalterin aber einen festen Tagesplan. Anders würde sie ihre vielfältigen Aktivitäten auch nicht unter einen Hut bekommen. Insbesondere die Liste ihrer Freiwilligenaktivitäten ist beachtlich: „Ich nehme beim Demenz-Service-Center teil. Da habe ich auch Fortbildungen für die Betreuung von Menschen mit Demenz gemacht. Bis zum Jahresende habe ich auch eine Demenzkranke betreut, die jetzt aber im Heim ist, sodass ich jetzt vorübergehend entlastet bin und Luft habe. Ich habe mich allerdings nochmals beim Demenz-Service-Zentrum gemeldet und gesagt, dass ich noch eine weitere Betreuung übernehmen könnte, so einmal die Woche. Das haben die erst einmal festgehalten, mal gucken, was daraus wird. Für das Seniorenzentrum hier in der Nähe leite ich noch Wanderungen für Ältere. Da wandern wir samstags morgens immer acht Kilometer, das sind grob gerechnet zwei Stunden, und zwischendurch machen wir vielleicht eine kleine Kaffeepause. Dann kehren wir am Schluss ein und essen miteinander."

„Teilweise leite ich im Seniorenzentrum auch den Englisch-Stammtisch, an dem ich teilnehme. Der ist einmal im Monat, das steht auch in der Zeitung, da können Sie auch hinkommen. Da wird nur Englisch gesprochen. So halte ich mich auch im Kopf fit. Auch bei einer Gruppe für Menschen ab 50, der sogenannten ‚Zwischen Arbeit und Ruhestand-Gruppe' war ich aktiv dabei. Da organisieren sich Menschen ab 50 und suchen danach, was sie in ihrem Leben und in ihrer Freizeit aktiv machen können, wenn der Ruhestand kommt. Das mache ich alles ehrenamtlich.

Ich gehöre auch mit zum ‚Wunschgroßeltern-Projekt'. Das ist ein Familienprojekt der Stadt und des Mütterzentrums. Ich wurde geschult, und dann habe ich so fünf Jahre ehrenamtlich die M. betreut, deren Mutter als Ärztin berufstätig ist. Die Kleine wurde jetzt im Sommer eingeschult."

„Ach ja, ich bin auch noch vereidigte Schiedsfrau und zertifizierte Mediatorin. Ich war 15 Jahre als Schiedsfrau ehrenamtlich für das Amtsgericht tätig, und zwar genau in diesem Bezirk, in dem ich jetzt wohne. Durch diesen Job hatte ich das Viertel kennengelernt."

Schon vor dem Rentenalter war Frau N. ehrenamtlich engagiert. Aber nachdem sie nicht mehr ganztags im Büro sein musste, konnte sie ihre Aktivitäten noch ausweiten: „Tja, meine ehrenamtlichen Tätigkeiten habe ich natürlich auch weitergemacht, als ich in die Rente ging. Da hatte ich dann ja auch Zeit dafür. Erst jetzt mache ich weniger, weil ich mehr für meine Gesundheit machen möchte. Zwar kommen noch immer Anfragen. Aber ich will jetzt nicht mehr so viel machen."

„Ich bin überall gewesen"

Neben den ehrenamtlichen Aufgaben hatte Frau N. im Rentenalter noch weitere Pflichten übernommen, bei denen bezahlter Job, Hobby und Engagement kaum voneinander zu trennen waren. So verwaltete sie im Rahmen eines Minijobs die Häuser ihres Bruders, der Architekt war und inzwischen im Pflegestift lebt. Das Geld, das sie dafür bekam, verwandte sie meist für ihre Reisen. Eines der Lieblingsprojekte von Frau N. waren ihre Radtouren, die sie zwanzig Jahre hindurch organisierte und die sie in viele Länder führten. Bei diesen Touren übernahm sie die Organisation und Leitung zumeist ehrenamtlich, einfach weil es ihr Freude machte. Ihre Leidenschaft für das Radfahren entstand aber eigentlich nach einer Bergwanderung: „Bei einer solchen Wanderung in Garmisch-Partenkirchen bin ich auf eine Wurzel getreten, und dann senkrecht mit einem Affenzahn Richtung Tal gerutscht. Dabei habe ich mir den Fuß abgedreht. Im Krankenhaus haben sie mich vernagelt bis zum Knie. Und sie haben mir gesagt, Wandern würde ich wohl nicht mehr können, dafür könnte ich ja Radfahren. Und so ist es gekommen, dass ich mir das Rennrad gekauft habe. Schon im nächsten Jahr bin ich nach Prag gefahren. Zur Vorbereitung habe ich 4000 Kilometer trainiert. Zusätzlich zu den Fahrten nach Feierabend habe ich an einer Tour des Fahrradclubs ADFC in unsere französische Partnerstadt teilgenommen. 1200 Kilometer in 14 Tagen. Diese Tour habe ich schon mitgeleitet. Und so hat sich die Sache mit den Radtouren nach und nach entwickelt. Ich habe dann immer Einladungslisten für die langen Fahrten in meinem Urlaub gemacht. Auf diesen Listen hatte ich Leute, die ich überall in der Stadt kennengelernt habe. Auch durch die Radtouren lernte man ja immer wieder neue Leute kennen, und ich hatte nachher Riesenlisten. Ich bin auch überall mit dem Rad gewesen, zum Teil bei diesen gemeinsamen Touren, zum Teil auch allein. Ich war in Irland, in England, in Schottland, Finnland, Italien, in Frankreich, Australien, Neuseeland, auch in allen Regionen in Deutschland. In Prag. Dann bin ich auch von Hamburg nach Rügen gefahren."

„Als letzte Etappe, als ich dann älter war, das war ungefähr ab dem Jahr 2000, habe ich Radtouren für Senioren auf Mallorca geleitet. Dort habe ich mit einem Reiseunternehmen zusammengearbeitet. Das war dann auch das erste Mal, dass ich für meine Unterkunft nichts bezahlen musste und auch noch einen kleinen Beitrag bekommen habe. Das habe ich bis 2006 fünf- oder sechsmal gemacht. Und wenn ich durch die Stadt gehe, werde ich heute noch gefragt, ob ich wieder nach Mallorca fahre."

Bewegung spielt im Leben von Frau N. ganz generell eine große Rolle. Sie geht regelmäßig zum Turnen und in die Sauna und macht ein- bis zweistündige Spaziergänge: „Zum Radfahren suche ich mir immer einen Grund, warum ich von hier nach dort fahren muss. Außerdem mache ich längere Spaziergänge. Wann immer es trocken ist, gehe ich los. So ein bis zwei Stunden. Manchmal fahre ich auch mit den Öffentlichen irgendwo hin und wandere dann zu Fuß zurück. Ich mache das, um meine Muskeln zu stabilisieren. Normalerweise habe ich Last mit Rückenschmerzen. Das geht aber beim Laufen weg. Ich denke daran, dass man in meinem Alter viel für die Gesundheit tun muss."

Ihr Auto hat sie schon vor Jahren abgeschafft; jedoch nicht etwa, weil sie sich das Fahren nicht mehr zutrauen würde. „Vor Jahren gab es mal die Aktion ‚100 Tage autofrei', bei der ich mitgemacht habe. Das war vom Land Nordrhein-Westfalen initiiert. Das war eine super Sache. Damals habe ich mein Auto stehen gelassen und es meinem Sohn gegeben. Bis dahin kannte ich die öffentlichen Verkehrsmittel noch gar nicht richtig. Dann bekam man eine Fahrkarte für ganz Nordrhein-Westfalen, kostenlos, wochenlang. Und dann bin ich mal nach Bielefeld gefahren, in die Eifel und was weiß ich. Seitdem bin ich eigentlich kein Autofahrer mehr. Ich habe aber noch meinen Führerschein und bin letztes Jahr noch für die Hausverwaltung mit dem Auto meines Bruders herumgefahren und habe mir auch schon ein Auto vom Car-Sharing genommen."

„Und so ist man stark geworden"

Die Kindheit von Frau N. war nicht immer einfach: „Die Kindheit war durch den Krieg geprägt. Ich bin 1937 geboren und habe im Krieg noch die brennenden Häuser gesehen. Meine Mutter ist damals mit uns Kindern aufs Land gezogen. Dort sind wir auf einem großen Bauernhof untergekommen und dort bin ich auch eingeschult worden. Obwohl wir beim Bauern waren, hatten wir damals manchmal weniger zu essen als die Schweine. Es war wirklich so. Nach dem Krieg sind wir in die Stadt zurückgekehrt. Ich kann mich noch gut an die Fahrt erinnern, dass wir in so einem Güterwaggon zwischen unseren Möbeln saßen. Wir hatten ein Huhn dabei. Das pickte dann, wenn wir auf dem Abstellgleis waren, zwischen den Gleisen. Irgendwann legte es ein Ei, und das war ein Riesenfest. Damals hatte ich keine Schuhe. Wir sind mit Holzklompen aus Holland zur Schule gegangen und dabei über Trümmer balanciert."

Ihren Vater verlor Frau N. schon als 15-Jährige durch einen Verkehrsunfall. Die Mutter musste die vier Kinder dann allein großziehen. „Meine Mutter hat sich durchgeschlagen. Sie hat mich auch später unterstützt und mir geholfen. Ich konnte mich auf sie verlassen, und sie war eine Vertrauensperson und ein Vorbild für mich."

Wie manche andere aus ihrer Generation konnte auch Frau N. trotz guter Schulleistungen keine höhere Schule besuchen und nicht studieren: „Ich habe Mittlere Reife. Obwohl ich fünfmal ‚sehr gut' im Zeugnis hatte und alles andere ‚gut', sagte mein Vater, ich solle etwas ‚Anständiges' lernen und Kaufmann werden. Ich wäre damals gerne Lehrerin geworden und gern weiter zur Schule gegangen, aber damals musste man noch Schulgeld zahlen, und das konnte meine Mutter dann auch nicht aufbringen. Also habe ich in einem Industriebetrieb die Lehre zum Industriekaufmann gemacht und die Buchhaltung geleitet. Später habe ich auch noch bei der Industrie- und Handelskammer einen Bilanzbuchhalterkurs besucht und bin dann, als ich zudem noch die Englisch-Dolmetscherprüfung gemacht hatte, in ein deutsch-amerikanisches Unternehmen gegangen."

Als herrlich empfand sie die Jahre zwischen 20 und 30, als sie noch ungebunden ganz nach ihren eigenen Vorstellungen leben konnte: „Das war eine schöne Zeit. Irgendwie war man immer irgendwo verliebt. Ich habe Rallyes mitgefahren. Ich war ständig zum Skiurlaub in der Schweiz. Und es war alles so wunderbar." Gegen Ende der 1960er-Jahre holte sie ihr Bruder jedoch als Buchhalterin zurück in die Heimatstadt, wo sie seither wieder lebt. Bei dieser Arbeit lernte sie ihren späteren Mann kennen, den sie recht bald heiratete. Gemeinsam mit dem gelernten Hotelkaufmann eröffnete sie ein Gasthaus: „Die Zwillinge kamen sehr früh zur Welt. Ich bin dann zwischen der Gaststätte und unserer Wohnung hin und her gependelt. Morgens, wenn er noch im

Bett lag, bin ich schon nach A. gefahren. Wir hatten zehn Übernachtungsgäste, und ich musste das Frühstück für sie machen. Das ging alles so lange gut, bis er seine Spielleidenschaft wiederentdeckte. Ich wusste nicht, dass er ein Spieler war. Das hatte er vor mir komplett verborgen. Und dann ging gar nichts mehr."

Nachdem der Ehemann nächtelang fortblieb und dann auch noch unabgesprochen weite Reisen zu Spielturnieren unternahm, entschloss sich Frau N., die Beziehung zu beenden: „Ich habe zweimal die Scheidung eingereicht. Er hat jedes Mal geweint. Also haben wir uns wieder versöhnt, und der dritte Sohn kam zur Welt. Aber dann ging es wieder von vorne los. Und dann kam endlich die Scheidung. Zu spät."

Von da an lebte Frau N. als alleinerziehende Mutter. Eine dauerhafte Bindung ging sie nicht mehr ein: „Die Verbindungen, die ich zwischendurch mal geknüpft hatte, sind daran gescheitert, dass mir nicht gefiel, wie meine Partner mit meinen Kindern umgingen. Einer sagte, die könnten wir ja ins Internat geben, und der andere spielte den ganzen Tag mit den Kindern und hatte kein Interesse mehr an mir."

Ihren Beruf als Buchhalterin behielt sie bis zum Rentenbeginn: „Ich war immer Buchhalterin, bei unterschiedlichen Arbeitgebern. Nebenberuflich habe ich die Hausverwaltung für meinen Bruder gemacht. Bis ich 61 Jahre alt war, habe ich auch voll gearbeitet. Immer. Und den Job als Buchhalterin habe ich auch gerne gemacht. Der lag mir. Das konnte ich. Nur für meine Kinder habe ich den Vollzeitjob für zehn Jahre unterbrochen. Deshalb ist meine Rente heute nicht gerade sehr üppig. Und ich lebe vor allem von meiner Rente. Die habe ich mir selbst erarbeitet."

Zwei Ereignisse sind Frau N. besonders nahegegangen. Zunächst der Tod ihrer Mutter, und dann vor allem der Tod ihres jüngsten Sohnes: „Dann ist er irgendwann eines Tages einfach so gestorben – Herzversagen. Das war ganz fürchterlich. Ich habe ihn sehr geliebt, und wenn dann so ein geliebter Mensch ganz plötzlich nicht mehr da ist, das ist ganz fürchterlich. Heute noch."

Frau N. fällt es schwer, viel über dieses einschneidende Ereignis zu berichten. Sie erzählt über ihre heutigen Besuche auf dem Friedhof: „Ich habe eine Bank, auf dem Ostfriedhof, die steht gegenüber von seinem Grab. Da habe ich dann in Gedanken meine Zwiesprache mit ihm. Das ist gut und hat mir sehr geholfen."

Hilfreich waren für Frau N. aber auch ihre vielen Aktivitäten, die sie in Kontakt zu zahlreichen Menschen brachten, nicht zuletzt bei den großen Radtouren. Durch diese Einbindung, durch die Verantwortung, die sie übernahm, aber auch durch die Rückschläge, die sie immer wieder überwand, gewann sie an Stärke: „Am Ring of Kerry bin ich mit dem Fahrrad einmal den Abhang runtergepurzelt. Ich hatte ein Leihrad und die Lenkstange war zu hoch. Da bin ich in einen Brombeerstrauch gefallen. Ich lag da mit dem Fahrrad, das Gepäck lag auf mir, aber das Schlimmste waren die Dornen von dem Brombeerstrauch. Ja, das war auch mal so eine Erfahrung. Aber das hat sich alles so summiert, und so ist man dann stark geworden."

Der Radius wird kleiner

In den zurückliegenden Monaten hat Frau N. ihre Aktivitäten bewusst etwas verringert. Sie hat den Nebenjob der Hausverwaltung aufgegeben und tritt bei mancher ehrenamtlichen Tätigkeit kürzer: „Ich habe alle meine Tätigkeiten gerne gemacht, auch nach dem Rentenbeginn. Und fühlte mich noch fit genug dafür. Da gab es auch keine Probleme. Doch jetzt ist es gut, mit 78 Jahren. Ich habe lange genug gearbeitet."

Der Gedanke, einmal schwächer zu werden, bereitet ihr Unbehagen: „Also, da muss ich sagen, der Radius wird kleiner. Natürlich wünsche ich mir auch, dass ich gesund bleibe. Man weiß ja, dass man irgendwann nicht mehr da ist. Ich bin immer dabei, meine Patientenverfügung zu formulieren, aber das braucht seine Zeit. Dann tue ich es wieder weg. Mein Sohn wird die Patientenverfügung mit unterschreiben. Er übernimmt alle Pflichten, wenn es mal so weit ist. Er weiß auch, was ich will. Da ist alles klar und besprochen. Und er wird auch meine Wünsche erfüllen. Ich weiß, es ist nicht so leicht für ein Kind, solche Entscheidungen zu treffen, aber er macht es. Das ist schon alles klar."

Wenn sie Bilanz zieht, überwiegen bei Frau N. die guten Erfahrungen bei Weitem: „Also, die Erfahrung mit den Kindern war schon toll. Und später die Erfahrung mit den Menschen, die vielen Radtouren, die ich veranstaltet habe. Das war auch gut."

Bei der Frage, was sie gern an andere Menschen weitergeben würde, ist Frau N. deshalb nicht um eine Antwort verlegen: „Kontakt haben mit Menschen, sich für andere einsetzen; unterwegs sein, sich die Welt angucken, die Natur erleben, nicht nur in seinem Zimmerchen sitzen, sondern neugierig sein. Sich auch mal überraschen lassen und spontan sein. Das ist schön. Immer Neues lernen und ausprobieren."

Herr W.

10.6 Herr W.

- ist 72 Jahre alt und lebt mit seiner Frau und der Familie seiner Tochter im eigenen Haus
- war früher in leitender Stellung tätig
- ist heute noch etwa zwanzig Stunden in der Woche beruflich aktiv
- verbindet berufliches und ehrenamtliches Engagement
- hat Rückschläge mithilfe seiner Familie überwunden

In Freiheit weiter tätig sein

Herr W. betrachtet sein heutiges Leben nicht etwa als Ruhestand, sondern als die Zeit, in der er in Freiheit weiter beruflich aktiv sein kann: „Der Übergang ins Rentenalter war für mich sehr schön, weil ich weiter aktiv sein konnte, aber von da an die Möglichkeit hatte, mir die Zeit individuell einzuteilen und mit einer wesentlich größeren Freiheit tätig zu sein. Deshalb hat mir dieser Übergang auch keine Probleme bereitet. Für meinen letzten Arbeitgeber übernehme ich auf Basis eines Vertrages weiterhin bestimmte Aufgaben. Damit hatte ich nicht das Gefühl, von einer vollen Berufstätigkeit plötzlich in ein leeres Loch zu fallen und nicht zu wissen, was ich mit meiner Zeit tun soll. Die Familie und die Freunde haben jetzt Vorrang, weil ich die Kontakte besser pflegen und die Familie intensiver unterstützen kann. Dazu kommt, dass ich im kirchlichen Bereich tätig bin. Dort leiste ich auch noch ein wenig ehrenamtliche Tätigkeit, sodass sich alles gut ergänzt."

„Natürlich gibt es auch Nachteile des Rentenalters. Ich habe akzeptieren müssen, dass ich mit der Zeit das eine oder andere gesundheitliche Problem zu bewältigen hatte. Das macht mir zwar noch nicht so erhebliche Mühe, aber man merkt eben, dass man mit zunehmendem Alter einfach mit bestimmten gesundheitlichen Einschränkungen leben muss."

Zeit und Energie werden vor allem durch Berufstätigkeit, Familie und Ehrenamt beansprucht: „Wegen meiner Berufsarbeit und meiner ehrenamtlichen Tätigkeit bleibt mir nicht viel Zeit für andere Hobbys. Bei mir ist die Zuwendung zu Familie, Freunden und Arbeit das Hobby. Dazu gehört auch, dass wir mit den Enkelkindern mal in den Tierpark oder Zoo gehen oder mal in ein Museum, in eine Ausstellung, die uns interessiert. Ich würde gern auch öfter zu kulturellen Veranstaltungen gehen, aber die Tage sind meistens schon so ausgefüllt, dass wir da heute eigentlich weniger machen, als das früher der Fall war. Damals haben wir da viel mehr organisiert, haben auch regelmäßig Konzerte besucht, sind ins Theater oder in eine Operette gegangen. Das alles ist ein bisschen in den Hintergrund getreten, und die Abende verbringen wir dann eigentlich oft, vielleicht zu oft, vor dem Fernseher."

Besondere Höhepunkte des Jahres sind die regelmäßigen Erholungsreisen: „So etwa dreimal im Jahr verreisen wir für eine Woche. Dann lassen wir es uns mal eine Weile in einem Hotel mit Schwimmbad, Whirlpool und Sauna gutgehen. Das gehört für uns auf jeden Fall zu unserem derzeitigen Leben dazu, und man könnte diese Reisen vielleicht auch als unser Hobby verstehen. Für die Reisen nehmen wir immer das Auto, weil meine Frau nicht fliegen will bzw. kann. Deshalb sind wir meist in Deutschland oder in den angrenzenden Ländern unterwegs."

„Ich fühle mich gebraucht"

Vor seiner Pensionierung war Herr W. zuletzt für das Ordinariat seiner Diözese tätig und kümmerte sich dort um die Finanzen der Kirchengemeinden: „Seit ich regulär in Rente gegangen bin, habe ich einen Homeoffice-Arbeitsplatz. Alle erforderlichen Voraussetzungen dafür wurden mir durch meinen letzten Arbeitgeber zur Verfügung gestellt. Damit kann ich nun von zu Hause aus genauso arbeiten wie früher im Büro. Mehr an Unterstützung kann man sich eigentlich nicht wünschen. Hinzu kommt noch die Freiheit, sich das Arbeitspensum über den Tag selbst einzuteilen oder eben beispielsweise heute privaten Dingen nachzugehen und dafür morgen den ganzen Tag zu arbeiten oder mal einen Tag gar nicht. Das macht für mich das Leben angenehm, weil ich damit viel beweglicher bin als früher."

„Ich habe diese Arbeit deshalb weitergeführt, weil ich so weiter fachlich aktiv sein und mir damit auch das eine oder andere Erfolgserlebnis verschaffen kann. Außerdem habe ich das Gefühl, das Team meines letzten Arbeitgebers weiter zu unterstützen. Ich fühle mich gebraucht. Solange ich das Gefühl habe, damit etwas bewegen zu können und etwas beizutragen, was andere in diesem Team nicht machen können, weil ihnen die Zeit fehlt oder weil sie vielleicht die spezifischen Erfahrungen nicht haben, mache ich das noch eine Weile weiter. Ich will also nicht einfach nur meine Zeit totschlagen, sondern mir macht diese Arbeit und das fachliche Aktivsein einfach Freude."

Dass Herr W. noch arbeitet, findet sowohl in der Familie als auch bei seinen jüngeren Kollegen Zustimmung: „Meine Frau begrüßt das alles prinzipiell. Sie möchte allerdings nicht als Sekretärin bei mir im Büro arbeiten. Ansonsten hat sie nichts dagegen. Denn sie weiß ja, dass jemand, der noch im Beruf tätig ist, auch ein verträglicher Partner und in der Regel gut gelaunt ist und damit das Familienleben bereichert. Auch die jüngeren Kollegen reagieren durchweg positiv. Wir ergänzen uns gegenseitig bei der Lösung von Problemen, und das ist eine gute Erfahrung."

Dabei gehen Berufstätigkeit und ehrenamtliches Engagement bei Herrn W. ineinander über: „Schon früher gab es bei der Prüfung der finanzwirtschaftlichen Situation in verschiedenen Kirchengemeinden immer auch einen Anteil an ehrenamtlicher Arbeit im Sinne der Unterstützung der Gemeinden ohne Bezahlung. Ich habe da praktisch nur einen Teil der Arbeit gegen Honorar abgerechnet und einen anderen Teil habe ich so laufen lassen. Seit dem vorigen Jahr bin jetzt auch noch aktiv als ehrenamtlicher Mitarbeiter im Kirchenvorstand unserer Gemeinde hier im Stadtteil."

Er stand wieder auf

Herr W. wurde gegen Ende des Zweiten Weltkriegs in Berlin geboren. Er wuchs im ostdeutschen Teil der Stadt auf, machte das Abitur und absolvierte ein praktisches Jahr bei der Deutschen Reichsbahn. Im Anschluss studierte er an der Verkehrshochschule in Dresden Ingenieurökonomie: „Nach dem Abschluss als Diplom-Ingenieurökonom habe ich bei einer internationalen Spedition begonnen und wurde nach kurzer Tätigkeit als Mitarbeiter dort Leiter der Abteilung Betriebsplanung. Später leitete ich dann die Planung des gesamten Kombinats und hatte zudem noch andere Aufgaben im Bereich der Grundsatzfragen wie Arbeit, Löhne und Soziales. Dort war ich bis 1989 tätig."

Diese berufliche Entwicklung war ungewöhnlich, da Herr W. nicht Mitglied der Staatspartei war. „Die Zugehörigkeit zur katholischen Kirche hat mich geprägt. Schon damals habe ich klargestellt, dass ich kirchlich gebunden bin und dass damit keine Möglichkeit besteht, in die SED einzutreten. Daraufhin bin ich nie agitiert oder wegen eines Parteieintritts unter Druck gesetzt worden. Für meine Position als Leiter der Planungsabteilung war es eigentlich ein Novum, dort als Parteiloser tätig zu sein. Diese Leitungsstelle habe ich wohl auch deshalb bekommen, weil ich einer der ganz wenigen Hochschulabsolventen dort gewesen bin. Da wurde sogar darüber hinweggesehen, dass ich mich 1968 positiv über den Prager Frühling in der ČSSR geäußert hatte. Damals hatte mir die Kaderleitung noch angekündigt, wegen dieser Einstellungen könne ich nie eine Leitungsaufgabe bekommen."

„Als die Spedition Anfang der 1990er-Jahre abgewickelt wurde, bin ich zur Deutschen Reichsbahn zurückgegangen, also praktisch zu den Anfängen meiner beruflichen Laufbahn. Dort habe ich Aufgaben im Bereich Personal und Soziales wahrgenommen. Für ein halbes Jahr wurde ich Personalchef und Personalvorstand der Deutschen Reichsbahn. Im Anschluss habe ich die Reichsbahn-Betriebskrankenkasse mit aufgebaut und wurde deren Geschäftsführer. Beim Vereinigungsprozess mit der Bundesbahn habe ich den Zusammenschluss der beiden Betriebskrankenkassen begleitet. In der Folge war ich einer der beiden Vorstände der neuen Betriebskrankenkasse der Deutschen Bahn."

Mit Mitte 50 gab Herr W. seinen damaligen Beruf nach internen Auseinandersetzungen auf. „Danach habe ich angefangen, ehrenamtlich im erzbischöflichen Ordinariat zu arbeiten. Nach zwei Jahren bekam ich dort einen regulären Arbeitsvertrag angeboten. Damit habe ich dann neun Jahre lang Kirchengemeinden in finanzwirtschaftlicher Hinsicht betreut, Haushalte und Jahresabschlüsse geprüft usw. Bis zum Alter von 65 Jahren war ich dort beschäftigt. Danach wurde mir eine Weiterbeschäftigung auf Honorarbasis angeboten, und ich bin also seither neben meiner Rente selbstständig tätig."

Den Rückblick auf diese letzte Phase seiner bewegten Berufslaufbahn fasst Herr W. bündig zusammen: „Er fiel hin, stand wieder auf, fing neu an und musste nicht mit den Problemen der Vergangenheit leben."

„Wir haben früh geheiratet, aber ich habe es nie bereut"

Auch wenn er großes Gewicht auf seine Arbeit legt, ist Herr W. nicht zuletzt ein Familienmensch: „Familie ist etwas ganz Wichtiges, ohne meine Familie wäre alles andere von wesentlich geringerem Wert. Diese Aussage kann ich ohne Wenn und Aber machen, und sie ergibt sich direkt aus meinem bisherigen Leben. Man hilft sich innerhalb der Familie, man unterstützt sich gegenseitig, das ist ganz selbstverständlich. Hier im Zusammenleben mit unserer Tochter und ihrem Mann bemühen wir uns um ein gutes Miteinander und um Harmonie. Auch die Freiräume sind dabei wichtig. Es ist also nicht etwa so, dass einer bestimmt und alle anderen dem zu folgen haben. Als Eltern mischen wir uns deshalb auch nicht ungebeten in die Angelegenheiten unserer Kinder ein. Wenn wir gefragt werden, geben wir Ratschläge, und wenn einer Probleme hat, dann wird er von den anderen unterstützt. Das halten auch unsere Kinder in ihren eigenen Familien so. Unsere Kinder haben alle zueinander ein gutes Verhältnis, die Ehepartner harmonieren im Wesentlichen, auch wenn sie teilweise völlig unterschiedlich strukturiert sind. Aber selbst dort, wo die Auffassungen auseinandergehen, können wir immer miteinander reden. Und das begreifen wir als Glück."

Die Bilanz seines mehr als 50-jährigen Ehelebens fällt bei Herrn W. positiv aus: „Wir sind ja nun mehr als fünfzig Jahre verheiratet. Wir haben auch Problemzeiten erlebt, haben aber immer wieder den Weg zueinander gefunden. Das heißt, keiner von uns beiden ist aus der Beziehung abgedriftet, sondern wir hatten Probleme, die es in jeder Beziehung gibt und die wir aber bewältigt haben. Wichtig ist vor allem, dass die gegenseitige Achtung erhalten bleibt, dann kann man auch wieder aufeinander zugehen. Das haben wir immer wieder erreicht, und deshalb kann ich sagen, dass wir es wirklich schätzen, einander als Partner zu haben und dass wir einander nicht missen möchten und dass wir der Meinung sind, dass das gemeinsame Leben uns Freude bereitet. Ja, das Geheimnis einer so langen Partnerschaft ist erstmal wirkliche dauerhafte Zuneigung. Zum Beispiel sehe ich meine Frau immer noch ein bisschen als das junge Mädchen, das ich damals kennengelernt habe und in das ich mich verliebt habe. Eine so lang andauernde gute Beziehung zu haben, ist aber auch ein großer Glücksfall. Wir haben 1965 geheiratet, das war schon früh, aber ich habe es nie bereut."

Noch stärker zusammengewachsen ist die Familie in der zurückliegenden Zeit durch die Krankheit des Schwiegersohns: „Sorgen bereitet mir derzeit, dass mein Schwiegersohn, der Mann unserer älteren Tochter, eine Krebserkrankung hat. Wir erleben das aus der Nähe, weil er und unsere Tochter zusammen mit meiner Frau und mir in einem Haus leben. Seit einiger Zeit beteiligen wir uns daher an der Pflege und Betreuung unseres Schwiegersohns. Natürlich braucht das etwas Zeit, aber das werten wir nicht negativ, sondern das ist einfach Familie. Das haben wir nun sozusagen in den normalen Alltag eingebunden. Zum Beispiel fahre ich ihn zur Reha, zum Arzt oder ins Krankenhaus. Dazu kommt Essenkochen für ihn und was sonst noch so anfällt. Wir hoffen jetzt, dass diese Situation vorbeigeht und unser Schwiegersohn wieder ein normales Leben führen kann."

Gesundheit durch Aktivität

Nach einigen Vorerkrankungen muss Herr W. heute etwas mehr auf seine Gesundheit achten als in früheren Jahren. Das belastet ihn allerdings nicht sonderlich: „Mit meiner Gesundheit bin ich zufrieden, trotz des Problems von erhöhtem Blutdruck und dem Umstand, dass ich für den Rest meines Lebens blutverdünnende Mittel einnehmen muss, weil ich sonst Thrombosen bekommen könnte. Aber das sind Dinge, die in meinem Leben keine wesentliche Rolle spielen. Dabei ist mir klar, dass ich etwas tun muss, um gesund zu bleiben. Dazu mache ich regelmäßig Fitnesstraining, mache Spaziergänge und nutze täglich unseren eigenen Cross-Trainer. Ich kann mich zwar nicht mehr ganz so schnell bewegen wie in jugendlichem Alter, aber das nehme ich hin, und vor allem beeinträchtigt es mein positives Lebensgefühl nicht."

„Nicht zuletzt ist es wichtig, ein Patient zu sein, der gegenüber Ärzten aktiv auftritt, also nicht nur passiv, sondern aktiv an der Klärung gesundheitlicher Fragen und Probleme mitwirkt. Beispielsweise hatte ich vor einiger Zeit beim Atmen Schmerzen im Brustbereich. Meine Hausärztin wollte mich per Überweisung zu einigen Untersuchungen durch einen Facharzt schicken. Ich sagte ihr darauf: ‚Nein, ich möchte jetzt gleich in die Rettungsstelle unseres Krankenhauses hier eingewiesen werden.' Denn es hätte womöglich Wochen gedauert, einen Termin für diese Untersuchungen beim Facharzt zu bekommen, und ich hatte den Eindruck, es sei notwendig, dass sofort etwas geschieht. Sie hat mir dann diese Überweisung gegeben, und dann war ich einen Tag lang in der Rettungsstelle der Unfallklinik, wo es nach einigen Stunden hieß: Verdacht auf Lungenembolie. Man glaubt gar nicht, wie schnell dann mit der Notfallbehandlung begonnen wurde.

Für mich war es wie ein kleines Wunder, dass man die Kurve noch einmal gekriegt hat. Aber hätte ich nicht von mir aus diesen Weg eingeschlagen, dann weiß ich nicht, was mir passiert wäre."

Über eine mögliche zukünftige Pflegebedürftigkeit will Herr W. sich derzeit noch keine Gedanken machen: „Warum sollte ich mich jetzt mit solchen Dingen beschäftigen? Jetzt muss ich mich damit beschäftigen, wie ich aktiv und so weit wie möglich gesund bleibe. Alles andere kommt dann sowieso. Positiv beeinflussen kann ich das in der Gegenwart durch ein möglichst aktives Leben, ein optimales Maß an Bewegung und eine vernünftige Ernährung. Das versuche ich und lasse alles andere, was ich nicht beeinflussen kann, auf mich zukommen."

Einige Gedanken, wie ein Leben aussehen könnte, wenn die eigenen Kräfte nachlassen, hat Herr W. sich aber dennoch schon gemacht: „Wenn die Situation mal so eintreten sollte, dann wollen wir eher gemeinsam in eine Pflegeeinrichtung gehen, als dass wir erwarten, dass unsere Kinder uns 24 Stunden rundum betreuen. Aus der Betreuung von Pflegefällen in der Familie und in der Nachbarschaft weiß ich, wie aufwendig das ist und dass sich ein Pflegender bis an den Rand seiner Kräfte bringen kann. Und die jüngeren Leute müssen ihr Leben aktiv gestalten können und sollen uns nicht pflegen müssen."

Beim Blick auf die kommenden Jahre hegt Herr W. keine Befürchtungen. Wenn er aus seiner Lebenserfahrung etwas an Jüngere weitergeben könnte, wäre es der Rat, das Glück nicht allein im Beruf zu suchen: „Ich würde jungen Leuten der Enkelgeneration sagen, dass sie sich ihre Ideale bewahren sollten und nicht nur das Ziel sehen sollten, ausschließlich beruflich weiterzukommen und über diesen Weg glücklich zu werden. Man wird nur dann glücklich, wenn man seine menschlichen Beziehungen positiv entwickelt und hochhält und indem man sich Ideale erhält, für die man kämpfen kann."

Frau L.

10.7 Frau L.

- ist 82 Jahre alt
- kann sich seit ihrer Hüftoperation nicht mehr gut bewegen
- lebt allein in einer altersgerechten Wohnung
- muss sich finanziell einschränken
- lebt mit Gottvertrauen von Tag zu Tag

„Man kann nicht mehr alles mitmachen"

Frau L. hat in ihrem Leben viel gearbeitet: „Ich habe als junges Mädchen im Krieg meinen Eltern viel helfen müssen. Dann habe ich geheiratet und musste zugleich mein kleines Kind und meine demente Mutter versorgen. Dann wurde mein erster Mann schwer krank und starb früh. Ich musste Putzstellen annehmen. Auch mein zweiter Mann wurde später krank und war pflegebedürftig. Urlaub gab es wenig – dafür viel Arbeit. Kein Wunder, dass mein Körper darunter gelitten hat."

Im höheren Alter haben sich Bewegungsprobleme eingestellt. Eine Hüftoperation brachte keine Besserung. Frau L. benutzt einen Rollator, und einige Bewegungen fallen ihr schwer. Auch die Hausarbeit geht ihr nicht mehr so leicht von der Hand: „Putzen und Sauberhalten fallen mir seit der Hüft-OP schwer. Da bin ich dankbar, wenn eine Hilfe ein- bis zweimal im Monat kommt. Ich kann mich eben nicht mehr so gut bücken, wenn etwas hingefallen ist. Abwaschen und Kochen gehen aber noch ganz gut."

Ihre verschlechterte Beweglichkeit schränkt Frau L. sowohl bei ihren früheren Freizeitbeschäftigungen als auch bei ihren sozialen Kontakten ein: „Man kann nicht mehr alles mitmachen. Früher habe ich in einem Turnverein geturnt. Das geht heute nicht mehr. Wandern kann ich auch nicht mehr und leider auch nicht mehr Fahrradfahren, was ich früher sehr gerne gemacht habe. Damals gab es auch mehr gegenseitige Besuche unter Bekannten und Freundinnen. Wir hatten einen richtigen Club, in dem ich für meine tollen Kuchen bekannt war, besonders für die Schwarzwälder Kirschtorte. Leider fällt mir das Backen heute schwer, sodass ich damit aufhören musste. Die Gartenarbeit fällt natürlich auch weg. Ich hatte einen sehr großen Garten. Mein besonderer Stolz war der Balkon, der im bayerischen Stil mit Hängegeranien bepflanzt war."

Den großen Garten und das eigene Haus musste die 82-Jährige schon vor einigen Jahren aufgeben, als sie in ihre altersgerechte Wohnung nah am Ortszentrum zog. „Ich habe jetzt eine 55-Quadratmeter-Wohnung mit einem Schlafzimmer, einem Wohn-Küchenraum, einem Badezimmer und einem Abstellraum. Ich wohne in einem größeren Mehrparteienhaus mit Aufzug und speziellem Sozialbereich. Ursprünglich sollte betreutes Wohnen mit angeboten werden, aber das war dann später nicht mehr machbar. Praktisch ist die Nähe zum Stadtzentrum. Mit dem Rollator bin ich in zehn Minuten dort. Gut sind auch der Aufzug und die soziale Betreuung durch wöchentliche Treffen im Sozialraum. Man kann auch Hilfe bei Krankheit und bei Behördengängen bekommen, und ein Hausmeister ist auch da. Weniger gut ist, dass man sich die Mitbewohner im Haus nicht aussuchen kann. Einige Wohnungen werden an sozial Schwache mit Wohnberechtigungsschein vergeben. Und da entstehen manchmal auch Probleme. Da passt es dann mitunter nicht von den Mentalitäten, was Sauberkeit und Ordnung angeht."

Die Miete für diese Wohnung ist der größte Posten im Etat von Frau L. Da sie nur eine kleine Witwenrente bezieht, muss sie sich einschränken, um finanziell über die Runden zu kommen:

„Ich beziehe eine kleine Rente, und die Miete ist schon relativ hoch, sodass mir nach Abzug der Haushaltskosten nur wenig überbleibt. Ich muss sparsam leben, aber das bin ich ja gewohnt. Leider habe ich mir die eigenen Rentenansprüche früher ausbezahlen lassen. Von meinem zweiten Mann beziehe ich eine Witwenrente. Damit sind keine großen Sprünge drin. Aber ich will mich nicht beklagen, anderen hier im Haus geht es viel schlechter als mir. Am meisten spare ich bei Essen und den Heizkosten. Das geht eigentlich ganz gut, da meine Wohnung klein ist und von den umliegenden Wohnungen mitgeheizt wird. Und wenn die Winter mild sind, ist das auch gut. So habe ich meistens nur einen von zwei Heizkörpern in Betrieb."

Da Frau L. nicht mehr so viel wie früher außerhalb des Hauses unternehmen kann, freut sie sich umso mehr, wenn sie mit den anderen älteren Hausbewohnern zusammenkommt: „Dreimal in der Woche ist ein Treffen für die älteren Hausbewohner, das ich gerne besuche. Da erzählen wir viel bei Kaffee und Kuchen, oder es gibt auch schon mal einen Vortrag mit Themen, die für ältere Leute interessant sind, zum Beispiel Pflegeversicherung, Vorsorgevollmacht, aber auch Themen wie die Ortsteilgeschichte; das trägt jemand vom hiesigen Heimatverein vor."

Die regelmäßigen Besuche ihres Sohnes und die täglichen Telefonate mit ihm und seiner Frau sind ihr ganz besonders wichtig: „Bei Problemen hilft mir mein Sohn, und auch meine Schwiegertochter kümmert sich sehr um mich. Mein Sohn macht auch Einkäufe mit mir zusammen und hilft mir überhaupt bei allem, zum Beispiel bei Behördengängen, Anträgen oder auch beim Abholen von Medikamenten. Als ich etwa zu einer Augen-OP musste, hat sich mein Sohn viel Zeit genommen, mich öfter begleitet und nach der Operation auch bei mir übernachtet für den Fall, dass ich Hilfe brauche."

Ansonsten fällt es Frau L. nicht immer ganz leicht, die Tage zu füllen. Sie geht abends früh zu Bett und schläft dann meist zehn Stunden. Am Nachmittag legt sie dann oft noch eine Stunde Mittagsschlaf ein: „Glücklicherweise habe ich einen guten Schlaf." Trotz der regelmäßigen Besuche und Anrufe sind ihr Einsamkeitsgefühle nicht fremd: „Das sind so Phasen, gegen die ich aber resolut angehe. Das ist nun einmal so im Alter. Man darf sich da nicht reinsteigern. Ich verdränge das, indem ich Fernsehen schauen, eine Illustrierte lese, mich anderweitig ablenke, telefoniere oder mich verabrede."

Stolz auf das Erreichte

„Ich bin 1934 geboren. Noch als Kind habe ich den Krieg erlebt. Damals war man durch den ständigen Bombenalarm immer in Angst. In der Schule saßen wir oft im Keller. Wir haben dort Gedichte auswendig gelernt. Die Schule war dann auch ausgebombt. Da mussten wir jeden Tag viele Kilometer zu Fuß in eine weiter entfernte Schule laufen. Wenn man unterwegs war und es gab Fliegeralarm, ging man in den nächsten Luftschutzkeller. Zwei Brüder sind im Krieg gefallen, in Stalingrad bei der 6. Armee. Meine Eltern haben insgesamt drei Söhne verloren. Ich blieb als einziges Kind übrig. Man bekam Lebensmittelkarten, aber man hatte immer zu wenig zum Essen. Es war eine Hungerzeit."

„Nach der Volksschule bin ich auf die Haushaltsfrauenfachschule gegangen und dann auf die Höhere Handelsschule und eine private kaufmännische Schule. Und dann war ich für zehn Jahre kaufmännische Büroangestellte in einer Motorenfabrik." Diese Zeit hat Frau L. als besonders schön in Erinnerung: „Ich war dort in der Kalkulation beschäftigt. Es war ein sehr gutes Arbeitsklima, und diese Arbeit hat mir immer sehr viel Spaß gemacht. Besonders die vielen männlichen Kollegen waren freundlich, und es war einfach schön damals. Früher war es ruhiger, nicht so viel Hetze. Es war einfach angenehm. Man half sich gegenseitig, und so war es einfach zurechtzukommen."

„Mit 26 habe ich dann geheiratet und ein Kind bekommen. Auch wenn ich gerne gearbeitet habe, fing damit ein neues Leben an. Die Schwangerschaft und Geburt waren eine besondere Zeit. Ich war froh und stolz, Mutter zu sein, und habe mich dem ganz gewidmet. Und früher war es ja so, dass eine Frau dann aufgehört hat mit der Arbeit, um ganz für die Familie da zu sein.“

Besonders belastet wurde Frau L. in dieser Zeit zunächst durch die Pflege ihrer dementen Mutter. Der Tod ihres ersten Mannes drohte dann, alle Zukunftspläne zunichte zu machen: „Gemeinsam haben wir ein Haus geplant. Mein Mann ist noch beim Hausneubau schwer erkrankt und dann auch früh verstorben. Das war zur Zeit der Ölkrise. Mich und meinen Sohn durchzubringen sowie das Haus abzuzahlen, fiel dann schwer – zumal ich alleine dastand und die Witwenrente minimal war. Nur durch harte Arbeit mit mehreren Putzstellen konnte ich uns durchbringen.“

In dieser schweren Zeit schöpfte sie Trost aus ihrem Glauben, aus der Familie und aus der Gemeinschaft mit Freunden und Bekannten: „Mein Glaube hat mir Kraft gegeben. Und natürlich mein Sohn und meine vielen Bekannten und Freundinnen. Anfangs war es schwer. Aber ich habe mich betätigt: im Leprakreis der Kirchengemeinde, im Turnverein, in der katholischen Frauengemeinschaft und beim Zusammensein im Kaffeekränzchen. Beim Leprakreis, beim Turnverein und bei der Frauengemeinschaft habe ich auch ehrenamtliche Aufgaben übernommen. Später lernte ich meinen zweiten Mann kennen, mit dem ich dann 26 Jahre verheiratet war. Als er krank wurde, habe ich auch ihn gepflegt. Seit seinem Tode lebe ich alleine.“

Eine neue Partnerschaft kann Frau L. sich nicht vorstellen. Als prägende Phasen ihres Lebens betrachtet sie die Zeiten der großen Belastungen: die Kriegszeit, in der ihre Brüder zu Tode kamen, die langen Phasen, in denen sie ihre Eltern und ihre Ehemänner gepflegt hat, die schwierigen Jahre nach dem Tod ihres ersten Mannes, als sie für ihren Sohn sorgen und zudem das Haus abbezahlen musste.

Auch wenn sie diese Lebensphase im Rückblick als sehr belastend empfindet, ist sie heute stolz, dass sie das alles gemeistert hat: „Ich habe nicht aufgegeben und mich durchgekämpft. Es war schwer, aber ich bin stolz, es geschafft zu haben. Ich glaube, es ist wichtig, welche innere Einstellung man hat. Ich habe immer versucht, nicht viel zu klagen, das Leben anzupacken und habe meinen Optimismus nie verloren.“

„Ich blicke mit Gottvertrauen in die Zukunft“

Trotz ihrer körperlichen Einschränkungen beklagt Frau L. sich nicht: „Ich bin trotz allem zufrieden. Ich meistere mein Leben. Und die kleinen Beschwernisse gehören nun mal dazu. Ich befinde mich in einer Phase, wo man sich doch noch einigermaßen selber zurechtfindet. Man hat die Gedanken noch beisammen und man hat noch einigermaßen Bewegungsfreiheit. Man kann die schönen Dinge des Lebens also noch genießen.“

Für die Zukunft wünscht sich Frau L., noch möglichst lange am Leben ringsum teilhaben zu können: „Ich möchte weiter gesund bleiben – vor allem nicht dement werden, sodass ich noch weiter am Leben teilnehmen kann.“ Für den Fall der Pflegebedürftigkeit hat sie beim Notar eine Pflegevollmacht hinterlegt. „Der Gedanke an eine Pflegebedürftigkeit macht einem Angst. Ich versuche das wegzuschieben und gar nicht so viel darüber nachzudenken. Ich möchte das positiv sehen. Sonst kommt man nur ins Grübeln. Und das belastet einen dann mehr. Im Endeffekt kann man ja eh nicht viel machen. Bei uns im Rheinland heißt es ja ‚Et kütt, wie et kütt!‘.“

Diese Einstellung bestimmt auch ihre Zukunftspläne: „Ich mache keine Zukunftspläne. Ich lebe in meinem Alter von Tag zu Tag und hoffe, dass alles noch länger so einigermaßen zur

Zufriedenheit weitergeht, wie es jetzt ist. Was die Zukunft bringt, weiß keiner. Ich blicke mit Gottvertrauen in die Zukunft. Ich bete jeden Tag, und mein Glaube gibt mir Kraft für mein Leben, meinen Alltag. Nur zur Kirche kann ich nicht mehr gehen. Das ist zu weit, und es hat sich in der Kirche auch vieles sehr geändert. Es ist mit der Kirche nicht mehr so, wie es früher einmal war."

Auch das soziale Umfeld von Frau L. hat sich in den zurückliegenden Jahren deutlich verändert: „Viele aus der Familie, dem Freundes- und Bekanntenkreis sind nicht mehr da, und man muss einfach damit leben, dass es auch Zeiten gibt, wo man Einsamkeit spürt, wo keiner da ist. Aber das ist nun mal der Lauf der Welt. Andererseits bin ich nun freier und kann machen, was ich möchte, muss keine Rücksicht mehr auf einen Mann oder ein Kind nehmen. So hat alles seine zwei Seiten. Ich bin nicht unzufrieden mit meinem Leben."

„In den 70er-Jahren war das Lebensgefühl freier als heute"

Die Veränderungen in der Gesellschaft betrachtet Frau L. mit Skepsis: „Es ist eine schnelllebige Zeit geworden, und man kommt gar nicht mehr so richtig mit. Alles ist so hektisch geworden, viel stressiger als früher. Keiner hat mehr richtig Zeit. Und die Leute haben auch kaum noch Zeit füreinander. Deshalb helfen die Leute sich auch kaum noch. Früher konnte man mit Ruhe rausgehen, man brauchte keine Angst zu haben, es gab eine funktionierende Nachbarschaftshilfe und man war nicht so egoistisch wie heute. Zusammen mit dem Egoismus ist die Konsumgesellschaft sehr bestimmend geworden. Oder das Thema Geld. Wir waren mit wenig zufrieden – oder besser: mussten mit wenig zufrieden sein. Im Krieg gab es eh wenig. Und später fehlte auch oft das Geld für Anschaffungen. Da mussten eigene Wünsche zurückstehen. Wenn ich dann sehe, was sich die Leute heute alles kaufen und wie unzufrieden die meisten trotzdem sind, dann bin ich da gar nicht neidisch. Wir waren einfach mit weniger glücklich, und damals war eine in vielen Dingen bessere Zeit."

10

„In den 70er-Jahren war das Lebensgefühl freier als heute. Vieles war einfach unbeschwerter, man machte sich keine großen Zukunftssorgen oder kritisierte an allem und jedem herum. Man war glücklicher mit weniger und genoss das Leben und die Dinge dafür irgendwie intensiver. Einerseits gibt es heute viel mehr Dinge und Möglichkeiten als damals und auch eine bessere Medizin. Es gibt den großen technischen Fortschritt, zum Beispiel durch das Mobiltelefon, die Computerisierung und ein breites Fernsehangebot. Andererseits bedeuten mehr Fernsehsender nicht unbedingt bessere Programme. Und medizinischer Fortschritt bedeutet nicht unbedingt Teilhabe für alle. Ich denke, es ist wie bei allem, es gibt immer zwei Seiten einer Medaille."

Auch beim technischen Fortschritt hat Frau L. die „beiden Seiten der Medaille" im Auge: „Ich bin da sehr unentschieden: Manches ist gut, anderes bedenklich. Hilfreich finde ich etwa die Mikrowelle und die Kaffeemaschine, überhaupt elektrische Haushaltsgeräte wie Waschmaschine, Trockner und Kühlschrank. Das gab es ganz früher so alles nicht. Die Arbeit der Hausfrauen war damals sehr anstrengend und zeitintensiv, und die Geräte bedeuten eine wirkliche Arbeitserleichterung. Auch das Handy ist eine gute Erfindung. Ich kann damit jederzeit von unterwegs anrufen oder in Notfällen Hilfe holen. Man hat damit das Gefühl, im Alltag sicherer zu sein. Andererseits darf der Mensch auch nicht alles, was möglich ist. Besonders wenn Menschen durch die Technik unfreier oder arbeitslos werden, ist das keine gute Entwicklung. Ich bin der Meinung, Fortschritt muss immer am Wohlergehen der Menschen gemessen werden und nicht am Wohlergehen der Wirtschaft."

Trotz dieser tiefgehenden Vorbehalte beklagt sich Frau L. nicht über ihre eigene Rolle in dieser Gegenwart. Wenn sie etwas weitergeben könnte, wäre es der Ratschlag, nicht so sehr auf sich zu blicken: „Vor allem: niemals aufgeben, auch wenn Schicksalsschläge kommen. Sich vom Leben nicht unterkriegen lassen. Sich nicht verbiegen. Nach dem Motto leben, ‚Es gibt nichts Gutes – außer man tut es.' Und möglichst positiv an alles herangehen und versuchen, mit den Menschen gut auszukommen. Also auch die anderen zu sehen, nicht nur sich selbst."

10.8 Frau F.

- ist 67 Jahre alt und lebt seit ihrer Scheidung allein
- arbeitet heute noch stundenweise in einer Praxis
- ist in Polen geboren und nach dem Studium in die DDR gekommen
- war früher hauptberuflich in der Jugendarbeit aktiv
- engagiert sich auch heute noch ehrenamtlich in diesem Bereich

Lebensberaterin mit großer Nähe zur Jugend

Auch wenn Frau F. immer noch stundenweise berufstätig ist, genießt sie es, heute deutlich mehr Zeit zu haben als früher: „Das Besondere an der jetzigen Lebensphase ist die vorhandene freie Zeit für meine Interessen und Hobbys. Das ist das, was mir in meiner aktiven beruflichen Phase zu oft gefehlt hat. Jetzt kann ich mich in dieser Hinsicht mehr entfalten und das machen, was ich schon immer gewollt habe. Also zum Beispiel malen, das habe ich schon seit meiner Jugend immer gern gemacht. Darüber freue ich mich sehr und genieße es auch. Es gibt natürlich auch andere Sachen, die mich zurzeit sehr erfreuen: mehr Zeit für die Beschäftigung mit meiner Enkelin, mehr Zeit und Muße für kulturelle Veranstaltungen, Museumsbesuche und vieles mehr. Ja, ich kann jetzt richtig ausschlafen, mehr für meine Gesundheit tun. Auch nicht zu vergessen sind meine sportlichen Aktivitäten, die ich jetzt voll genießen kann. Es wäre übertrieben zu sagen, dass ich in meinem Fitnessstudio täglich zu sehen bin, aber ich gehe dort jetzt viel regelmäßiger hin als früher. Das sind die angenehmen Seiten des Rentnerdaseins."

10

Dass Frau F. auch heute noch beruflich aktiv ist, liegt vor allem an einer Freundin: „Ich arbeite von Montag bis Donnerstag täglich fünf Stunden an der Rezeption einer physiotherapeutischen Praxis, also insgesamt zwanzig Stunden pro Woche. Ich wurde von meiner Freundin, die diese Praxis besitzt und leitet, gefragt, ob ich ihr kurzzeitig helfen könnte, da eine von ihren Mitarbeiterinnen schwanger wurde und sie eine Vertretung für ihren Mutterschaftsurlaub und das anschließende Erziehungsjahr brauchte. Also habe ich nach kurzer Überlegung zugesagt."

Die Entscheidung fiel ihr relativ leicht, da das derzeitige Engagement zeitlich begrenzt ist und sie auch sonst keine Verpflichtungen hat: „Ich lebe alleine, also brauche ich niemandem um Einverständnis oder Erlaubnis zu fragen, und mein Sohn reagierte auf meine Entscheidung durchaus positiv. Man kann sagen, er freut sich, dass seine Mutter im Alltag nicht nur auf sich alleine gestellt ist. Obwohl er natürlich weiß, dass ich mir andere Pläne für das Rentnerdasein zurechtgelegt habe. Meine aktuelle Beschäftigung ist ja aber auch zeitlich ganz konkret begrenzt; also habe ich später viel Zeit und Möglichkeiten, meinen Hobbys nachzugehen und meine anderen Pläne zu verwirklichen."

Ihre aktuelle Tätigkeit hat mit der Berufslaufbahn von Frau F. nur wenig gemein. Nach einem Studium der Pädagogik war sie in der Jugendarbeit aktiv: „Wir haben viele Jugendprojekte auf die Beine gestellt und sind auch von zahlreichen Seiten positiv für unsere Aktivitäten beurteilt worden."

Die Arbeit mit Kindern und Jugendlichen hat Frau F. auch nach dem Ausscheiden aus ihrem Hauptberuf nicht ganz abgelegt. Nur arbeitet sie heute ehrenamtlich auf diesem Gebiet: „Ich bin gegenwärtig in zwei Jugendprojekten ehrenamtlich tätig: ein Projekt im Jugendtreff-Zentrum hier bei uns in der Gegend, und das zweite Projekt ist in einer Flüchtlingsunterkunft angesiedelt, wo ich mit kleinen Kindern zu tun habe. Mein Engagement besteht teilweise noch aus meiner aktiven beruflichen Zeit, und solange die Projekte bestehen, werde ich mich dort auch weiterhin engagieren. Die Arbeit mit der Jugend macht mir Spaß und hält mich jung."

Nicht zuletzt aufgrund ihrer großen Erfahrungen im Umgang mit jungen Menschen wird Frau F. von ihren jungen Kollegen immer wieder um Rat gefragt: „Für die jungen Kolleginnen bin ich oft die Ratgeberin, wenn es um familiäre Probleme oder knifflige Herzensangelegenheiten geht. Man kann sagen, ich bin dort zurzeit eine Art Lebensberaterin. Und auch das macht mir riesigen Spaß, weil ich so meine Lebenserfahrungen weitergeben kann. Was sie damit machen, weiß ich nicht, aber ich glaube, dass manche von mir vorgeschlagenen Lösungen oder Verbesserungsvorschläge durchaus übernommen werden."

„Das war eine sehr interessante und aufregende Zeit"

Geboren wurde Frau F. Ende der 1940er-Jahre in Polen. „Ich habe eine weitgehend behütete Kindheit und Schulzeit erlebt, soweit die 50er-Jahre das zugelassen haben. Aber meine Erinnerungen sind durchaus positiv. Ich war natürlich im Kindergarten, da meine Eltern beide gearbeitet haben, und danach habe ich die Musik- und Ballettschule absolviert. Die Schulzeit hat mich wirklich sehr geprägt, weil ich damals einen breiten Zugang zu den bildenden und kreativen Bereichen bekommen habe. Nach dem Abitur habe ich an der Universität Pädagogik studiert und während des Studiums meinen mittlerweile geschiedenen Mann kennengelernt. Dann nach unserer Hochzeit 1976 und der Geburt unseres Sohnes stand die Entscheidung an: Entweder mein Mann bleibt in Polen und findet entsprechende Arbeit, oder ich gehe mit ihm und unserem Sohn in die DDR."

Da der Mann von Frau F., der aus der DDR stammte, in Polen keine Arbeitserlaubnis bekam, wurde ihnen die Entscheidung abgenommen. „Als ich in die DDR kam, blieb ich zwei Jahre zu Hause, da unser Sohn noch sehr klein war und ich die deutsche Sprache noch nicht perfekt beherrschte. Anfang der 80er-Jahre habe ich dann eine Stelle an der Hochschule bekommen, aber nur im Forschungsbereich, die Lehrveranstaltungen, also die Seminare und Vorlesungen, waren für mich ein Tabu. Mit den Studierenden durfte ich nicht in Kontakt treten. Die damalige Begründung war sehr politisch und ideologisch untermauert: Ich kam aus einem Land, wo nach Einschätzung der Parteikreise eine Konterrevolution stattfindet, und deswegen war ich als Polin mehr als verdächtig, dass ich vielleicht ‚falsche' oder ungewollte Informationen weitergeben könnte oder selbst politisch aktiv werde – aber halt nicht im Sinne der DDR. Mit anderen Worten: Ich wurde mit einem Berufsverbot belegt. Erst nach der Wende hat sich einiges in meinem Berufsleben positiv verändert. Ich bin zwar von der Uni weggegangen, habe aber eine interessante Anstellung im Bereich der Jugendarbeit bekommen, wo ich bis zu meiner Rente gearbeitet habe und wo ich viele freie Räume für selbstständiges Arbeiten bekommen habe. Das war für mich eine sehr interessante und aufregende Zeit."

Die Zeit der Wende hatte für Frau F. jedoch nicht nur berufliche Bedeutung, sondern hat auch ihr Leben insgesamt geprägt: „Die Wende-Zeit in der DDR hat mich durchaus geprägt. Man war quasi gezwungen, seine eigene Kindheit- und Jugendzeit zu hinterfragen, sich eine eigene Meinung über die Ereignisse in Osteuropa und über den Zerfall der damaligen politischen und wirtschaftlichen Ordnung zu bilden. Aus dieser Zeit ist mir auch eine gewisse politische Zurückhaltung, aber auch ein kritischer Blick auf die neuen politischen und wirtschaftlichen Bedingungen haften geblieben."

Familie und Freunde: Grundsäulen des Lebens

Die größte Bedeutung im Leben von Frau F. hat ihre Familie: „Sie ist mir sehr wichtig, man kann sagen, sie ist die Grundsäule meines Lebens. Leider leben meine Eltern schon lange nicht mehr, aber ich habe noch eine Schwester und eine Nichte in Polen und viele Tanten und Onkel, mit denen ich regelmäßig Kontakt habe. Hier in Deutschland ist meine Familie eher klein, also nur mein Sohn und die Schwiegertochter, meine Enkelin und meine Schwiegermutter, aber dadurch sind die Kontakte sehr intensiv."

„Sowohl mein Sohn als auch meine Enkelin bedeuten mir sehr viel. Wir haben wirklich ein inniges Verhältnis, verstehen uns prima, und soweit die Zeit es erlaubt, versuchen wir etwas gemeinsam zu unternehmen. Wir verbringen auf alle Fälle einmal im Jahr einen Teil unseres Urlaubs in Polen und besuchen alle Verwandten. Mit meinem Sohn führe ich oft sehr aufschlussreiche Diskussionen und werde von ihm auf interessante Themen aufmerksam gemacht. Meine Enkelin ist sowieso mein Sonnenschein; auch mit ihr verbringe ich relativ viel freie Zeit. Wir versuchen in unserer Familie, das Mehrgenerationenprinzip anzuwenden bzw. zu praktizieren, um dem Kind die besten Erfahrungen sowohl von den Eltern als auch von den Großeltern zu vermitteln. Es wird gemeinsam gelesen, erzählt oder gemeinsam musiziert. Meine Enkelin ist am Zeichnen und Malen sehr interessiert und auch begabt, also machen wir das oft gemeinsam."

Die zweite Grundsäule im Leben von Frau F. ist ihr großer und enger Freundeskreis: „Ich habe schon immer Freundschaften gehegt und gepflegt, auch meine Freundschaften in Polen; und ich habe jetzt einen wirklich breiten Freundeskreis, der dazu noch altersmäßig breit gestreut ist. Das heißt, es sind mehrere Generationen dabei, es sind Menschen in meinem Alter, aber auch junge Menschen, die zwanzig, dreißig Jahre jünger sind als ich. So bin ich mir sicher, dass ich mit dem fortschreitenden Alter, wenn meine gleichaltrigen Freunde sich ins Jenseits verabschieden werden, nicht ganz alleine auf dieser Welt bin. Aber Freundschaften muss man auch pflegen und immer wieder auf neue Ideen kommen, neue Freunde dazuzugewinnen."

Diese engen familiären und freundschaftlichen Kontakte sind die Garantie dafür, dass Frau F. Gefühle von Einsamkeit völlig fremd sind: „Ich lebe zwar alleine, aber ich fühle mich nicht einsam. Wenn man so einen großen Freundeskreis hat, wie ich ihn habe, ist man nicht alleine und kann sich nicht einsam fühlen. Manchmal wünsche ich mir wirklich, ein paar freie Tage für mich alleine zu haben, ohne irgendetwas unternehmen zu müssen."

Es gibt mehr als nur einen Lösungsweg

Da es Frau F. „gesundheitlich hervorragend geht", hat sie sich für die kommenden Jahre einiges an Plänen zurechtgelegt: „Oh, da sind sehr viele Pläne und Ziele, die ich mir schon zum Ende meiner beruflich aktiven Zeit ausgedacht habe. Ich möchte gern ein paar Kreativwerkstätten besuchen, die mir helfen sollen, neue Techniken im Zeichnen und Malen zu erschließen. Dann möchte ich mich bei der Volkshochschule für einen Spanischkurs anmelden und dann eventuell auch noch einen Italienischkurs belegen. Die zwei Sprachen brauche ich dringend, um meine Reiseziele in den beiden Ländern, soweit es geht, selbstständig zu realisieren. Man kann viel mehr erfahren und begreifen, wenn man die jeweilige Landessprache einigermaßen beherrscht. Das sind die Pläne für die nächsten Jahre, was noch alles dazukommt, weiß ich noch nicht. Aber bestimmt werde ich mich nicht langweilen."

Und dann würde sie sich gerne auch noch einen Traum erfüllen: „Manchmal träume ich von einer eigenen kleinen Ausstellung. Aber dazu muss man schon einen Namen in diesen Kreisen haben, und ich bin eben nur ein Laie, der sich mit der bildenden Kunst hobbymäßig befasst. Vielleicht versuche ich eines Tages, in unserem Frauenzentrum so etwas zu organisieren, mal sehen."

Mit ihrem bisherigen Leben ist Frau F. mehr als zufrieden, auch wenn nicht immer alles so gelaufen ist, wie sie sich das vorgestellt hat: „Alles in allem kann ich sagen, dass ich mit meinem bisherigen Leben zufrieden bin. Ich habe zwar nicht vorgehabt, mich scheiden zu lassen, aber im Nachhinein denke ich mir, dass dieses Ereignis auch etwas Positives hinterlassen hat: Ich bin dadurch noch selbstbewusster und selbstständiger geworden."

Aufgrund ihrer langjährigen beruflichen Erfahrung in der Jugendarbeit fällt es Frau F. nicht schwer, der jüngeren Generation einen Ratschlag zu geben: „Das Wichtigste ist, dem Leben an sich positiv gegenüberzustehen. Es ist wirklich so, dass wir auch in den schwierigsten Situationen immer eine Lösung angeboten bekommen. Die Kunst des Lebens besteht darin, dies zu erkennen und entsprechend umzusetzen. Ich höre oft, nicht nur von jungen Menschen, solche Aussagen: ‚Es geht nicht!', ‚Ich kann das nicht!', ‚Ich schaffe das nicht!' Meine Vorschläge oder Antworten lauten dann in der Regel: Gib nicht gleich am Anfang auf, versuche einen anderen Lösungsweg einzuschlagen oder mach es mit halber Kraft, vielleicht langsamer, nach deinen Fähigkeiten und Möglichkeiten, aber dann richtig. Das Leben ist doch kein Leistungssport, wir müssen doch nicht allen beweisen, wie toll wir sind, sondern sollen uns selbst beweisen, dass wir es schaffen – wenn nicht sofort, dann etwas später und vielleicht anders, aber mit dem gewünschten Ergebnis."

Herr B.

10.9 Herr B.

- ist 73 Jahre alt und nach zwei Scheidungen alleinstehend
- hat aus zweiter Ehe zwei Kinder
- ist aufgrund seiner Herzerkrankung stark eingeschränkt
- hatte privat wie beruflich ein bewegtes Leben
- findet Halt im Glauben und in seiner Kirchengemeinde

„Mit Leib und Seele Uhrmacher"

Herr B. blickt auf ein abwechslungsreiches Berufsleben zurück. Nachdem er das Gymnasium in der 9. Klasse ohne Schulabschluss verlassen hatte, konnte er seine eigentlichen Berufswünsche, nämlich Architekt oder Radiotechniker, nicht umsetzten. Eher zufällig wurde Herr B. dann Uhrmacher – ein Beruf, der ihn durch die ganze Bundesrepublik, in unterschiedliche Unternehmen und verschiedene Positionen geführt hat: „Die Uhrmacherei war das, um das sich alles gedreht hat, egal ob ich jetzt nur verkauft habe, ob ich gereist bin, ob ich Uhren repariert habe oder gebaut habe. Ich habe immer mit Uhren zu tun gehabt. Das heißt also, das Zentrum, um das mein Leben sich ab meinem 15. Lebensjahr gedreht hat, war immer die Uhr. Und das ist heute noch so. Ich bin heute noch mit Leib und Seele Uhrmacher, aber eben außer Dienst."

Seine jetzige Lebensphase als Rentner empfindet Herr B. als reine Freizeit: „Also, man könnte sagen, ich habe jetzt einfach Freizeit. Früher hatte ich keine: Ich war mindestens zwölf Stunden pro Tag außer Haus, ich hatte ein Haus mit 150 Quadratmetern zu versorgen, ich hatte einen Garten mit 1000 Quadratmetern zu versorgen, ich hatte pubertierende Kinder zu versorgen. Ich hatte keine Freizeit. Jetzt habe ich Freizeit, und das nutze ich schamlos aus. Wie oft sitze ich da, die Füße auf der Tischkante mit einem Buch vor mir und lese einfach nur und genieße das."

Dementsprechend frei gestaltet sich der jetzige Tagesablauf von Herrn B.: „Ich stehe auf, wenn ich wach werde. Ich stehe ungern mit Wecker auf. Das passiert relativ selten, eigentlich hauptsächlich am Sonntag, wenn ich in die Kirche will, muss ich mit dem Wecker aufstehen, sonst schaffe ich es nicht. Und zu spät kommen, ist nicht mein Ding. Dann mich herrichten, frühstücken, ausgiebig lange und ohne jede Hetze. Es gibt kein Muss. Und ansonsten vertreibe ich mir die Zeit, womit auch immer. Langeweile kenne ich nicht. Mittagessen gibt's, wenn der Hunger mich ruft, dann wird gekocht, dann gibt's was zu essen. Das ist mit allen Mahlzeiten so. Also ohne Hunger gibt's keine Mahlzeit. Ich bin keiner, der nach der Uhr lebt. Auch wenn ich eigentlich mein Leben lang mit Uhren zu tun hatte."

Kein Glück in der Liebe

Das Beziehungsleben von Herrn B., der mehrfach verheiratet war und zahlreiche Beziehungen hatte, kann durchaus als bewegt bezeichnet werden: „Und ich hatte immer mal wieder zwischendurch Freundinnen. Ich hatte sehr anstrengende Freundinnen, und ich hatte sehr liebevolle Freundinnen. Das waren schon teilweise länger dauernde Beziehungen. Ich war noch nicht ganz geschieden, da habe ich zum Beispiel eine Lehrerin kennengelernt, mit der ich vier Jahre lang ein Paar war. Nur, wir haben halt eine Wochenendbeziehung geführt. Entweder das Wochenende bei ihr oder, wenn ich die Kinder hatte, dann war das Wochenende bei mir. Ja und dann kam irgendwann zwischendurch eine gelernte Fotografin. Die Fotografin wurde abgelöst im fliegenden Wechsel, da war ich der Flieger, der sie in die Wüste geschickt hat, weil mir die Frau zu anstrengend wurde. Ich bin umgestiegen auf eine junge Ärztin, die ich in der S-Bahn auf dem Weg zur Arbeit kennengelernt habe, und die hat mich dermaßen fasziniert, dass diese Fotografin plötzlich nicht mehr wichtig war. Dann war ich vier Jahre mit dieser Ärztin liiert, die aber immer von Anfang an mehrgleisig fuhr. Das heißt, ich war in der Zeit immer nur der Zweitmann. Das ging so, bis ich stillgelegt wurde."

Familie wäre Herrn B. „unter normalen Umständen eigentlich wichtig" gewesen, seit zwanzig Jahren lebt Herr B. jedoch alleine: „Das ist ganz bestimmt nicht mein Ziel gewesen, ganz sicher nicht, denn ich bin eigentlich mehr ein Wir-Mensch. Aber wenn's kein Wir gibt, was macht man dann? Dann muss man lernen, sich selber genug zu sein, sich selbst zu lieben." Herr B. hat aus einer seiner Ehen zwei Kinder, zu denen er zu seinem Bedauern wenig bzw. kaum Kontakt hat: „Einen regelmäßigen Kontakt habe ich nur noch zu meiner Tochter und deren Familie. Die wohnt fünfzig Kilometer entfernt. Die Kinder von meiner Tochter und meinen Schwiegersohn, die liebe ich heiß und innig, und wann immer ich sie erleben darf, bin ich glücklich. Ich hätte sie gerne viel näher bei mir. Meinen Sohn sehe ich, wenn ich ihn zufällig mal auf der Straße treffe, was aber relativ selten vorkommt. Der wohnt drei Kilometer Luftlinie von mir, aber wir haben zurzeit keinen Kontakt. Das Verhältnis zu ihm ist gestört. Seit Neuestem schreibt er mich aber per WhatsApp gelegentlich an, um sich zu erkundigen, wie es mir geht, weil meine Tochter ihn darauf hingewiesen hat, dass ich um ein Haar kürzlich verreckt wäre."

Musik im Blut

Das Leben von Herrn B. hat sich auch immer um Musik gedreht: „Meine Leidenschaft war seit jeher schon immer die Musik, weil ich da sehr flexibel bin, also Querbeet, ausgenommen schwere Klassik und Zwölftonmusik; also Country, Schlager, Rock and Roll, Reggae. Volksmusik eher weniger, vor allem das, was man landläufig als Volksmusik bezeichnet, betrachte ich als Pseudovolksmusik. Das ist Trallala, und für Trallala war ich noch nie zu haben." Vielschichtig wie sein Musikgeschmack sind auch die Formen, in denen Herr B. seine Leidenschaft für Musik ausgelebt hat, sei es als Sänger, Tänzer, DJ oder Gitarrist: „Ich war früher ein begeisterter Sänger und habe Power-Gesang noch und noch gemacht. Ich war zum Beispiel in einem Club DJ, zu einer Zeit, als es den Begriff noch gar nicht gab. Aber wenn Musik gemacht wurde, dann war ich derjenige, der die Platten aufgelegt hat. Ich kam mit einer Kiste voller Platten und habe dafür gesorgt, dass die Leute toben konnten. Ich habe dem Rock and Roll den Boden bereitet in diesem Club. Plötzlich war Rock and Roll hoffähig und alle haben Rock and Roll getanzt. Und ich habe Line Dance gelernt und hatte auch teilweise hier meine eigenen zwei Line Dance-Gruppen, mit denen ich unterwegs war, wo wir dann Showtanz gemacht haben, wo wir Auftritte hatten. Ich hatte meine tragbare Musikanlage. Und damit sind wir rumgereist und haben Auftritte und Kurse gemacht."

Gerne würde Herr B. auch „im Gospelchor mitsingen", was ihm aber aus gesundheitlichen Gründen nicht möglich ist. Auch sein Wunsch, in einer Band Musik zu machen, ließ sich bisher nicht umsetzen: „Was ich gerne machen würde, aber nicht alleine, wo ich einfach Mitspieler bräuchte, das steht da (zeigt auf mehrere Gitarren). Ich spiele viel zu wenig, weil es eben alleine langweilig ist. Du machst immer nur das Gleiche, du brauchst irgendjemanden, der dir von außen Impulse gibt. Ich habe vor zwei Jahren für ein Vierteljahr ein Inserat eingestellt: ‚Angehender Senior sucht Mitspieler. Ziel: Rock and Roll bis Reggae. Altersspektrum zwischen 50 und 70.'

Es hat sich keiner gemeldet! Ich wollte eigentlich eine Hobbyband aufziehen, die im Wohnzimmer spielt."

Halt im Glauben

Herr B. hat über seinen Sohn zum Glauben gefunden: „Zum Glauben bin ich vor ungefähr 15 Jahren gekommen, in der Konfirmandenzeit meines Sohnes. In dieser Zeit musste ich meinen Sohn fahren, wir haben damals in einer kleinen Ortschaft gewohnt, und die zuständige Kirchengemeinde war ein bisschen entfernt. Ich musste meinen Sohn immer zu den Konfirmandentagen hinfahren und wieder abholen. Meistens bin ich mit dem Hund spazieren gegangen. Aber es gab auch Tage, wo mein Sohn in die Kirche zum Gottesdienst musste, und es gab da auch Tage, wo es weder dem Hund noch mir Spaß gemacht hätte, draußen rumzulaufen. Und da habe ich mich hinten in die Kirche gesetzt. Und irgendwann mal habe ich auf diese Weise eine Predigt vom Pfarrer mitgekriegt, wo ich mich ganz persönlich angesprochen gefühlt habe und dabei den Gedanken hatte: ‚Der kennt mich doch gar nicht. Wie kann der eine Predigt so genau auf mich zuschneiden?' Und das hat mich neugierig gemacht, und dann bin ich immer öfters hinten drin in der Kirche gesessen. Und da sitze ich heute noch. Und ich bin heute noch begeistert von seinen Predigten. Aber ich bin genauso begeisterter Zuhörer bei allen anderen Predigten. In diese Gemeinde bin ich ganz langsam reingewachsen. Irgendwann mal hat mich der Pfarrer aufgefordert: ‚Ein mehrtägiges geistliches Seminar, das wäre doch was für Sie!' Ich habe mich ein bisschen fremd gefühlt bei diesem Seminar, aber es war für mich unheimlich spannend, weil ich Sachen kennengelernt habe, wie zum Beispiel das Sprachengebet. Das kannte ich überhaupt nicht. Ich war auch nicht in der Bibel versiert, ich wusste nicht, was das alles ist. Ich bin plötzlich konfrontiert worden mit einer Innigkeit, die hat mich erst überfordert und dann hat es mir total imponiert. Und so bin ich nach und nach immer tiefer reingerutscht in diese Gemeinde und in das, was in dieser Gemeinde an Besonderem passiert. Da geht man nicht nur hin, hört sich eine Predigt an und geht wieder heim. Da erlebt man was und das hat mich fasziniert. Schließlich bin ich mit immer mehr Menschen in engeren Kontakt gekommen."

Der Glauben strukturiert mittlerweile das Leben von Herrn B.: „Und heute bin ich ein fester Bestandteil in dieser Gemeinde. Ich bin aktuell in zwei Hauskreisen. Wir lesen in der Bibel, sprechen darüber, besprechen aber auch Tagesprobleme, singen, beten und lachen viel. Inzwischen bin ich ein praktizierender, gläubiger Christ."

Durch Krankheit eingeschränkt

Einen wirklichen Einschnitt in sein Leben erfährt Herr B. mit seiner Herzerkrankung. Mehrere Herzinfarkte haben Herrn B. „völlig aus der Bahn geschmissen, plötzlich ging nix mehr." Herr B., der vor seiner Erkrankung „ein wilder Sportler" war und „immer ans Limit ging", muss seither mit erheblichen Einschränkungen leben: „Egal was ich gemacht habe, es musste immer schnell sein. Den Berg rauf rennen mit einem Rucksack auf dem Buckel, das habe ich früher gerne gemacht. Das kann ich heute nicht mehr, mir fehlt die Luft dazu. Das heißt, ich muss mich zwangsläufig mit körperlichen Einschränkungen abfinden und davon nicht zu knapp."

Herr B. ist immer noch sichtlich bewegt von seiner Krankheitserfahrung: „Ich habe wirklich das beschissenste Jahr meines Lebens hinter mir. Ich bin mindestens dreimal, eher viermal in meinem Leben vom Schaufelrand gehüpft, und das letzte Mal war es wirklich knapp. Ich habe für den Weg zum Einkaufen und zur Apotheke, das sind 700 m, statt zehn Minuten eine Dreiviertelstunde gebraucht, weil ich alle 100 m stehen geblieben bin und nach Luft gejapst habe. Ich konnte nicht mehr, und der Heimweg war genauso mühsam. Und da hat man festgestellt: 90 Prozent Stenose. Meine EKG-Ergebnisse waren so schlecht, dass ich am übernächsten Tag den zweiten Stent bekommen habe. Dann bin ich mit einer beschissenen Medikation entlassen worden. Ich wurde mit Nasenbluten entlassen, und das hörte überhaupt nicht auf. Das ging insgesamt drei Wochen lang, damit habe ich Gewicht verloren, konnte gar nichts mehr planen, lag Heilig Abend flach, weil ich von morgens elf bis abends sieben durchgehend Nasenbluten hatte. Es war dann wieder mal ein, zwei Tage gut, aber dann bin ich mit einem so niedrigen Hämoglobinwert mit dem Notarzt in die Klinik gefahren worden, dass mein Kardiologe hinterher, als er die Werte gesehen hat, gesagt hat, ich hatte noch maximal eine Stunde Zeit zu leben."

Nach diesen lebensbedrohlichen Erfahrungen zeigt Herr B. sich mit seinem derzeitigen Gesundheitszustand weitgehend zufrieden: „Eigentlich bin ich ganz zufrieden mit dem, was nach meinen Infarkten an Gesundheit noch übrig blieb, weil außer meinem Herzen ist alles perfekt bei mir. Nur mein Herz ist halt so geschädigt durch den Infarkt; der hat halt nur noch ein Drittel Herz übrig gelassen. Und das bedeutet, wo ich früher Luft hatte ohne Ende, eine Luftmatratze aufblasen kein Problem, ist es heute so, dass ich so kurzatmig bin, dass schon das Vorlesen von Abschnitten aus der Bibel mir manchmal Mühe macht, weil mir mitten im Wort die Luft weg bleibt." Der Erhalt seiner Gesundheit steht daher auf der Wunschliste von Herrn B. ganz oben: „Dass meine Gesundheit so wie sie jetzt ist, stabil bleibt. Das ist mein größter Wunsch."

Denn, so das Fazit von Herrn B.: „Ich bin eigentlich schon sehr zufrieden. Mein Leben war bunt, und zwar richtig bunt."

10.10 Frau L.

Frau L.

- ist 84 Jahre alt und lebt in einer Großstadt
- bekommt trotz beträchtlicher Gesundheitsprobleme keine Unterstützung aus der Pflegekasse
- möchte möglichst bis an ihr Lebensende in der eigenen Wohnung bleiben
- hat Sohn und Mann verloren
- fand liebe Menschen, die ihr beistehen
- war mit Ende 70 noch einmal richtig verliebt

„Wir sind Eintagsfliegen"

Frau L. freut sich, dass sie noch in ihrer eigenen Wohnung leben kann und dass sie trotz ihrer körperlichen Beeinträchtigungen geistig präsent ist: „Ich fühle mich irgendwie noch nicht wie 84. Körperlich ja, aber nicht geistig. Im Haushalt kann ich zwar nicht mehr viel machen, da brauche ich auch Hilfe. Aber es macht mir Freude, dass ich noch selbst entscheiden kann, wann und wie ich etwas machen will."

Frau L. hat teilweise gravierende Gesundheitsprobleme. Sie hat eine schwere Herzoperation hinter sich, Osteoporose, Schwindelanfälle und auch Darmkrebs. Zudem erzeugt eine Verengung des Wirbelkanals im Rückenmark Schmerzen bei der Bewegung: „Da drückt alles auf den Nerv und macht dann diese Rückenschmerzen. Die eine Hand ist deshalb halb taub und manchmal auch das Bein. Und das andere Bein fängt jetzt auch an. Dazu kommt das Kribbeln in den Beinen, ‚Restless-Legs' heißt das. Wenn ich das erst abends kriege, dann ist es ja nicht so schlimm. Aber manchmal fängt das auch am Nachmittag an. Und das ist schrecklich. Dann ist die Sturzgefahr auch größer. Dagegen hilft nichts. Ich habe schon so viel ausprobiert. Auch das Ablenken mit Herumgehen in der Wohnung nützt dann nichts. Das ist sehr nervig. Einmal bin ich schon gefallen. Da war ich sehr schlecht dran, und habe meinen Arzt angerufen. Der sagte mir: ‚Rufen Sie die 112 an und gehen Sie ins Krankenhaus'. Da habe ich die 112 angerufen und ging noch an den Schrank und wollte ein Nachthemd rausholen, und dann liege ich auf einmal vor dem Bett. Da war hier auf der Seite von der Hand an alles gelähmt. Ich hatte aber das Telefon in der Hand und konnte noch mit den Sanitätern telefonieren. Die fragten mich, ob ich die Tür aufkriege, wenn sie gleich kommen. Ich bin dann auf der Seite vom Bett bis zur Tür gerobbt. Aber ich kam nicht an den Drücker, zehn Zentimeter fehlten. Dann musste auch die Feuerwehr noch kommen und die Tür aufmachen."

Die gesundheitlichen Beeinträchtigungen von Frau L. bestimmen auch ihren Tagesablauf: „Ich stehe morgens auf, mache mich im Bad fertig, dann lege ich mich wieder eine halbe Stunde hin. So beginnt mein Tag. Dann mache ich mir Frühstück. Wenn ich nichts vorhabe, lege ich mich bis mittags wieder hin. Ich hatte mir vorgestern eine Gemüsesuppe gekocht. Davon habe ich drei Tage gegessen. Viel aufzuräumen ist ja auch nicht. Man lässt nicht viel stehen. Man räumt alles gleich wieder weg. Heute habe ich mich auch nach dem Essen wieder eine halbe Stunde hingelegt und dann bin ich um halb drei aufgestanden. Wenn ich viel liege, dann geht es mit den Schmerzen. Ich trage auch ein Morphium-Pflaster. Die Schmerzen kommen schnell, etwa wenn ich an der Spüle stehe oder am Herd zum Kochen. Deshalb habe ich in der Küche einen Bürostuhl. Mit dem kann ich alles im Sitzen machen und auf den Rollen auch mal von da nach dort fahren. Natürlich muss ich auch mal aufstehen. Aber wenn ich viel stehe, wird das im Rücken so schlimm, dass ich gar nichts mehr kann. Dann muss ich mich hinlegen. Oder ich gehe mit dem Rollator langsam ein paar Mal durch die Wohnung. Schön gerade. Dann lassen die Schmerzen nach."

Leistungen aus der Pflegekasse erhält Frau L. trotz zweimaligen Antrags aber nicht: „Bei der Pflegeeinstufung gibt es das Kriterium, dass man täglich mehr als 45 Minuten Hilfe bei der Körperpflege braucht. Das erfülle ich noch nicht. Das Waschen klappt noch alleine, nur das Duschen und das Haare waschen nicht." Deshalb trägt sie die Kosten für die Putzfrau, für Massagen und Osteopathie vollständig selbst. „Aber das ist mir das auch wert. Das kann ich noch so eben. Mein erspartes Geld wird jetzt eben verbraucht."

Frau L. macht sich keine Sorgen, dass die Ersparnisse nicht reichen könnten. Sie geht davon aus, dass sie nicht mehr lange leben wird: „Ich habe jetzt wieder ein Aneurysma im Herzen und ein zweites im Bauch. Darum wurde auch das blutverdünnende Mittel abgesetzt, weil die Gefäße schon undicht sind. Nun warte ich darauf, dass das Aneurysma reißt. Ich lasse mich nicht mehr operieren. Der Arzt sagte auch, das wäre eine noch schwerere Operation als die vorige. Na ja, und dann habe ich gesagt: ‚Ich will auch keine hundert Jahre alt werden mit dem Herzen'. Mein Mann hatte ja auch ein Aneurysma im Herzen. Das geht ganz schnell, wenn man daran stirbt. Und das finde ich eigentlich gut, wenn es bei mir auch so ist. Im Bericht steht nun, dass ich alles abgelehnt habe, aber auch Bescheid weiß über die Gefahr, dass es reißt, und, und, und."

Der Gedanke an den Tod schreckt sie dabei nicht: „Wenn ich gleich weg bin, dann ist es gut. Ich habe auch schon alles bereit liegen. Ich will dann das Kleid anhaben, das ich auf der Hochzeit unseres Sohnes getragen habe, ein langes blaues Kleid. Ich habe schon alles für meine Bestattung selbst geregelt."

Durch den Verlust vieler Menschen aus ihrem Umfeld fühlt Frau L. sich mehr und mehr als Übriggebliebene, deren Lebenshorizont eng begrenzt ist: „Viele, die für mich wichtig waren, sind nicht mehr. Sie sind alle tot. Und den Verlust, den merke ich jetzt immer mehr. Sie fehlen mir. Mir fehlt auch das, was wir gemeinsam unternommen haben. Es starb einer nach dem anderen. Auch die von unserem Kaffeekränzchen sind nicht mehr da oder sind dement geworden oder im Heim. Eine ist noch da, und sie kommt noch ab und zu hierher. Aber wir sind ‚Eintagsfliegen'. Wir leben von einem Tag auf den nächsten, so meine ich das. Ja, wir sind ‚Eintagsfliegen'."

„Das gibt mir Freude"

Frau L. gelingt es, solche Gedanken und auch die Gefühle der Einsamkeit, die sie zuweilen bedrängen, zu beherrschen. Über vieles in ihrem Leben kann sie sich herzlich freuen: „Ich freue mich, wenn ich Besuch bekomme. Wenn etwa Bekannte kommen und wenn wir dann Karten spielen. Das ist ja auch etwas für die grauen Zellen. Freuen kann ich mich aber auch über einen Telefonanruf. Dafür hat man das Handy ja. Essen macht mir auch noch immer Spaß. Ich koche noch selber. Ich freue mich, wenn ich zum Einkaufen gefahren werde oder zum Essen beim Chinesen. Dann mache ich gerne Kreuzworträtsel. Aber nicht nur die einfachen, diese Zahlenkreuzworträtsel. Am liebsten löse ich Symbolrätsel, und die kriege ich auch immer alle raus. Bei manchen sitze ich auch manchmal zweimal oder dreimal dran. Aber ich lasse nicht locker, bis ich alles gelöst habe. Das macht mir wirklich Spaß."

„Lesen kann ich nicht mehr so gut. Ich bin zwar an den Augen operiert, aber das mache ich trotzdem nicht so gerne. Ich bin auch kein großer Fernsehgucker. Ich liege dann lieber und höre Radio. Wenn ich morgens wach werde, schalte ich schon das Radio am Bett ein. Und auch beim Frühstückmachen läuft das Radio in der Küche. Hier im Wohnzimmer habe ich auch ein Radio. Und wenn ich nachts mal nicht schlafen kann, dann mache ich auch das Radio an, ganz leise, dass man keinen stört. Da höre ich dann am liebsten Musik. Die lenkt mich ab. Sie beruhigt mich und gibt mir Freude. Dann vergeht die Zeit auch schneller. Das gehört so zu meinem Tag. Der eine guckt schon früh Fernsehen. Ich höre noch gut, da geht Radio besser. Neulich hat der Ohrenarzt auch gesagt: ‚Sie hören ja noch wie ein Luchs!' (lacht)."

„Damals war das so"

Frau L. wurde in Ostpreußen geboren. Ihr Vater war Maurer. Als einziges Kind ihrer Eltern erlebte sie eine unbeschwerte Kindheit: „In unserer Siedlung lebten ausschließlich junge Leute mit Kindern. Wir hatten es da sehr schön. Wir hatten einen Teich, auf dem ich Schlittschuhlaufen lernte, hatten Katzen, Schweine, Enten und einen schönen Garten. Alle Verwandten wohnten da."

Das Leben änderte sich jedoch abrupt am Ende des Krieges. Die damals erst 14-Jährige wurde von ihrer Mutter getrennt; der Vater war noch im Krieg: „Meine Mutter hatte schon vorher gesagt: ‚Wenn wir getrennt werden, das überlebe ich nicht.' Aber das will man ja nicht wahrhaben. Auf einmal kommen dann die Russen und nehmen mich mit. Und dann habe ich mich nur noch einmal umgedreht und habe noch geschrien: ‚Mutti, Mutti'. Na ja, dann kriegt man eins ins Kreuz und weg. Meine Mutter habe ich nie wiedergesehen."

Frau L. kam als Hilfskraft auf einen Bauernhof und musste dort auch für die russischen Soldaten nähen. Erst nach einem Jahr fand sie durch einen großen Zufall ihren heimgekehrten Vater wieder. Nach zwei weiteren Jahren folgte für Frau L. und ihren Vater die Vertreibung aus Ostpreußen: „Wir kamen in einen Viehwaggon, der verplombt wurde. Keiner konnte rein oder raus. Der Waggon war horizontal geteilt. Mein Vater und ich haben auf der oberen Pritsche gelegen, so ein Schlitz war das Fenster. Unten stand in der Mitte ein Eimer; dort konnten wir unsere Notdurft verrichten. Vorher hatte ich zwei Monate in einer Bäckerei gearbeitet. Dort brachen sie immer eines der Brote aus dem Ofen durch, um zu sehen, ob es gar ist. Und als Lohn hatte ich täglich zwei dieser Probebrote bekommen. Die hatte mein Vater geschnitten und getrocknet. So hatten wir einen halben Kopfkissenbezug voll mit getrocknetem Brot als Verpflegung für unterwegs."

„Mit dem Viehwaggon sind wir nach Dessau gekommen. Dort mussten wir zwei Wochen auf Stroh schlafen und in Quarantäne bleiben. Anschließend kamen wir in die Nähe von Stendal. Da sagte mein Vater: ‚Wir sehen zu, dass wir hier von den Russen wegkommen, möglichst zur Grenze'. Mein Vater hatte dort ausgekundschaftet, wo man rüber in den Westen konnte. Nachts sind wir dann zur Grenze, nur wir beide und eine Frau. Da waren ein kleiner Bach und eine Brücke, an der auch die Posten standen. Bei der Ablösung gingen die Posten zu ihrer Unterkunft und dann kamen erst die nächsten heraus. Und in den paar Minuten war der Grenzübergang nicht bewacht. In dieser Zeit mussten wir drüben sein. Wir sind also schon ein paar Meter gelaufen und hörten plötzlich, dass welche kommen. Da haben wir uns schnell in den Graben geschmissen. Aber die hatten das bemerkt. Sie fanden uns und sagten: ‚Nein, Ihr braucht keine Angst mehr zu haben, Ihr seid im Westen'. Wir hatten es geschafft."

Das Leben im Westen begann für Frau L. mit viel Arbeit. Die bei Kriegsende unterbrochene Realschule konnte sie nicht abschließen: „Ich hätte bei Kriegsende ja noch zwei Jahre zur Schule gehen müssen. Aber als wir dann hierher in den Westen kamen, da war ich ja schon 17. Da hat kein Mensch mehr nachgefragt. Deshalb habe ich auch keinen Realschulabschluss, auch keinen Hauptschulabschluss und überhaupt kein Abschlusszeugnis. Damals war das so. Das war alles wegen des Krieges. Mein Vater hat nur gesagt: ‚Du musst aber noch konfirmiert werden, sonst kannst du nicht kirchlich heiraten'. Das war ihm wichtig."

„Eigentlich wollte ich eine Lehre als Schneiderin machen. Meine Mutter war ja gelernte Schneiderin und mir lag das auch. Aber mein Vater sagte: ‚Wenn Du jetzt in die Lehre gehst, dann kriegst Du im Monat 25 Mark. Wenn Du aber in die Fabrik gehst, dann kriegst Du in der Woche 25 Mark'. Ich fand dann auch gleich Arbeit in der Fabrik und habe zuerst in einer Spinnerei in Helmstedt gearbeitet. Dort bin ich immer sehr gut fertig geworden und bekam auch den Akkordlohn. Dann hat sich mein Vater hierher versetzen lassen."

Mit Mitte 20 heiratet Frau L.: „Ich habe meinen Mann hier auf der Kirmes kennengelernt. Das war Liebe auf den ersten Blick. Ein wunderschönes Erlebnis. Zuerst mussten wir noch getrennt wohnen, denn damals durfte man ja noch nicht unverheiratet zusammenwohnen. Erst nachdem wir geheiratet hatten, konnten wir zusammenziehen, erst in ein Mansardenzimmer. Nach zwei Jahren bekamen wir dann diese Wohnung hier in der westlichen Innenstadt, in der ich jetzt immer noch lebe. Im Oktober werden das 60 Jahre."

„Zunächst habe ich dann noch fünf Jahre in einer Brauerei gearbeitet, weil ich das so wollte. Erst nach fünf Jahren haben wir dann geplant, dass ich schwanger wurde, und das hat auch gleich geklappt. Als unser Junge dann geboren wurde, sagte mein Mann: „Jetzt hörst Du aber auf zu arbeiten". Und dann habe ich auch nicht mehr gearbeitet, bis unser Sohn zehn Jahre alt war." Ihre Tätigkeiten hat Frau L. bis ins höhere Alter weitergeführt. In einer Änderungsschneiderei arbeitete sie bis zum Ende des 70. Lebensjahrs, als Haushaltshilfe in einer Zahnarztfamilie, bis sie 77 Jahre alt war.

„Der Verlust war ganz schlimm"

Große Einschnitte im Leben von Frau L. waren der Verlust ihres Sohnes und ihres Mannes. Ihr Sohn starb im Alter von 29 Jahren an einer Krebserkrankung: „Sein Tod war trotz der schweren Krankheit dann doch sehr plötzlich und sehr schwer. Es hat geholfen, dass ich meinen Mann noch hatte. Wir haben uns gegenseitig gestützt in unserer Trauer. Ja, das hat fast drei Jahre gedauert, bis wir wieder halbwegs normal leben konnten. Der Verlust war ganz schlimm. Weihnachten existierte für uns gar nicht mehr. Geburtstag noch, ja, eine Kleinigkeit als Geschenk. Wir sind auch in Urlaub gefahren, aber wir waren immer etwas traurig."

Der nächste große Verlust für Frau W. war dann der Tod ihres Mannes: „Drei Jahre und drei Monate später starb mein Mann. Er war eigentlich immer der schwächere Teil von uns beiden. Er hat wirklich gelitten und den Verlust unseres Sohnes nie richtig überwinden können. Er ist, so der Arzt, an einem Aneurysma im Herzen gestorben. Sein alter Arzt hat zu mir gesagt: ‚Ihr Mann hatte poröse Adern'. Ja, und das habe ich jetzt auch. Ebenfalls am Herzen und auch im Bauch. Ja, Zufall. Na ja, das ist so."

Großer Rückhalt in schweren Zeiten

In der folgenden Zeit haben sich viele Menschen um Frau L. gekümmert: „Meine Freundinnen vom Kaffeekränzchen haben mir sehr geholfen, auch meine Schwiegertochter, auch Freunde aus dem Teutoburger Wald. Auch die Zahnärztin, bei der ich arbeitete. Und auch die alte Dame, die ich betreut habe."

Besondere Zuwendung und Hilfe fand Frau L. bei zwei Frauen, denen sie in den folgenden Jahren begegnete: „Anna ist eine Russlanddeutsche. Ich habe sie vor über zwanzig Jahren im Krankenhaus kennengelernt, im Oktober, nachdem mein Mann im Januar gestorben war. Wir haben damals zwei Tage zusammen auf einem Zimmer gelegen. Mit ihr ist dann eine innige Freundschaft entstanden, so eine ehrliche Freundschaft, die auch ihre Schwester und die ganze Familie mit einbezieht. Die Fotos hängen hier bei mir im Flur. Die eine Schwester wohnt in A. und die andere in N. Die eine hat zwei Kinder, die andere hat einen Sohn. Für diese Kinder und die anderen aus der Familie der Russlanddeutschen war ich immer die Tante Ruth. Die sind einfach einmalig. Da habe ich immer viel Freude gehabt. Die sind alle wie meine eigene Familie. Für mich sind sie meine zweite Familie geworden."

In den Monaten nach dem Tod ihres Mannes fand Frau N. noch eine zweite Freundin, die ebenfalls zu dieser Zeit ihren Mann verloren hatte: „Ich hatte auch eine Bekannte gleich hier in der Nähe. Ihre Tochter und unser Sohn waren zusammen im Kindergarten, sie arbeitete bei Edeka. Ich hatte meinen Mann im Januar verloren und sie ihren Mann im Dezember. Und dann haben wir uns unterwegs mal getroffen, und ich habe ihr mein Beileid ausgesprochen. So kamen wir zusammen. Wir kamen immer mehr in Kontakt, trafen uns, redeten miteinander. Wir sind dann zusammengeblieben und haben viel miteinander unternommen. Wir sind auch gemeinsam in Urlaub gefahren. So hatte ich nochmals eine Freundin gefunden. Leider ist sie gerade vor drei Wochen auch gestorben. Ja, sie fehlt mir jetzt. Wir haben zum Schluss nur noch telefonieren können, aber das genügte ja. Wir haben uns dann auch hin und wieder an früher erinnert."

Heute kümmert sich auch eine Studentin um Frau L., die ihr durch den Nachbarschaftstreff vermittelt wurde: „Julia ist ein tolles Mädchen. Ich bin ganz begeistert von ihr. Wir haben uns beide auf Anhieb verstanden. Das ist eine richtig liebevolle Beziehung zwischen uns beiden, gegenseitig. Wir fahren gemeinsam einkaufen, im Sommer zum Beispiel nach H. Dann haben wir da auch mal einen Kaffee getrunken oder ein schönes Eis gegessen. Anfangs habe ich sie auch öfter zum Mittagessen eingeladen und gekocht. Dann sind wir auch mal zum Chinesen. Vor vierzehn Tagen hat sie mich zum Arzt begleitet, und dann sind wir zum Kaufhof nach oben zum Mittagessen. Und nachher hat sie mich wieder schön nach Hause gebracht. Es ist wirklich toll."

Mit 78 Jahren, fast zwei Jahrzehnte nach dem Tod ihres Mannes, hatte sie sogar noch einmal eine neue Beziehung: „Wir waren etwas mehr als ein Jahr zusammen, haben allerdings nicht zusammen gewohnt. Er wohnte hier in der Nähe, und ich bin jeden Vormittag zu ihm gegangen und habe für uns beide gekocht. Wir hatten viel Zeit für uns. Wir haben dann zusammen Radio gehört und waren oft zusammen spazieren. Abends bin ich dann wieder nach Hause gegangen. Das war sehr schön. Liebe ist in diesem Alter wie eine Gnade, die man noch erlebt. Oder eine Dankbarkeit, die man hat. Dieses Zusammensein, die Innigkeit, also das ist unwahrscheinlich. Das war etwas sehr, sehr Schönes. Aber er hat sich dann eine Jüngere genommen (lacht). Na ja, seine Nichte wurde Witwe, mit 72 Jahren, und die hatte er schon immer geliebt, hieß es. Deshalb wollte er nun endlich mit ihr zusammen sein. Dann haben wir uns ausgesprochen und ich bin gegangen. Also, auch Alte können noch Trennungsgespräche haben."

Auch weil sie Erinnerungen an solche schönen Begegnungen hat, ist Frau L. alles in allem mit ihrem heutigen Leben nicht unzufrieden: „Natürlich merke ich, dass jetzt viel verloren ist, was mal war. Aber die Erinnerungen sind da. Ich bin auch zufrieden mit dem, was jetzt noch da ist und was noch geht. Es gibt ja so viele, die alleine leben müssen, und wenn man irgendwo an der Straße sitzt, dann kann man sehen, wie verbittert manche sind. Ich sage immer, ein freundliches Gesicht ist nicht schwerer zu halten als ein verbittertes Gesicht."

Herr B.

10.11 Herr B.

- ist 71 Jahre alt und lebt mit seiner Frau in einer Eigentumswohnung
- engagiert sich seit über fünfzig Jahren in der SPD
- war Personalrat und Betriebsrat
- lebt für die Familie
- ist aktiv, vielseitig interessiert und gesellig

Einfach die Freiheit genießen

„Meine jetzige Lebensphase wird gekennzeichnet durch wenige Verpflichtungen und die Freiheit, das zu machen, was ich möchte.“

Herr B. ist mit 57 Jahren unter Nutzung der Vorruhestandsregelung vorzeitig aus dem Beruf ausgeschieden. Auf seine wirtschaftliche Situation hatte dieser Schritt keinen Einfluss: „Mit unserer wirtschaftlichen Situation bin ich sehr zufrieden. Da sowohl ich als auch meine Frau Beamte waren, konnten wir ja schon immer berechnen, wie es im Ruhestand aussehen würde, und wir wussten, dass wir auch dann unser Auskommen haben würden. Im täglichen Leben müssen wir uns nicht einschränken. Wenn halt ein neues Auto angeschafft werden muss oder eine andere große Anschaffung ansteht, müssen wir halt schauen, wie wir das bewerkstelligen.“

Diese finanzielle Sicherheit ermöglicht es Herrn B., die Freizeit uneingeschränkt zu genießen: „Abends treffen wir uns mal mit Freunden, die Freunde kommen hierher, wir essen zusammen, wir schwätzen zusammen, gucken auch mal fern, oder wir gehen gemeinsam ins Theater, in eine Komödie oder auch ins Kino, oder wir gehen mal zusammen in eine Gaststätte zum Essen.“ Seine Freizeitbeschäftigungen bereiten ihm Spaß und sind frei von jeglicher Art von Verpflichtung. Auch die häufigen Treffen mit den Enkeln, die bereits studieren, sind für Herrn B. Anlass zur Freude: „Mit den Enkeln haben wir immer Glücksmomente, die sind einfach fantastisch.“

Eingebettet sind die Freizeitbeschäftigungen von Herrn B. in einen abwechslungsreichen Alltag: „Mein Alltag kann verschieden aussehen. Er ist aber immer mit längerem Schlafen verbunden, er ist mit intensivem Zeitungslesen verbunden, dann gibt es so Sachen wie einkaufen gehen mit meiner Frau zusammen und Verabredungen, die man hat, wahrnehmen. Meine beiden Enkel studieren ja, aber wenn sie Zeit haben, kommen sie zum Frühstück. Manchmal sind von mir auch kleinere Reparaturen im Haushalt zu machen, was halt so anfällt.“

Aber auch hier gilt: „Einfach die Freizeit genießen. Früher hatte ich ja auch viel weniger Freizeit. Die wenige Freizeit habe ich dann vorwiegend mit Frau, Tochter, Schwiegersohn und den damals noch kleinen Enkelkindern verbracht. Heute ist das eben anders. Man kann alles, was einem angeboten wird, wahrnehmen. Mal ruft mich beispielsweise ein Freund an, fragt ob ich mit ihm ausgehe. Dieses Spontane war ja früher überhaupt nicht möglich, weil ich beruflich so ausgelastet war.“

Mit Leidenschaft Sozialdemokrat

Die freie Zeit nutzt Herr B. auch für sein ehrenamtliches Engagement in der Politik. Vor 52 Jahren ist Herr B. in die SPD eingetreten, Auslöser war der Besuch einer Wahlkampfveranstaltung mit Willy Brandt: „Willy Brandt war das Idol meiner Jugend. Deshalb bin ich auch vor 52 Jahren in die SPD eingetreten. Da hatte ich meine Frau schon gekannt, und wir waren in Frankfurt in der Festhalle, als damals der Wahlkampf der Bundestagsparteien war, wo nachher Willy Brandt Bundeskanzler geworden ist. Das hat mich geprägt."

Heute engagiert sich Herr B. immer noch in der SPD, nimmt an den verschiedenen Sitzungen teil und hilft auch aktiv mit; er ist sowohl Mitglied im Wahlausschuss als auch in der Stadtverordnetensammlung: „Da ich politisch engagiert bin, gehe ich jetzt noch zu Wahlkampfsitzungen. Ich stehe auch auf der Straße mit den Kandidaten und helfe denen, dass sie bekannt werden. Das sind so Sachen, bei denen ich mitmache, und wofür mir früher die Zeit gefehlt hat." Aber auch hier entscheidet Herr B. frei, fasst sein Ehrenamt nicht als Verpflichtung auf: „Ansonsten bin ich Mitglied der SPD und gehe zu den Sitzungen, wenn ich Zeit habe. Zeit ist der falsche Ausdruck, es muss heißen, wenn ich Interesse habe, wenn ich nicht gerade etwas anderes vorhabe."

Engagement für die Jugend

Neben der Parteiarbeit hat sich Herr B. nach seiner Pensionierung viele Jahre lang ehrenamtlich auch im Jugendfußball engagiert. Mit Stolz blickt er auf die Erfolge seiner Mannschaften zurück: „Ich habe dann eben diesen Übungsleiterschein für das Fußball-Jugendtraining gemacht und dann zehn Jahre Kinder und Jugendliche in einem Fußballverein trainiert. Meines Erachtens recht erfolgreich, was nachzulesen ist im 100-Jahresheft des Vereins. Von der U 9 bis zur U 18 haben wir jedes Jahr eine Meisterschaft gefeiert. Und mit der U 19, als die Kinder dann eben so alt waren, sind wir zweimal Kreispokalsieger geworden. Das war damals sensationell, das gab es vorher noch nicht. Es war eine tolle Zeit, die ich nicht missen möchte, denn ich habe da auch so viele nette Leute kennengelernt, mit denen mich heute noch eine enge Freundschaft verbindet. Wir fahren sogar zusammen in den Urlaub. Damals sind auch die Eltern, Omas und Opas zu den Spielen gekommen. Wir hatten teilweise mehr Zuschauer als die Jugendmannschaften in der 1. Fußballmannschaft."

Dass Herr B. heute nicht mehr in diesem Bereich tätig ist, ist seinem Alter bzw. seinem gesundheitlichen Zustand geschuldet: „Das habe ich dann beendet, denn man muss den Jugendlichen ja auch immer viel vormachen, aber ab einem gewissen Alter und den damit verbundenen Kreuzschmerzen war es nicht mehr machbar, da war es vorbei."

Gesundheit – bisher kaum Einschränkungen

Bis auf seine Rückenbeschwerden ist Herr B. gesundheitlich in guter Verfassung, von einer bevorstehenden Kur erhofft er sich viel, denn „wenn man älter wird, da kommen dann Krankheiten zum Vorschein, wie zum Beispiel Beschwerden mit der Bandscheibe. Die Bandscheibe macht mir im Moment etwas Sorgen, ich bin etwas in der Bewegung eingeschränkt. In den nächsten vier bis acht Wochen werde ich wahrscheinlich zu einer Kur gehen, und ich hoffe, dass ich dann wieder fit bin und wandern und Bergsteigen kann." Um gesund und fit zu bleiben, achtet Herr B. sehr auf seine Ernährung und sein Körpergewicht: „Ein wichtiger Punkt hinsichtlich Gesundheit ist ja die Ernährung. Wenn man es im Kreuz hat wie ich im Moment, dann darf man nicht zu schwer werden. Man fühlt sich doch auch nicht wohl, wenn man einen Bauch hat. Das Gewicht ist kontrollierbar. Es muss im Rahmen bleiben."

Mit dem Thema der eigenen Pflegebedürftigkeit haben Herr B. und seine Frau sich bisher nur gelegentlich und eher im Hinblick auf andere Personen beschäftigt: „Mit meiner Frau unterhalte ich mich schon ab und zu mal darüber, wie es wäre, wenn man im Alter auf fremde Hilfe angewiesen wäre. Es gibt hier gute Einrichtungen bezüglich betreutem Wohnen, die wir uns mal für andere angesehen haben, und wir kamen dann zu dem Schluss, dass das gegebenenfalls später auch mal etwas für uns sein könnte, wo man einen Knopf hat, mit dem man Hilfe herbeirufen kann, wo man mit Essen und allem anderen versorgt wird, und wo im Notfall ärztliche Hilfe nicht weit ist. Angemeldet haben wir uns da aber noch nicht. Wenn man einigermaßen fit ist, schiebt man diesen Termin eben hinaus."

Zudem erfüllen das wohnliche Umfeld und die öffentliche Infrastruktur von Herrn B. alle derzeitigen Ansprüche: „Wir haben eine 86 Quadratmeter große Eigentumswohnung. Wir haben hier wunderbare Verkehrsanbindungen, und zwar gibt es hier eine U-Bahn, eine S-Bahn, einen Stadtbus, wir haben einen Autobahnanschluss. Wir haben hier auch alle sozialen Einrichtungen, haben Ärzte und ganz in der Nähe das Kreiskrankenhaus, wir haben mehrere Schulen und Gymnasien, und einige große Einkaufszentren gibt es auch in der näheren Umgebung. Hier gibt es einfach alles, was man zum Leben braucht. Das Haus, in dem wir wohnen, steht super. Es ist ganz ruhig hier. Also wir wohnen wirklich schön. Wir haben auch eine sehr gute Hausgemeinschaft. Teilweise wohnen wir hier ja seit über dreißig Jahren zusammen im Haus, wir können uns immer auf die Nachbarn verlassen. An der Wohnsituation gibt es nichts, das mir nicht gefällt." Dass die derzeitige Wohnung nur auf eine uneingeschränkte Mobilität ausgerichtet ist, ist Herrn B. durchaus bewusst: „Um die Wohnung barrierefrei zu gestalten, müsste ich schon eine ganze Masse investieren. Wir wohnen ja im 2. Stock, und da müsste dann ein Treppenlift her. Die Diskussion hatten wir im Haus auch schon mal. Barrierefrei würde ja heißen, dass in der Wohnung auch an den Türen etwas verändert werden müsste, denn so wie sie jetzt sind, wäre es ja mit einem Rollstuhl sehr schwierig. In so einem Fall würde sich dann schon die Frage stellen, wie es denn weitergehen soll. Wahrscheinlich müssten wir dann doch die Wohnung wechseln."

Nichts geht über die Familie

„Ich bin ein Familienmensch. Ich könnte ohne die Familie nicht leben, und deshalb wohnen wir auch alle in relativ gut erreichbarer Nähe. Das war vom ersten Tag an so gewesen. Unsere Tochter ist zwar zu Beginn ihrer Ausbildung von zu Hause ausgezogen, aber in der Nähe geblieben. Sie wollte auch nie weiter weg. Als unsere Enkel klein waren, haben wir sie täglich gesehen. Jetzt ist es halt schwerer, weil sie studieren. Aber wenn sie Zeit haben, sehen wir uns. Ebenso treffen wir uns sehr oft mit Tochter und Schwiegersohn. Mit den Angehörigen meiner Frau treffen wir uns auch so oft wie möglich, und bei sämtlichen Familienfeiern hängen wir alle aufeinander."

Herr B. wurde 1945 als jüngstes von drei Geschwistern geboren und wuchs in „normalen Verhältnissen" auf: „Meine Kindheit war ja die Nachkriegszeit. Wenn wir keinen Fußball auf irgendeiner Wiese gespielt haben, dann haben wir Kinder die Trümmergrundstücke erkundet und von den Obstbäumen auf den Trümmergrundstücken gelebt. Ich habe die Volksschule besucht und habe danach eine Lehre begonnen."

Seinen besonderen Familiensinn führt Herr B. auf seine eigenen Kindheitserlebnisse zurück: „Meine Eltern waren schon liebevoll mit mir, aber der Umgang in den Familien war damals nicht so wie heute. Dazu kam dann noch, dass der eine Teil der Familie aus ehemaligen Parteigenossen der NSDAP bestand und der andere Teil aus SPD-Genossen, die darunter gelitten hatten. Von daher war damals die Verbindung in der Familie sehr dünn. Meine Frau und ich haben uns immer gesagt: ‚Das machen wir so nicht. Wenn jemand anderer Auffassung ist, müssen wir immer versuchen, an den ranzukommen und ihn fragen, warum es so ist'." Tatsächlich konnten Herr B.

und seine Frau ihre Vorstellungen von einer intakten Familie verwirklichen: „Zu den Familienmitgliedern haben wir ein tolles Verhältnis. Wir sind immer ein großer Kreis, und wir sehen uns gern und wir mögen uns. Das ist unser Lebensprinzip".

Trotz dieses hohen Stellenwerts der Familie mussten Herr B. und seine Frau einen neuen Rhythmus finden, als beide aus dem Berufsleben ausgeschieden waren: „Wenn man dann zu Hause ist, muss man erst einmal seinen Rhythmus finden. Ich bin der Überzeugung, wenn wir beide zum gleichen Zeitpunkt ausgeschieden wären, wäre es problematisch geworden, weil jeder erst einmal für sich versucht hätte, seinen Weg zu finden. Wenn man jetzt den ganzen Tag zusammen ist, dann ist es klar, dass es auch mal Reibereien gibt. Hat man mal einen schlechten Tag, dann fällt auch mal ein Wort. Aber es ist nicht so, dass man sich dann befeindet. Ich gehe dann höchstens mal fort, gehe zu einer Parteiveranstaltung oder auf den Sportplatz. Aber das funktioniert schon. Man muss nur auch seine eigene Welt erhalten."

Gemeinsam mit seiner Frau hat Herr B. auch noch Pläne: „Was die nächsten Jahre anbetrifft, wäre die eine oder andere Reise noch schön. In diesem Jahr sind wir fünfzig Jahre verheiratet, und zu unserer Silberhochzeit waren wir in Neuseeland. Und dorthin möchte ich noch einmal."

„Ich wünsche mir mehr Anstand und mehr Nachdenken"

Herr B. steht den neuen Technologien sehr offen gegenüber, das Internet „nutzt er mehrmals täglich", und vor allem das Smartphone fasziniert ihn: „Richtig begeistert bin ich vom Smartphone. Ich kann damit ins Internet, ich kann mir Dateien auf das Handy laden, ich kann Fragen stellen und bekomme sie beantwortet, ich kann mir Bilder angucken und vieles mehr. Das ist einfach schön."

Es ist daher auch weniger der technische Fortschritt, der Herrn B. Sorgen bereitet, als das derzeitige gesellschaftliche Klima: „Was mich bewegt? Das Klima in Deutschland ist im Moment fürchterlich." Als bekennender Demokrat und Gewerkschaftler kritisiert er den derzeit vorherrschenden gesellschaftlichen Umgangston: „Aber dieser Ton, der mittlerweile herrscht, hat für mich so den Geist von vor 1933. Diese Brutalität, diese Menschenverachtung! Wenn ich aber heute sehe, mit welcher Menschenverachtung bei Versammlungen politische Gegner angefeindet werden, diese Halbirren, die im Internet ihre Kommentare abgeben, anonym, das macht mir Sorgen, dieses ganze Klima in der Bundesrepublik, es ist im Moment hundsmiserabel, und es macht mir Angst."

Die derzeitigen gesellschaftlichen und politischen Auseinandersetzungen stehen für ihn in einem deutlichen Gegensatz zu den Erfahrungen, die er selbst während seiner politischen Laufbahn gemacht hat: „Ich habe als Gewerkschaftler früher auch demonstriert, aber es war in der ganzen gewerkschaftlichen und politischen Arbeit immer so, dass man denen, mit denen man im Streit lag, in die Augen sehen konnte." Hier betont Herr B. noch einmal, wie sehr seine gewerkschaftliche Arbeit ihn geprägt hat: „Du musst Vorbild sein. Das hat mich auch geprägt. Ich bin auch der Meinung, dass ich dadurch ein anständiger Mensch geblieben bin."

Für die Zukunft wünscht sich Herr B. daher: „Ich wünsche mir mehr Anstand und mehr Nachdenken. Ich habe das Gefühl, dass die Menschen überhaupt nicht mehr miteinander reden, dass das alles nur noch Schlagzeilen sind. Ich kenne eine ganze Masse Leute, die ich mag, aber in der Diskussion muss ich dann sagen: Leute, lest doch mal die Zeitung, informiert euch mal übers Radio, über den Fernseher, hört Nachrichten! Bildet euch doch mal selbst eine Meinung und sprecht nicht nur Schlagzeilen nach. Das trifft mich schon tief. – Private Wünsche? Dass meine beiden Enkel im Studium gut über die Runden kommen. Daran habe ich zwar keine Zweifel, aber bis das ganze Studium fertig ist, muss man die Daumen drücken. Weitere Wünsche? Dass es wieder besser wird mit meinem Rücken und auch mit dem meiner Frau, denn die hat auch damit Probleme. Sie ist gerade eine Stunde unterwegs, um sich zu bewegen. Aber ansonsten geht es uns gut."

Im Rückblick auf sein Leben zieht Herr B. das Fazit: „Ich bin sehr zufrieden damit, wie mein Leben bisher verlaufen ist."

Frau K.

10.12 Frau K.

- ist 77 Jahre alt und wohlhabend
- genießt ihre Freiheit ohne familiäre Verantwortung
- macht mehrmals im Jahr Wander- und Studienreisen in ferne Länder
- ist in zahlreichen Ehrenämtern und auch politisch sehr aktiv

Aktiv im Alter: Neue Freiheitsspielräume tun sich auf

„Ich kann nur sagen, dass das Alter auch Spaß macht. Wenn man finanziell in der Lage ist und wenn man immer noch neugierig ist und bereit ist, neue Dinge dazuzulernen und auch eine gewisse Verantwortung zu übernehmen, dann kann es auch zur besten Zeit im Leben werden. Das glaubt einem kaum jemand, aber es ist so."

Frau K. ist davon überzeugt, dass das Alter gerade für Frauen, die keine familiäre Verantwortung mehr besitzen, neue Freiheiten bringen kann: „Klar ist man, wenn man drei Kinder hat, natürlich immer – und wenn man dazu noch berufstätig ist – von Verantwortungen eingebunden. Gerade die Mütter, die gestresst waren, die dann sehr viele Kinder hatten, wie das früher war, die haben ja dann manchmal aufgeatmet, wenn sie im Alter plötzlich ihre Freiheit hatten. Viel hängt natürlich auch von der Gesundheit und der finanziellen Lage ab."

Sie selbst hat drei Söhne großgezogen und viele Jahre ihre Mutter und dann ihren kranken Mann zu Hause gepflegt, der vor sieben Jahren verstorben ist: „Man hat Pflichten, Aufgaben, gerade als Frau, wenn man noch Eltern hat. Also, meiner Mutter hatte ich versprochen, dass sie zu Hause stirbt – das habe ich dann auch eingehalten. Meinem Mann habe ich versprochen, dass er zu Hause stirbt, ist er auch."

Fernreisen sind ihre große Leidenschaft

Seit dem Tod ihres Mannes hat sich für Frau K. viel verändert. Es sind vor allem die Fernreisen – Wanderreisen und Studienreisen –, die sie alleine unternimmt und die sich bei ihr zu einer echten Leidenschaft entwickelt haben. In den letzten sechs Jahren war sie im Iran, in der Mongolei, in Nepal, in Südamerika, in Patagonien, in Ecuador, Peru und in Burma, die nächste Reise wird nach Jordanien gehen: „Reisen in ferne Länder, so viel es nur geht, so weit es nur geht. Noch kann ich die langen Flüge gut aushalten, ich kann auch Höhen gut aushalten. In den Anden zum Beispiel, das hat mir alles nichts ausgemacht."

Wie wichtig ihr das Reisen ist, zeigt sich auch daran, dass sie selbst bei gesundheitlichen Einschränkungen nicht darauf verzichten will: „Und wenn ich dann die Wanderreisen nicht mehr machen kann, dann mache ich die eben noch ohne Wandern. Und wenn's dann gar nicht mehr anders geht – vielleicht kommt das nie –, dann setze ich mich aufs Schiff. Dann mache ich Kreuzfahrten."

Das Ausscheiden aus dem Berufsleben war für sie keine große Umstellung

Frau K. war Fachhochschulprofessorin für Architektur und hat erst im Alter von siebzig Jahren aufgehört zu arbeiten. Auch während ihrer Berufstätigkeit war sie bereits in mehreren Ehrenämtern aktiv und hat zu Beginn des Ruhestands sofort weitere Aufgaben angenommen. Dadurch war der neue Lebensabschnitt kaum zu bemerken: „Das war wirklich keine große Umstellung. Ich habe ja schließlich aus Überzeugung und mit Verve meine Professur ausgeübt. Aber genauso schnell hatte ich danach wieder jede Menge neue Aufgaben. Ich habe das fast gar nicht gemerkt. War irgendwie alles im Fluss."

Eines ihrer neuen Betätigungsfelder im Ruhestand ist die ehrenamtliche Präsidentschaft bei einem Künstlerverband. Hier hat sie vieles in Bewegung gebracht: „Die habe ich wirklich ‚aufgemotzt' – kann man so sagen. Ich hab' jetzt jedes Jahr bessere Künstler. Gut, ich mach' auch viel Werbung, ich mache auch Pressearbeit, die gehört nun mal dazu. Und das macht mir auch sehr viel Spaß, sehr viel Arbeit, aber es macht mir genauso viel Spaß wie Arbeit."

Außerdem ist sie parteipolitisch engagiert und fühlt sich dort stark in der Verantwortung. Nach dem Tod ihres Mannes hatte sie sich eine dreiwöchige Auszeit in Paris bei ihrer Schwester genommen und musste dann feststellen: „Als ich dann zurückgekommen bin, hatten sie die falschen Leute für den Vorstand gewählt. Ich habe ja gesagt: ‚Ich mache es nicht mehr, den Kreisvorstand', da haben sie in den drei Wochen schon mal den falschen Kandidaten gewählt. Den hätte ich allerdings nie gewählt, nie!!! Da war schon nach dieser kurzen Zeit vieles daneben. Der falsche Kandidat hat es dann auch nach einem Jahr schon hingeworfen. Aber ich wusste das ja vorher, dass der nix ist. Aber dann habe ich doch gemerkt, wie nötig ich bin. Da habe ich mich natürlich nach allem wieder in die Arbeit gestürzt." Allerdings vermisst sie manchmal die Anerkennung für ihren Einsatz: „Ich muss die wirklich auch mal anlernen; denn, wenn mit mir mal was passiert, dann haben die ja gar nichts. Das geht nicht. Die verlassen sich immer total auf mich, aber meinst Du, die würden mal Dankeschön sagen? Denk' nicht dran."

Wirklich ausgelastet ist sie mit ihrem Präsidentschaftsamt und dem politischen Engagement aber immer noch nicht: „Und dann bin ich auch noch sehr aktiv in der Denkmalpflege und in der Baukultur. Da muss ich auch immer Artikel schreiben, was ich schon lange nicht mehr gemacht habe, und jetzt habe ich gesehen, sie haben schon niemanden mehr, der was schreibt. Dann beschäftige ich mich auch noch mit der Archäologie. Vorgestern war ich bei jemand und habe alle Unterlagen bei diesem Ehepaar abgeholt. Die beiden haben so viele Häuser restauriert, dass sie einen großen Preis verdienen, den ich auch schon mal bekommen habe. Also ich habe immer was zu tun. Ach, wegen irgendwas ruft immer irgendjemand an oder kommt vorbei. Dann bin ich auch noch Sammlerin, und da mache ich gerade einen Katalog."

Sie ist jedoch froh, dass sie die jetzigen Aufgaben jederzeit abgeben könnte: „Ich habe gern viel Arbeit, ich habe gern viele Aufgaben, die ich dann zu lösen habe, aber im Grunde genommen sind es ja alles Ehrenämter. Und wenn ich nun will, kann ich die alle von heute auf morgen absagen. Und sagen: Ich fühle mich zu alt, ich habe keine Lust mehr und fertig."

Ihre neuen, freiwilligen Ehrenamtsaufgaben halten sie auch davon ab, über eine neue Partnerschaft nachzudenken: „Nee, damit habe ich mich noch gar nicht richtig beschäftigt. Ich habe doch immer so viel zu tun, so viele Termine und Verpflichtungen – also das brauche ich nicht, dass da ein Partner noch mit mir meckert, wenn ich wieder unterwegs bin für andere."

Ein Netzwerk gegen die Einsamkeit

Aufgrund ihrer Ehrenämter und politischen Aktivitäten hat Frau K. einen großen Bekanntenkreis und ein gut funktionierendes Netzwerk. Sie findet es wichtig, dass man beizeiten damit anfängt, einen Freundeskreis aufzubauen und zu pflegen: „Ich bin ganz froh, dass ich so gut vernetzt bin – vor allem noch im Alter. Das habe ich mir aber auch jahrelang aufgebaut und will ich nicht missen. Ist schon wichtig, dass man auch mal mit anderen, vernünftigen Leuten reden kann als nur mit dem kranken Ehemann oder den arbeitswütigen Söhnen. Und man sollte – das sage ich mit der Erfahrung des Alters – seinen Freundeskreis immer pflegen. Das ist keine Selbstverständlichkeit – vor allem, wenn der Partner stirbt; denn sonst hockt man über Nacht quasi alleine in seinen vier Wänden rum und hat dann wirklich niemanden mehr, den man mal anrufen kann, wenn einem die Decke auf den Kopf fällt."

Kein Verständnis hat sie für Frauen, die sich für ihre kranken Männer aufopfern und eigene Bedürfnisse vernachlässigen: „Ich bin der Meinung, dass die Freundinnen, die ich habe, die nach dem Tod ihres Ehemanns unglaublich unter Einsamkeit leiden, meistens auch selber schuld sind. Sie haben manchmal auch mit einer solchen Aufopferung ihren Mann gepflegt, sodass sie auch fix und fertig sind. Sie gönnen sich auch nichts. Diese Ehemänner sind auch oft sehr egoistisch und lassen diese Frauen manchmal auch noch nicht einmal eine Stunde weg. Ja, und das ist ganz schlimm, die sind nämlich nachher, wenn der Partner tot ist, dann sind diese Frauen total vereinsamt."

Sie selbst fühlt sich so gut wie nie einsam: Neben ihren ehrenamtlichen Verpflichtungen singt sie noch in einem Chor und macht Ausflüge mit Parteifreunden und den Landfrauen. Ganz wichtig ist für sie aber auch ihre Familie, und sie bedauert es sehr, dass ihre drei Söhne und die Enkelkinder weit verstreut leben. Sie freut sich darauf, wenn die Enkelkinder groß genug sind, um mit ihr auf Reisen zu gehen. Für ihre beruflich sehr eingespannten Söhne hat sie viel Verständnis, wünscht sich aber schon etwas mehr Kontakt: „Ich wünschte mir nur ab und an, dass sich meine Söhne mal häufiger melden würden, aber ich weiß ja, dass sie so viel arbeiten müssen und zu tun haben, und sie denken umgekehrt auch immer, unsere Mutter ist ja sowieso wieder unterwegs."

„Ich hatte großes Glück und keine großen Probleme – außer der Krankheit meines Mannes"

Dass sie in gut situierten Verhältnissen aufgewachsen ist, begreift Frau K., die durch ihre Fernreisen viel von der Welt gesehen hat, als großes Glück: „Ich würde sagen, ich hatte viel Glück. Ich bin in eine wohlhabende, angesehene Familie geboren. Schon als ich auf die Welt kam, hatte ich Glück. Kann man ja so sagen. Ich hätte ja genauso gut in einer kleinen Hütte in Burma irgendwo geboren worden sein können, oder im Iran oder im Irak, wo heute die Christen richtig verfolgt werden."

Ihren Mann hat sie während ihres Studiums in Zürich kennengelernt und ist mit ihm dann für sieben Jahre nach Polen gezogen, wo nach der Heirat – sie war erst 16 Jahre – schon bald ihre drei Söhne zur Welt kamen. Gearbeitet hat sie dort als Übersetzerin von Fachbüchern.

Die Zeit in Polen wertet sie im Nachhinein als sehr positiv für ihren weiteren Lebensweg. Es wird klar, dass hier eine der Grundlagen für ihre spätere aktive Lebensgestaltung gelegt wurde: „Ich bin mit nach Polen. Und das war erzieherisch sehr gut, ich habe da gesehen, dass man diese ganzen Ausgaben für Konsum überhaupt nicht braucht. Man muss vielmehr eine interessante Aufgabe haben."

Ausgehend von diesem „Lebensmotto" ist sie eine vehemente Gegnerin des frühzeitigen Ruhestands: „Und schlimm finde ich auch, dass gesunde Leute heute schon mit 63 Jahren mit ihrer Arbeit aufhören. Das ist nicht gerade gut für ihre Gesundheit. Vor allem nicht für die geistige Gesundheit, die baut sich dann rasend schnell ab. Die haben dann nichts mehr zu tun, gehen ihren Ehefrauen auf die Nerven und glauben dann, ach endlich bin ich frei. Das ist aber nicht so. Sie verlieren ihre Kameraden, denn die sind dann auch nicht mehr da. Sie werden nicht mehr gefordert, und wenn ich nicht gefordert werde, das ist dann immer schlecht. Ja, also das ist Gift."

Ihr Mann hatte bereits mit fünfzig Jahren den ersten Herzinfarkt und bekam zwei Bypässe, und ab da wurde für sie – sie war damals 43 Jahre alt – die Beziehung schwieriger: „Ich musste aufpassen, da er ja so ein Cholerikertyp war. Er hat selber überhaupt nicht auf sich aufgepasst und natürlich auch nicht nach dem Herzinfarkt. Also von daher war das für mich schon recht schwierig. Wenn ich gemerkt habe, das Thema müsstest Du zwar jetzt ansprechen und ihm sagen, dass es so nicht geht, aber da kriegt er einen Wutanfall. Also lieber nicht, also habe ich mir dann lieber auf die Zähne gebissen. Und mal so mit der Faust auf den Tisch hauen oder sich mal kritisch mit dem Mann auseinanderzusetzen – das war ab da einfach nicht mehr möglich."

Rückblickend sagt sie über den Tod ihres Ehemanns: „Der Verlust war wirklich schlimm. Ja, ich hatte schon einen hochinteressanten Mann. Ich hatte keinen einfachen Mann, aber einen mit Charakter. Aber andererseits, er war so viele Jahre so schwer krank, dass ich den Tod auch als eine Art Erlösung gesehen habe. Ja, für ihn war's das unbedingt."

Smartphone und Internet: „Ich sperre mich nicht gegen den Fortschritt"

Aufgrund ihrer ehrenamtlichen und politischen Tätigkeiten steht Frau K. den neuen digitalen Technologien äußerst positiv gegenüber. Insbesondere die Kontaktpflege hat sich für sie damit erleichtert: „Meine Google-Kontakte aus dem Rechner gehen automatisch auch auf mein Handy und umgekehrt – das ist eine feine Sache. Auch E-Mails abholen per Handy ist gerade für jemanden wie mich, die so oft unterwegs ist, eine tolle Sache. Aber schreiben tue ich damit nichts – mache ich dann doch lieber am Rechner." Ihr Smartphone verleiht ihr zudem ein Sicherheitsgefühl: „Ja, diese neuen Handys, mit denen man zur Not auch mal von unterwegs ins Internet gehen kann und seine Mails abrufen kann, die finde ich schon gut. Gibt mir auch immer ein Gefühl von Sicherheit, wenn ich mal wieder spät abends unterwegs bin, wenn ich weiß, ich habe ein funktionsfähiges Handy in meiner Tasche."

Was das Internet angeht, erkennt sie durchaus Gefahren, ist aber eine intensive Nutzerin: „Wenn man das Internet erst einmal richtig nutzen gelernt hat, will man auch nicht mehr darauf verzichten. Ich bin froh, dass ich inzwischen gelernt habe, damit richtig umzugehen, weil es mir meine tägliche Arbeit doch sehr erleichtert. Alleine schon, wenn ich wieder mal eine Adresse suche für meine zahlreichen Briefe oder E-Mails, die ich immer für meine Ehrenämter zu schreiben habe, bin ich schon froh, dass ich einfach schnell mal im Internet nachschauen oder auch mal einen Artikel nachlesen kann."

Robuste Gesundheit und Vorsorge für alle Fälle

Auf ihre stabile Gesundheit konnte sich Frau K. bisher immer verlassen. Sie achtet auf eine gesunde Ernährung und geht mit ihrem Schäferhund Max jeden Tag spazieren: „Der muss wirklich bei jedem Wetter raus. Das härtet natürlich ab."

Mit ihren Schlafproblemen hat sie gelernt umzugehen, etwas Sorgen macht sie sich jedoch in letzter Zeit wegen ihrer zunehmenden Vergesslichkeit: „Ich habe mir doch schon mal gedacht, ich muss mir doch unbedingt nochmals Ginkgo kaufen oder irgendwas, weil mir doch neulich schon wieder mal irgendeine Stadt nicht einfiel. Ich sah die Stadt vor mir und finde den Namen nicht – das macht mir zu schaffen. Aber vielleicht hat's auch mit dem Alter gar nichts zu tun. Kann auch sein. Ich hoffe!“ Ganz ihrem Wesen entsprechend hat sie sich auch hier eine wirkungsvolle Strategie zugelegt: „Wenn dann Leute vor mir stehen, deren Namen mir nicht einfallen, dann frage ich lieber gar nicht erst danach. Ich spiele Theater und tue dann so, als würde ich die Leute sehr gut kennen. Das sind lästige Lügen, die man mir bitte verzeihen soll. Die braucht man im Alter. Man muss kleine Lügen haben, ja, man muss ein bisschen Theater spielen dann. Es darf aber nicht auffallen.“

Falls sich an ihrem Gesundheitszustand etwas gravierend verändern sollte, hat sie vorgesorgt: Ihr Haus ist bereits durch die Krankheit ihres Mannes behindertengerecht umgebaut, Testament und Patientenverfügung sind geschrieben, und auch, was eine eventuelle Pflege angeht, hat sie schon konkrete Vorstellungen: „Ich würde mir, wenn ich richtig pflegebedürftig wäre, eine polnische Hilfe für den Tag und eine für die Nacht organisieren – da kann dann nichts schiefgehen. In ein Heim oder Krankenhaus will ich nicht – ich will bis zum Ende meines Lebens zu Hause sein und dort auch von den polnischen Hilfen gepflegt werden, wenn meine Söhne keine Zeit für mich haben sollten.“

Frau W.

10.13 Frau W.

- ist 66 Jahre alt und alleinstehend
- ist als Frührentnerin aus ihrem Beruf als Sozialarbeiterin ausgeschieden
- hat sich alleine um die Erziehung der Tochter und die Pflege der Mutter gekümmert
- lebt im Sommer die meiste Zeit in ihrem Wohnmobil in einer Kleingartenkolonie und genießt das Leben in der Natur

Erfüllte und unerfüllte Träume

Im Rückblick auf ihr Leben zieht Frau W. eine gemischte Bilanz: „Wenn ich noch mal anfangen könnte, vielleicht hätte ich dann einiges anders gemacht. So manche Träume sind einfach auf dem Weg geblieben, so wie zum Beispiel eine glückliche Partnerschaft oder als ich Erzieherin war, als es sich so herausgebildet hat, dass ich Erzieherin werde, da hatte ich auch so den Traum, dass ich eventuell mal auf so einem Schiff als Erzieherin arbeiten und die Kinder der Passagiere betreuen kann. Aber dann war ich schwanger – ist ja auch schön Kinder zu haben –, aber die Träume waren damit erledigt. Man war nicht mehr so unbefangen, man konnte nicht mehr um die Welt segeln, sondern der Alltag war von Verpflichtungen und Sorgen geprägt."

Mit Stolz wiederum berichtet Frau W. von ihrem Traum zu studieren, den sie sich selbst erfüllt hat: „Nachdem ich 15 Jahre in der Kita beschäftigt war und auch noch einen Lehrgang an der PH zur Vorschulerzieherin gemacht habe, habe ich meine erste Lebensversicherung ausgezahlt bekommen und habe mir damit eigentlich auch so einen kleinen Traum erfüllt, weil ich wollte beruflich immer weiterkommen und wollte eigentlich Sozialarbeiterin werden. Ich wollte auch eigentlich schon damals, als wir noch in der Ehe waren, da wollte ich auch schon mal Sozialarbeiterin werden, aber da klappte es finanziell einfach nicht, und das wäre dann nicht möglich gewesen. Aber mit dieser Lebensversicherung konnte ich das endlich machen. Und dann habe ich mein Abitur nachgeholt und angefangen, Sozialarbeit zu studieren."

Träume hat Frau W. auch jetzt noch: „Ich würde gerne mal eine Schiffsreise machen, also so eine Kreuzfahrt. Es muss keine große sein, vielleicht auf dem Mittelmeer oder auf einem Fluss entlang. Oder, was ich mir schon immer mal gewünscht habe, aber ich glaube dieser Traum geht nicht in Erfüllung, eine Reise mit der Transsibirischen Eisenbahn. Oder eine Schiffsreise nach Norwegen zu den Eisbergen entlang der Hurtigruten. Das wäre auch etwas, was ich mir gut vorstellen könnte."

Im Einklang mit der Natur

Zu den Dingen, die Frau W. in ihrer jetzigen Lebensphase besonders viel Spaß bereiten, gehören ihr Garten und ihre Hobbys: „Ich besitze ein Wohnmobil in einer Kleingartenkolonie, da fahre ich mit dem Auto so etwa in vierzig Minuten hin, und da verbringe ich meist den ganzen Sommer. Da bin ich unter Menschen, kann im Garten arbeiten, es gibt auch viel zu reparieren, und dort fühle ich mich wohl. In der Natur zu sein, am Kanal daneben, da kann man schön spazierengehen, also einfach die Natur genießen."

Sogar ihren Tagesablauf passt Frau W. saisonal an: „Mein Tagesablauf ist natürlich im Winter schon ein anderer als im Sommer. Denn im Sommer bin ich eigentlich fast die ganze Zeit draußen im Garten, und da mache ich dann eben Gartenarbeit, Knollen pflanzen oder Unkraut jäten, meinen Wohnwagen in Ordnung bringen, da ist auch meist immer was zu reparieren, oder ich gehe im Wald spazieren, was natürlich auch toll ist. Oder wenn der Sturm irgendwelche Schäden angerichtet hat, das muss dann repariert werden, dann müssen die Sturmschäden beseitigt werden. Kürzlich ist auch ein dicker Baumstamm auf das Dach vom Vorzelt gefallen und der hat ein ziemliches Chaos angerichtet. Wir mussten uns im Herbst auch einen Steiger mieten. Die Männer haben die Äste abgesägt, und wir haben die Reste am Boden beseitigt. Wir sind da draußen wirklich eine nette Gemeinschaft, jeder hilft jedem. Na, und abends, da sitzt man dann nicht vor dem Fernseher, sondern sitzt mit den Nachbarn zusammen und spielt irgendwas, oder man macht ein kleines Lagerfeuer und trinkt ein Bierchen. Und ich bin ja auch bei Wind und Wetter draußen, auch bei schlechtem Wetter. Ich bin also kein Schönwettercamper. Ich fahre nur in die Stadt, wenn ich irgendwas besorgen muss. Man kann sagen, einmal die Woche fahre ich nach Hause: Wäsche waschen, Blumen gießen, Post gucken und dann bin ich wieder draußen."

Auch ihre Hobbys fügt Frau W. in diesen Sommer-Winter-Rhythmus ein: „Ich stricke sehr gern, hauptsächlich Socken, die kann man immer gebrauchen und auch gut verschenken zu Geburtstagen oder zu Weihnachten. Ich male auch gerne, ich mache sehr gerne Holzarbeiten, ich puzzle gerne. Im Winter setze ich mich mit dem Computer auseinander; also ich schaue, dass ich noch was dazulernen kann, das ist oft nicht einfach bei den neuen Programmen. Ich bastle auch gerne, zum Beispiel Adventskalender für meine Enkelkinder, die mache ich selbst, oder Fotokalender für Freunde. Und im Winter renoviere ich auch oft meine Wohnung, je nach Bedarf, was dran ist. Das meiste mache ich eigentlich immer selbst, oder ich versuche, meine Wohnung noch zu verschönern mit Malereien, letztes Jahr habe ich einen großen Regenbogen an meine Wohnzimmerwand gemalt. Da fällt mir eigentlich immer etwas ein, wie ich die Wohnung verschönern kann."

Im Vergleich zu der Zeit vor ihrer Frühverrentung und nach dem Tod ihrer Mutter genießt Frau W. ihre Unabhängigkeit und die freie Zeiteinteilung: „Meine jetzige Lebensphase zeichnet sich dadurch aus, dass ich jetzt unabhängig bin, mir meine Zeit frei einteilen kann und nicht mehr den Druck habe, Dinge zu einer bestimmten Zeit erledigen zu müssen. Ich kann aufstehen, wann ich will, einkaufen gehen, wann ich will. Ich habe nicht mehr diesen Zeitdruck. Ich kann mir für alles mehr Zeit lassen. Ich kann mir viel mehr Zeit lassen für meine Hobbys, kann meinen Hobbys viel intensiver nachgehen. Ich muss mich ja jetzt, seitdem meine Mutter gestorben ist, auch nicht mehr um die Pflege meiner Mutter kümmern. Das ist natürlich auch eine große Entlastung."

„Ich bin ja eigentlich so ein Gutmensch"

Frau W. hat sich zeitlebens für andere engagiert, beruflich wie privat. Beruflich war Frau W. als Sozialarbeiterin in der Sozialen Wohnhilfe tätig: „Ich habe dann erst im allgemeinen Sozialdienst gearbeitet, und dann gab es die Möglichkeit, stellenmäßig und gehaltsmäßig in eine höhere Gruppierung zu kommen, wenn ich in die Soziale Wohnhilfe wechsle. Das habe ich auch getan." Allerdings belastet die Arbeit Frau W. zusehends, sodass Frau W. aufgrund von Depressionen frühverrentet wird: „Ich habe aber nicht bedacht, dass das eine ziemlich hohe psychische Belastung ist, mit dieser Klientel zu arbeiten, dass man da eigentlich eine ziemlich dicke Haut haben muss, um damit klarzukommen. Und da ich ja immer noch alleine gelebt habe, habe ich auch viele Probleme mit nach Hause genommen und bin dann auch quasi psychisch daran kaputtgegangen."

Nach ihrer Frühverrentung kümmert sich Frau W., die bereits ihre Tochter allein erzogen hat, um die Pflege ihrer Mutter: „Als ich aufgehört habe zu arbeiten, das war 2004, da gab es ja dann erst eine kurze Lücke, wo ich eben keine Sorgen oder Verpflichtungen hatte und auch keinen Druck mehr verspürte. Aber dann bin ich ja praktisch gleich in die Pflege meiner Mutter übergegangen. Die habe ich ja dann recht lange gepflegt. Wobei die Pflege auch immer schwieriger wurde, weil meine Mutter auch immer hinfälliger wurde. Am Anfang war es mit meiner Mutter noch einfach, ich konnte am Anfang sogar noch mit ihr verreisen. Aber zuletzt war sie nur noch bettlägerig, inkontinent und verwirrt. Aber das war erst in den letzten zwei Jahren so schlimm. Aber ich hatte meine Mutter auch immer im Gepäck. Sie wohnte zwei Querstraßen weiter, und entweder war ich bei ihr, brachte ihr das Essen, oder sie kam zu mir. Und im Garten war sie natürlich auch immer dabei."

Die jahrelange Betreuung der Mutter begrenzt das Privatleben von Frau W. auf ein Minimum und wirkt sich auch auf die damalige Partnerschaft aus: „Ich war also nie allein, ich konnte selten mal was alleine machen, und das hat sich natürlich auch auf meine Partnerschaft ausgewirkt. Auf der einen Seite diese Depressionen, auf der anderen Seite die permanente Betreuung meiner Mutter. Damit ist mein damaliger Partner einfach nicht klargekommen. Er konnte das nicht verkraften, und wir konnten auch nicht darüber reden. Die Mutter war immer dabei, und er hatte dafür keine Akzeptanz, keine Ahnung, jedenfalls haben wir uns dann auch getrennt."

Frau W. hat die Veranlagung, anderen stets helfen zu wollen, dabei hat sie aber auch schon Enttäuschungen erlebt: „Ich bin ja eigentlich so ein Gutmensch und eben auch gutgläubig, und da bin ich dann auch des Öfteren auf die Nase gefallen, wenn ich jemandem so blindlings vertraut habe und dann enttäuscht wurde. Das ging mir mit meinem langjährigen Partner so oder jetzt ein Beispiel aus den letzten Jahren – da war ich schon in Frührente. Da gab es so einen Jugendlichen, den ich von klein auf aus unserer Gartengemeinschaft kannte, der dann etwas aus der Bahn geworfen wurde und dann auch obdachlos war, dann auch viel getrunken hat. Dem habe ich mich dann angenommen, und wir haben dann zusammen versucht, irgendwie seinen weiteren Weg zu finden, und ich habe mich da sehr engagiert, und dann hat er das einfach ausgenutzt. In so einer ganz doofen Situation, indem er mir meinen Autoschlüssel geklaut hat und mein Auto zu Schrott gefahren hat ohne Führerschein. Da war ich schon sehr enttäuscht, dass man versucht, Gutes zu tun und dann so enttäuscht wird."

Auch für ihre Tochter und ihre Enkelkinder ist Frau W. immer da gewesen, mittlerweile ist der Kontakt jedoch „sehr eingeschränkt". An die Stelle der Familie treten nun andere Personen aus der Nachbarschaft im Haus oder in der Kleingartenkolonie, wenn Frau W. Hilfe benötigt oder Gesellschaft sucht: „Ich sag' mal so, ich werde eher von meiner Nachbarin unterstützt, zum Beispiel an Silvester, wo ich alleine war, hat sie gesagt: ‚Komm rüber!', und wir haben uns einen netten Abend gemacht, zusammen gekocht und dann was zusammen gespielt. Auch Heilig Abend, wenn ich alleine gewesen wäre, hätte sie mich auch zu sich eingeladen, obwohl ihre Familie da war. Und wir reden auch öfters miteinander, was auch wichtig ist. Inzwischen hat sich da auch so eine Art Freundschaft entwickelt."

„Ich würde mich auch gern in der Flüchtlingsarbeit engagieren"

Schon während der Zeit, als Frau W. noch berufstätig war, hat sie sich in der Gewerkschaft und im Personalrat engagiert. Aktuell ist Frau W. in ihrer Kirchengemeinde aktiv: „Hier in unserer Kirchengemeinde, da bin ich ehrenamtlich tätig. Da mache ich Kinderarbeit, also Beschäftigungsangebote, wie basteln, malen usw. Dann wird der Gemeindebrief ausgetragen.

Im Kirchbauverein bin ich auch noch. Das ist ein Verein, der regelmäßig Spendenbeiträge bekommt von den Mitgliedern, und die unterstützen dann damit zum Beispiel Reparaturarbeiten in der Kirche oder wenn die Kita eine Reise machen will und Eltern dabei sind, die das Geld nicht aufbringen können. Die unterstützen praktisch verschiedene Projekte, und einmal im Monat ist da Vorstandssitzung, also Mitgliederversammlung. Da wird dann über die Vergabe der Gelder abgestimmt. Da bin ich aber nicht im Vorstand, sondern nur Mitglied."

Sogar eine Ausweitung ihres derzeitigen ehrenamtlichen Engagements ist für Frau W. denkbar: „Ich würde mich auch gern in der Flüchtlingsarbeit engagieren, da könnte ich mir auch Kinderbetreuung, Sprachunterricht oder einfach miteinander spielen gut vorstellen. Ich könnte mir auch vorstellen, einen Flüchtling bei mir aufzunehmen, Platz genug hätte ich ja. Ich hätte ja meine große Enkeltochter nicht, wenn die nicht einen Vater hätte, der damals als unbegleiteter Flüchtling nach Deutschland gekommen wäre. Bisher hat sich das aber noch nicht ergeben, dass ich einen Flüchtling aufnehmen würde. Ich brauche da schon irgendwie einen persönlichen Bezug. Ich würde jetzt nicht jeden x-Beliebigen aufnehmen, den müsste ich schon kennen."

Herr A.

10.14 Herr A.

- ist 85 Jahre alt, verwitwet und hat zwei Söhne
- hat den Großteil seines Leben in der DDR verbracht
- blickt auf ein bewegtes Berufsleben zurück
- kann sich mit den neuen Technologien nicht so recht anfreunden
- erinnert sich gerne an die alten Zeiten

Zimmermann, Rinderzüchter, Geschäftsführer im Rat der Stadt

Herr A. blickt auf ein bewegtes Berufsleben zurück. Er lernte zunächst den Beruf des Zimmermanns, den er aber zugunsten einer landwirtschaftlichen Ausbildung aufgab: „In den ersten Jahren nach dem Krieg gab es wenig zu essen, und die körperliche Arbeit war für mich nicht leicht. Ich hatte körperliche Probleme und fiel ungelogen auch schnell mal vor Hunger um, sodass mein Vater sagte: ‚Du kannst nicht mehr so arbeiten. Ich muss Dich zum Bauern in die Lehre schicken, wo du genügend zu essen hast.' Und so begann ich eine Lehre als Landwirt als zweiten Beruf. Nebenher nahm ich sofort ein Studium als Agraringenieur auf und schloss es auch erfolgreich ab. In dieser Sparte bin ich bis zur Wende 1989 auch verblieben."

Nach der Wende wurde der landwirtschaftliche Betrieb, in dem er arbeitete, „abgewickelt": „Damit war meine berufliche Laufbahn in der Landwirtschaft jäh unterbrochen. Ich musste mir also eine Neuorientierung suchen. Und so landete ich über Nacht beim Rat der Stadt. Dort war ich dann lange Zeit Geschäftsführer beim ‚Untersuchungsausschuss Amtsmissbrauch, Korruption und Verbrechen'. Bis knapp 66 Jahre war ich Geschäftsführer, arbeitete meinen Nachfolger ein und übernahm entsprechend der neuen Gemeindeordnung dann den Aufbau eines Petitionsausschusses. Diesen führte ich einige Zeit, arbeitete wiederum den Nachfolger ein und ging dann verdientermaßen in Rente."

Im Nachhinein erfüllt es Herrn A. mit Stolz, dass er die Wende 1989 so unbeschadet überstanden hat und beruflich gleich wieder Fuß fassen konnte: „Maßgebend war für mich, dass ich nach der Wende aufgrund meiner Qualifikation und meines Engagements allgemein schnell wieder zur Arbeit fand. Dass ich in der neuen Gesellschaftsform auch gleich anerkannt wurde und meinen beruflichen Werdegang, nur auf neuen Gebieten, fortsetzen konnte. Das war vielen nicht vergönnt. Deshalb bin ich da schon stolz."

Bis zu seinem 70. Lebensjahr war Herr A. außerdem Hauptschöffe beim Landgericht. „Auch in den teils politisch motivierten Aufgaben in der Stadtverwaltung, im Schöffengericht konnte ich aus meiner langen Erfahrungslinie profitieren, wo ich auch viel um Rat gefragt wurde. Die Arbeit erfüllte mich."

Ehrenamtliche Aufgaben hat er heute nicht mehr: „Nun sollen mal andre ran. Meine Jungs haben früher öfter mal zu mir gesagt: ‚Mensch gib doch nun mal den Mist ab.' Aber solange es Freude machte, habe ich es auch gemacht. Aber irgendwann braucht man auch mal seine Zeit für sich, und die nehme ich mir jetzt auch in Zufriedenheit."

Mit neuen Technologien kann er sich nicht so recht anfreunden

Früher, als noch nicht alles so von Technik geprägt war, waren die Menschen seiner Meinung nach ganz anders gefordert: „Wir waren bedeutend weniger von der Technik abhängig, konnten uns mehr auf die Arbeit konzentrieren. Wenn wir ein Vorhaben in Angriff nahmen, musste es gut vorbereitet sein, es gab ja weder Handy noch andere technische Mittel, wo man hinterhertelefonieren konnte, weil man etwas vergessen hatte. Man musste experimentieren, ordentlicher und gewissenhafter vorbereiten und arbeiten. Das ist der prinzipielle Unterschied zu heute. Da verlässt man sich auf die Technik. Man kann ja ständig nachbessern, das heißt, man wird oberflächlicher."

Er nutzt das Internet gar nicht und ein Handy nur selten: „Erleben tue ich den Fortschritt auf Schritt und Tritt. Jeder junge Mensch rennt nur noch mit dem Handy in der Hand durch die Gegend, als gäbe es überhaupt keine Umgebung mehr. Fürchterlich so etwas. Warum gönnen die sich keine Erholungspause mehr, vor allem weil ja jeder nur noch von Stress und Überforderung spricht. Ich habe zwar ein Handy von meinen Söhnen bekommen, aber fragen sie mal, wann ich es benutzt habe. Internet habe ich gar keines. Mir langt mein Fernseher und mein Festnetzanschluss der Telekom."

Früher gab es mehr Miteinander und Respekt

Herr A. denkt gerne an früher und sieht vor allem auch im sozialen Miteinander einen großen Unterschied zu heute: „Wir haben uns früher mehr unterstützt. Es war mehr Harmonie im Arbeitsprozess vorhanden. Dies gilt auch für den privaten Sektor. Dort war man sogar mehr miteinander verwurzelt, weil in der bekannten Mangelwirtschaft immer mal etwas fehlte, was der andere aber hatte. Das Tauschgeschäft hatte Hochkonjunktur und funktionierte auch bestens. Unter dem Motto: Du kannst Autos reparieren, ich Fahrräder, schon war der Austausch und die gegenseitige Unterstützung abgemacht. Eigentlich gab es vieles nicht, aber wer miteinander vernetzt war, hatte auch fast alles. Eigentlich ein Phänomen. Auch hat man Vorhandenes viel besser behandelt und gepflegt und nicht wie heute immer alles gleich weggeworfen und etwas Neues gekauft."

Sorgen bereitet ihm auch die gesellschaftliche Entwicklung insgesamt, die er zunehmend als undurchsichtig wahrnimmt: „Die gesellschaftliche Entwicklung, das muss ich wirklich mal sagen, ist für mich gesehen beängstigend, sanft ausgedrückt. Die ganze politische Situation regt mich oftmals sehr auf. Da ich mich früher auch politisch engagiert habe und auch wusste für was, heute aber überhaupt nicht mehr durchblicke, wer gegen wen ist. Das bewegt mich, aber negativ. Ich habe eigentlich gedacht, dass es mal besser wird; aber das Gegenteil tritt immer mehr in den Vordergrund. Es wird immer schlechter und undurchsichtiger."

„Ein Geben und Nehmen"

Herr A. ist eingebunden in einen großen, langjährigen Freundes- und Bekanntenkreis, der hauptsächlich noch aus seinem ehemaligen beruflichen Umfeld stammt. „Insofern besteht mein Lebensabschnitt nicht nur darin, nicht mehr arbeiten zu gehen, sondern auch darin, meinen verdienten Ruhestand sinnvoll zu nutzen, anderen auf meine Art und mit meinen Erfahrungen noch helfen zu können; genauso, wie andere mir helfen, um bestimmte Dinge, die mit körperlichem Einsatz verbunden sind, zu bewältigen. So ergänzt sich das eine mit dem anderen, ein Geben und Nehmen, wenn man echte Freunde und Bekannte hat."

Ihm sind vor allem auch die Gespräche mit seinen Freunden wichtig: „Wir treffen uns immer mal und bereden alle Probleme, die wir so haben, politisch wie persönlich. Wir haben und hatten schon immer ein offenes Verhältnis. Und auch wenn einer mal eine ganz andere Meinung hat als die anderen, dies tut unserer Verbindung keinen Abbruch. Und so soll es bleiben. Sozusagen ein enges Verhältnis." Manchmal trifft er seine Bekannten auch beim Spazierengehen: „Wenn das Wetter schön ist, gehe ich natürlich spazieren, bewege mich an der frischen Luft, treffe meist auch Leute. Dann quatschen wir gemütlich oder schimpfen auch über die augenblickliche Lage in unserem Staat. Das muss auch sein. Auch wir Alten haben eine Meinung."

„Auf das Wollen kommt es an"

Da seine Frau schon vor fast zwanzig Jahren verstorben ist, lebt Herr A. alleine. Er hat zwei Söhne, zu denen er viel Kontakt hat. Nach der Wende hat er ihnen das zurückerhaltene landwirtschaftliche Grundstück überschrieben, das sie bis heute bewirtschaften. Gerne fungiert er auch als Ratgeber: „Gerade bei meinen beiden Söhnen bin ich in bestimmten Situationen immer mal wieder Ansprechpartner, wenn es um Entscheidungen geht. Und da ich früher auch in bestimmten politischen und gesellschaftlichen Gremien ehrenamtlich tätig war, denke ich, habe ich schon ein großes Blickfeld für die Meinungsbildung."

Im Gegenzug greifen ihm die Söhne im Haushalt unter die Arme: „Gegenseitige Unterstützung ist Ehrensache. Alle acht Wochen werden bei mir beispielsweise die Gardinen gewaschen und bestimmte Dinge gemacht, die ich altersbedingt nicht ausführen kann. Das ist schön so. Meine Hilfen sind mehr finanzielle und geistige Unterstützung."

Mit seinem Gesundheitszustand ist Herr A. zufrieden: „Also ich möchte sagen, bis aufs Laufen fühle ich mich wohl. Insgesamt, und auch geistig gesehen, rechne ich mich noch zu den völlig normalen Leuten. Und darüber bin ich eigentlich sehr froh." Von seinen Problemen beim Laufen möchte sich Herr A. möglichst wenig einschränken lassen: „Ein guter Bekannter von mir hat mir mal gesagt: ‚Du hast ja langsam schon ein biblisches Alter erreicht, da muss man auch nicht mehr alles machen können.' Aber ich habe noch einen großen Lebensmut, und da zwinge ich mich auch manchmal zu bestimmten Dingen, die man vielleicht nicht mehr machen sollte. Das heißt, den inneren Schweinehund zu überwinden. Und wenn es mal einen Tag nicht so geht, da sage ich mir, na gut, dann eben morgen. Auf das Wollen kommt es an."

Nostalgie und Pragmatismus

Die Eltern von Herrn A. waren beide bei der Bahn beschäftigt, und alles, was mit der Bahn zu tun hat, ist für ihn bis heute interessant. Bei diesem Thema gerät er ins Schwärmen: „In Dresden finden jedes Jahr Eisenbahnfeste statt. Da bin ich selbstverständlich immer dabei. Und da gibt es immer wieder Neues zu sehen bei den alten Loks. Das verpasse ich nie! Und ich rieche auch immer wieder gern den Rauch der alten Lokomotiven. Auch der ölige Rauch, der in der Luft liegt, ist für mich berauschend. Erinnerungen an alte DDR-Zeiten. Da meine Eltern beide bei der Bahn waren, haben wir auch öfter in Bahnhöfen gewohnt. Deshalb betört mich der Duft, muss ich dazu sagen."

Auch wenn sich Herr A. gerne an die alten Zeiten erinnert, sieht er den gesellschaftlichen Wandel sehr pragmatisch: „Ich kann nicht generell sagen, was früher besser oder schlechter war als heute. Die Zeiten haben ihre bestimmten Zwänge und Gegebenheiten, da kann man eigentlich schlecht Plus oder Minus sagen. Man muss sich an den gesellschaftlichen Umständen orientieren und sich einbinden. Sonst wird man nicht froh."

Frau R.

10.15 Frau R.

- ist 68 Jahre alt, verheiratet und hat drei Kinder
- arbeitet auch im Ruhestand ein- bis zweimal in der Woche als Apothekerin
- setzt sich für Flüchtlinge und internationale Projekte ein
- ist kirchlich engagiert und schöpft ihre Kraft aus dem Glauben

Stundenweise berufstätig

Frau R. hat früher ganztags in leitender Position in einer Apotheke gearbeitet. Seit sie im Ruhestand ist, vertritt sie den jetzigen Leiter noch stundenweise. Die Arbeit macht ihr nach wie vor Spaß, und sie versteht sich gut mit den jungen Kolleginnen und Kollegen. Neue Entwicklungen verfolgt sie mit großem Interesse: „Ich arbeite deshalb noch ein bisschen, damit ich geistig auch fit bleibe. Und dass man im Beruf neue Dinge auch noch mitbekommt, dass man da noch auf dem Laufenden bleibt. Das ist weiterhin interessant – gerade mit neuen Arzneimitteln."

Dass bestimmte Arbeitsabläufe inzwischen digitalisiert sind, empfindet sie als große Erleichterung: „Dass man, wenn man etwas braucht, automatisch nachbestellt, ist ein sehr großer Vorteil. Ich habe ja noch angefangen, da hat man die Arzneimittel noch auf einen Block geschrieben und musste das dann mündlich durchgeben am Telefon. Das sind ja Welten gegen heute. Heute brauche ich gar nichts mehr zu machen. Ich scanne mein Arzneimittel ab und schwuppdiwupp wird es bestellt."

10

Bei ihrer jetzigen stundenweisen Berufstätigkeit genießt sie es, dass sie den Schwerpunkt ihrer Arbeit auf das legen kann, was ihr schon immer Spaß gemacht hat: „Und das Angenehme daran ist, ich brauche mich nicht zu stressen. Mit dem Pharmazierat oder irgendwelchen Vorschriften, die es jetzt gerade wieder gibt. Wenn einen die Krankenkassen wieder einmal ärgern. Das kann mich jetzt kaltlassen. Ich kann mich ganz den Patienten und Kunden widmen. Das macht mir auch Freude nach wie vor. Da unterhalte ich mich gern mit älteren Leuten oder gebe ihnen Ratschläge."

Mit ihrem Ehemann gibt es wegen ihrer Berufstätigkeit keine Probleme. Er hilft in der gleichen Apotheke stundenweise aus, und das Paar achtet darauf, dass noch genug Zeit für gemeinsame Freizeitaktivitäten bleibt: „Mein Partner ist damit einverstanden, dass ich arbeite. Bei uns ist das ja so, dass mein Ehemann auch noch ein bisschen arbeitet. Und wir gucken schon auch, dass es sich manchmal überlappt. Das ist dann ideal, wenn beide gleichzeitig arbeiten. Und es ist auch wichtig, dass es nicht zu viel wird. Wir wollen uns nicht zu sehr in unserer Freizeit einschränken."

Mehr Zeit für Politik

Schon während ihrer Berufstätigkeit war Frau R. politisch aktiv. Jetzt findet sie es gut, dass sie auch dafür mehr Zeit hat: „Früher bin ich immer so abgehetzt von der Apotheke mit hängender Zunge dann zum Gemeinderat in letzter Sekunde in den Saal hineingedüst. Jetzt kann ich mir da Zeit nehmen und in aller Ruhe hinfahren, kann mich besser vorbereiten, die Unterlagen in aller Ruhe durcharbeiten. Und dadurch hat man nun auch weniger Stress."

Auf ihre Wahlerfolge blickt sie durchaus mit Stolz: „Jetzt bin ich schon die dritte Periode im Gemeinderat. Und ich habe dann auch immer eine gute Stimmenzahl erreicht. Was einem dann natürlich schon Freude macht, wenn man den Erfolg sieht. Das habe ich auch immer gerne gemacht, Gemeinderat und auch die einzelnen Ausschüsse."

Den Einstieg in die Politik hat Frau R. gefunden, als ihre Kinder noch klein waren: „Damals gab es die Schwierigkeit, dass die Kindergärten immer so früh aus waren. Und deswegen bin ich ja dann damals auch in die Politik gegangen und habe unter anderem dafür gekämpft, dass die Öffnungszeiten der Kindergärten etwas verlängert werden. Das war dann auch so eine Sache, die im Frauenbeirat mit erkämpft wurde. Deswegen habe ich in der Politik mitgemacht."

Engagement in der Flüchtlingshilfe und bei internationalen Projekten

Als Gemeinderätin arbeitet sie in mehreren Ausschüssen zum Thema Migration und Asyl und engagiert sich im Rahmen ihres kirchlichen Engagements vor allem in der Flüchtlingshilfe. Sie unterstützt Asylbewerber bei Behördengängen und Arztbesuchen und erteilt ehrenamtlich Deutschunterricht: „Ich gebe da Unterricht für Flüchtlinge. Vorher hatte ich schon Deutschunterricht gegeben für eine Gruppe. Am Anfang waren es Italiener und Leute mit Migrationshintergrund, die zum Teil schon berufstätig waren, aber mit der Sprache hat es noch gehapert. Jetzt ist die Gruppe schon so weit, dass manche an die Volkshochschule gehen. Und ich habe ihnen auch so ein bisschen Hilfe gegeben, wenn sie zum Arzt gehen mussten, oder wenn sie zum Amt gehen mussten oder solche Dinge." Außerdem trifft sie sich mit Asylbewerbern in einem speziellen Café, um mit ihnen Deutsch zu üben.

Mit ihrem Mann zusammen engagiert sie sich für ein katholisches Frauenprojekt in Indien, bei dem bedrohte oder verstoßene Frauen und auch Straßenkinder Zuflucht finden: „Sie haben auch ein Feld, wo sie selbst etwas anbauen, und sie haben auch eine Nähstube." Und schließlich arbeitet sie auch im „Eine-Welt-Laden" mit und ist auch noch im Vorstand eines internationalen Gartenprojekts: „Den Verein haben wir vor einigen Jahren gegründet. Da sind sehr viele türkische Migranten dabei und ein Italiener. Alle sind sehr engagiert. Da hat jeder so ein Stückchen, das er bewirtschaftet."

Hier möchte sie zukünftig auch ein Talent einbringen, das bei ihrem bisherigen ehrenamtlichen Engagement noch nicht so richtig zum Zuge kam: „Wir wollen jetzt auch ein bisschen mehr Öffentlichkeitsarbeit für den Gartenverein machen. Und da habe ich mich bereit erklärt, ab und zu etwas zu schreiben. Denkt dran, die Tulpenzwiebeln müssen rein, oder so etwas in der Richtung. Das macht mir auch Spaß, weil ich ja auch gerne schreibe."

Entscheidung gegen den Lehrerberuf

Dass Frau R. Migranten Deutschunterricht erteilt, hat teilweise auch einen biografischen Hintergrund. Sie stammt aus einer Lehrerfamilie und hat sich aber als Jugendliche bewusst gegen diesen Beruf entschieden: „Ich war in Deutsch immer gut. Ich habe mich dann aber doch für Naturwissenschaften entschieden, weil ich nicht Lehrerin werden wollte. Mein Bruder war Lehrer, mein Vater war Lehrer, mein Großvater war Lehrer. Ich habe immer gesehen, da muss man Hefte korrigieren. Also habe ich gesagt: ‚Nein, ich möchte etwas anderes werden'. Und habe mich dann eben für die Naturwissenschaften entschieden."

Gerne erinnert sie sich an die musische Erziehung, die sie im Elternhaus genossen hat: „Bei uns wurde viel musiziert. Mein Vater war künstlerisch veranlagt, der hat viel mit uns gemalt. Die Omi auch, die war auch sehr begabt.“ Dazu passt, dass die Familie lange keinen Fernseher hatte: „Den haben wir erst bei den Olympischen Spielen angeschafft.“ Gerne hat sie im Gymnasium im Chor gesungen und Theater gespielt.

Nach dem Gymnasium hat sie jedoch nicht den musischen Weg eingeschlagen, sondern hat ein zweijähriges Praktikum in einer Apotheke absolviert und ist dann zum Studium nach Karlsruhe gegangen. „Und das Studium hat mir besonders mit dem Laborbetrieb viel Spaß gemacht, das fand ich interessant. Und Examen habe ich dann auch in Karlsruhe gemacht.“

Verlobung bei der Mondlandung

Ihren Mann kannte sie schon als Schülerin und hat ihn kurz vor dem Examen geheiratet. „Vorher haben wir uns verlobt. Also, wir kannten uns schon als Schüler und sind beieinander geblieben. Sieben Jahre lang, was heute ja selten ist. Und haben uns dann verlobt, was übrigens bei der Mondlandung war, und dann haben wir geheiratet.“

Zunächst arbeiten die Eheleute noch in verschiedenen Apotheken, machen sich dann aber selbstständig und eröffnen gemeinsam eine Apotheke. Ihr Kinderwunsch musste allerdings zunächst unerfüllt bleiben, was für Frau R. im Rückblick eine schwierige Lebensphase markiert. Nachdem ihr zunächst von einem Arzt attestiert worden war, dass sie keine Kinder bekommen könne, hatte sie zwei Fehlgeburten: „Das war damals für mich ziemlich deprimierend. Vor allem beim ersten Mal. Aber gut, das hat sich ja dann Gott sei Dank aufgelöst, indem ich dann doch drei gesunde Kinder bekam.“

Wenn Frau R. und ihrem Mann neben ihren ehrenamtlichen und beruflichen Aufgaben dann noch Zeit bleibt, genießen sie es, gemeinsam Radtouren zu machen, den Garten zu pflegen und kulturelle Veranstaltungen zu besuchen: „Wir gehen auch gerne zu Ausstellungen. So was machen wir auch gerne gemeinsam. Oder dass wir mal zu einer Veranstaltung oder zu einem Konzert gehen. Solche Dinge kann man jetzt auch mehr anvisieren, da hat man jetzt mehr Zeit dafür.“

Das soziale Netz ist geknüpft

Die Radtouren machen sie mitunter auch gemeinsam mit ihren Freunden: „Das ist ein fester Freundeskreis. Mit dem machen wir auch immer Radtouren im Sommer. Bei uns war mal ein Freund zu Besuch, der schon seit zwanzig Jahren von hier weggezogen ist. Der kam zufällig, als wir Geburtstag hatten, und war ganz erstaunt, dass wir immer noch nach dieser Zeit die gleichen Freunde haben. Das finde ich sehr schön. Da hat man auch Rückhalt, wenn Probleme sind. Da hält man auch zusammen und hilft sich gegenseitig.“

Dieser Kreis aus Freunden ist seit Jahrzehnten stabil und bietet einen wichtigen Rückhalt: „Das sind schon Freunde, die sich gegenseitig helfen. Man besucht sich, wenn man krank ist. Man hilft auch im Haus. Und wenn man sagt, man braucht mal Hilfe, umziehen oder sonst irgendwas, also da hilft man sich. Auch wenn man Probleme hatte, zum Beispiel früher mit der Kindererziehung. Dann hat man sich zusammengesetzt und hat das mal durchgesprochen. Das ist also schon ein enger Kontakt.“

Im Freundeskreis kann sie auch ihr schriftstellerisches Talent einbringen: „Wenn einer einen runden Geburtstag hat, dann wird immer so ein Kabarett aufgeführt. Das heißt, drei, vier Lieder werden dann getextet. Wobei ich dann gern texte, weil ich das auch gut kann. Ich schreibe auch manchmal Büttenreden. Da machen wir dann immer die Texte auf die Lieder und führen das dann gemeinsam auf. Das ist dann immer Tradition bei den runden Geburtstagen."

Da zwei Kinder von Frau R. weit entfernt leben, ist der Kontakt zu ihnen eher sporadisch. Einzig der mittlere Sohn wohnt noch in der Nähe: „Der bringt auch noch seine Wäsche regelmäßig. Und er hilft uns auch mal, wenn irgendetwas am Haus ist. Technisch eben auch, mit dem Computer oder mit dem Fernseher."

Ihre Kinder sind es auch, über die sich Frau R. noch am ehesten Sorgen macht: „Sorgen machen mir mehr meine Kinder. Deren Berufswege sind zum Teil eher schwierig. Ich habe noch keine Enkelkinder. Da macht man sich schon Sorgen. Das wäre jetzt noch etwas, was ich mir wünschen würde, dass ich Enkelkinder bekomme. Dann hätte man ja auch noch eine kleine Aufgabe, dass man gebraucht wird."

Altersbedingte gesundheitliche Probleme sind noch kein Thema

Frau R. und ihr Mann sind gesundheitlich noch gut beieinander. Außer Arthrose in den Händen hat Frau R. keine gesundheitlichen Einschränkungen zu beklagen. Um diesen guten Gesundheitszustand zu erhalten, fährt das Ehepaar im Winter Ski, macht im Sommer regelmäßig Radtouren und trifft sich jeden Morgen zur Gymnastik: „Jeder für sich, aber gemeinsam. Jeder macht so eine Viertelstunde Gymnastik. Und ich hüpfe da manchmal auch auf dem Trampolin."

Hilfsbedürftigkeit aufgrund körperlicher Einschränkungen und Krankheit sind für beide noch weit entfernt, daher haben sie sich „noch nicht allzu viele Gedanken darüber gemacht. Ich denke, dass wir das Haus dann vermutlich verkaufen würden. Wir würden dann eine Wohnung nehmen oder uns irgendwo einmieten. Das haben wir jetzt noch nicht so fest geplant. Dass die Kinder uns pflegen, das wollen wir nicht. Das wäre jetzt auch zu schwierig. Da würden wir dann schon in eine Pflegeeinrichtung gehen. Oder wir würden uns jemanden holen, der uns bei der Pflege unterstützt und hilft, wenn es nötig wäre. Das haben wir uns schon einmal überlegt."

Ruhe und Glaube spenden ihr Kraft

Seit Frau R. im Ruhestand ist hat sie begonnen, Yoga zu machen: „Da hat man dann auch so ein bisschen das Meditieren und das Zu-sich-Kommen, das finde ich auch sehr wichtig." Die Kraft für ihr außergewöhnlich aktives und engagiertes Leben schöpft Frau R. aber vor allem aus ihrem Glauben: „Ich denke, dass man auch schauen muss, gerade wenn man so viel macht, dass man trotzdem die innere Ruhe noch findet. Das war für mich auch immer das Religiöse. Ich gehe auch in die Kirche, muss ich ehrlich sagen, nicht nur weil es Sonntag ist, sondern auch weil es für mich ein Ort ist, wo ich mich sammeln kann. Das war für mich immer wichtig, einmal in der Woche so in Ruhe nachdenken zu können. Wo ich mich dann auch frage, ist das jetzt richtig so, mache ich das richtig oder nicht? Daraus schöpfe ich auch eine gewisse Kraft."

10.16 Herr T.

- ist 70 Jahre alt
- arbeitet noch stundenweise als Architekt
- war früher auch ehrenamtlicher Seelsorger
- ist sehr glücklich mit seiner Frau, seinen Kindern und seiner großen Familie
- tut viel für seine Gesundheit und findet rechtzeitige Planung für den Ruhestand sehr wichtig

„Ich bin sehr dankbar"

Herr T. ist rundum zufrieden. Der 70-jährige Architekt, der bis zum Alter von 65 zusätzlich auch ehrenamtlicher Seelsorger in einer evangelischen Freikirche war, ist dankbar für sein heutiges Leben: „Ich fühle mich körperlich und geistig fit. Das ist ein großes Geschenk. Ich habe eine tolle Familie, bin stolz auf meine Kinder und Enkelkinder und freue mich jeden Tag über meine Arbeit, die ich noch weiterführe, obwohl ich Rentner bin. Aber ich werde in meiner alten Firma noch gebraucht. Dort habe ich Kontakt zu vielen Menschen. Das ist wunderschön. Und besonders schön ist, dass ich mir meine Arbeit einteilen kann. Ich muss nicht um 7 Uhr im Büro sein. Dafür bin ich sehr dankbar, auch dafür, dass ich oft Urlaub machen kann, dass es mir wirtschaftlich gut geht. Besondere Freude bereitet mir meine Arbeit, etwas schaffen zu können, etwas als Architekt entstehen lassen zu können, etwas wachsen zu sehen. Dann meine Kinder und Enkelkinder: Jede Stunde, in der ich mit ihnen zusammen sein kann, bereitet mir Freude. Es ist schön, meinen Enkelkindern die Welt zu zeigen, mit ihnen zu reisen."

10

Diese Grundzufriedenheit wird durch eine leichte Einschränkung seiner Beweglichkeit nicht allzu sehr beeinträchtigt: „Durch übermäßig viel Eisen im Blut und eine künstliche Hüfte bin ich hin und wieder nicht mehr so gut zu Fuß wie früher. Aber sonst habe ich keine Einschränkungen."

Als besonderen Vorteil an seiner beruflichen Tätigkeit im Alter betrachtet Herr. T. die Flexibilität. Da er nur noch einige Stunden am Tag arbeitet, ist die Belastung weniger groß, und er kann die Aufgaben leicht mit anderen Aktivitäten vereinbaren: „Ich arbeite jetzt nicht mehr so viele Stunden wie früher und nicht mehr so intensiv. Diese Freiheit kann ich mir nehmen, und ich finde das unheimlich gut. Ich arbeite gern, aber das Alter benötigt doch auch ein wenig Ruhepausen. Jeden Tag zehn bis zwölf Stunden würde ich heute nicht mehr schaffen. Das will ich auch nicht mehr. Es ist alles gut so, wie es ist. Ich arbeite vor allem deshalb weiter, weil ich Freude daran habe. Mir macht die Arbeit Spaß. Ich bin gern unter Menschen, gebe gerne meine Erfahrung weiter. Außerdem gibt es den schönen Nebeneffekt, dass ich dadurch zusätzlich auch noch Geld in die Kasse bekomme. Davon können meine Frau und ich mehrere zusätzliche Reisen im Jahr machen, gerne auch mit unseren Kindern oder Enkelkindern. Meine Frau akzeptiert diese Tätigkeit voll. Ich bin ja nicht zehn Stunden am Tag weg. Die meisten Abende oder auch Nachmittage gehören uns gemeinsam. Wenn meine Enkelkinder zu Besuch sind, arbeite ich auch an diesem Tag gar nicht, sondern unternehme etwas mit der Familie."

„Das hat mich geprägt"

„Ich bin als zweites Kind meiner Eltern auf die Welt gekommen. Ich habe eine ältere Schwester und einen jüngeren Bruder. Mein Vater war Schneidermeister, erst selbstständig, dann in einer großen Firma. Wir hatten nicht viel, mussten immer sparsam sein. Aber unser Familienleben war intakt. Meine Eltern haben uns geliebt und für uns gesorgt. Sie waren aber auch streng. Als Kind war ich ein richtiger Lausbub. Ich sammelte beim Nachbarn die Eier aus den Hühnernestern und brachte sie ihm. Bekam aber keines davon. Da bin ich am nächsten Tag wieder hin und habe ihm die nächsten Eier vor das Scheunentor geworfen.

Auch wenn wir uns nicht viel leisten konnten, war meine Kindheit im Großen und Ganzen sehr glücklich. Nach Abschluss der Volksschule ging ich in die Lehre und lernte Betonbauer. Danach kam ich zur Bundeswehr. Ich verpflichtete mich für vier Jahre und ging als Feldwebel der Reserve ab. Während dieser Zeit lernte ich meine Frau kennen. Nach der Bundeswehr besuchte ich Abendschulen, machte mein Abitur und studierte Architektur. Wir bekamen erst einen Sohn, dann eine Tochter. Meine Frau und ich bauten nach der Geburt unseres Sohnes ein wunderschönes Haus, in welchem meine Tochter zur Welt kam. Ich hatte inzwischen eine Anstellung als Architekt und war auch als ehrenamtlicher Seelsorger in der neuapostolischen Kirche tätig. Ich wechselte die Firma, baute für ein heimisches Unternehmen eine Dependance in Berlin auf und arbeitete dort fast zehn Jahre. Montags fuhr ich in der Frühe durch die DDR nach Berlin und kam am Donnerstag spät wieder. Am Wochenende hatte ich dann Zeit für meine Familie. Danach wechselte ich in die Firma, in der ich auch heute noch arbeite."

Rückblickend fällt es Herrn T. leicht anzugeben, was ihn in seinem Leben bislang am meisten geprägt hat: „Am meisten haben mich wohl meine Heirat und die Familiengründung geprägt. Ich darf ja eine tolle Frau haben und ebensolche Kinder, Schwieger- und Enkelkinder. Und geprägt hat mich auch meine Zeit als Seelsorger. Diese Arbeit möchte ich im Nachhinein nicht missen. Auch meine Mutter prägte mich, ihre Art, ihre Lebensweisheit und ihre Güte. Sie lebt heute noch und ist 103 Jahre alt. Ich bin glücklich, solch ein schönes Leben haben zu dürfen. Klar war nicht jeder Tag nur eitel Sonnenschein. Aber was habe ich doch insgesamt für ein Glück gehabt. Ich bin Gott dafür sehr, sehr dankbar."

Große Lebensveränderungen oder tiefgreifende Einschnitte musste Herr T. nicht bewältigen. „Als Einschnitt wäre eigentlich nur meine Hüftoperation zu nennen. Seit dieser Zeit kann ich leider nicht mehr Ski fahren, was ich früher mit großer Begeisterung getan habe. Auch Golf ist mir nicht mehr möglich. Das sind zwar keine wirklichen Schicksalsschläge, haben aber einen kleinen Teil meines Lebens verändert. Dafür gehe ich nun ins Fitnessstudio. Aber so ein wirklicher Ersatz ist es nicht."

Wirtschaftlich geht es der Familie T. gut: „Ich kann mich nicht beklagen. Meine Frau und ich haben immer gut verdient und konnten unseren Kindern ein gutes Studium mit Auslandsaufenthalten finanzieren. Wir selbst haben Eigentum geschaffen und leben in einem abbezahlten Haus. Nein, unsere Lage ist gut. Natürlich ist die Rente geringer als der Verdienst eines Architekten. Aber dadurch, dass ich weiterhin arbeite, fällt das kaum ins Gewicht. Und da die Kinder auf eigenen Füßen stehen, sind die Ausgaben auch geringer geworden. Wir mussten uns deshalb im Grunde nicht einschränken. Wir konnten unseren Lebensstandard beibehalten."

Die Vorteile überwiegen

Den technischen Fortschritt bewertet Herr T. als überwiegend gute Entwicklung: „Früher saß ich am Zeichenbrett und habe Häuser und Wohnungen geplant und gezeichnet. Heute macht das der Computer. Ich finde das total positiv. Unseren Kunden kann ich nun ganz genau zeigen, wie ihr Haus, ihre Wohnung aussehen wird. Aus allen Richtungen und Blickwinkeln. Ich kann visualisieren. Das gab es früher nicht. Heute ist alles in 3-D. Durch das Internet bin ich innerhalb von Sekunden mit meinen Kunden verbunden, kann Zeichnungen, Briefe, einfach alles hin- und herschicken. Selbst mit dem Handy. Ich finde das spannend und gut. Das kann ich aber auch sagen, weil ich nicht mehr rund um die Uhr erreichbar sein muss. Das sind halt die Vorteile des Rentnerdaseins."

„Aber nicht nur für die Arbeit bin ich ein Fan von Computer und Handy. Ich nutze beides auch privat ganz intensiv. Wenn meine Frau und ich zum Beispiel mit den Enkelkindern auf Reisen sind, ist es schön, dass wir den Eltern jederzeit ein paar Fotos schicken können, ihnen zeigen: Es geht uns gut, macht euch keine Sorgen. Meine Frau und ich informieren uns auch im Internet über Politik, Urlaub und Dinge, die wir uns vielleicht anschaffen wollen. Wir nutzen das Internet täglich. Das Internet ist aus unserem Leben nicht mehr wegzudenken."

„Allerdings finde ich die sozialen Medien wie Twitter, Facebook oder WhatsApp mehr als nervig. Was dort an Mist geschrieben wird, wie dort miteinander umgegangen wird, wie Menschen verunglimpft, gemobbt und angegriffen werden, ist oftmals nicht auszuhalten. Und mich nerven auch die Ballerspiele der Jugendlichen und Kinder. Sie vereinsamen dadurch und wissen gar nicht mehr, was wirkliches Spielen ist. Ich finde, diese Dinge sollten die Eltern wirklich begrenzen. Die Kinder verrohen doch auch durch diese Spiele. Es gibt also Vorteile wie Nachteile des technischen Fortschritts. Ich meine aber, dass die Vorteile alles in allem überwiegen. Weit überwiegen."

„Mein Ein und Alles"

Wenn man Herrn T. fragt, was das Wichtigste in seinem Leben ist, nennt er ohne zu zögern die Familie: „Meine Familie ist mein Ein und Alles. Sie spielt in meinem Leben die Hauptrolle. Wir haben zu unseren Kindern und Enkelkindern ein Top-Verhältnis. Es könnte nicht besser sein. Aber auch mit der weiteren Familie sind wir eng verbunden. Wir haben einen wunderbaren Kontakt untereinander. Die Geschwister meiner Frau leben mit ihren Familien ebenfalls in unserer Stadt. Wir feiern unsere Geburtstage zusammen, sind jedes Weihnachtsfest zu einem großen Festessen bei uns im Haus zusammen; wir feiern miteinander Bescherung. Am ersten Weihnachtstag fahren meine Frau und ich zu meiner Schwester, wo auch meine Mutter lebt. Dort kommen dann ebenfalls meine Geschwister mit ihren Kindern hin. Und am zweiten Weihnachtstag feiern wir den Geburtstag meiner Schwiegermutter, die mit ihren 96 Jahren in einer Seniorenresidenz wohnt."

Im Mittelpunkt steht die Beziehung zu seiner Frau: „Meine Ehe bedeutet mir alles. Sie ist glücklich. Wir sind nicht nur Ehepartner, sondern auch Freunde. Wir teilen alles miteinander, Freud und Leid. Wir können alles miteinander besprechen. Wir sind glücklich."

Zum intakten sozialen Bezugsnetz gehört zudem ein stabiler Kreis von Freunden: „Unser Freundeskreis ist verhältnismäßig groß, und diese Freunde spielen eine wichtige Rolle in unserem Leben. Es wäre ohne sie nicht rund. Wir können uns aufeinander verlassen, sind füreinander da. Wir feiern und sprechen miteinander. Geben uns gegenseitig Ratschläge. Wir treffen uns häufig, unternehmen gemeinsam etwas. Wir gehen in Konzerte, ins Theater oder machen auch schon einmal eine Städtereise miteinander."

Einsamkeitsgefühle sind Herrn T. deshalb ebenso fremd wie die Vorstellung, nicht mehr gebraucht zu werden. Allerdings betont er auch, dass man sich um soziale Beziehungen auch aktiv bemühen müsse: „Ich meine, das liegt an jedem selbst. Wenn man sich im Alter hängen lässt, seine Tage nur noch vor dem Fernseher verbringt, seine Freundschaften und Bekanntschaften vernachlässigt, dann isoliert man sich doch selbst. Natürlich gibt es Fälle, in denen Krankheit oder das hohe Alter es nicht mehr zulassen, sich irgendwie zu betätigen oder zu engagieren. Jene, denen es möglich ist, sollten aber schon vor dem Rentenalter dafür sorgen, dass sie soziale

Kontakte haben. Egal, ob es der wöchentliche Skatabend ist oder der Stricknachmittag. Hauptsache ist, Kontakte zu pflegen."

Wenn er den nachfolgenden Generationen aus seiner Lebenserfahrung etwas weitergeben könnte, würde er deshalb unbedingt dazu raten, rechtzeitig soziale Verbindungen aufzubauen: „Man muss sich rechtzeitig mit dem Ruhestand beschäftigen, Verbindungen dafür knüpfen, damit man nicht in ein schwarzes Loch fällt. Wer von heute auf morgen aufhört zu arbeiten, der kommt damit nicht klar. Wir brauchen Pläne für die Zeit des Ruhestandes, müssen uns damit rechtzeitig beschäftigen. Und wir müssen für das Alter auch finanziell vorsorgen. Die staatliche Rente kann das nicht."

Vor allem vertraut Herr T. jedoch darauf, dass die Werte, die sein Leben geprägt haben, auch weiterhin gelten: „Ich glaube schon, dass soziales Engagement, dass Bildung, dass Vertrauen und auch Liebe heute immer noch eine wichtige Rolle spielen. Daran hat sich nichts geändert."

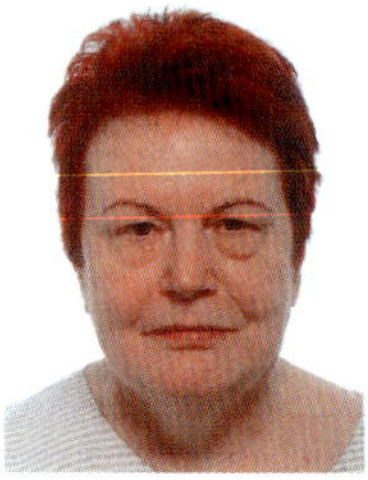

Frau P.

10.17 Frau P.

- ist 68 Jahre alt
- hat ihren wesentlich älteren Ehemann bereits vor über zwanzig Jahren verloren
- lebt jetzt mit einem neuen Partner zusammen
- hat früher in der Sozialfürsorge gearbeitet
- wurde krankheitsbedingt mit 42 Jahren frühverrentet

„Brauchen und gebraucht werden"

Das Leben von Frau P. ist dadurch gekennzeichnet, dass sie sich privat wie beruflich um andere gekümmert hat, dabei aber ihre eigenen Interessen und Bedürfnisse zurückgestellt hat: „Wenn ich Leuten begegne, und ich weiß nicht, womit ich das tue, öffnen die sich sofort. Ich werde von allen gebraucht: Ich werde gebraucht von meinem Partner. Und ich werde auch, denke ich mal, ein Stück weit gebraucht in meinem Bibelkreis. Dieses Gebrauchtwerden hier auf Erden ist ein Antrieb für mich. Wenn ich mal so ein bisschen depressiv versinke oder so, dann sagt mein Freund zu mir: ‚Ja sag mal, willst Du vielleicht diese Leute hier alleine lassen, oder was oder wie, oder willst Du mich alleine lassen?' Das ist dann so, dass ich manchmal sage, ich habe gar keine Lust mehr. Manchmal kommt man ja in solch eine Stimmung rein. Das ist das A und O, dieses Gebrauchtwerden."

Ganz bewusst genießt Frau P. die Freiheiten, die sie mit der jetzigen Lebensphase verbindet: „Ich genieße die Unabhängigkeit, die Unabhängigkeit von Zeit. Zeitdruck brauche ich nicht mehr. Auf jeden Fall, ich fühle mich im Moment frei. Und ich meine auch, diese Freiheit, die ich mir jetzt nehmen kann, sie steht mir auch einfach zu, für viele Dinge, die ich vorher geleistet habe und wo ich mich habe eng drücken lassen und wo ich auch ein Stück entmündigt war. Also, es tut gut, dass man jetzt die Dinge für sich tun kann, die man sonst immer für die anderen gemacht hat. Ich wollte ja was für die anderen tun, deshalb hatte ich mich auch in der Sozialarbeit engagiert. Jetzt bin ich dran, und andere müssen was für mich tun. Ich will nämlich so etwas zurück, wenn ich es brauche. Das ist in dem Thema Sozialarbeit ja drin. Brauchen und Gebrauchtwerden. Aber jetzt genieße ich erst einmal die Zeit des Alters."

Familie – komplizierte Verhältnisse

Frau P. ist als einziges und uneheliches Kind mit ihrer Mutter in einer Großfamilie aufgewachsen. Das Verhältnis von Frau P. zu ihrer Mutter war durch Unterordnung und körperliche Gewalt gekennzeichnet: „Meine Mutter war immer sehr besitzergreifend, streng, ordentlich, fleißig. Sie war als Mensch sehr selbstherrlich, sehr beherrschend, aber sie war auch der Typ ‚Hausdrachen und Straßenengel'. Nach draußen immer nett und freundlich und zu Hause immer ein Drachen. Zu meiner Großmutter hatte ich eine andere Beziehung, auch wenn sie mich damals auch verkloppt hat. Bei ihr war das nie Hass. Bei meiner Mutter war das Hass. Sie hatte so schwarze Augen wie ich, aber dazu hatte sie noch ganz schwarze Haare, eine große Statur und ein bisschen Hakennase. Fast so ein Klischee von böser Mutter. Ich meine, sie konnte nichts dazu, aber es war so. Also kurz – die Beziehung zu meiner Mutter war sehr schwierig. Von daher war es eher eine Erleichterung, als sie starb."

Mit 24 Jahren „flüchtete" sich Frau P. in die Ehe mit einem 26 Jahre älteren Mann; den Bedürfnissen ihres Mannes und seiner ebenfalls 24-jährigen Tochter ordnete Frau P. ihre eigenen Wünsche unter: „1972 hatte ich geheiratet. Ich hatte mich aber zwischendurch an der Uni in Frankfurt angemeldet, weil es mir damals dort gefallen hatte, und wollte dort Medizin studieren. Aber da hat mein Mann ein Veto eingelegt. Er war ja 26 Jahre älter als ich und hat gesagt: ‚Ich kann hier von D. nicht weg, denn ich habe meine Tochter hier'. Die war genauso alt wie ich und wollte im nächsten Jahr auch heiraten. Aber er wollte nicht wegziehen. Ich hatte sogar eine Stelle für ihn bei der Verwaltung in Frankfurt. Die bekam ich durch meine Kontakte, und da hätte er wieder die gleiche Stelle gehabt wie hier in D. Aber er wollte nicht. Und dann habe ich mir das dreimal hin und her überlegt, und dann habe ich gesagt: ‚Ja, ist gut'. Das hätte ich nicht machen sollen. Das bereue ich wirklich. Das war so eine Situation, wo ich zu viel zurückgesteckt habe für meinen Mann. Aber was ich nicht wusste, dass seine Entscheidung mehr oder weniger eine Entscheidung für meine Stieftochter war. Er wollte bei seiner Tochter bleiben. Er hatte sie ja auch bei der Scheidung zugesprochen bekommen. Das war 1963, da war es damals noch nicht üblich, nicht so normal, dass dem Vater das Sorgerecht zugesprochen wurde."

Mitte der 1990er-Jahre starb der Mann von Frau P. überraschend. Nach seinem Tod musste Frau P. sich ihre Selbstständigkeit neu erkämpfen: „Dann starb mein Mann 1995 sehr überraschend an einem Herzinfarkt. Und dann musste ich zusehen, dass ich mich in meinem Leben wieder alleine zurechtfinde. Da war ich 47 Jahre alt. Nun hat mein Mann mich natürlich überall hingeführt. Und der fehlte mir dann. Ich hatte keinen Führerschein. Dafür hatte er auch gesorgt, das kannst Du nicht. Heute würde ich jedem Mädchen raten, mach den Führerschein. Mein Mann fehlt mir immer noch, am liebsten würde ich ihn manchmal wieder ausbaggern. Auf der einen Seite hätte ich mal wieder gerne einen Mann, an den ich mich anlehnen könnte. Das kann ich bei meinem Freund nicht. Auf der anderen Seite denke ich mir, er wäre jetzt 94 Jahre alt, dann könnte ich mich vielleicht gar nicht mehr an ihn anlehnen. Das Behütetsein hat mir eigentlich nicht wirklich geholfen, das wusste ich damals aber noch nicht. Er hat mich auch zu viel verwöhnt."

Zu der Stieftochter, den Stiefenkeln und anderen Familienmitglieder hat Frau P. wenig bzw. keinen Kontakt mehr: „Die Familienmitglieder, die weiter weg sind, die sind aus meinem Blickfeld. Auch meine Stiefenkel, zu meinem Bedauern." Anstelle der Familie stehen der jetzige Partner und Freundinnen als zentrale Ansprechpartner: „Da ist mein Partner. Und da sind meine Freundinnen. Und die spielen eine wichtige Rolle in meinem Leben und sind ganz wichtig für mich. Sie wohnen auch alle in der näheren Umgebung."

Kein Interesse an Technik

Grundsätzlich ist Frau P., die täglich Zeitung liest und fernsieht, gegenüber der heutigen Vielfältigkeit der Medienlandschaft positiv eingestellt: „Besser gefällt mir, dass die Medien sehr viel mehr bieten, sei es Nachrichten, seien es Filme, sei es Fernsehen, Zeitungen. Ich habe also zwei Zeitungen, die Tageszeitung, und immer, wenn es im Angebot ist als Abo zum Kennenlernen, die ZEIT. Aber nur, wenn sie im Angebot ist."

Neueren Entwicklungen bzw. neuen technischen Geräten steht Frau P. jedoch skeptisch bis ablehnend gegenüber: „Und dann, die Technik! Telefon finde ich okay. Ganz schlimm finde ich diese Sache, wo man ewig drauf tippt. Also diese Smartphones. Auch Handys finde ich schlimm. Ich besitze kein Handy und verwehre mich gegen Handys, weil ich einfach sage, ich will nicht zu jeder Zeit und Stunde erreichbar sein. Das Telefon zeigt mir die Nummer eines Anrufers, und ich kann dann zurückrufen. Gegen diese technischen Neuerungen wehre ich mich."

Frau P., die über einen Computer mit Internetanschluss verfügt, nutzt den Computer nur für Kartenspiele zur Entspannung: „Ich selbst spiele nur an dem Computer. Keine Computerspiele, sondern nur Kartenspiele, Poker und so was, am liebsten natürlich Solitär. Vor allen Dingen kann ich dabei entspannen. Mein Kopf ist dann leer. Ich konzentriere mich nur auf 1, 2, 3, 4. Ich kann mich dabei total entspannen. Es ist keine sinngerichtete Entspannung, sie kommt einfach so." Bei einem zielgerichteten Informationsbedarf wendet Frau P. sich an ihren Partner, der dann die entsprechenden Informationen im Internet recherchiert: „Wenn ich also was aus dem Internet haben will, frage ich schlicht und ergreifend meinen Partner: ‚Suche mir mal Günter Grass, Leben und Werk.' Dann macht der das und druckt mir das aus."

Krankheit als Lebensthema

Das Thema Krankheit begleitet Frau P. durch ihr Leben: „Ich war Zeit meines Lebens krank. Und ich habe mich daran gewöhnt, dass ich nicht gesund bin und dass ich immer Beschwerden habe. Das ist mein Normalzustand." Frau P. war an Darmkrebs erkrankt, verträgt viele Lebensmittel nicht mehr und hat Rückenbeschwerden. Alle Erkrankungen schränken Frau P. ein, sei es bei der Ernährung, der Beweglichkeit oder ganz allgemein: „Ich war aber immer krank, von daher kenne ich das. Im Moment machen mir die Zähne vor allen Dingen Last. Aber eigentlich bin ich jetzt zufrieden mit all dem. Es steht noch eine Operation an, eine Darm-OP, aber nicht wegen Krebs oder so, sondern ich habe einfach einen Knick im Darm. Und der soll begradigt werden. Ich muss mich darauf einrichten, dass ich wegen meiner Krankheit nicht alles essen darf. Ich mache mir trotzdem Sorgen um meine Gesundheit. Wenn man einmal Krebs gehabt hat, denkt man natürlich ab und zu, wenn man mal hier was fühlt oder da was fühlt: Na, ist es wieder Krebs?"

Vor allem wurde und wird das Leben von Frau P. jedoch durch ihre Angsterkrankung bestimmt: „Ich musste ja 1988 berentet werden, ab da galt es, weil ich unter Ängsten litt. Generalisierte Ängste. Ich konnte nicht mehr auf die Straße gehen, ich war nicht mehr in der Lage dazu." Mithilfe von außen und auch durch ihren Glauben ist Frau P. psychisch „wieder ins Gleichgewicht gekommen. Und ich habe mich auch nie geniert, stationäre Hilfen in Anspruch zu nehmen. Und dann habe ich durch eine Nachbarin lernen müssen, nach draußen zu gehen. Ich war nass geschwitzt, als sie sagte: ‚Nein, Sie fahren nicht mehr mit dem Taxi zur Kirche, wir fahren mit dem Bus'. ‚Nein', sagte ich, ‚kann ich nicht'. Und sie sagte: ‚Nein, wir fahren mit dem Bus'. Da hat sie so ein Angsttraining mit mir gemacht."

Mit Stolz blickt Frau P. auf die Überwindung ihrer Angstzustände zurück: „Ja, das war wirklich das Allerwichtigste in meinem Leben. Deshalb kann ich heute alleine draußen rumlaufen." Und auch die neue Partnerschaft hat für Frau P. therapeutischen Charakter: „Und dass ich meinen Partner kennengelernt habe, war auch wichtig. Ich wusste sofort, dass er als Mann oder so nichts ist, sondern ich wusste, ich hatte eine Aufgabe. Und diese Aufgabe hatte ich mir gewünscht. Ich hatte keine Kinder. Und dann habe ich mir gesagt: ‚Gut, dann mache ich das'."

Die neue Partnerschaft ist für Frau P. von großer Bedeutung: „Sie ist doch arg wichtig, weil ich einen Ansprechpartner habe, egal wie spät es ist. Ich habe einen Gesprächspartner, der einfach da ist. Ich bin nicht alleine. Er ist nicht immer da; aber er gibt mir das Gefühl, er gehört zu mir und braucht mich."

Herr Z.

10.18 Herr Z.

- ist 71 Jahre alt, verheiratet und hat einen Sohn
- ist heimatverbundener Schwabe
- engagiert sich politisch und sozial
- ist nach wie vor als Künstler tätig
- war Lehrer und Schulrektor
- findet, „meine Frau ist das Beste, was mir je hätte passieren können"

Den eigenen Kopf benutzen

Herr Z. vereinigt in seiner Person manches, was andere vielleicht als Gegensätze begreifen würden: Er ist ein überzeugter Linker und Antifaschist, ein Alt-68er, der sich auch als 70-Jähriger noch für eine sozialistische Jugendorganisation einsetzt. Zugleich ist er pensionierter Beamter, Trachtenjackenträger und heimatverbundener Schwabe. Er ist ein selbstbewusster Künstler, aber er ist auch ein rücksichtsvoller Ehemann und Großvater mit einem Hang zum Kochen und zum guten Essen. Alles das verbindet Herr Z. so selbstverständlich, dass man den Eindruck gewinnt, es könne gar nicht anders sein.

Seine Überzeugungen hat Herr Z. nie versteckt. Wie bei vielen anderen seiner Generation entwickelte sich das politische Bewusstsein in der Auseinandersetzung mit der Vätergeneration: „Im Nachhinein ist mir klar geworden, dass ich irgendwie schon ganz früh mit dem Elternhaus in Konflikt gekommen bin. Das begann schon mit zehn Jahren. Woher das rührte, das weiß ich nicht. Das war halt plötzlich da, dass ich anfing, Fragen zu stellen."

Seine aufsässige Grundhaltung trug dem 1944 Geborenen auch Probleme in der Schule ein: „Dann kam ich ins Internat, wo ich ein absoluter Schulversager war. Denn ich war ja immer dagegen, gegen alles, was die dort gesagt haben. Ja, ich habe dann die Schule abgebrochen und das gemacht, was mir gefallen hat. Ich habe Glasmaler gelernt und anschließend freie und angewandte Kunst auf der Kunstakademie studiert."

In dieser Zeit wurden auch seine politischen Ansichten geprägt. Beeinflusst wurde er von den bedeutenden Sozialdemokraten und Sozialisten, die er meist schon in jungen Jahren kennenlernte. „Was hat mein Leben besonders geprägt? Erhard Eppler, der tiefe Humanismus, den der Mann hat. Willy Brandt, ein wirklich radikaler Sozialist. Fritz Lamm, ein Jude, Gewerkschaftler, Atheist und undogmatischer Sozialist. Er hat das Gegenprogramm zum Godesberger Programm entworfen und die linke Stuttgarter Szene bis heute geprägt. Das Stuttgarter Theaterhaus wäre ohne ihn nicht denkbar. Willi Hoss, der wurde in der Besatzungszeit als Jungkommunist von Nordrhein-Westfalen nach Stuttgart zwangsverpflichtet. Er war Betriebsrat bei Mercedes und Bundestagsabgeordneter der Grünen. Das war eine ganz wichtige Persönlichkeit für mich, weil er einem sehr schnell beigebracht hat, den eigenen Kopf zu benutzen. Theodor Bergmann, Professor in Hohenheim, 99 Jahre alt, lebt noch. Solche Leute, die Humanismus und Sozialismus verbanden, waren wichtig für mich."

Aktiv war Herr Z. in den 1960er-Jahren beim Sozialistischen Deutschen Studentenbund SDS und bei den Falken. Auf großen Kundgebungen gehörte er zu den Rednern. Seine Offenheit trug ihm damals auch eine Ausweisung aus der DDR ein: „Ich wurde auch schon einmal aus der DDR ausgewiesen, weil ich das Gastrecht der DDR missbraucht hatte, wie das damals so hieß. Da hatte ich ein Mikrofon in die Hand gedrückt bekommen und wurde aufgefordert: ‚Genosse, erzähl mal, wie das so ist mit dem Kapitalismus in der Bundesrepublik.' Das habe ich gemacht, aber auch mit Blick auf die Missstände in der DDR."

In dieser Zeit führte Herr Z. zunächst ein unstetes Leben: „Nachdem ich mein Elternhaus schon sehr früh verlassen hatte, wohnte ich zunächst in verschiedenen Ateliers und bei Freunden. Das ging so lange, bis schließlich meine jetzige Frau und deren Eltern gesagt haben: ‚Du kannst halt bei uns wohnen'. Irgendwann hat meine Frau dann festgestellt, dass es jetzt an der Zeit wäre, dass ich auch mal Geld verdiene, um eine Familie gründen zu können. Ganz konservativ hat sie dem undogmatischen Sozialisten eine Hochzeit verordnet."

Aber nicht nur um Geld für die geplante Familie zu verdienen, strebte Herr Z. in der Folge den Lehrerberuf an: „Der Wechsel zum Lehramt kam dann fast zwangsläufig. Beim SDS und bei den Falken hatte ich ja auch schon Berührung mit dem Pädagogischen gehabt." Bevor Herr Z. jedoch als Lehrer unterrichten konnte, mussten zunächst einige Hindernisse überwunden werden: „Ich hatte zunächst keinen passenden Schulabschluss. Immer, wenn ich etwas Besonderes machen wollte, hieß es, das geht nicht. Ich hatte zwar die fachliche Qualifikation und die fachliche Kompetenz, aber nicht die richtigen Papiere dazu. Schließlich gab es die Chance, Fachlehrer zu werden; dafür reichte der Realschulabschluss. Da begab ich mich mit meinem Gesellenbrief zu meiner alten Schule, und die haben mich zwei Stunden geprüft, teilweise auch auf Englisch. Danach ging ich raus und hatte ein Schreiben, dass ich nach Meinung der Schulleitung und des beschließenden Kollegiums den Grad der mittleren Reife erreicht hatte. Und so konnte ich dann Fachlehrer für musisch-technische Fächer werden."

10

„Zuerst war ich als Fachlehrer drei Jahre an einer Brennpunktschule. Dann war ich in einem Schulversuch als Fachlehrer: Werken an der Grundschule. Als das abrupt eingestellt wurde, hat mich ein Förderverein bezahlt, um dieses Projekt mit den Schülern weitermachen zu können. Ich habe nebenher an der Pädagogischen Hochschule studiert. Als Referendar bin ich dann an dieser Schule geblieben. Die hatten darum gekämpft, dass ich bleibe. Ich war der einzige Mann an der Grundschule. Dort habe ich auch meine zweite Dienstprüfung gemacht."

Mit seinem Engagement machte Herr Z. dann im Schuldienst Karriere: „Neben der Arbeit, neben der Kunst und neben der Politik habe ich dann noch die Weiterbildung zum Beratungslehrer für den schulpsychologischen Dienst gemacht. Das war mir wichtig als weitere Qualifikation für meinen Beruf. Ich war dann auch Lehrbeauftragter am Seminar für schulpraktische Ausbildung im Bereich Didaktik und Methodik der Kunsterziehung." Als Herr Z. Konrektor wurde, erhielt er zum ersten Mal ein volles Gehalt, was für ihn und seine Familie einen finanziellen Quantensprung bedeutete: „Ich dachte, ich bin Krösus."

Schließlich wurde Herr Z. Rektor einer Hauptschule: „Ich bin in der Gewerkschaft organisiert und im Personalrat. Da konnte ich sehen, welche Idioten sich manchmal auf Funktionsstellen beworben hatten. Die haben im Umgang mit anderen teilweise legalisierten Diebstahl an Lebensqualität betrieben. Da habe ich mir gesagt: ‚Was die können, das kann ich mit der linken Arschbacke'. Und dann war ich 25 Jahre Rektor. Allen Versuchungen, in der Hierarchie der Schulverwaltung weiterzuklettern und Schulrat zu werden, konnte ich widerstehen, obwohl ich durch die Gewerkschaftsarbeit immer wieder dazu gedrängt wurde."

„Wenn ich Zeit habe, helfe ich dort auch"

Als Herr Z. in Pension ging, bedeutete das für ihn einen Zugewinn an Freiheit: „Der glückliche Umstand, selbst entscheiden zu können, wann man aufsteht. Also, diese fünf Minuten länger im Bett, sich noch einmal zu drehen, ist ein Befreiungsschlag, auch ein seelischer. Das macht wahnsinnig viel an Lebensqualität aus."

Viel mehr als diese morgendlichen fünf Minuten bleibt ihm jedoch häufig nicht, denn die Tage sind zumeist mit vielen Aufgaben ausgefüllt. Seit seiner Pensionierung engagiert sich Herr Z. noch weitaus stärker für gesellschaftliche und politische Anliegen, als es ihm während seiner Berufstätigkeit möglich war: „Ich bin Revisor unseres SPD-Ortsvereins. Politisch engagiere ich mich heute auch stark im Migrationsbereich. Ich bin etwa Mitglied im Organisationsteam des Forums Internationales Miteinander. Und seit gut zehn Jahren mache ich beim Internationalen Männerbistro mit. Da versuchen wir, die verschiedenen Strömungen unter den Migranten hineinzukriegen. Dort haben wir das Projekt ‚Miteinander kochen, einander kennenlernen'. Im Rahmen meiner Lehrtätigkeit werde ich auch immer wieder mal gebeten, ehrenamtlich auszuhelfen. Das lauft manchmal über den Elternbeirat oder andere Organisationen. Da wird immer wieder mal der alte Beratungslehrer in mir aktiviert. Ich bin auch im Lions Club. Da bin ich Jugendbeauftragter und im Lions Quest-Projekt. Das ist ein Projekt zwischen Schülern und Lehrern. Da geht es um den sozialen Umgang miteinander. Ich bin auch Mitglied in einem Verein, der sich in dem Altenheim engagiert, in dem meine Mutter am Ende war. Da habe ich mich mit dem Vorsitzenden angefreundet. Der holt ältere Menschen zum Einkaufen ab, die das nicht mehr alleine machen können. Dann wird im Café noch ein Tässchen Kaffee getrunken, dann werden die Leute wieder nach Hause gefahren. Da kann es sein, dass er anruft und sagt: ‚Kannst du heute fahren?' Da springe ich dann ein und übernehme ein oder zwei Tage die Fahrten. Schön ist auch ein Projekt der Kunstschule mit muslimischen Frauen: Tonen, Malen, Töpfern. Wenn ich Zeit habe, helfe ich dort auch."

Den Falken ist Herr Z. sein Leben lang treu geblieben: „Wichtig sind mir die alten Freunde bei den Falken. Wir kommen öfter zusammen, auch weil wir im Schwarzwald diesen großen Zeltlagerplatz haben, der gepflegt werden muss. Das ist ein schönes Wochenenddomizil. Wenn man dort ist, ist man nie ohne Arbeit. Da muss das Dach gedeckt oder repariert werden, da muss etwas geschraubt werden, dort wird was gerichtet, oder es sind Schulungen oder Seminare dort oben. Da wird man auch immer wieder gebraucht. Von daher trifft man sich häufig, und das tut mir so was von saumäßig gut."

Den eigenen Bausparvertrag hat Herr Z. schon vor längerer Zeit zugunsten sozialer Projekte aufgelöst: „Damit habe ich Sonderfonds unterstützt sowie den Zeltplatz der Falken. Da musste das Dach neu gedeckt werden. Das hat damals 500.000 DM gekostet. Da gab es zwar Zuschüsse, aber den Rest musste man selber aufbringen. Da ist man halt zusammengestanden und jeder hat einen Kredit aufgenommen. Aber wir hatten dann wieder ein trockenes Dach. Durch große Zeltlager haben wir einen kleinen Teil davon zurückbekommen. Geerbt habe ich auch nichts außer einem Auto. Deswegen wohnen wir halt zur Miete."

Sein vielfältiges Engagement sieht Herr Z. aber auch kritisch und rät daher anderen: „Reduziere das Engagement für andere. Mache lieber eines oder zwei Dinge konsequent richtig. Ich habe mich einfach zu viel engagiert. Ich habe mich immer zu einhundert Prozent eingesetzt, verantwortlich gefühlt und eingebracht und hatte letztlich für mich nichts mehr, manchmal nicht einmal mehr Freunde. Daher würde ich raten: Geht mit eurer Zeit geschlossener um."

Deshalb sagt er seit seinem 70. Geburtstag bei manchen Anfragen auch schon eher einmal bewusst Nein und gibt der Familie den Vorzug: „Das hatte ich mir gesagt: ‚Ab 70 darfst du dich zeitlich nicht mehr von anderen bestimmen lassen'. Und jetzt habe ich mir für 75 Jahre einen Schnitt gesetzt; da muss ich das Ganze dann wieder neu überdenken." Dann will er lernen, „still zu werden, dabei aber laut zu sein." Auf der anderen Seite arbeitet Herr Z. jetzt auch wieder vermehrt künstlerisch als während seiner Jahre an der Schule: „Ich arbeite immer noch als Kunstglaser und Maler. Da kann ich wieder an meine Wurzeln zurück. Zum Reformationsjubiläum mache ich zum Beispiel gerade ein Lutherbild für eine Kirche. Zehn, zwölf Stunden die Woche, je nachdem, was kommt."

„Ich bin im hohen Alter glücklich"

Herr Z. weiß recht genau, welches Glück er mit seiner Frau hatte und hat: „Ich halte es nicht wie Karl Marx, der der Vielweiberei frönte. Das gönne ich ihm. Ich habe es für mich anders entschieden. 99 Prozent meiner Freunde und politischen Wegbegleiter sind geschieden, ein-, zwei-, dreimal. Ich bin immer noch mit derselben Frau zusammen. Ich bin im hohen Alter glücklich, und die sind im hohen Alter unglücklich. Und diese Frau ist das Beste, was mir je hätte passieren können. Sie widerspricht mir, bremst mich und sagt mir öfter: ‚Denk mal schärfer nach.'"

Die gemeinsamen Aktivitäten der Eheleute Z. haben sich auch deshalb erweitert, weil sie heute mehr aufeinander angewiesen sind: „Da meine Frau nicht mehr gut laufen kann, gehbehindert ist, kann sie auch nicht mehr alleine einkaufen gehen. Dann gehe ich da halt mit und verstehe mein Leben dann als Flaneur. Man trifft unterwegs ja so viele Leute, mit denen man dann ein Schwätzchen halten kann. Beim Einkaufen im Supermarkt, im Buchladen. Dann begleite ich meine Frau auch viel zu den Ärzten."

Durch diese gesundheitlichen Probleme ergeben sich einige Einschränkungen für die Eheleute: „Man kann nicht immer ausgehen, wann man will. Man muss sich schon darauf einstellen. Etwa diesen Film anzuschauen, den man sehen wollte, geht dann plötzlich nicht mehr. Manchmal macht sie ihr Tinnitus verrückt. Dann sagt sie zu mir, ich solle doch alleine gehen. Aber das mache ich nicht. Dann bleibe ich auch zu Hause. Oder eine Vernissage, wo man früher zusammen hingegangen ist und sich danach darüber unterhalten hat – ‚Du, der hat einen tollen Rosinenhefezopf gehabt und auf der anderen Vernissage hat es nur trockene halbe Brezeln gegeben!' –, das kann man jetzt nicht mehr machen, weil ihr der Fuß wehtut. Das ist schon eine Einschränkung."

Solche Einschränkungen müsse man jedoch akzeptieren. „In der Ehe kommt es darauf an, miteinander zu gehen. Diese Vorstellung, dass jeder sein Leben lebt, dass man nebeneinander her lebt, funktioniert in der Ehe nicht. Solche Illusionen, denen man irgendwann mal anhing, funktionieren nicht. Das sind einfach so Erfahrungen, wo man sich selber einen Stopppunkt gegeben hat."

„Manches muss man halt mit Humor nehmen"

Herr Z. und seine Frau haben einen Sohn, der mit seiner Frau und den Enkelkindern in Hamburg wohnt. „Die Enkel sind jetzt sechs und acht. Alle drei, vier Monate besuchen wir sie für drei bis vier Tage. Wir sind dann alle für einige Tage in einer Wohnung." Herrn Z. freut es, dass seine Frau und er die berufstätigen Eltern dann bei der Kinderbetreuung unterstützen können: „Mein Sohn hat einen Beruf, wo die Arbeitszeiten sich nach dem Geschäft richten. Das heißt, er kann Samstag und Sonntag durcharbeiten bis spät in die Nacht. Das Kind wird krank, wer bleibt daheim? Er kann es nicht. Meine Schwiegertochter hat es auch nicht einfach als Journalistin. Da werden auch viele Stellen eingespart. Da hilft es schon, wenn wir uns dann um die Enkel kümmern."

Auch wenn Hamburg für Herrn Z. „inzwischen auch ein Stückchen Heimat geworden ist", kann sich der überzeugte Schwabe allerdings nicht vorstellen, dauerhaft in Hamburg zu wohnen: „Wie sollen die uns pflegen? Da müssten sie uns nach Hamburg verlegen. Aber die da oben schwätzen so komisch. Und dort oben ist auch nicht alles essbar."

Auf gutes Essen legt Herr Z. großen Wert, wenngleich er mit der Gewichtszunahme im Alter hadert: „Als dünner, jugendlicher Mensch konnte ich ohne Folgen drei Teller voll essen, und jetzt nehme ich schon von dem einen Teller, auf dem ich noch etwas übrig lasse, kräftig zu. Manches muss man einfach mit Humor nehmen. Man kann es nicht ändern."

Freunde hat er nicht allein durch sein Engagement und seine politische Beteiligung gewonnen, sondern auch durch seine Betätigung als Hobbykoch. „Für hohe Lebensqualität sorgen meine Kochbrüder. Wir sind der ökumenische Männerkochklub, zehn Männer, und wir sind zusammen alt geworden. An jedem ersten Montag im Monat treffen wir uns. Und einmal im Jahr bekochen wir unsere Frauen. Da geben wir uns sehr große Mühe. Von Anfang an hatten wir dabei immer ein Gesprächsthema, das einer von uns vorbereitet. Das sind ganz allgemeine Themen, die nichts mit dem Kochen zu tun haben. Das läuft jetzt schon seit über dreißig Jahren so."

Mit seiner Gesundheit ist Herr Z. im Wesentlichen zufrieden. Zwar muss er eine ganze Reihe von Medikamenten nehmen, doch eine spürbare Beeinträchtigung seiner Lebensqualität ergibt sich daraus nicht: „Ich habe so eine Reihe von Hilfsmitteln, die der körperlichen Befindlichkeit zuträglich sind und ohne die es manchmal nicht geht. Man schluckt vier Tabletten am Tag. Betablocker, Blutdruck, eine für die Augen, dann manchmal eine Tablette, weil die anderen so ein bisschen den Magen angreifen. Aber letztendlich ist die Gesundheit auch eine Frage der Mentalität."

Vorerst verschließt er sich vor dem Gedanken, wie es wäre, wenn er auf Hilfe von anderen angewiesen wäre: „Diesen Gedanken schiebe ich noch von mir. Das ist nicht leicht, wenn ich die Einschläge sehe: Mit dem warst du in der Schule, mit dem warst du im politischen Bereich tätig, mit dem im künstlerischen Bereich zusammen, der ist ein Jahr älter, der ist zwei Jahre jünger, und die geben alle den Löffel ab. Also da bin ich ein Meister darin geworden zu verdrängen. Aber wenn ich mich in meinem Zimmer zu Hause umschaue, dann meint meine Frau immer, ich sollte doch jetzt allmählich anfangen, Dinge wegzuwerfen. ‚Dein Sohn wird dir dankbar sein'. Nun, ich werde mich nicht verschließen."

Den Jüngeren möchte Herr Z. nicht allzu viel mit auf den Weg geben; jeder müsse das Recht haben, eigene Fehler zu machen und daraus zu lernen. Warnen möchte er sie allerdings vor der Gefahr des Faschismus; hier kennt er keine Kompromisse: „Ich weiß um den Faschisten in uns. Und da muss man mit aller Kraft, und egal wie alt man ist, dagegen angehen. Deswegen engagiere ich mich auch im Ruhestand nach wie vor politisch. Ich könnte ja auch sagen, Freunde, ich höre auf. Es gibt ja diese liebe Antwort ‚Ich versperre der Jugend nicht den Weg. Man muss aufhören und die Jungen ranlassen.' Scheißdreck! Ein junger Nazi ist genauso schlimm wie ein alter Nazi. Da muss ich in jedem Alter dagegenhalten."

10.19 Frau O.

- ist 84 Jahre alt
- lebt seit dem Tod ihres Mannes allein in einer kleinen 2-Zimmer-Wohnung
- ist stolz auf ihre Familie
- wurde vor allem durch die Kriegs- und Nachkriegsjahre geprägt
- möchte in Würde sterben, ohne jemandem zur Last zu fallen

Ein hohes Maß an Kontinuität

Das Leben von Frau O. ist trotz aller Schicksalsschläge sehr geordnet verlaufen. Eine feste Konstante in ihrem Leben ist das Wohnviertel, in dem Frau O. seit mittlerweile über sechzig Jahren lebt: „Ich habe eine sehr kleine Wohnung. Es sind insgesamt 42 Quadratmeter: eine Wohnstube mit Balkon, eine kleine Schlafstube, eine kleine Küche und ein kleines Bad. Für mich eine ideale Wohnung, die ich in meinem gesundheitlichen Zustand noch teilweise selbst pflegen kann. Ich wohne in dieser Gegend, genauer gesagt in dieser Wohnsiedlung, schon seit über sechzig Jahren. Als unsere Tochter geboren war, sind wir hier in diese Siedlung gezogen, zuerst in eine größere Wohnung; und nach dem Tod meines Mannes bin ich dann in die kleinere Wohnung umgezogen und bereue das bis heute nicht. Es gefällt mir hier alles: die ruhige Umgebung, eine gute Anbindung an den Nahverkehr und ausreichend vorhandene Einkaufsmöglichkeiten. Darüber hinaus haben wir hier auch viele Grünanlagen und Parks, was besonders für Familien mit Kleinkindern günstig ist. Die gesamte Wohnsiedlung wurde vor Jahren gründlich renoviert und modernisiert, sodass die Wohn- und Lebensbedingungen wirklich gut sind."

Dass die Wohnung nach einem Umbau auch barrierefrei ist, kommt Frau O. aufgrund ihrer vielen altersbedingten Beschwerden sehr entgegen: „Ich glaube, die Liste mit den Dingen, die mir Mühe bereiten, ist größer und länger als die mit den mühelosen Sachen. Da ich sehr stark gehbehindert bin und ohne Rollator geht es nicht mehr – auch in der Wohnung –, muss ich meinen Tagesablauf fürsorglich planen: Wann kann ich meinen Müll wegschaffen und wann meine Post holen? Alles auf einmal geht nicht mehr. Auch meine Kräfte und meine Ausdauer sind ziemlich ramponiert. Was ich noch vor zwanzig Jahren an einem Tag geschafft habe, zum Beispiel Wäsche waschen, aufhängen und abnehmen, dauert heute mindestens zwei Tage. So sieht die Wirklichkeit aus."

Trotz dieser Einschränkungen ist es Frau O. wichtig, dass sie noch möglichst viel alleine macht: „Ich könnte mir natürlich eine Haushalthilfe anschaffen, aber das möchte ich noch nicht. Ich möchte meinen Haushalt noch alleine schaffen. Meine Kinder sehen das alles sehr kritisch, aber sie lassen mich noch machen. Einen Kompromiss bin ich aber doch eingegangen: Ich habe eine nette junge Frau zur Hand, die für mich zweimal im Monat die Einkäufe macht. Das ist in meinem jetzigen gesundheitlichen Zustand nicht mehr machbar." Auch die eigenen Kinder hatten sich angeboten. Allerdings möchte Frau O. ihre Kinder nicht zu sehr in Anspruch nehmen: „Meine Kinder waren gegen eine Haushaltshilfe. Sie wollten das selbst im Wechsel machen. Aber ich möchte ihnen nicht zur Last fallen. Sie haben so viel mit ihrer Arbeit und ihren Familien zu tun, und da habe ich eben so entschieden. Mir ist nämlich meine Selbstständigkeit, auch bei den meisten Entscheidungen, sehr wichtig."

10

Die Familie: Das große Glück

Dass sie für ihre Kinder und Enkelkinder keine allzu große Belastung darstellen möchte, resultiert im Wesentlichen daraus, dass die Familie eine herausragende Bedeutung im Leben von Frau O. hat: „Meine Familie bedeutet mir sehr viel. Schon immer war sie mir sehr wichtig. Ich habe schon als junges Mädchen davon geträumt, dass, wenn ich heiraten werde, ich dann auch eine große Familie haben werde. Und die Träume haben sich erfüllt: Ich habe zwei Kinder, drei Enkelkinder und seit ein paar Jahren auch schon zwei Urenkelkinder. Und in wenigen Wochen kommt auch meine dritte Urenkelin auf die Welt."

Der enge Kontakt zu ihren Kindern und Enkelkindern ist daher für Frau O. sehr wichtig: „Ich habe das Glück, dass meine beiden Kinder hier vor Ort leben und ich sie dadurch ziemlich oft sehen und mit ihrer Hilfe rechnen kann. Von den drei Enkelkindern lebt einer hier am Ort, die zwei anderen auch nicht weit weg. So sind die Kontakte auch zu den zweien ziemlich eng. Unser Kontakt war schon immer sehr eng: Wir feierten und feiern alle Feste zusammen, und als ich noch viel fideler war, da habe ich ihnen oft unter die Arme gegriffen, ob bei der Aufsicht der Kinder, wenn sie was unternehmen wollten, oder bei anderen Sachen, zum Beispiel bei ihren Umzügen oder wichtigen Einkäufen als Beraterin. Jetzt, wo ich durch meine Krankheiten gebremst werde, ist meine aktive Hilfe nicht mehr möglich, aber meine Kinder und ihre Familien sind für mich immer da."

Nicht missen möchte Frau O. den engen Kontakt zu ihren Enkelkindern: „Meine Enkelkinder besuchen mich mindestens einmal im Monat und meine Kinder öfter. Von meinen anderen Verwandten sind viele nicht mehr da oder sind auch schon so alt und krank, dass sie ihre Wohnungen kaum verlassen können. Was uns dann bleibt, sind die regelmäßigen Telefonate. Das tun wir aus alten Gewohnheiten immer am Wochenende."

Auch wenn die Hilfeleistungen von Frau O. heute altersbedingt etwas weniger geworden sind, ist ihr dennoch wichtig, dass sie ihre Familie im Rahmen ihrer Möglichkeiten weiterhin unterstützt: „Eine aktive Hilfe meinerseits ist nicht mehr machbar, aber ich unterstütze meine Familie – wenn nötig – finanziell, obwohl sie mich in der Regel nicht darum bitten. Es macht mir aber persönlich eine Freude, wenn ich zum Beispiel meine Enkel bei Führerscheinprüfungen oder bei einem Autokauf unterstützen kann. Ja, das mache ich, und bin froh darüber, dass ich das kann."

Ihre anderen sozialen Kontakte sind in den letzten Jahren weniger geworden: „Als mein Mann noch lebte und ich noch gearbeitet habe, war der Freundes- und Bekanntenkreis noch ziemlich groß. Heutzutage leben viele von ihnen nicht mehr, und so zerfallen die bisherigen engen Kontakte nach und nach. Ganz normal, wenn man unser Alter bedenkt. Von Unternehmungen kann da auch keine Rede mehr sein. Aber mit denen, die noch leben, bin ich wenigstens im telefonischen Kontakt."

Durch den Krieg geprägt

„Ich bin 1932 geboren und habe eine sehr behütete Kindheit erlebt – bis zum Ausbruch des Zweiten Weltkriegs. Gerade als ich eingeschult wurde, brach der Krieg aus. Die ersten Schuljahre sind einigermaßen ruhig verlaufen, aber dann ab 1943/1944 war es mit der Ruhe vorbei. Es gab fast täglich Bombardierungen, und der Krieg war plötzlich unmittelbar bei uns. Es war schrecklich! Bis heute habe ich manchmal Albträume, besonders in den Silvesternächten, wenn die dummen Knallkörper explodieren."

Der Krieg, aber auch die entbehrungsreichen Jahre der Nachkriegszeit haben Frau O. ganz besonders geprägt: „Mich haben auf alle Fälle der Krieg und die Nachkriegszeit geprägt. So etwas vergisst man sein Leben lang nicht. In dieser Zeit habe ich aber auch gelernt, was es bedeutet zu hungern und wie man mit den wenigen Dingen, die wir damals hatten, doch ein glückliches Leben führen kann. Die damaligen bescheidenen und einfachen Lebensbedingungen haben mich persönlich eindeutig geprägt, bis heute ist es so. Ich muss nicht alles haben, um glücklich zu sein. Diese Einstellung haben wir auch unseren Kindern mit auf den Weg gegeben."

Die Nachkriegszeit war für Frau O. jedoch nicht nur eine Zeit der Entbehrungen, sondern auch eine Phase der beruflichen Orientierung und die Zeit der Familiengründung: „Nach dem Krieg habe ich meine Schule beendet und die Ausbildung zur Erzieherin angefangen. Es gab so viele Waisenkinder, und die Menschen, vor allem die Frauen, die endlich eine Arbeit ergattert hatten, brauchten Unterstützung, um der Arbeit nachgehen zu können. Es wurden nach und nach Kinderbetreuungsstätten aufgemacht, und man brauchte entsprechend qualifizierte Kräfte. Also Arbeit war mehr als genug da. Als ich gerade 19 Jahre alt wurde, habe ich meinen zukünftigen Ehemann kennengelernt, der gerade nach fünf Jahren Kriegsgefangenschaft in der Sowjetunion zurückgekommen war. Wir haben 1951 geheiratet, und 1953 ist unser erstes Kind geboren, unser Sohn, drei Jahre später ist unsere Tochter geboren. Wir waren trotz der vielen Nachkriegszeitentbehrungen, die in dieser Zeit normal waren, eine sehr glückliche Familie."

Beruflich konnte Frau O. aufgrund gesundheitlicher Probleme ihre Arbeit als Kindergärtnerin nicht fortsetzen und musste eine Umschulung machen: „Mitte der 60er-Jahre nach der notwendigen Umschulung zur Sachbearbeiterin habe ich im Bauwesen angefangen. Die Arbeit mit den Kindern hat mir viel Spaß und Freude bereitet, und ich bedauere es sehr, dass ich sie aus gesundheitlichen Gründen nicht weiter machen durfte. Im Wohnungsbau war die Arbeit doch etwas einseitig oder besser gesagt, nicht so abwechslungsreich, eben nur Routine. Sie war aber gut bezahlt, und da konnte man sich doch etwas mehr leisten. Bei einer vierköpfigen Familie war das natürlich nicht zu verachten."

„Das Leben ist nicht immer gerecht"

Die schöne Zeit, die mit dem beruflichen Fortkommen, dem Heranwachsen der Kinder und einem wachsenden Wohlstand verbunden waren, findet durch den Tod ihres Ehemanns ein plötzliches Ende: „Es hätte alles so schön weiterlaufen können, aber dann ist mein Mann nach längerer Krankheit gestorben, und plötzlich war alles ganz anders. Er hat leider nicht mehr das Glück erfahren können, als unsere Urenkel geboren wurden oder auch nicht die Hochzeiten unserer Enkel. Na ja, das Leben ist nicht immer gerecht."

Den Verlust ihres Ehemanns hat Frau O. auch nach vielen Jahren immer noch nicht ganz überwunden: „Oh, auch nach dreißig Jahren fehlt mir mein Mann sehr! Ich ertappe mich oft dabei, wie ich mit ihm in meinen Gedanken spreche. Wie ich ihm über die Ereignisse in unserer Familie erzähle, als wäre er bei mir ganz in der Nähe. Ich kann heute zwar damit umgehen, aber er fehlt mir wirklich sehr."

Geholfen haben Frau O. in den ersten Jahren der Trauer vor allem das enge und intakte familiäre und freundschaftliche Umfeld: „Natürlich in erster Linie meine Kinder und Enkel. Auch von meinen besten Freunden und Bekannten habe ich damals viel Hilfe erfahren. Die ersten Monate nach seinem Tod war ich fast nie alleine. Ich habe damals noch gearbeitet, also habe ich wenigstens zeitweise eine Ablenkung gehabt. Es war nicht einfach, wir waren 35 Jahre verheiratet, und das schweißt die Menschen schon zusammen, das können Sie mir glauben."

Eine neue Partnerschaft kam für Frau O. nicht mehr infrage: „Ich habe nach seinem Tod keinen neuen Partner gesucht. Ich war innerlich überzeugt, dass ich nie wieder einen solchen Menschen treffen werde. Da ich meine Familie um mich habe, die relativ groß ist, bin ich nicht alleine und kann immer auf ihre Hilfe hoffen."

Wie sehr der Tod ihres Mannes Frau O. bis heute beschäftigt, zeigt sich auch darin, dass die ansonsten so positive Bilanz ihres Lebens nicht ohne den Hinweis auf den Tod des Ehemanns auskommt: „Ich bin mit meinem Leben alles in allem sehr zufrieden. Ich bedauere aber immer wieder sehr, dass mein Mann die letzten dreißig Jahre nicht mit mir gemeinsam erleben durfte. Das ist wirklich schade!"

Der letzte Lebensabschnitt

Das gegenwärtige Leben von Frau O. ist durch ihre krankheitsbedingten Einschränkungen und die kleinen Freuden des Alltags bestimmt: „Meine größte Freude ist, wenn ein Tag zu Ende geht und ich ihn noch selbstständig ohne fremde Hilfe gemeistert habe, also dass ich das Wenige in meinem Haushalt eigenhändig erledigt und auch meine Mahlzeiten selbst vorbereitet habe. Es klingt vielleicht komisch und profan, aber man erfreut sich eben an solchen einfachen Dingen. Ich habe immer noch trotz meiner schwachen Augen eine große Freude am Lesen. Ich lese jeden Tag meine Lieblingszeitung mit einer Vergrößerungslupe, um auf dem Laufenden zu bleiben, also um zu wissen, was alles so in unserer Stadt geschieht. Und ich versuche, je nach meinem physischen Befinden, im Fernsehen die Nachrichten oder andere interessante Sendungen zu verfolgen. Ich habe auch Spaß an den Gesprächen mit meinen Enkeln oder Urenkeln, wenn sie mich besuchen kommen. Da fühle ich mich meistens viel jünger, als ich bin. Durch diese Gespräche erfahre ich auch, was außerhalb meiner Umgebung so vor sich geht, was es Neues gibt."

Gleichzeitig schränken die gesundheitlichen Probleme nicht nur den Alltag von Frau O. ein. Vielmehr lebt sie in dem Bewusstsein, dass sie sich nunmehr in ihrem letzten Lebensabschnitt befindet: „Eigentlich ist dieser Lebensabschnitt, in dem ich mich jetzt befinde, mein letzter Lebensabschnitt, denke ich mir. Mit 84 Jahren kann man nicht mehr viel vom Leben erwarten, und noch dazu mit meinen zahlreichen Krankheiten. Also ich erwarte nicht viel vom weiteren Leben. An manchen Tagen da wünsche ich mir, dass ich endlich meine Augen schließe und nicht mehr erwache. Aber so einfach ist das nicht."

Der Tod und vor allem der Wunsch, der eigenen Familie nicht zur Last zu fallen, bestimmen daher auch die Zukunftsgedanken von Frau O.: „Ich mache schon seit Jahren keine Pläne mehr. Es geht einfach nicht mehr. Mein einziges Ziel ist, in Würde zu sterben und meiner Familie keine Sorgen oder Probleme zu bereiten."

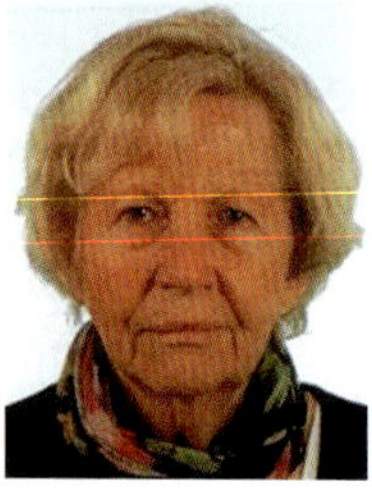

Frau D.

10.20 Frau D.

- ist 73 Jahre alt und lebt in Ostdeutschland
- bewohnt mit ihrem Mann eine Eigentumswohnung mit Dachterrasse
- war früher Verwaltungsangestellte
- bedauert etwas, dass ihre Tochter mit den beiden Enkelkindern in einer anderen Stadt wohnt
- sorgt sich, wie es ihren Enkeln in der Zukunft gehen wird

„Alle Dinge gemeinsam"

Wenn man Frau D. fragt, was für sie das Wichtigste im Leben ist, muss sie nicht lange überlegen: „Für mich und meinen Mann ist die Familie sehr wichtig und steht immer im Vordergrund. Wir haben eine Tochter und zwei Enkel. Unsere Tochter ist in diesem Punkt genau wie wir, und unsere Enkel sind natürlich unsere Lieblinge. Da ist jede Unterstützung von uns angesagt. In dem jetzigen Alter sind sie auch schon verhältnismäßig pflegeleicht. Vielleicht verwöhnen wir sie sogar etwas zu viel. Wir sind mit den Kindern eigentlich bei allen anstehenden Feiern trotz der Entfernung immer zusammen und haben ein inniges, warmes und liebes Verhältnis."

Besonders wichtig im Leben von Frau D. ist ihre Ehe, die sie folgendermaßen beschreibt: „Wir sind 37 Jahre verheiratet und sind miteinander älter geworden. Aber mein Mann und ich unternehmen eigentlich immer alle Dinge gemeinsam. Wir beraten uns und führen es dann auch gemeinsam aus. Unsere Partnerschaft beruht auf gegenseitiger Anerkennung, Ehrlichkeit, Treue und Verlässlichkeit. Das heißt nicht, dass wir uns einengen. Jeder hat seine Freiräume, damit auch ganz persönliche Dinge gepflegt werden können. Aber die Gemeinsamkeit steht im Vordergrund."

Frau D. lebt mit ihrem Mann in einer ostdeutschen Großstadt. Hier bewohnen die beiden eine Eigentumswohnung mit großer Dachterrasse: „Da sind wir außerordentlich zufrieden. Unsere 4-Zimmer-Wohnung ist wie für uns geschaffen. Wir haben Räume für uns beide, ein zusätzliches Zimmer, wenn Gäste kommen, und auch genügend Platz, wenn unsere Nachkommen sich bei uns für ein paar Tage einnisten. Zur Wohnung gehört auch eine schöne große Dachterrasse mit freiem Blick, die im Sommer reichlich zum Sonnenbaden, Mittagsschläfchen halten, Erholen, Faulenzen und auch zum Feiern genutzt wird. Im Haus gibt es zudem einen Fahrstuhl, und die Hausgemeinschaft ist friedlich. Wir kommen mit allen gut aus, was ja auch sehr wichtig ist."

Anstrengende, aber auch schöne Jahre

Frau D. kann sich auch deshalb über ihr heutiges Leben freuen, weil sie früher mit mancher Schwierigkeit fertigwerden musste. Geboren wurde sie gegen Ende des Zweiten Weltkriegs in Sachsen. Sie war das zweitjüngste von vier Kindern; die Familie lebte in sehr bescheidenen Verhältnissen: „Mein Vater kam aus dem Krieg als Kriegsversehrter und konnte nicht mehr arbeiten gehen. Meine Mutter hatte Köchin gelernt, konnte also auch nicht viel verdienen. Zu der Zeit gab es ja kaum Rente oder Kindergeld. Für uns war das eine schwierige Zeit. Trotzdem haben meine Eltern alles versucht, uns ordentlich zu erziehen und das Beste aus der mickrigen Situation zu machen. Das hat mich schon geprägt, die Krankheit meines Vaters und das harte Dasein meiner Mutter mit vier Kindern und einem kranken Mann. Ich denke heute noch daran, wie schwer das damals für meine Eltern war. Und ich habe mir geschworen, so soll mein Kind nicht aufwachsen, sie soll es mal glücklicher haben."

Nach ihrer Lehre zog Frau D. mit einer Freundin in die nahe gelegene Großstadt, in der sie auch heute noch lebt. Hier nahm sie eine Stelle als Verkäuferin an. „Nach meinem Umzug habe ich in einer privaten Fleischerei als Fachverkäuferin gearbeitet. Da wurde relativ viel verlangt, und es musste auch hart gearbeitet werden." Mithilfe von Weiterbildungsangeboten und viel Fleiß gelang es Frau D, sich für eine Verwaltungstätigkeit zu qualifizieren, bei der sie auch Verantwortung übernehmen musste: „Später bin ich in die Stadtverwaltung als Verwaltungssachbearbeiterin gewechselt. Das war zwar eine völlig andere Berufsrichtung, aber ich habe den Wechsel und das Umlernen für den neuen Beruf hinbekommen. Viele Lehrgänge und Qualifizierungen waren zwar schon nötig. Ich habe alles gut bestanden. Ein Zeichen dafür waren zahlreiche Auszeichnungen und Prämien."

In dieser Zeit brachte sie auch ihre Tochter zur Welt. Fünf Jahre lang war sie dann alleinerziehend und zugleich Vollzeit berufstätig. Unterstützung erhielt sie in dieser Zeit durch ihre Eltern. Auch ihr Arbeitgeber nahm damals Rücksicht auf ihre besondere Situation: „1971 ist meine Tochter geboren, und ich habe sie bis zum fünften Lebensjahr allein erzogen. In dieser Zeit habe ich auch vom Arbeitgeber volle Unterstützung bekommen, was sehr hilfreich war. Nach dem Tod meines Vaters habe ich meine Mutter zu mir geholt, die mich bei der Betreuung meiner Tochter viel unterstützt hat. Dann lernte ich meinen heutigen Ehemann kennen, und ab diesem Zeitpunkt waren wir eine recht glückliche Familie mit einer schönen Wohnung."

Beim Rückblick erscheinen die folgenden Jahre Frau D. als die schönste Zeit ihres Lebens. Im Vordergrund stehen die Erinnerungen an das private Familienglück: „Die Schule der Tochter war in der Nähe, wir hatten einen schönen Garten am Rande der Stadt. Wir sind regelmäßig in den Urlaub gefahren, an die Ostsee oder ins Gebirge. Wir waren auch damals schon viel mit Freunden zusammen und verbrachten lustige, fröhliche und ausgelassene Feierabendstunden. So haben wir eigentlich eine ruhige und zufriedene Zeit in der DDR genossen."

Da hat das Vertrauen gelitten

Auch für Frau D. brachten die Wende in der DDR und die Wiedervereinigung dann einschneidende Veränderungen. Besonders schwer war es für sie zu akzeptieren, dass ihre Tochter jetzt in den Westen zog, weil sie in der Heimat kaum Aussichten auf eine Ausbildung und eine Beschäftigung hatte: „Die politischen Veränderungen nach der Wende gingen auch an uns nicht spurlos vorüber. Zuerst musste sich mein Mann verändern. Er hat sich mit einem Ingenieurbüro selbstständig gemacht; mein Mann ist ja Diplom-Ingenieur. Dann konnte meine Tochter die begonnene Lehre nicht beenden, weil der Betrieb von der Treuhand abgewickelt wurde. Ich war die einzige, die ungeschoren über die Wendezeit kam. Meine Tochter ist dann zu ihrem Freund in den Westen gezogen und hat dort eine andere Ausbildung als Hotelfachfrau gemacht. Aber wir haben alles gut überstanden und haben uns nicht aus den Augen verloren."

Frau D. behielt zwar ihre Stelle, aber auf dem Wohnungsamt, wo sie arbeitete, war es nicht selten stressig: „Ich war abends häufig körperlich und vor allem nervlich sehr erschöpft." Deshalb beschloss sie, bestärkt von ihrem Ehemann, schon mit 61 Jahren unter Nutzung der Vorruhestandsregelung in Rente zu gehen. Diese Entscheidung hat sie nicht bereut: „Nachdem ich mich an die plötzliche Ausgeglichenheit des Rentnerdaseins gewöhnt hatte, wurde ich ruhiger und ausgeglichener. Aus jetziger Sicht betrachtet, habe ich alles richtig gemacht. Auch wenn sich für die Familie daraus finanzielle Nachteile ergeben."

Wenn Frau D. heute gern an die Sicherheit zurückdenkt, die sie in den Jahren der DDR genoss, hat das nicht allein mit der beruflichen Unsicherheit zu tun, die sie nach der Wende bei Mann und Tochter erlebte. Besonders folgenreich war für sie der Verlust ihrer Ersparnisse durch eine falsche Anlageberatung. Das passierte, als die Eheleute in den Jahren nach der Wiedervereinigung ein eigenes Haus bauten, das sie inzwischen gegen ihre Eigentumswohnung eingetauscht haben. „Als wir damals das Haus gebaut haben, hat mein Mann seine Einzahlungen in die staatliche Rentenkasse beendet. Mit dem Geld konnten wir den Kredit für unser Eigenheim schneller abzahlen. Dadurch haben wir auch Zinsen gespart. Das dort gesparte Geld wollten wir zusammen mit unseren übrigen Ersparnissen in einen Rentenfonds einzahlen. Aus diesem Fonds wollten wir dann im Rentenalter monatlich etwas Geld entnehmen, um damit die Differenz zwischen der Rente und dem Gehalt etwas zu vermindern. Wir haben also alles einem bekannten Finanzdienstleister und einer Bank anvertraut. Nur stellte sich heraus, dass, anders als vereinbart, kein sicherer Rentenfonds, sondern ein Risikofonds abgeschlossen wurde. Darüber hatte man uns im Unklaren gelassen. Nach ein paar Jahren war unser Geld futsch und damit auch unsere Altersrücklage. Das hat uns sehr unglücklich gemacht, dass man so betrogen werden kann und dass man diesen Halsabschneidern nicht das Handwerk legen kann. Da hat unser Vertrauen stark gelitten."

Noch jetzt werden die Eheleute jeden Monat an dieses Ereignis erinnert. Denn Herr D. bezieht nur eine kleine staatliche Rente, da er nicht weiter in die Rentenkasse eingezahlt hatte: „Unglücklich ist daran, dass er einen hohen monatlichen Beitrag in der privaten Krankenkasse zahlen muss – fast die Hälfte seiner Rente. Leider gibt es keinen Weg, diesen Zustand zu ändern oder zu lösen. Für uns unverständlich. Wenn mein Mann alleine wäre, müsste er Sozialhilfe beantragen."

Zum Glück gibt es aber auch noch die Rente von Frau D. Die wurde zwar geringfügig gekürzt, weil sie einige Jahre früher in den Ruhestand gegangen ist. Dennoch bleiben ihr und ihrem Mann noch genug, um sich leisten zu können, was ihnen wirklich wichtig ist: „Das, was vorher war, zwei-, dreimal im Jahr in den Urlaub fahren, teure Konzertbesuche oder auch mal diese oder jene Sause, das wird eingeschränkt auf ein verkraftbares Mindestmaß. Aber das macht uns nichts aus, wir haben uns darauf eingestellt. Am Hungertuch nagen wir deshalb nicht."

„Was gibt es Schöneres?"

Die schlechten Erfahrungen und das etwas eingeschränkte Budget hindern Frau D. nicht, ihren Ruhestand in vollen Zügen zu genießen. Wichtig ist ihr daran vor allem die Freiheit, ihren Tag und ihre Aufgaben nach den eigenen Wünschen zu gestalten: „Das ungezwungene Leben, das nicht an bestimmte Zeiten oder Vorgaben gebundene Leben macht richtig Spaß. Man kann ausschlafen oder zeitig aufstehen, in Ruhe frühstücken, Zeitung lesen, mit dem Partner den Tag planen – was gibt es Schöneres? Je nachdem, wie das Wetter ist und wie es einem geht, je nachdem, zu was man gerade Lust verspürt, plant man den Tag. Und das ist prima so. Leben nach den eigenen Wünschen und Bedürfnissen, das haben wir uns das ganze Arbeitsleben lang gewünscht. Tun, was einem Freude macht, wann und wo man es immer will. Und wenn der Partner etwas anderes will, dann machen wir eben auch getrennt Dinge, damit man dem anderen nicht die Lust verdirbt. Man muss sich nur ordentlich absprechen. Bestimmte Regeln gibt es zwar trotzdem bei uns, die sind aber nicht mehr so im Vordergrund. Man lässt auch mal was liegen und macht es eben am folgenden Tag. Früher kam das nicht vor. Da herrschte mehr Zwang und Termindruck, weil man ja nie wusste, ob am nächsten Tag auch Zeit vorhanden ist. Eigentlich hat man jetzt fast an allen Dingen Spaß, wenn man guter Dinge ist und vor allem gesundheitlich gut drauf ist. Das trifft hauptsächlich auf den sportlichen Teil unserer Freizeitgestaltung zu. Wir gehen gern wandern, fahren viel Fahrrad, verbunden mit einem Bierchen und einer Bratwurst unterwegs. Und das machen wir nicht immer allein, sondern auch viel mit unseren Freunden, die meist in unserem Alter sind und in vielem gleiche Interessen haben. Und gerade wenn wir Alten zusammen sind, gibt es meistens auch viel Spaß. Wir treffen uns auch in regelmäßigen Abständen, um gemeinsam zu essen, zu feiern und zu spielen. Wir fahren auch gemeinsam in den Urlaub, machen Kurzreisen mit dem Bus und verbringen viele schöne Stunden gemeinsam. So hat eben jeder Spaß und Vergnügen mit dem Leben, so wie es sein sollte und solange man es kann. Es ist schön, wie es ist. Manchmal staunen sogar unsere Kinder, weil wir mehr unternehmen als sie."

Noch einmal Verpflichtungen außerhalb der Familie und des Freundeskreises zu übernehmen, etwa durch ein Engagement in einem Verein, kann Frau D. sich nicht vorstellen. Dabei spielt weniger ihr Alter eine Rolle als die Prägung in der Nachwendezeit: „Zu DDR-Zeiten haben ich und auch mein Mann viele ehrenamtliche Aufgaben übernommen. So zum Beispiel als Vorsitzender von einem Gartenverein, in der Schule im Eltern- und Schulrat oder als Mitglied in einem Adoptivausschuss. Mit der Wende haben wir dann alle mit uns zu tun gehabt, da musste das übergestülpte neue System erst mal verkraftet und angeeignet werden. Mein Mann machte sich selbstständig mit einer Firma, und da hieß es, erst mal über die Runden kommen. Da hatte man keine Zeit für andere Tätigkeiten. In dieser Zeit fing es eigentlich an, dass jeder mehr an sich denken musste als an andere."

Von größeren gesundheitlichen Problemen blieben Frau D. und ihr Mann bisher verschont. Beide ernähren sich gesund und bewegen sich viel. Allerdings hat Frau D. mit ihrem Mann auch schon überlegt, was zu tun wäre, wenn ihre Beweglichkeit nachlassen sollte. Für den Fall der Fälle haben die beiden eine Pflegevollmacht vorbereitet. „Unsere Eigentumswohnung ist so gut wie barrierefrei. Wenn wir mal nicht mehr so können, wie das notwendig ist, sind wir uns einig, dass wir uns dann irgendwo altersgerecht einquartieren. Größere Umbauten oder Treppenaufzüge bis in die Wohnung kommen für uns nicht infrage."

Sorgen macht Frau D. sich derzeit eher wegen der politischen Entwicklung. Dabei fragt sie sich, ob es ihren Enkelkindern im Alter auch noch so gut gehen wird wie ihr und ihrem Mann: „Wenn ich daran denke, was sich zurzeit in der Welt abspielt, kann mir angst und bange werden. Die Kriege überall, der ungebremste Zustrom der vielen Flüchtlinge, die vielen Milliarden Euro, die da rausgeschmissen werden und irgendwann im Staatssäckel fehlen werden, all das macht mich ängstlich und unsicher. Ich frage mich, was noch auf uns zukommt und was unsere Enkel ausbaden müssen. Wünschen würde ich mir, dass endlich auf der Welt Frieden herrscht und nicht jeder gegen jeden irgendetwas im Schilde führt; dass die wirtschaftliche Stärke von Deutschland erhalten bleibt und damit der Lebensstandard gehalten wird. Und dass vor allem unsere Kinder und Enkel auch in den Genuss einer Rente gelangen."

Zusammenfassung der wichtigsten Ergebnisse

Generali Deutschland AG (Hrsg.), *Generali Altersstudie 2017*,
DOI 10.1007/978-3-662-50395-9_11

Die Ergebnisse der aktuellen Generali Altersstudie stützen sich auf eine Befragung von 4133 Personen im Alter von 65 bis 85 Jahren, die das Institut für Demoskopie Allensbach im Auftrag des Generali Zukunftsfonds durchgeführt hat.[1] Die wichtigsten Ergebnisse der Studie sind im Folgenden zusammengefasst:

Positive Lebensbilanz

Die heutige Generation der 65- bis 85-Jährigen zieht eine sehr positive Bilanz ihres bisherigen Lebens und zeigt sich auch weit überwiegend zufrieden mit ihrem jetzigen Lebensabschnitt. Rückblickend sagt nur eine Minderheit, dass sie im Falle eines Neubeginns vieles in ihrem Leben anders machen würde, auch wenn 52 Prozent einschränken, dass sie zumindest einiges im Leben anders machen würden. Die insgesamt sehr positive Lebenseinstellung der älteren Generation basiert auf der positiven Lebensbilanz, den guten materiellen Verhältnissen, in denen die Mehrzahl der 65- bis 85-Jährigen heute lebt, sowie einem stabilen sozialen Umfeld. Die aktuellen Ergebnisse bestätigen somit die positive Grundstimmung der älteren Generation, die bereits in der Generali Altersstudie 2013 sichtbar wurde.

Die große Mehrheit der 65- bis 85-Jährigen ist mit ihrem derzeitigen Leben ausgesprochen zufrieden. Auf einer 11-stufigen Skala von 0 bis 10 wählen die 65- bis 85-Jährigen im Durchschnitt die hohe Skalenstufe 7,2. Ähnlich hoch fällt auch die Zufriedenheit mit der finanziellen Situation aus; noch positiver bewerten die Älteren ihre Wohnsituation, ihr derzeitiges Wohnumfeld, also den Ort oder Stadtteil, in dem sie leben, sowie ihre sozialen Kontakte. Das Alter hat dabei nur einen geringen Einfluss auf die allgemeine Lebenszufriedenheit. Deutlich stärker wirken sich der eigene Gesundheitszustand sowie die eigene wirtschaftliche Lage aus. Durchgängig zeigen die Ergebnisse der Generali Altersstudie den immensen Einfluss, den die soziale Schicht auf die Wahrnehmung und Beurteilung des derzeitigen Lebensabschnitts hat. So sind ältere Menschen aus den unteren sozialen Schichten signifikant unzufriedener mit den verschiedenen Facetten des Lebens als Gleichaltrige aus den oberen sozialen Schichten (vgl. ► Abschn. 2.1).

11

Viel Optimismus trotz realistischer Einschätzung der Beschwernisse, die mit dem Alter einhergehen

Die hohe Lebenszufriedenheit der älteren Generation hängt ganz wesentlich auch mit der positiven Lebenseinstellung älterer Menschen zusammen: Zwei Drittel von ihnen bezeichnen sich selbst als optimistischen Menschen, fast ebenso viele sagen, dass sie das Leben genießen. Wie bereits die Generali Altersstudie 2013 zeigen konnte, sind ältere Menschen heute deutlich vitaler, aktiver und innovationsoffener als Ältere vor zwanzig oder dreißig Jahren. Der Anteil der 65- bis 85-Jährigen, die regelmäßig sportlich aktiv sind, hat sich in den letzten zwanzig, dreißig Jahren deutlich erhöht. Die strukturelle Alterung der Gesellschaft wird somit in hohem Maße dadurch kompensiert, dass die Älteren selbst immer aktiver und vitaler sind und sich selbst auch jünger fühlen: So liegt das gefühlte Alter der 65- bis 85-Jährigen im Durchschnitt sieben bis acht Jahre unterhalb ihres tatsächlichen Alters (vgl. ► Abschn. 2.3).

1 Die Interviews im Umfang von rund einer Stunde wurden mündlich-persönlich (*face-to-face*) durchgeführt. Die Ergebnisse sind repräsentativ für 15,18 Millionen deutschsprachige 65- bis 85-Jährige in der Bundesrepublik Deutschland (vgl. ► Anhang A1 zur Methodik).

Trotz der insgesamt sehr positiven Bilanz verknüpft die ältere Generation mit dem Alter keineswegs einseitig einen Lebensabschnitt, der nur Chancen bereithält. In nahezu gleichem Maße sieht sie im Alter auch einen Abschnitt des Lebens, der mit vielen Beschwerden und Mühen verbunden ist. Insbesondere ein schlechter Gesundheitszustand sowie schwierige wirtschaftliche Verhältnisse verstärken diesen Eindruck. Besonders belastend wirkt sich das Gefühl aus, nicht mehr gebraucht zu werden. Auch wenn die große Mehrheit der älteren Generation dieses Gefühl nicht kennt, äußern immerhin 12 Prozent der 65- bis 85-Jährigen, dass sie öfter das Gefühl haben, nicht mehr gebraucht zu werden. An ihren Aussagen wird deutlich, dass Isolation und Einsamkeit für einige ältere Menschen ein zentrales und zugleich ein sehr bedrückendes Thema ist (vgl. ▶ Abschn. 2.2).

Abwechslungsreicher Alltag

Die überwältigende Mehrheit der älteren Generation kennt das Gefühl der Vereinsamung jedoch nicht und beschreibt den eigenen Alltag entsprechend als sehr abwechslungsreich. Die Langzeitanalyse zeigt, dass heute deutlich mehr Ältere für Aktivitäten aus dem Haus gehen als noch vor zehn oder zwanzig Jahren. Dies betrifft sowohl den Besuch kultureller Veranstaltungen als auch das Ausgehverhalten insgesamt. So gehen – entgegen dem allgemeinen Trend – heute mehr 65- bis 85-Jährige ins Theater oder in die Oper als noch vor 15 Jahren, es besuchen mehr Ältere Museen oder Kunstausstellungen, und es gehen deutlich mehr ältere Menschen regelmäßig zum Essen außer Haus (vgl. ▶ Abschn. 4.1).

Die vielfältige und abwechslungsreiche Alltagsgestaltung der 65- bis 85-Jährigen hängt eng mit der zunehmenden Vitalität, aber auch mit der steigenden Mobilität der älteren Generation zusammen. Das wird besonders eindrucksvoll sichtbar, wenn man den Anteil älterer Autofahrer im Langzeittrend analysiert. Seit Mitte der 1980er-Jahre hat sich dieser Anteil in allen Alterssegmenten der über 65-Jährigen vervielfacht. Von den 65- bis 69-Jährigen zählen heute mehr als doppelt so viele zu den Autofahrern wie 1985. Bei den 70- bis 74-Jährigen hat sich im gleichen Zeitraum der Anteil an Autofahrern mehr als verdreifacht, bei den 75- bis 79-Jährigen mehr als verfünffacht, und bei den 80- bis 85-Jährigen ist der Anteil um mehr als das Zehnfache angestiegen. Besonders bemerkenswert ist die Entwicklung innerhalb der letzten dreißig Jahre bei den Frauen über 65 Jahren verlaufen. 1985 zählten gerade einmal 15 Prozent der 65- bis 69-Jährigen Frauen in Westdeutschland zu den Autofahrern, heute sind es in dieser Altersgruppe 59 Prozent. Bei den 70- bis 74-jährigen Frauen ist der Anteil im gleichen Zeitraum von 9 auf 54 Prozent angestiegen. Weitere Zeichen der gestiegenen Mobilität der älteren Generation sind die deutlich höheren Anteile an über 65-Jährigen, die heute Urlaubsreisen – auch in entfernte Regionen – unternehmen (vgl. ▶ Abschn. 4.2).

Zögerlicher Umgang mit digitaler Technik

In vielen dieser Bereiche unterscheidet sich das Verhalten der älteren Bevölkerungsgruppen kaum noch von dem der Gesamtbevölkerung. Dies gilt für den Umgang und die Nutzung von digitalen Medien jedoch nur sehr eingeschränkt. Obgleich sich der Anteil der über 65-jährigen Internetnutzer in den letzten Jahren sehr dynamisch entwickelt hat, bleiben die Nutzerkreise deutlich hinter denen der jüngeren Bevölkerungsgruppen zurück. Aktuell nutzt jeder zweite 65- bis 85-Jährige das Internet, von den 14- bis 64-Jährigen hingegen 89 Prozent. Große Unterschiede zwischen Jüngeren und Älteren gibt es auch bei der Nutzung von Smartphones und Tablet-PCs. Auch diese digitalen Technologien werden von den 65- bis 85-Jährigen derzeit noch deutlich zurückhaltender angenommen als von der jüngeren Bevölkerung (vgl. ▶ Abschn. 4.3).

Stabil positive Beurteilung der eigenen wirtschaftlichen Lage

Die Mehrheit der 65- bis 85-Jährigen lebt in stabilen wirtschaftlichen Verhältnissen und zieht für sich persönlich eine positive Bilanz der eigenen materiellen Situation. Im Vergleich zur Generali Altersstudie 2013 hat sich in der Beurteilung der eigenen finanziellen Lage nur wenig verändert: Aktuell ziehen 62 Prozent der 65- bis 85-Jährigen eine positive Bilanz ihrer wirtschaftlichen Lage – 10 Prozent bezeichnen ihre finanzielle Situation als sehr gut, weitere 52 Prozent als gut. Deutlich erhöht hat sich innerhalb der letzten vier Jahre der finanzielle Spielraum der älteren Generation. Von dieser Entwicklung haben alle sozialen Schichten profitiert. Dennoch bleiben die Unterschiede zwischen den oberen und den unteren sozialen Schichten in Deutschland immens.

Wichtigste Säule des monatlichen Haushaltseinkommens bilden für die 65- bis 85-Jährigen Leistungen, die sich aus ihrer früheren Berufstätigkeit ergeben. Daneben spielt für die finanzielle Absicherung im Alter allerdings auch der Immobilienbesitz eine herausragende Rolle. Zwei Drittel der 65- bis 85-Jährigen besitzen eine oder mehrere Immobilien. Die insgesamt gute finanzielle Situation der älteren Generation sowie der hohe Anteil an Immobilienbesitzern können nicht darüber hinwegtäuschen, dass es einen beachtlichen Anteil an älteren Menschen in Deutschland gibt, die erhebliche finanzielle Sorgen haben. So gibt rund jeder siebte 65- bis 85-Jährige zu Protokoll, dass er sich Sorgen macht, die Kosten für sein Haus oder seine Wohnung in Zukunft nicht mehr bezahlen zu können (vgl. ▶ Abschn. 3.1)

Arbeit trotz Ruhestand und ehrenamtliches Engagement der älteren Generation

Eine gravierende Veränderung der finanziellen Lage des Haushalts bedeutet für viele Ältere der Übergang vom Berufsleben in den Ruhestand. Nahezu jeder zweite 65- bis 85-Jährige musste sich einschränken, als der Hauptverdiener im Haushalt in Rente gegangen ist. Immer mehr Ältere entschließen sich, unter anderem, weil sie auf das Geld angewiesen sind, auch nach dem 65. Lebensjahr noch einer regelmäßigen Beschäftigung nachzugehen. Die Mehrheit der über 65-jährigen Berufstätigen ist jedoch beruflich aktiv, weil ihnen die Arbeit Spaß macht, weil sie körperlich fit bleiben möchten oder ihnen der Kontakt zu anderen Menschen wichtig ist. Aktuell sind 15 Prozent der 65- bis 85-Jährigen noch beruflich aktiv; das sind im Vergleich zu 2012 4 Prozentpunkte mehr. Der Umfang der Berufstätigkeit beschränkt sich jedoch für die meisten auf durchschnittlich rund 14 Stunden pro Woche. Entsprechend viele der berufstätigen Älteren haben daher einen sogenannten Minijob.

Neben der Erwerbsarbeit spielt auch das unentgeltliche, ehrenamtliche Engagement in der älteren Generation eine große Rolle. Insgesamt 42 Prozent der 65- bis 85-Jährigen engagieren sich derzeit ehrenamtlich. Im Vergleich zur Generali Altersstudie 2013 sind dies 3 Prozentpunkte weniger. Dieser Rückgang wird zumindest teilweise durch einen leicht erhöhten Zeitaufwand kompensiert, den die Engagierten pro Woche leisten: Waren es 2012 im Durchschnitt 4,2 Stunden pro Woche, sind es aktuell 4,4 Stunden. Schwerpunkte des freiwilligen Engagements sind die Bereiche Kirche, Sport, Kultur sowie Freizeit und Geselligkeit (vgl. ► Abschn. 3.2 und 3.3).

Hohe Zufriedenheit mit der Wohnsituation und wenig Änderungsbedarf

Die große Mehrheit der 65- bis 85-Jährigen ist überaus zufrieden mit der eigenen Wohnsituation. Überdurchschnittlich zufrieden sind diejenigen, die im eigenen Haus oder einer Eigentumswohnung leben, und dieser Kreis wächst kontinuierlich. 64 Prozent der 65- bis 85-Jährigen leben in der eigenen Immobilie, 55 Prozent im eigenen Haus, 9 Prozent in einer Eigentumswohnung. Die meisten wohnen bereits seit Jahrzehnten in ihrem Haus bzw. ihrer Wohnung – im Durchschnitt 31 Jahre. Die ausgeprägte Bindung an die eigene Wohnung ist ein wesentlicher Grund, warum sich viele damit arrangieren, dass ihre Wohnung nicht den im Alter veränderten Anforderungen voll und ganz entspricht. Nur 22 Prozent ziehen die Bilanz, dass ihre Wohnung voll und ganz dem Profil einer altersgerechten Wohnung entspricht; 52 Prozent attestieren dies ihrer Wohnung nur teilweise, 24 Prozent überhaupt nicht. Trotz des hohen Anteils Älterer, die bei aller Zufriedenheit mit ihrer Wohnsituation auch Defizite sehen, hat nur eine Minderheit von ihnen erwogen, aus diesem Grund umzuziehen: 29 Prozent derjenigen, die ihre Wohnsituation als nicht oder nur mit Einschränkungen altersgerecht einstufen, haben schon über einen Umzug nachgedacht.

Eine altersgerechte Wohnsituation muss aus Sicht der 65- bis 85-Jährigen viele Anforderungen erfüllen, vor allem eine gute Infrastruktur, Barrierefreiheit, eine schöne und ruhige Umgebung sowie bezahlbare Mieten bzw. Kosten. Die meisten dieser Anforderungen werden von der eigenen Wohnung oder dem eigenen Haus auch weitgehend erfüllt. Größere Defizite sehen Ältere lediglich bei drei Aspekten: bei der Barrierefreiheit der eigenen Wohnung, bei der Ausstattung mit Aufzügen und bei der Höhe der Mieten bzw. monatlichen Kosten (vgl. ► Abschn. 8.1).

Große Bedeutung der familiären und außerfamiliären Bindungen und Kontakte

Ein wesentlicher Grund für die hohe Lebenszufriedenheit der älteren Generation sind die vielen sozialen Kontakte, die sie pflegen, und der enge familiäre Zusammenhalt, von dem die große Mehrheit der Älteren berichtet. 88 Prozent der 65- bis 85-Jährigen haben eigene Kinder, 73 Prozent haben bereits Enkelkinder, 68 Prozent leben mit einem Partner zusammen, und 69 Prozent berichten von einem festen Freundes- und Bekanntenkreis, mit dem sie sich regelmäßig treffen. Insbesondere diese Vielzahl an familiären und außerfamiliären Bindungen und Kontakten verhindert, dass ältere Menschen vereinsamen. Entsprechend haben lediglich 4 Prozent der 65- bis 85-Jährigen häufiger das Gefühl, einsam zu sein, weitere 19 Prozent haben dieses Gefühl zumindest manchmal. Die große Mehrheit kennt dieses Gefühl jedoch (so gut wie) gar nicht (vgl. ► Abschn. 5.1 und 5.2).

Die sozialen Kontakte verschaffen den älteren Menschen vor allem Sicherheit und Verlässlichkeit. Wie sehr die ältere Generation in ein sicheres und verlässliches Netzwerk sozialer Kontakte eingebettet ist, zeigt sich recht eindrucksvoll daran, dass von den 65- bis 85-Jährigen nahezu alle jemanden kennen, an den sie sich wenden und auf den sie sich verlassen können, wenn sie einmal in eine schwierige Situation geraten. Vor allem auf den engeren Familienkreis, die eigenen

Kinder und den Partner können sich die Älteren auch in schwierigen Situationen verlassen (vgl. ▶ Abschn. 5.3).

Zentrales Thema Gesundheit: Vor allem das Alter und die soziale Schicht beeinflussen den Umgang mit dem Thema

Der Gesundheitszustand der 65- bis 85-Jährigen ist heute wesentlich besser als vor zwanzig, dreißig Jahren, allerdings hat sich in den letzten vier Jahren an der subjektiven Gesundheitsbilanz kaum etwas verändert. 40 Prozent der 65- der 85-Jährigen bewerten ihren Gesundheitszustand uneingeschränkt positiv, 39 Prozent als einigermaßen, jeder Fünfte als nicht besonders oder eindeutig schlecht. Diese Bilanz differiert jedoch vor allem in den sozialen Schichten und zwischen unter 75-Jährigen und Älteren, die die 75 überschritten haben. Jenseits des 75. Lebensjahres steigen gesundheitliche Beschwerden kontinuierlich an, verstärkt jenseits der 80. In der Altersgruppe der 80- bis 85-Jährigen klagen 32 Prozent über gravierende gesundheitliche Beeinträchtigungen, während nur noch jeder Vierte den eigenen Gesundheitszustand ohne Einschränkungen positiv bewertet. Besonders auffällig sind die großen Unterschiede zwischen den sozialen Schichten. Während 52 Prozent der 65- bis 85-Jährigen aus den höheren sozialen Schichten eine positive Bilanz ihres Gesundheitszustandes ziehen, ist dies nur bei 28 Prozent der Gleichaltrigen aus den niedrigen sozialen Schichten der Fall.

Je besser der eigene Gesundheitszustand bilanziert wird, desto positiver fällt auch die Prognose für die kommenden Jahre aus. So geht die große Mehrheit der 65- bis 85-Jährigen, die ihren aktuellen Gesundheitszustand positiv bewerten, davon aus, dass sich auch in absehbarer Zeit keine nennenswerten Beeinträchtigungen ergeben werden. Völlig anders schätzen Ältere ihre gesundheitlichen Perspektiven ein, wenn sie bereits jetzt über eine schlechte gesundheitliche Konstitution klagen. Die Mehrheit dieser Gruppe zieht zum einen die Bilanz, dass sich ihr Zustand über die letzten drei Jahre hinweg deutlich verschlechtert hat, und geht zum anderen davon aus, dass sich ihr Zustand in den kommenden Jahren weiter verschlechtern wird (vgl. ▶ Abschn. 6.1).

Die 65- bis 85-Jährigen setzen sich deutlich intensiver mit Gesundheitsthemen auseinander, als dies für die jüngere und mittlere Generation gilt. Die Auseinandersetzung mit gesundheitlichen Risiken und den Möglichkeiten der Prävention ist jedoch nicht nur altersabhängig, sondern auch in hohem Maße eine Frage der sozialen Schicht. Schon das Zutrauen, dass sich die gesundheitliche Entwicklung durch das eigene Verhalten beeinflussen lässt, ist in den verschiedenen sozialen Schichten sehr unterschiedlich ausgeprägt. Zudem unterscheiden sich die sozialen Schichten erheblich in ihren Vorstellungen, was zum Erhalt der Gesundheit wichtig ist sowie vor allem auch wie deren Umsetzung im Alltag gelingt. Insbesondere Maßnahmen zur Erhaltung der geistigen Leistungsfähigkeit und regelmäßige sportliche Aktivitäten werden von 65- bis 85-Jährigen aus den höheren sozialen Schichten weitaus mehr praktiziert als in den einfachen sozialen Schichten (vgl. ▶ Abschn. 6.2).

Herausforderung des Alters: Pflegebedürftigkeit

Mit zunehmendem Alter ist die ältere Generation mit altersbedingten körperlichen Einschränkungen und Beschwerden konfrontiert. Jenseits des 70. Lebensjahres kennt die Mehrheit solche Beschwerden bereits aus eigener Erfahrung, jenseits der 80 die überwältigende Mehrheit. 11 Prozent der 65- bis 85-Jährigen insgesamt kennen auch die Situation, auf Hilfe und Pflege durch andere angewiesen zu sein, bereits aus eigener Erfahrung. Diese Erfahrungen nehmen jenseits der 80 steil zu. Die Übergänge zwischen allmählich fortschreitenden altersbedingten Einschränkungen und dem Angewiesensein auf Pflegeleistungen sind dabei fließend. Die Mehrheit der 70-Jährigen und Älteren ist mit altersbedingten Einschränkungen konfrontiert, die zunächst meist ohne Unterstützung anderer gemeistert werden. Sukzessive nehmen die Herausforderungen jedoch zu und werden zunächst vor allem mithilfe des Partners bewältigt oder mit Unterstützung anderer Angehöriger. Von den 65- bis 85-Jährigen, die in einer festen Partnerschaft leben, berichten 22 Prozent, dass ihr Partner zumindest bei einigen Dingen im Alltag auf Hilfe angewiesen ist.

Da sich die Hilfsbedürftigkeit bei den meisten in einem frühen Stadium befindet, halten sich die Einschränkungen und Belastungen für die Partner oftmals noch in Grenzen. Nur 13 Prozent der 65- bis 85-Jährigen, deren Partner zumindest begrenzt auf Unterstützung angewiesen ist, fühlen sich in dieser Situation öfter überfordert. In der Gruppe der 65- bis 85-Jährigen, die ihren Partner im Alltag unterstützen, belastet weniger die Gegenwart als die Gedanken über die Zukunft: 55 Prozent belastet der Gedanke, dass sich der Zustand des Partners in absehbarer Zeit weiter verschlechtern wird. Eine Sorge, die insbesondere Frauen belastet. Frauen betonen jedoch nicht nur die Herausforderungen und Belastungen überdurchschnittlich, sondern auch die Gratifikationen der Situation. So ziehen sie mehr als Männer das Resümee, dass es trotz der schwierigen Situation ausgesprochen schöne Momente in der Beziehung gibt, und berichten überdurchschnittlich von Zuspruch und Anerkennung aus dem eigenen Umfeld (vgl. ▶ Abschn. 7.1).

Einschnitte im Leben: Erfahrungen mit altersbedingten Veränderungen, Krankheit und Tod

So sehr die Älteren zufrieden mit ihrem Leben sind und weit überwiegend das Leben genießen, ist das Alter dennoch eine Zeitspanne mit vielen Veränderungen, einschneidenden Momenten und Erfahrungen. Die Erfahrungen reichen dabei von Veränderungen des Alltags, wie es beispielsweise das Ausscheiden aus dem Berufsleben oder die altersbedingte Aufgabe von Hobbys mit sich bringen, über Einschnitte wie schwere Erkrankungen oder Pflegebedürftigkeit bis hin zu Todesfällen im nahen Umfeld. Vor allem die Erfahrungen mit Krankheit und Tod sind besonders prägend. 70 Prozent der 65- bis 85-Jährigen haben bereits den Verlust enger Freunde erlebt, 27 Prozent auch den Tod des eigenen Partners. Wie sehr diese Einschnitte das Leben der älteren Menschen prägen, zeigen die eindrucksvollen Schilderungen all jener, die mit diesen Erfahrungen bereits konfrontiert waren. Aber auch diejenigen, die solche Einschnitte noch nicht erlebt haben, beschäftigen sich sehr intensiv mit diesen Themen (vgl. ▶ Kap. 9).

Serviceteil

Generali Deutschland AG (Hrsg.), *Generali Altersstudie 2017*,
DOI 10.1007/978-3-662-50395-9

Anhang

A.1 Methodik

Die Grundgesamtheit der Generali Altersstudie 2017 umfasst die deutschsprachige Wohnbevölkerung in Privathaushalten im Alter von 65 bis 85 Jahren in der Bundesrepublik Deutschland. Durch die Stichprobe werden nach Schätzung auf Basis des Mikrozensus 15,18 Mio Personen repräsentiert.[1] Dabei wurde die Altersgrenze bewusst bei 85 Jahren gesetzt, weil danach die Repräsentativität der Ergebnisse aufgrund des Gesundheitszustands und damit der Erreichbarkeit der Zielgruppe zunehmend eingeschränkt wäre.

Insgesamt wurden 4133 Personen im Alter von 65 bis 85 Jahren anhand eines standardisierten Fragebogens befragt. Dabei wurden die 76- bis 85-Jährigen zunächst stärker berücksichtigt, als es ihrem Anteil an der Grundgesamtheit entspricht. Ebenso wurden Personen aus den neuen Bundesländern sowie Personen, die einen pflegebedürftigen Partner haben, überproportional einbezogen. Dies liegt darin begründet, dass sowohl für die älteren Jahrgänge als auch für Ostdeutschland sowie auch für Ältere, die ihren Partner pflegen, eine ausreichende Fallzahl für differenzierte Analysen zur Verfügung stehen sollte. Bei der Ausweisung von zusammenfassenden Ergebnissen wurde diese Disproportionalität über die Gewichtung aufgehoben, sodass die Gesamtergebnisse immer repräsentativ für die 65- bis 85-jährige Bevölkerung sind.

In Zahlen bedeutet dies, dass von den 4133 Befragten 2080 Personen zwischen 65 und 75 Jahren alt waren, was einem Anteil an allen Befragten von 50 Prozent entspricht. Der tatsächliche Anteil der 65- bis 75-Jährigen an allen 65- bis 85-Jährigen entspricht allerdings 62 Prozent. Durch die faktorielle Gewichtung wurde sichergestellt, dass die Teilergebnisse der 65- bis 75-Jährigen genau mit diesem Anteil auch in die Gesamtergebnisse eingehen. Ähnliches gilt für die regionale Verteilung: Von den Befragten kamen 67 Prozent bzw. 2778 Personen aus den alten Bundesländern. Tatsächlich wohnen aber 78 Prozent aller 65- bis 85-Jährigen in den alten Bundesländern. Eine entsprechende Gewichtung stellt erneut sicher, dass die Gesamtergebnisse der Studie repräsentativ für die 65- bis 85-Jährigen sind. Auf gleiche Weise wurde auch bei Personen verfahren, die einen Partner mit Pflegestufe haben (Tab. A.1).

Neben der Aufhebung dieser Disproportionalitäten wurde für ausgewählte Merkmale eine Angleichung an die aus der amtlichen Statistik bekannte Struktur vorgenommen. Wie Tab. A.2 zeigt, ist die gewichtete Stichprobe damit auch in Bezug auf wichtige andere Personenmerkmale repräsentativ für die deutschsprachige Bevölkerung im Alter von 65 bis 85 Jahren.

Die Befragung wurde als zweistufiges Quotenverfahren konzipiert. Zur Identifikation von Zielpersonen für die Befragung wurden in einem ersten Schritt rund 1300 Interviewer des Instituts für Demoskopie Allensbach ausgewählt und gebeten, mögliche Gesprächspartner zu benennen und einige wichtige Merkmale dieser Personen (insbesondere Geschlecht und Alter) mitzuteilen. In einem zweiten Schritt wurde aus den in dieser Voranfrage erfassten Personen die endgültige Auswahl entsprechend der Stichprobenvorgaben bezüglich regionaler Verteilung, Geschlecht und Alter gebildet. Das zweistufige Verfahren wurde einer direkten Quotierung vorgezogen, um eine Überforderung der Interviewer zu vermeiden und um die Zusammensetzung der Stichprobe besser kontrollieren zu können. Insgesamt kamen 984 Interviewer zum Einsatz. Die Interviews wurden vom 11. Dezember 2015 bis 28. Januar 2016 durchgeführt.

---

1 Da im Mikrozensus das Merkmal „Deutschsprachigkeit" nicht erfasst wird, wurde die Deutschsprachigkeit wie folgt operationalisiert: Als deutschsprachig gelten alle deutschen Staatsangehörigen sowie alle EU-Ausländer und sonstigen Ausländer mit Schulabschluss. Die Interviews wurden ausschließlich auf Deutsch geführt.

Die Interviews hatten eine durchschnittliche Dauer von einer Stunde und wurden *face-to-face* durchgeführt. Dies bedeutet, dass die Interviews als mündlich-persönliche Befragung nach einem einheitlichen Fragebogen, in der Regel in den Räumen der Befragten, durchgeführt wurden. Die Interviewer waren angewiesen, die Fragen wörtlich und in unveränderter, stets gleicher Reihenfolge vorzulesen.

Tab. A.1 Zusammensetzung – Stichprobe/Grundgesamtheit

	Ungewichtete Stichprobe		Grundgesamtheit (= gewichtete Stichprobe)
	Befragte	%	%
Insgesamt (65- bis 85-Jährige)	4133	100	100
Alte Bundesländer (ohne Berlin)	2778	67	78
Neue Bundesländer inkl. Berlin	1355	33	22
davon im Alter von:			
65 bis 75 Jahren	2080	50	62
Alte Bundesländer (ohne Berlin)	1401	34	49
Neue Bundesländer inkl. Berlin	679	16	13
76 bis 85 Jahren	2053	50	38
Alte Bundesländer (ohne Berlin)	1377	33	30
Neue Bundesländer inkl. Berlin	676	17	8

Basis: Bundesrepublik Deutschland, 65- bis 85-jährige Bevölkerung
Quelle: Generali Altersstudie 2017

Tab. A.2 Vergleich der für die Generali Altersstudie 2017 befragten 65- bis 85-Jährigen und der amtlichen Statistik

	Generali Altersstudie 2017 (gewichtet) %	Amtliche Statistik (Mikrozensus) %
Regionale Verteilung		
Alte Bundesländer ohne Berlin	78	78
Neue Bundesländer einschl. Berlin	22	22
	100	100
Norddeutschland (Schleswig-Holstein, Hamburg, Niedersachsen, Bremen)	16	16
Nordrhein-Westfalen	22	22
Südwestdeutschland (Hessen, Rheinland-Pfalz, Saarland)	13	13
Baden-Württemberg	12	12

Tab. A.2 Fortsetzung

	Generali Altersstudie 2017 (gewichtet) %	Amtliche Statistik (Mikrozensus) %
Bayern	15	15
Berlin	4	4
Nordostdeutschland (Brandenburg, Mecklenb.-Vorp., Sachsen-Anhalt)	9	9
Sachsen und Thüringen	9	9
	100	100
Geschlecht		
Männer	45	45
Frauen	55	55
	100	100
Altersgruppen		
65–69 Jahre	26	26
70–75 Jahre	37	37
76–79 Jahre	20	20
80–85 Jahre	17	17
	100	100
Familienstand		
Verheiratet zusammenlebend	63	63
Ledig	4	4
Verwitwet	24	24
Geschieden, verheiratet getr.	9	9
	100	100
Jetziger bzw. früherer Berufskreis		
Arbeiter	33	33
Angestellte	51	51
Beamte	6	6
Selbstständige und Freie Berufe	10	10
	100	100
Migrationshintergrund		
ja (*)	9	9
nein	91	91
	100	100

(*) ausländische Staatsangehörigkeit oder nach 1949 ins heutige Bundesgebiet zugewandert
Basis: Bundesrepublik Deutschland, 65- bis 85-jährige Bevölkerung
Quelle: Generali Altersstudie 2017, Mikrozensus 2014

A.2 Glossar

Im Buch werden in der Analyse an verschiedenen Stellen bestimmte Personengruppen voneinander abgegrenzt. Im Folgenden werden die Kriterien, die zur Abgrenzung herangezogen wurden, zusammenfassend erläutert:

(Schul-)Bildung

Personen mit hoher Schulbildung:	Personen, die mindestens die Fachhochschulreife besitzen
Personen mit mittlerer Schulbildung:	Personen mit Realschulabschluss oder bei Hauptschulabschluss zusätzlich mit abgeschlossener Berufsausbildung bzw. abgeschlossener Lehre
Personen mit einfacher Schulbildung:	Personen mit höchstens Hauptschulabschluss ohne abgeschlossene Berufsausbildung bzw. abgeschlossene Lehre

Sozioökonomischer Status

Der sozioökonomische Status wurde gebildet auf Basis folgender Angaben:
- Schulbildung
- Berufskreis des Befragten bzw. des (früheren) Partners
- Monatliches Haushaltsnettoeinkommen

Konkret wurden für jedes der drei Merkmale je nach Merkmalsausprägung Punktwerte von niedrig bis hoch vergeben. Für den Berufskreis wurde entweder der Berufskreis des Befragten (soweit dieser je berufstätig war) oder der Berufskreis des Partners, je nachdem welcher den höheren Punktwert lieferte, einbezogen. Die Auswahl der Merkmale sowie die Festlegung der einzelnen Punktewerte orientieren sich am Konzept des gesellschaftlich-wirtschaftlichen Status in der Allensbacher Markt- und Werbeträgeranalyse (AWA). Die nach diesem Index gesellschaftlich und wirtschaftlich leistungsstärksten 25 Prozent innerhalb der 65- bis 85-Jährigen zählen demnach zu den oberen sozialen Schichten (hoher sozioökonomischer Status), die am wenigsten leistungsstarken 25 Prozent zu den unteren sozialen Schichten (niedriger sozioökonomischer Status), die übrigen 50 Prozent der 65- bis 85-Jährigen zur breiten Mittelschicht (mittlerer sozioökonomischer Status).

Gesundheitszustand (◘ Tab. 6.1)

Personen mit (sehr) gutem Gesundheitszustand:	Personen, die ihren Gesundheitszustand als „sehr gut" oder „gut" beschreiben
Personen mit mittelmäßigem Gesundheitszustand:	Personen, die ihren Gesundheitszustand als „einigermaßen" beschreiben
Personen mit schlechtem Gesundheitszustand:	Personen, die ihren Gesundheitszustand als „nicht besonders" oder „schlecht" beschreiben

Personen, die noch regelmäßig arbeiten

Personen, die noch regelmäßig arbeiten, egal, ob in ihrem früheren Beruf oder als Hinzuverdienst und egal, ob Vollzeit oder stundenweise (◘ Abb. 3.12).

- **Bürgerschaftlich Engagierte**

Personen, die sich außerhalb von Beruf und Familie mindestens in einem von zwölf zur Auswahl gestellten Bereichen engagieren (Abb. 3.22).

- **Personen mit einem großen Bekanntenkreis**

Personen, die der Aussage zustimmen: „Ich habe einen großen Bekanntenkreis" (Abb. 5.1)

- **Personen mit sehr enger Kirchenbindung**

Personen, die jeden oder fast jeden Sonntag in die Kirche gehen

A.3 Fragebogen der Generali Altersstudie 2017

Frage 1 a)

„Wenn Sie einmal alles in allem nehmen, wie zufrieden sind Sie insgesamt zurzeit mit Ihrem Leben? Sagen Sie es mir doch bitte nach dieser Skala hier. Null bedeutet ‚überhaupt nicht zufrieden' und zehn: ‚völlig zufrieden'." (Interviewer legt Bildblatt (Leiter) vor und überlässt es dem/der Befragten bis einschließlich Frage 1f))

/ 0 / 1 / 2 / 3 / 4 / 5 / 6 / 7 / 8 / 9 / 10 /

UNMÖGLICH ZU SAGEN, KEINE ANGABE

Frage 1 b)

„Und wie zufrieden sind Sie mit Ihrer finanziellen Situation? Bitte sagen Sie es mir wieder nach dieser Skala hier. Null bedeutet wieder ‚überhaupt nicht zufrieden', und zehn ‚völlig zufrieden'."

/ 0 / 1 / 2 / 3 / 4 / 5 / 6 / 7 / 8 / 9 / 10 /

UNMÖGLICH ZU SAGEN, KEINE ANGABE

Frage 1 c)

„Und wie zufrieden sind Sie mit Ihrem Gesundheitszustand?"

/ 0 / 1 / 2 / 3 / 4 / 5 / 6 / 7 / 8 / 9 / 10 /

UNMÖGLICH ZU SAGEN, KEINE ANGABE

Frage 1 d)

„Und wie ist es mit Ihrer Wohnsituation, mit Ihrer Wohnung bzw. mit Ihrem Haus, in dem Sie leben?"

/ 0 / 1 / 2 / 3 / 4 / 5 / 6 / 7 / 8 / 9 / 10 /

UNMÖGLICH ZU SAGEN, KEINE ANGABE

Frage 1 e)

„Wie zufrieden sind Sie mit dem Ort, mit dem Stadtteil, in dem Sie leben?"

/ 0 / 1 / 2 / 3 / 4 / 5 / 6 / 7 / 8 / 9 / 10 /

UNMÖGLICH ZU SAGEN, KEINE ANGABE

Frage 1 f)
„Und schließlich: Wie zufrieden sind Sie mit den Beziehungen und Kontakten, die Sie zu anderen Menschen haben? Bitte sagen Sie es mir einfach wieder nach dieser Skala hier."
/ 0 / 1 / 2 / 3 / 4 / 5 / 6 / 7 / 8 / 9 / 10 /
UNMÖGLICH ZU SAGEN, KEINE ANGABE

Frage 2
„Etwas anderes: Sie kennen ja bestimmt die Redensart ‚Man ist so alt, wie man sich fühlt'. Wie alt fühlen Sie sich, welches Alter würden Sie nennen?"
...... JAHRE ALT
UNMÖGLICH ZU SAGEN, KEINE ANGABE

Frage 3
„Wie sehen Sie das: Ist das Alter ein Lebensabschnitt, der viele neue Chancen bietet, oder eher ein Lebensabschnitt, der vor allem mit Beschwerden und Mühen verbunden ist?"
NEUE CHANCEN
BESCHWERDEN UND MÜHEN
UNENTSCHIEDEN, KEINE ANGABE

Frage 4
„Hier auf der Liste steht Verschiedenes, was man sich für die Zukunft vornehmen kann. Ist darunter auch etwas, was Sie sich für die kommenden Jahre vorgenommen haben?"
Was haben Sie sich für die kommenden Jahre vorgenommen?

1. Viel Zeit mit meiner Familie verbringen
2. Viel reisen
3. Viel Zeit mit Freunden verbringen
4. Meine Enkelkinder aufwachsen sehen
5. Mich weiterbilden, zum Beispiel mit einem Kurs an der Volkshochschule
6. Aktiv bleiben, Sport treiben
7. Viel für meine geistige Leistungsfähigkeit tun
8. Unbeschwert bleiben, das Leben genießen
9. Meine Erfahrungen, mein Wissen an Jüngere weitergeben
10. Etwas für die Gesellschaft tun, zum Beispiel mich freiwillig oder ehrenamtlich engagieren
11. Noch mal etwas ganz Neues machen, zum Beispiel ein neues Hobby ausprobieren
12. Noch lange in meinem Beruf bleiben, Kontakt zu meinem beruflichen Umfeld halten
13. Mir eine Nebenbeschäftigung suchen, mir etwas dazuverdienen
14. Mir viel Zeit für meine Hobbys nehmen
15. Viel draußen, in der Natur sein

NICHTS DAVON
KEINE ANGABE

Frage 5
„Jemand, der etwa in Ihrem Alter ist, sagte uns neulich: ‚In meinem Alter plane ich nicht mehr mehrere Jahre im Voraus. Man weiß nie, was passiert'. Geht Ihnen das auch so, oder geht Ihnen das nicht so?"
GEHT MIR AUCH SO
GEHT MIR NICHT SO
UNENTSCHIEDEN, KEINE ANGABE

Frage 6

„Manche empfinden ihr Leben bzw. ihren Alltag als eintönig und monoton, andere als abwechslungsreich. Wie ist das bei Ihnen: Als wie eintönig oder abwechslungsreich empfinden Sie Ihr Leben? Bitte sagen Sie es mir wieder nach dieser Leiter. Null bedeutet, Sie empfinden Ihr Leben als sehr eintönig und monoton, und zehn, Sie empfinden Ihr Leben als sehr abwechslungsreich."

/ 0 / 1 / 2 / 3 / 4 / 5 / 6 / 7 / 8 / 9 / 10 /

KEINE ANGABE

Frage 7

„An wie vielen Tagen in der Woche sind Sie <u>in der Regel</u> unterwegs, gehen Sie aus dem Haus?"

AN EINEM TAG
AN ZWEI TAGEN
AN DREI TAGEN
AN VIER TAGEN
AN FÜNF TAGEN
AN SECHS TAGEN
AN SIEBEN TAGEN
GEHE NIE AUS DEM HAUS
UNMÖGLICH ZU SAGEN, KEINE ANGABE

Frage 8

„Es ist ja ganz unterschiedlich, wie man seinen Alltag so gestaltet, was man so macht. Welche der folgenden Aktivitäten auf diesen Karten hier machen Sie häufig, gelegentlich, selten oder nie? Bitte verteilen Sie die Karten entsprechend auf das Blatt!" (Interviewer überreicht Karten und legt skaliertes Sortierblatt mit den Kategorien TÄGLICH: – EINMAL/MEHRMALS PRO WOCHE: – EINMAL/MEHRMALS PRO MONAT: – SELTENER: – NIE: vor)

1. Fernsehen
2. Spazieren gehen
3. Freunde und Bekannte treffen
4. Zeit mit der Familie verbringen
5. Mich um die Enkelkinder kümmern
6. Ehemalige Arbeitskollegen treffen
7. Radfahren, mit dem Fahrrad unterwegs sein
8. Auto fahren
9. Mich um den Garten, Balkon kümmern
10. Kulturelle Veranstaltungen besuchen, zum Beispiel Theater, Konzert, Museum
11. Bücher lesen
12. Zeitung, Zeitschriften lesen
13. Basteln, Handarbeiten, Heimwerken
14. Aktiv in einem Verein, der Kirchengemeinde, einer Partei oder Ähnlichem mitarbeiten
15. Essen gehen, ausgehen
16. Mich weiterbilden
17. Sport treiben
18. Kochen

Frage 9

„Wie oft gehen Sie im Allgemeinen einkaufen, ich meine, Besorgungen für den Haushalt machen? Würden Sie sagen…"

„täglich" (→ weiter mit Frage 10)
„fast täglich" (→ weiter mit Frage 10)
„mehrmals in der Woche" (→ weiter mit Frage 10)
„einmal in der Woche" (→ weiter mit Frage 10)
„seltener" (→ weiter mit Frage 10)
„nie" (→ weiter mit Frage 12)
UNENTSCHIEDEN, KEINE ANGABE (→ weiter mit Frage 10)

Frage 10

„Fahren Sie in der Regel mit dem Auto zum Einkaufen oder mit öffentlichen Verkehrsmitteln, mit dem Fahrrad, gehen Sie zu Fuß, oder wie kommen Sie sonst dahin?"

FAHRE MIT DEM AUTO
ÖFFENTLICHE VERKEHRSMITTEL
FAHRRAD
GEHE ZU FUSS
ANDERES, und zwar: ……………………………………………………………………
UNENTSCHIEDEN, KEINE ANGABE

Frage 11

„Wenn Sie einmal daran denken, wie weit die Einkaufsmöglichkeiten, die Sie in der Regel nutzen, von Ihrer Wohnung bzw. Ihrem Haus entfernt liegen: Wie groß ist da für Sie der Aufwand, diese Einkaufsmöglichkeiten zu erreichen? Würden Sie sagen, der Aufwand ist für Sie…"

„sehr groß"
„groß"
„weniger groß"
„gar nicht groß"
UNENTSCHIEDEN, KEINE ANGABE

Frage 12

„Von älteren Menschen hört man ja manchmal, dass sie das Gefühl haben, nicht mehr gebraucht zu werden. Haben Sie dieses Gefühl auch öfters oder nur selten oder nie?"

ÖFTER (→ weiter mit Frage 13)
SELTEN (→ weiter mit Frage 12*)
NIE (→ weiter mit Frage 12*)
UNENTSCHIEDEN, KEINE ANGABE (→ weiter mit Frage 13)

Frage 12*

„Und wer bzw. was gibt Ihnen vor allem das Gefühl, gebraucht zu werden: Ihr Partner/Ihre Partnerin, Ihre Kinder, Ihre Enkel, andere Familienangehörige, Freunde, Ihr Engagement in Vereinen, der Gemeinde oder Ähnlichem, oder wer bzw. was sonst?"
(Mehreres kann angegeben werden!)

PARTNER(IN)
KINDER

ENGAGEMENT
ANDERE FAMILIENANGEHÖRIGE
ENKEL
FREUNDE
ANDERES, und zwar: ....
UNENTSCHIEDEN, KEINE ANGABE

Frage 13 a)
„Arbeiten Sie noch regelmäßig, egal ob in Ihrem früheren Beruf oder als Hinzuverdienst und egal, ob Vollzeit oder stundenweise?"
(Bei Rückfragen: „Ehrenamtliche Tätigkeit ist hier nicht gemeint.")
JA, und zwar: .... Stunden pro Woche (→ weiter mit Frage 13 b))
NEIN (→ weiter mit Frage 15 a))

Frage 13 b)
„Und welche Tätigkeit üben Sie derzeit aus?"
....
....
KEINE ANGABE

Frage 13 c)
„Sind Sie sozialversicherungspflichtig angestellt, oder arbeiten Sie als Minijobber, als Selbstständiger bzw. freiberuflich, auf Honorarbasis, oder was sonst?"
(Mehreres kann angegeben werden!)
SOZIALVERSICHERUNGSPFLICHTIG ANGESTELLT (→ weiter mit Frage 13 d))
MINIJOB (→ weiter mit Frage 13 c)*)
SELBSTSTÄNDIG/FREIBERUFLICH (→ weiter mit Frage 13 c)*)
AUF HONORARBASIS (→ weiter mit Frage 13 c)*)
ANDERES, und zwar: .... (→ weiter mit Frage 13 c)*)
KEINE ANGABE (→ weiter mit Frage 13 d))

Frage 13 c)*
„Sind Sie damit zufrieden, oder wären Sie lieber sozialversicherungspflichtig angestellt?"
ZUFRIEDEN
LIEBER SOZIALVERSICHERUNGSPFLICHTIG
UNENTSCHIEDEN, KEINE ANGABE

Frage 13 d)
„Ist Ihre jetzige Tätigkeit die gleiche Tätigkeit, die Sie vor Erreichen des Rentenalters ausgeübt haben, oder ist es eine ähnliche Tätigkeit, oder ist es etwas ganz anderes?"
GLEICHE TÄTIGKEIT
ÄHNLICHE TÄTIGKEIT
ETWAS GANZ ANDERES
KEINE ANGABE

Frage 13 e)

„Und arbeiten Sie für den gleichen Arbeitgeber, für den Sie schon vor Beginn Ihres Rentenalters gearbeitet haben, oder arbeiten Sie im Umfeld Ihres damaligen Arbeitgebers, oder haben Sie nun einen ganz anderen Arbeitgeber als vor Beginn des Rentenalters?"

GLEICHER ARBEITGEBER
UMFELD ALTER ARBEITGEBER
ANDERER ARBEITGEBER
BIN SELBSTSTÄNDIG/HABE KEINEN
ARBEITGEBER
KEINE ANGABE

Frage 14

„Darf ich fragen, warum Sie noch arbeiten? Können Sie es mir bitte nach dieser Liste hier sagen."

1. Weil mir die Arbeit an sich Spaß macht
2. Weil es mir zu Hause auf Dauer zu langweilig würde
3. Weil ich etwas Gutes tun, andere unterstützen möchte
4. Weil ich dadurch mit anderen Menschen in Kontakt komme
5. Weil ich auf das Geld angewiesen bin
6. Weil ich geistig bzw. körperlich fit bleiben möchte
7. Weil ich mein Wissen und meine Erfahrungen an Jüngere weitergeben möchte
8. Weil ich mir dann mehr leisten kann
9. Weil arbeiten für mich zum Leben dazugehört
10. Weil ich im Unternehmen gebraucht werde
11. Weil ich mit dem Geld Angehörige unterstütze

NICHTS DAVON
KEINE ANGABE

Frage 15 a): INTERVIEWER-Einstufung nach Frage 13 a)

Arbeitet der/die Befragte noch regelmäßig?

JA (→ weiter mit Frage 15 b))
NEIN (→ weiter mit Frage 17 a))

Frage 15 b)

„Darf ich fragen, wann Sie in den Ruhestand gegangen sind, in welchem Alter?"

IM ALTER VON.............. JAHREN
KEINE ANGABE

Frage 16

„Haben Sie schon vor dem Ausscheiden aus dem Beruf Pläne gemacht, was Sie im Ruhestand alles machen wollen, oder haben Sie das eher auf sich zukommen lassen?"

PLÄNE GEHABT
AUF MICH ZUKOMMEN LASSEN
UNENTSCHIEDEN, KEINE ANGABE

Frage 17 a)

„Zum Thema Familie, Freunde und Bekannte:
"INFORMELL: Haben Sie Kinder?

JA (→ weiter mit Frage 17 b))
NEIN (→ weiter mit Frage 18)

Frage 17 b)

„Wie häufig sehen Sie Ihre Kinder? Würden Sie sagen…"
(Falls „Ganz unterschiedlich": „Gemeint ist das Kind, das Sie am häufigsten sehen.")

„täglich, fast täglich"
„ein- oder mehrmals in der Woche"
„ein- oder mehrmals im Monat"
„ein- oder mehrmals im Jahr"
„seltener"
„nie"
UNENTSCHIEDEN, KEINE ANGABE

Frage 17 c)

„Und wie häufig sehen Sie Ihre Enkelkinder?"
(Falls „Ganz unterschiedlich": „Gemeint ist das Enkelkind, das Sie am häufigsten sehen.")

„Täglich, fast täglich"
„Ein- oder mehrmals in der Woche"
„Ein- oder mehrmals im Monat"
„Ein- oder mehrmals im Jahr"
„Seltener"
„Nie
"HABE
KEINE ENKELKINDERUNENTSCHIEDEN, KEINE ANGABE

Frage 18 a)

„Eine Frage zur Nachbarschaft:
Wie häufig helfen Ihnen Ihre Nachbarn im Alltag, also zum Beispiel im Haushalt, im Garten, beim Einkaufen, bei Arztbesuchen usw.? Würden Sie sagen…"

„täglich"
„ein- oder mehrmals pro Woche"
„ein- oder mehrmals im Monat"
„seltener"
„nie"
KEINE ANGABE

Frage 18 b)

„Und wie häufig helfen Sie selbst Ihren Nachbarn im Alltag?"

TÄGLICH
EIN- ODER MEHRMALS PRO WOCHE
EIN- ODER MEHRMALS IM MONAT
SELTENER

NIE
KEINE ANGABE
(In der Hälfte der Interviews war die Reihenfolge der Fragen 18 a) und b) gedreht!)

Frage 19

„Wenn Sie einmal in eine schwierige Lage geraten und auf Hilfe angewiesen sind: Gibt es da jemanden, auf den Sie sich in diesem Fall verlassen könnten, bei dem sind Sie sicher, dass er Ihnen hilft?"

1. Mein Partner/Meine Partnerin
2. Meine Kinder
3. Meine Enkelkinder
4. Andere Familienangehörige
5. Nachbarn
6. Freunde
7. Bekannte aus der Kirchengemeinde, dem Sportverein usw.

ANDERE PERSON(EN): ....
NEIN, NIEMANDEN
KEINE ANGABE

Frage 20

„Einige Fragen zum Thema Partnerschaft und Beziehung:
"INFORMELL:
Sind Sie verheiratet bzw. haben Sie einen festen Partner, eine feste Partnerin?
JA, VERHEIRATET (→ weiter mit Frage 23)
JA, FESTER PARTNER/PARTNERIN (→ weiter mit Frage 23)
NEIN (→ weiter mit Frage 21)

Frage 21

„Wir haben einmal verschiedene Menschen gefragt, warum sie keinen Partner haben. Hier auf der Liste stehen die Antworten. Was davon würden auch Sie sagen?"

1. Mein Partner/meine Partnerin ist erst vor Kurzem gestorben, für mich kommt (noch) keine neue Beziehung infrage
2. Ich bin verwitwet und fühle mich meinem Partner, meiner Partnerin nach wie vor verbunden. Eine neue Partnerschaft kommt für mich nicht infrage
3. Die meisten Frauen/Männer, die mich interessieren würden, sind gebunden
4. Ich habe mich an ein Leben ohne Partner/Partnerin gewöhnt, ich möchte meine Freiheiten nicht aufgeben
5. Ich kenne keine Frauen/Männer, die meinen Vorstellungen entsprechen
6. Ich fühle mich zu alt für eine neue Partnerschaft
7. Ich lerne kaum neue Menschen kennen
8. Es gibt keinen konkreten Grund, es hat sich einfach nicht ergeben

ANDERES, und zwar: ....
KEINE ANGABE

Frage 22

„Sind Sie zufrieden ohne Partner/Partnerin, oder würden Sie sich einen Partner/eine Partnerin wünschen?"

ZUFRIEDEN OHNE PARTNER(IN)
WÜRDE MIR PARTNER(IN) WÜNSCHEN
UNENTSCHIEDEN, KEINE ANGABE

Frage 23

„Zum Thema Ehrenamt: Es gibt ja verschiedene Möglichkeiten, sich außerhalb von Beruf und Familie irgendwo zu engagieren, zum Beispiel in einem Verein, einer Initiative, einem Projekt oder einer Selbsthilfegruppe. Hier auf der Liste sind einmal einige Bereiche aufgeschrieben. Sind darunter welche, in denen Sie sich engagieren, Sie also freiwillig mitarbeiten oder mithelfen, ohne dafür bezahlt zu werden bzw. nur gegen eine geringe Aufwandsentschädigung?" (Alles Genannte einkreisen!)

Sind darunter Bereiche, in denen Sie sich engagieren, Sie also freiwillig mitarbeiten oder mithelfen, ohne dafür bezahlt zu werden bzw. nur gegen eine geringe Aufwandsentschädigung?

1. Im Bereich <u>Sport und Bewegung</u>, zum Beispiel in einem Sportverein oder einer Bewegungsgruppe
2. Im Bereich <u>Kultur und Musik</u>, zum Beispiel in einer Musik- oder Theatergruppe, einem Chor, Förderkreis, einer kulturellen Vereinigung
3. Bei der Versorgung und Integration von <u>Flüchtlingen</u>
4. Im Bereich <u>Freizeit und Geselligkeit</u>, zum Beispiel einem Seniorenclub
5. Im <u>Gesundheitsbereich oder sozialen Bereich</u>, zum Beispiel in einem Wohlfahrtsverband oder einer anderen Hilfsorganisation, in der Nachbarschaftshilfe oder einer Selbsthilfegruppe
6. In der <u>außerschulischen Jugendarbeit oder der Bildungsarbeit für Erwachsene</u>, zum Beispiel Kinder- oder Jugendgruppen betreuen, Bildungsveranstaltungen durchführen
7. Im Bereich <u>Umwelt, Naturschutz oder Tierschutz</u>, zum Beispiel in einem Projekt oder Verband aus diesem Bereich
8. Im Bereich <u>Politik</u>, zum Beispiel in einer Partei, im Gemeinderat oder Stadtrat, in einer politischen Initiative
9. Im <u>Bereich berufliche Interessenvertretung außerhalb des Betriebes</u>, zum Beispiel in einer Gewerkschaft, einem Berufsverband, einer Arbeitsloseninitiative
10. Im <u>kirchlichen oder religiösen Bereich</u>, zum Beispiel in der Kirchengemeinde, einer kirchlichen Organisation oder religiösen Gemeinschaft
11. Im Bereich <u>Justiz und Kriminalität</u>, zum Beispiel als Schöffe oder Ehrenrichter, in der Betreuung von Straffälligen oder Verbrechensopfern
12. Im <u>Unfall- oder Rettungsdienst</u> oder der <u>Freiwilligen Feuerwehr</u>

NEIN, IN KEINEM DAVON (→ weiter mit Frage 25)
KEINE ANGABE (→ weiter mit Frage 25)

Frage 24

„Einmal alles zusammengenommen: Wie viel Zeit wenden Sie für Ihr gesamtes freiwilliges bzw. ehrenamtliches Engagement im Durchschnitt pro Woche so ungefähr auf? Sind das…"

„weniger als 2 Stunden"
„2 bis unter 5 Stunden"
„5 bis unter 10 Stunden"
„10 bis unter 15 Stunden"
„15 Stunden oder mehr"
UNMÖGLICH ZU SAGEN, IST KEINE REGELMÄSSIGE TÄTIGKEIT
KEINE ANGABE

Frage 25

„Nun zu Ihrer Gesundheit: Wie würden Sie alles in allem zurzeit Ihren Gesundheitszustand beschreiben? Würden Sie sagen…"

„sehr gut"
„gut"
„einigermaßen"
„nicht besonders"
„schlecht"
UNENTSCHIEDEN
KEINE ANGABE

Frage 26 a)

„Würden Sie sagen, dass sich Ihr Gesundheitszustand in den letzten drei Jahren deutlich oder etwas verbessert hat, oder hat er sich deutlich oder etwas verschlechtert, oder hat sich Ihr Gesundheitszustand nicht verändert?"

DEUTLICH VERBESSERT
ETWAS VERBESSERT
DEUTLICH VERSCHLECHTERT
ETWAS VERSCHLECHTERT
NICHT VERÄNDERT
KEINE ANGABE

Frage 26 b)

„Das ist sicherlich nicht einfach zu sagen, aber was erwarten Sie, wie sich Ihr Gesundheitszustand in den nächsten drei Jahren entwickeln wird? Gehen Sie davon aus, dass Ihr Gesundheitszustand weitgehend unverändert bleibt, oder wird er sich voraussichtlich verbessern oder verschlechtern?"

BLEIBT UNVERÄNDERT
VERBESSERN
VERSCHLECHTERN
UNMÖGLICH ZU SAGEN, KEINE ANGABE

Frage 27 (Repräsentative Halbgruppe A)

„Was tun Sie alles für Ihre Gesundheit, was tun Sie, um gesund und leistungsfähig zu bleiben? Bitte sagen Sie es mir nach dieser Liste hier."

1. Regelmäßig Sport treiben
2. Auf das Gewicht achten
3. Regelmäßig zu Vorsorge- und Früherkennungsuntersuchungen gehen
4. Nicht rauchen
5. Gar keinen oder nur wenig Alkohol trinken
6. Auf ausreichend Bewegung achten, zum Beispiel spazieren gehen oder Fahrrad fahren
7. Gelegentlich fasten
8. Vitamintabletten oder Ähnliches nehmen
9. Auf ausreichend Erholung achten
10. Auf genügend Schlaf achten
11. Sich gesundheitsbewusst ernähren
12. Etwas für die geistige Leistungsfähigkeit tun
13. Zu Hause Dehn- oder Gymnastikübungen machen
14. Darauf achten, gelassen und ausgeglichen zu sein, sich möglichst wenig aufregen
15. Mir Hilfe suchen, wenn ich bei persönlichen Problemen nicht weiter weiß

NICHTS DAVON

KEINE ANGABE

Frage 27 (Repräsentative Halbgruppe B)

„Hier auf dieser Liste stehen verschiedene Möglichkeiten, was man selbst tun kann, um gesund und leistungsfähig zu bleiben. Was davon halten Sie für besonders wichtig?"

1. Regelmäßig Sport treiben
2. Auf das Gewicht achten
3. Regelmäßig zu Vorsorge- und Früherkennungsuntersuchungen gehen
4. Nicht rauchen
5. Gar keinen oder nur wenig Alkohol trinken
6. Auf ausreichend Bewegung achten, zum Beispiel spazieren gehen oder Fahrrad fahren
7. Gelegentlich fasten
8. Vitamintabletten oder Ähnliches nehmen
9. Auf ausreichend Erholung achten
10. Auf genügend Schlaf achten
11. Sich gesundheitsbewusst ernähren
12. Etwas für die geistige Leistungsfähigkeit tun
13. Zu Hause Dehn- oder Gymnastikübungen machen
14. Darauf achten, gelassen und ausgeglichen zu sein, sich möglichst wenig aufregen
15. Mir Hilfe suchen, wenn ich bei persönlichen Problemen nicht weiter weiß

NICHTS DAVON

KEINE ANGABE

Frage 28

„Glauben Sie, dass man durch sein Verhalten die eigene Gesundheit stark beeinflussen kann, oder etwas, oder so gut wie gar nicht?“

STARK
ETWAS
SO GUT WIE GAR NICHT
UNENTSCHIEDEN, KEINE ANGABE

Frage 29

„Einmal ganz allgemein gefragt: Wie gut fühlen Sie sich alles in allem darüber informiert, was man selbst für seine Gesundheit tun kann? Würden Sie sagen…“

„sehr gut“
„gut“
„weniger gut“
„kaum bzw. gar nicht“
UNENTSCHIEDEN, KEINE ANGABE

Frage 30 (Repräsentative Halbgruppe A)

„Wenn Sie mal Fragen zum Thema Gesundheitsvorsorge haben oder etwas wissen möchten: Wie informieren Sie sich dann in der Regel? Was von dieser Liste machen bzw. nutzen Sie?“

1. Artikel in Tageszeitungen
2. Internetseiten von Tageszeitungen und Zeitschriften
3. Artikel in Zeitschriften (nicht Apotheken-Zeitschriften)
4. Artikel in Apotheken-Zeitschriften
5. Bücher zu Gesundheitsfragen
6. Gesundheitsportale im Internet
7. Andere Internetseiten, zum Beispiel Blogs, Wikipedia, Google-Suche
8. Spezielle Apps für Handy/Smartphone oder Tablet-PC
9. Beiträge im Fernsehen
10. Beiträge im Radio
11. Gespräche mit Freunden, Bekannten, Verwandten
12. Gespräche mit dem Hausarzt
13. Gespräche mit dem Apotheker
14. Informationsangebote meiner Krankenversicherung
15. Gespräche mit einem Facharzt
16. Gespräche mit Gesundheitspersonal, zum Beispiel Therapeuten, Krankenschwestern, Pflegern
17. Gespräche mit einem Homöopathen, Heilpraktiker

NICHTS DAVON
KEINE ANGABE

Frage 30 (Repräsentative Halbgruppe B)

„Wenn man Fragen zum Thema Gesundheitsvorsorge hat oder etwas wissen möchte: Welche der Informationsquellen von dieser Liste halten Sie da für vertrauenswürdig? Wo bekommt man zuverlässige Informationen?“

1. Artikel in Tageszeitungen
2. Internetseiten von Tageszeitungen und Zeitschriften
3. Artikel in Zeitschriften (nicht Apotheken-Zeitschriften)

4. Artikel in Apotheken-Zeitschriften
5. Bücher zu Gesundheitsfragen
6. Gesundheitsportale im Internet
7. Andere Internetseiten, zum Beispiel Blogs, Wikipedia, Google-Suche
8. Spezielle Apps für Handy/Smartphone oder Tablet-PC
9. Beiträge im Fernsehen
10. Beiträge im Radio
11. Gespräche mit Freunden, Bekannten, Verwandten
12. Gespräche mit dem Hausarzt
13. Gespräche mit dem Apotheker
14. Informationsangebote meiner Krankenversicherung
15. Gespräche mit einem Facharzt
16. Gespräche mit Gesundheitspersonal, zum Beispiel Therapeuten, Krankenschwestern, Pflegern
17. Gespräche mit einem Homöopathen, Heilpraktiker

NICHTS DAVON
KEINE ANGABE

Frage 31 a)

„Wenn Sie einmal an die verschiedenen Angebote zum Thema Gesundheit denken, die es bei Ihnen in der Umgebung gibt, zum Beispiel Gesundheitsberatung, Vorträge oder Sportangebote: Wie leicht oder schwer ist es da für Sie, Angebote zu finden, die Sie interessieren? Würden Sie sagen…"

„sehr leicht"
„eher leicht"
„eher schwierig"
„sehr schwierig"
UNENTSCHIEDEN, KEINE ANGABE

Frage 31 b)

„Und wie schwer oder leicht fällt es Ihnen, jemanden aus Ihrer Familie oder Ihrem engeren Freundes- und Bekanntenkreis zu finden, der Ihnen hilft, wenn Sie einmal krank sein sollten, zum Beispiel im Haushalt oder bei Erledigungen? Ist das für Sie…"

„sehr leicht"
„eher leicht"
„eher schwierig"
„sehr schwierig"
UNENTSCHIEDEN, KEINE ANGABE

Frage 31 c)

„Wenn Sie mal jemanden suchen, um etwas gemeinsam zu unternehmen, zum Beispiel einen Spaziergang machen oder eine Veranstaltung besuchen: Wie leicht oder wie schwer ist es dann für Sie in der Regel, jemanden zu finden? Würden Sie sagen…"

„sehr leicht"
„eher leicht"
„eher schwierig"
„sehr schwierig"
UNENTSCHIEDEN, KEINE ANGABE

Frage 32

„Hier auf der Liste stehen verschiedene Angebote aus dem Bereich Gesundheitsvorsorge, die sich speziell an ältere Menschen richten. Was davon wird bei Ihnen in der Umgebung angeboten, ich meine, soweit Sie das wissen?"

1. Informationsveranstaltungen bzw. Kurse zum Thema gesunde Ernährung
2. Informationsveranstaltungen zum Umgang mit bestimmten Krankheiten
3. Informationsveranstaltungen zum Thema altersgerechtes Wohnen
4. Seniorenschwimmen, Wassergymnastik
5. Wander-, Walkinggruppen
6. Kurse zum Muskelaufbau oder zur Vorbeugung von Stürzen
7. Andere seniorengerechte Angebote der örtlichen Sportvereine oder von anderen Anbietern
8. Angebote zur Erhaltung der geistigen Leistungsfähigkeit
9. Angebote für Menschen, die einen nahestehenden Menschen verloren haben
10. Angebote für Menschen mit bestimmten Krankheiten oder Problemen

NICHTS DAVON
KEINE ANGABE

Frage 33 (Repräsentative Halbgruppe A)

„Und ist darunter etwas, das Sie derzeit selbst in Anspruch nehmen?"

1. Informationsveranstaltungen bzw. Kurse zum Thema gesunde Ernährung
2. Informationsveranstaltungen zum Umgang mit bestimmten Krankheiten
3. Informationsveranstaltungen zum Thema altersgerechtes Wohnen
4. Seniorenschwimmen, Wassergymnastik
5. Wander-, Walkinggruppen
6. Kurse zum Muskelaufbau oder zur Vorbeugung von Stürzen
7. Andere seniorengerechte Angebote der örtlichen Sportvereine oder von anderen Anbietern
8. Angebote zur Erhaltung der geistigen Leistungsfähigkeit
9. Angebote für Menschen, die einen nahestehenden Menschen verloren haben
10. Angebote für Menschen mit bestimmten Krankheiten oder Problemen

NEIN, NICHTS DAVON
KEINE ANGABE

Frage 33 (Repräsentative Halbgruppe B)

„Und stehen hier auf dieser Liste Dinge, die bei Ihnen in der Umgebung Ihres Wissens nach <u>nicht</u> angeboten werden, an denen Sie aber Interesse hätten?"

1. Informationsveranstaltungen bzw. Kurse zum Thema gesunde Ernährung
2. Informationsveranstaltungen zum Umgang mit bestimmten Krankheiten
3. Informationsveranstaltungen zum Thema altersgerechtes Wohnen
4. Seniorenschwimmen, Wassergymnastik
5. Wander-, Walkinggruppen
6. Kurse zum Muskelaufbau oder zur Vorbeugung von Stürzen
7. Andere seniorengerechte Angebote der örtlichen Sportvereine oder von anderen Anbietern

8. Angebote zur Erhaltung der geistigen Leistungsfähigkeit
9. Angebote für Menschen, die einen nahestehenden Menschen verloren haben
10. Angebote für Menschen mit bestimmten Krankheiten oder Problemen

NEIN, NICHTS DAVON
KEINE ANGABE

Frage 34

„Zu etwas anderem: Wenn Sie Ihr Leben noch einmal von vorn anfangen könnten: Würden Sie dann vieles anders machen, oder alles wieder genauso? Würden Sie sagen…"

„Vieles anders"
„Einiges anders"
„Genauso
"UNMÖGLICH ZU SAGEN

Frage 35

„Hier auf diesen Karten steht einiges, was einem im Leben widerfahren kann, was auf einen zukommen kann. Darf ich fragen, ob darunter auch etwas ist, das Sie persönlich schon erlebt haben? Bitte legen Sie die entsprechenden Karten heraus."

JA, und zwar:

1. Tod des Partners/der Partnerin
2. Verlust enger Freunde
3. Wegzug der Kinder in eine weiter entfernte Region
4. Altersbedingter Auszug aus dem eigenen Haus, der eigenen Wohnung
5. Pflegebedürftigkeit bzw. Hilfsbedürftigkeit des Partners/der Partnerin
6. Eigene Pflegebedürftigkeit
7. Schwere Erkrankung
8. Aufgeben des Autofahrens
9. Ausscheiden aus dem Beruf
10. Altersbedingte körperliche Beschwerden bzw. Einschränkungen
11. Altersbedingte Aufgabe von Hobbys
12. Altersbedingte Aufgabe meines gesellschaftlichen Engagements, zum Beispiel in Verein, Kirchengemeinde oder Nachbarschaft

NEIN, NICHTS DAVON
KEINE ANGABE

Frage 36

„Hier sind noch einmal die Dinge, von denen Sie noch nicht betroffen waren: Sind darunter Situationen, über die Sie schon einmal intensiver nachgedacht haben, wie Sie damit umgehen würden?" (INTERVIEWER überreicht die Karten, die bei Frage 35 NICHT herausgelegt wurden)

JA, und zwar:

1. Tod des Partners/der Partnerin
2. Verlust enger Freunde
3. Wegzug der Kinder in eine weiter entfernte Region
4. Altersbedingter Auszug aus dem eigenen Haus, der eigenen Wohnung
5. Pflegebedürftigkeit bzw. Hilfsbedürftigkeit des Partners/der Partnerin
6. Eigene Pflegebedürftigkeit

7. Schwere Erkrankung
8. Aufgeben des Autofahrens
9. Ausscheiden aus dem Beruf
10. Altersbedingte körperliche Beschwerden bzw. Einschränkungen
11. Altersbedingte Aufgabe von Hobbys
12. Altersbedingte Aufgabe meines gesellschaftlichen Engagements, zum Beispiel in Verein, Kirchengemeinde oder Nachbarschaft

NEIN, ÜBER NICHTS DAVON
KEINE ANGABE

Frage 37: INTERVIEWER-Einstufung nach Frage 35

Hat der/die Befragte Karte 1 („Tod des Partners/der Partnerin") herausgelegt?

JA (→ weiter mit Frage 38)
NEIN (→ weiter mit Frage 39 a))

Frage 38

„Hier steht einiges, was uns andere über den Verlust ihres Partners/ihrer Partnerin gesagt haben. Würden Sie sich das bitte einmal durchlesen und mir sagen, was davon auch auf Sie zutrifft, was auch bei Ihnen so war? Sie brauchen mir nur die entsprechenden Nummern von der Liste zu nennen."

JA, und zwar:

1. Der Tod kam völlig überraschend
2. Der Tod war als Folge einer längeren Krankheit absehbar
3. Ich habe den Tod meines Partners/meiner Partnerin bis heute nicht überwunden
4. Ich habe mich mit der Situation abgefunden, kann damit inzwischen gut umgehen
5. Ich kann mein Leben jetzt freier gestalten als früher, muss weniger Rücksicht nehmen
6. Ich habe inzwischen wieder einen neuen Partner/eine neue Partnerin bzw. einen engen Freund/eine enge Freundin gefunden, den/die ich sehr mag
7. Ich musste mich finanziell einschränken, meinen Lebensstandard senken
8. Ich bin aus dem gemeinsamen Haus, der gemeinsamen Wohnung ausgezogen
9. Ich wusste anfangs nicht, wie ich im Haushalt zurechtkommen sollte, zum Beispiel Kochen, Waschen usw.
10. Ich musste mich erst einmal in finanzielle und rechtliche Angelegenheiten, zum Beispiel Bankgeschäfte, Versicherungsverträge, einarbeiten. Das hatte früher alles mein Partner/meine Partnerin gemacht

NICHTS DAVON
KEINE ANGABE

Frage 39 a): INTERVIEWER-Einstufung nach Frage 20

Ist der/die Befragte verheiratet bzw. hat einen festen Partner, eine feste Partnerin? (Nur eine Angabe möglich!)

JA, VERHEIRATET (→ weiter mit Frage 39 b))
JA, FESTER PARTNER/FESTE PARTNERIN (→ weiter mit Frage 39 b))
NEIN (→ weiter mit Frage 50)

Frage 39 b)

„Darf ich fragen, wie alt Ihr Partner/Ihre Partnerin ist?"

……. JAHRE

KEINE ANGABE

Frage 40

„Ist Ihr Partner/Ihre Partnerin im Alltag auf Hilfe bzw. Unterstützung angewiesen? Würden Sie sagen …"

„ja, bei allen bzw. den meisten Dingen" (→ weiter mit Frage 41)

„ja, bei einigen Dingen" (→ weiter mit Frage 41)

„ja, aber nur bei ganz wenigen Tätigkeiten" (→ weiter mit Frage 41)

„nein, nicht auf Hilfe angewiesen" (→ weiter mit Frage 50)

KEINE ANGABE (→ weiter mit Frage 50)

Frage 41

„Seit wann ist Ihr Partner/Ihre Partnerin schon auf Unterstützung angewiesen, seit wie vielen Jahren?"

SEIT ……. JAHREN

KEINE ANGABE

Frage 42

„Hat Ihr Partner/Ihre Partnerin eine Pflegestufe?"

JA, und zwar:

- Pflegestufe 0
- Pflegestufe 1
- Pflegestufe 2
- Pflegestufe 3

NEIN, KEINE PFLEGESTUFE

KEINE ANGABE

Frage 43

„Darf ich fragen, bei welchen Tätigkeiten Ihr Partner/Ihre Partnerin auf Hilfe angewiesen ist? Bitte sagen Sie es mir nach dieser Liste. Sie brauchen mir nur die entsprechenden Nummern zu nennen!"

1. Beim An- und Ausziehen
2. Bei der Körperpflege, beim Waschen, Duschen
3. Beim Essen vorbereiten, beim Kochen
4. Beim Essen selber, zum Beispiel beim Schneiden
5. Bei Arbeiten im Haushalt, zum Beispiel beim Putzen
6. Beim Einkaufen
7. Beim Aufstehen bzw. Zubettgehen
8. Beim Toilettengang
9. Bei Arbeiten im Garten
10. Beim Heben oder Tragen von schwereren Gegenständen
11. Beim Treppensteigen
12. Beim Gehen insgesamt
13. Bei Arztbesuchen, Behördengängen usw.

BEI NICHTS DAVON

KEINE ANGABE

Frage 44

„Wohnt Ihr Partner/Ihre Partnerin bei Ihnen in der Wohnung bzw. im Haus, oder wohnt er/sie in einer Pflegeeinrichtung, oder wo sonst?"

BEI MIR IM HAUS/IN DER WOHNUNG (→ weiter mit Frage 45)
PFLEGEEINRICHTUNG (→ weiter mit Frage 48)
ANDERES, und zwar: ....
(→ weiter mit Frage 48)
KEINE ANGABE (→ weiter mit Frage 48)

Frage 45

„Werden Sie bei der Betreuung bzw. Pflege Ihres Partners/Ihrer Partnerin von anderen unterstützt?"

Bei der Betreuung bzw. Pflege meines Partners/meiner Partnerin werde ich unterstützt von –

1. meinen Kindern, Schwiegerkindern
2. meinen Geschwistern bzw. Schwager/Schwägerin
3. meinen Enkelkindern
4. entfernteren Verwandten wie Nichten und Neffen
5. Freunden, Bekannten oder Nachbarn
6. mobilen Pflegediensten, zum Beispiel Rotes Kreuz, Johanniter oder private regionale Dienste
7. einer privaten Pflegekraft
8. Bringdiensten wie Essen auf Rädern
9. Kurzzeitpflegeheimen, zum Beispiel wenn ich im Urlaub bin
10. Freiwilligen von Wohlfahrtsverbänden wie zum Beispiel AWO, Caritas oder Diakonie, oder Nachbarschaftsinitiativen

NEIN, VON NIEMANDEN DAVON (→ weiter mit Frage 47)
KEINE ANGABE (→ weiter mit Frage 47)

Frage 46

„Wie haben Sie sich die Betreuung und Pflege mit den anderen Beteiligten aufgeteilt: Wie viel machen Sie selbst bei der Pflege? Würden Sie sagen…"

„fast alles"
„das meiste"
„etwa die Hälfte"
„den kleineren Teil"
„kaum etwas"
KEINE ANGABE

Frage 47

„Wenn man seinen Partner/seine Partnerin pflegt bzw. sich um ihn/sie kümmert, kann man ja sehr unterschiedliche Erfahrungen machen. Hier auf der Liste stehen einige Aussagen. Welche dieser Erfahrungen machen auch Sie, was davon würden auch Sie sagen?"

1. Durch die Pflege ist das Verhältnis zwischen meinem Partner/meiner Partnerin und mir (noch) enger geworden
2. Mich belastet der Gedanke, dass sich der Zustand meines Partners/meiner Partnerin in absehbarer Zeit weiter verschlechtern wird
3. Ich erfahre aus meinem Umfeld viel Zuspruch, viel Anerkennung für das, was ich tue

4. Ich fühle mich mit der Unterstützung bzw. Pflege öfter überfordert
5. Trotz der schwierigen Situation haben wir auch schöne Momente zusammen
6. Ich habe viel Arbeit mit Behördenangelegenheiten wie zum Beispiel Anträgen
7. Ich bin bei der Unterstützung bzw. Pflege über meine Grenzen gegangen, ich mache Dinge, von denen ich nie gedacht hätte, dass ich sie könnte
8. Ich komme kaum noch dazu, mich mit anderen Leuten zu treffen, meinen eigenen Hobbys und Wünschen nachzugehen
9. Es gibt mir Kraft zu wissen, dass mein Partner/meine Partnerin wegen meiner Unterstützung bzw. Pflege nicht in ein Senioren- bzw. Pflegeheim muss
10. Ich mache mir Sorgen, dass die Pflegebedürftigkeit meines Partners/meiner Partnerin immer mehr zu einer Belastung für unsere Beziehung wird
11. Wir bekommen kaum noch Besuch, weil Freunde und Bekannte sich bei uns unwohl fühlen

NICHTS DAVON
KEINE ANGABE

Frage 48

„Was würden Sie sich im Zusammenhang mit der Pflege Ihres Partners/Ihrer Partnerin an Unterstützung von Staat und Gesellschaft wünschen? Bitte sagen Sie es mir nach dieser Liste!"

Das würde ich mir im Zusammenhang mit der Pflege meines Angehörigen an Unterstützung wünschen:

1. Stärkere finanzielle Unterstützung, zum Beispiel höhere Pflegesätze
2. Mehr Beratungsangebote für den Umgang mit Pflegebedürftigen im Alltag, zum Beispiel wie man die Person lagert, wäscht
3. Bessere Möglichkeiten kurzfristig eine Pflegekraft zu bekommen, zum Beispiel über einen mobilen Pflegedienst
4. Bessere Qualität der mobilen Pflegedienste
5. Bessere Qualität der Pflege und Betreuung in Pflegeheimen
6. Dass es leichter wird, eine dauerhafte Pflegekraft zu finden
7. Dass es leichter wird, eine Pflegekraft aus dem Ausland dauerhaft einzustellen
8. Dass bürokratische Hürden abgebaut werden, es zum Beispiel erleichtert wird, Pflegestufen zu beantragen
9. Dass man leichter einen Platz in einem Pflegeheim findet
10. Mehr Beratungsangebote, wie man mit den Belastungen umgeht, die durch die Pflege entstehen
11. Dass es mehr Pflegeeinrichtungen mit neuartigen Konzepten gibt, die besser auf die Bedürfnisse der Pflegebedürftigen abgestimmt sind, zum Beispiel Demenz-WGs
12. Dass man leichter einen Platz bei einer Tagespflege bekommt
13. Dass es leichter wird, eine Nachtpflege bzw. eine Nachtpflegeeinrichtung zu finden
14. Dass (mehr) Ärzte Hausbesuche machen

NICHTS DAVON
KEINE ANGABE

Frage 49

„Steht auf dieser Liste etwas, das Sie mit Blick auf die Pflegebedürftigkeit oder auf altersbedingte Beschwerden Ihres Partners/Ihrer Partnerin auch gemacht haben?"

JA, und zwar:

1. Gespräche mit dem Partner/der Partnerin geführt, was man sich für diesen Fall wünscht
2. Informationen zu Leistungen der Kranken- und Pflegeversicherung eingeholt

3. Informationen zu Leistungen von Wohlfahrtsverbänden eingeholt, zum Beispiel zu Pflegediensten
4. Die eigene Wohnung, das eigene Haus altersgerecht umbauen lassen
5. Verfügungen bzw. Vollmachten verfasst, zum Beispiel Patientenverfügung, Vorsorgevollmacht usw.
6. Nach einem möglichen Pflegeheim gesucht
7. Umzug in eine altersgerechte Wohnung, ein altersgerechtes Haus
8. Nach Möglichkeiten gesucht, eine dauerhafte Pflegekraft zu engagieren
9. Eine private Pflegeversicherung abgeschlossen

NEIN, NICHTS DAVON
KEINE ANGABE(→ weiter mit Frage 51)

Frage 50

„Steht auf dieser Liste etwas, das Sie mit Blick auf eine mögliche Pflegebedürftigkeit oder auf altersbedingte Beschwerden auch schon gemacht haben?" (Bei Rückfragen: „Ich meine jetzt, egal ob für Sie oder für Ihren Partner/Ihre Partnerin.")

JA, und zwar:

1. Gespräche mit dem Partner/der Partnerin geführt, was man sich für diesen Fall wünscht
2. Informationen zu Leistungen der Kranken- und Pflegeversicherung eingeholt
3. Informationen zu Leistungen von Wohlfahrtsverbänden eingeholt, zum Beispiel zu Pflegediensten
4. Die eigene Wohnung, das eigene Haus altersgerecht umbauen lassen
5. Verfügungen bzw. Vollmachten verfasst, zum Beispiel Patientenverfügung, Vorsorgevollmacht usw.
6. Nach einem möglichen Pflegeheim gesucht
7. Nach Möglichkeiten gesucht, eine dauerhafte Pflegekraft zu engagieren
8. Eine private Pflegeversicherung abgeschlossen

NEIN, NICHTS DAVON
KEINE ANGABE

Frage 51

„Zur Kranken- und Pflegeversicherung: Fühlen Sie sich ganz allgemein über die Leistungen, die man im Pflegefall von der Kranken- bzw. Pflegeversicherung bekommt, ausreichend informiert, oder hätten Sie darüber gern mehr Informationen?"

AUSREICHEND INFORMIERT
HÄTTE GERN MEHR INFORMATIONEN
UNENTSCHIEDEN, KEINE ANGABE

Frage 52

„Wenn Sie Fragen zum Thema Pflege haben bzw. hätten: Wissen Sie da, an wen Sie sich wenden können, oder wissen Sie das nicht?"

WEISS ICH (→ weiter mit Frage 52*)
WEISS ICH NICHT (→ weiter mit Frage 53)
UNENTSCHIEDEN, KEINE ANGABE (→ weiter mit Frage 53)

Frage 52*

„Und an wen wenden Sie sich bzw. würden Sie sich wenden: an einen Arzt, Ihre Kranken- bzw. Pflegeversicherung, einen Wohlfahrtsverband wie zum Beispiel AWO, Caritas oder Diakonie bzw. an einen anderen Anbieter von Pflegeleistungen, an spezielle Internetangebote, oder an wen sonst?" (Mehreres kann angeben werden!)

ARZT
KRANKEN-/PFLEGEVERSICHERUNG
WOHLFAHRTSVERBAND/ANDERER ANBIETER
SPEZIELLE INTERNETANGEBOTE
ANDERES, und zwar: ....
KEINE ANGABE

Frage 53

„Es gibt ja die Möglichkeit, eine sogenannte Patientenverfügung zu verfassen. Damit kann man im Voraus festlegen, wie man behandelt werden möchte, falls man wegen eines Unfalls oder einer Krankheit nicht mehr in der Lage ist, selbst Entscheidungen zu treffen. Haben Sie selbst eine solche Patientenverfügung verfasst, oder haben Sie vor, das zu tun, oder haben Sie das nicht vor?"

HABE VERFASST
HABE VOR, DAS ZU TUN
HABE NICHT VOR
UNENTSCHIEDEN, KEINE ANGABE

Frage 54

„Neben der Patientenverfügung gibt es auch die Möglichkeit, jemand anderen zu bevollmächtigen, Entscheidungen für einen selbst zu treffen, wenn man dazu nicht mehr in der Lage ist, zum Beispiel über eine Betreuungsverfügung oder Vorsorgevollmacht. Dabei kann es zum Beispiel um finanzielle, rechtliche oder gesundheitliche Angelegenheiten gehen. Haben Sie selbst schon eine solche Vollmacht bzw. Verfügung verfasst, oder haben Sie vor, das zu tun, oder haben Sie das nicht vor?"

HABE VERFASST
HABE DAS VOR
HABE DAS NICHT VOR
UNENTSCHIEDEN, KEINE ANGABE

Frage 55

„Zu Ihrer Wohnsituation: Wie lange wohnen Sie schon in Ihrer jetzigen Wohnung, Ihrem jetzigen Haus, seit wie vielen Jahren?"

SEIT.................. JAHREN
KEINE ANGABE

Frage 56 (Repräsentative Halbgruppe A)

„Hier auf dieser Liste haben wir einmal aufgeschrieben, was man unter einer altersgerechten Wohnung, einem altersgerechten Wohnumfeld verstehen kann. Was davon gehört für Sie zu einer altersgerechten Wohnsituation dazu, was ist Ihnen besonders wichtig?"

1. Dass man in der Nähe seiner Kinder wohnt
2. Dass man in einer Wohnung, einem Haus wohnt, das einem auch gehört

3. Dass das Haus bzw. die Wohnung möglichst frei von Barrieren ist, es also möglichst wenig oder keine Treppen oder Stufen gibt
4. Dass Geschäfte in der Nähe sind, zum Beispiel Supermärkte
5. Dass Ärzte in der Nähe sind
6. Dass es eine gute Anbindung an öffentliche Verkehrsmittel gibt
7. Wenig Lärm, wenig Verkehr
8. Dass der Wohnraum, die Wohnfläche nicht zu groß ist
9. Schöne Natur, viele Grünflächen
10. Dass viele andere ältere Personen in der Nachbarschaft leben
11. Dass jüngere Menschen und Familien dort leben
12. Dass es Betreuungs- und Pflegedienste in der Nähe gibt
13. Dass es im Haus einen Aufzug gibt
14. Dass es im Umfeld ein ausreichendes Angebot für gemeinschaftliche Freizeitaktivitäten gibt
15. Dass man in einem gewohnten Umfeld wohnt, dort wo man sich auskennt
16. Dass die Miete bzw. die Kosten nicht zu hoch sind
17. Dass es genügend Parkmöglichkeiten gibt

NICHTS DAVON
KEINE ANGABE

Frage 56 (Repräsentative Halbgruppe B)
„Wenn Sie einmal an Ihre derzeitige Wohnsituation denken: Was von dieser Liste trifft auf Sie oder Ihre Wohnsituation zu?"

1. Ich wohne in der Nähe meiner Kinder
2. Ich wohne in einer Wohnung, einem Haus, das mir auch gehört
3. Die Wohnung, das Haus ist weitgehend frei von Barrieren, es gibt also wenig oder keine Treppen oder Stufen
4. Es gibt Geschäfte in der Nähe, zum Beispiel Supermärkte
5. Es gibt Ärzte in der Nähe
6. Gute Anbindung an öffentliche Verkehrsmittel
7. Wenig Lärm, wenig Verkehr
8. Der Wohnraum, die Wohnfläche ist nicht zu groß
9. Schöne Natur, viele Grünflächen
10. Es leben viele andere ältere Personen in der Nachbarschaft
11. Es leben jüngere Menschen und Familien hier
12. Es gibt Betreuungs- und Pflegedienste in der Nähe
13. Das Haus hat einen Aufzug
14. Es gibt im Umfeld ein ausreichendes Angebot für gemeinschaftliche Freizeitaktivitäten
15. Die Miete bzw. die Kosten sind nicht hoch
16. Es gibt genügend Parkmöglichkeiten

NICHTS DAVON
KEINE ANGABE

Frage 57

„Würden Sie sagen, dass Ihr Haus, Ihre Wohnung Ihre Anforderungen an eine altersgerechte Wohnsituation voll und ganz oder teilweise erfüllt, oder würden Sie das nicht sagen?"

VOLL UND GANZ (→ weiter mit Frage 58)
TEILWEISE (→ weiter mit Frage 57*)
WÜRDE DAS NICHT SAGEN (→ weiter mit Frage 57*)
UNENTSCHIEDEN, KEINE ANGABE (→ weiter mit Frage 58)

Frage 57*

„Und haben Sie schon darüber nachgedacht umzuziehen, oder haben Sie darüber noch nicht nachgedacht?"

HABE DARÜBER NACHGEDACHT
HABE DARÜBER NOCH NICHT NACHGEDACHT
UNENTSCHIEDEN, KEINE ANGABE

Frage 58

„Hier auf der Liste stehen einmal verschiedene technische Möglichkeiten, die das Leben im Alter sicherer und leichter machen. Was davon haben auch Sie zu Hause?"

JA, und zwar:

1. Hausnotruf bzw. Alarmknopf, den man ständig bei sich trägt und mit dem man Hilfe rufen kann
2. Aktivitätskontrolle des Hausnotrufes (man muss sich per Knopfdruck einmal am Tag bei einem Pflegedienst melden, ansonsten wird Alarm ausgelöst)
3. Bewegungssensor, den man am Körper trägt und der Stürze registriert und automatisch Hilfe ruft
4. Rauchmelder
5. Elektronische Sicherung der Wohnung bzw. des Hauses, sodass bei Einbruch direkt ein Wachdienst bzw. die Polizei informiert wird
6. Messung von wichtigen Körperfunktionen wie Puls oder Blutdruck zu Hause (zum Beispiel über ein elektronisches Armband) und automatische Übermittlung dieser Daten zum Beispiel an den Hausarzt
7. Lampen im Haus, die im Dunkeln bei Bewegung automatisch angehen
8. Automatische Abschaltung von technischen Geräten, nachdem sie eine Weile nicht benutzt wurden
9. Modernes Schließsystem für die Haustür mit besonders hohem Einbruchschutz
10. Türöffner mit Gegensprechanlage
11. Serviceportal, bei dem man sich über das Internet oder telefonisch Mahlzeiten oder Einkäufe bringen lassen oder einen Arzttermin vereinbaren kann
12. Möglichkeiten zur Videotelefonie über das Internet, also dass man seinen Gesprächspartner während des Gesprächs über den Laptop oder den Fernseher sehen kann
13. Treppenlift

NEIN, NICHTS DAVON
KEINE ANGABE

Frage 59

„Und steht auf dieser Liste etwas, das Sie noch nicht haben, von dem Sie aber sagen würden: ‚Das interessiert mich, das könnte ich gut gebrauchen'?"

1. Hausnotruf bzw. Alarmknopf, den man ständig bei sich trägt und mit dem man Hilfe rufen kann
2. Aktivitätskontrolle des Hausnotrufes (man muss sich per Knopfdruck einmal am Tag bei einem Pflegedienst melden, ansonsten wird Alarm ausgelöst)
3. Bewegungssensor, den man am Körper trägt und der Stürze registriert und automatisch Hilfe ruft
4. Rauchmelder
5. Elektronische Sicherung der Wohnung bzw. des Hauses, sodass bei Einbruch direkt ein Wachdienst bzw. die Polizei informiert wird
6. Messung von wichtigen Körperfunktionen wie Puls oder Blutdruck zu Hause (zum Beispiel über ein elektronisches Armband) und automatische Übermittlung dieser Daten zum Beispiel an den Hausarzt
7. Lampen im Haus, die im Dunkeln bei Bewegung automatisch angehen
8. Automatische Abschaltung von technischen Geräten, nachdem sie eine Weile nicht benutzt wurden
9. Modernes Schließsystem für die Haustür mit besonders hohem Einbruchschutz
10. Türöffner mit Gegensprechanlage
11. Serviceportal, bei dem man sich über das Internet oder telefonisch Mahlzeiten oder Einkäufe bringen lassen oder einen Arzttermin vereinbaren kann
12. Möglichkeiten zur Videotelefonie über das Internet, also dass man seinen Gesprächspartner während des Gesprächs über den Laptop oder den Fernseher sehen kann
13. Treppenlift

NICHTS DAVON
KEINE ANGABE

Frage 60 (Repräsentative Halbgruppe A)

„Darf ich zu einer der Möglichkeiten noch etwas genauer nachfragen, und zwar zum Hausnotruf bzw. Alarmknopf, den man ständig bei sich trägt und mit dem man bei Bedarf Hilfe rufen kann? Hier stehen einige Aussagen zu dieser technischen Möglichkeit. Was davon würden auch Sie sagen?"

1. Es kostet viel Geld, sich das anzuschaffen
2. Der Dienst hat hohe laufende Kosten, zum Beispiel monatliche Gebühren
3. Auf diese Weise kann man sich sicher sein, dass man im Notfall immer jemanden erreicht
4. Ich habe Zweifel, dass das wirklich zuverlässig funktioniert
5. Mir reicht mein Telefon, um im Notfall Hilfe zu rufen
6. Da ich den Alarmknopf immer bei mir tragen kann, kann ich sicher sein, dass ich auch Hilfe rufen kann, wenn ich gestürzt bin
7. Ich brauche so etwas nicht. Ich habe immer jemanden im Haus/in der Wohnung, an den ich mich wenden kann

NICHTS DAVON
KEINE ANGABE

Frage 60 (Repräsentative Halbgruppe B)

„Darf ich zu einer der Möglichkeiten noch etwas genauer nachfragen, und zwar dazu, dass man mit mobilen Geräten wie elektronischen Armbändern wichtige Körperfunktionen überwachen und diese Daten automatisch an einen Arzt schicken kann? Hier stehen einige Aussagen zu dieser technischen Möglichkeit. Was davon würden auch Sie sagen?“

1. Es kostet viel Geld, sich das anzuschaffen
2. Der Dienst hat hohe laufende Kosten, zum Beispiel monatliche Gebühren
3. Ich könnte sicher sein, dass mein Arzt informiert wird, wenn mein Blutdruck oder meine Herzfrequenz kritisch sind
4. Ich habe Zweifel, dass das wirklich zuverlässig funktioniert
5. Ich messe meine Daten regelmäßig selbst und merke, wenn etwas nicht stimmt
6. Ich hätte Angst, dass die aufgezeichneten Daten in falsche Hände geraten
7. Ich könnte sicher sein, dass mein Arzt immer alle notwendigen Informationen über mich hat
8. Ich möchte selbst darüber entscheiden, wann mein Arzt Informationen über meinen Blutdruck oder meine Herzfrequenz bekommt, das soll nicht automatisch geschehen

NICHTS DAVON
KEINE ANGABE

Frage 61

„Einige Fragen zu Ihrer wirtschaftlichen Lage: Wie beurteilen Sie Ihre eigene wirtschaftliche Lage? Würden Sie sagen…“

„sehr gut“
„gut“
„es geht“
„eher schlecht“
„schlecht“
KEINE ANGABE

Frage 62

„Wie schätzen Sie die wirtschaftliche Lage der meisten älteren Menschen in Deutschland ein? Geht es den meisten älteren Menschen Ihrer Einschätzung nach…“

„sehr gut“
„gut“
„es geht“
„eher schlecht“
„schlecht“
WEISS NICHT, KEINE ANGABE

Frage 63

„Wohnen Sie im eigenen Haus, in einer Eigentumswohnung, oder wohnen Sie zur Miete?“

EIGENES HAUS (→ weiter mit Frage 64)
EIGENTUMSWOHNUNG (→ weiter mit Frage 64)
MIETE (→ weiter mit Frage 63*)
ANDERES, und zwar: .... (→ weiter mit Frage 64)
KEINE ANGABE (→ weiter mit Frage 64)

Frage 63*

„Wenn Sie einmal zusammenrechnen, was Sie pro Monat insgesamt für Ihre Wohnung bzw. Ihr Haus bezahlen, also Kaltmiete, Heizkosten, Strom und weitere Nebenkosten: Könnten Sie mir bitte sagen, wie viel das ungefähr ist?"

ETWA........... .... EURO

KEINE ANGABE

Frage 64

„Machen Sie sich Sorgen, dass Sie die Kosten für Ihr Haus bzw. Ihre Wohnung in Zukunft nicht mehr bezahlen können, oder machen Sie sich darüber keine Sorgen?"

MACHE MIR DARÜBER SORGEN (→ weiter mit Frage 64*)

MACHE MIR DARÜBER KEINE SORGEN (→ weiter mit Frage 65)

UNENTSCHIEDEN, KEINE ANGABE (→ weiter mit Frage 65)

Frage 64*

„Und machen Sie sich darüber eher große oder weniger große Sorgen?"

GROSSE SORGEN

WENIGER GROSSE SORGEN

UNENTSCHIEDEN, KEINE ANGABE

Frage 65

„Als Rentner erhält man ja in der Regel weniger Geld als ein Berufstätiger. Einmal unabhängig davon, ob Sie selbst der Hauptverdiener waren oder nicht: Wie war das, als der Hauptverdiener in Ihrem Haushalt in Rente gegangen ist: Haben Sie sich aus diesem Grund sehr oder etwas einschränken müssen, oder haben Sie sich kaum oder gar nicht einschränken müssen?"

SEHR EINSCHRÄNKEN (→ weiter mit Frage 65*)

ETWAS EINSCHRÄNKEN (→ weiter mit Frage 65*)

KAUM EINSCHRÄNKEN (→ weiter mit Frage 65*)

GAR NICHT EINSCHRÄNKEN (→ weiter mit Frage 66)

HAUPTVERDIENER IST NOCH NICHT IN RENTE (→ weiter mit Frage 66)

UNENTSCHIEDEN, KEINE ANGABE (→ weiter mit Frage 66)

Frage 65*

„Und darf ich fragen, wo, in welchen Bereichen Sie sich einschränken mussten. Sagen Sie es mir bitte nach dieser Liste, Sie müssen mir nur die entsprechenden Nummern nennen."

Da musste ich mich einschränken –

1. Reisen, Urlaub
2. Finanzielle Unterstützung der Kinder und Enkel
3. Bei Hobbys/bei den Freizeitaktivitäten
4. Ausgaben für das Auto bzw. Benzinkosten
5. Beim Ausgehen, zum Beispiel ins Restaurant, Theater, Kino
6. Kosmetik, Friseur
7. Kleidung
8. Wohnungseinrichtung, Möbel

9. Elektrogeräte wie Fernseher, Waschmaschine usw.
10. Investitionen ins Haus, in die Wohnung
11. Abonnements, zum Beispiel von Zeitungen, Zeitschriften
12. Vereinsbeiträge, Vereinsmitgliedschaften
13. Lebensmittel

Anderes, und zwar: ....

KEINE ANGABE

Frage 66

„Wenn Sie sich einmal diese Aussagen auf den Karten hier ansehen. Was davon trifft auch auf Sie zu? Bitte legen Sie die entsprechenden Karten heraus."

1. Ich genieße das Leben
2. Ich bin gerne unter Menschen
3. Ich bin ein optimistischer Mensch
4. Wie ich mich körperlich und seelisch fühle, ist von Tag zu Tag unterschiedlich
5. Ich würde mich nicht als „alten Menschen" bezeichnen
6. Ich fühle mich häufig niedergeschlagen
7. Meine Familie ist mein Ein und Alles
8. Ich brauche nicht so viel Kontakt zu anderen Menschen
9. Ich brauche zum Gehen einen Stock, Rollator oder Ähnliches
10. Ich hatte in meinem Leben kaum gesundheitliche Probleme, war selten krank
11. Ich fühle mich häufig antriebslos
12. In der Regel gehen (jüngere) Leute respektvoll mit mir um
13. Mich ärgert, dass ich eingeschränkter bin als früher, dass ich nicht mehr so viel machen kann
14. Es kommt manchmal vor, dass ich wie ein kleines Kind behandelt werde
15. Ich werde öfters von Jüngeren um Rat gefragt
16. Ich würde mir mehr soziale Kontakte wünschen
17. Ich habe einen festen Freundes- und Bekanntenkreis, mit dem ich mich regelmäßig treffe
18. Ich habe einen großen Bekanntenkreis
19. Mir ist es wichtig, möglichst lange selbstständig leben zu können
20. Gesundheitliche Probleme schränken mich im Alltag ein
21. Mein Glaube gibt mir in schwierigen Zeiten Kraft

Frage 67

„Wie ist das bei Ihnen: Kommt es vor, dass Sie sich einsam fühlen?"

„Ja, häufig"

„Ja, manchmal"

„Selten"

„Nein"

KEINE MEINUNG

Frage 68

„Jetzt noch zu etwas ganz anderem: Wie oft nutzen Sie das Internet? Würden Sie sagen…"

„mehrmals täglich"

„einmal am Tag"

„mehrmals in der Woche"

„einmal in der Woche"

„seltener"

„nie"

KEINE ANGABE

Frage 69

„Haben Sie ein Smartphone, also ein Handy, mit dem Sie auch ins Internet gehen können, oder haben Sie einen Tablet-PC, also einen tragbaren, sehr flachen Computer ohne Tastatur wie zum Beispiel das iPad, oder haben Sie nichts davon?"

JA, HABE SMARTPHONE

JA, HABE TABLET-PC

NEIN, HABE NICHTS DAVON

Frage 70

„Wie ist das für Sie persönlich: Fühlen Sie sich durch den technischen Fortschritt, zum Beispiel bei Handys, Computern, dem Internet usw., eher genervt bzw. überfordert, oder sind Sie an neuer Technik eher interessiert und probieren gerne etwas aus?"

GENERVT, ÜBERFORDERT

INTERESSIERT, PROBIERE AUS

UNENTSCHIEDEN, KEINE ANGABE

Frage 71

„Zum Schluss noch eine andere Frage: Wie zufrieden sind Sie damit, wie Ihr Leben bisher verlaufen ist? Sind Sie damit sehr zufrieden, zufrieden, weniger zufrieden, oder kaum, gar nicht zufrieden?"

SEHR ZUFRIEDEN

ZUFRIEDEN

WENIGER ZUFRIEDEN

KAUM, GAR NICHT ZUFRIEDEN

UNENTSCHIEDEN, KEINE ANGABE

A.4 Die Autoren der Generali Altersstudie 2017

Prof. Dr. Renate Köcher (*1952)

Prof. Dr. Renate Köcher ist Geschäftsführerin des Instituts für Demoskopie Allensbach. Sie hat in Mainz Volkswirtschaftslehre, Publizistik und Soziologie studiert und als Diplom-Volkswirtin abgeschlossen. 1985 wurde sie in München zum Dr. rer. pol. promoviert. Seit 1977 ist sie wissenschaftliche Mitarbeiterin, ab 1988 Geschäftsführerin des Instituts für Demoskopie Allensbach. Zu ihren Forschungsschwerpunkten zählen die Reform- und Innovationsbereitschaft der Bevölkerung, die Akzeptanz neuer Technologien, politische Analysen, Mentalitäts- und Wertewandel sowie die Entwicklung der Mediennutzung. 2003 wurde ihr vom Land Baden-Württemberg der Professorentitel verliehen. Prof. Dr. Köcher ist Mitglied im Aufsichtsrat mehrerer DAX-Konzerne und anderer Großunternehmen. Zudem ist sie unter anderem Mitglied des Senats der acatech (Deutsche Akademie der Technikwissenschaften e.V.) sowie des Kuratoriums der Robert Bosch Stiftung.

Michael Sommer, M.A. (*1969)

Michael Sommer ist Projektleiter am Institut für Demoskopie Allensbach. Er hat an den Universitäten Kiel und Wien Politikwissenschaften sowie Mittlere und Neuere Geschichte studiert. Seit 2000 ist er wissenschaftlicher Mitarbeiter am Institut für Demoskopie Allensbach. Von 2005 bis 2009 war er als Leiter der Fragebogenkonferenz mit der Entwicklung von Fragebogen aus den Bereichen Politik, Sozialforschung, Markt- und Mediaforschung betraut. Seit 2009 ist er als Projektleiter zuständig für die Konzeption und Analyse qualitativer und quantitativer Studien insbesondere aus den Bereichen Gesellschafts- und Sozialforschung sowie Marktforschung. Zu seinen Forschungsschwerpunkten gehören unter anderem die Themenbereiche Jugend, Gerechtigkeit, Wirtschaft, Energie, Infrastruktur und Mentalitäten.

Die berufenen Mitglieder des wissenschaftlichen Beirats der Generali Altersstudie 2017

Prof. Dr. Rolf G. Heinze (*1951)

Prof. Dr. Rolf G. Heinze forscht und lehrt seit 1988 als Lehrstuhlinhaber für Allgemeine Soziologie, Arbeit und Wirtschaft an der Ruhr-Universität Bochum (RUB). Seit 1994 ist er dort zudem geschäftsführender wissenschaftlicher Direktor des Instituts für Wohnungswesen, Immobilienwirtschaft, Stadt- und Regionalentwicklung (InWIS) an der RUB. Seit Jahren betätigt sich Heinze als wissenschaftlicher Politikberater, etwa als Mitglied der Sachverständigenkommission der Bundesregierung für den Fünften und Siebten Altenbericht. Zu seinen Forschungsschwerpunkten – sozioökonomischer und regionaler Wandel, neue Sektoren und Wachstumsfelder (u. a. Gesundheits- und Seniorenwirtschaft), Entwicklungsperspektiven moderner Wohlfahrts- und Zivilgesellschaften (u. a. Neuaufteilung der Sektoren Markt-Staat-Zivilgesellschaft, neue Governancestrukturen) – hat er mehrere Bücher und Gutachten verfasst.

Prof. Dr. Thomas Klein (*1955)

Prof. Dr. Thomas Klein widmet sich als Universitätsprofessor für Soziologie am Max Weber-Institut für Soziologie sowie als Dekan der Fakultät für Wirtschafts- und Sozialwissenschaften an der Universität Heidelberg den Forschungsschwerpunkten Familien- und Bevölkerungssoziologie, Sozialstrukturanalyse, Soziologie der Gesundheit und des Alterns sowie Methoden der empirischen Sozialforschung. Professor Klein wurde unter anderem 2004 mit dem Preis der Fritz Thyssen Stiftung für sozialwissenschaftliche Aufsätze und dem Felix Büchel-Award des Deutschen Instituts für Wirtschaftsforschung (DIW) ausgezeichnet.

Prof. Dr. Dr. h.c. Andreas Kruse (*1955)

Prof. Dr. Dr. h.c. Andreas Kruse ist Ordinarius und Direktor des Instituts für Gerontologie der Universität Heidelberg. Er erhielt nationale und internationale Auszeichnungen, darunter den First Presidential Award der International Association of Gerontology, den Max-Bürger-Preis, den René-Schubert-Preis der Deutschen Gesellschaft für Gerontologie und Geriatrie sowie den Ersten Generationenpreis des Ministerpräsidenten des Landes Rheinland-Pfalz. Kruse wirkte in nationalen und internationalen Kommissionen zur Politikberatung, darunter im Experten-Komitee der Vereinten Nationen zur Erstellung des International Plan of Action on Ageing und in sechs Altenberichtskommissionen der Bundesregierung (davon viermal als Vorsitzender) sowie in der Zukunftskommission der Bundeskanzlerin. Seine Forschungsschwerpunkte sind Potenziale des Alters, ethische Fragen des Alters, Lebensqualität bei Demenz sowie Palliative Care. 2010 erhielt Kruse die Ehrendoktorwürde der Fakultät für Humanwissenschaften der Universität Osnabrück.

Prof. Dr. Gerhard Naegele (*1948)

Prof. Dr. Gerhard Naegele leitet seit 1996 als Direktor das Institut für Gerontologie an der TU Dortmund, seit 1992 ist er Inhaber des dortigen Lehrstuhls für Soziale Gerontologie mit den Forschungsschwerpunkten Sozialpolitik, soziale Dienste, Pflege, Soziale Gerontologie, Ältere Arbeitnehmer sowie Lebenslaufforschung. Naegele hat seit 1989 die Funktion des Direktors bei der Forschungsgesellschaft für Gerontologie e. V. inne und war von 2004 bis 2010 Mitglied der Sachverständigenkommission der Bundesregierung für den Fünften und Sechsten Altenbericht, zudem von 2004 bis 2006 Sachverständiges Mitglied der Enquête-Kommission „Situation und Zukunft der Pflege in NRW" des Landtags NRW. 2009 wurde er mit dem Max-Bürger-Preis der Deutschen Gesellschaft für Gerontologie und Geriatrie ausgezeichnet. Aktuelle Publikationen befassen sich mit sozialer Lebenslaufpolitik, Sozialpolitik sowie den wirtschaftlichen Potenzialen des Alters.

Prof. Dr. Elisabeth Pott (*1949)

Prof. Dr. med. Elisabeth Pott ist Ärztin für Öffentliches Gesundheitswesen. Sie war von 1978 bis 1981 als Referentin für Gesundheitsvorsorge und Krankheitsfrüherkennung im Bundesministerium für Arbeit und Sozialordnung tätig, dann Referatsleiterin im Niedersächsischen Sozialministerium und von 1985 bis 2015 Direktorin der Bundeszentrale für gesundheitliche Aufklärung. Seit 2007 ist sie Honorarprofessorin an der Medizinischen Hochschule Hannover im Zentrum Öffentliche Gesundheitspflege am Institut für Epidemiologie, Sozialmedizin und Gesundheitssystemforschung und Mitglied im Hochschulrat der Deutschen Sporthochschule Köln. Seit 2015 ist sie ehrenamtliche Vorstandsvorsitzende der Deutschen Aids-Stiftung.

Printing: Ten Brink, Meppel, The Netherlands
Binding: Ten Brink, Meppel, The Netherlands